复合寻的制导系统与技术

翟龙军　高　山　但　波　宋伟健　编著

国防工業出版社

·北京·

内 容 简 介

本书以反舰导弹自动寻的导引头研究为背景,紧密结合装备和技术发展实际,是作者从事复合寻的制导领域研究成果的总结。本书系统阐述了复合寻的制导的基本概念、传感器类型、关键技术和发展趋势;介绍了复合寻的制导系统的目标电磁散射特性和辐射特性,分析了背景杂波与背景辐射、假目标、诱饵和有源干扰等战场环境中的组成因素;阐述了复合寻的制导系统架构以及相关的信号处理与数据技术;最后介绍了雷达导引头的一般工作过程,给出了典型复合导引头数据融合方案和复合策略。

本书适合从事导弹制导、雷达工程、电子战领域的技术人员阅读,也可作为导弹工程、雷达工程、探测制导与控制等相关专业高年级本科生和研究生的参考用书。

图书在版编目(CIP)数据

复合寻的制导系统与技术/翟龙军等编著.—北京:国防工业出版社,2022.12
ISBN 978-7-118-12687-7

Ⅰ.①复… Ⅱ.①翟… Ⅲ.①导弹制导 Ⅳ.①TJ765

中国版本图书馆 CIP 数据核字(2022)第 224943 号

※

国防工业出版社出版发行
(北京市海淀区紫竹院南路 23 号 邮政编码 100048)
三河市腾飞印务有限公司印刷
新华书店经售

*

开本 710×1000 1/16 **印张** 27 **字数** 486 千字
2022 年 12 月第 1 版第 1 次印刷 **印数** 1—2000 册 **定价** 188.00 元

国防书店:(010)88540777 书店传真:(010)88540776
发行业务:(010)88540717 发行传真:(010)88540762

前　言

精确制导技术以先进战场探测感知技术为基础,探测感知目标及战场环境态势,在复杂电磁对抗态势下完成预定目标的搜索、识别和跟踪,引导精确制导武器完成远程精确打击。自动寻的导引头作为精确制导武器的核心部件,对精确制导武器的作战效能起着决定性的作用。随着技术水平的不断进步和作战目标及战场环境的不断变化,自动寻的导引头技术不断发展,其物理架构和工作体制不断变化。目前,利用多传感器对目标和战场环境进行精细化探测,获取丰富的目标特征信息和战场环境信息,以期获得信息对抗及电磁对抗优势,提高精确制导武器性能的复合寻的制导技术已经成为自动寻的导引头的重要发展趋势,并已得到广泛的应用。

复合寻的制导技术的发展得益于雷达、光电等探测器的小型化和集成化。多传感器的集成化发展,奠定了复合寻的制导技术的硬件基础。先进信号处理技术、数据融合技术的发展,成为复合寻的制导技术发展的有力支撑。目前,复合寻的制导技术随着新技术、新器件、新体制、新架构的不断发展,显示出巨大的潜力。为详细系统阐述复合寻的制导技术的基本概念、目标与战场环境特性,复合寻的制导系统的系统结构、信号处理技术和数据处理技术,我们编写了本书。全书共7章,第1章重点阐述了复合寻的制导的基本概念、传感器类型、关键技术和发展趋势。第2章重点介绍了复合寻的制导系统的目标电磁散射特性和辐射特性,分析了背景杂波与背景辐射、假目标、诱饵和有源干扰等战场环境中的组成因素。第3~5章系统阐述了复合寻的制导系统架构,其中第3章介绍了综合孔径技术,包括介质杆天线/红外光学综合孔径、微波主被动综合孔径、双极化综合孔径以及毫米波红外综合孔径;第4章介绍了射频前端技术,包括单脉冲射频前端、主动/窄带被动综合射频前端、射频接收机的结构和性能指标;第5章重点介绍了微波频率源技术,包括真空管频率源和频率综合器的结构部件、组成原理及性能指标。第6章阐述分析了复合寻的制导系统的信号处理技术,包括距离多普勒处理、脉冲压缩处理、一维距离像处理、极化信息处理、被动雷达信息处理和光学导引头图像信息处理技术。第7章系统阐述了复合寻的制导系统的信息融合技术,包括信息融合的基本概念和滤波估计方法、时空配准方法、目标状态估计融合方法、目标跟踪与数据关联方法、航迹关联及航迹融合方法,介绍了雷达导引头的一般工作过程,给出了典型复合寻的导引头数据融合方案和复合策略。

本书由翟龙军编写第1、2、3、7章,高山编写第4章,宋伟健编写第5章,但波编写第6章。

本书在编写过程中得到了甘肃长风电子科技有限责任公司刘刚、四川航天电子技术研究院李朝刚等同行专家的指导,以及任献彬、凌祥、祝明波、李相平、李尚生等同事的帮助和支持,同时参考了国内大量同行专家的著作,在此一并表示衷心感谢。

随着复合寻的制导系统和技术的快速发展,新的研究成果不断涌现。鉴于作者的学术水平有限,书中可能存在很多缺点和不当之处,敬请广大读者批评指正。

作　者

2022年3月

目　录

第1章 绪　　论

精确制导技术以先进战场探测感知技术为基础，探测感知目标及战场环境特性，实现复杂电磁对抗和硬杀伤对抗态势下的战场突防，完成预定目标的搜索、识别和跟踪，引导精确制导武器完成“外科手术式”“摘除式”远程精确打击。

自动寻的导引头是精确制导武器的核心部件，它将武器系统的作战纵深推进到敌方后方防区，作战空间从三维空间推进到多维空间，是实现信息化条件下全球“防区外纵深打击”“全维立体饱和攻击”和“空海一体战”作战的关键保障。

战术导弹典型飞行弹道一般分为三段，即发射段、中段和末段。在发射段和中段一般采用自主式制导，不对目标进行探测，依靠射前装订的参数按照程序进行飞行，如惯性制导、GPS 制导等。在飞行的末段，采用传感器对目标和导弹的相对位置进行探测，根据导弹与目标相对位置形成控制指令，引导导弹飞向目标，称为自动寻的制导。

1.1　新形势下海军反舰导弹作战需求

近年来，随着国际形势的不断变化和武器装备新技术的快速发展，我海军面临越来越严酷的战场环境，遂行多样化作战任务，完成作战使命的需求越来越严峻。反舰导弹作为我海军的主要攻击性装备，在信息化战争条件下，其技战术性能不断出现新需求，主要表现在：

（1）强对抗环境下的编队目标突防和快速精确打击需求。美国的航母战斗群通常下辖约 10 艘水面舰艇和 1 艘“弗吉尼亚”级核潜艇。其中，至少 2 艘“阿利・伯克”级导弹驱逐舰，分别位于航空母舰左右两侧，距离 1~2km。航母战斗群总长度可达 10km。在值班水域，航母通常以战斗群形式展开行动。只有在个别情况下，如越洋航渡时，才允许单独航行。

航母战斗群采用环形梯次防空，向易遭攻击危险方向派出 1~2 架 E-2C

“鹰眼”预警机。E-2C 的值班空域距离航空母舰 250~350km,可以单独起飞,但有威胁时,通常在其前方有 2 架战斗轰炸机,必要时还有 2 架战斗轰炸机前出 500km。第 3 组双机位于甲板之上,发动机开车,时刻准备起飞。E-2C 可以在距离 300~350km 处发现对方的歼击轰炸机,第一梯次防空最远边界可达 1000km。

第二防空边界由“宙斯盾”防空系统雷达或舰艇环视雷达提供保障,最远探测距离可达 400km,这一空域由值班战斗轰炸机负责拦截,从甲板以加力状态爬升至 10000m 高度,以超声速攻击目标。第三道拦截半径约 250km,由“标准”-6 远程防空导弹或值班战斗轰炸机提供保证。其他舰艇还可以发射中近程防空导弹,由“宙斯盾”提供目标指示。

在最后阶段,防空导弹和电子对抗系统将对反舰导弹形成拦截。此时,“阿利·伯克”级驱逐舰的使命就是让反舰导弹射向自己和假目标,不允许反舰导弹射向航空母舰。E-2C 预警机的雷达能够跟踪处于“宙斯盾”雷达发现地平线之下的低空目标,并引导防空导弹。这一能力保证与舰艇突击编队一起形成梯次防御。这样一来,如果不使用强大的电子干扰压制 E-2C,无法突破防空。反舰导弹接近至 10km 时,“拉姆”(RAM)近距防空导弹将进行拦截,在最后 1km,还有“火神-密集阵”高炮进行拦阻。

因此,通过反舰导弹对航母战斗群实施突击极为困难。首先通过外部信息源(卫星、超视距雷达)提供关于航空母舰的目标指示是比较困难的,如获取卫星情报需要几个小时,而信息 10~15min 就失效了。通过战斗轰炸机从航母编队后方实施抵近侦察,也会遭到“阿利·伯克”级驱逐舰的强力干扰,难以获取精确的目标指示信息。即使获取到,突破航母编队目标的防空体系也十分困难,发射数十枚反舰导弹,飞抵航母战斗群的可能只有几枚。由于很难进入发射边界,航母战斗群可能预先发动攻击。

针对此作战态势,我海军导弹武器系统迫切需要提高目标指示能力和扩展射程,反舰导弹导引头需要在强对抗环境下能规避或对抗敌方的强电磁干扰,有效地探测搜索、精确识别敌我目标,对敌方目标尽可能进行不间断跟踪,引导导弹完成精确打击任务。

对海上时敏目标进行远程精确打击的关键是攻击的突然性和快速性。在指挥控制系统给出远程目标的指示信息后,反舰导弹武器平台在快速反应的基础上远程发射后,一方面,如果导弹不能快速抵达目标区域,那么可能由于目标机动,使得目标超出导引头的搜索区域,造成攻击失败,超声速、高超声速导弹是必然发展方向,导引头应该满足超声速、高超声速导弹平台的工作需求;另一方面,射程增加后,惯导误差积累导致导引头开机点散布较大,也可能造成目标超出导引头的搜索区域导致攻击失败,因此要求导引头作用距离尽可能远,在远距离上能有效探测发现目标。

此外,强对抗条件下敌方编队目标、敌我目标、真假目标的识别,要求导引头具有较高的分辨力。在分辨区分目标的基础上对目标进行精确识别,是实现精确打击的基础。

(2) 复杂背景及海情条件下的目标打击需求。我海军在南海、东海方向作战时,由于岛屿众多,背景复杂,一方面,敌方对我方发动攻击时,可以利用岛屿背景作为掩护,提高攻击的突然性;另一方面,岛屿背景对海面舰船类目标的分选识别会造成一定干扰。岛屿类背景在远距离探测时,对导引头的探测表现为大的面目标,在近距离探测时,造成强背景干扰。因此,反舰导弹飞行弹道需要具有航路规划和越障能力导引头需要具备在岛屿背景下的目标识别分选能力,避免导弹捕捉攻击此类目标。

另外,随着反舰导弹射程增加,使得攻击敌方近岸、港内目标成为可能。导引头对目标区域探测时,近岸、港内目标,岛岸背景表现为大面积强杂波,除了合理规划攻击方向和航路外,也要求导引头在岛岸背景下能够正确分选识别目标。

目前,反舰导弹通常采用两类弹道:一类是掠海飞行弹道,实现低空突防;另一类是高空俯冲弹道,实现高速打击。反舰导弹通常需具有全天候工作能力,一般要求反舰导弹在6级以下海情能正常工作。在高海情条件下,海面粗糙度增加,海面杂波电平升高,虚警率增加,无论是掠海飞行弹道还是高空俯冲弹道,都会引起导引头目标检测性能下降,严重时不能正常捕捉目标。对于高空俯冲弹道,导引头照射海面面积比目标大很多,海杂波的影响尤为严重。对于掠海飞行弹道,海浪起伏导致目标舰艇散射中心起伏较大,甚至被海浪遮挡,造成对目标难以持续跟踪,甚至不能正常工作。这就要求导引头能够适应较高海情,完成不同飞行弹道条件下的寻的制导任务。

(3) 隐身目标、群体小目标的目标打击需求。随着隐身技术的发展,隐身舰艇、无人舰艇的出现对反舰导弹导引头提出了新挑战,这类目标通常具有较小的雷达散射截面积和红外辐射特征,远距离探测发现和跟踪此类目标较为困难。

另外,低成本小型化无人舰艇的发展使得新的作战方式成为可能,通常这类目标数量较多,对导引头表现为群体小目标。导引头对此类目标的发现距离较近,且需要较强的批量目标信号处理能力,这也对导引头性能提出了新的需求。

综上所述,未来反舰导弹导引头需要覆盖更远的作用距离和更宽的角度范围,同时需要在强对抗条件下以更快的处理能力在所覆盖的空间范围内以更高的空间分辨力进行精细化探测,获取目标及目标区域更多的特征信息,以人工智能技术为驱动,完成基于大批量数据的目标搜索探测、识别、跟踪,满足不同平台和复杂背景下的寻的制导任务。

1.2 自动寻的制导传感器及其技术发展趋势

1.2.1 自动寻的制导传感器

自动寻的制导传感器主要有微波主动雷达、微波被动雷达、红外点源寻的导引头、红外成像导引头、毫米波导引头、激光导引头、电视导引头等。

不同传感器的工作频段如图 1-1 所示。

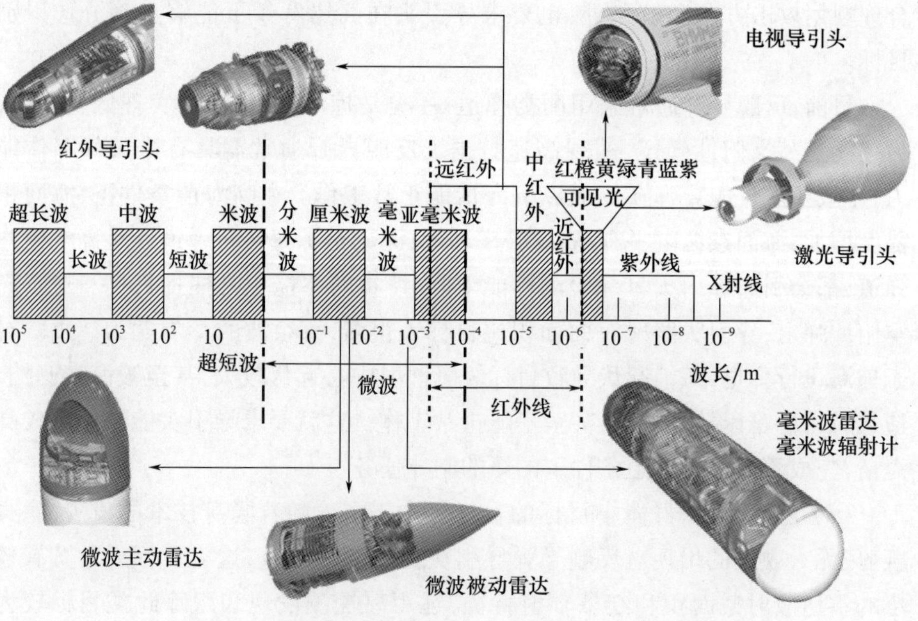

图 1-1　复合寻的制导系统主要传感器及工作频段

不同工作频段的传感器性能比较如表 1-1 所示。

表 1-1　不同工作频段的传感器性能比较

模式	探测特点	缺陷与使用局限性
主动雷达寻的	(1) 全天候探测; (2) 有距全天候探测距离信息,作用距离远; (3) 可全向攻击	(1) 易受电子干扰; (2) 易受电子欺骗
被动雷达寻的（含辐射计）	(1) 全天候探测; (2) 作用距离远; (3) 隐蔽工作,全向攻击	无距离信息
红外(点源)寻的/电视寻的	(1) 角精确度高; (2) 隐蔽探测; (3) 抗电子干扰	(1) 无距离信息; (2) 不能全天候工作; (3) 易受红外诱饵欺骗
激光寻的	(1) 角精度高; (2) 不受电子干扰; (3) 主动式可测距	(1) 大气衰减大,探测距离近; (2) 易受烟雾干扰
毫米波寻的	(1) 角精度高,可测距; (2) 全天候工作,抗电子干扰能力强; (3) 有目标成像和识别能力	(1) 只有 4 个频率窗口可用; (2) 作用距离目前尚较近
红外成像寻的	(1) 角精度高; (2) 抗各种电子干扰; (3) 能目标成像和识别	(1) 无距离信息; (2) 不能全天候工作; (3) 距离较近

从表 1-1 中可以看出,任何一种单一传感器都有缺陷及其使用局限性。寻的制导系统传感器一般选择工作在不同的波段,就可以取得综合优势,使得精确制导武器的制导系统能适应不断恶化的战场环境和目标特性的变化,提高精确制导武器的综合性能,满足新形势下的作战需求。

1.2.2　自动寻的制导传感器技术发展趋势

1. 超宽带导引头技术

雷达导引头对目标进行探测时,其信号带宽决定了其距离分辨力。当雷达信号具有极宽的带宽时,其距离分辨力甚至可以达到目标尺寸的 1/10。美国国防高级研究计划局(Defense Advanced Research Projects Agency,DARPA)定义,分数带宽 FB>0. 25,或者绝对带宽 BW>1. 5GHz 的雷达称为超宽带雷达,其中分数带宽 FB 定义为[1]

$$\mathrm{FB}=\frac{2(f_{\mathrm{H}}-f_{\mathrm{L}})}{f_{\mathrm{H}}+f_{\mathrm{L}}} \tag{1-1}$$

超宽带雷达可以采用冲击信号或调制信号实现。常见的冲击信号形式有矩形窄脉冲、高斯脉冲和单极脉冲等,常见的调制信号形式有线性调频信号、非线性调频信号、频率步进信号等。

超宽带雷达分辨力较高,通常小于目标尺寸的1/10。高空间分辨力和宽频谱的结合为目标识别提供了雷达回波的两个特征。从目标散射中心返回的超宽带雷达回波是一系列回波,而不是窄带的一个集中回波,这些回波携带了一系列不同角度的信息,可通过逆合成孔径处理进行目标成像,如果所成的像具有足够多的细节,那么目标识别就有可能了。

隐身技术的重点是外形隐身和材料隐身。外形隐身是通过翼身融合等方式来减小目标的雷达截面积,不同形状、尺寸和材料的目标,其谐振频率差别很大。当用常规窄带雷达照射目标时,若经过外形隐身的目标处于瑞利区、光学区或谐振区的极小频率值附近,外形隐身的作用得到充分的发挥,使窄带雷达难以进行目标识别。但是对于工作在谐振区的大相对带宽雷达,还是能够通过对目标谐振频率的提取进行目标识别的。材料隐身是通过在飞行器表面涂覆吸波材料来减小雷达散射截面(Radar Cross Section,RCS)的。目前的技术条件下,吸波材料一般都是窄频带的,而且都是针对常规雷达的频段设计的,因此它对常规雷达具有很好的隐身能力。然而,超宽带雷达由于具有很大的带宽,其频谱包含几乎从直流到数千兆赫兹的带宽,因而吸波材料即使吸收,也只是总能量的极小部分。其隐身性能对超宽带雷达来说,效果将大打折扣。另外,吸波材料大部分为铁氧体的电波吸收体,其吸收机理是磁壁共振和磁畴旋转共振引起的电磁损耗,这就是铁氧体的弛豫现象。由于磁壁共振和磁畴旋转共振的建立需要一定的时间,当一个极短的超宽带雷达脉冲作用于吸收体时,在这个时间间隔里共振无法建立起来,吸波材料难以吸收波的能量,使其无法实现材料隐身,从而超宽带雷达具有优越的反隐身能力。

超宽带雷达信号呈现低截获概率特性,反辐射导弹难以对其进行截获。反辐射导弹的导引头难以有效处理冲击雷达信号,对信号的利用概率低,很难进行有效的寻的制导。因此,超宽带雷达具有一定的抗反辐射导弹能力和抗干扰潜力。

超宽带导引头关键技术包括超宽带信号设计与产生技术、超宽带天线技术、超宽带接收机技术和超宽带信号处理技术等。目前,超宽带雷达导引头已有工程样机实现。

2. 前视成像导引头技术

目前,合成孔径雷达(Synthetic Aperture Radar,SAR)成像技术已经相对成熟。SAR工作模式主要有条带式和聚束式两种,其中条带式SAR为正侧视成像,聚束式SAR可以实现斜前视成像。

在弹载平台实际应用中,侧视SAR主要用于制导中段的地形匹配制导,对惯导系统的散布误差进行修正。在寻的制导段,需要转换波束指向并将工作模式转换为传统的单脉冲跟踪模式。目前,斜前视SAR在弹载平台应用时,由于大角度斜前视快速成像处理算法复杂,并且其飞行弹道过载较大,特别是对于高速弹载平台更为严重,难以实现工程应用。弹载单基SAR的发射和接收位于同一个运动平台,导致时延等值线与多普勒等值线在前视区形成接近平行的交越关系,不具备二维分辨能力,不能实现前视成像,因此,必须寻求其他技术手段实现前视成像寻的制导[7]。

单基前视成像技术工作模式主要有实波束地图模式、单脉冲锐化技术和多通道解卷积技术。实波束地图模式是通过实孔径天线扫描方式,获得前视成像区域的实波束回波,并按照对应的距离和方位排列回波,形成前视区雷达成像。该模式成像模式简单,实时性强,但是其方位分辨率仍然是实孔径天线分辨率,很难获得足够的目标信息。单脉冲锐化技术是在较高的脉冲重复频率条件下,对各脉冲测角得到目标幅度值,分距离按照角度叠加,从而得到前视区图像。该方法对于单个孤立点目标具有较好的锐化效果,但当一个波束内存在多个目标时,会出现单脉冲角闪烁现象,且需要较高的信噪比,工程实现有一定难度。多通道解卷积技术是通过多个通道获取目标的空间频谱信息,然后通过快速多通道解卷积算法,实现更高的分辨率,用于前视成像。但是解卷积算法由于很难设计出满足雷达成像需求的多通道卷积核,因而限制了其工程应用。

实孔径超分辨成像技术是不依赖于运动和观测视角而变化的雷达成像技术,通过时变的辐射方向图形成时变的入射波空变强度分布,同时记录回波,然后利用最优化方法,通过迭代寻优的计算过程,综合出虚拟的大孔径天线,从而获得超越实孔径的角分辨能力,可以实现运动平台的前视成像。

实孔径超分辨成像技术比较有代表性的是电子科技大学的杨建宇教授提出的扫描波束锐化技术[2]。扫描波束锐化技术是利用天线波束扫描来形成入射波空变强度分布的时变性,与采用机扫和电扫的现有雷达兼容性好,是很有实际应用价值的成像技术,且已经逐渐成熟并走向应用。电子科技大学采用扫描波束锐化技术和类反卷积算法，在机载雷达上实现了高倍数的角度超分辨，能够将波束宽度内两只交汇的船只明显区分开来，也可以用到导引头的前视成像[3]。

电磁涡旋成像技术也属于实孔径超分辨技术，它通过发射涡旋电磁波，在观测区形成时变的入射波波前方向和入射波空变强度分布，通过目标重构来实现成像。国防科技大学将电磁涡旋应用于雷达成像中，通过实验验证了电磁波涡旋成像的可行性[5-6]。

3. 多域、多平台协同探测导引头技术

反舰导弹寻的制导过程中，需要对目标区域进行精细化探测，以获取更多目标区域的细节特征，满足提高制导精度和抗干扰能力的需求。在常规雷达目标散射特征信息的基础上，可以探测得到其他多域信息，如通过多帧数据处理获取反映目标微动特征的微多普勒信息，利用多通道数据处理进行空时信号处理可以获取空间谱信息，利用极化-干涉 SAR 可以获取目标区域的三维信息和极化散射信息，等等。通过单传感器、单基多传感器或多平台多传感器对目标进行协同探测，获取目标在多个域的特征信息用于寻的制导，已经成为反舰导弹导引头技术的重要发展方向。

目前，利用单基多传感器获取目标的雷达散射强度、光电图像等多域信息的复合寻的导引头技术已经进入工程应用阶段并形成装备。

当反舰导弹采用齐射、饱和攻击战术或有机载平台支援时，可以采用位于多个平台的传感器对目标区域进行协同探测。较为典型的是双基、多基地前视 SAR 技术。双基 SAR 的发射和接收分置在两个运动平台上，可以通过空间构型关系控制特定观测区内的时延和多普勒等值线的分布及交越关系，构成二维分辨能力，实现接收平台的前视、下视和后视成像。双基 SAR 可以获得不同于单基雷达的目标散射特征，较强的散射主要来自法线指向收发等效中心的地平面状物体，单个角反射器不再是强反射器[2]。如果利用外部机载照射器作为发射站，则在反舰导弹上不再需要发射机，只需要雷达接收机，可以减少反舰导弹雷达导引头的体积和成本，实现隐蔽攻击，具有成本低、适装性强、安全性高、隐蔽性强和干扰难度大等优点[7]。机弹协同模式下双基前视 SAR 示意图如图 1-2 所示。

双多基 SAR 中，由于收发平台分置，在系统工程实现和成像信号处理算法方面有许多问题需要解决。双多基 SAR 必须解决好时、频、空同步问题，达到时基统一、收发相参的要求，使收发站能够步调一致，协同工作；同时需要针对不

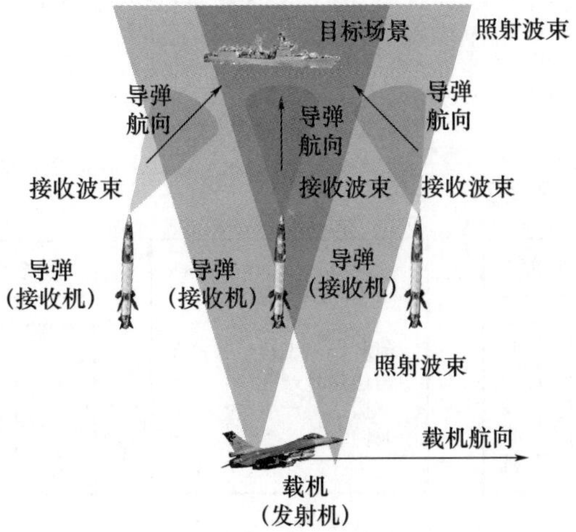

图 1-2 机弹协同模式下双基前视 SAR 示意图

同空间构型特有的回波规律,构建高效成像算法,解决好双多平台分离运动导致的复杂运动误差补偿难题,才能够实现双多基 SAR 实时成像。

4. 雷达电子战一体化导引头技术

随着技术的发展和功能的融合,反舰导弹导引头的功能也在不断拓展。反舰导弹导引头以探测引导为核心功能,同时可以扩展电磁信号侦察和对抗功能,实现雷达电子战一体化设计,提高反舰导弹的电磁突防能力。

雷达和电子战设备功能的互相渗透催生了雷达电子战一体化导引头技术,雷达和电子战系统在系统功能模块上有许多相通之处,如天线、发射机、接收机、信号处理等,具备一体化设计的器件基础。通过雷达导引头和电子战系统在反舰导弹平台上的一体化设计,一方面可以提高反舰导弹电磁突防能力,另一方面也可以增强雷达导引头的探测引导性能,增加其获取目标信息的维度,提高其目标识别性能。

雷达电子战一体化导引头关键技术有综合孔径技术、综合射频技术、信号处理技术和数据融合技术等[8]。综合孔径技术是通过雷达天线和电子战天线的一体化设计,实现雷达信号、电子战信号的一体化发射和接收,也可以实现可重构的架构。综合射频技术包括综合射频前端技术和一体化频率综合器技术,综合射频前端技术通过雷达系统和电子战系统微波收发射频通道的合理规划和共用,实现雷达和电子战信号波束形成与控制、功率放大、接收滤波放大的一体化设计[9];一体化频率综合器技术主要实现雷达和电子战信号一体化产生和频率变换。信号处理技术主要包括辐射源测向技术、信道化接收机技术、辐射源分选技术和高速信号处理技术等。数据融合技术主要包括目标信息与辐射源信息融合检测技术、融合目标跟踪技术和传感器管理策略等。雷达电子战一体化导引头结构如图 1-3 所示。

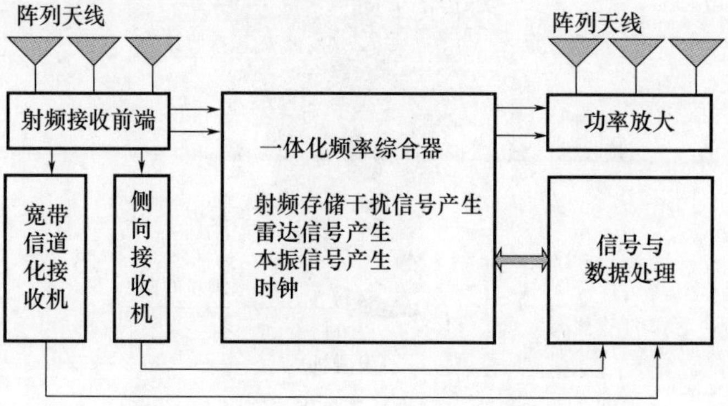

图 1-3　雷达电子战一体化导引头结构

雷达电子战一体化导引头技术正在向侦察、探测、引导、干扰和高功率毁伤一体化方向发展。例如,利用电子战系统的侦察能力,可以获取目标区域的电磁频谱信息,规避强干扰频段,选择恰当的主动雷达探测的工作频率和工作波形;可以获取目标区域敌方辐射源信息,作为目标识别的特征信息,甚至可以引导导弹对敌方辐射源平台进行攻击;利用电子战系统的干扰能力,对敌方目标区域实施自卫式干扰,破坏敌方防空雷达对自身的跟踪,或者利用高功率微波摧毁敌方防空雷达,提高导弹的突防能力。目前,雷达电子战一体化导引头技术已经进入工程应用阶段,并逐渐形成装备。

5. 微波光子导引头技术

近年来,在雷达研究领域开始越来越多地引入微波光子技术。微波光子技术的引入,使得传统的微波雷达可以以一种全新的架构实现,在提高雷达性能方面具有较大的潜力。

应用到雷达领域的微波光子技术主要包括光生微波技术、微波光延时与移相技术、微波光子滤波技术和全光采样量化技术等[10]。

由于电子技术的限制,产生大带宽微波信号时受限于电子瓶颈,难以实现大带宽微波信号的产生、控制和处理。光生微波技术相比于传统电子技术,能够提供高频率、多波段、大带宽的微波信号产生,用于雷达的本振源或直接用于雷达发射信号。光生微波技术主要有光外差法和锁模激光器法两类。光外差法采用两束偏振态相同的光束同时入射到高频光检测器上,因其平方律检波,这两个光信号将差拍，产生频率为两光波频率之差的射频信号。锁模激光器法是通过锁模激光器产生光信号，然后通过光纤光栅处理，产生大带宽的调频信号。利用光生微波技术，可以产生稳定度高、相位噪声极低、带宽达十几到几十吉赫的大带宽微波信号，也可以实现多个频段微波信号的同时产生[11]。

利用光纤传输微波信号时，由于光纤传输衰减小，可以实现微波信号的远距离传输，且工程应用灵活。传统的相控阵天线在进行波束形成时，由于受到阵列孔径延迟的限制，难以在大带宽内实现波束形成。微波光子延时与移相技术，利用光纤或光波导完成馈电，可以同时控制子阵多单元延时的调谐，在较宽的带宽内实现阵列天线的波束形成和控制[12]。

微波光子滤波技术是利用光纤或其他光学器件构成的光信号处理器在光域内实现信号滤波，代替由电学元件构成的微波电路在电域内实现信号滤波处理。微波光子滤波的过程是首先将微波信号经过电光调制器件调制到光信号上，然后经过时域抽样，送入由光纤延迟线、光纤耦合器、光纤光栅及光放大器组成的光学处理系统中进行信号的加权、相加处理，处理后的光信号在一个或多个光电探测器上进行光电转换，恢复为输出信号[13]。

全光采样量化技术包括光学采样保持和量化两部分。光学采样保持主要是利用光时钟的低抖动与超短的脉冲宽度来设计采样保持电路。首先利用锁模激光器产生高速稳定的光脉冲序列作为采样时钟，再利用高性能的电光调制器将微波信号加载到光脉冲的幅度（或相位）上，其次将采样保持后的光信号按照采样时钟进行多路分配，得到多路低速调制的光信号，再利用光电探测器转换器转换为电信号，经过低速 ADC 进行量化输出，实现微波信号的高速采样。利用全光采样量化技术实现的高速 ADC 的采样速度可达 10T/s。

典型微波光子雷达样机原理如图 1-4 所示。

微波光子技术应用于雷达系统，与传统的雷达工作体制相结合，可以在大带宽、低传输损耗和抗电磁干扰特性等方面，极大地提高雷达的性能，突破雷达带宽瓶颈。同时由于光子系统质量轻、体积小、可集成等优点，可以降低雷达的体积质量，适合在导弹导引头中应用。

6. 太赫兹导引头技术

太赫兹频段是位于红外和微波频段之间的一段未被充分开发利用的频段，太赫兹波在大气中传播特性介于微波和红外线之间。太赫兹雷达是太赫兹波在军事领域应用中最重要的研究方向之一。与红外导引头和激光雷达相比，太赫兹雷达视场范围更宽，搜索能力更好，具有良好的穿透烟雾能力；与微波雷达

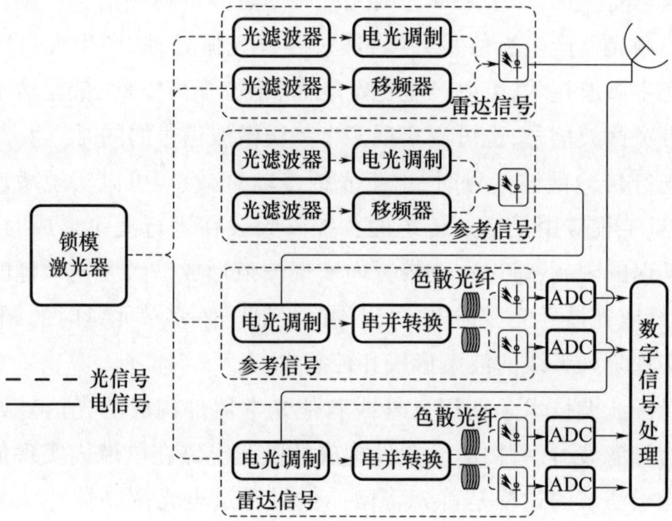

图 1-4　典型微波光子雷达样机原理

相比，太赫兹雷达波长更短，带宽更宽，具有传载信息能力强、探测精度高、角分辨率高等优点，适合在导弹导引头中应用[14]。

太赫兹雷达具有较好的反隐身能力，太赫兹波对微波吸收材料具有良好的透过率，宽带太赫兹波对扁平形薄边缘能够产生很小的共振面从而使反射波得到增强，太赫兹波可以在等离子体中传播，并有效对抗等离子体隐身。

现有的电磁干扰途径主要集中在微波及红外频段，对太赫兹频段难以实现有效的干扰，太赫兹雷达系统具有较为突出的抗干扰能力。同时，太赫兹频段提供的极窄天线波束，可以减少干扰诸如雷达主瓣波束的可能性，极高的天线增益也能有效抑制旁瓣干扰。

太赫兹雷达能够对目标实现远距离主动探测，精确测量目标距离、速度和角度等运动学参数，可以实现高分辨率成像和精细结构特征反演，可以利用目标材料在太赫兹频段丰富的特征谱线提取目标的谱特征，弥补现有微波雷达和红外探测系统的不足。

太赫兹雷达体积小、质量轻，是导弹导引头最有前景的应用领域，目前，94GHz 主动雷达导引头已经有试验样机出现。

太赫兹雷达技术的研究按照频段划分为高低两大部分，在太赫兹低频段（0.1～3.0THz）基于电子学的方法开展研究；在太赫兹高频段（1～10THz）则基于太赫兹光子学方法开展光谱分析与辐射探测研究。目前，太赫兹主动雷达主要集中在太赫兹低频段，由于器件水平尚不成熟，主要研究热点集中在通过固态电子学器件、组件（如倍频组件、谐波混频组件）搭建主动雷达系统，与传统主动雷达工作体制相结合，搭建太赫兹低频段雷达，进行太赫兹雷达探测试验和成像分析实验。未来，太赫兹雷达研究将重点突破大功率、小型化太赫兹器件、目标太赫兹散射与辐射特性、太赫兹雷达成像处理等关键技术研究。

7. 智能化导引头技术

近年来，人工智能技术在语音识别、图像识别、自然语言理解方面取得的很大进展，使得人工智能技术焕发出勃勃生机。在雷达领域，人工智能技术也已经引起了足够的重视，雷达技术与人工智能技术的深度融合成为当前雷达领域的一大研究热点[15]。认知雷达的研究也为导引头智能化奠定了基础。雷达导引头探测获取的丰富的目标信息，如果与人工智能技术结合，实现智能化探测、智能化目标识别、智能化目标态势感知和智能化自主决策，可以使得导引头的性能得到极大的提升。

人工智能的实现方式主要有基于神经网络的方法和基于逻辑推理的方法等，基于神经网络的方法比较有代表性的是深度学习，基于逻辑推理的方法依赖于知识的表示和推理的算法实现。目前，基于深度学习的智能化信号处理和数据处理是研究热点。基于深度学习的人工智能技术包括神经网络的训练和执行系统的物理实现。尽管神经网络的训练可以离线实现，但是需要大量的目标特性训练样本和高效的训练算法。因此，与实际应用场景相吻合的大量目标特性数据样本的获取或者目标特性数据样本的制备至关重要。智能处理系统的实现依赖于大容量的存储器和适合智能化算法运行的AI处理器，这也是智能化导引头实现的关键技术之一。

8. 阵列雷达导引头技术

基于阵列天线的雷达已经在雷达领域得到了广泛应用，其主要构型有相控阵雷达、多输入多输出（Multiple Input Multiple Output，MIMO）雷达和阵列SAR等，其中以相控阵雷达应用最为广泛。基于阵列天线的雷达系统具有灵活的波束控制能力、空间功率合成与管理能力和空间多通道探测数据获取能力，使得雷达的灵活性、抗干扰能力和探测性能得到较大提升。由于相控阵雷达结构复杂，成本相对较高，限制了其在导弹导引头中的应用。

近年来，由于微波集成电路的发展，使得收发（Transmitter and Receiver，T/R）组件和信号处理组件的集成化、小型化有源相控阵雷达在导弹导引头领域中逐渐得到应用。

相控阵雷达导引头的关键技术有天线阵列设计技术、T/R组件技术、波束形成与控制技术和多通道信号处理技术等。目前,天线阵列和T/R组件向一体化、芯片化方向发展,批量生产有助于降低通道成本。由于通道数量的成倍增加,相控阵雷达处理量巨大。弹载相控阵雷达导引头对波束形成控制处理、空时自适应处理要求十分苛刻,依赖于强大的信号处理能力。

1.3 复合寻的制导技术

1.3.1 复合寻的制导基本概念

导弹末段自动寻的制导的过程本质上是敌我双方电磁对抗的过程。随着战场环境的恶化,在末段制导过程中,不可避免地受到敌方的电磁攻击;为了实现对敌方的远程精确打击,需要提高进一步末段自动寻的制导的精度和突防能力。原有的单一传感器寻的制导往往难以满足现代战争需求,采用复合寻的制导已经成为反舰导弹末段寻的制导的重要发展趋势。

复合寻的制导技术是指以提高突防能力和制导精度为目的,采用多种传感器探测导弹目标相对位置,形成控制指令,引导导弹飞向目标的末段自动寻的制导技术。复合寻的制导系统是指采用多种传感器,利用复合寻的制导技术完成导弹末段寻的制导任务的导弹分系统。

美国新一代远程反舰导弹(Long Range Anti-Ship Missile,LRASM)计划采用亚声速隐身和先进突防方案支撑复杂环境下反舰导弹远程作战能力。末段制导采用被动雷达和红外成像导引头,用于防区外搜索识别目标和末段目标精确识别与制导,提供但不依赖惯导、GPS、数据链等通信导航方式。不同作战平台的应用表明,复合寻的制导技术已成为精确制导技术的重要发展方向,正在日益受到各国重视。

1.3.2 复合寻的制导技术优势

复合寻的制导技术实际上是多域、多平台协同探测导引头技术在精确制导武器系统中的应用,它利用多种探测手段获取目标信息,经过合成处理,得到目标与背景的融合信息,然后进行目标的识别、捕捉与跟踪。复合寻的制导技术有如下特点:

(1) 具有较强的抗干扰能力。在有若干传感器不能利用或受到干扰,或某个目标不在覆盖范围时,总会有一部分传感器可以提供信息,使系统能够不受干扰连续运行、弱化故障,增强系统的抗干扰能力。

(2) 具有较高的跟踪精度和检测、跟踪目标的能力。复合寻的制导技术通过多个交叠覆盖的传感器作用区域,扩大了空间覆盖范围,一些传感器可以探测其他传感器无法探测的地方,进而增加了系统的检测能力和检测概率。多部传感器联合信息降低了目标或事件的不确定性。

复合寻的制导技术可以获得比单一传感器更高的分辨力,并用改善的目标位置数据提高跟踪和精确打击目标的能力。

(3) 可以提高目标识别能力,提高系统智能化程度。系统的智能化程度与对外界的感知能力密切相关。多传感器配置使得复合寻的制导系统获取的目标信息更为丰富,能够提取更多的目标特征信息,结合现代信号处理和数据融合技术,有望使得复合寻的制导系统的智能化程度得到较大的提升。

(4) 具有较高的系统可靠性。复合寻的制导技术使用不同的传感器来测量目标在不同频段的特征参数,具有内在的冗余度,不易受到敌方行动或自然现象的破坏。

(5) 与单传感器寻的制导系统相比,多传感器的配置使得系统的复杂性增加,成本提高,设备的尺寸、质量、功耗等物理因素相应增加。

在具体应用中,通常需要将复合寻的制导技术的性能裨益与由此带来的不利因素进行权衡。

1.3.3　传感器配置原则

在复合寻的制导系统中,各种传感器的复合首先要综合考虑多种传感器的性能特点和技术水平,根据作战对象优化传感器的配置方案。从技术角度出发,优化多模复合制导方案有如下原则:

(1) 各个传感器的工作频率,在电磁频谱上应该相对较远。复合寻的制导是一种多频谱复合探测,系统所配置传感器的工作频率、带宽应该由探测目标的特征和传感器对抗电子干扰、光电干扰的性能决定。参与复合的传感器的工作频率在频谱上相对距离越大,敌方实施干扰时,实现频谱覆盖难度越大。同时,需要考虑传感器之间的电磁兼容性能。

(2) 各个传感器的工作方式应该尽量不同。当传感器工作在相近的工作频段时,工作方式的选择尤为重要。例如,采用主动/被动复合、主动/半主动复合、被动/半主动复合等。

(3) 各个传感器的探测器件在物理上应该能兼容。各个传感器应该实现模块化、小型化的特点,满足武器系统空间、体积和质量的要求。

(4) 各个传感器应在探测功能和抗干扰性能上互补。从复合寻的制导技术的根本目的出发。只有参与复合的传感器在功能上是互补的,才能产生复合的综合效益,达到提高精确制导武器系统的探测性能和抗干扰性能的目的。

1.3.4 复合寻的制导关键技术

1. 综合孔径布局设计

复合寻的制导系统是一个复合功能器件,它要满足多个传感器探测目标的共同要求,同时,还能在导弹头部有限的空间内合理安装,不但机械强度、刚度和耐高温性能要满足导弹高速飞行、大过载的要求,而且其外形也应符合导弹空间的要求。

目前,传感器结构布局主要有两种:

(1) 分孔径结构。分孔径结构是每个传感器都利用独立的通道,多个传感器并行安装布置在导弹头部的空间内,是目前应用最多的结构。这种结构是在单模寻的导引头的基础上组合形成的,最容易实现,且每个通道都可达到最佳化。但在进行信息与数据处理时,必须进行空间坐标转换和时间同步配准。

(2) 共孔径结构。共孔径结构是把多个传感器的探测单元设计成共孔径的一体化系统。用它发射或接收多个频段的能量,在输出端再将不同频段的信号分离开,分别送到相应的处理单元进行处理。

共孔径结构中光轴与电轴是重合的,两个传感器的坐标是一致的,可以避免空间坐标校准误差,提高跟踪精度。该结构体积小、质量轻,很适合用在小型精确制导武器中。但共孔径结构设计难度大,制造工艺要求高。几种毫米波/红外复合寻的制导系统共孔径结构如图 1-5 所示[16]。

2. 复合头罩材料与外形设计

复合寻的制导系统安装在导弹头部,要有头罩保护。导引头头罩是在高速气动条件下,承受气动热、雨、雪侵蚀、高强度震动、冲击下工作的。它不但要保证导引头的光、电传输性能,还必须满足航空、航天耐高温、高强度的要求。因此,对复合导引头的外形、结构和材料都有严格要求。

根据复合寻的制导系统的结构不同,其头罩可以分为两类:

(1) 共孔径结构头罩。共孔径结构的光轴和电轴是一致的。因此,头罩的外形只能依据导弹的总体要求设计,其材料的传输、反射特性必须具有宽频带性能,且同时满足多个模式信号的传输要求,头罩材料的研制难度较大。

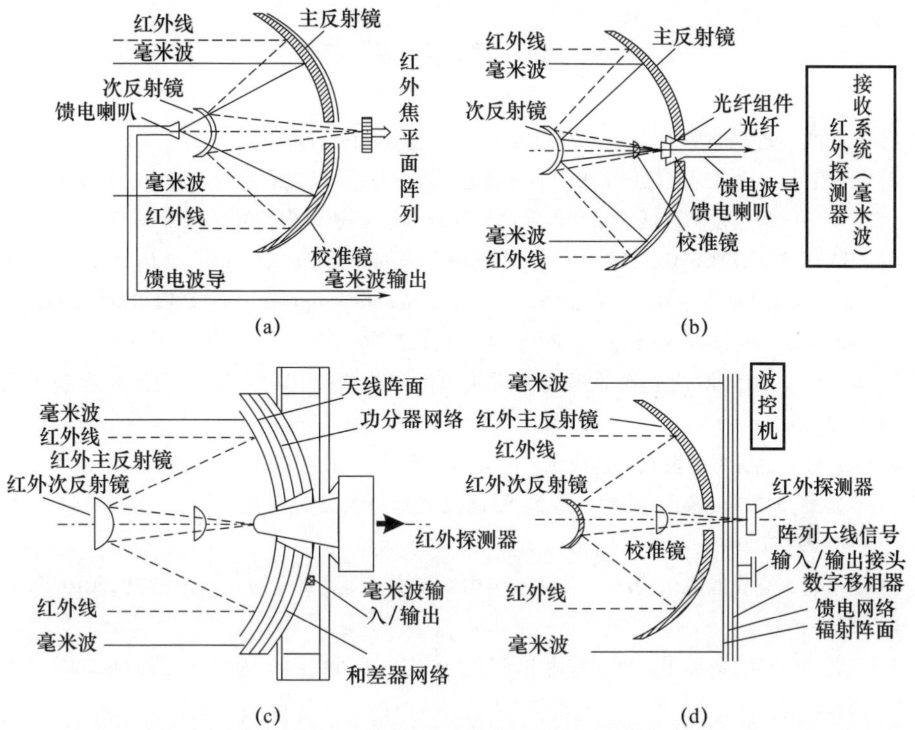

图1-5 毫米波/红外复合寻的制导系统共孔径结构

(2) 分孔径结构头罩。分孔径集能器是多个传感器分别独立配置在导弹头部空间,其光轴和电轴是不重合的。因此,它的头罩结构可灵活选择。可以采用单母线旋成罩,在不同的区域采用不同的材料制成,多个传感器共用;也可以采用双母线旋转形成体组合罩,将两个罩体根据传感器结构组合起来。

3. 多传感器管理与数据融合

复合寻的制导系统中的多个传感器可以同时工作,也可以交替工作,或者根据当时环境、制导系统的状态(如某一传感器出现故障或受干扰)自动转换其中一个模式工作。这就要求复合寻的制导系统有一个可靠的、能实时控制的传感器管理模块,以实施传感器工作性能和状态的评估与管理。

复合寻的制导系统的数据融合技术是当前最具有挑战性的关键技术和技术难点。复合寻的制导系统数据融合的目的是通过融合提高导引头的导引精度、抗干扰性能、突防能力及可靠性。

参 考 文 献

[1] 祝明波．超宽带雷达导论[M]．北京:国防工业出版社,2010.

[2] 杨建宇．雷达对地成像技术多向演化趋势与规律分析[J]．雷达学报,2019(6):669-692.

[3] 杨建宇．雷达技术发展规律和宏观趋势分析[J]．雷达学报,2012(1):19-27.

[4] ZHANG Y C,ZHANG Y,LI W C,et al. Super-Resolution Surface Mapping for Scanning Radar:Inverse Filtering Based on the Fast Iterative Adaptive Approach[J]. IEEE Transactions on Geoscience and Remote Sensing,2018,56(1):127-144.

[5] 刘红彦．面向雷达成像的涡旋电磁波产生方法研究[D]．长沙:国防科学技术大学,2016.

[6] 袁铁柱．涡旋电磁波在雷达成像中的应用研究[D]．长沙:国防科学技术大学,2017.

[7] 蔡爱民,俞根苗,郑陶冶,等．弹载SAR发展趋势及其关键技术[J]．飞航导弹,2013(9):69-72,94.

[8] 赵培聪．舰载雷达/电子战一体化系统构架和技术发展研究[J]．现代雷达,2016(11):15-17,60.

[9] 邹顺,邵竹生,靳学明．机载雷达电子战一体化技术研究[J]．航天电子对抗,2009(3):25-28.

[10] 潘时龙,张亚梅．微波光子雷达及关键技术[J]．科技导报,2017(20):36-52.

[11] 李曙光,徐显文,余世里,等．微波光子雷达关键技术[C]//2015年全国微波毫米波会议论文集．北京:电子工业出版社,2015:1891-1895.

[12] 田跃龙,刘志国．微波光子雷达技术综述[J]．电子科技,2017(5):193-198.

[13] 田跃龙．一种多波段多功能宽带可重构微波光子雷达设计方法[J]．现代导航,2020,11(2):131-135.

[14] 王晓海．太赫兹雷达技术空间应用与研究进展[J]．空间电子技术,2015,12(1):7-10,16.

[15] 郭明明,贺丰收,邓晓波．智能化雷达形态初探[J]测控技术,2018(增刊2):11-13,19.

[16] 刘隆和．多模复合寻的制导技术[M]．北京:国防工业出版社,1998.

第 2 章　目标特性与战场环境

2.1　目标电磁散射特性

2.1.1　散射截面

目标雷达散射截面(Radar Cross Section,RCS)简称散射截面,是度量雷达目标对照射电磁波散射能力的一个物理量,通常用 σ 表示,目标几何散射截面如图 2-1 所示。

图 2-1　目标几何散射截面

目标雷达散射截面定义为[1]

$$\sigma = AeD \tag{2-1}$$

式中:A 为从入射电磁波方向看去的目标几何截面积,D 为目标散射电磁波的方向性系数;e 为反射系数,即

$$e=\frac{P_{\text{scatter}}}{P_{\text{intercepted}}} \tag{2-2}$$

式中:P_{scatter} 为散射出去的散射波功率,等于截获的入射电磁波功率减去目标吸收的电磁波功率;目标位置处截获的入射电磁波功率为

$$P_{\text{intercepted}} = AS_{\text{i}} \tag{2-3}$$

式中: S_{i} 为入射电磁波功率密度。

通常目标对入射电磁波的散射不是均匀的,而是有方向性的,如图 2-2 所示。

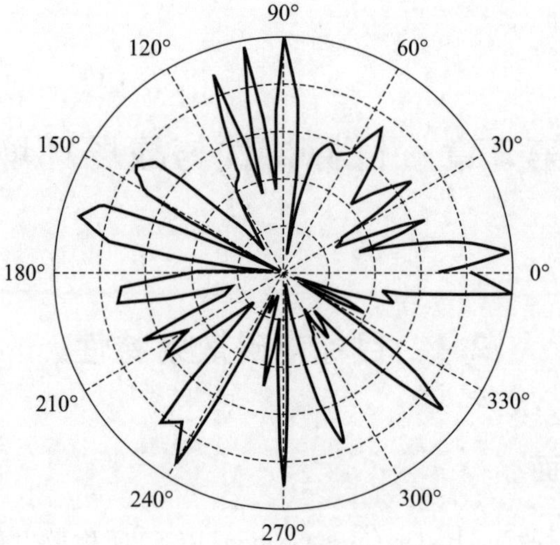

图 2-2 目标电磁散射方向性

方向性系数 D 表示目标在入射波方向上距离 R 处反射波的功率密度 S_r 与在半径为 R 的球面上均匀散射时在入射波方向上反射波功率密度 S_{av} 的比值，即

$$D = \frac{S_r}{S_{av}} \tag{2-4}$$

通常 S_r 和 S_{av} 用单位面积上的功率表示，因此 $S_{av} = P_{scatter}/4\pi R^2$，即

$$D = \frac{S_r \cdot 4\pi R^2}{P_{scatter}} \tag{2-5}$$

目标散射截面积如图 2-3 所示。

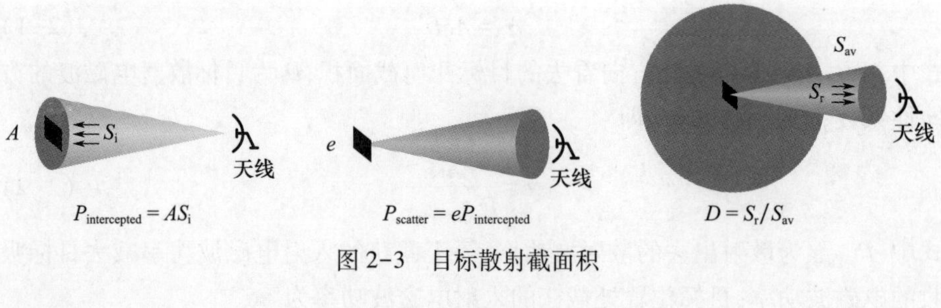

图 2-3 目标散射截面积

因此有

$$\sigma = A\frac{P_{scatter}}{AS_i} \cdot \frac{S_r \cdot 4\pi R^2}{P_{scatter}} = 4\pi R^2 \frac{S_r}{S_i} \tag{2-6}$$

又由于 $S_r = \dfrac{|E_r|^2}{2\eta}, S_i = \dfrac{|E_i|^2}{2\eta}$，其中 E_r, E_i 分别为散射波和入射波场强；η 为波阻抗。因此

$$\sigma = 4\pi R^2 \frac{S_r}{S_i} = 4\pi R^2 \frac{|E_r|^2}{|E_i|^2} \tag{2-7}$$

一般情况下，目标位于天线的远场区，从而雷达散射截面的另一种定义为[2-3]

$$\sigma = \lim_{R\to\infty} 4\pi R^2 \frac{S_r}{S_i} = \lim_{R\to\infty} 4\pi R^2 \frac{|E_r|^2}{|E_i|^2} \tag{2-8}$$

对于主动雷达，若其天线有效面积为

$$A_r = \frac{G_r \lambda_0^2}{4\pi} \tag{2-9}$$

式中：G_r 为接收天线增益；λ_0 为雷达工作波长，则反射波功率密度为

$$S_r = \frac{P_r}{A_r} \tag{2-10}$$

式中：P_r 为天线接收到的反射波功率；而入射波功率密度为

$$S_i = \frac{P_t}{4\pi R^2} \cdot G_t \tag{2-11}$$

式中：P_t 为雷达发射功率；G_t 为接收天线增益，由式(2-7)、式(2-9)～式(2-11)可得

$$\sigma = 4\pi R^2 \frac{P_r}{A_r} \cdot \frac{1}{\dfrac{P_t}{4\pi R^2} \cdot G_t} = (4\pi)^3 R^4 \frac{P_r}{P_t G_t G_r \lambda_0^2} \tag{2-12}$$

目标雷达散射截面的量纲与面积单位一致，单位为 m^2。由于 RCS 变化的动态范围很大，常用其相对于 $1m^2$ 的分贝数来表示，即分贝平方米，符号为 dBm^2，表示为

$$\sigma(dBm^2) = 10\lg\left[\frac{\sigma(m^2)}{1(m^2)}\right] \tag{2-13}$$

反射系数 e 和方向性系数 D 与波长、观测方向和电磁波极化等因素有关，因此 RCS 与波长（频率）、观测角度和电磁波极化密切相关。由于金属目标不吸收电磁波能量，反射系数 e 一般接近于 1，当方向性系数 D 远大于 1（方向性很强）时，RCS 远大于几何截面积。

2.1.2　散射系数

通常用杂波（Clutter）表示由环境所产生的回波，如陆地、海洋、大气、雨雾

等产生的回波。杂波可分为面杂波和体杂波,面杂波如地杂波和海杂波,体杂波如雨水杂波。面杂波源产生的杂波幅度与波束照射面积成比例,而体杂波源产生的杂波幅度与杂波区域体积有关。

散射截面通常用来表示目标尺寸比雷达系统照射面积小的情况下的散射特性,对于尺寸比雷达系统照射面积大得多的面杂波源而言,通常用散射系数描述其散射特性。散射系数定义为单位面积的面杂波源的 RCS[3],即

$$\boldsymbol{\sigma}^0 = \frac{\boldsymbol{\sigma}_c}{A_c} \tag{2-14}$$

式中:σ_c 为面积为 A_c 的面杂波源的雷达散射截面;散射系数 $\boldsymbol{\sigma}^0$ 也称归一化雷达散射面积或后向散射系数。散射系数是无量纲的量,通常用 dB 表示,为清楚起见,有时也写成 m^2/m^2。

同样地,通常用单位体积的体杂波源的 RCS 描述体杂波和体杂波源散射特性,即

$$\eta = \frac{\boldsymbol{\sigma}_c}{V_c} \tag{2-15}$$

式中:σ_c 为体积为 V_c 的体杂波源的雷达散射界面;η 为散射率。

2.1.3 极化散射矩阵

绝大部分目标在任意姿态角下,对不同极化波的散射是不同的,且对于大部分目标,散射场的极化不同于入射场的极化,这种现象称为退极化或交叉极化(Cross-polarization)。在一个包含参考极化(Co-polarization)椭圆的特定平面内,与这个参考极化正交的极化称为交叉极化,参考极化称为同极化。目标的极化特性是指目标对各种极化波的同极化和交叉极化作用。大多情况下,后向散射波与绕散射中心的小表面导电特性和形状有关,如物体表面的不连续性或曲率的空间变形以及镜面反射点和绕射点都可使后向散射波增强。

1946 年,美国俄亥俄州立大学天线实验室的学者 G. Sinclair 指出,雷达目标可视为一个“极化变换器”,可用一个 2×2 矩阵来描述雷达目标的散射特性,这就是极化散射矩阵[2]。

作为对入射波和目标之间相互作用(目标散射特性)的描述,极化散射矩阵 $\boldsymbol{S}$ 提供了一个很好的选择,极化散射矩阵可以表示为

$$\boldsymbol{E}^s = \boldsymbol{S} \cdot \boldsymbol{E}^i \tag{2-16}$$

式中:$\boldsymbol{E}^s = \begin{bmatrix} E_1^s \\ E_2^s \end{bmatrix}$,$\boldsymbol{E}^i = \begin{bmatrix} E_1^i \\ E_2^i \end{bmatrix}$ 分别表示散射场向量与入射场向量,下标 1、2 表示

一组正交极化分量。若目标距离足够远,则散射波和入射波均可以看成平面波,此时,$\boldsymbol{S}$ 是一个二阶矩阵,式(2-16)可以写成

$$\begin{bmatrix} E_1^{\mathrm{s}} \\ E_2^{\mathrm{s}} \end{bmatrix} = \begin{bmatrix} S_{11} & S_{12} \\ S_{21} & S_{22} \end{bmatrix} \begin{bmatrix} E_1^{\mathrm{i}} \\ E_2^{\mathrm{i}} \end{bmatrix} \tag{2-17}$$

即极化散射矩阵 $\boldsymbol{S}$ 定义为

$$\boldsymbol{S} = \begin{bmatrix} S_{11} & S_{12} \\ S_{21} & S_{22} \end{bmatrix} \tag{2-18}$$

由于电磁波极化定义所选择坐标系不同,散射矩阵可以有不同的形式,如在直角坐标系下,用水平极化(H)和垂直极化(V)表示的散射矩阵形式为

$$\boldsymbol{S} = \begin{bmatrix} S_{\mathrm{HH}} & S_{\mathrm{HV}} \\ S_{\mathrm{VH}} & S_{\mathrm{VV}} \end{bmatrix} \tag{2-19}$$

通常目标对不同极化入射波所产生的同极化和交叉极化散射波的幅度和相位差别各异,因此极化散射矩阵的元素一般是复数。

散射矩阵元素与散射截面之间的关系为

$$\sigma_{ij} = 4\pi r^2 \left| S_{ij} \right|^2 \tag{2-20}$$

由极化散射矩阵定义,对参考入射波极化 j,可定义退极化系数为交叉极化分量和同极化分量幅度之比,即

$$c_{ij} = \frac{\left| S_{ij} \right|}{\left| S_{jj} \right|} \tag{2-21}$$

退极化系数用于描述目标退极化的幅度特性,是实际场合中常被用到的参量。

飞机等复杂目标的高频后向散射波基本上可看成由若干散射中心贡献之和。在多数情况下,用线极化波照射飞机目标时,回波的同极化分量要强于正交极化回波分量,而用圆极化波照射飞机目标时,回波的同极化分量要弱于正交极化回波分量。根据在 X 波段上对小的单引擎轻型飞机到大的喷气式飞机共六种飞机进行的有关试验表明,用线极化波照射飞机,同极化回波要比正交极化回波强 4~16dB(垂直极化发射时,同极化回波比正交极化回波平均强 9.3dB;水平极化发射时,同极化回波比正交极化回波平均强 9.9dB),而用圆极化波(左旋或右旋)照射时,同极化回波要比正交极化回波弱约 1.6dB。

经过对几种飞机的金属缩比模型的测量结果表明,对常规飞机,特别是隐身飞机,当用线极化波照射时,存在着某些角度或频率范围内,正交极化的回波分量明显强于同极化回波分量的情况,有时甚至高达 20dB,这意味着利用正交极化回波对隐身飞机的探测是有利的。

对舰船目标而言,其极化散射以平板和二面角为主,同极化通道的回波幅度远大于交叉极化通道。

2.1.4 典型目标 RCS

1. 海面目标 RCS

在微波波段,海面大型舰船目标一般具有较大的 RCS 值,大型舰船目标的平均 RCS 值如表 2-1 所示[5]。

表 2-1 大型舰船目标的平均 RCS 值

目标类型	平均 RCS/m^2
排水量大于 10000t 大型舰船	>20000
排水量 1000~3000t 中型舰船	3000~10000
排水量 60~200t 小型舰船	50~250
潜艇(浮出水面状态)	35~140
潜艇(潜望镜状态,浮出水面 0.5m)	0.3~0.4

特别地,在 1~10GHz 频率范围内,舰船目标的船舷方向的 RCS 值的中位数可以根据经验公式进行估算[5],即

$$\sigma_{0.5} = 52f^{\frac{1}{2}}D^{\frac{3}{2}} \tag{2-22}$$

式中:f 为工作频率(GHz);D 为舰船排水量(kt)。

观测距离增加时,由于地球曲率半径的影响,舰船水线以上部分结构会落入阴影区而不可见,海面舰船目标的 RCS 平均值一般会随距离增加而下降,典型民用海面舰船目标平均 RCS 随观测距离的变化如表 2-2 所示[5]。

表 2-2 典型民用海面舰船目标平均 RCS 随观测距离变化情况

目标类型	不同距离时平均 RCS/dBm²								
	7n mile	8n mile	9n mile	10n mile	11n mile	12n mile	13n mile	14n mile	15n mile
拖网渔船	—	—	—	25	24	21	21	19	18
干货货轮	25	25	24	23	21	19.5	18	—	—
油轮	35	34	32	29.5	27	26	25	—	—
注:取自文献[5]中的线条图数据									

在毫米波段,由于舰船上层建筑中类似角反射器结构的影响,海面舰船目标的平均 RCS 值相对于式(2-22)的估算值随频率升高而快速增加。对排水量小于 200t 的小目标,其 RCS 平均值比式(2-22)的估算值增加 3~5dB,对于内

燃机船，其 RCS 平均值增加 15~20dB。三种海面舰船目标在 X 波段和 Ka 波段平均 RCS 随距离变化情况如表 2-3 所示[4]。

表 2-3　三种海面舰船目标不同波段平均 RCS 随距离变化情况

目标	波长	不同距离时平均 RCS/m^2								
		2n mile	3n mile	4n mile	5n mile	6n mile	7n mile	8n mile	9n mile	10n mile
巡逻艇	3cm	—	350	300	250	80	65	35	20	—
	8mm	—	500	500	450	400	300	300	250	100
油轮	3cm	1150	1000	800	700	500	450	350	—	—
	8mm	11000	5000	4000	3000	2500	1000	600	400	—
大型内燃机船	3cm	—	—	—	10000	9500	9000	8000	7000	4000
	8mm	—	—	—	35000	32000	30000	28000	27000	25000
注：取自文献[5]中的线条图数据										

小型海面目标的平均 RCS 一般较小，如表 2-4 所示。类似海面航标的目标由于不同海情下粗糙海面海浪和锚的影响，在上下浮动的同时其姿态往往会转动，其 RCS 与其他小型海面目标不同，高海情时由于海浪遮挡效应会引起其平均 RCS 的减小。例如，海情在 1~5 级变化时，小型海面航标的 RCS 变化范围可达 7dB，中型海面航标的 RCS 变化范围可达 18dB，而大型海面航标的变化范围为 9dB[4]。

表 2-4　小型舰船目标的平均 RCS

目标类型	平均 RCS/m^2	
	$\lambda = 3cm$	$\lambda = 8mm$
游艇、快艇、帆船	10~20	12~14
摇桨船	2~4	0.8~5.0
橡皮艇	1.0~2.0	1.2~2.5
有雷达反射器的大型海面航标	2.0~20	—
有雷达反射器的中型海面航标	7~10	—
小型海面航标	10	—
锥形浮标	10	—
帆板冲浪者	2.5~3.0	2.5~3.5

2. 地面目标 RCS

不同类型的地面目标其 RCS 值变化范围非常大。表 2-5 为 $\lambda = 3cm$ 时典型地面目标沿土路行驶时的前向 RCS 值变化范围[4]。

表 2-5 典型地面目标 RCS 值变化范围

目标类型	RCS/m^2
坦克	6.0~9.0
装甲车	8.9~30.0
重型牵引火炮	15.0~20.0
轻型牵引火炮	10.0~15.0
卡车	6.0~10.0

3. 空中目标 RCS

典型空中目标主要有飞机类目标和导弹类目标，由于其形状的特殊性，其鼻锥向和正侧向的 RCS 差别较大。通常飞机类目标的 RCS 一般按照 $4m^2$ 来确定。随着隐身飞机的工程化和实用化，采用隐身措施的典型飞机目标的 RCS 值一般定为 $0.4m^2$。

$\lambda = 5cm$ 时典型飞机目标的 RCS 统计平均值如表 2-6 所示[3]。

表 2-6 典型飞机 RCS 统计平均值

目标类型	RCS/m^2	
	鼻锥向±45°	正侧向 90°±5°
远程轰炸机 B-52	100	1000
战斗机 F-15	4	400
准隐身战斗机 F-16S	0.4	10
侦察飞机（“侦察兵”系列）	0.2	—
隐身轰炸机 B-2	0.1	—
隐身侦察/强击机 F-117A	0.02	0.1
隐身无人侦察机 CM-30，CM44	0.001	0.1

不同波段，不同极化方式时，典型导弹目标的 RCS 参考值如表 2-7 所示[3]。

表 2-7 典型导弹目标 RCS 参考值

<table>
<tr><th rowspan="2">导弹类型</th><th rowspan="2">极化</th><th rowspan="2">方向</th><th colspan="4">RCS/m²</th></tr>
<tr><th>S 波段</th><th>C 波段</th><th>X 波段</th><th>Ku 波段</th></tr>
<tr><td rowspan="4">“哈姆”
反辐射导弹</td><td rowspan="2">HH 极化</td><td>头部</td><td>—</td><td>0.08</td><td>0.13</td><td>0.10</td></tr>
<tr><td>正侧向</td><td>—</td><td>2.86</td><td>7.45</td><td>4.19</td></tr>
<tr><td rowspan="2">VV 极化</td><td>头部</td><td>—</td><td>0.05</td><td>0.06</td><td>0.12</td></tr>
<tr><td>正侧向</td><td>—</td><td>3.10</td><td>5.31</td><td>4.78</td></tr>
</table>

续表

导弹类型	极化	方向	RCS/m²			
			S 波段	C 波段	X 波段	Ku 波段
“幼雏”反辐射导弹	HH 极化	头部	0. 27	0. 32	0. 54	0. 79
		正侧向	1. 65	2. 90	1. 56	3. 34
	VV 极化	头部	0. 29	0. 26	0. 73	1. 44
		正侧向	3. 11	1. 62	7. 14	2. 87
“战斧”巡航导弹	HH 极化	头部	0. 28	0. 22	0. 31	0. 38
		正侧向	4. 64	3. 32	2. 88	2. 56
	VV 极化	头部	0. 54	0. 38	0. 24	0. 33
		正侧向	4. 35	4. 83	3. 35	3. 80

2. 2　目标辐射特性

2. 2. 1　黑体辐射

任何一个物体,在任何温度下都要发射电磁波。这种由于物体中的分子、原子受到热激发而发射电磁辐射的现象,称为热辐射。

另外,任何物体在任何温度下都要接收外界入射的电磁波,除一部分能量被反射回外界,其余部分都被物体所吸收。

物体在任何时刻都存在着发射和吸收电磁辐射的过程。实验表明,不同物体在某一频率范围内发射和吸收电磁辐射的能力是不同的。例如,深色物体吸收和发射电磁辐射的能力比浅色物体要大一些。

对同一个物体来说,某频率范围内发射电磁辐射的能力越强,则吸收该频率范围内电磁辐射的能力也越强;反之亦然。

1. 黑体

假定有一种物体,能够吸收一切的外来辐射,这种物体称为黑体(绝对黑体)。同时,黑体也向外发射电磁辐射,并且发射的能力是最强的。

2. 辐射出射度

从热力学温度为 T 的黑体的单位面积上,单位时间内,在波长 λ 附近单位波长范围内所辐射的电磁波的能量称为单色辐出度,单色幅出度是温度和波长的函数,用 $M_\lambda(T)$ 表示。

在单位时间内,从温度为 T 的黑体单位面积上,所辐射出的各种波长的电磁波的能量总和,称为辐射出射度,简称辐出度,记为

$$M(T)=\int_0^{\infty} M_\lambda(T)\,\mathrm{d}\lambda \tag{2-23}$$

可以认为黑体在所有方向上的谱亮度都是相同的,无方向性。

3. 灰体及发射率

在自然界中,绝对黑体是不存在的。实际物体称为灰体。灰体总是存在吸收和反射能量,根据能量守恒定律,在相同温度时,灰体的辐出度 $M_{\lambda T}(\phi,\theta)$ 比同温度的黑体辐出度 $M_\lambda(T)$ 小,并且与辐射方向有关。

定义发射率 $e(\phi,\theta)$ 为灰体辐出度 $M_{\lambda T}(\phi,\theta)$ 与 $M_\lambda(T)$ 的比值,即

$$e(\phi,\theta)=\frac{M_{\lambda T}(\phi,\theta)}{M_\lambda(T)} \tag{2-24}$$

因为 $M_{\lambda T}(\phi,\theta)\leqslant M_\lambda(T)$,所以 $0\ll e(\phi,\theta)\ll 1$,黑体的发射率为 1。常温下部分地物的发射率如表 2-8 所示。

表 2-8　常温下部分地物的发射率

地物名称	发射率	地物名称	发射率
木板	0.98	石油	0.27
柏油路	0.93	灌木	0.98
土路	0.83	麦地	0.93
石英	0.89	黑土	0.87
铝(光面)	0.04	粗钢板	0.82
大理石	0.95	草地	0.84

普朗克认为,黑体辐射的能量不是连续的,黑体以能量子(光子)为基本单元来吸收或者发射能量,每一份能量为

$$\varepsilon = hf \tag{2-25}$$

式(2-25)的普朗克辐射公式表明,在单位时间内,从温度为 T 的黑体,单位面积上,单位立体角内,频率在 $f\to f+\Delta f$ 范围内辐射的能量为

$$M_{\mathrm{f}}(T)\,\mathrm{d}f=\frac{hf^3}{c^2}\cdot\frac{1}{\mathrm{e}^{\frac{hf}{kT}-1}}\mathrm{d}f \tag{2-26}$$

式中:h 为普朗克常数,$h=6.63\times10^{-34}\,\mathrm{J\cdot s}$;$k$ 为玻耳兹曼常数,$k=1.38\times10^{-23}\,\mathrm{J/K}$;$c$ 为光速,$c=3\times10^8\,\mathrm{m/s}$。辐出度的单位为 $\mathrm{W/(m^2\cdot S_r\cdot Hz)}$。

2.2.2 毫米波辐射

毫米波是指波长范围为 1~10mm,频率范围为 30~300GHz 的电磁波。

由普朗克黑体辐射公式,在毫米波波段, $hf/kT \ll 1$, $e^{\frac{hf}{kT}} \approx 1 + \frac{hf}{kT}$,可以得到瑞利-琼斯公式

$$M_f(T) = \frac{hf^3}{c^2} \cdot \frac{1}{\frac{hf}{kT}} = \frac{f^2}{c^2} \cdot kT = \frac{kT}{\lambda^2} \tag{2-27}$$

采用瑞利-琼斯公式计算 $M_f(T)$,与采用普朗克黑体辐射公式相比,在低于 117GHz 范围内误差小于 1%,在 370GHz 范围内误差小于 3%,覆盖 8mm、3mm 波段。

若采用毫米波天线对空间中黑体辐射的总功率进行接收,如图 2-4 所示,接收到的总功率为 $M_f(T)$ 的积分

$$P_b = A_{eff}\Delta f\left[\iint_{4\pi} B_{bf}F_n(\phi,\theta)\,d\Omega\right] \tag{2-28}$$

式中: A_{eff} 为天线最大接收面积; $F_n(\phi,\theta)$ 为天线归一化方向图; $d\Omega$ 为微面源相对于天线所在点所张的立体角, $d\Omega = \frac{ds}{R^2}$; Δf 为接收机带宽。

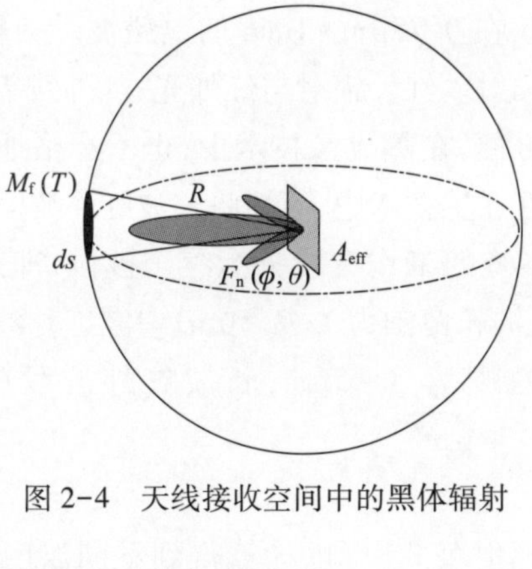

图 2-4　天线接收空间中的黑体辐射

利用瑞利-琼斯公式简化黑体辐射功率

$$P_b = A_{eff}\Delta f\left[\iint_{4\pi} \frac{kT}{\lambda^2}F_n(\phi,\theta)\,d\Omega\right] \tag{2-29}$$

又由天线理论知,方向性系数

$$D=\frac{4\pi}{\lambda^2}A_{\mathrm{eff}},D=\frac{4\pi}{\iint_{4\pi}F_{\mathrm{n}}(\phi,\theta)\mathrm{d}\Omega} \tag{2-30}$$

因此,有 $\frac{A_{\mathrm{e}}}{\lambda^2}\iint_{4\pi}F_{\mathrm{n}}(\phi,\theta)\mathrm{d}\Omega=1$,故式(2-29)简化为

$$P_{\mathrm{b}}=kT\Delta f \tag{2-31}$$

式(2-31)表明:天线接收功率与热力学温度之间呈线性关系,在微波辐射测量中能够用温度直接表示接收到的功率大小。

由物体的发射率

$$e(\phi,\theta)=\frac{M_{\lambda\mathrm{T}}(\phi,\theta)}{M_{\lambda}(T)}=\frac{T(\phi,\theta)}{T} \tag{2-32}$$

定义实际物体的亮度温度为

$$T(\phi,\theta)=T\cdot e(\phi,\theta) \tag{2-33}$$

实际物体的亮度温度总是小于或等于其实际温度。

毫米波无源探测技术正是利用了物体间温度差及发射率的差别来分辨不同的物体。由于金属目标的发射率极低,其亮度温度主要来自发射的天空温度和周围环境的温度,利用毫米波辐射计探测金属目标非常有优势。

2.2.3 红外辐射

红外辐射是指波长在 0.75μm~1mm 的电磁波。一般来说,分子热运动产生的红外辐射称为热辐射。红外辐射与红外光、红外线等名词有相同的物理意义。根据习惯和使用方便,在热成像技术中,也不严格地将红外辐射与热辐射两个名词等同使用。在遥感技术中,习惯将长波红外波段称为热红外波段。

工程上,将红外系统的工作波段分为三个波段,即短波红外波段(Short-Wave Infrared,SWIR),波长范围为 1~2.5μm;中波红外波段(Medium-Wave Infrared,MWIR),波长范围为 3~5μm;长波红外波段(Long-Wave Infrared,LWIR),波长范围为 8~14μm。

1. 红外辐射分布

根据普朗克黑体辐射公式,可以计算得到不同温度的黑体辐出度分布曲线,如图 2-5 所示。

由图 2-5 可知[8]:

(1) 各条曲线互不相交,每条曲线下所围的面积代表该温度的全光谱辐出度,温度越高,所有波长的光谱辐出度越大。

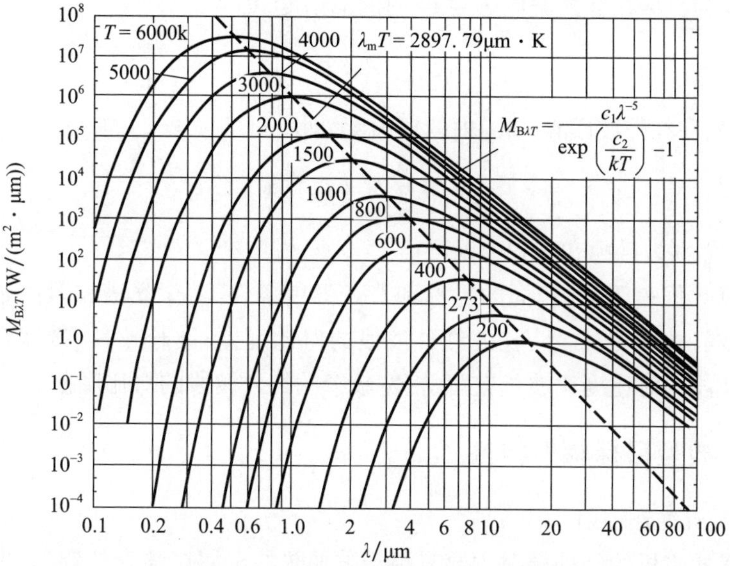

图 2-5　不同温度的黑体辐出度分布曲线

如果将普朗克公式对波长从 0～∞ 积分，所确定的黑体全光谱辐出度 M_B 与温度 T 的关系即为斯特藩-玻耳兹曼(Stefan-Boltzmann)定律。

$$M_B = \sigma T^4 \tag{2-34}$$

式中：σ 为斯特藩-玻耳兹曼常数，$\sigma = 5.67 \times 10^{-8} W/(m^2 \cdot K^4)$。黑体的全光谱辐出度与温度成 4 次方的关系。

在红外隐身技术中，第一要素就是如何降低武器平台的温度，以最大限度地减少向环境的红外辐射能，根据降低的温度数值，可以具体计算武器平台红外辐射的峰值是否移出红外探测器的探测范围，进而评估红外隐身的效果。

(2) 随着温度升高，除黑体辐射的峰值波长从长波向短波方向移动外，各个波长的光谱辐出度也随之增加，辐射中包含的短波成分也随之增加。就总的能量来讲，在相同的波长处，高温黑体的长波红外辐射要比低温黑体的强。

(3) 曲线族的极大值的连线是一条直线，这条直线方程就是维恩位移定律

$$\lambda_m T = 2897.79 \mu m \cdot K \tag{2-35}$$

2. 目标与背景的辐射对比度

用辐射对比度 C 描述目标与背景辐射的差别，目标与背景之间的辐射对比度实际上就是目标对背景辐射的调制度，因此定义

$$C = \frac{M_T - M_B}{M_T + M_B} \tag{2-36}$$

式中：M_T 为目标在红外波段 $\lambda_1 \sim \lambda_2$ 内的辐出度，即

$$M_T = \int_{\lambda_1}^{\lambda_2} M_\lambda(T_T)\,d\lambda \tag{2-37}$$

M_B 为背景在红外波段 $\lambda_1 \sim \lambda_2$ 内的辐出度，即

$$M_B = \int_{\lambda_1}^{\lambda_2} M_\lambda(T_B)\,d\lambda \tag{2-38}$$

T_T 和 T_B 分别为目标和背景的温度值。

计算数据表明：在相同的目标和背景温度条件下，全光谱波段的辐射对比度比短波红外、中波红外、长波红外波段的对比度差；波长较长、带宽较宽的长波红外波段的对比度比波长较短、带宽较窄的红外波段的对比度差。

2.2.4 典型目标辐射特性

1. 飞机红外辐射

喷气式飞机的红外辐射主要来源于被加热的金属尾喷管热辐射、发动机排出的高温尾焰辐射、飞机飞行时气动加热形成的蒙皮热辐射以及对环境辐射（太阳、地面和天空）的反射。

尾喷管是被排出气体加热的圆柱形腔体。在工程计算时，往往把涡轮气体发动机看作一个发射率为 0.9 的灰体，其温度等于排出气体的温度，面积等于排气喷嘴的面积。就现有发动机而言，只能在短时间（如起飞时）经受高达 700℃的温度；长时间飞行时，能经受的最大值为 600℃；低速飞行时，可降到 350℃或 400℃。

喷气式飞机飞行时，几乎可以从任何角度看到尾焰或尾焰的一部分。尾焰的主要成分是二氧化碳和氧气，它们在 2.7μm 和 4.3μm 附近有较强的辐射。同时，大气中也含有水蒸气和二氧化碳，辐射在大气中传输时，在 2.7μm 和 4.3μm 附近往往容易引起吸收衰减。但是，由于尾焰温度比大气温度高，在上述波长处，尾焰辐射的谱带宽度比大气吸收的谱带宽度宽，所以某些弱谱线辐射就超出了大气的强吸收范围，其传输衰减比大气吸收谱带内小得多，在 4.3μm 处最为显著。

飞机反射的太阳光辐射主要集中在近红外 1~3μm 和中红外 3~5μm 波段内，而飞机对地面和天空热辐射的反射主要在远红外 8~14μm 和中红外 3~5μm 波段内。

2. 火箭（导弹）红外辐射

飞行中的弹道火箭是一种强烈的红外辐射源，其壳体由于火箭发动机工作

时散发的热量、空气气动加热和太阳辐射，可达到很高的温度。飞行初始段，短时间的辐射源是燃料燃烧后的产物和尾焰。

由于发动机的工作，火箭壳体（尤其是尾部）温度很高，燃烧室内的温度高达3000℃。壳体最强烈的加热是火箭在稠密大气层内飞行时与空气摩擦的结果。例如，德国V-2火箭在稠密大气层内以5000km/h的速度飞行时，其温度可达950℃。火箭穿过稠密大气层时的速度及其外壳温度平均为：射程1600km的火箭速度可达3500m/s，外壳平均温度可达3700K；射程8000km的火箭速度可达6700m/s，外壳平均温度可达7400K。

导弹在发动机工作时通常伴随着很强的光辐射，辐射功率可达10^6W。利用火箭发动机发出的光辐射，可以对导弹进行远距离探测。发动机的光辐射与发动机喷焰的结构和化学组分有关。

3. 坦克红外辐射

不同型号的探测，由于使用的发动机功率不同或效率不同，采用的热伪装与屏蔽措施不同，因而红外辐射特性也不同。例如，美国M48坦克，发动机排气装置位于探测底部，而苏制T-58型坦克，发动机排气装置位于侧面，发动机性能较差，所以在相同速度下，T-58型坦克表面的红外辐射温度较高，尤其在排气装置的一侧。

由于坦克形状复杂，各部分结构不同，所以从不同方位观测，坦克表面的红外辐射温度也有所差别。表2-9给出了T-58型坦克在水平方向、不同方位角进行测量得到的坦克表面平均辐射亮度，尾向较大的红外辐射值是由坦克运动形成的热烟尾迹引起的。

表2-9　T-58型坦克不同观测方位的平均辐射亮度

观测方位	平均辐射亮度/(W/(sr·m^2))	
	8~14μm	3~5μm
左外侧	50.2	3.81
右外侧	45.5	2.90
尾向	58.4	6.24
前向	47.5	2.90

由于白天太阳对坦克的辐射加热和昼夜环境温度变换，静止状态或运动状态的坦克，其表面温度随时间变化而变化。在日出前5~6时，坦克表面温度最低；日出后，在太阳光照射加热下，表面温度逐渐升高。在下午2~3时，坦克表面温度最高，随后表面温度又慢慢下降。表2-10为T-58型坦克的不同时间段

的平均辐射亮度。

表 2-10　T-58 型坦克不同时间段的平均辐射亮度

观测时间	观测方位	平均辐射亮度/(W/(sr · m^2))		发动机转速/(r/min)
		8~14μm	3~5μm	
10:00	左外侧	45.5	2.90	0
21:43	右外侧	38.6	2.29	0
10:42	尾向	47.5	2.90	600
21:25	前向	39.0	2.33	600

4. 海面目标红外辐射

海面目标主要是指各种海面舰艇,如航空母舰、驱逐舰、护卫舰、猎潜艇、扫雷舰、运输舰等。海面舰艇的烟囱和动力舱部位相对于海洋背景有较高的温度(发动机工作)时,尤其是烟囱部位相对于海洋背景有较强的红外辐射。利用 3~5μm 红外成像系统,可以在海面上对舰船进行探测、跟踪和制导。在白天,因海面反射太阳光干扰作用,当舰船位于太阳、舰船和红外系统三者几何位置所确定的亮带区时(即形成镜面反射的海域),3~5μm 红外系统的工作性能将大为降低,甚至丧失工作能力。

除了烟囱和发动机部位外,舰船其他部位(甲板和船舷大多由相对较薄的金属板制成),因传导性好和比热小,所以在白天太阳光照射下,其温度升高快,比海水温度高。但是夜间因太阳光消失,舰船甲板和船舷的温度随海面气温而变化,并可近似认为两者相等,低于夜间海水温度。利用红外 8~12μm 成像系统可对舰船进行昼夜的探测、识别、跟踪和制导,在白天可以不受海面反射的太阳光的干扰,但是在昼夜 24h 中,舰船与海洋背景之间的红外辐射温度差近似为零的两个瞬间,8~12μm 系统将不能从海洋背景中检测和识别舰船。

2.3　背景杂波与背景辐射

2.3.1　入射角与掠射角

面杂波源的散射特性通常与电磁波的入射方向密切相关。工程上,电磁波入射方向通常用掠射角(入射余角)Ψ 表示,如图 2-6 所示。

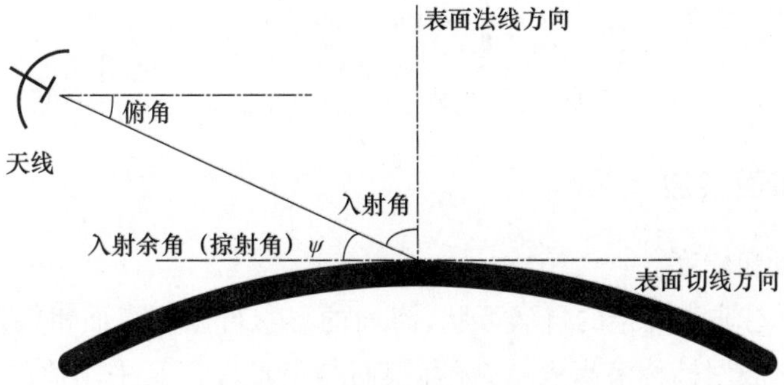

图 2-6　入射角与掠射角

当掠射角较小时，窄脉冲雷达的波束宽度在俯仰方向上覆盖的距离范围大于脉冲宽度覆盖的距离范围，即距离维上分辨单元的大小是由脉冲宽度 τ 而不是俯仰波束宽度所决定的；杂波区域的横向维宽度由方位波束宽度 θ_B 和距离 R 决定，如图 2-7 所示。从而雷达分辨单元的面积 A_c 为

$$A_c = R\theta_B \times \frac{1}{2}c\tau \times \sec\psi \tag{2-39}$$

式中：c 为电磁波传播速度。对于脉冲压缩信号，脉冲宽度 τ 为压缩以后的脉冲宽度。

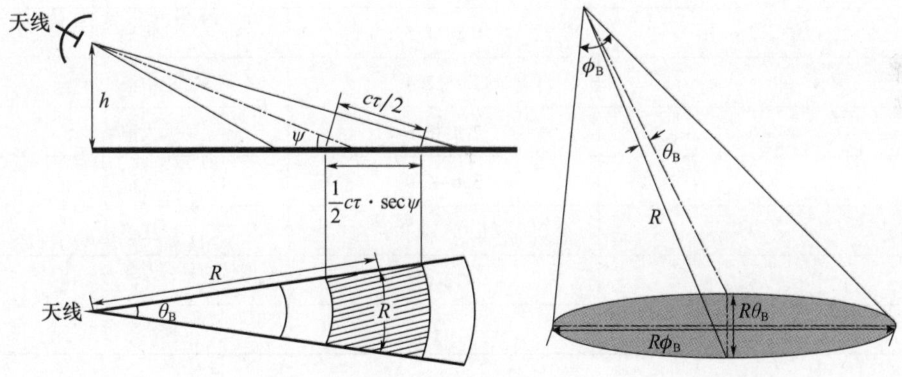

(a) 小掠射角情况　　(b) 大掠射角情况

图 2-7　杂波区域面积

大掠射角时，天线波束以接近垂直的方向照射面杂波源，照射区域可近似认为是一个椭圆。按照椭圆面积公式 $\pi ab/4$（a,b 分别为椭圆长轴和短轴长度），则照射区域面积由天线波束两个主平面的波束宽度 θ_B 和 ϕ_B 决定，即

$$A_c = \frac{\pi}{4} \times R\theta_B \cdot R\phi_B \times \frac{1}{2} \tag{2-40}$$

式中:因子 1/2 是必不可少的,因为在这种情况下,θ_B 和 ϕ_B 为单程波束宽度。

2.3.2 海面杂波

1. 海面粗糙度

海面具有非常复杂的自然形状,海面的形状可以用海面粗糙度描述。海面粗糙度一般用标称浪高表示,标称浪高是指最大浪高平均值的 1/3。海面粗糙度受诸多因素影响,如风速、海浪、破碎波、水花、泡沫等。海面粗糙度通常采用道格拉斯 10 级海况标度(Douglas Scale)进行分级。表 2-11 为道格拉斯海况表。统计分析表明,45% 的海面浪高小于 1.2m,80% 的海面浪高小于 3.6m[5]。

表 2-11 道格拉斯海况表

粗糙度和浪涌状态	标称浪高/m	海情描述
0	0	无浪
1	0.3	微浪
2	0.3~0.9	小浪
3	0.9~1.5	轻浪
4	1.5~2.4	中浪
5	2.4~3.6	大浪
6	3.6~6.0	巨浪
7	6.0~12.0	狂浪
8	12.0	狂涛
9	—	怒涛

2. 海面散射系数

不同海况等级条件下海面散射电磁波的能力不同,高海况条件下可能会出现目标回波信号和海杂波的信杂比较低,影响雷达目标检测、搜索、识别和跟踪性能。海况等级、电磁波工作频率、入射余角、极化等因素共同决定了海面散射系数值。

在高掠射角时,海面类似于许多独立的定向小平面,入射能量被直接反射回雷达,因此,海面散射系数可能非常大。在中等大小的掠射角时,海面对电磁波的反射类似于一个粗糙平面的散射。在低掠射角时,后向散射会受到海浪低凹区域的遮挡,使得位于低处的散射体无法被照射到;同时,由于多路径效应的影响,直接反射的能量与不同相的面反射能量相互抵消,海面散射系数较小。垂直入射时的最大杂波和以低掠射角入射时的最小杂波的差可达几十分贝。

低掠射角和中等掠射角情况下,海面散射系数如表 2-12 所示[5]。

表 2-12　不同海况、入射余角条件下海面散射系数 (单位: dB)

频率/Hz	极化	入射余角					
		0.3°	1.0°	3.0°	10°	30°	60°
海况等级	1						
S 波段(3.0G)	VV	-62	-56	-52	—	-40	-24
	HH	-74	-65	-59	—	—	-25
X 波段(9.36G)	VV	-58	-50	-45	-42	-39	-28
	HH	-66	-51	-48	-51	—	-26
Ka 波段(35G)	VV	—	—	-41	-38	-37	-26
	HH	—	-40	-43	—	—	—
海况等级	3						
S 波段(3.0G)	VV	-55	-48	-43	-34	-29	-19
	HH	-58	-48	-46	-46	-38	—
X 波段(9.36G)	VV	-45	-39	-38	-32	-28	-17
	HH	-46	-49	-39	-37	-34	-21
Ka 波段(35G)	VV	—	-34	-34	-31	-23	-14
	HH	—	-36	-37	-31	—	—
海况等级	5						
S 波段(3.0G)	VV	-50	-38	-35	-28	—	—
	HH	-44	-42	-37	-38	—	—
X 波段(9.36G)	VV	-39	-33	-31	-26	-20	-10
	HH	-39	-33	-32	-31	-24	-12
Ka 波段(35G)	VV	—	-31	-30	-26	-20	—
	HH	—	—	—	-27	-20	—

大掠射角时,不同风速条件下,3cm 波段和 8mm 波段的海面散射系数如表 2-13 所示。

表 2-13 大掠射角时海面散射系数

波长/cm	风速/(m/s)	不同掠射角条件下海面散射系数 σ_0 /dB						
		90°	87.5°	85°	82.5°	80°	77.5°	75°
0.86	2.5~5.0	16	11	7	2.5	-5	-13	—
	5.0~7.5	14	13	12	11	9	6	2
	7.5~10	13	12.5	12	11	9.5	8	6.5
	10.0~12.0	12	11.5	10.5	9.7	8	7	6.0
3.2	2.5~5.0	5	3	0.5	-2.0	-5.0	-7.5	-10.5
	5.0~7.5	3	2.5	1.5	0.5	-0.5	-2.5	-4.0
	7.5~10	-1	-1.5	-3.0	-4.0	-5.0	-6.5	-8.0

发射和接收极化对海面散射系数有较大影响。在 X 波段,掠射角为 1°~2°时,HH 极化的海面散射系数比 VV 极化大 8~12dB。掠射角小于 0.5°且为高海况等级时,在 X 波段与毫米波段,HH 极化的海面散射系数比 VV 极化高 1~2dB。当海面平静时,VV 极化的海面散射系数比 HH 极化高 5~7dB。

相对于波束方向的风向与海面散射系数密切相关。在中等海况等级和低掠射角情况下,一般上风向海面散射系数最大,侧风向海面散射系数最小。在 1~3cm 波段,掠射角为 10°时,对于 HH 极化,上风向和下风向的海面散射系数比为 8dB,且随着角度改变;对于 VV 极化,上风向和下风向的海面散射系数比小于 4dB。3cm 波段的上风向和侧风向海面散射系数比为 5~6dB。在毫米波段,上风向和侧风向海面散射系数比为 5dB 或 6dB,在平静海面状态下可上升为 10~15dB。

2.3.3 地面杂波

地面杂波的特性可以按照低、中、高掠射角进行分析。

在低掠射角情况下,对于大多数强的低掠射角地面杂波的来源为杂波区域内离散的垂直物体,如树木、建筑物或地形上的高点等,地形的低区域在低掠射角被遮挡。在低掠射角区域,随着角度的增加,遮挡减少,杂波强度增加,散射系数增加。

电磁波的极化对杂波强度的影响并不明显,通常垂直极化和水平极化差别为 1dB 或 2dB,并且与频率关系不大。通常认为,由于地面垂直散射体的影响,平均而言,垂直极化的平均地面杂波强度比水平极化强 2dB。

对于中掠射角的情况,地面可以认为是一个粗糙表面。许多实验测量值表明在几度到约 70°掠射角的散射系数可以用参数 γ 表示,γ 与散射系数关系为

$$\gamma = \frac{\sigma_0}{\sin\psi} \tag{2-41}$$

参数 γ 在中掠射角情况下几乎与掠射角无关，Nathanson 称掠射角在 6°~70°时，对 0.4~35GHz 的所有频率及所有极化，γ 的最大值为 -3dB，中值为 -14dB，最小值为 -29dB。Barton 认为对于覆盖了庄稼、矮树丛及树木的地形，杂波的 γ 值介于 -10dB~-15dB，并且城市和高山杂波的 γ 接近 -5dB。

对于高掠射角情况，入射波接近垂直入射，这个范围内的散射是由相对于波长较平的小平面反射造成的，σ_0 值可能很大，同时会受到天线方向图和天线增益的影响。

无植被的粗糙水泥地面的散射系数如图 2-8 所示，其中实线为根据数学模型计算值；实心圆圈和叉号表示实验测量数据。表 2-14 所示掠射角为 10°时，不同频率、不同地面的散射系数范围。表 2-15 所示为掠射角为 90°时，不同地表散射系数[5]。表 2-16 所示为掠射角小于 1°时，有植被地面散射系数。

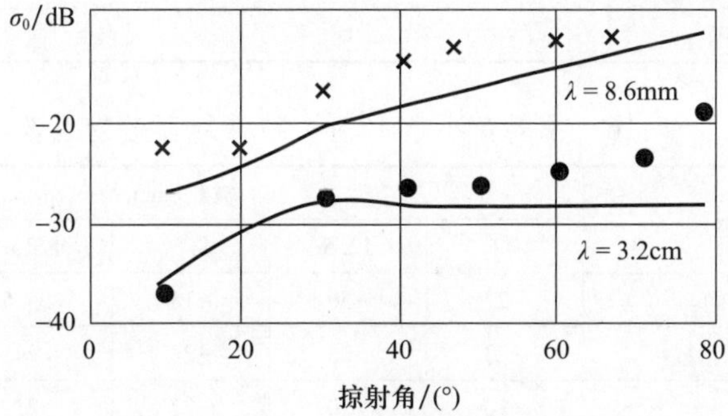

(a) 垂直极化

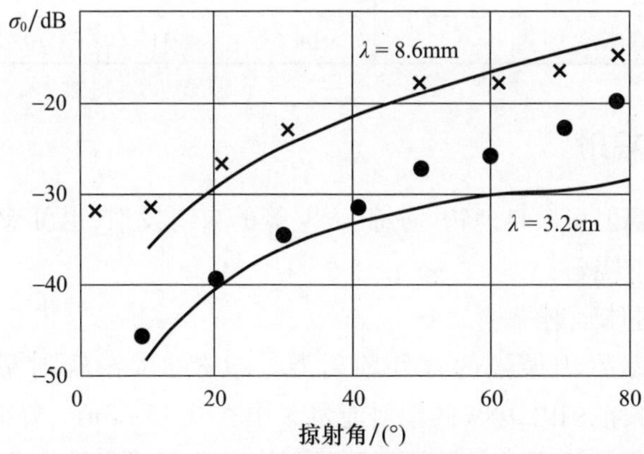

(b) 水平极化

图 2-8　无植被粗糙水泥地面的散射系数

表 2-14　掠射角为 10°时不同地面散射系数范围

频率/GHz	水泥路面/dB	沥青路面/dB	沥青碎石路面/dB	碎石渣路面/dB
10.0	−(30~54)	−(26~46)	−(25~41)	−(25~44)
15.5	−(29~45)	−(25~39)	−(20~33)	−(18~34)
35.0	−(20~43)	−(18~33)	−(15~29)	−(18~28)

表 2-15　掠射角为 90°时不同地面散射系数

地表类型	不同频率散射系数/dB			
	10.0GHz	40~90GHz	70.0GHz	135.0GHz
湖面(光滑面)	11.4	20.0	15.2	—
沥青路面	—	16.0	—	—
水泥路面	—	15.2	11.5	—
沙、碎石	6.5	−7.4	−1.2	—
砖	—	—	—	4.0
5mm 厚瓷砖面	—	—	—	−10.0

表 2-16　掠射角小于 1°时有植被地面散射系数

植被类型	波长/mm				
	32	12.5	8.6	8.15	4.1
草坪(平面)	−27	−30	−15	−25.5	−30
大草原(0.5m 高粗糙度)	−23	−23	−23	−24	−2
干草坪	−20	−20	−27	−21	−22.5
稀疏混合森林、矮树丛、灌木	−22	−20	−23	−21	−21.5
密集阔叶森林	−12	−14.5	−11	−8	−9.5

2.3.4　背景辐射

背景红外辐射可来自地物、海绵、天空等的自身发射,也可来自这些环境的反射辐射或散射辐射。

1. 太阳、月球辐射

太阳是自然界中最强的红外辐射源。99%的太阳辐射集中在 0.276~10.94μm 的波长范围内,98%的辐射能量集中在 0.15~3μm,峰值约为 0.5μm,与 5900K 黑体最为接近。太阳在海平面上的光谱辐照度受大气传输的影响而改变。直射太阳辐射将随所经大气路径长度的增加而减少。

月球辐射主要包括反射的太阳辐射和月球自身的辐射两部分。月球的辐射近似于 400K 的绝对黑体,峰值波长为 7.24μm。

2. 天空背景辐射

白天,天空背景的辐射是散射太阳和大气热辐射的组合,即波长小于 3μm 的太阳散射区和 4μm 以上的热发射区,热发射用 300 黑体表示。夜间,因不存在散射的阳光,天空的红外辐射为大气的热辐射。大气的热辐射主要与水蒸气、二氧化碳和臭氧的含量有关。低仰角时,大气路程很长,光谱辐射亮度为底层大气温度的黑体辐射。在高仰角时,大气路径变短,在发射率很小的波段上,红外辐射较小,但在 6.3μm 处的水蒸气发射带和 15μm 处的二氧化碳发射带,在较短的路程上,发射率基本等于 1。臭氧的发射位于 9.6μm 处。

有云时,近红外太阳散射和热发射都会受影响。在云层中,近红外辐射呈现出强的正向散射。浓厚云层是良好的黑体。云层的发射在 8~13μm 波段,与云的温度有关。由于大气的发射和吸收在 6.3μm 和 15.0μm 上,在这个波长处看不到云,而该处的辐射由大气温度决定。

3. 地物的辐射

由于地球表面的物质种类很多,地物光辐射不但与物质种类有关,而且同一种地物的光辐射还与其地理位置、季节、昼夜时间和气象条件有关。

在白天和波长小于 4μm 时,地物的红外辐射与太阳光和构成地物的物质反射率有关。超过 4μm 时,地物的红外辐射主要来源自身的热辐射。地物的热辐射与其温度和发射率有关,大多数地物有高的发射率。

白天,地物的温度与可见光吸收率、红外发射率以及空气的热交换有关。在夜晚,地物温度的冷却速度同热容量及与空气的热交换有关。

在波长 3μm 以下,由于太阳散射占支配地位,所以光谱辐射亮度差别较大;超过 4μm,不同地物的光谱辐射亮度差别较小。在波长 3μm 以下,雪对太阳光有强的散射,其光谱辐射亮度最大,而草在 3μm 以下有最小的太阳光反射率,其光谱辐射亮度最小。

4. 海洋背景光辐射特性

海洋的光辐射由海洋本身的热辐射和它对环境辐射(太阳和天空)的反射组成。在波长 3μm 以下,白天海洋的光辐射主要是对太阳和天空辐射的反射。在 4μm 以上,无论白天和晚上,海洋的光辐射主要来自海洋的热辐射。

海水的反射率和发射率,尤其是靠近海面水平方向,与海面粗糙度有关,海面发射率 $\varepsilon = 1 - \rho$,海面粗糙度 σ 与海面风速 v(m/s) 关系为

$$\sigma^2 = 0.003 + 5.12 \times 10^{-3} v \tag{2-42}$$

由于存在海面的镜面反射现象,在波长 5μm 以下,当探测器指向太阳反射而形成的海面亮带区,或者探测器俯仰角较小且按反射定律所对应低空方向存在云层时,海面背景光辐射亮度因太阳和云层的强烈反射而增大,这种干扰称为海面亮带干扰;海面粗糙度较大时,可以形成鱼鳞波干扰;海天线附近的云层在适当条件下也可以形成亮带,亮带及鱼鳞波干扰如图 2-9 所示。

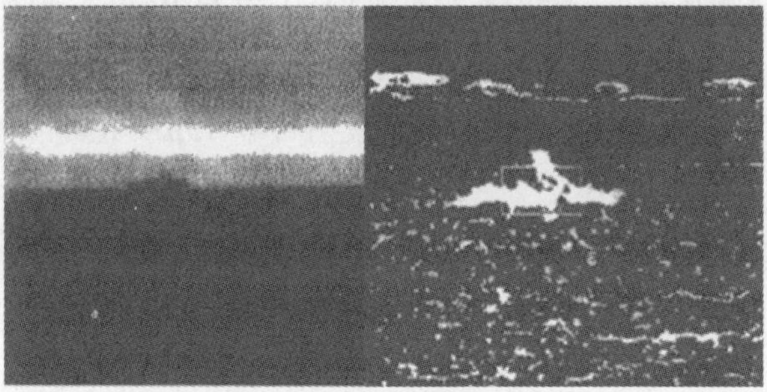

图 2-9　亮带及鱼鳞波干扰

有实验表明,在红外 3~5μm 波段内海面亮带区的平均辐射温度达 44.2℃,而非亮带区海面平均辐射温度只有 27℃。但在长波 8~14μm 波段内,海面背景的光谱辐射亮度基本不受太阳和云层的影响,所以利用 8~14μm 红外成像系统,可以有效地抑制海背景杂波干扰,以探测和识别海面舰船。

理论和实验都证明,海天交界线附近的海天背景,在红外 3~5μm 和 8~14μm 波段有以下规律性:

当环境温度高于海水温度时,低空辐射亮度 L_{sky} 、海天交界线辐射亮度 L_{s-s} 和海面辐射亮度 L_{sea} 关系为

$$L_{s-s} > L_{sky} > L_{sea} \tag{2-43}$$

当环境气温低于海水温度时,出现反转现象,即

$$L_{sea} > L_{s-s} > L_{sky} \tag{2-44}$$

2.4　传输衰减、折射与视距

2.4.1　大气衰减

1. 微波大气传输衰减

微波和毫米波通过大气时,大气中的分子,主要是水汽和氧气分子会吸

收电磁波能量,从而引起电磁波衰减。电磁波传输过程中的衰减通常用衰减率 γ 表示,γ 定义为单程传播时每 1km 的距离上电磁波的衰减量,单位为 dB/km。文献[7]中给出了水平路径的大气衰减模型。接近地面水平路径上的衰减,由于氧气衰减率 γ_o 和水汽的衰减率 γ_w 分别计算,总的路径衰减 A_{gt} 为

$$A_{gt} = (\gamma_o + \gamma_w)L \tag{2-45}$$

式中:L 为天线到目标的地面或海面距离(km)。

γ_o 和 γ_w 的计算模型为[7]

$$\gamma_w = \left[0.05 + 0.0021\rho + \frac{3.6}{(f-22.2)^2 + 8.5} + \frac{10.6}{(f-183.3)^2 + 9.0} + \frac{8.9}{(f-325.4)^2 + 26.3}\right] f^2\rho \times 10^{-4} \quad (f < 350\text{GHz}) \tag{2-46}$$

$$\gamma_o = \begin{cases} \left[7.19 \times 10^{-3} + \dfrac{6.09}{f^2 + 0.227} + \dfrac{4.81}{(f-57)^2 + 1.5}\right] f^2 \times 10^{-3} & (f < 57\text{GHz}) \\ 14.9 & (57\text{GHz} \leqslant f < 63\text{GHz}) \\ \left[3.79 \times 10^{-7} f + \dfrac{0.25}{(f-63)^2 + 1.59} + \dfrac{0.28}{(f-118)^2 + 1.47}\right] (f+198)^2 \times 10^{-3} & (63\text{GHz} \leqslant f < 350\text{GHz}) \end{cases} \tag{2-47}$$

式中:f 为电磁波频率(GHz);ρ 为水汽密度(g/m^3)。

图 2-10 所示为气压为 1013hPa、气温为 15℃、水汽密度为 7.5g/m^3 时,氧气和水汽的地面衰减率;图 2-11 所示为氧气和水汽地面衰减率之和。由图 2-10 和图 2-11 可见,Ku 波段以下水汽和氧气的衰减率很小,水汽的吸收主要集中在 22GHz、183GHz 和 325GHz 附近,而氧气的吸收主要集中在 60GHz 和 118GHz 附近,因此在毫米波段有四个大气窗口,即 35GHz、94GHz、140GHz 和 220GHz。

毫米波段大气衰减严重,即使在大气窗口处其衰减率也高于 X 波段和 Ku 波段的微波。因此在不考虑其他参数影响的情况下,毫米波制导系统作用距离通常比微波制导系统作用距离近,但目前至少可以保证毫米波制导系统作用距

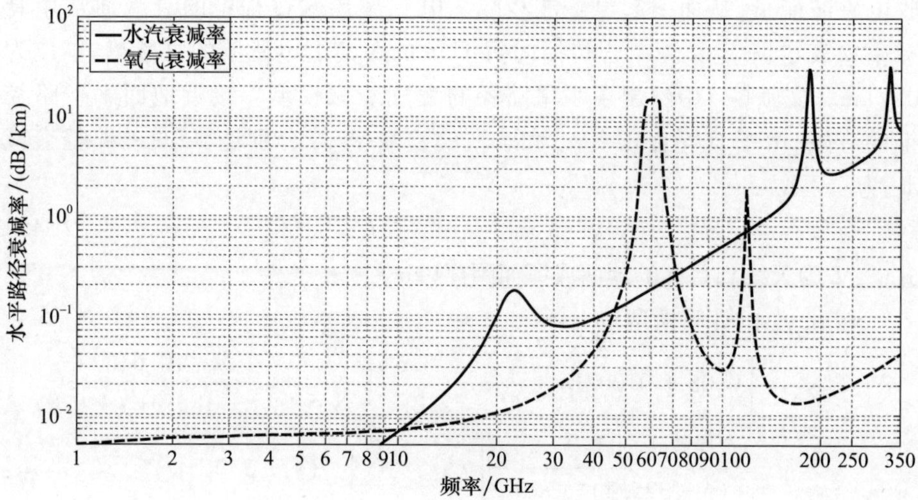

图 2-10　氧气和水汽的地面衰减率

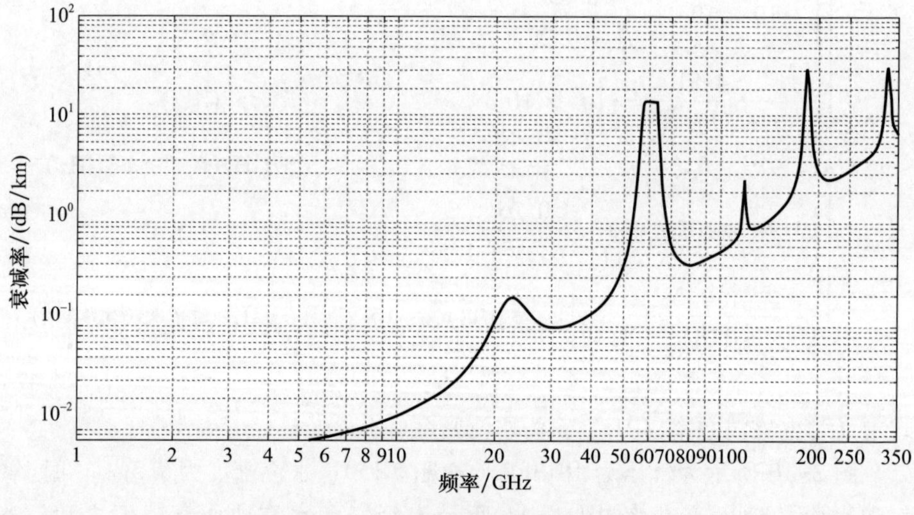

图 2-11　氧气和水汽地面衰减率之和

离不小于 10km。另外，毫米波穿透等离子体的特性优于微波。微波照射到等离子体时将受到严重的反射和吸收而不易穿透，毫米波却可以穿透等离子体。这对于高速再入飞行器的探测和通信非常重要。因为高速再入飞行器由于外壳金属与周围气体摩擦产生的极高温度会使飞行器周围的气体电离而形成等离子体鞘套，对微波将产生严重的反射和吸收，致使飞行器的探测与通信中断。

当高度较高的天线观测地面或海面目标时,电磁波传播方向不再是近似于水平方向传播,传输路径需要经过不同水汽和氧气含量的大气层,其计算模型与水平传播时的计算模型有所区别,具体可以参考文献[6]。

2. 红外辐射大气衰减

红外辐射能量在大气内传播时,由于大气的吸收和散射引起辐射能量的衰减。通常大气对红外辐射的衰减效应可以用吸收系数、散射系数、消光系数和透射率等指标表示[10]。

考虑一平行辐射光束在均匀的大气内传播距离为 dx 的路程,被大气吸收的辐射功率 dP_λ 的相对值 dP_λ/P_λ 与通过的距离 dx 成正比,即

$$\frac{\mathrm{d}P_\lambda}{P_\lambda} = -a(\lambda)\mathrm{d}x \tag{2-48}$$

式中:$P_\lambda(x)$ 为与红外辐射波长有关的常数(m^{-1}),称为光谱吸收系数,$P_\lambda(x) = P_\lambda(0)\mathrm{e}^{-a(\lambda)x}$。红外辐射在大气内传输关系如图 2-12 所示。

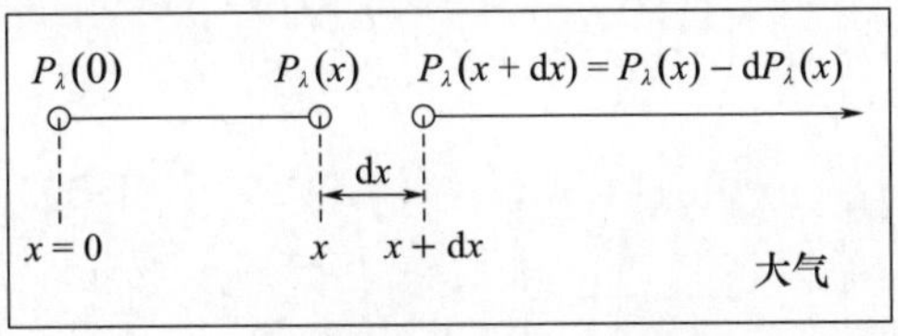

图 2-12　红外辐射在大气内传输关系

由式(2-48)可解得由于大气吸收引起的辐射衰减的规律为

$$P_\lambda(x) = P_\lambda(0)\mathrm{e}^{-a(\lambda)x} \tag{2-49}$$

式(2-49)表明辐射功率在传播过程中,由于大气吸收,辐射功率数值随传播距离增加按指数规律衰减。对于大气散射引起的衰减规律,同样有

$$P_\lambda(x) = P_\lambda(0)\mathrm{e}^{-\mu_s(\lambda)x} \tag{2-50}$$

式中:$\mu_s(\lambda)$ 为与红外辐射波长有关的常数(m^{-1}),称为光谱散射系数。

通常大气同时存在吸收和散射作用,功率为 $P_\lambda(0)$ 的红外辐射光束在大气中传播距离 x 后,透射的辐射功率为

$$P_\lambda(x) = P_\lambda(0)\mathrm{e}^{-[\mu_s(\lambda)+a(\lambda)]x} = P_\lambda(0)\mathrm{e}^{-K(\lambda)x} \tag{2-51}$$

式中:$\sigma(\lambda) = \mu_s(\lambda) + a(\lambda)$ 称为大气的消光系数,而比值

$$\tau(\lambda)=\frac{P_{\lambda}(x)}{P_{\lambda}(0)}=\mathrm{e}^{-[\mu_{s}(\lambda)+a(\lambda)]x}=\mathrm{e}^{-\sigma(\lambda)x} \tag{2-52}$$

称为大气透射率或大气透射比，为无量纲的量，而消光系数 $K(\lambda)$ 的单位通常采用 km^{-1}。

在大气成分中，吸收红外辐射的主要因素是水蒸气和二氧化碳。由于水蒸气和二氧化碳的分布与气象条件和高度有关，因此红外大气透过率随气象条件和高度而变化。

测量分析水蒸气对红外辐射的吸收时，通常采用可降水分的概念，即截面积为 $1\mathrm{cm}^2$，长度等于全部辐射路径的水蒸气气柱所含水蒸气凝结成液态水后的水柱长度，可降水分可以根据相对湿度进行计算。根据文献[9]中的数据，图 2-13 绘制出了传播路径为水平时，可降水分 0.2~100.0mm 时不同波长的红外辐射水蒸气光谱平均透过率。

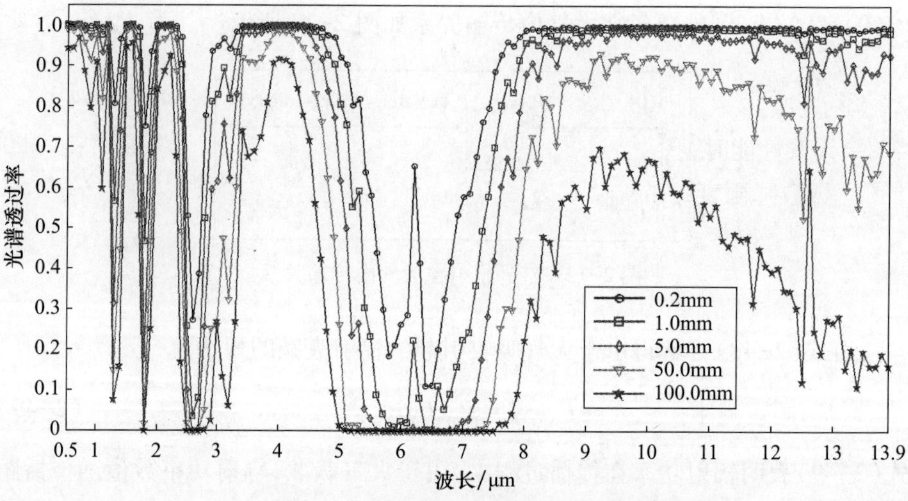

图 2-13　红外辐射水蒸气光谱平均透过率

二氧化碳在大气中的分布与气象条件关系不大，可以近似认为水平路径传播时只与距离有关。图 2-14 所示为根据文献[9]中的数据绘制的水平路径传播时，传输距离为 1km 的二氧化碳光谱平均透过率。

由图 2-13 和图 2-14 可见，在 15μm 以下，有三个具有高透射率的区域：2~2.6μm、3~5μm 和 8~14μm。这些区域称为大气透过窗，相应波段分别称为近红外、中红外和远红外波段，工程上常用的红外探测系统均工作在这三个波段。其中，波长在 3.4~4.2μm 透过红外线能量最强。

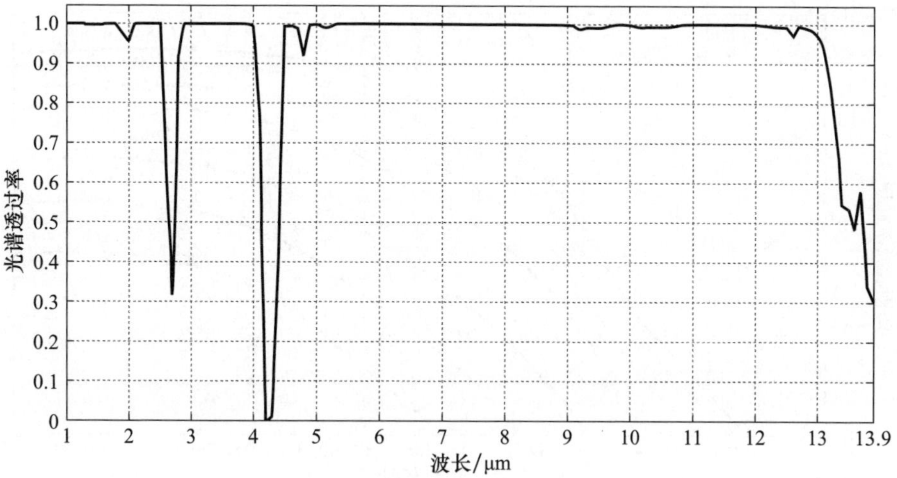

图 2-14　红外辐射二氧化碳光谱平均透过率

2.4.2　降水衰减

降水包括雨、雪和冰雹，其中引起电波衰减最严重的是雨。当要考虑传感器的全天候性能时，必须要考虑降水衰减。

1. 微波降雨衰减

当电磁波传播过程中通过雨区时，雨滴一方面吸收电磁波能量，另一方面使电磁波向各个方向散射，这两者都使前向传播信号发生衰减。对于后向散射信号，雨区在产生雨杂波的同时，通常会使得电磁波的极化特性发生改变。

通常，雨衰减率模型估算[6]为

$$\gamma = kR^a \tag{2-53}$$

式中：k 和 a 为与电磁波频率、极化方向有关的常数，可以根据实测数据进行拟合；R 为降雨强度（mm/h）；γ 为每千米距离的雨衰减率（dB/km）。

根据式（2-53）计算得到的不同降雨强度时微波传输雨衰减率随频率的变化情况如图 2-15 所示[7]。降雨量为 5mm/h 时，频率为 10GHz 的电磁波雨衰减率为 0.0678dB/km；频率为 15GHz 的电磁波雨衰减率为 0.2058dB/km；频率为 35GHz 的电磁波雨衰减率为 1.0977dB/km。可见，降雨对 X 波段和 Ku 波段电磁波影响较小，但对 Ka 波段毫米波影响较大，所以降雨会对毫米波雷达的作用距离造成较大影响，X 波段和 Ku 波段电磁波的全天候能力优于 Ka 波段毫米波的全天候能力。

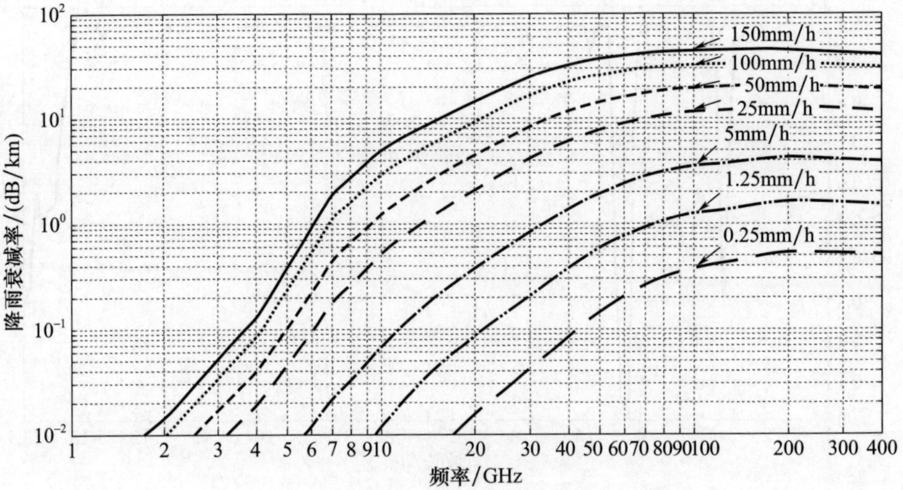

图 2-15　不同降雨强度时微波传输雨衰减率

如果电磁波通过的雨区以 km 为单位的路径长度为 L,而且路径范围内的降雨强度 R 为常数,那么路径上的降雨衰减 A_R 为

$$A_R = \gamma \cdot L \tag{2-54}$$

如果电磁波通过雨区可分为几段,则需要根据不同雨区的降雨强度分段累加计算。例如,雨区分为 n 段,其中第 i 段的路径长度为 L_i ,降雨强度为 R_i ,则总降雨衰减为

$$A_R = \sum_{i=1}^{n} \gamma_i \cdot L_i \tag{2-55}$$

2. 红外辐射降雨衰减

红外辐射在雨雾中传播时,主要影响辐射传播的是雨雾粒子。一部分辐射被雨雾粒子吸收,另一部分被雨雾粒子散射。对于云和雾,其粒子半径 r 分布在 5~15μm。对于常用的 λ<15μm 的红外波段,辐射波长接近于 r,因此会产生强烈的散射,所以红外系统不能全天候工作。对于可见光,云和雾中出现无选择性散射($r \gg \lambda$),所以雾呈白色,透过雾看太阳也呈现白色圆盘形状。

对于雨来说,其粒子半径 r 为0.25 ~ 3mm , λ < 15μm 的红外辐射满足 $r \gg \lambda$ 的条件,所以雨对红外辐射的散射也是无选择性散射,此时红外系统仍能工作,但是由于目标红外辐射因为雨雾粒子的吸收和散射而衰减,导致图像对比度下降,被散射的辐射增加了周边像素的亮度而导致图像模糊;同时由于降雨引起大气中水汽含量上升,水汽的吸收加剧了衰减,从而导致红外系统的探测

距离大为下降。

文献[11]的研究表明,在较透明的大气窗口区,雨的衰减随波长变化不大,长波段(8~12μm)的降雨衰减略大于 3~5μm 波段。降雨衰减主要影响因素为降雨量,文献[11]指出,消光系数 σ(km^{-1}) 和降雨强度 J(mm/h) 之间关系近似为

$$\sigma = aJ^b \tag{2-56}$$

式中:参数 a,b 可以通过实测数据拟合得到,如表 2-17 与图 2-16 所示。

表 2-17　消光系数与降雨强度的拟合结果

波长/μm	3.2	3.5	3.8	10.6	3~5 平均	8~12 平均
a	0.509	0.346	0.327	0.375	0.336	0.444
b	0.459	0.555	0.579	0.573	0.577	0.525

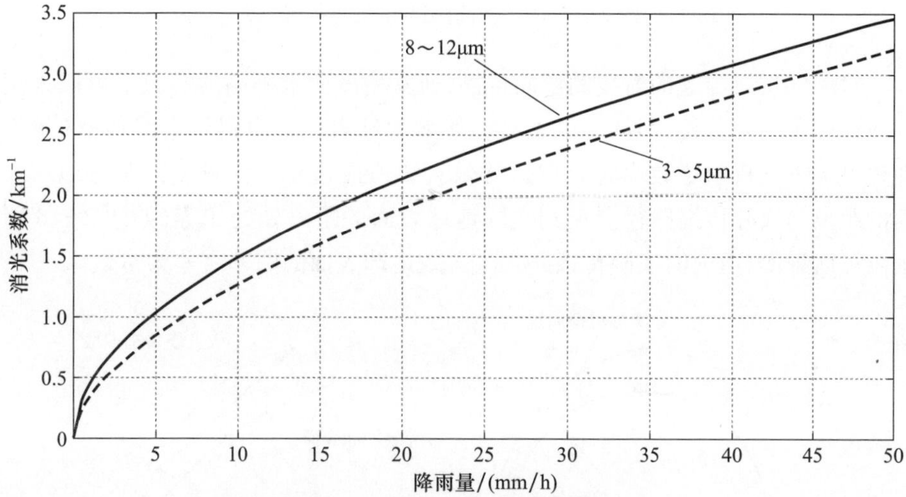

图 2-16　消光系数与降雨强度关系

2.4.3　大气折射与视距

电磁波信号在大气中传输时,通常需要考虑大气对电磁波传播的折射效应。电磁波在真空中传播时的折射指数 $n = 1$,实际大气折射指数不等于 1,尽管相对真空中的折射指数仅偏离不到千分之一,却会对电磁波信号的传播产生重大影响。

折射指数等于大气介电常数的平方根,其在空间(主要是随高度)的变化主要是由于大气成分、密度和温度等随高度发生变化,从而微波信号在大气中的

传播速度发生变化引起的。由于折射，传播射线变得弯曲，传播速度小于光速，多普勒频移不再正比于目标的径向速度，雷达测得的目标参数都不再是真实的角度、距离和多普勒频移，而是目标视在的角度、距离和多普勒频移。通常折射指数随高度增加而减小，电磁波的传播速度随高度增加而增加，使得雷达射线向下弯曲，目标视距增加，如图 2-17 所示。

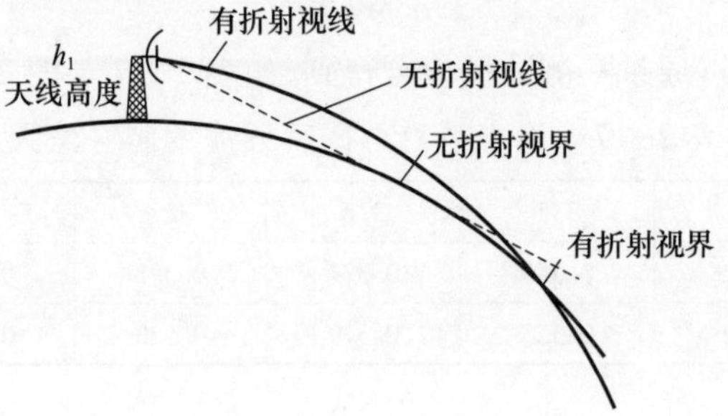

图 2-17　大气折射引起的视界扩展

对大气折射引起的射线的弯曲传播，通常精度要求不高的情况下可以采用等效地球半径来分析，即认为电磁波在等效地球表面上空仍沿直线传播（等效地球上空大气折射指数均匀分布），等效直线传播路径上任意点到等效地球表面的距离与实际传播路径上点到实际地球表面的距离处处相等，如图 2-18 所示。可以证明，折射时实际传播路径与等效地球表面的曲率之差为常数。

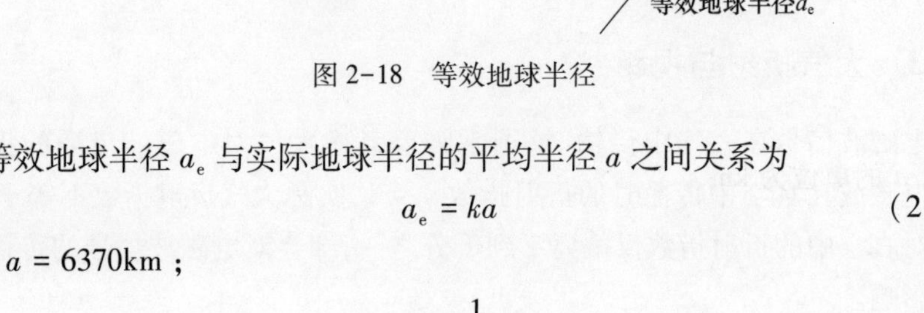

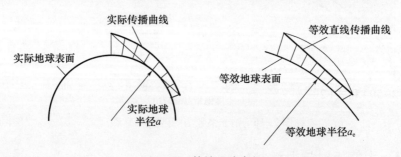

图 2-18　等效地球半径

等效地球半径 a_e 与实际地球半径的平均半径 a 之间关系为

$$a_e = ka \tag{2-57}$$

式中：$a = 6370\text{km}$；

$$k = \frac{1}{1 + a \cdot \dfrac{\mathrm{d}n}{\mathrm{d}h}} \tag{2-58}$$

其中，dn/dh 为折射指数随高度的变化率。在标准大气的情况下，$k=4/3$；通常取 k 值在 1~2。

利用等效地球半径可以将折射时弯曲的传播路径等效为直线传播，从而便于分析天线的视距，如图 2-19 所示。

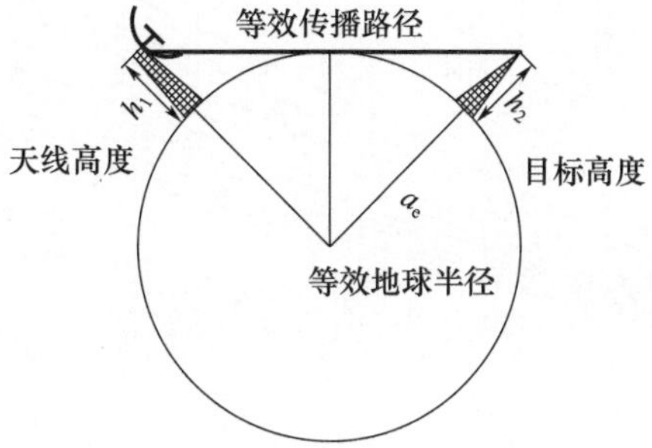

图 2-19　利用等效地球半径分析雷达视距

当天线高度为 $h_1 \ll a_e$，目标高度为 $h_2 \ll a_e$ 时，视距为

$$d=\sqrt{(a_e+h_1)^2-a_e^2}+\sqrt{(a_e+h_2)^2-a_e^2}\approx\sqrt{2ka}(\sqrt{h_1}+\sqrt{h_2}) \tag{2-59}$$

当 $k=4/3$ 时，有

$$d\approx 4.12(\sqrt{h_1}+\sqrt{h_2}) \tag{2-60}$$

天线到地面的视距为

$$d\approx 4.12\sqrt{h_1} \tag{2-61}$$

在式(2-59)和式(2-60)中，d 的单位为 km，h_1，h_2 的单位为 m。

导弹在飞行过程中通常需要根据目标距离确定飞行高度以实现低空突防，利用式(2-59)可以计算最低飞行高度。考虑高度近似为 0 的目标，天线高度

$$h_1\approx K_h\cdot d \tag{2-62}$$

其中，d 的单位为 km，h_1 的单位为 m，因子

$$K_h=\frac{d}{2ka} \tag{2-63}$$

可以通过查表或作图的方法得到。图 2-20 给出了 100km 距离范围，k 值在 1~2 的 K_h 值。

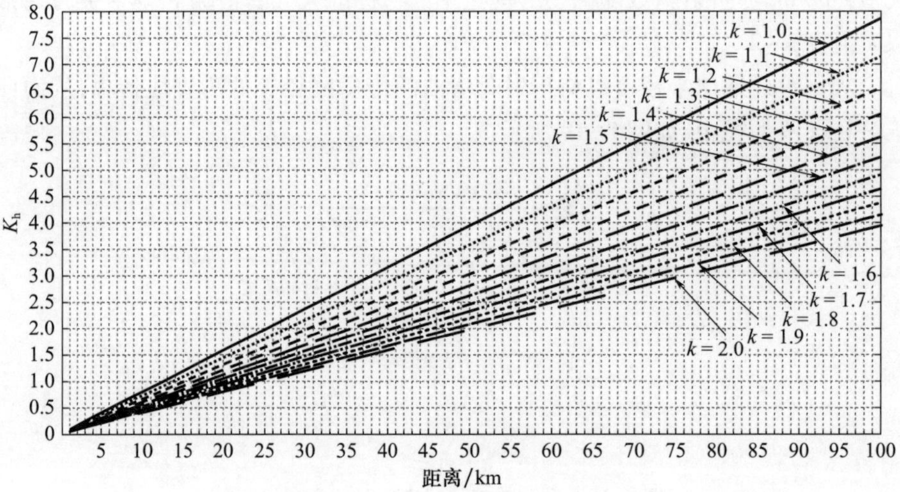

图 2-20　K_h 因子随距离变化情况

2.5 假目标、诱饵与有源干扰

2.5.1 角反射器

一般物体对入射电磁波产生散射，雷达接收到的后向散射能量只是散射波能量的很小一部分。角反射器是一类可以产生强烈的后向散射回波的装置，角反射器可以在很宽的角度范围内对入射波产生近似镜面反射，从而形成非常大的 RCS。角反射器可以用于 RCS 测试时的标定，也可以作为攻防对抗过程中的假目标进行施放。

各种三面角反射器和龙伯球透镜反射器如图 2-21 所示，一般情况下，轴长为 b 的角反射器的最大 RCS 与 b^4/λ^2 成正比，只是系数不同。不同反射器对应的 RCS、半功率点波束宽度等参数计算公式如表 2-18 所示。

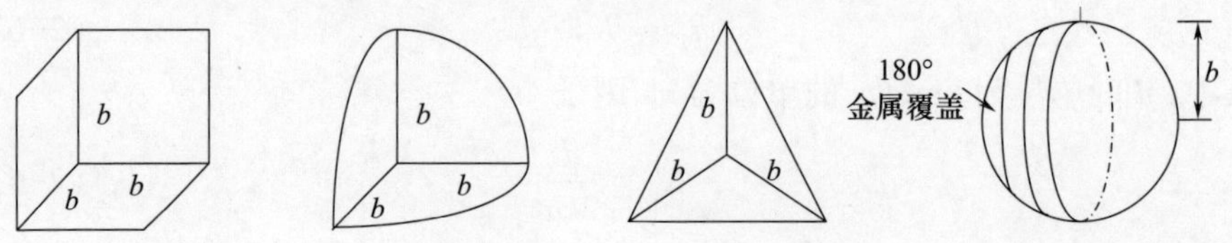

图 2-21　各种三面角反射器和龙伯球透镜反射器

表 2-18　各类角反射器的 RCS 参数

名称	RCS_{max}	半功率点宽度/(°)	全姿态平均 RCS
正方板角反射器	$12\pi b^4/\lambda^2$	25	$0.7\pi b^4/\lambda^2$
圆板角反射器	$15.6\pi b^4/\lambda^2$	32	$0.47\pi b^4/\lambda^2$
三角板角反射器	$4\pi b^4/9\lambda^2$	40	$0.17\pi b^4/\lambda^2$
龙伯球透镜反射器	$\approx 2\pi b^4/\lambda^2$	≈150	$\approx 2b^4/\lambda^2$

RCS 最大值也可由 RCS 曲线查出，如图 2-22 所示。

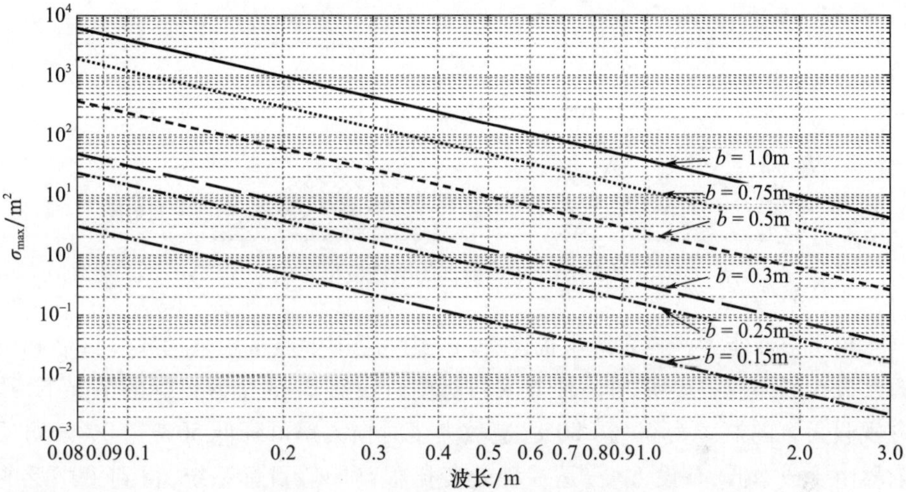

图 2-22　正方板角反射器最大 RCS 曲线

例如 $\lambda = 8mm$, $b = 0.25m$,对正方板角反射器, $\sigma_{max} = 2300m^2$。如果采用圆板角反射器，需要将 σ_{max} 乘以 0.414；如果采用三角板角反射器，需要将 σ_{max} 乘以 0.111。但图 2-22 不适用 $b < \lambda$ 的情况。

轴长相同的情况下，三角板角反射器的 σ_{max} 最大 RCS 最小，正方板角反射器最大。但是由于正方板角反射器几何面积大，对角度偏差和板面平整度的要求更高，不如三角板角反射器坚固，遇到碰撞容易变形，方向覆盖性能也比三角板反射器的差，所以不如三角板角反射器使用广泛。三角板角反射器的最大 RCS 方向仰角约为 35°，垂直方向图的宽度约为 40°；圆板角反射器和正方板角反射器的垂直方向图比三角板反射器窄，分别为 31°和 29°。

在利用角反射器释放假目标干扰时，通常需要将多个三角板反射器进行适当组合，以获得更宽角度范围内大的 RCS，如三个角反射器按照圆弧角度排列或者按照直线等间隔排列。例如,单个三角板角反射器的半功率点波束宽度约40°,采用4个三角板角反射器可以覆盖160°的角度范围。

以上各类角反射器对极化是逆转180°的,即当入射波为线极化波时,回波与入射波极化相同;而当入射波为圆极化波时,由于电磁波在角反射器表面反射奇数次,回波为圆极化波,但极化方向与入射波极化方向相反。由于一般飞行器也具有类似特性,通常圆极化单脉冲雷达抛物面天线也是这样设计。如果角反射器的其中一个表面用电介质层覆盖,可以消除反射波在角反射器中引起的极化变化,如图2-23所示[12]。

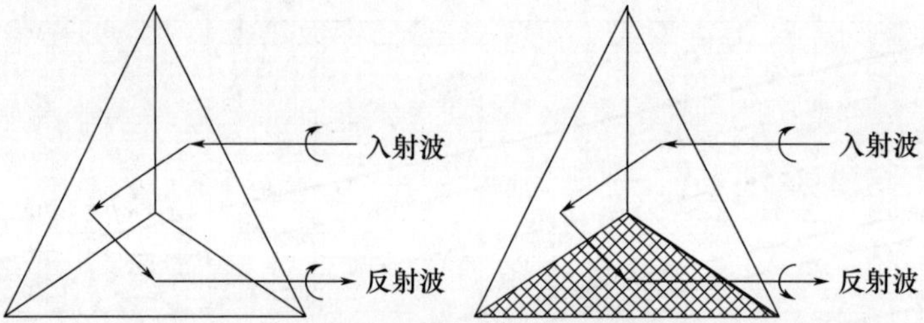

图2-23 角反射器的电场极化变化

角反射器作为一种无源干扰设备,在实际应用中通常用来构成假目标和诱饵。现代局部战争表明,在一个真实目标附近设有2~3个假目标的情况下,敌方视假为真的概率为60%~80%,遭敌突袭时损失率可降低50%~60%。角反射器由于成本低,布设方便,是一种效费比很高的假目标系统,得到了广泛的应用。

1. 角反射器地面目标模拟

通常用一个折叠式的角反射器可以模拟坦克、火炮或汽车。为了模拟地面运动目标,可以把角反射器安装在机动车辆上或放置在拖曳的器材模型内,使用可以透过电磁波的材料作为模型外壳,如各种织物、薄三合板、厚纸板类似的目标。

角反射器也可以模拟地面静止目标,以保护大型建筑物、水库、桥梁等。可以在这些目标间安装角反射器,使轰炸机上雷达显示器的图形不能分辨真假目标,如用大量的伞降式角反射器、水面漂浮的带式雷达假桥、假阵地等对机场、导弹阵地、桥梁等实施反雷达伪装,如图2-24所示。

目前,美国研制了12面体网式角反射器,能够反射各个方向的雷达波,这种角反射器根据不同的桥梁高分辨图像,结合辅助器材,设置多种排列方式,可以全面模拟各种桥梁的高分辨雷达图像,从而解决高分辨成像雷达的对抗问题[11]。

图 2-24　角反射器模拟地面目标

2. 角反射器海面目标模拟

角反射器在海军中的应用最为广泛。水面舰艇应用角反射器可以采用两种方式:一是提前部署或临时快速展开到海面,并用长绳索在舰艇背后拖曳;二是使用喷管或其他方法向空中发射,使用降落伞、气球等减速措施让其慢慢降落。使用多个角反射器可以产生相当于大型舰艇的回波。对大型舰艇,假目标可用两个充气式角反射器连接,相距 2m,用小船拖走,雷达截面积可达上万平方米,形成很好的舰用假目标,如图 2-25 所示。例如,英国的"橡皮鸭"MK59 自动充气角反射诱饵充气式假目标,如图 2-26 所示,可由水面舰艇发射,发射入水后立即充气漂浮,部属速度较快,仅需 10s 左右,并有缆绳与母舰相连,可由母舰拖曳航行 2~3h。诱饵为尼龙薄膜棱体,表面镀银粒,雷达散射截面积与"阿利·伯克"级相当,该型诱饵美国舰船也已装备,可用于模拟舰艇假目标,干扰对海搜索雷达、反舰导弹导引头等。美国 SLQ-49 尼龙角反射器,外层镀银,充气后可以遥控操作,IDS 海军诱饵系统可由护卫舰发射,用来伪装舰船。再如以色列"巫师"角反射器发射器将密闭可膨胀结构放在固体助推火箭内,形状与火箭类似。根据发射船只固有特性,通过实时编程控制,将火箭发射到预先规划的高度和距离,然后将展开布设,并缓慢向水面降落,从最高处降落到海面的时间可达 200s,大多数情况是在距海面 100m,45°发射,海面漂浮时间为 40s。

图 2-25　角反射器模拟海面目标

图 2-26　MK59 角反射诱饵

3. 角反射器空中目标模拟

利用角反射器模拟空中目标,通常由飞机通过拖曳线缆将诱饵拖曳飞行,拖曳式诱饵装有角反射器,并在空中形成双点源干扰。机载拖曳式诱饵对跟踪雷达和导弹寻的系统的干扰作用十分有效,可对武器系统的作战效能造成重大影响。

目前,普遍使用的角反射器其 RCS 值固定不变,要伪装多种类型目标需要不同尺寸的反射器,同时其频率特性差,容易被识别,提高了其战术快速应用的难度。近年来,周期性结构材料、吸波材料的理论研究、设计和应用等方面取得了很大的进展。频率选择表面、吸波材料与角反射器的复合应用,可使同一角反射器形成与真实目标非常相似的频率特性,使角反射器能够对抗普通雷达角反射器识别算法;通过吸波材料与角反射器的复合应用,可以使角反射器形成不同的 RCS 值。利用新型角反射器,结合计算机仿真软件对角反射器群的布放进行综合设计,从而模拟真实目标或目标群是未来角反射器的发展趋势。

2.5.2　箔条与箔片

箔条是指具有一定长度(一般为半波长),长度比直径大得多的金属或介质表面涂镀金属薄层的直条或直丝,广泛使用的英文名称为“chaff”。由于制造相对简单,使用方便,干扰可靠,箔条是最早使用且使用最广泛、最廉价的干扰器材。箔条干扰材料能够同时干扰不同方位、不同频率、不同极化、不同体质的多部雷达,其发展极为迅速。

1. 形状与尺寸

常用箔条主要有圆柱形箔条、铝箔条和 V 形箔条,如图 2-27 所示。目前,使用最多的是圆柱形箔条,特别是镀铝玻璃丝,其他材料如镀铜碳纤维、镀铝涤纶丝等。

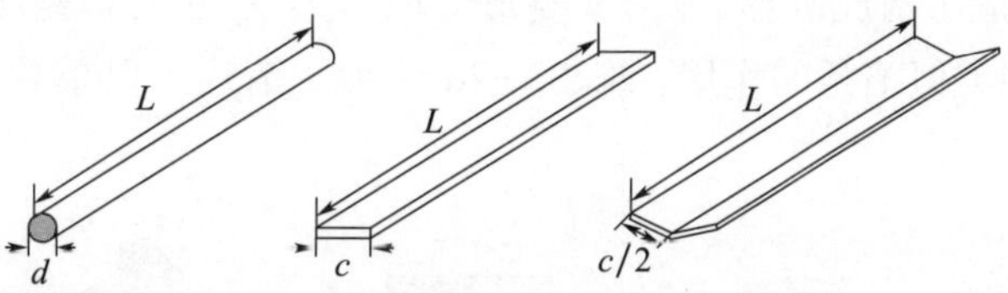

(a) 圆柱形箔条　　(b) 铝箔条　　(c) V形箔条

图 2-27　常用箔条类型

单根箔条在入射波作用下,箔条上产生感应电流,感应电流向外辐射电磁波,即散射波信号。通常要求箔条在干扰频率处产生的散射波最强,也就是箔条要能在干扰频率处产生谐振。理想箔条的长度为半波长,如同半波对称阵子天线。实际箔条的长度由于横截面形状、尺寸等因素的影响,一般箔条长度稍短。

箔条使用过程中发生弯曲会降低其散射能力,因此箔条必须保持平直状态,要求制作箔条的材料要有一定刚性。圆柱形箔条直径粗,随频率变化阻抗变化不明显,响应频带宽,损耗小,效率高。为保持谐振,箔条直径粗时会使长度变短。箔条直径细,电抗变化大,响应频带窄,电阻大,损耗大,效率低。同时,箔条直径细,易折断,金属层不易涂均匀,工艺难度大。箔条长度和半径比值通常在 100~250 取值,实际箔条直径一般从几个微米到零点几个毫米范围内。

传统箔条在使用时下降速度很快,因而很快失去作用,为降低箔条下降速度,增加留空时间,可以使用充气箔条或中空悬浮箔条。充气箔条是用轻金属制成的两端封闭的空心管,充有氢、氦等气体并密封。中空悬浮箔条也是一种管状结构箔条,其留空时间、下降速度和箔条质量等方面优于传统箔条。在1.5m高度,传统尼龙镀银箔条的留空时间只有0.6s,悬浮箔条的留空时间可达15s。

在毫米波段,最短谐振长度仍为半波长,由于尺寸较短,加工难度比微波波段大。同时,由于加工公差的存在,箔条尺寸一致性差,使工作带宽展宽。

对于低于1GHz的频率,需要使用长的金属丝或涂敷金属的纤维,通常其长度比波长要长得多,这种非谐振式的细长干扰物称为干扰绳,也称飘带。干扰绳有多种,如由弹簧状的细金属丝构成,如同上紧的时钟发条,投放后展开;还有在小球的表面绕上导电的敷金属层的纤维长线,投放后,小球从空中下降,同时展开干扰绳,干扰绳悬在空中,小球降到地面;再有用导线和介质交错织成长而连续的飘带,就像巨大的蜘蛛网,用于拖拽掩护。

箔片是指切割成圆形、方形或菱形等简单形状,也可以是不规则形状的薄金属片,起到类似箔条的作用,如图2-28所示。箔片可以单独使用,也可以与箔条混装。

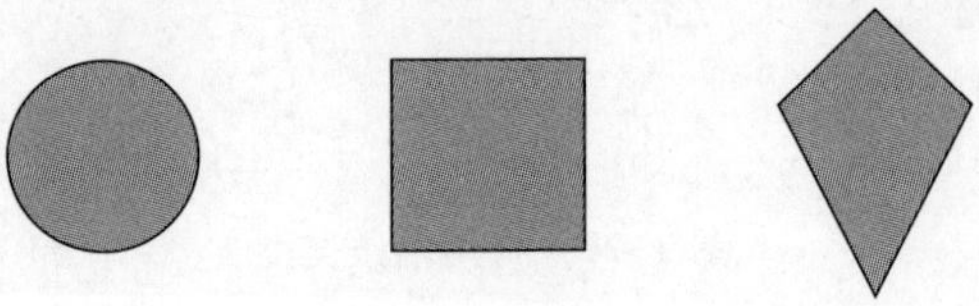

图2-28　不同形状的箔片

2. 箔条散射特性

对于单根箔条而言,当箔条取向与入射波极化一致时,半波长箔条雷达散射截面最大值为[12]

$$\sigma_{1\max} = 0.86\lambda^2 \tag{2-64}$$

在所有箔条取向上单根半波长箔条雷达散射截面的平均值为

$$\overline{\sigma} \approx 0.153\lambda^2 \tag{2-65}$$

水平方向单根半波长箔条在水平面内所有可能的取向上雷达散射截面的平均值为

$$\overline{\sigma}_{//} \approx 0.22\lambda^2 \tag{2-66}$$

垂直方向单根半波长箔条在水平面内的雷达散射截面为

$$\sigma_{\perp} \approx 0.86\lambda^2 \tag{2-67}$$

通常用式(2-65)进行箔条配比计算,也可以由此估算箔条云雷达散射截面。箔条云雷达散射截面是一个随机变量,由 N 根相同箔条构成的箔条云的雷达散射截面平均值为

$$\sigma_c \approx N\overline{\sigma} \tag{2-68}$$

当箔条投放到空中形成箔条云之后,受各种随机性因素的影响,其取向是杂乱的。通常希望其取向是随机的,从而使其平均雷达散射截面与极化无关,对任何极化的雷达均能有效干扰。实际上由于箔条的形状、材料和长度的不同,箔条在大气中有一定的运动特性。例如,均匀的短箔条(L<10cm),在刚投放时,受湍流的影响,其取向可以达到完全随机;但经过一段时间后,都将趋于水平取向而旋转下降。这种箔条对水平极化雷达的回波强,对垂直极化雷达回波较弱。

为了干扰垂直极化的雷达,可以将箔条的一端配重,使其中心偏离,这样可使箔条降落时垂直取向,但下降速度快。箔条由于外形及材料的不对称或变形,其运动特性也趋于垂直取向,快速下降。短箔条的这种运动特性,使投放后的箔条云经过一段时间后就形成两层,水平取向的一层在上边,垂直取向的一层在下边,时间越长,两层分开得越远。

若箔条云中的箔条取向是随机的,对于线极化天线(垂直极化或水平极化)而言,箔条的取向和天线极化方向相对位置是等概率的,因此箔条回波对水平极化和垂直极化也基本一样[12]。

3. 箔条干扰战术应用

箔条和箔片作战使用时通常制成箔条弹,由发射装置发射到空中形成箔条云。箔条弹有单波段箔条弹、多波段箔条弹和混装箔条弹。单波段箔条弹如图 2-29 所示。

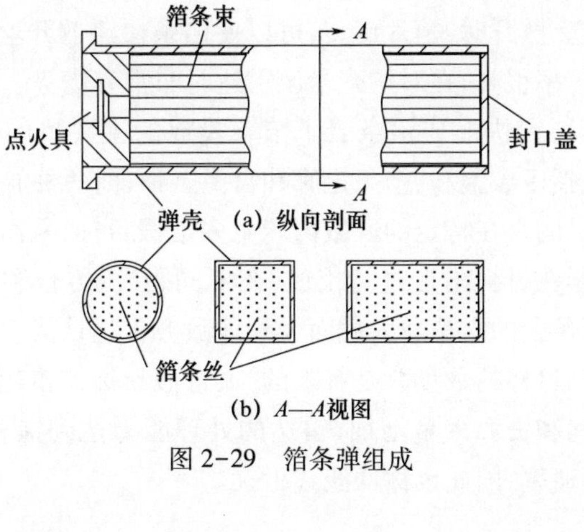

图 2-29　箔条弹组成

单波段箔条弹可以采用一种长度的箔条,也可以采用几种长度的箔条。目前,随着箔条投放器的改进和完善,箔条弹的投放过程都是自适应完成的。例如,美国 AN/ALE-47 投放系统,可以根据侦察告警设备和其他途径获知威胁频率,自适应投放相应波段的单波段箔条弹。

半波长箔条的带宽一般只有中心频率的 10%~20%。如果要同时干扰几个频段的雷达,即实现宽频带或超宽频带干扰,需要靠不同长度的箔条来覆盖,而额定雷达散射截面,要靠多根箔条来实现。为便于生产,箔条长度的种类不宜太多,一般为 5~8 种,如美国 RR-72 型宽频带箔条弹包括:1.5cm,660000 根;1.6cm,23040 根;1.8cm,23040 根;2.4cm,11520 根;2.8cm,11520 根;5.3cm,11520 根六种不同长度箔条,用以干扰 3~10cm 波段的雷达[13]。美国 RR-170 多波段箔条弹如图 2-30 所示[13]。

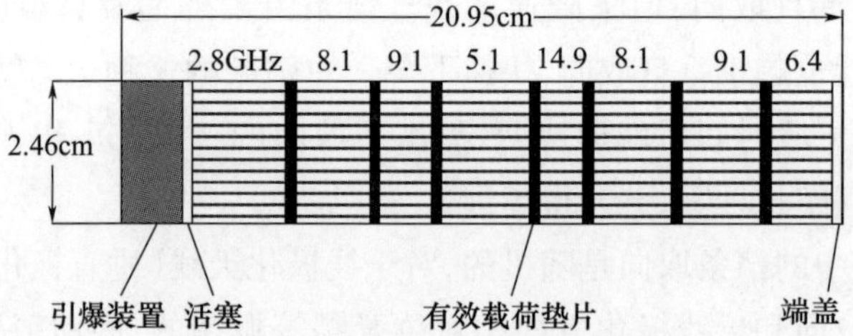

图 2-30　RR-170 多波段箔条弹

箔片与箔条散射机理不同,频率响应特性不同,空气动力特性也不同。箔条和箔片混装时,有利于快速散开,雷达截面也可以得到互补,频率低段用箔条,频率高段用箔片,高段频率可不受限制。箔条和箔片混装干扰弹中,优先装箔片,箔条是辅助的。箔条放在弹底,对箔片起减震作用,箔片与箔片间放箔条,防止箔片粘连。散开时,箔片旋转,可以使箔条快速散开。箔条和箔片混装干扰弹由于高端频率很高,在对抗毫米波雷达时非常有优势。

箔条弹投放后,很快形成箔条云。箔条投放的主要目的是兵力掩护和自卫,常用的战术包括区域饱和、箔条走廊和自卫三种,前两种如图 2-31 所示。

区域饱和的目的是在特定的区域内产生多个假目标,从而使敌方雷达系统饱和。箔条投放器在目标附近进行投放,在不同距离、方位和高度上产生大量的假目标,每组箔条云的雷达散射截面大到让敌方雷达认为它是一个真实的目标。一般雷达探测目标的数量总是有限的,大量假目标使雷达进行目标识别分选需要耗费的时间和资源大量增加,雷达的处理能力达到饱和,从而减少被探测、跟踪和命中的概率,因此也称冲淡式干扰。

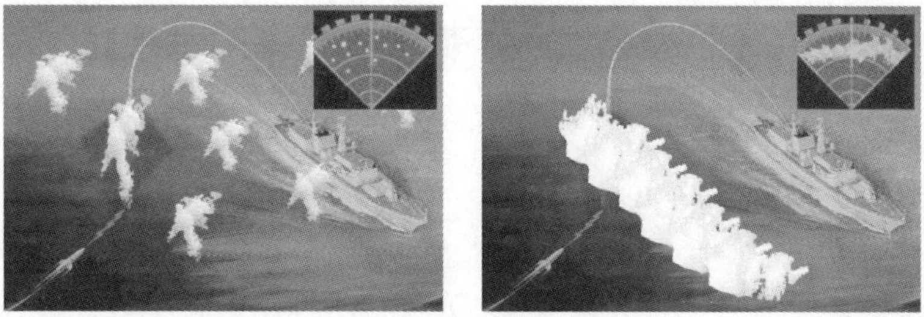

图2-31 饱和干扰与箔条走廊

由大量箔条抛撒在空中,形成一定长度、宽度和厚度的云状干扰物,起到遮蔽作用,称为干扰走廊(Jamming Corridor)。干扰走廊的干扰云多由投放箔条形成,因此干扰走廊又称箔条走廊(Chaff Corridor)。箔条走廊对电磁波的作用是衰减(主要是散射衰减)的。照射到目标的入射波,受箔条云层层散射,到达目标的能量很小,目标的散射波又被反向层层衰减,到达雷达的散射波非常微弱。例如,箔条走廊内1km厚的地方,设衰减为20dB(实际还要多),回波信号能量低于雷达接收机灵敏度,雷达无法探测目标。

箔条走廊可分为单通道箔条走廊和交叉箔条走廊,如图2-32所示。单通道箔条走廊可分为径向箔条走廊和侧向箔条走廊。交叉箔条走廊通过多条单通道箔条走廊交叉实现。实际应用时,通过连续投放箔条弹,多枚箔条弹经扩散相连后形成,用以掩护编队目标。

箔条自卫战术主要用于对抗跟踪雷达,主要方式有转移式和质心式等。转移式干扰通过箔条弹和有源干扰配合使用,箔条弹投放后形成假目标,有源干扰通过距离拖引等欺骗手段将雷达跟踪波门拖至假目标处。质心式干扰通过在雷达同一分辨单元内投放箔条弹形成假目标,雷达在方位上跟踪假目标和真实目标的能量散射中心(通常在真实目标以外),真实目标通过沿雷达方位向的快速机动进行逃脱。

2.5.3 红外诱饵

红外诱饵是能有效干扰红外探测器的重要手段。红外诱饵按性能可分为烟火剂类诱饵、凝固油料类诱饵、红外热气球诱饵、红外综合箔条等。

1. 红外诱饵特性

烟火剂类诱饵是利用物质燃烧时的化学反应产生大量烟云,并发射红外辐射的一类诱饵。烟火剂一般由燃烧剂、氧化剂和黏合剂按照一定比例配制

(a) 径向箔条走廊

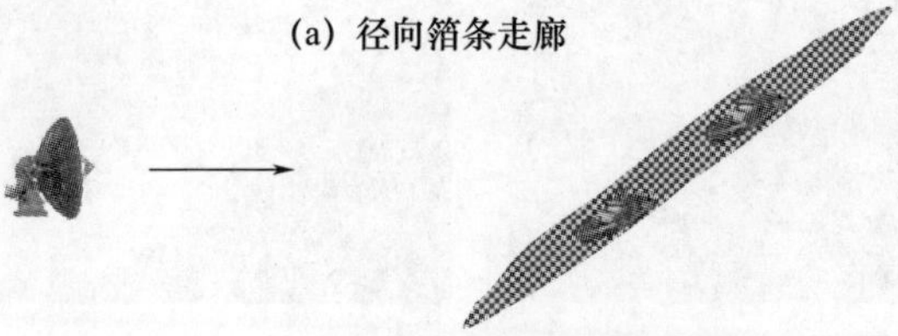

(b) 侧向箔条走廊

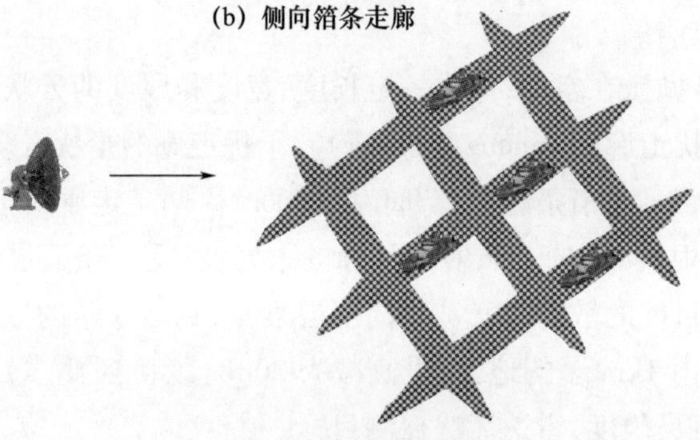

(c) 交叉箔条走廊

图 2-32　箔条走廊实施方式

而成。其中,燃烧剂常选用燃烧时能产生大量热量的元素,如 Er、Al、Ca、Mg 等。这类诱饵的辐射波长一般为 1.8~5.2μm,若添加四氯化钛,也可扩展到 8~12μm。

凝固油料燃烧将产生 CO_2、CO、H_2O 等物质,并辐射红外辐射。这些物质的辐射是选择性辐射。CO_2 辐射的主要红外光谱带是 2.65~2.80μm,4.15~4.45μm,13~17μm。H_2O 辐射的主要红外光谱带是 2.55~2.84μm,5.6~7.6μm,12~30μm。

红外热气球诱饵是在特制的气球内充以高温气体作为红外诱饵。

红外综合箔条的一面涂以无烟火箭推进剂作为引燃药,投放时,大量箔条燃烧在空中形成"热云",吸引红外寻的导弹。金属箔条的另一面光滑,散布到空中后,通过对太阳光的散射,在紫外、可见光的近红外波段形成干扰。红外综合箔条也可以对雷达形成干扰。

2. 红外干扰弹

红外诱饵通常制成红外干扰弹,通过专用投放器(如 ALE-40,ALE-45,ALE-47)投放。红外干扰弹是一种烟火弹药,投放后必须在红外探测器的视场内形成一个比被掩护目标辐射更强的热源。

典型的 MJU-7 红外干扰弹如图 2-33 所示。MJU-7 是 ALE-40 和 ALE-47 投放器投放的一种红外干扰弹，它的装药由镁和聚四氟乙烯（C_2F_4）组成。红外辐射波段、起燃时间、燃烧持续时间是红外干扰弹的重要指标参数。在红外干扰弹燃烧过程中，必须能够辐射特定段的红外辐射，用以对抗相应波段的红外探测器。起燃时间是红外干扰弹达到最大辐射强度所需时间，红外干扰弹在投射后必须迅速达到最大辐射强度，否则无法形成有效干扰。燃烧持续时间决定了红外探测器被诱偏至远离真实目标之间的距离。持续时间越长，红外探测器被诱偏的距离越远。通常持续时间越长，辐射强度越低。红外干扰弹在燃烧的过程中，通常会产生大量的白烟，这可能会暴露红外干扰弹投射器及其平台的位置。

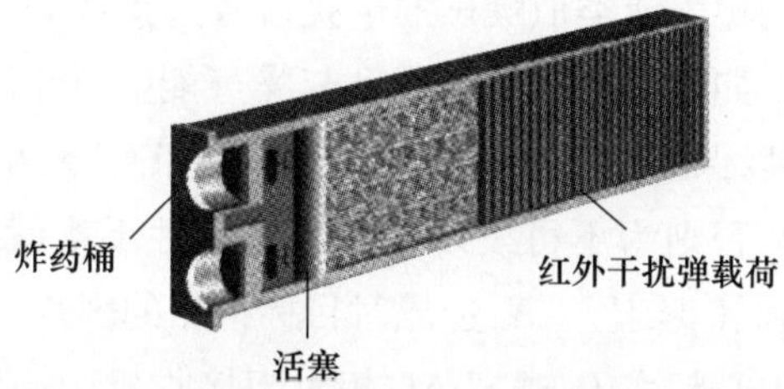

图 2-33　MJU-7 红外干扰弹

红外干扰弹投放后，运动速度立即减慢，与投放红外干扰弹的平台分离。利用这个特点可以对红外干扰弹进行识别，使红外导引头忽略红外干扰弹而继续跟踪飞机。为了对抗传统红外干扰弹的缺点和红外抗干扰技术，美国海军与空军共同开发了运动红外干扰弹（MJU-47）和隐身红外干扰弹（MJU-50/51）。运动红外干扰弹模型如图 2-34 所示。

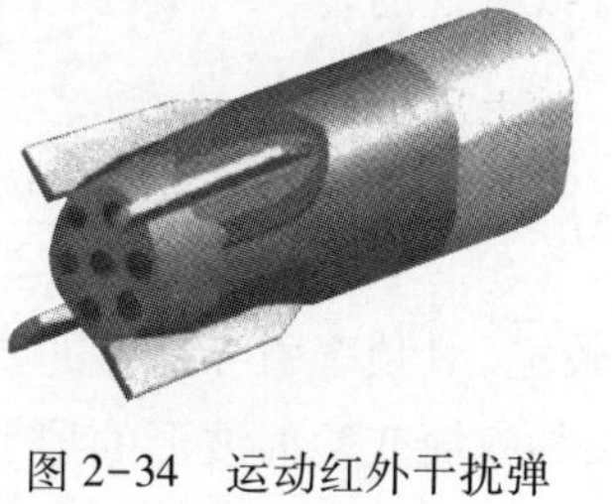

图 2-34　运动红外干扰弹

MJU-47 运动红外干扰弹投放后，沿飞机方向对自身进行推进，与 MJU-10 红外干扰弹尺寸相同，其欺骗火焰从尾部喷射，同时起到推动红外干扰弹前进的作用。

红外干扰弹燃烧时通常会产生可见光辐射和白烟,因此投放红外干扰弹也会带来巨大的风险。无论白天还是夜晚,红外干扰弹的投放会暴露目标自身的位置,失去突袭的机会。MJU-50/71 两型隐身红外干扰弹的装药氧化自然过程中,在空中投放时不会释放烟雾和可见光辐射,避免被可见光探测器或肉眼发现。

2.5.4 有源干扰

有源干扰是利用干扰机等设备发射射频信号,破坏或阻碍导引头发现目标,测量目标参数。一般而言,有源干扰可分为遮盖性干扰和欺骗性干扰两类。

1. 遮盖性干扰

遮盖性干扰是用噪声或类似噪声的干扰信号遮盖或淹没有用信号,阻止导引头检测目标信息。如果目标信号能量 S 与噪声能量 N 相比(信噪比 S/N)超过检测阈值 D,则可以保证在一定虚警概率 P_{fa} 的条件下达到一定的检测概率 P_d,称为可发现目标,否则为不可发现目标。遮盖性干扰就是使强干扰功率进入接收机,尽可能降低信噪比 S/N,造成对目标检测的困难。

按照干扰信号中心频率 f_j、谱宽 Δf_j 相对于接收机中心频率 f_s、谱宽 Δf_r 的关系,遮盖性干扰可分为瞄准式干扰、阻塞式干扰和扫频式干扰。

瞄准式干扰一般满足

$$f_j \approx f_s, \Delta f_j = (2-5)\Delta f_r \tag{2-69}$$

采用瞄准式干扰必须首先测得导引头的信号频率 f_s,然后把干扰机频率 f_j 调整到雷达的频率上,保证以较窄的 Δf_j 覆盖 Δf_r,这一过程称为频率引导。瞄准式干扰的主要优点是在带内干扰功率强,是遮盖性干扰的首选方式;缺点是对频率引导的要求高,有时是难以实现的。

阻塞式干扰一般满足[13]

$$\Delta f_j > 5\Delta f_r, f_s \in \left[f_j - \frac{\Delta f_j}{2}, f_j + \frac{\Delta f_j}{2}\right] \tag{2-70}$$

由于阻塞式干扰 Δf_j 相对较宽,对频率引导精度的要求低,频率引导设备简单,也便于干扰采用频率分集、频率捷变发射波形的导引头。其缺点是在带内干扰功率密度低。

扫频式干扰一般满足[13]

$$\Delta f_j = (2-5)\Delta f_r, f_s = f_j(t) \quad (t \in [0,T]) \tag{2-71}$$

即干扰的中心频率为连续、以 T 为周期的函数。扫频干扰可对雷达造成周期性间断的强干扰,扫频的范围较宽,也能够干扰采用频率分集、频率捷变发射波形的导引头。

2. 欺骗性干扰

欺骗性干扰是指利用干扰机等设备发射射频信号,模拟产生假目标和信息,使导引头不能正确检测真正的目标或者测量真正目标的参数信息,从而达到迷惑和扰乱导引头对真正目标的检测和跟踪的目的。

根据所模拟假目标的特性参数,欺骗性干扰主要有距离欺骗干扰、角度欺骗干扰、速度欺骗干扰、能量欺骗干扰等。按照实施方式和干扰过程,常见的欺骗性干扰有质心式干扰、拖引干扰、交叉眼干扰(Cross Eye Jamming)和交叉极化干扰等。

质心式干扰时,真、假目标的参数差别小于导引头的分辨力。对于单脉冲雷达导引头而言,平均跟踪点依赖于其中较强的一个。如果真、假目标都是幅度起伏的,以至于较强的目标不断变化,当跟踪环响应足够快时,跟踪点也会相应地变化。如果变化太快而跟踪环路无法跟上跟踪点的变化时,平均跟踪点就会指向两个目标的能量中心(质心),故称质心干扰。

拖引干扰主要用来破坏导引头的距离或多普勒跟踪和自动增益控制(Automatic Gain Control,AGC)系统。欺骗脉冲被叠加在跟踪波门内的目标回波上,增加欺骗脉冲的幅度,能够压制目标回波,并且欺骗脉冲(或信号频谱)逐渐在距离或多普勒频率上偏离目标位置,称为距离拖引(Range-Gate Pull-Off,RGPO)或速度拖引(Velocity-Gate Pull-Off,VGPO)。当完成拖引时,欺骗任务中断,迫使导引头重新搜索捕获目标。拖引干扰的实施较为简单,通常干扰机接收到导引头发射脉冲后,经延时或速度调制后转发即可实现。

交叉眼干扰主要利用单脉冲雷达导引头固有的角闪烁误差特性,模拟两个相位相反的点目标辐射源信号到达雷达导引头天线,使雷达导引头产生较大的跟踪角误差,如图 2-35(a)所示。虚假瞄准点相对于两点源中心点的跟踪角误差为[14]

$$\varepsilon_{\theta} = \frac{\Delta\theta}{2}\mathrm{Re}\left(\frac{1 - p\mathrm{e}^{\mathrm{j}\phi}}{1 + p\mathrm{e}^{\mathrm{j}\phi}}\right) = \frac{\Delta\theta}{2}\left(\frac{1 - p^2}{1 + 2p\cos\phi + p^2}\right) \tag{2-72}$$

式中:$\Delta\theta = L/R$,L 为两点源间距,R 为雷达和目标间的距离;p 为两点源的幅度比;ϕ 为两点源的相位差。当两点源幅度比 $p \approx 1$,相位差为 $\phi = \pi$ 时,虚假瞄准点交叉距离误差为

$$\varepsilon_x = R\varepsilon_\theta = \frac{L}{2}\left(\frac{1+p}{1-p}\right) \approx \frac{L}{1-p} \tag{2-73}$$

交叉眼干扰在单作战平台上应用时,通常采用两个分离的天线进行接收和转发。文献[16]给出了交叉眼干扰天线在飞机上的布局方案,在舰船类平台上应用时,可以采用沿船舷方向或舰首方向的布局方案。为使两天线的干涉零点对雷达导引头产生最大角度诱骗,通常需要干扰机两天线发射信号到达雷达导引头相位差近似为180°,即$\phi \approx 180°$;幅度近似相等,即$p \approx 1$。典型交叉眼转发器原理如图2-35(b)所示。两个收发天线中的每一个通过波导及环行器与转发放大器的输入和另一个输出相连接,通过一个天线接收到的信号再通过另一个天线转发出去。如果两天线间的路径完全相等,则两天线转发的信号相干叠加后到达雷达导引头天线,并由其中一条路径提供180°相移。要达到好的干扰效果,要求两条路径在提供足够的增益同时,保持良好的幅相一致性;同时,为防止自激振荡,环行器的端口间要求保持较高的隔离度。根据文献[15],有效的交叉眼干扰必须超过目标回波20dB,如果使用距离或速度拖引波门远离目标回波,则可减少至6dB。

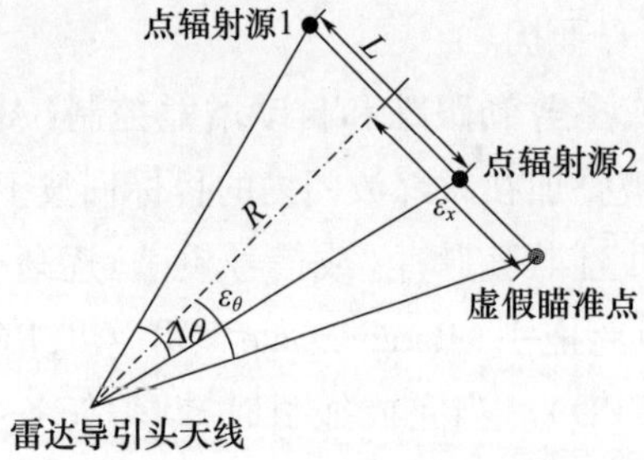

(a) 交叉眼干扰原理

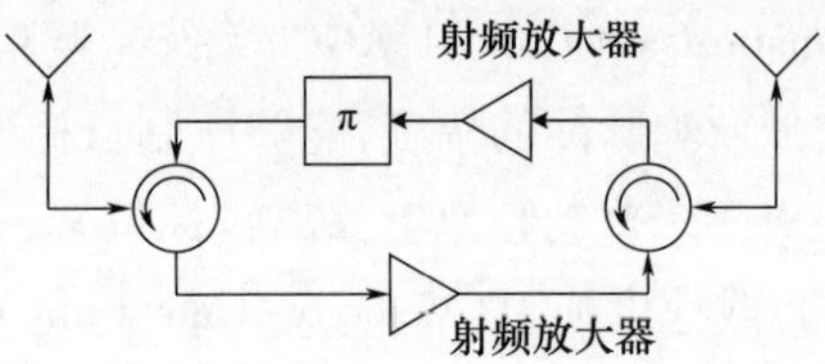

(b) 交叉眼转发器

图2-35 交叉眼干扰

交叉极化干扰通过发射与雷达导引头天线极化正交的信号,利用单脉冲雷达导引头的交叉极化响应,破坏雷达导引头的测角和角度跟踪[15]。干扰机转发的与单脉冲雷达主极化正交的交叉极化信号,只有一小部分被雷达导引头天线所接收。雷达导引头天线的交叉极化和方向图通常与主极化的差方向图类似,关于单脉冲天线电轴对称,且在天线电轴上有零值,零值两边为正副旁瓣;交叉极化差方向图在天线电轴上有一个波瓣,如图2-36所示。

交叉极化干扰信号产生的误差角σ_θ为

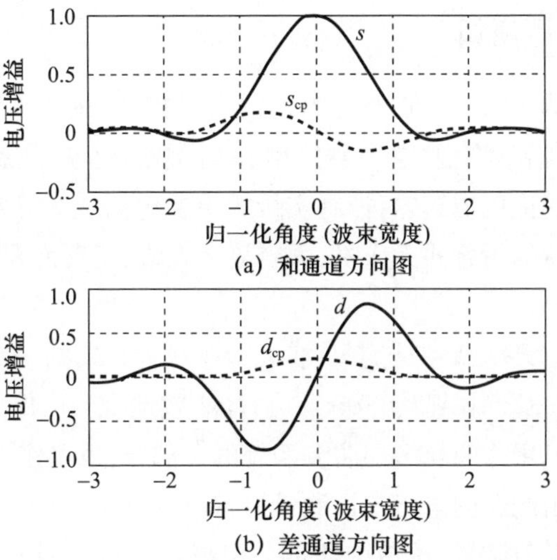

图 2-36　主极化和交叉极化单脉冲方向图

$$\sigma_\theta = \frac{\theta_{bw}}{k_m\sqrt{2}}\frac{e_{cp}}{e}\frac{d_{cp}}{s} \tag{2-74}$$

式中：θ_{bw} 为主极化和波束宽度；k_m 为表示误差斜率的常数；e,e_{cp} 分别为主极化和交叉极化场强；s 为主极化和信号的电压响应；d_{cp} 为交叉极化差信号的电压响应。对于典型单脉冲天线来说，靠近天线电轴时，极化响应比 d_{cp}/s 为-30~-40dB，$k_m = 1.6$。因此，如果交叉极化干扰信号较强，比值 e_{cp}/e 超过了 30dB，式(2-74)所示的误差将达到或超过半个波束，跟踪将变得不稳定，雷达导引头有可能丢失目标。

典型交叉极化转发器的基本原理如图 2-37 所示。图中，接收 45°和 135°线极化的天线通过循环器与一对射频放大器相连，以使 45°分量按照 135°再发射出去，反之亦然。避免自激振荡的问题与交叉眼干扰机类似。与交叉眼干扰类似，交叉极化干扰需要较大的功率，也可以配合距离或速度拖引干扰使用。

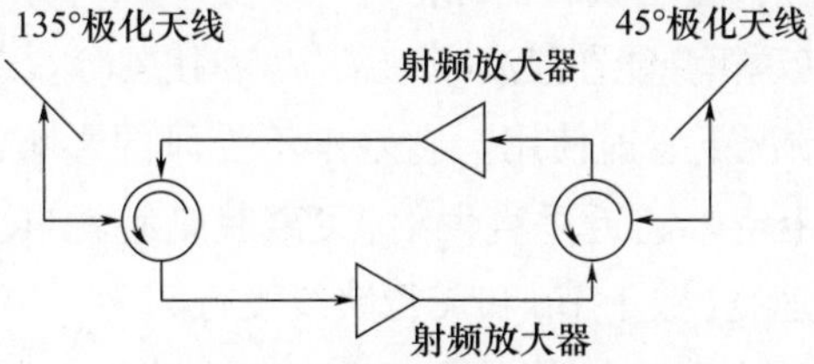

图 2-37　交叉极化转发器

2.5.5 舷外有源诱饵

从作战使用方式来分,舷外有源诱饵有投掷式、拖曳式、控制飞行式等几类,其中投掷式包括伞降型、空中悬停型、海上漂浮型等,拖曳式包括装载有电子干扰有效载荷的拖曳诱饵船,控制飞行式主要包括从舰艇发射起飞的装载有电子干扰有效载荷的折叠式无人机、固定翼无人机、旋翼无人机等。

1. 纳尔卡

纳尔卡(Nulka)MK 234 是美国、澳大利亚联合开发的一个有源雷达诱饵系统,可与 AN/SLQ-32、AIEWS、SSDS 综合,能有效地全天候保护海军舰艇对抗反舰导弹。该系统可用作舰艇多层防御系统的一部分,也可作为独立系统。

纳尔卡系统由配套的电子支援测量设备(Electronic Support Measures,ESM)设备、火控装置、发射装置、诱饵弹四部分组成。Nulka 系统提供自动或人工导弹威胁指示,然后根据特定威胁指示迅速响应发射自主诱饵弹。威胁信息由舰上的 ESM 系统或其他设备提供,发射前,Nulka 利用这些信息结合母舰的航速、航向以及风向等参数,计算诱饵弹的最佳发射时间和最佳飞行航线,并将这些弹道数据编程输入诱饵弹飞行控制器。诱饵弹发射之后,母舰与诱饵弹不再进行通信联系。

纳尔卡诱饵弹的工作方式有全自动、半自动和手动三种。在探测和识别目标后,该系统可以设定为"一收到必要数据就自动发射"的工作方式。虽然来袭导弹被探测到时很可能已距离母舰不到 20km,诱饵弹很快可飞行到位,可以对付以 300m/s 左右的速度袭来的掠海飞行导弹。

纳尔卡诱饵弹基本有效载荷是一个有源干扰机,I/J 波段的转发器,安装在旋转控制器和飞行控制器之间。它具有功率高、频带宽的特点,并具有预编程的威胁信号识别功能。它用大功率转发来自反舰导弹雷达寻的器的信号,以引诱来袭导弹。天线的宽扇区覆盖可使单发弹能同时对付几个威胁。诱饵弹单个发射,需要时再发射,直至威胁消除。

纳尔卡诱饵弹使诱饵弹能在强浪(5 级海况)和狂风(达 60kn,1kn = 1n mile/h = (1852/3600)m/s)情况下发射使用。它基本不受风的影响,不会被风吹回母舰或己方其他舰艇的上空。它近垂直发射,飞离舰艇后就自主工作,按预先编程的高度(达 100m)、速度(数十节)和飞行路线飞行。

"纳尔卡"的悬停火箭飞行器由尾部设有三个喷管控制喷气的固体燃料火箭发动机推动,飞行控制是通过作用在火箭发动机喷射气流上的推力控制器以及安装在诱饵顶部的螺旋控制单元实现的。发射前威胁数据由发射架处理器输入,飞行轨迹由安装在火箭发动机上方的数字飞行控制系统决定。三个喷管是独立嵌入喷气装置的,并由飞行控制装置驱动。另有一个旋转控制器用于克服任何意外扭矩。MK 234 诱饵弹发射后,将按照预先设置的高度和速度离开舰船到达舰外指定的位置。

Nulka 诱饵弹如图 2-38 所示,其性能参数为:

干扰频段:I/J 波段;

弹长:2083mm;

弹径:150mm;

弹重:50kg;

预编程飞高:达 100m;

空中悬停时间:>55s。

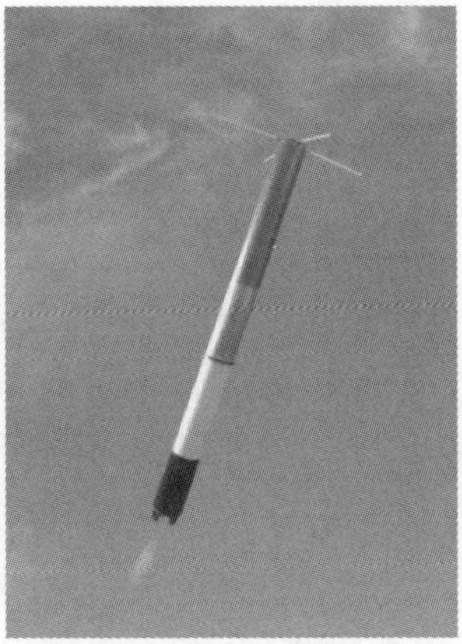

图 2-38　Nulka 诱饵弹

2. "海妖"

"海妖"(Siren)MK 251 ADR 是一种舰射伞降型有源诱饵系统,用来对抗雷达制导的反舰导弹。该系统由智能电子诱饵弹、标准多管发射架和微处理机控制的控制装置组成。该系统可与舰上传感器接口,可全自动、半自动或手控发射"海妖"诱饵弹。诱饵弹一旦射出将靠降落伞缓慢降落。伞降干扰机发射大功率干扰信号,将导弹诱离目标舰。该系统几乎可装所有类型的舰艇,从巡逻艇到大舰,还可装海军辅助船和商船。

诱饵弹由低重力加速度火箭、降落伞、TWT 发射机、接收机、天线、电子控制装置及电池电源组成。发射架将"海妖"诱饵弹发射到离舰 400~500m 预置距离上，这时火箭燃料燃尽，打开降落伞，打开接收机、发射机和电子控制装置。在它探测到来袭导弹雷达寻的器信号的 1s 之内，发射 I/J(7.5~17.5GHz)干扰信号，以将来袭导弹诱离舰艇。诱饵弹发射后 10s 以内开始工作。降落伞将保证其工作约 3min。该诱饵利用距离门拖引技术，其干扰信号由键控振荡器控制，马可尼公司称之为“软件控制的、根据导弹类型而最优化的复杂波形”，该诱饵弹采用了数字射频存储器(Digital Radio Frequency Memory，DRFM)技术。

“海妖”Siren 有源干扰弹性能参数：

频率范围：7.5~17.5GHz；

干扰技术：距离门拖引；

弹长：1700mm；

弹径：130mm；

弹重：28kg；

部署时间：<10s；

预置距离：400~500m；

留空时间：约 3min。

3. FLYRT 和 Eager 无人机有源雷达诱饵

FLYRT 无人机诱饵是一种转发式假目标，由小型固体火箭从舰载 MK 36 SRBOC 系统发射架上发射，约 1.6s 后固体火箭脱落，然后按预编程绕舰艇飞行。无人机采用碳纤维折叠翼，电子干扰载荷有上下两个天线，其中一个天线用来接收来自导弹末制导雷达的信号，放大后从另一个天线发射出去，以对来袭导弹实施干扰，弹上电池可提供几分钟的飞行时间。

Eager 无人机诱饵是一种空中系留有源雷达诱饵，该诱饵重约 36kg，有效载荷 6.8kg，有一个直径为 3m 的主旋翼和两个较小的起稳定作用的旋翼。无人机通过一根光电混合的系缆联系，系缆长度大于 230m，系缆内有用于传输控制信号的光纤，同时系缆还传输 10kW 以上的供电功率，使无人机可长时间工作。

2.5.6 舰载电子战装备

1. 美国舰载电子战装备

航母战斗群是美国海军的主要作战编队形式，雷达、干扰机等电子装备是美军航母战斗群实施电子对抗攻防的利剑，保证了航母战斗群履行战斗使命。美军舰载电子战装备包括侦察告警设备、有源干扰设备和无源干扰设备，主要作用是对付反舰导弹的攻击，以保护舰艇的安全。与其他国家相比，无论从电子战装备的技术水平还是数量上均处于世界领先水平。有的电子对抗装备已经更新了 1~2 代。

美军航母战斗群的舰载电子战装备主要包括 AN/SLQ-29 舰载组合式电子战系统、AN/SLQ-26 型电子战系统、AN/SLQ-32(V)系列型电子战系统、“北约海蚊”型诱饵发射系统、AN/SSQ-95(V)有源电子浮标、AN/ULQ-6 舰载干扰机、MK36(SRBOC)型箔条/红外干扰弹发射系统等。航母战斗群中，各主要战舰配备的电子战装备如表 2-19 所示。

表 2-19　美军航母战斗群主要电子战装备一览表

序号	舰级和舰型	主要配备电子战装备
1	“尼米兹”级核动力航空母舰	AN/SLQ-32(V)4 型电子战系统、AN/SLQ-29 型组合式电子战系统、4 部 6 管 MK 36(SRBOC)型箔条/红外干扰弹发射系统
2	“提康德罗加”级巡洋舰	AN/SLQ-32(V)3 型电子战系统、6 部 MK 36(SRBOC)型箔条/红外干扰弹发射系统或 SLY-2 雷达预警、干扰系统
3	“阿利·伯克”级驱逐舰	AN/SLQ-32(V)3 型电子战系统、“北约海蚊”型诱饵发射系统、MK 36(SRBOC)型箔条/红外干扰弹发射系统

美军的舰载有源电子装备干扰设备的典型代表是 AN/SLQ-32(V)系列电子战系统，频段覆盖 1~20GHz，峰值功率达到 1MW，转发式干扰反应时间仅 51ns，干扰样式有连续波、瞄频噪声、宽带阻塞噪声等压制式干扰，以及距离拖引、速度拖引、距离和速度相参拖引等欺骗式干扰。

MK36(SRBOC)型箔条/红外干扰弹发射系统是美军典型的无源电子干扰装备，单发箔条弹的 RCS 面积 3000m^2，频率覆盖 2~20GHz，发射距离 5~8km，留空时间≥10min，平均反应时间<4s，箔条展开时间<2s，可以形成质心诱骗、干扰掩护诱骗、距离波门拖引诱骗等，还可以发射小型一次性有源干扰机。

美国海军已经装备的 AN/SSQ-95(V)有源电子浮标，是抛浮于海面上的舷外有源干扰机，可以对反舰导弹进行假目标欺骗干扰，工作在 8~20GHz 频段。

充气式角反射器是美军舰艇普遍装备的一种无源舷外电子对抗器材，有以英国引进的 DLF-2 角反射器诱饵，以 AN/SLQ-49 命名服役，主要以假目标的形式对抗反舰导弹。

美国海军的电子战装备正在向小型化、通用性、无源和有源集成、雷达干扰和光电干扰一体化等趋势发展。

2. 中国台湾地区舰载电子战装备

中国台湾地区现役作战舰艇主要包括“基隆”级驱逐舰、“成功”级、“康定”

级和“济阳”级护卫舰。先后装备的舰载电子战装备包括 AN/SLQ-32(V)2 型电子战系统、AN/ULQ-6 型电子干扰机(美国 20 世纪 50 年代产品)、CR-201(“工蜂”Ⅵ)型无源干扰发射装置、MK 33 型/MK 36(SRBOC)型舰载箔条/红外干扰发射系统、“长风”Ⅱ型/“长风”Ⅲ型(对美国 AN/SLQ-31 型电子战系统的仿制品)/“长风”Ⅳ型综合电子战系统、“达盖”(Dagaie)无源干扰发射系统。到目前为止,随着这些电子战系统先后服役,台湾海军的 500 多艘各型舰艇均具备了较强的电子战自卫能力,其主要用途是搜集海上、空中和地面上的电子情报,实时进行报警和干扰,对抗反舰导弹攻击,保障己方舰艇的安全。此外,据有关资料报道,台湾海军装备了 AN/SSQ-95(V)有源电子浮标和充气式角反射器。台湾地区海军各主要战舰配备的电子战装备如表 2-20 所示。

表 2-20　台湾地区海军主要战舰电子战装备一览表

序号	舰级和舰型	主要配备电子战装备
1	“基隆”级驱逐舰	AN/SLQ-32(V)3 型电子战系统、4 座 MK 36(SRBOC)型箔条/红外干扰弹发射系统等
2	“成功”级导弹护卫舰	“长风”Ⅳ型电子战系统、CR-201 型(“工蜂”Ⅵ)无源干扰发射装置、MK 36(SRBOC)型箔条/红外干扰弹发射系统等
3	“康定”级导弹护卫舰	DR-3000S 雷达告警接收机、“长风”Ⅳ型电子战系统、“达盖”(Dagaie)2 型无源干扰发射系统等
4	“济阳”级导弹护卫舰	AN/SLQ-32(V)2 电子战系统、MK 36(SRBOC)型箔条/红外干扰弹发射系统等

3. 日本舰载电子战装备

日本海军舰载电子战系统的装备情况以“八·八”舰队为代表。“八·八”舰队的大多数舰艇上都装备了电子支援设备,包括有源干扰设备和无源干扰设备及红外诱饵施放系统,较新的驱护舰还装备了先进的水声对抗系统。“八·八”舰队舰载综合电子战系统主要包括 20 世纪 80 年代研制的 NOLQ-1 型(类似于美国 A N/SLQ-32(V)3)及其改进的后续型号 NOLQ-2 型、NOLQ-3 型。该系列综合电子战系统是由一套先进的接收机和两部 OLT-3 或 OLT-5 型电子干扰机组成,采用了自动测向、距离波门拖引和转发式欺骗干扰技术,将电子战支援、有源电子干扰以及 MK 36 型箔条/红外诱饵弹发射系统集成在一起,对反舰导弹具有很好的防卫能力。日本海军几乎每艘舰艇都装备了 MK 36(SRBOC)型无源干扰发射系统,主要战舰电子战装备如表 2-21 所示。

表 2-21　日本海军战舰电子战装备一览表

序号	舰级和舰型	主要配备电子战装备
1	"金刚"级导弹驱逐舰	NOLQ-2 型综合电子战系统、OLT-3 型电子干扰机、MK 36(SRBOC)型箔条/红外干扰弹发射系统
2	"旗风"级导弹驱逐舰 "白根"级驱逐舰 "榛名"级驱逐舰	NOLQ-1 型综合电子战系统、OLR-9 电子干扰机、MK 36(SRBOC)型箔条/红外干扰弹发射系统
3	"太刀风"级导弹驱逐舰	NOLQ-1 型综合电子战系统、OLT-3 型电子干扰机、MK 36(SRBOC)型箔条/红外干扰弹发射系统
4	"高月"级驱逐舰 "朝雾"级驱逐舰 "初雪"级驱逐舰	OLT-3 型电子干扰机、MK 36(SRBOC)型箔条/红外干扰弹发射系统

参 考 文 献

[1] STIMSON G W. Introduction to Airborne Radar [M]. 2nd. Mendham, New Jersey: SciTech Publishing Inc, 1998.

[2] 卢万铮. 天线理论与技术[M]. 西安:西安电子科技大学出版社,2004.

[3] 黄培康,殷红成,许小剑. 雷达目标特性[M]. 北京:电子工业出版社,2005.

[4] 斯科尼克. 雷达系统导论[M]. 左群声,徐国良,马林,等译. 3 版. 北京:电子工业出版社,2014.

[5] KULEMIN G P. Millimeter-Wave Radar Targets and Clutter[M]. Boston, United States: Artech House, 2003.

[6] SKOLNIK M I. An Empirical Formula for the Radar Cross Section of Ships at Grazing Incidence[J]. IEEE Trans. on Acoustics Speech and Signal Processing, 1974, 10(2):292.

[7] 焦培南,张忠治. 雷达环境与电波传播特性[M]. 北京:电子工业出版社,2007.

[8] 张建奇. 红外物理[M]. 2 版. 西安:西安电子科技大学出版社,2013.

[9] 吴晗平. 红外搜索系统[M]. 北京:国防工业出版社,2013.

[10] MUKHERJEE M. Advanced Microwave and Millimeter Wave Technologies: Semiconductor Device, Circuits and Systems[M]. Vienna, Austria: IN-TECH, 2010.

[11] 魏合理,刘庆红,宋正方,等. 红外辐射在雨中的衰减[J]. 红外与毫米波学报,1997(6):418-424.

[12] 张志远,张介秋,屈绍波,等. 雷达角反射器的研究进展及展望[J]. 飞航导弹,2014(4):64-70.

[13] 陈静. 雷达箔条干扰原理[M]. 北京:国防工业出版社,2007.
[14] 杨超. 雷达对抗基础[M]. 成都:电子科技大学出版社,2012.
[15] SHERMAN S M,BARTON D K. 单脉冲测向原理与技术[M]. 周颖,陈远征,赵锋,等译. 2 版. 北京:国防工业出版社,2013.
[16] 杨沛斌,张娜. 基于作战效能评估的交叉眼干扰设备在飞机上的布局[J]. 航空科学技术,2015,26(6):35-38.

第3章　综合孔径技术

复合寻的制导导引头属于精密跟踪装置，其基本任务是连续测量目标的相对位置，即距离、方位角和俯仰角。对于微波/毫米波波段的传感器，通常采用安装在导弹头部的天线形成笔形波束，利用机械扫描或电扫描的方式驱动天线波束对目标进行方位角方向和俯仰角方向的搜索和跟踪；对于光电传感器，通常采用机械扫描方式驱动传感器光学系统，结合图像目标跟踪算法，使传感器瞬时视场对目标进行搜索和跟踪。

对于复合寻的制导导引头，通常需要将微波/毫米波波段传感器的射频孔径和光学传感器的光学孔径进行综合设计，形成射频光学综合孔径，满足多种传感器对目标场景的探测需求。

3.1　复合寻的导引头常用天线

3.1.1　经典单脉冲天馈系统

对于微波/毫米波波段的传感器，有多种方法可以实现精密跟踪，如圆锥扫描技术、顺序波束转换技术和单脉冲技术。

圆锥扫描技术，通过天线波束在空间按锥形轨迹扫描，通过多个脉冲回波信号幅度的包络信号检测目标偏离圆锥扫描中心线的角位置，包络信号的幅度表示目标偏离中心线的大小，包络信号的相位表示目标偏离参考方向的角度，然后再分解为目标在方位向和俯仰向的角误差信号，实现对目标的跟踪。

顺序波束扫描技术，是通过多个指向不同的波束的顺序切换获取多个脉冲回波幅度的包络信号，从而提取目标角位置信息，其实现方法有多种，较为典型的是四波束顺序切换技术。由于顺序波束扫描技术的波束与圆锥扫描无本质区别，故也称隐蔽锥扫技术；其天馈系统与单脉冲极为类似，有时也称假单脉冲技术。

圆锥扫描技术和顺序波束转换技术对回波幅度起伏非常敏感。单脉冲技术是在圆锥扫描和顺序波束转换体制基础上发展起来的。单脉冲天线可以在单个脉冲上同时提供对角误差敏感所需的多个波束,通过检测回波波前的到达角来确定目标角位置。由于单脉冲技术同时比较各波束的输出,消除了回波幅度随时间变化的影响,在目标精确跟踪领域得到了广泛的应用。

1. 单脉冲测角基本原理

单脉冲测角的基本方法是采用多路接收,即用几个独立的接收支路来同时接收目标的回波信号,然后将这些信号的参数进行比较获取目标的角度信息,所以单脉冲技术有时也称同时多波束技术。通常对每个坐标平面都要采用两个独立的接收支路,如同时在方位和俯仰平面内测角,则需要方位平面内两个支路,俯仰平面内两个支路。

根据从回波信号中提取目标角信息的方式,可以将单脉冲测向分为振幅定向法和相位定向法[1]。

1) 振幅定向法

振幅定向法单脉冲测向也称比幅单脉冲测向。为了确定目标在一个平面内的角坐标,需要形成两个互相交叠的天线波束,每个波束的中心线对等强信号方向偏离的角度分别为 $\pm\theta_0$,如图 3-1(a)所示。

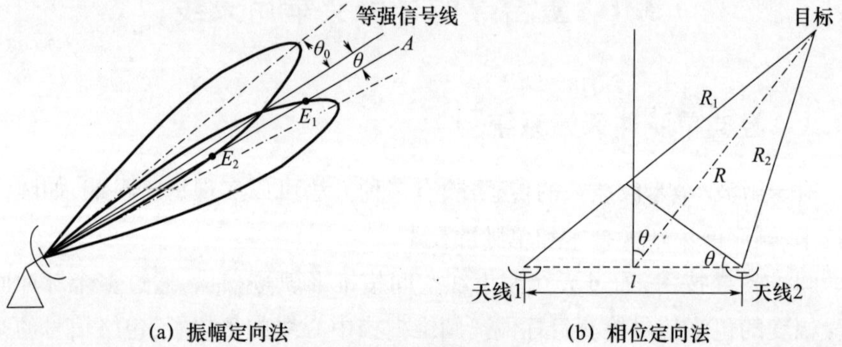

图 3-1 单脉冲测向

当目标在 A 点并且对等强信号线偏离角度为 θ 时,下方的波束接收到的信号将大于上方波束接收到的信号。考虑反射面天线聚焦平面上的回波信号,对于圆口径反射面天线,回波在聚焦平面上形成。当目标位于天线轴线上时,“焦斑”位于聚焦平面中心。当目标偏离天线轴线时,“焦斑”离开中心。由于反射面天线的馈源是放在焦点上的,所以接收到从轴线方向目标反射回来的能量大,而接收到偏离轴线方向目标反射回来的能量小。两个波束接收到的回波信号 E_1,E_2 的振幅差即表示目标对等强信号线方向的角度偏移量,而振幅差值的符号表示等强信号线方向相对于目标的偏离方向。当等强信号线方向与目标重合时，由两个波束接收到的回波信号 E_1，E_2 振幅相等，其差值等于零。

2）相位定向法

相位定向法是将两个天线接收到的信号的相位加以比较来确定目标在一个坐标平面内的方向，如图 3-1(b)所示。

两天线之间距离为 l，目标视线(两天线中点与目标连线)与两天线连线的中垂线之间夹角为 θ，天线 1 和天线 2 与目标之间的距离分别为

$$R_1 = R + \frac{l}{2}\sin\theta \tag{3-1}$$

$$R_2 = R - \frac{l}{2}\sin\theta \tag{3-2}$$

目标到两个天线的距离差为

$$\Delta R = R_1 - R_2 = l\sin\theta \tag{3-3}$$

当波长为 λ 时，两天线接收到回波信号的相位差为

$$\Delta\varphi = \frac{2\pi}{\lambda}\Delta R = \frac{2\pi}{\lambda}l\sin\theta \tag{3-4}$$

通过检测两天线接收到回波信号的相位差可以确定回波信号到达角 θ。

式(3-4)表明，采用相位定向法测量目标角度时，存在着多值性。例如，当 $\Delta\varphi = 0$ 时，θ 可能的取值为

$$\theta = \arcsin\frac{n\lambda}{l} \quad (n = 1,2,3,\cdots) \tag{3-5}$$

因此，定向特性曲线是一条符号交替变化的曲线，除具有基本的等强信号方向外，还有很多个虚假的等强信号方向。如果虚假的等强信号方向是处于方向图的主瓣以外，测量的非单值性就不会成为很严重的问题，所以通常需要两个天线之间距离不超过其中任意一个天线的口径尺寸。

2. 单脉冲天线的馈源

1）四喇叭馈源与和差矛盾

比幅单脉冲天线利用其馈源来检测“焦斑”偏离聚焦平面中心的任何横向位移。当馈源采用四喇叭方形单脉冲馈源时，馈源中心与反射面焦点重合，并且馈源是对称的。位于天线轴线上的目标回波“焦斑”与馈源中心重合，四喇叭中每一个喇叭收到的能量相等；如果目标偏离天线轴线，“焦斑”就会发生移动，于是各喇叭中的能量就会不平衡，单脉冲天线通过比较在各个喇叭中激励起的回波信号幅度来检测目标的位移，如图 3-2 所示。

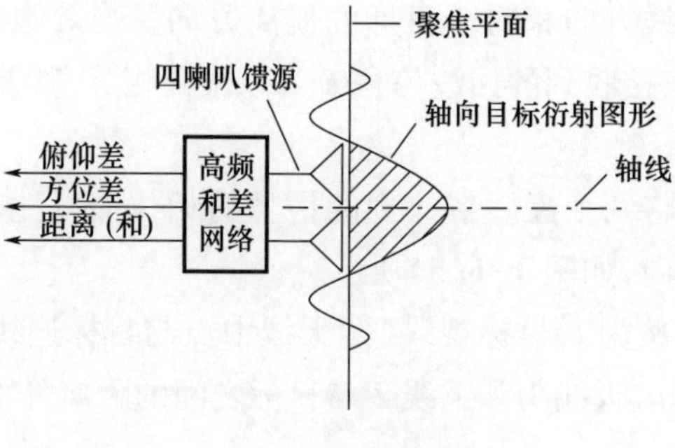

(a) 目标位于轴线

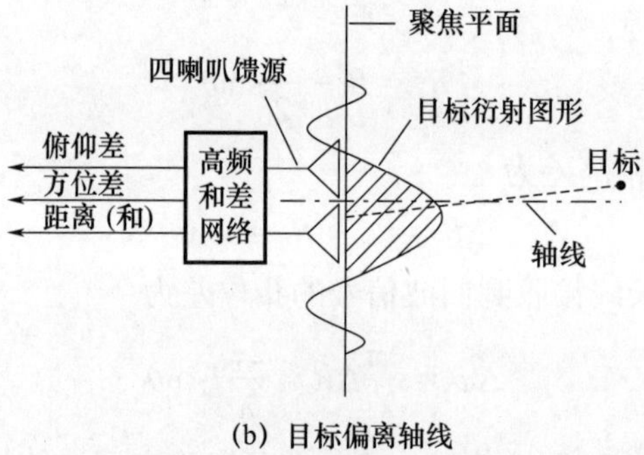

(b) 目标偏离轴线

图 3-2　比幅单脉冲天线原理

通过微波混合电路使两对喇叭的输出相减可以完成目标角位置的检测。常规四喇叭单脉冲馈源所使用的微波混合电路如图 3-3 所示。从左边一对输出中减去右边一对输出可以检测方位角方向上的不平衡;从上面一对输出中减去下面一对输出可以检测俯仰角方向的不平衡。魔 T(和差器)的输出称为和信号和差信号。当目标在轴线上时,差信号为零;当目标偏离轴线的位移增加时,差信号的幅度就会增加。当目标从轴线一侧移动到另一侧时,差信号相位改变 180°。四喇叭天线的总和提供一个参考信号,通过角误差相位检波器可以利用角误差信号相位变化确定目标方向。

单脉冲馈源和差信号处理通常采用波导匹配双 T(魔 T)接头实现,如图 3-4 所示。当信号由 1 端口和 2 端口输入时,其 E 臂输出差信号,H 臂输出差信号。

由于单脉冲天线微波前端的体积限制,经常将双 T 接头的 1 臂和 2 臂沿波导 E 面或 H 面折叠,形成 E 面折叠双 T 接头或 H 面折叠双 T 接头,如图 3-5 所示。对 E 面折叠双 T,当信号从 1 臂和 2 臂输入时,E 臂输出和信号,H 臂输出差信号。由 E 面折叠双 T 接头的两个折叠臂展开成喇叭天线,可以构成双喇叭馈源,用于单平面单脉冲天线馈源,如图 3-6 所示。当喇叭 1 和喇叭 2 从天线接收目标的回波信号以后,直接输入和差器的 3、4 臂,和差器是一个变形的 E 臂折叠双 T,6 臂是“和”输出,5 臂是“差”输出,输出的和差信号各自进入和差混频器。

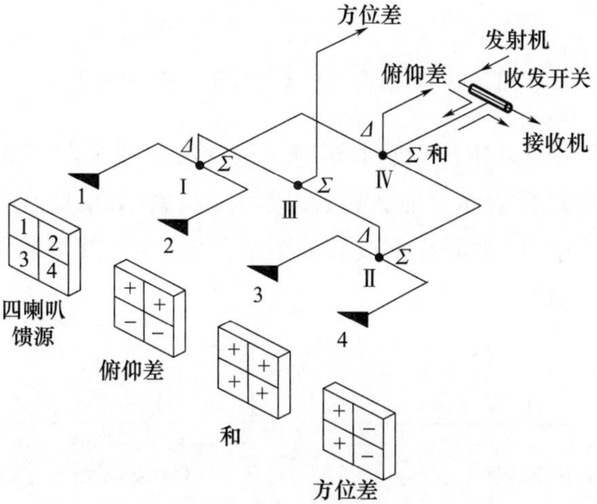

图 3-3　四喇叭单脉冲馈源及微波混合电路

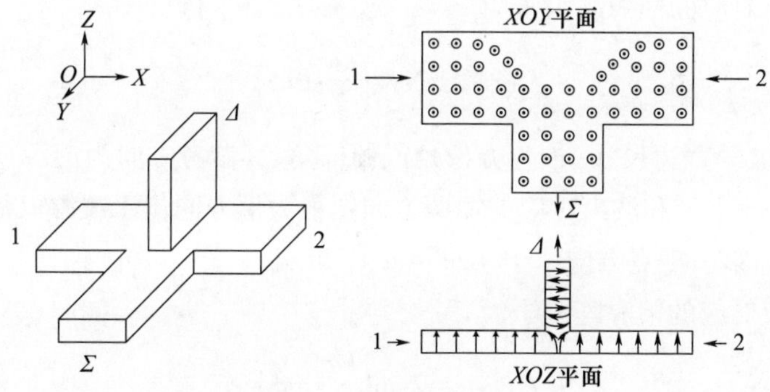

图 3-4　波导匹配双 T 接头

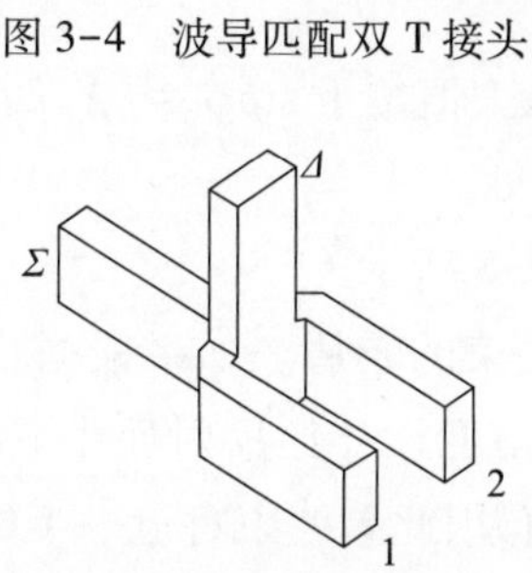

图 3-5　E 面折叠双 T

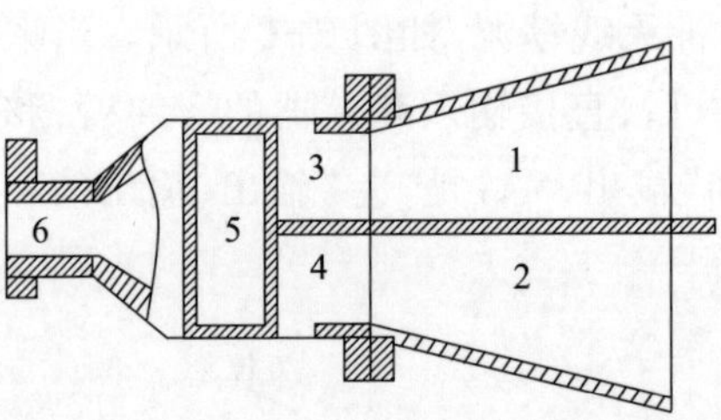

图 3-6　E 面折叠双 T 构成的双喇叭馈源

通常单脉冲天线采用反射面压窄波束宽度,形成笔状波束。在接收信号时,目标回波信号经反射面反射,喇叭被成对反向激励,由此在方位或俯仰平面内形成双波束。四喇叭馈源在形成和波束或差波束时,其馈源可以等效成为同相或反相二元阵,如图 3-7 所示。

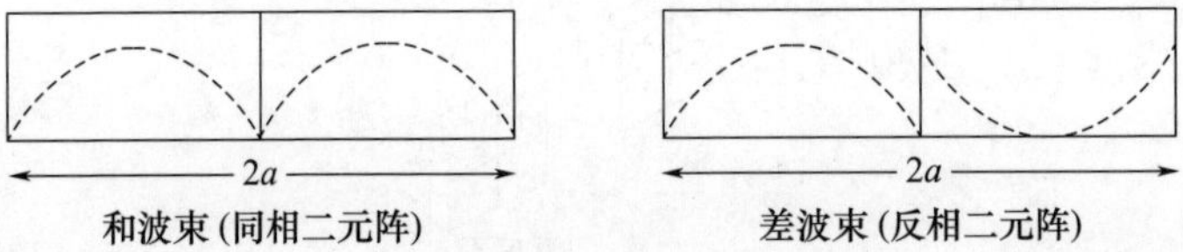

图 3-7　馈源等效为二元阵

和波束对应的馈源阵因子为

$$f_{\Sigma}(\phi) = 2\cos\left(\frac{ka}{2}\sin\phi\right) \tag{3-6}$$

式中:a 为波导宽边尺寸;ϕ 为方位角或俯仰角,其参考方向为馈源口径面法线方向;$k = 2\pi/\lambda$ 。和波束对应的馈源方向图最大值方向位于馈源口径面法线方向($\phi = 0$),第一零点方向位于 $\sin\phi = \pm\lambda/2a$ 处。

差波束对应的馈源阵因子为

$$f_{\Delta}(\phi) = 2\sin\left(\frac{ka}{2}\sin\phi\right) \tag{3-7}$$

差波束对应的馈源方向图最大值位于 $\sin\phi = \pm\lambda/2a$ 处,零点位于馈源口径面法线($\phi = 0$)和 $\sin\phi = \pm\lambda/a$ 处。

和波束和差波束如图 3-8 所示。

单脉冲天线存在和差波束的矛盾。如果根据获取和波束最大增益的原则来选择反射面尺寸,差波束角度尺寸比反射面张成的角度尺寸大一倍,在反射面的边缘处为差波束的峰值,因此差波束有近一半的能量会绕过反射面而泄漏到空间,使差方向图的增益降低,旁瓣加大。如果按照差波束最大增益原则来选择反射面尺寸，则和波束照射反射面时，馈源副瓣也照射到反射面，从而造成和路信号面积利用系数低，和波束副瓣电平升高，增益降低，而且折中设计不能根本解决问题，如图3-9所示。

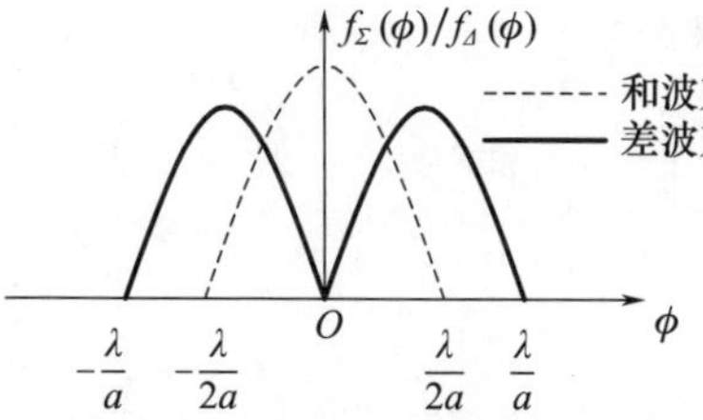

图3-8　和波束与差波束示意图

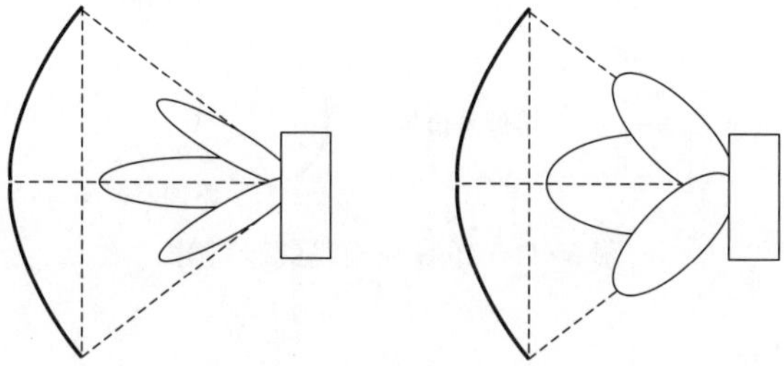
图3-9　和差矛盾示意图

单脉冲天线的一般照射如图3-10所示。为了避免馈源的能量从反射面的旁边泄漏，通常需要将差波束的馈源尺寸增加一倍，这样，差波束宽度约为和波束宽度的一半，这样和差波束都可以获得最佳性能。单脉冲天线的最佳照射如

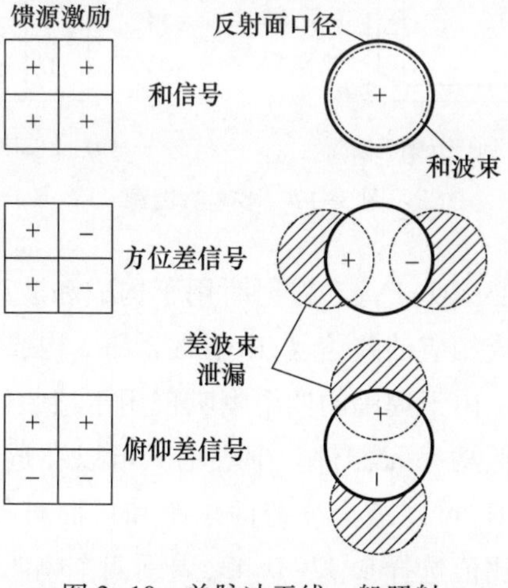

图3-10　单脉冲天线一般照射

图 3-11 所示。因此,四喇叭馈源不能实现最佳照射,不能很好地解决单脉冲天线的和差矛盾。为获得单脉冲天线的近似最佳性能,常见的馈源有多喇叭馈源、单喇叭多模馈源等。

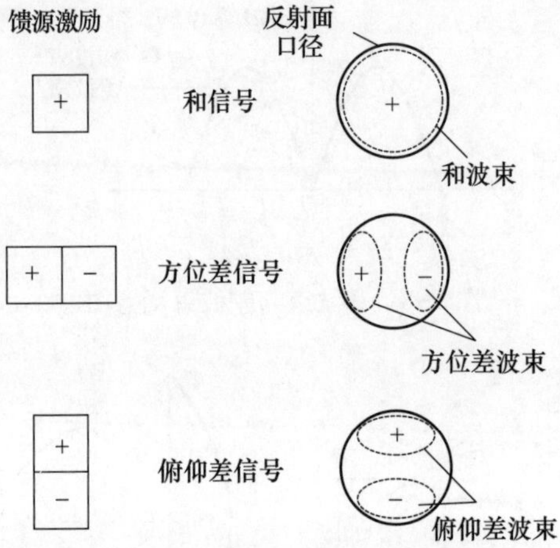

图 3-11　单脉冲天线最佳照射

2）多喇叭馈源

多喇叭馈源常见的有五喇叭馈源和十二喇叭馈源,其结构如图 3-12 所示。

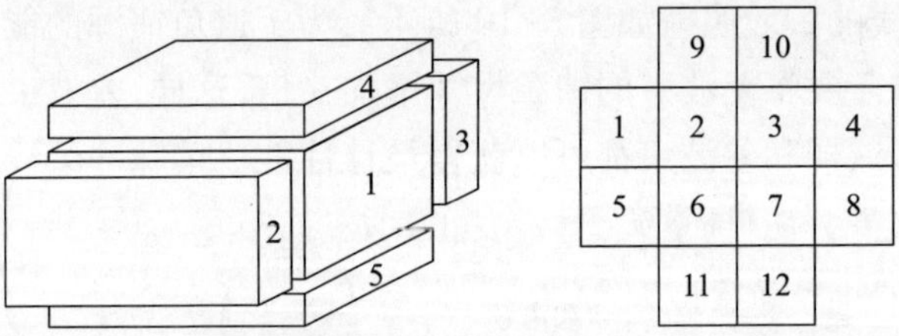

(a) 五喇叭馈源　　(b) 十二喇叭馈源

图 3-12　多喇叭馈源

五喇叭馈源的中心喇叭 1 仅在发射时用于构成和波束,周围的四个喇叭则在接收信号时用于构成相应的差信号,由喇叭 2 和 3 构成方位差信号,由喇叭 4 和 5 构成俯仰差信号。由于周围的四个喇叭仅用于接收微弱的回波信号,所以其混合电路可以使用低功率元器件。中心喇叭可以在近似最佳锥削分布的状态下对反射面进行照射,可以减小反射面焦距和口面直径的比值,通常将反射面焦距与口面直径的比值选择 0.37~0.43,周围四个喇叭的相位中心的距离可以保持在一个波长之内。此时,差波束在 10~12dB 的电平上相交。同时,中心喇叭的口径可以大到每边$(0.6 \sim 0.7)\lambda$,所产生的边缘锥削为10~11dB。

五喇叭馈源比较容易实现圆极化和双频率的工作方式。在必须使用圆极化波时,需要将外边的四个喇叭用介质加载或者改为脊波导,以获得相互正交的极化波。五喇叭馈源的缺点是在跟踪噪声(或跟踪系统的带宽)确定后,其跟踪率比四喇叭馈源系统要低一些。

十二喇叭馈源方位差信号由(3+4+7+8)-(1+2+5+6)得到,俯仰差信号由(2+3+9+10)-(6+7+11+12)得到。和信号用四个中心喇叭来实现。由于形成差信号时有效口径比形成和波束时有效口径大一倍,两个差波束的宽度与和波束大致相同,和波束和差波束在反射面边缘处的照射强度大致相同,能量的泄漏损耗减少。十二喇叭馈源的缺点是需要非常复杂的和差信号混合电路,同时难以在三个通道中实现全极化。

3) 单喇叭多模馈源

单喇叭多模馈源结构如图3-13所示。

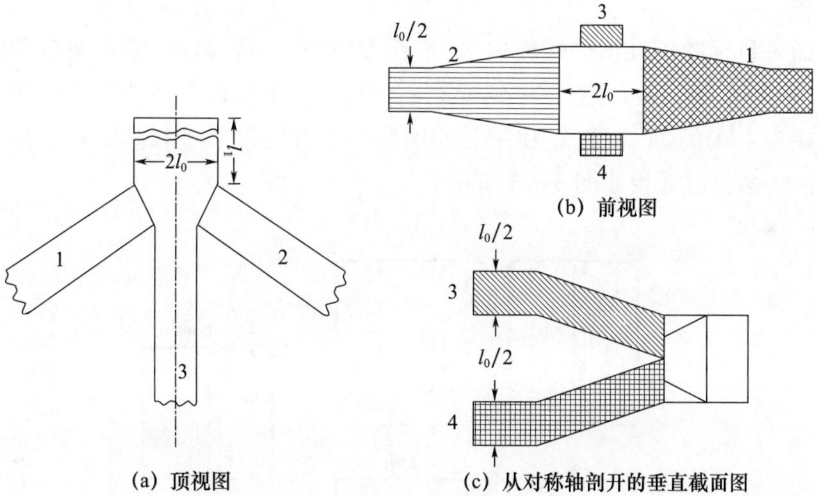

(a) 顶视图

(b) 前视图

(c) 从对称轴剖开的垂直截面图

1—左侧臂;2—右侧臂;3—上支臂;4—下支臂。

图3-13 单喇叭多模馈源结构

当目标在方位上馈源口径面法线方向时,目标回波信号激励多模喇叭馈源,根据场的叠加原理和傅里叶分析方法,可将激励信号分解为对称激励信号和非对称激励信号,如图3-14所示。对喇叭口的对称激励产生方位和模,非对称激励产生方位差模。

如果目标在俯仰平面上某点,其回波在喇叭颈内激励起TE_{10}和TE_{20}模,这

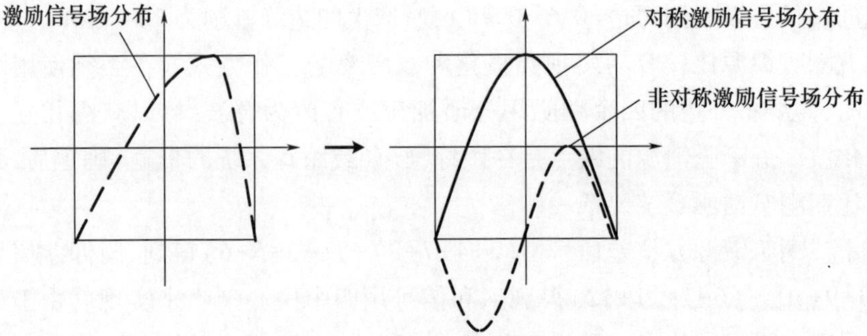

图 3-14　对称激励与非对称激励

些波导模在左侧壁 1 和右侧壁 2 内激励起 TE_{10} 模，但其相位差为 180°，左侧壁 1 和右侧壁 2 的信号可以用来形成方位差信号。

如果目标在方位平面上某点，其回波在喇叭颈内激励起 TE_{10}、TE_{11}、TM_{11} 几种波导模，这些波导模在上支臂 3 和下支臂 4 中激励起相位差为 180° 的 TE_{10} 模。

如果目标既不在俯仰平面内，也不在方位平面内，目标回波在喇叭颈内激励起 TE_{21} 和 TM_{21} 模，分别在左侧臂 1、右侧臂 2 和上支臂 3、下支臂 4 内激励起相位差为 180°的 TE_{10} 模，经和差器处理后形成方位差信号和俯仰差信号。多模馈源的各种波导模如图 3-15 所示。

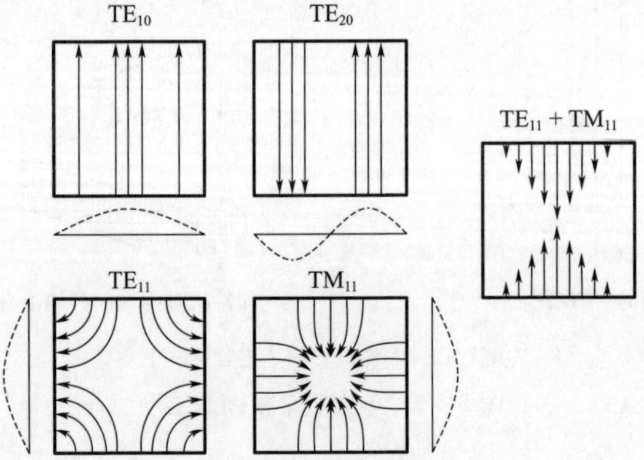

图 3-15　多模馈源的各种波导模

图 3-16 是采用折叠双 T 接头的单脉冲喇叭馈源。馈源喇叭喉道是一个方形孔径，其尺寸要满足所需要波导模的传播，对 TE_{11} 和 TM_{11} 模的耦合放在这个方形波导内。而后，喉道在截面上逐渐渐变为矩形截面，使 TE_{11} 和 TM_{11} 模截止

而对 TE_{10} 和 TE_{20} 模的传输有足够的宽度，然后用折叠双 T 分离开。这种馈源结构紧凑，其和差波束形成网络也比多喇叭馈源简单得多。

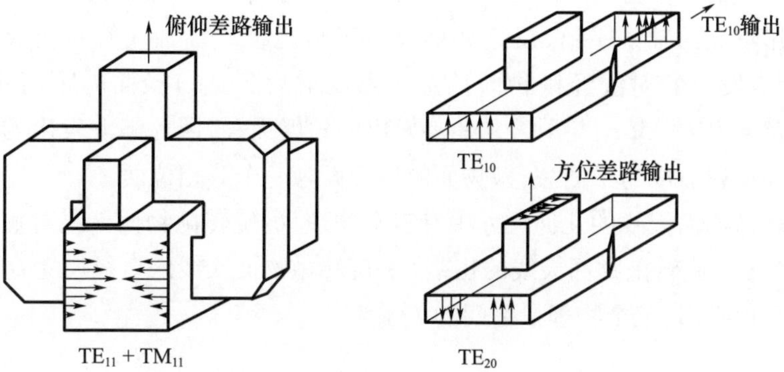

图 3-16　采用折叠双 T 接头的单脉冲喇叭馈源

3. 单脉冲天线反射面

为增加作用距离及提高跟踪精度，单脉冲天线波束常采用笔形波束。一般采用反射面把方向性较弱的馈源的辐射反射为方向性较强的辐射，压窄波束宽度，增加天线增益。应用较广泛的反射面有旋转抛物面反射面、卡塞格伦反射系统和极化旋转反射系统。

1）旋转抛物面反射面

旋转抛物面是由抛物线绕轴旋转一周形成的，抛物线在图 3-17 所示的直角坐标系统中的方程和极坐标系统中的方程分别为

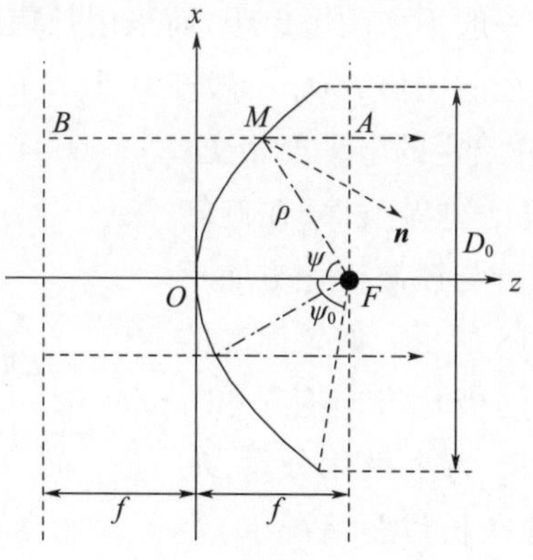

图 3-17　抛物线几何关系

$$x^2 = 4fz \tag{3-8}$$

$$\rho = \frac{2f}{1+\cos\psi} = f\sec^2\frac{\psi}{2} \tag{3-9}$$

抛物线的基本性质为从焦点发出的任一根射线经抛物面反射，得到的反射线都与抛物面的轴线平行，反之亦然。对于由抛物线绕轴线旋转而成的抛物面，从焦点发出的射线经抛物面任意一点反射后到达口径面的距离相等，即 $FM + MA = BM + MA$，与射线从焦点发出的角度无关，因此馈源发出的球面波被抛物面反射后成为平面波，抛物面的口径面为一个等相位面。

旋转抛物面天线的几何尺寸中有三个物理量：旋转抛物面天线对焦点的口径半张角 ψ_0、旋转抛物面天线的焦距 f 和旋转抛物面天线的口径尺寸 D_0。由数学理论可以得出，三个物理量之间的关系为

$$\sin\psi_0 = \frac{\dfrac{D_0}{2f}}{1+\left(\dfrac{1}{2}\times\dfrac{D_0}{2f}\right)^2} \tag{3-10}$$

$$\tan\psi_0 = \frac{\dfrac{D_0}{2f}}{1-\left(\dfrac{1}{2}\times\dfrac{D_0}{2f}\right)^2} \Rightarrow \tan\frac{\psi_0}{2} = \frac{D_0}{2f} \tag{3-11}$$

按几何参数不同，旋转抛物面天线分长焦距抛物面天线和短焦距抛物面天线，$2\psi_0 > \pi$ 的抛物面称为短焦距抛物面，$2\psi_0 < \pi$ 的抛物面称为长焦距抛物面。短焦距时，馈源的副瓣照射反射面，致使口径上场的分布不符合电特性要求，使方向性变坏，所以一般不采用短焦距，而采用长焦距抛物面结构。单脉冲抛物面天线的焦距与口径的比值 f/D_0 一般在 0.5～1 的范围内（D_0/f 值在 1～2），保证差波束方向图在给定的电平上相交。

由于电磁场需要满足边界条件，在旋转抛物面的口径面上存在着与馈源极化方向不同的极化分量，如图 3-18 所示。如果馈源的极化为 x 方向，口径场的极化方向有 x 和 y 方向的两个极化分量，$\boldsymbol{E}_x$ 为主极化分量，$\boldsymbol{E}_y$ 为交叉极化分量。通常在长焦距情况下，主极化分量 $\boldsymbol{E}_x$ 远大于交叉极化分量 $\boldsymbol{E}_y$，同时由于对称的关系，交叉极化分量在两个主平面内的贡献为零。

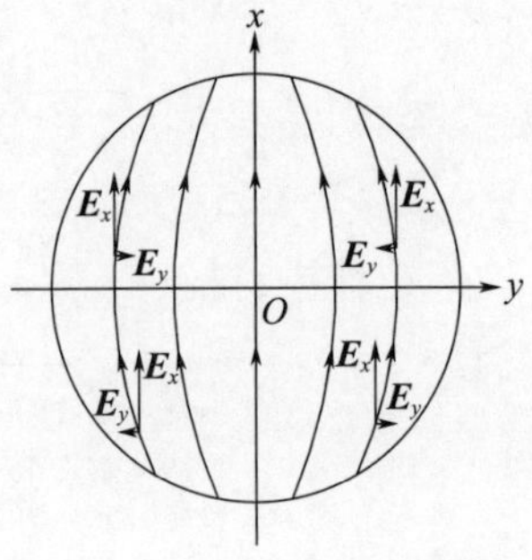

图 3-18　抛物面口径场的极化

抛物面天线的方向性系数计算公式为

$$D = \frac{4\pi}{\lambda^2} S\nu \tag{3-12}$$

式中：ν 为面积利用系数，表示口径场幅相分布不均匀导致的方向性系数降低；S 为抛物面口径面积，$S = \frac{1}{4}\pi D_0^2 = 4\pi f^2 \tan^2 \frac{\psi_0}{2}$。

抛物面天线口径截获功率 P_{rs} 只占馈源所辐射功率 P_r 的一部分，还有一部分能量漏射到空间，如图 3-19 所示，因此定义口径截获效率为

$$\eta_A = \frac{P_{rs}}{P_r} \tag{3-13}$$

从而抛物面天线的增益可写成

$$G = D\eta_A = \frac{4\pi}{\lambda^2} S\nu\eta_A = \frac{4\pi}{\lambda^2} Sg \tag{3-14}$$

式中：g 为增益因子，$g = \nu\eta_A$。

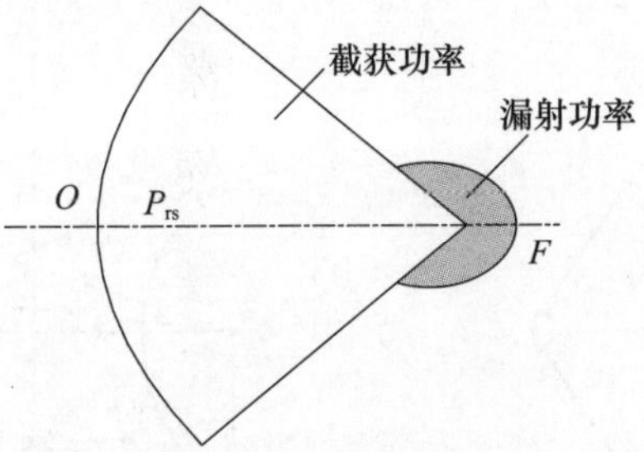

图 3-19　截获功率与漏射功率

由于面积利用系数、截获效率和口径张角之间的变化关系恰好相反，所以抛物面天线存在着最佳张角，无论馈源方向性如何，当口径边缘的场强比中心低 11dB 时，抛物面天线的增益因子最大，对应增益因子最大值为 $g_{max} \approx 0.83$。考虑到实际安装误差、馈源旁瓣以及支架的遮挡等因素，增益因子比理想值要小，通常取 g 为 0.5~0.6；使用高效率馈源时，g 为 0.7~0.8。

实际工作中，抛物面天线的半功率波束宽度 $\theta_{0.5}$ 和副瓣电平 SLL 近似计算公式为

$$2\theta_{0.5} = K_{0.5}\frac{\lambda}{D_0}, \quad K_{0.5} = 70° \sim 75° \tag{3-15}$$

$$\text{SLL} = -16 \sim -19\text{dB} \tag{3-16}$$

2）卡塞格伦反射系统

抛物面天线的馈源通常需要前置，而信号处理部分通常位于天线后面，因此馈源和信号处理部分之间通常需要由馈线连接，完成微波信号传输。一方面，馈线与馈源安装不方便，造成遮挡；另一方面，馈线的传输也会带来不必要的损耗。

为解决上述问题，通常在抛物面反射面的基础上，再增加一个双曲面副反射面，从而实现馈源后置，这就是卡塞格伦双反射面系统。

卡塞格伦反射系统由主反射器、副反射器（或分别称为主反射面、副反射面）和馈源（辐射器）三部分组成，如图 3-20（a）所示。主反射器为旋转抛物面，副反射器为一旋转双曲面。

由于包含有两个不同的反射面，卡塞格伦反射系统的几何关系比普通的抛物面天线要复杂。为了说明它的工作原理，必须首先分析图 3-20（b）所示的双曲面的母线——双曲线的几何特性。图中的双曲线绕焦轴旋转就构成作为副反射器的双曲面。

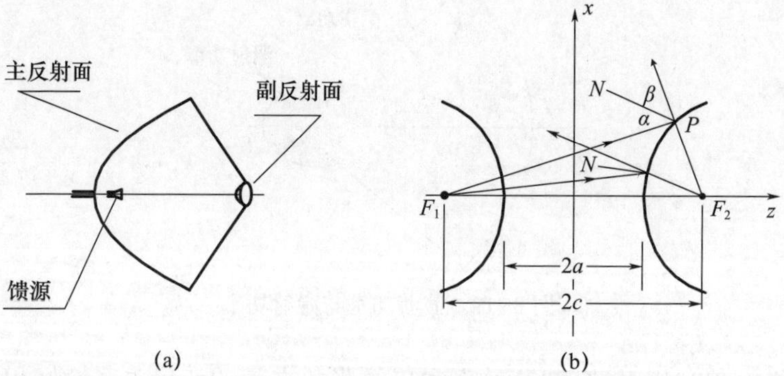

图 3-20　卡塞格伦天线及双曲线几何关系

到两个定点 F_1、F_2 的距离之差为常数（设其值为 $2a$）的切点的轨迹，称作双曲线。定点 F_1、F_2 称为双曲线的焦点。设两点之间的距离为 $2c$。两曲线定点之间的距离正好等于 $2a$。

在直角坐标系中，双曲线的方程为

$$\frac{z^2}{a^2}-\frac{x^2}{c^2-a^2}=1 \tag{3-17}$$

对于双曲线，从两个焦点到双曲线上任意一点 P 的连线 F_1P、F_2P（的延长线），与通过该点的法线 PN 的夹角相等，即有

$$\alpha = \beta \tag{3-18}$$

若称 α 为入射角，则 β 相当于反射角或反之。由此可见，如果将辐射源放在焦点 F_1，则经过双曲线反射后，射线的方向就如同从焦点 F_2 发出来的一样。通常，称 F_1 为实焦点，F_2 为虚焦点。不难想象，如果把源放在实焦点上，并使双曲线的虚焦点与抛物面的焦点重合，即构成图 3-20(a)所示的双反射器天线系统。射线在经过抛物面反射后，汇聚成平行的射线。

双曲线上任意一点 P 到两焦点的距离差等于常数，即

$$PF_1 - PF_2 = 2a \tag{3-19}$$

由此可见，从实焦点 F_1 出发，经过双曲面反射的任一射线，比从虚焦点 F_2 发出的都相差一个常数相位（$2\pi \cdot 2a/\lambda$），使口面场仍保持均匀相位分布。

综合上述两个特性，可见双反射器天线与普通的抛物面天线一样，都是把由辐射器发出的球面波经反射后汇聚成平面波。

双反射器天线常常用等效抛物面方法来分析。根据几何光学原理，图 3-21(a)所示的双反射器天线可以用同图 3-21(b)中的等效抛物面天线来代替。这个等效抛物面天线具有与双反射器天线相同的辐射器和相同的口径，但它的焦距比实际抛物面天线的焦距增大了。

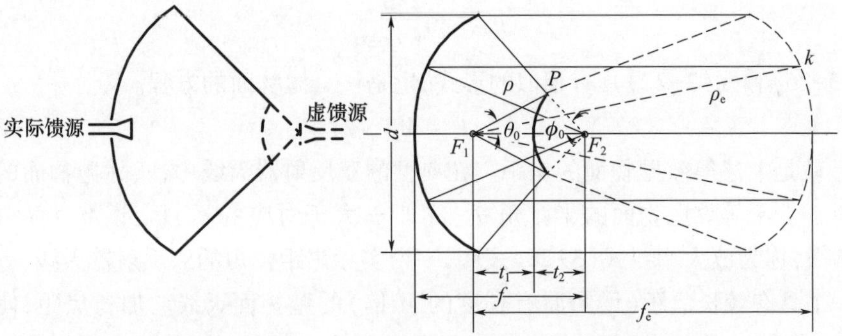

(a) 实际天线　　(b) 等效天线

图 3-21　卡塞格伦天线的等效抛物面

可以证明，从实焦点 F_1 发出来的射线的延长线，与经过副反射器、主反射器上两次反射后形成的平行线的交点 K 的轨迹，是一个抛物面。由图可见

$$\rho \sin\varphi = \rho_e \sin\theta \tag{3-20}$$

已知抛物面的几何性质为

$$\rho = \frac{2f}{1 + \cos\varphi} \tag{3-21}$$

将式(3-21)代入式(3-20),并应用三角函数式

$$\tan\frac{\varphi}{2}=\frac{\sin\varphi}{1+\cos\varphi} \tag{3-22}$$

可得

$$\rho_e=\frac{2f}{1+\cos\varphi}\cdot\frac{\sin\varphi}{\sin\theta}=\frac{2f}{1+\cos\theta}\cdot\frac{\tan\dfrac{\varphi}{2}}{\tan\dfrac{\theta}{2}} \tag{3-23}$$

令

$$M=\frac{\tan\dfrac{\varphi}{2}}{\tan\dfrac{\theta}{2}} \tag{3-24}$$

可以证明

$$M=\frac{e+1}{e-1} \tag{3-25}$$

其中,e 为双曲线的离心率。则有

$$\rho_e=\frac{2Mf}{1+\cos\theta} \tag{3-26}$$

式(3-26)和式(3-22)具有相似的形式,也是一个抛物面的方程。令

$$f_e=Mf \tag{3-27}$$

则 f_e 就是上述等效抛物面的焦距。在典型的双反射器天线中,实际抛物面的半张角 ψ 大于等效抛物面的半张角 θ。亦即 ψ 大于对应的 θ。因此,M 为大于 1 的常数,称为放大率。式(3-26)表明,一个实际焦距较短的双反射器天线,等效于一个具有较长焦距(增为原有长度的 M 倍)的抛物面天线。加长焦距,使口面场分布较为均匀,有利于提高双反射器天线的口面利用系数。卡塞格伦双反射面系统可以将与辐射器相连的馈线及收发设备位于主反射器的后方,不仅结构便于安装调整,而且有利于缩短馈线的长度,降低馈线损耗,这对于低噪声系统具有重要的意义。卡塞格伦双反射面系统通过短焦距抛物面实现了长焦距抛物面的性能,能够缩短天线纵向尺寸,解决了抛物面天线焦距大、结构复杂的矛盾。同时,双曲面的反射是扩散型的,因此返回馈源的能量比抛物面天线要少,减弱了对馈源匹配的影响。

卡塞格伦天线的主要缺点是遮挡问题:其一为馈源对副反射面的遮挡,遮挡口径为 A;其二为副反射面对主反射面的遮挡,遮挡面积的直径为图 3-21(b)

中的 d。这两种遮挡均影响天线的辐射特性。

合理设计副反射面口径尺寸 d 可以减小遮挡。由于副反射面存在对主面(二次)反射波的阻挡,似乎应该选择 d 越小越好;但如果 d 选得过小,势必导致馈源能量漏失严重(馈源的初级辐射波束越过副反射面直接散射出去),为解决这个问题,就得加大馈源口径尺寸以使馈源的初级波束变窄,而这又将加剧馈源的遮挡效应,综合来看副面遮挡与馈源遮挡相互制约。经各种分析和实验表明:当馈源遮挡效应与副反射面遮挡效应相等时,总的遮挡影响最小,称为最小遮挡条件。由最小遮挡条件可得副反射面口径为

$$d = d_{\min} \approx \sqrt{\frac{2}{0.7} f\lambda} \tag{3-28}$$

式中:$d_{\min}$ 为副反射面的最小遮挡口面直径。

卡塞格伦天线副反射面遮挡的补偿方法如图3-22所示。馈源采用方形多模喇叭馈源,在喇叭馈源的四个角上采用介质杆固定副反射器。副反射器与喇叭馈源相对的一面为双曲面,另一面为抛物面。在副反射器中央开有矩形波导孔,矩形波导工作于 TE_{10} 模式。矩形波导通过窄边渐变并给振子天线馈电,振子天线固定在薄金属片上,金属片位于波导中心并垂直于电场,从而不会影响波导内的场分布。

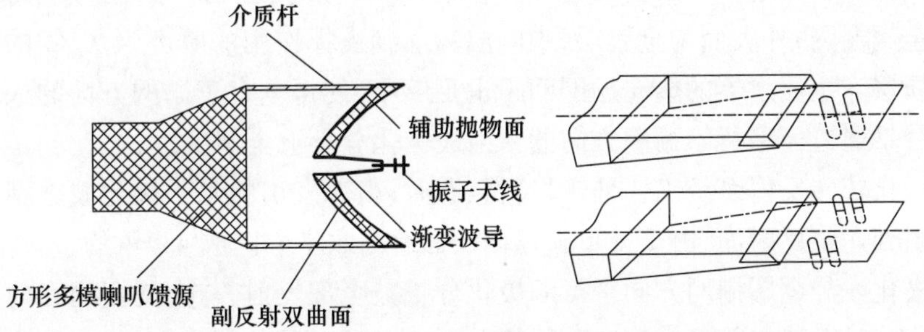

图3-22　卡塞格伦天线副反射面遮挡补偿方法

振子平行于电场,电场在振子上感应电流。反射振子的长度稍大于半波长,振子间距约为1/3波长。为了压缩H面内的方向度,使馈源方向图接近对称,可以采用四个振子,将金属片沿轴向移动可以调节振子的激励强度。波导E面截面逐渐缩小可以减小波导对馈源方向图的影响。

从方形多模喇叭馈源辐射的能量大部分被双曲面反射至主抛物反射面反射到空间中,小部分能量通过副反射器上的矩形波导激励振子天线,振子天线辐射的能量经过副反射器的辅助抛物面反射至空间,从而减少副反射面的遮挡

对天线性能的影响。

3）极化旋转反射系统

当采用线极化时，可以采用极化旋转技术减少副反射面的遮挡[2-3]。极化旋转反射系统结构如图 3-23 所示。

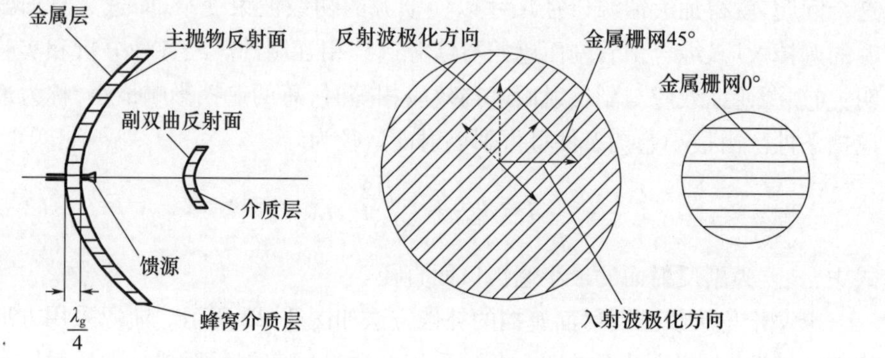

(a) 剖面结构　(b) 主反射面　(c) 副反射面

图 3-23　极化旋转反射系统结构

极化旋转反射系统的副反射器表面有水平排列的金属栅网，金属栅网的间距足够小，使得入射的水平极化波被全部反射，而入射的垂直极化波可以几乎无损耗地透射通过。主反射器是一个多层结构，在内表面有与水平方向成 45°角的金属栅网，外表面为金属层，中间层为起到支撑作用的厚度为 $\lambda_g/4$ 的蜂窝状介质层。主反射器的金属栅网间距也足够小，使得垂直于栅网方向的入射波极化分量通过而平行于栅网方向的入射波极化分量被全部反射。

极化旋转反射系统工作处于发射状态时，馈源发出的水平极化波被副反射器反射到达主反射面，由于主反射器内表面有与水平方向成 45°角的金属栅网，水平极化波与金属栅网方向平行的极化分量被全部反射，与金属栅网方向垂直的极化分量继续向前经蜂窝介质层传播到达主反射器的外表面，外表面为金属层，该分量被全部反射并经蜂窝介质层再次到达金属栅网层，并继续向前传播。蜂窝介质层厚度为 $\lambda_g/4$，因此对于主反射面垂直于金属栅网层的入射波极化分量和反射波极化分量相位差为 180°，这样反射波与金属栅网方向平行的极化分量和垂直的极化分量再次合成为垂直极化波，即经过主反射器的反射电磁波发生了极化旋转，并向空间辐射，经过副反射面时，反射波极化方向与副反射面金属栅网方向垂直，反射波可以透射传播，因此副反射面对反射波无阻挡。

当工作处于接收状态时，目标反射的垂直极化回波直接到达主反射器，或经副反射面无阻挡地透射传播到达主反射器，主反射器对垂直极化回波同样进行极化旋转，变为水平极化波，经副反射面全反射后由馈源接收。

图 3-24 所示为倒置卡塞格伦极化旋转反射系统，由抛物面反射器、极化扭转板与双模馈源和差器三部分组成，并采用圆形蜂窝夹层结构做支撑，其主反射面采用平面结构的极化扭转板，而副反射面采用抛物面，馈源位于抛物副反射面的焦点上。

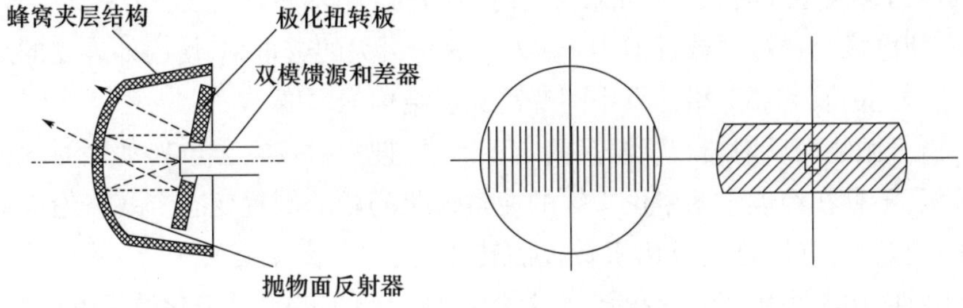

(a) 倒置卡塞格伦天线　(b) 抛物面反射体投影　(c) 极化扭转板投影

图 3-24　倒置卡塞格伦极化旋转反射系统

倒置卡塞格伦极化旋转反射系统与图 3-23 所示的极化旋转反射系统的工作原理类似。由馈源辐射的垂直极化的球面波照射到抛物面反射器上，馈源置于抛物面的焦点上。在抛物面的内表皮嵌有相对波长是密间距的金属栅网，如图 3-24(b)所示。由于电磁波的极化方向平行于抛物面的栅网，在抛物面上形成全反射，变为垂直极化的平面波，平行投射到极化扭转板上，通过极化扭转板实现极化扭转，变成水平极化的平面波，并反射过来，经过抛物面辐射到空间去，因水平极化波的极化方向垂直于抛物面的栅网，因而全部透过，雷达天线以水平极化的平面电磁波向空间辐射出去。

栅网式极化扭转板由三层结构组成，如图 3-24(c)所示。前面表皮层中嵌有平行金属导线，导线方向与水平方向成 45°角，中间层是介质损耗较小的六角蜂窝夹层结构，后面铺粘一层极薄的金属铜网。极化扭转板外形为切割圆形，尺寸比抛物面反射器的栅网稍大，中间开一矩形孔，馈源从孔中伸出。电波极化扭转 90°的条件：将入射波分解为两个幅度相等的正交分量，同时经极化扭转板反射后，在两正交分量之间能够引入一个 180°的相差。

当入射波的极化与极化扭转板前表皮层中的平行金属导线成 45°夹角时，入射波就被分解为与金属导线平行和垂直的两个等幅正交分量，反射后两正交分量之间的相差完全由中间蜂窝夹层结构的厚度所决定。入射于极化扭转板的电场强度向量 $\boldsymbol{E}_{\mathrm{i}}$ 可分解为两个分量，分量 $\boldsymbol{E}_{\mathrm{i}1}$ 平行于金属导线，被栅网反射；

分量 $\boldsymbol{E}_{i\perp}$ 透过栅网继续向前传播，直至被金属铜网反射而又回到栅网面处，栅网与金属铜网的距离在原理上为 $\lambda_g/4$。$\boldsymbol{E}_{r\perp}$ 与 $\boldsymbol{E}_{i\perp}$ 一去一来相位滞后 180°，方向发生反转，$\boldsymbol{E}_{r\perp}$ 与 $\boldsymbol{E}_{r\parallel}$ 合成 $\boldsymbol{E}_r$，$\boldsymbol{E}_r$ 比 $\boldsymbol{E}_i$ 扭转了 90°。电波极化由垂直极化变成了水平极化。

抛物面反射器也是蜂窝夹层结构，内表皮嵌有金属栅网，当电波极化平行于其中的金属导线时，起着和金属反射面相同的作用；当电波极化垂直于导线时，它使电场的透过系数近似为 1。为了获得最大的透过率，使内外表皮的反射能够互相抵消，需要严格计算中间蜂窝夹层结构的厚度。

由于抛物面反射器与馈源是固定不动的，搜索时仅在方位转动轻便的极化扭转板，不存在经典卡塞格伦天线的搜索偏焦问题。倒置变态卡塞格伦天线的搜索跟踪特性好。通过极化扭转板的转动，免去了高频旋转关节，减少了系统的复杂性，由于采用了极化扭转技术，抛物面对给定的水平极化波是透明的，不存在抛物面的遮挡。倒置变态卡塞格伦天线的频带较宽。

栅网的非对称性实现了天线波瓣在方位和俯仰上的非对称性，便于雷达方位有较高的分辨率，并使天线获得高增益，而俯仰波束则较宽，使之能够覆盖较大的面积而不丢失目标。当极化扭转板在方位上转动时，波束在方位向搜索，天线以水平极化波的等相面将以接近二倍机械转角的速度转动，即 $\theta = 2\alpha$，实现在方位上的波束搜索，因此搜索速度比普通雷达天线约快一倍，如图 3-25 所示。

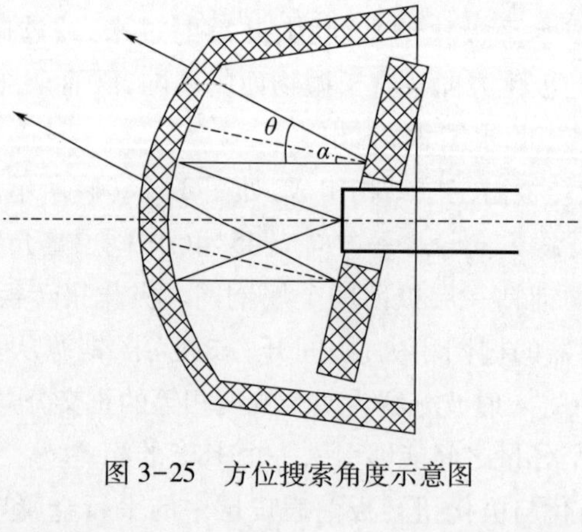

图 3-25　方位搜索角度示意图

极化旋转反射系统应用非常广泛，如“幻影”飞机的机载雷达天线就采用了极化旋转双反射系统。尽管这类天线与经典卡塞格伦天线有所区别，但由于采用两个反射器，仍然被认为是卡塞格伦类别的天线。

3.1.2　波导缝隙天线

随着寻的制导雷达对抗干扰性能需求的提高,要求天线应具有低副瓣或超低副瓣的性能。缝隙阵列天线对口径面内的幅度分布容易控制,口径面利用率高,体积小,易于实现低副瓣或超低副瓣,因而在寻的制导系统中获得广泛应用,是实现低副瓣天线或超低副瓣天线的优选形式。

缝隙天线是在波导壁或其他传输线上开有缝隙,用以辐射或接收电磁波[4-5]。本节所讨论的缝隙天线仅限于在矩形波导上切割的裂缝。使用微带线对缝隙馈电是可能的,但是在寻的制导雷达中,由于损耗大、功率容量低,微带线的使用受到限制。

1. 理想半波缝隙天线及常见波导裂缝

在波导中,开在波导壁上的缝隙截断波导壁电流后,电流将沿缝隙的边缘流动,并且在缝隙的两边形成电压。由电流和电压产生的交变电磁场,能够向空间辐射电磁波。带有这种缝隙的波导就称为缝隙辐射体,独立应用时则称为缝隙天线。

在一个无限大、无限薄的理想导体平面上取出一块长度为 $\lambda/2$、宽度为 $d(d\ll\lambda)$ 的薄片作为半波振子,称为薄片半波振子。在剩下的缝隙中间加上交变电动势,则此缝隙称为半波缝隙振子,如图 3-26 所示。

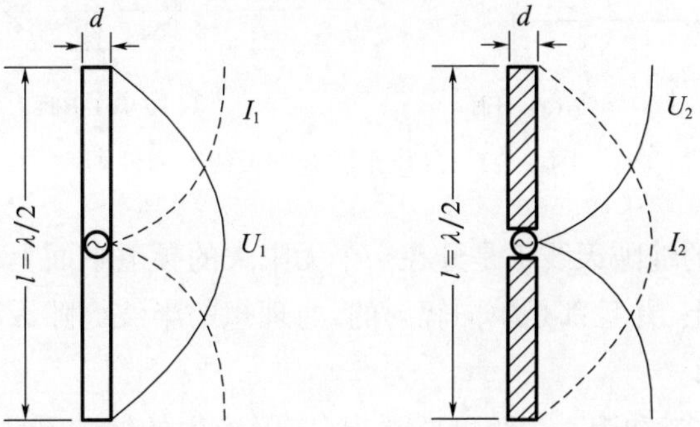

(a) 理想半波槽缝天线　　(b) 薄片半波对称阵子

图 3-26　理想半波缝隙天线及薄片对称振子

从图 3-26 中可以看出,理想半波缝隙天线上的电流、电压和薄片半波对称振子上的电压、电流分布是相对应的。也就是说,理想半波缝隙天线的电场辐射与薄片半波振子的磁场辐射是相一致的,这一特性称为互补特性。

半波对称振子的方向性函数为

$$F_{\mathrm{E}}(\theta)=\frac{\cos\left(\frac{\pi}{2}\cos\theta\right)}{\sin\theta} \tag{3-29a}$$

$$F_{\mathrm{H}}(\theta)=1 \tag{3-29b}$$

根据理想半波缝隙天线与薄片半波振子的互补特性,不难得出,半波对称振子的E面方向性函数就是理想半波缝隙天线的H面方向性函数;半波对称振子的H面方向性函数就是理想半波缝隙天线的E面方向性函数。因此,半波缝隙天线的方向性函数为

$$F_{\mathrm{H}}(\theta)=\frac{\cos\left(\frac{\pi}{2}\cos\theta\right)}{\sin\theta} \tag{3-30a}$$

$$F_{\mathrm{E}}(\theta)=1 \tag{3-30b}$$

根据式(3-30)可以得到理想半波缝隙天线方向性图如图3-27所示。

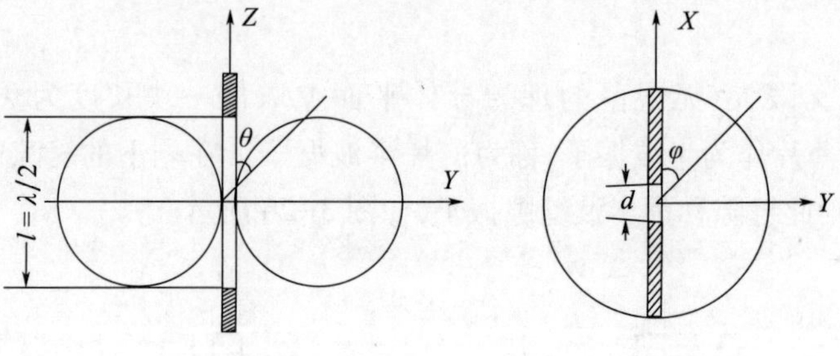

图3-27 理想半波缝隙天线方向性图

实际应用的缝隙天线不是开在一个无限大的导电平面上,而是开在波导或同轴线的外壁上,并且都是单向辐射的,与理想的半波缝隙天线不同,其方向图如图3-28所示。

比较图3-27和图3-28,可以看出,实际应用的缝隙天线的方向性图和理想的半波缝隙天线的方向性图相比较,H面的方向性图区别不大,而E面的方向性图有较大区别。

波导裂缝必须切割波导内壁电流才具有辐射功能。从等效电路观点看,当裂缝切割纵向电流时,裂缝等效于串联阻抗;而切割横向电流时,则等效于并联导纳;若同时切割纵向和横向电流,则可以等效成T型或Π型网络。常见四种波导裂缝及其等效电路如图3-29所示,其中图3-29(a)为宽壁纵向偏移裂缝,

图 3-29(b)为宽壁横向偏移裂缝,图 3-29(c)为宽壁倾斜串联缝,图 3-29(d)为窄壁倾斜缝。

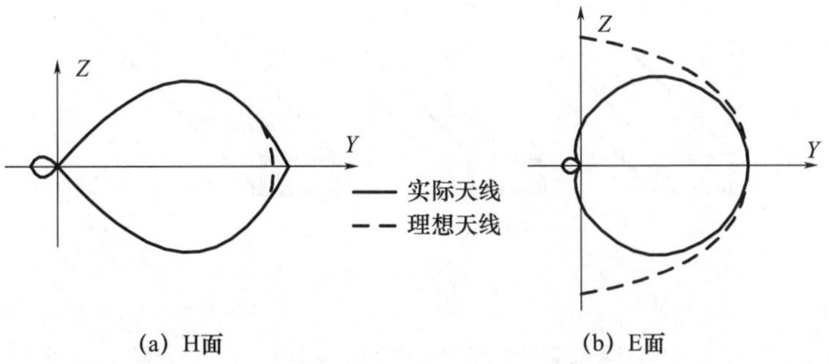

图 3-28　开在波导上的半波缝隙天线方向性图

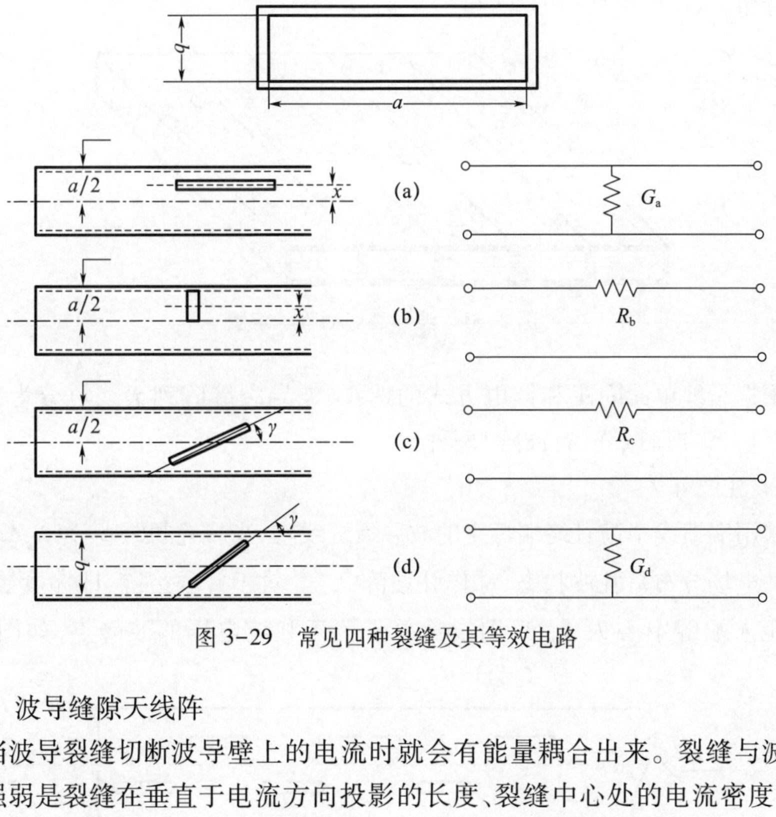

图 3-29　常见四种裂缝及其等效电路

2. 波导缝隙天线阵

当波导裂缝切断波导壁上的电流时就会有能量耦合出来。裂缝与波导耦合的强弱是裂缝在垂直于电流方向投影的长度、裂缝中心处的电流密度、裂缝的尺寸、波导尺寸和工作频率的函数。因此,波导裂缝的辐射强度和相位可由裂缝偏置(或倾角)的大小和方向来控制。一根波导上规则排列的多个裂缝可构成线阵天线,如图 3-30 所示。该图中给出的三种波导裂缝线阵(两种在宽边，一种在窄边）通过控制裂缝的偏置或倾角实现所要求的口径幅相分布。

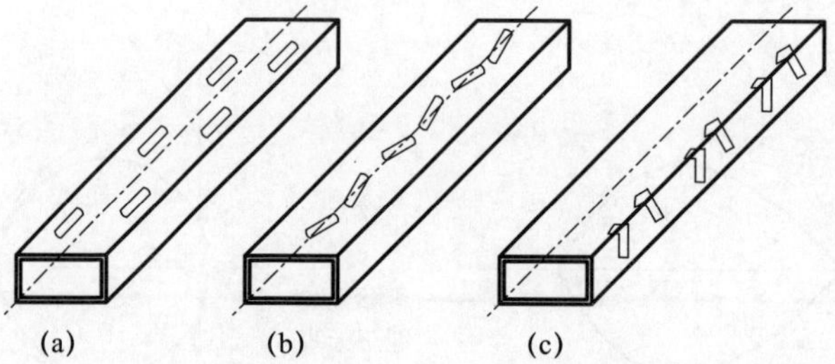

图 3-30 三种波导裂缝线阵示意图

在平面上将波导裂缝线阵按一定的间距排列就形成面阵，如图 3-31 所示。通过对每根波导的激励和裂缝倾角或偏置的控制，就可以得到一个可控的二维口径分布，从而产生期望的波瓣。

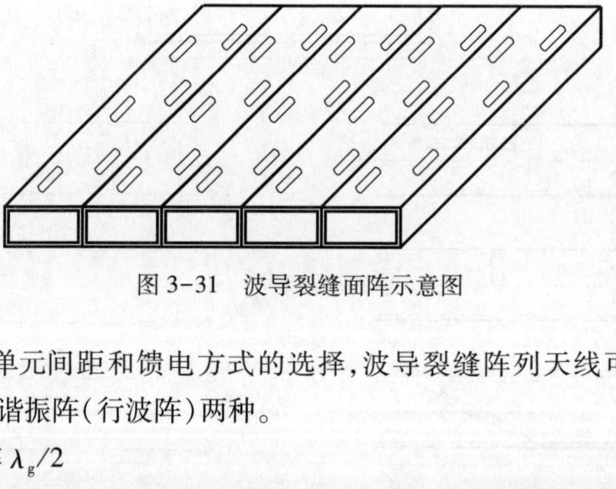

图 3-31 波导裂缝面阵示意图

根据裂缝单元间距和馈电方式的选择，波导裂缝阵列天线可分为谐振阵（驻波阵）和非谐振阵（行波阵）两种。

1）驻波阵 $\lambda_g/2$

采用端馈或中馈且终端短路的波导裂缝线阵，当裂缝间距 d_p 为 $\lambda_g/2$ 时，波导内的电场分布呈驻波状态，称作驻波阵[6-7]。对于并联裂缝，即偏置缝，如短路板距末端缝中心为 $\lambda_g/4$，则裂缝总是位于驻波电压的波峰点，如图 3-32 所示。

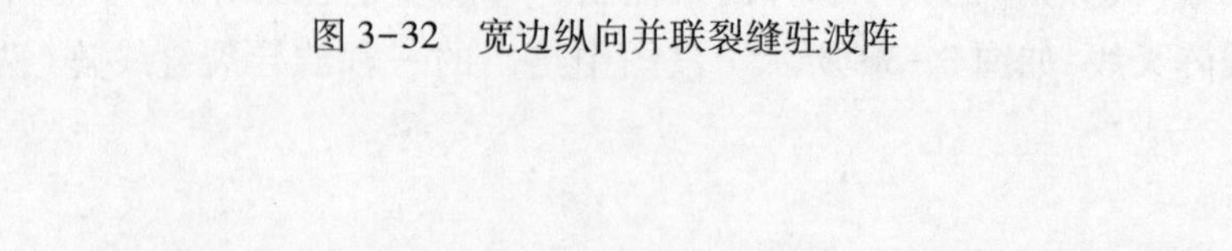

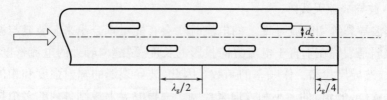

图 3-32 宽边纵向并联裂缝驻波阵

对于串联倾斜缝，即耦合缝，如短路板距末端缝中心为 $\lambda_g/2$，则裂缝总是位于驻波电流的波峰点，如图 3-33 所示。由于每隔 $\lambda_g/2$ 波导壁表面电流的相位反相，相邻纵向偏置缝应位于波导宽边中心线的两侧，而相邻倾斜缝的倾斜角度应反号。

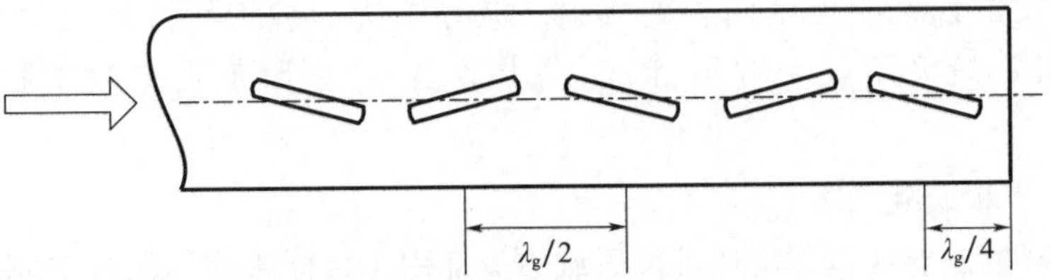

图 3-33　宽边倾斜串联裂缝驻波阵及等效电路

驻波阵是一种窄带天线，为保证天线所需的带宽，每根辐射波导上的缝数受到限制。在进行面阵设计时，需根据带宽要求划分适当数目的子阵。子阵是几根并排在一起的辐射波导，它由背面一根耦合波导进行激励。一根波导上的单元数越多，带宽越窄。偏离中心频率时，输入端的驻波和天线口径场分布都会恶化，即输入端驻波比和天线口径幅相误差增大，进而导致天线的副瓣电平抬高，增益下降。通常，为 7 个裂缝的驻波阵增益下降 1dB 的带宽为 5%，驻波小于 2 的带宽为 6%。

2）行波阵

行波阵是指波导的一端注入激励信号，另一端接负载以吸收剩余功率的裂缝阵列天线。这种阵列裂缝单元间距不等于 $\lambda_g/2$，各辐射裂缝的反射波不会因同相叠加而产生大的输入驻波。如图 3-34 所示，相邻裂缝位于距波导中心线为 d_c 的两侧，能量从一端馈入，沿途边辐射边向前传输，通过控制裂缝的参数可控制辐射能量，由此实现加权分布。

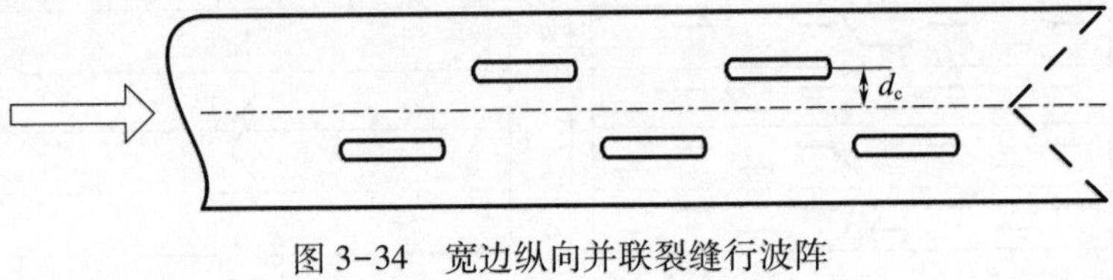

图 3-34　宽边纵向并联裂缝行波阵

这种形式的天线每根波导上的裂缝数目一般较多，每个裂缝的辐射较小，因此，对波导内传输场的影响不大，波导内的传输场仍然接近行波传输规律[8]，因此称为行波阵。由于裂缝间距不等于 $\lambda_g/2$，相邻裂缝辐射相位存在一个固定的相差，可以使得天线方向图最大值偏离阵面法线方向，并随频率而改变。

行波阵常采用波导窄边裂缝形式,见图 3-30(c)。由于波导窄边尺寸与自由空间半波长小得多,裂缝通常切入波导的宽边,以满足要求的谐振长度。裂缝切入宽边上的部分在等效电路中相当于串联分量,在设计中通常忽略不计。当相邻裂缝反向倾斜时,辐射的相位就反相,使相距约为 $\lambda_g/2$ 的两裂缝倾角相反配置就能得到同相的辐射。波导窄边裂缝天线阵加工简单、精度高,并且一般采用成型波导,因此成本适当,通常用于大型频率扫描阵列天线。

3) 平板裂缝天线

在寻的制导或机载雷达等位于载体头部用于目标跟踪的系统中应用时,天线通常采用谐振阵列形式。为减小天线体积和质量,常采用减少波导窄边尺寸的办法,制成半高或 1/4 高波导,谐振阵列所使用的馈电网络和缝隙阵面结合在一起,因其纵向尺寸较小,外形像平板,故称为平板裂缝天线[9-10]。

图 3-35 所示为典型的平板裂缝天线阵的子阵,为了给每一根辐射波导馈电,辐射波导的背面有垂直放置的耦合波导,在耦合波导与辐射波导共用的宽边上开有耦合裂缝。耦合裂缝位于邻近的两个辐射裂缝中间。通过对耦合裂缝的倾角和长度的控制,将能量按照设定的幅度、相位耦合到辐射波导,从而实现对辐射裂缝的正确激励。耦合波导也构成一个驻波阵,耦合裂缝的间距等于半个波导波长。宽边倾斜裂缝为串联裂缝,因此耦合波导两端的短路板距边缘裂缝中心半个波导波长。相邻耦合裂缝倾角反向,以补偿半个波导波长的传输线引起的 180° 相位差。由于耦合裂缝中心要位于对应的辐射波导宽边中心线上,且耦合裂缝的间距为辐射波导的宽边尺寸 a^{r} 加上辐射波导的壁厚,即

$$d_y = a^{\mathrm{r}} + t \tag{3-31}$$

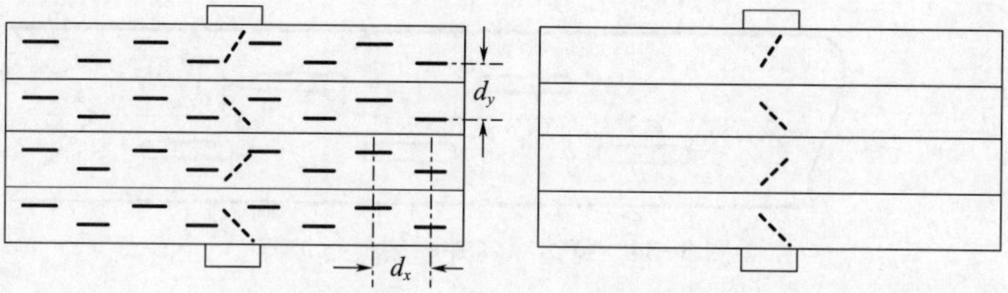

图 3-35 典型平板裂缝天线阵子阵示意图

所以波导波长为

$$\lambda_{\mathrm{g}}^{\mathrm{c}} = 2(a^{\mathrm{r}} + t) \tag{3-32}$$

耦合波导的宽边尺寸为

$$a^{c}=\frac{\lambda}{2\sqrt{1-(\lambda/\lambda_{g}^{c})^{2}}}=\frac{\lambda}{2\sqrt{1-\frac{\lambda^{2}}{4(a^{r}+t)^{2}}}} \tag{3-33}$$

其中，λ 为自由空间波长。

图 3-36 所示为典型的平板裂缝天线阵，主要由辐射裂缝、耦合波导、馈电网络组成。根据需要，波导裂缝天线阵的轮廓可以设计成矩形、圆形和椭圆等形状。

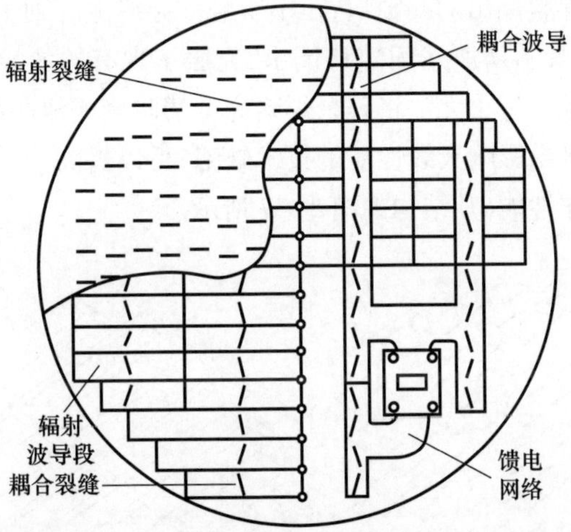

图 3-36 典型平板裂缝天线阵的结构示意图

3. 半封闭结构的波导缝隙阵列平板天线

传统的波导缝隙阵列平板天线由于厚度薄、质量轻，采用机械方式扫描时波束不随扫描方向变化等优点，在雷达导引头、机载雷达等领域有着广泛的应用。传统的波导缝隙阵列平板天线由于其性能对波导尺寸、波导内壁粗糙度要求较高，在加工时，通常需要采用真空钎焊焊接。首先，将辐射波导阵列腔体和辐射缝隙阵面采用精密机械加工设备分别整体加工成型，其次采用真空钎焊设备，利用焊料将辐射波导阵列腔体和辐射缝隙阵面整体焊接而成。焊接成型后，由于残余焊料存在于辐射波导腔体中，需要通过超声波清洗设备进行清洗，将多余的焊料通过辐射裂缝倒出。辐射裂缝尺寸约为半个波导波长，在微波波段甚至毫米波波段时，辐射裂缝尺寸往往较小，清洗时容易造成清洗不彻底，残留的焊料影响了波导内部结构，造成天线的电性能下降甚至不合格，因此成品率往往不大，生产成本较高。

另外，当传统的波导缝隙阵列平板天线在非密封场景下使用时，由于天线暴露在空气中，当空气湿度较大，温度变化剧烈时，波导内部空气流通不畅，容易造成波导内部空气中的水蒸气冷凝，形成辐射波导内壁积水且不容易排出，由于水对电磁波有较大的衰减，会造成天线性能恶化甚至故障，影响天线工作可靠性。通常可以采用介质材料对辐射裂缝进行填充来解决，但是生产工艺相对复杂，生产成本相应增加。

半封闭结构的波导缝隙阵列平板天线结构与传统波导缝隙阵列平板天线基本相同，所不同的是辐射波导阵列腔体的辐射波导的终端金属短路面的两侧开设有用于残余焊料倒出的间隙口，在不影响波导缝隙阵列平板天线正常工作的条件下，使残余焊料从所述间隙口倒出，克服了现有的波导缝隙阵列平板天线由于辐射裂缝尺寸过小无法将残余焊料完全清除影响成品率，和由于辐射波导内部积水不易排出影响天线性能的技术缺陷，可以提高波导缝隙阵列平板天线的成品率和工作性能，其结构如图 3-37 所示。

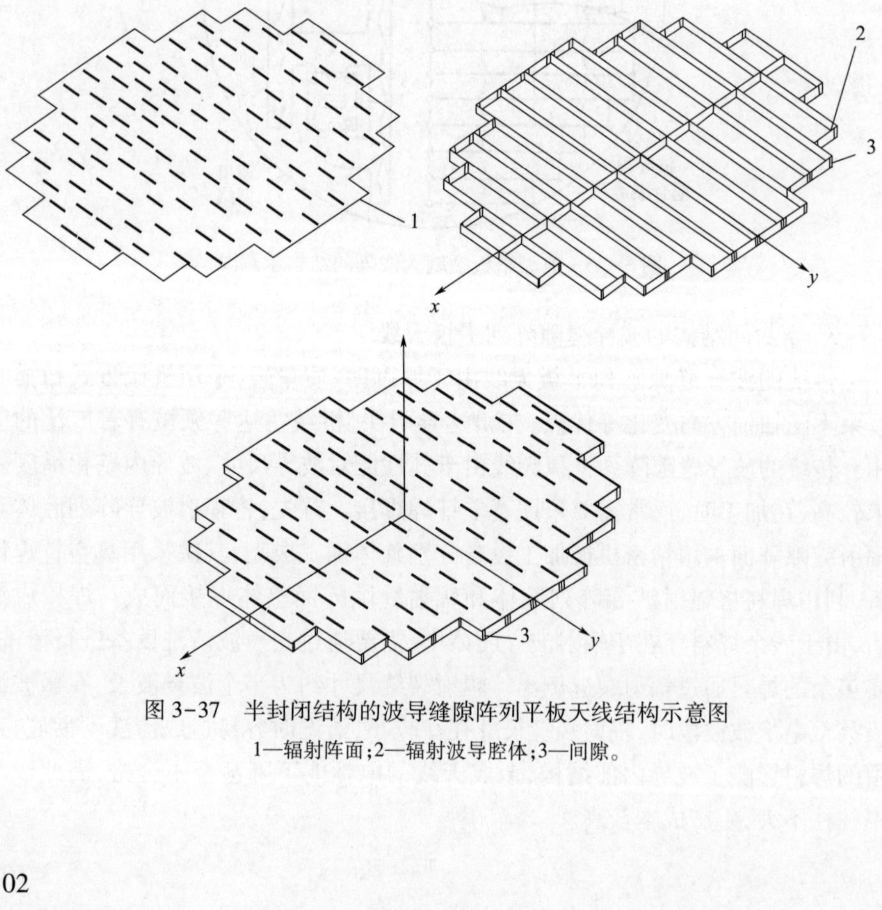

图 3-37　半封闭结构的波导缝隙阵列平板天线结构示意图

1—辐射阵面；2—辐射波导腔体；3—间隙。

3.1.3 相控阵天线

相控阵天线是由许多辐射单元按照一定的规律排列构成的天线,各辐射单元的幅度激励和相位关系可控。典型的相控阵利用数字控制移相器改变天线阵元相位分布来实现波束的快速扫描,相位控制可以采用相位法、延时法、频率法和电子馈电开关等方法。

相控阵天线由于各天线单元的幅相关系可以快速变化,因而具有波束快速扫描能力。对于数控移相器的相控阵天线,一般可以在几毫秒之内实现波束形成和波束位置转换。通过改变阵列各单元通道内的信号幅度与相位,即可实现天线方向图函数或天线波束形状的捷变,使相控阵天线快速实现波束赋形,从而具有快速自适应空间滤波的能力。相控阵天线通过每个辐射单元或子天线阵使辐射能量在空间中进行功率合成和功率管理,具有很好的灵活性。相控阵天线的辐射单元通过与作战平台表面共形,构成共形相控阵天线,用于减少或消除天线对平台空气动力学性能的影响,或者提高天线隐身性能及其他好处。相控阵天线通过转换波束控制信号,可以很方便地形成多个波束,为实现边扫描边跟踪、多目标跟踪等性能提供了保障。

相控阵天线的上述优点,使得其在寻的制导系统中具有非常大的潜力。

1. 相控阵天线基本原理

图3-38(a)所示为一个由无方向性阵元组成的间距为 d 的 N 元天线阵,激励各阵元的电流振幅相同,但相位沿阵轴方向按等差级数递变,各天线阵元之间的相位差是 $\psi=\alpha d$,阵因子计算公式为

$$F(\theta)=I_0\sum_{n=0}^{N-1}\mathrm{e}^{\mathrm{j}n\alpha d+\mathrm{j}kd\sin\theta} \tag{3-34}$$

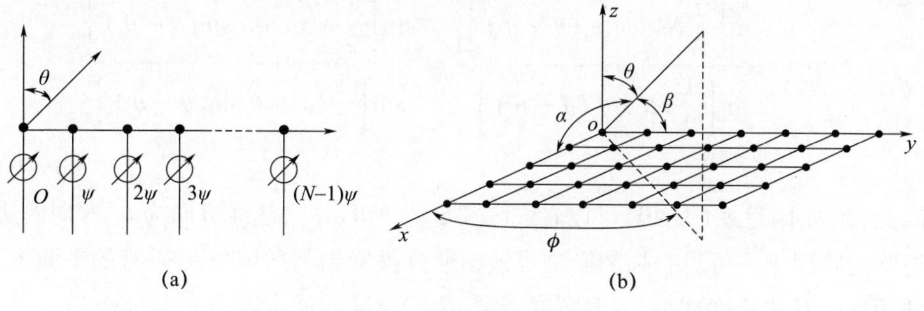

图3-38　相控阵天线原理

若令 $\psi=\alpha d=-kd\sin\theta_s$, 式(3-34)成为

$$F(\theta)=I_0\sum_{n=0}^{N-1}\mathrm{e}^{jkd(\sin\theta_s-\sin\theta)} \tag{3-35}$$

当 $\theta=\theta_s$ 时,激励电流引入的相位差与波程引起的相位差相互抵消,各阵元的辐射场同相叠加,使 θ_s 成为最大辐射方向。只要在各阵元上加一相移量分别为 $n\psi=-nkd\sin\theta_s$ 的移相器,主瓣方向将随阵元间相位差 ψ 的改变而改变,从而实现空间扫描。阵因子为[11-12]

$$F(\theta)=\frac{\sin\left[\frac{1}{2}Nkd(\sin\theta-\sin\theta_s)\right]}{\sin\left[\frac{1}{2}kd(\sin\theta-\sin\theta_s)\right]} \tag{3-36}$$

式(3-36)除了在 $\theta=\theta_s$ 有最大值之外,在 $\frac{1}{2}kd(\sin\theta-\sin\theta_s)=m\pi(m=\pm1,\pm2,\cdots)$,即 $\sin\theta=\sin\theta_s\pm\frac{m\lambda}{d}$ 时也会出现最大值,这些最大值即栅瓣,为使在可见区 $-\frac{\pi}{2}<\theta<\frac{\pi}{2}$ 范围内不出现栅瓣,应使

$$-\pi<\frac{1}{2}kd(\sin\theta-\sin\theta_s)<\pi \tag{3-37}$$

即

$$\frac{d}{\lambda}<\frac{1}{|1+\sin\theta_s|} \tag{3-38}$$

将 $\sin\theta-\sin\theta_s$ 在 θ_s 附近用泰勒级数展开得

$$\sin\theta-\sin\theta_s\approx(\theta-\theta_s)\cos\theta_s\approx\sin(\theta-\theta_s)\cos\theta_s \tag{3-39}$$

从而阵因子可以写成

$$F(\theta)=\frac{\sin\left[\frac{1}{2}Nkd\cos\theta_s(\theta-\theta_s)\right]}{\sin\left[\frac{1}{2}kd\cos\theta_s(\theta-\theta_s)\right]}\approx\frac{\sin\left[\frac{1}{2}Nkd\cos\theta_s\sin(\theta-\theta_s)\right]}{\sin\left[\frac{1}{2}kd\cos\theta_s\sin(\theta-\theta_s)\right]} \tag{3-40}$$

因此,在 θ_s 附近式(3-40)可以看成阵长度为 $Nd\cos\theta_s$,法线方向为 θ_s 方向的边射阵的阵因子。可见扫描的影响等效于使阵投影到与扫描角 θ_s 垂直的平面上,从而阵的有效长度减小,主瓣宽度变宽,主瓣宽度的展宽因子为 $1/\cos\theta_s$。

二维扫描阵的各单元通常配置在一个平面上,最简单的二维相控阵是等间距平面阵,如图 3-38(b)所示。该阵由沿 x 方向的 M 个无方向性阵元和沿 y 方

向的 N 个无方向性阵元组成,共有 $M \times N$ 个阵元。x 方向阵元间距为 d_x,y 方向阵元间距为 d_y。激励各阵元的电流振幅相同,但相位沿 x 方向和 y 方向按等差级数递变。设空间任意方向与 x 轴和 y 轴的夹角分别为 α 和 β;阵元激励电流沿 x 轴和 y 轴之间的相移分别为 $\psi_x = kd\cos\alpha_s$ 和 $\psi_y = kd\cos\beta_s$,即阵的主瓣方向在 α_s、β_s 上,阵方向性函数为

$$F(\alpha,\beta) = \sum_{m=0}^{M-1}\sum_{n=0}^{N-1} e^{jmkd_x(\cos\alpha-\cos\alpha_s)+jnkd_y(\cos\beta-\cos\beta_s)} \tag{3-41}$$

$$|F(\alpha,\beta)| = \left|\frac{\sin\left[\frac{1}{2}Mkd_x(\cos\alpha-\cos\alpha_s)\right]}{\sin\left[\frac{1}{2}kd_x(\cos\alpha-\cos\alpha_s)\right]}\right|\left|\frac{\sin\left[\frac{1}{2}Nkd_x(\cos\beta-\cos\beta_s)\right]}{\sin\left[\frac{1}{2}kd_x(\cos\beta-\cos\beta_s)\right]}\right| \tag{3-42}$$

方向图的最大辐射方向 (α_s,β_s) 决定于相邻单元间的相位差 ψ_x,ψ_y,即

$$\cos\alpha_s = \frac{\psi_x}{kd_x},\cos\beta_s = \frac{\psi_y}{kd_y} \tag{3-43}$$

相控阵天线的波束形成控制包括发射波束形成和接收波束形成。对于发射波束,一旦波束被发射,就不能再修正波束形状或者进行其他处理。在低截获概率雷达中,宽波束通常用来照射感兴趣的区域,窄波束用于目标搜索和跟踪。对于接收波束,可以实现波束扫描、波束赋形以及多波束形成。

相控阵天线的波束形成方式有模拟波束形成和数字波束形成(Digital Beam Forming,DBF)两种方式,分别如图 3-39(a)和图 3-39(b)所示。模拟波束形成通常在微波/射频频率上进行,通过波束合成网络实现波束形成,如功率合成网络、Butler 矩阵等;数字波束形成通常将信号变换到中频,然后经过 A/D 转换为

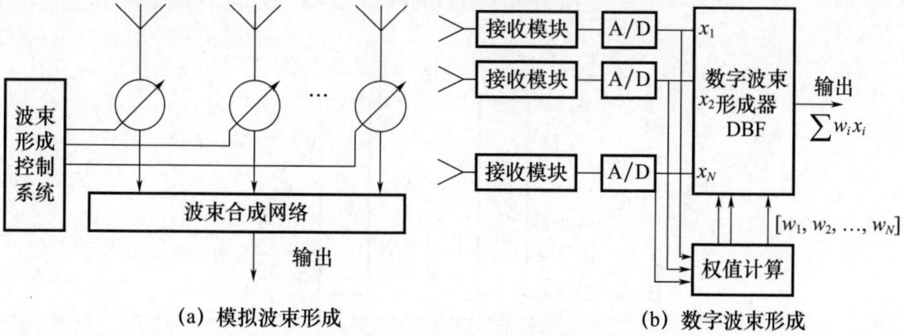

图 3-39　相控阵天线波束形成

数字信号,在数字域通过数字波束形成算法实现,数字波束形成可以在阵元层次上进行,也可以在子阵层次上进行。虽然数字波束形成对数据传输、存储及信号处理具有很高的要求,但由于数字信号处理技术的飞速发展,这些问题已经很容易解决,数字波束形成是波束扫描、波束赋形捷变、多波束形成、自适应波束形成、极化控制、校准补偿等的最终解决方案,具有广阔的应用前景[13]。

2. T/R 组件与幅相控制器件

有源相控阵天线的天线阵面每一个天线通道均含有有源电路,即 T/R 组件。每一个 T/R 组件紧靠天线单元背面或后面,相当于一个雷达的高频前端,如图 3-40 所示。T/R 组件中既有功率发射功率放大器,又有低噪声放大器(Low Noise Amplifier,LNA)、移相器、波束控制电路等,如图 3-41 所示[14]。

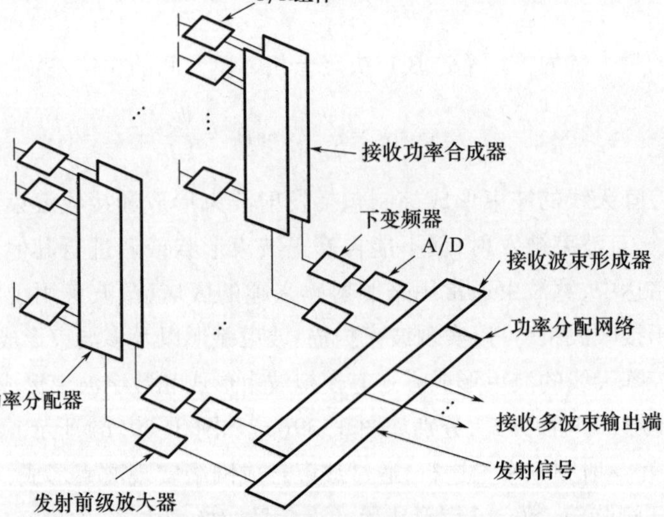

图 3-40　有源相控阵天线

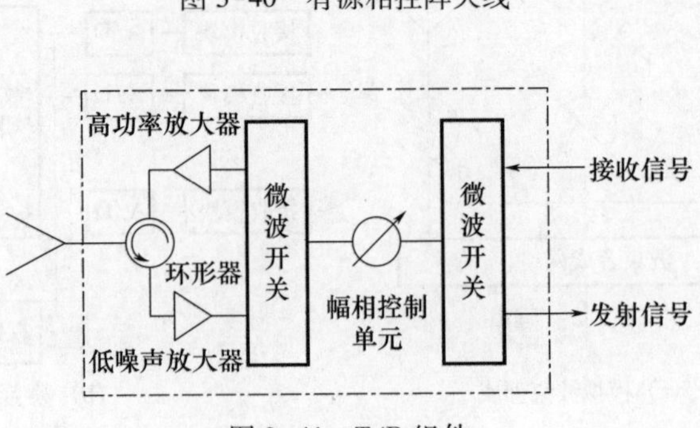

图 3-41　T/R 组件

T/R 组件是有源相控阵天线的核心部件,T/R 组件的幅相控制单元有多种实现形成,最常用的是数字移相器,仅可实现相位控制。随着微波集成电路的发展,采用向量调制器(Vector Modulator,VM)和微电子机械系统(Microel Electro Mechanical System,MEMS)技术的幅相控制单元得到越来越广泛的应用。

向量调制器原理如图 3-42 所示,射频输入信号通过 3dB 功率分配器产生两路相位差为 90°的正交信号,分别经两路精密数控衰减器进行衰减后再进行功率合成。若射频输入信号为正弦波 $\cos(\omega t)$,经过衰减器衰减后两路正交信号的幅度分别为 A 和 B ,则合成输出信号为

$$V(t) = A\cos(\omega t) + B\sin(\omega t) = \sqrt{A^2 + B^2}\cos(\omega t - \phi) \tag{3-44}$$

$$\phi = \arctan\left(\frac{B}{A}\right) \tag{3-45}$$

由式(3-44)、式(3-45)可见,仅通过对两路正交信号的幅度控制即可实现对合成信号的幅度和相位控制。由于衰减器的精度可以做得很高,其幅度、相位控制的精度比采用数字移相器控制高,技术上容易实现。采用向量调制器进行幅相控制的缺点是衰减器的使用会产生功率损耗。

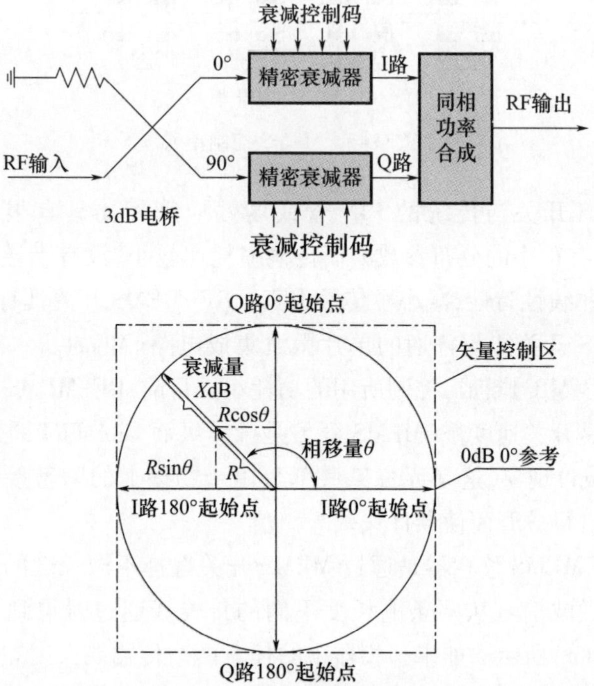

图 3-42　向量调制器原理

射频微电子机械系统(Radio-Frequency MEMS,RF-MEMS)开关如图3-43(a)、(b)所示,开关结构包括一层悬置在介质层上很薄的金属膜,通过金属膜—绝缘层—金属膜的接触形成一个结构紧凑的并联单刀单掷开关。悬置在介质层上的金属膜与介质上的金属层构成两个电极。当开关处于"OFF"状态,即金属层处于自由悬置状态,信号可以以很低的插入损耗通过介质层上的金属;当开关处于"ON"状态,即在金属膜和电极间加上直流电压,此时悬置的金属膜由于静电力的作用被吸附,通过绝缘层与电极相接触,此时射频信号会被反射。

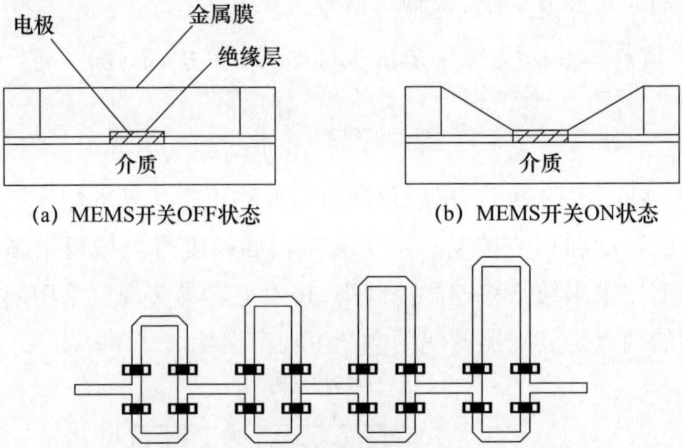

(a) MEMS开关OFF状态

(b) MEMS开关ON状态

(c) MEMS移相器

图3-43 MEMS控制单元

RF-MEMS开关与传统的PIN管或场效应管相比具有很多优点。RF-MEMS开关具有很小的分布参数因而传输损耗比较小,没有半导体器件所固有的电流-电压非线性特性,减小了传输失真。RF-MEMS开关具有很宽的工作带宽。RF-MEMS开关能与普通的单片微波集成电路(Monolithic Microwave Integrated Circuit,MMIC)集成,控制所用的功耗小。目前,RF-MEMS开关也存在一些不足,主要是开关速度慢(MEMS开关是微秒级而GaAsFET是纳秒级),存在"黏滞"(Stiction)现象,这是元件某些部分由于物理上的紧密接触而相互粘连在一起,并不自行分开而使器件失效。

开关线型MEMS移相器是通过MEMS开关选择不同长度的信号路径实现相移的,即当微波信号从两条电长度不同的传输线通过时得到不同的相位状态,如图3-43(c)所示。如果移相器中的任意两个传输线长度差值是波长的整数倍,则可实现实时延迟线。密歇根大学(Michigan University)研究人员用单刀四掷MEMS开关完成的X频段4位移相器,8~12GHz平均插损1.0~1.6dB,尺寸4.9mm×4.35mm。通过改变3dB耦合器反射臂的电抗实现移相,可以制成耦合型MEMS移相器;利用带有分布式射频开关的传输线,可实现精确的实时延迟线,即分布式MEMS传输线(Distributed MEMS Transmission Line,DMTL)移相器。

3. 毫米波有源相控阵

毫米波有源相控阵天线由于工作波长短,在机载、弹载等受体积、质量严格限制的平台中应用时具有较大的优势。同时,由于可以实现高分辨力、高精度的目标特性测量,当需要在干扰条件下高精度探测、分辨、跟踪、识别多个远距离高速运动目标时,往往采用毫米波相控阵天线。随着MMIC技术的发展和毫米波T/R组件的技术突破,毫米波有源相控阵在寻的制导系统中有广阔的应用前景。

毫米波相控阵导引头是当今世界上最前沿、最复杂的雷达导引头之一。20世纪80年代美国实施大气层外轻型射弹(Lightweight Exo-Atmospheric Projectile,LEAP)计划时研制了平面相控阵导引头,如图3-44所示。该导引头体积小,结构紧凑。其工作在W波段(94GHz),天线口径为127mm,共有2208个阵元。在美国"低成本巡航导弹防御"(Low Cost Cruise Missile Defense,LCCMD)计划中,由于导引头子系统占总成本的70%,也是整个拦截器系统的技术难点。自1996年开始,先后对噪声雷达导引头、长波红外导引头、特高频导引头、MEMS相控阵导引头、光学相控阵导引头、脉冲激光雷达导引头进行了评估。2001年下半年对MEMS电子扫描阵列(Electronically Scanned Array,ESA)导引头(图3-45)给予了资金支持。该导引头为Ka频段,有768个天线阵元。现在造价低于19000美元的样机已完成研制。

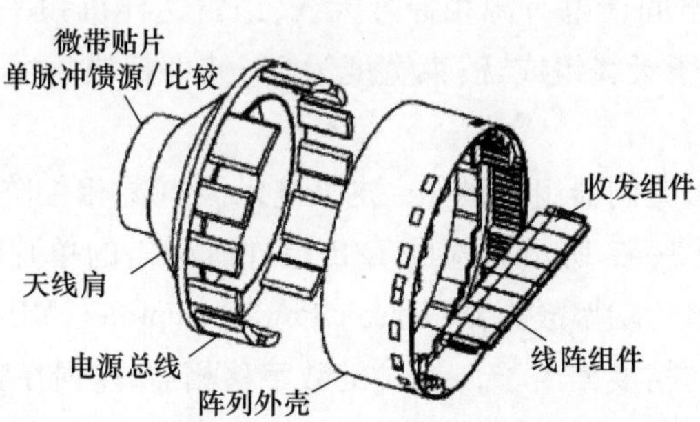

图3-44 美国实施LEAP计划研制的平面相控阵导引头

图3-46所示为2006美国雷声公司研发的低成本毫米波相控阵雷达导引头。导引头工作于Ka波段,其T/R组件工作频率为35GHz,单片T/R模块的

功率为 40mW。阵面约含 600 个阵元,合成功率约 24W(峰值功率)。

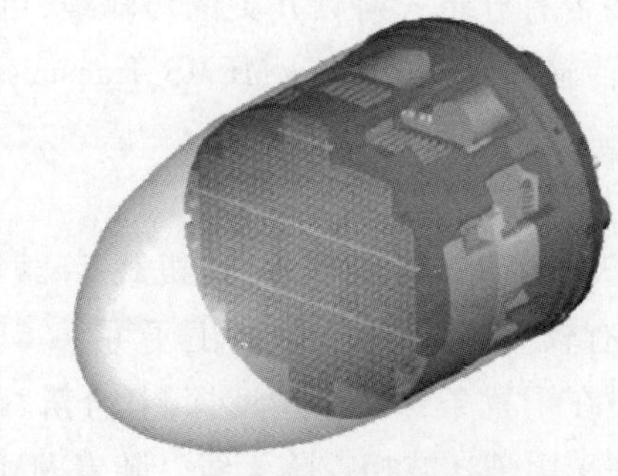

图 3-45　美国 MEMS 电子扫描阵列导引头

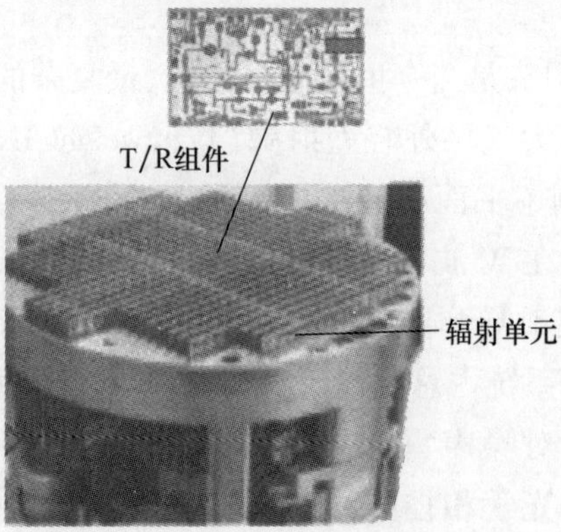

图 3-46　美国雷声公司研制的毫米波相控阵雷达导引头

法国 Thomson-CSF 公司研制了用于弹载导引头的毫米波有源相控阵雷达,采用前馈反射式空间馈电有源相控阵天线,该雷达样机频率为 94GHz,有源天线由 3000 个偶极子天线组成,波束宽度为 2°,波束扫描角度范围为±45°,馈源采用单脉冲馈源。

一种采用向量调制器组件的 Ka 波段毫米波有源相控阵雷达如图 3-47～图 3-50 所示。图 3-47 所示为构成 T/R 组件所必需的单片向量调制器、单片低噪声放大器和单片功率放大器(Master Power Amplifier,MPA)的集成电路板,其中向量调制器的精度相当于 5～6 位的数字移相器,差损在 12～20dB。

图 3-48 所示为 Ka 波段毫米波有源相控阵天线的 1×8 单元基本模块,其辐射单元采用了印刷偶极子天线,T/R 组件由功率放大器、低噪声放大器和向量调制器三片毫米波集成电路构成,印刷阵子天线、T/R 组件、功率合成分配网络组成的毫米波前端封装在低温共烧陶瓷(Low Temperature Co-fired Ceramic,

LTCC)基片上,由现场可编程逻辑门阵列(Field Programmable Gate Array,FPGA)及嵌入式软件完成波束控制。整个模块采用插拔式结构设计,采用“砖块”式结构安装,即阵列垂直于阵列面安装。与平行于阵列正面的一层或多层组装的“瓦片”式结构相比,比瓦片式结构有较大的深度,与偶极子和展开缺口辐射器兼容,比瓦片式构造的微带贴片辐射器具有较大的带宽。

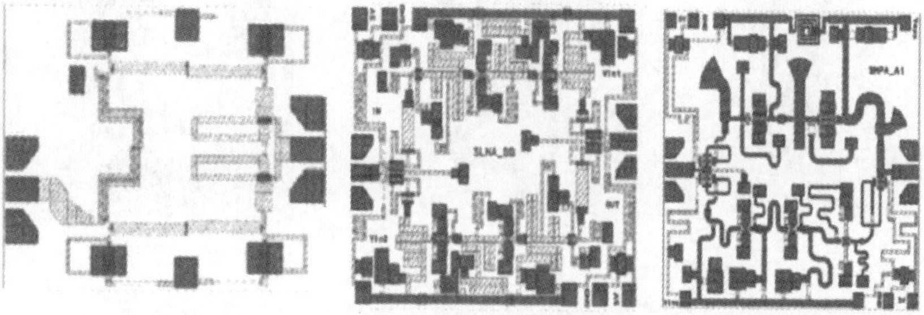

(a) 向量调制器 (VM)　(b) 低噪声放大器 (LNA)　(c) 功率放大器 (MPA)

图 3-47　T/R 组件关键器件集成电路板

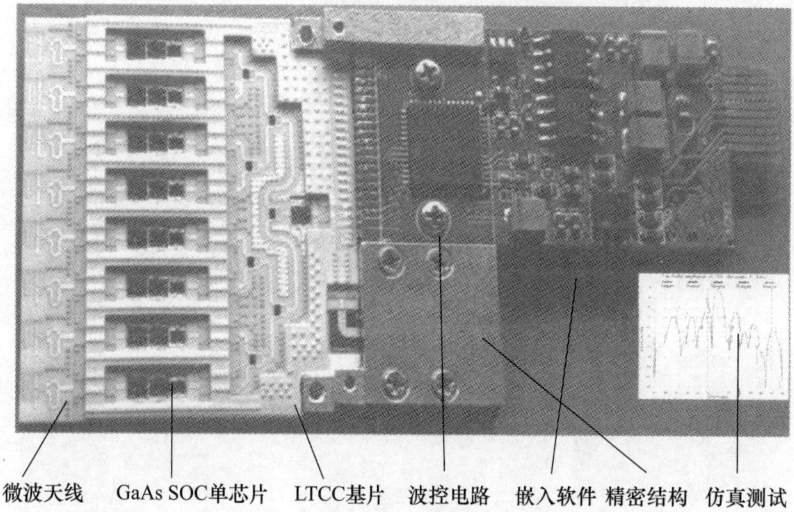

图 3-48　毫米波有源相控阵基本模块

图 3-49 所示为 Ka 波段毫米波有源相控阵天线的 8×8 子阵。每个 8×8 子阵具有独立的收发和信号处理通道,采用空时二维处理算法(Space-Time Adaptive Processing,STAP)可同时具备空间域和多普勒域滤波能力,具有很强的自适应抗干扰性能。

图 3-50 所示为由 12 个 8×8 子阵,共 96 块子板组成的 768 元 Ka 波段毫米

波有源相控阵雷达导引头。导引头可与弹体全捷联安装,没有运动部件,可适应高达100g的过载条件;由于波束电扫速度快,能满足弹目交会时极大的扫描角速度要求。

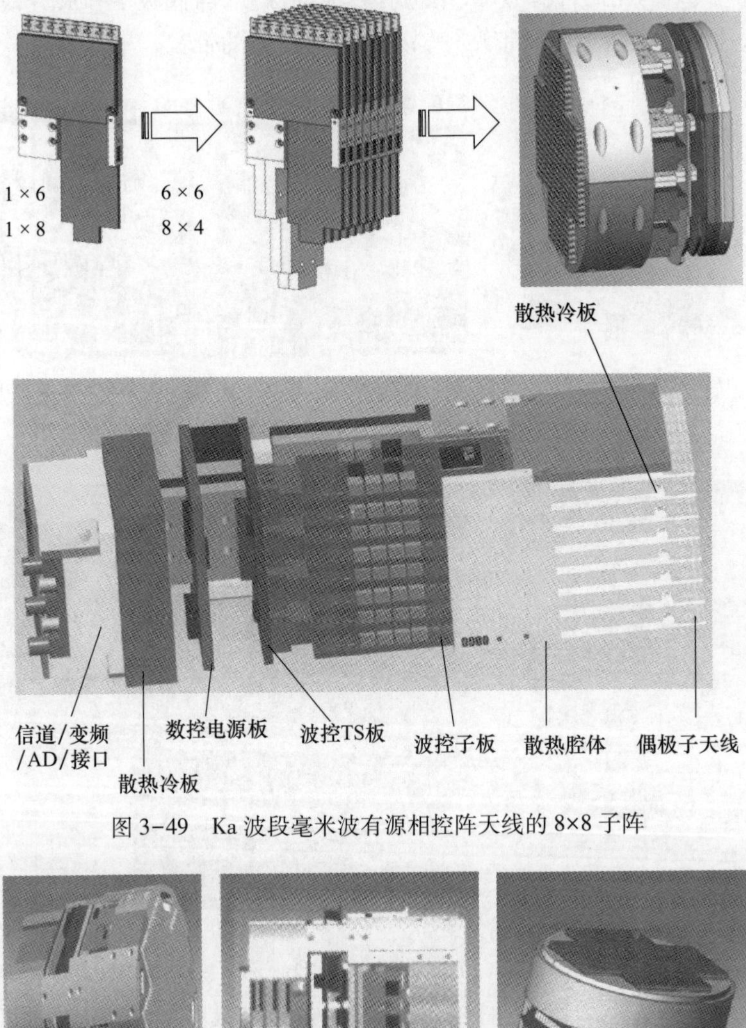

图3-49　Ka波段毫米波有源相控阵天线的8×8子阵

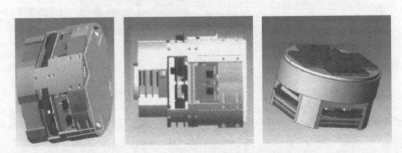

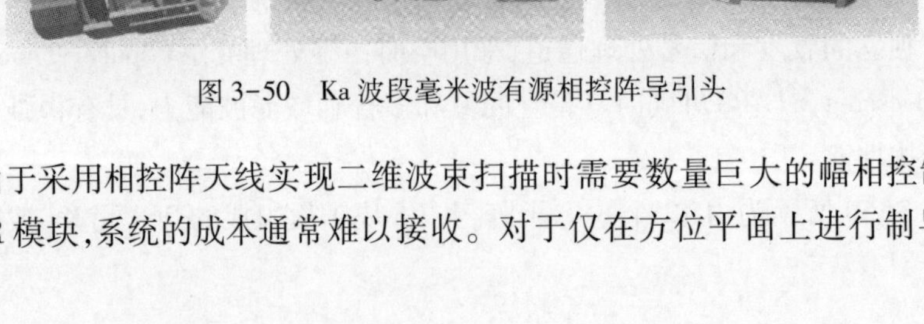

图3-50　Ka波段毫米波有源相控阵导引头

由于采用相控阵天线实现二维波束扫描时需要数量巨大的幅相控制单元和T/R模块,系统的成本通常难以接收。对于仅在方位平面上进行制导的掠海飞行导弹,可以采用一维扫描的低成本方案,如图 3-51 所示。低成本毫米波有源相控阵天线采用波导缝隙阵列天线为天线单元,仅在方位向上进行一维相扫;上半口径和下半口径可以采用不同极化,通过极化滤波降低海杂波的影响。

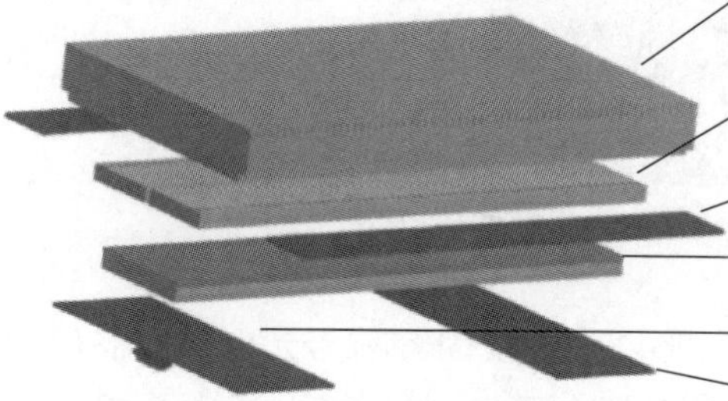

图 3-51　低成本毫米波有源相控阵天线

4. 共形相控阵天线

在寻的制导系统中,作战平台的外形主要由非电气因素决定,如空气动力学因素或流体力学因素,而天线的结构主要由电特性所决定,因此天线结构通常会影响作战平台的气动性能。另外,随着战场电磁环境的日益恶化,还要求当寻的制导系统的天线被敌方雷达照射时不产生后向散射,即天线具有隐身特性。再有,许多应用情况下需要波束在更宽的范围内扫描,或者将天线设计为带宽足够宽,将平台上的若干天线功能用一套天线实现。

解决上述问题的一个可行方案是采用共形阵列天线技术。共形阵列天线是指辐射单元安装在柱体、球体、锥体或其他不规则表面上,与作战平台外形保持一致的天线阵。典型理想共形阵列天线的辐射单元均匀分布在光滑曲面上,甚至辐射单元的外形都和曲面曲率相匹配。共形天线阵有许多折中方案,如天线阵面有多个小平面,每个小平面上有多个小平面贴片,拼接组成近似光滑表面,可以简化辐射单元及馈电装置的设计安装。

共形天线阵通过将作战平台外形和天线阵进行一体化设计,可以解决天线阵外形与作战平台的兼容性问题,扩展波束扫描范围,提高隐身性能。图 3-52 是对未来“智能蒙皮”共形天线的设想,该天线构造了一个完整的射频系统,不仅包括辐射单元,还包含馈电网络、放大器、电子控制、功率分布、冷却、滤波器等部件,这些部件全部集成在一个可以裁剪成各种结构形状的多层设计中[15-16]。

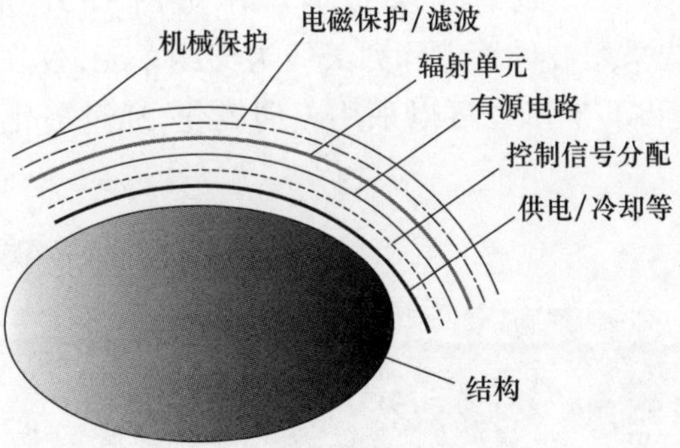

图 3-52 “智能蒙皮”设想

在复合寻的制导系统中,共形阵列天线因容易与光电探测器口径进行集成设计,具有很好的应用前景。对于复合寻的制导系统,通常希望天线波束覆盖范围为三维半球空间覆盖,常用的共形天线形状有部分球面、抛物面和圆锥面等,如图 3-53 所示。

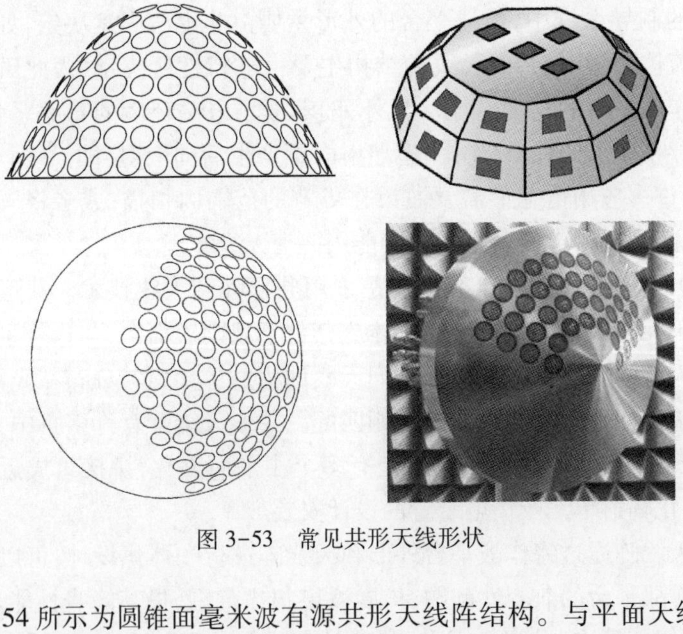

图 3-53 常见共形天线形状

图 3-54 所示为圆锥面毫米波有源共形天线阵结构。与平面天线阵相比,共形结构的阵列天线在提高天线的性能和灵活性的同时,设计难度和波束合成控制难度也大大增加。共形结构的阵列天线在设计时必须考虑曲面天线阵元结构及馈电、精密结构紧固及互连、供电及散热等多种因素;在波束合成控制时,必须考虑曲面天线单元、阵元遮挡、极化等因素。

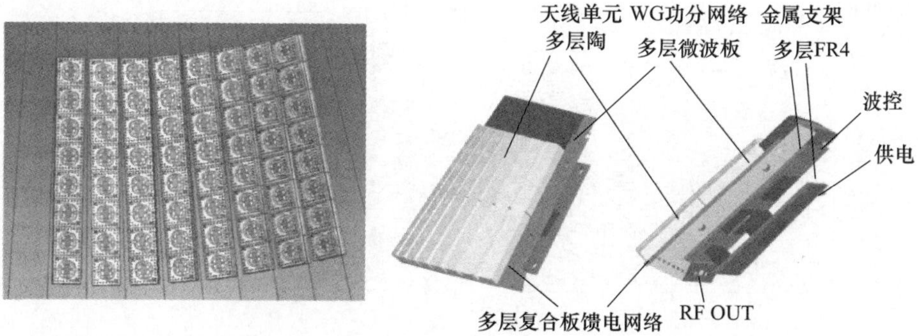

图 3-54 圆锥面毫米波有源共形天线阵结构

5. 相控阵天线的单脉冲波束形成

在二维平面阵列天线中,由于阵面天线阵元数量众多,要在天线单元级别上形成和差波束会造成设备量、计算量及成本急剧增加。比较合理的解决方法是将整个平面阵列划分成若干子阵,在子天线阵级别上形成独立的复合单脉冲测量要求的多个接收波束[17]。

较为简单的办法是将天线阵面划分为四个象限,每个象限作为一个子天线阵,先将每个子天线阵所有阵元的接收信号相加合成,得到四个子天线阵的输出信号,然后再送单脉冲比较器分别形成和波束、方位差波束和俯仰差波束,如图 3-55 所示。

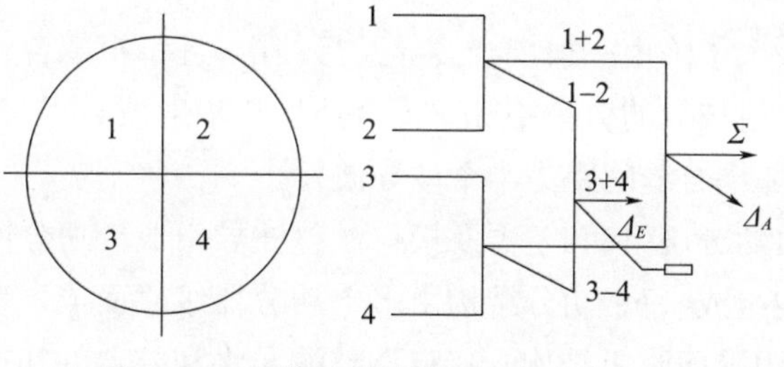

图 3-55 二维阵列单脉冲波束形成方法

这种方法通常在平板裂缝天线中应用。图 3-56 所示为一种单平面单脉冲平板裂缝天线的子阵划分及和差波束形成网络。天线从结构上分为三层:开有辐射缝的辐射阵列为第一层,紧贴在辐射波导背面为其馈电的耦合阵列为第二层,馈电网络为第三层。

天线阵面划分为四个象限,每个象限包括四个子阵,每个子阵包含一定数量辐射波导,每根辐射波导宽边按口径激励幅度分布的要求开宽边纵向偏移

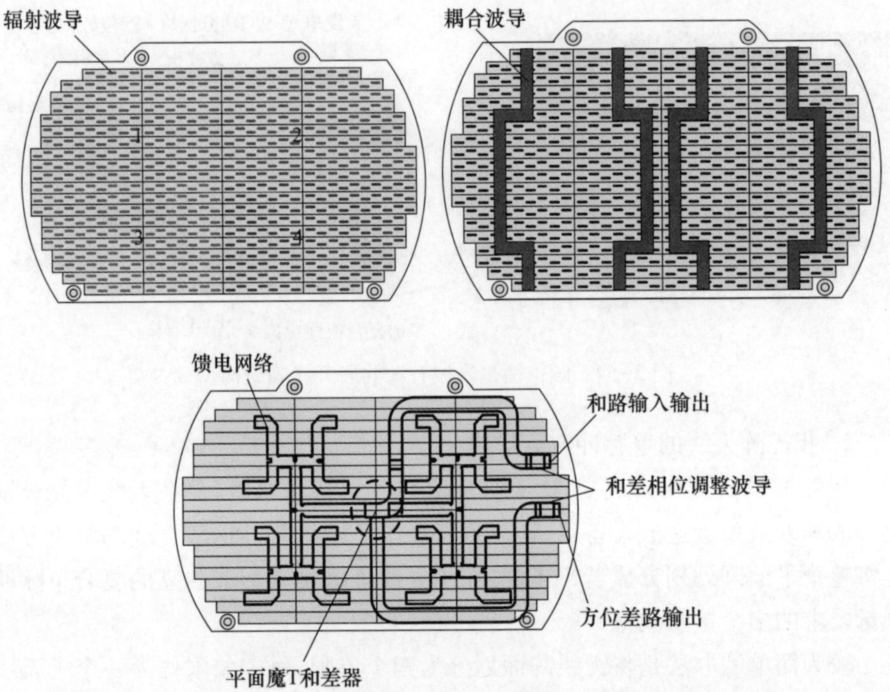

图 3-56　一种单脉冲平板裂缝天线的子阵划分及和差波束形成网络

缝隙。辐射缝交叉位于辐射波导中心线两侧，相邻辐射缝间距为半个波导波长。

天线的每一个子阵由一根耦合波导进行馈电，且每根耦合波导上耦合缝数量与对应子阵辐射波导的数量相等。耦合波导与辐射波导正交共壁，并在共壁上开耦合缝，相邻耦合缝间距为半个波导波长。

馈电网络由功分网络、和差器及接口调整波导组成。功分网络由两个左右对称的功分结构组成，每个功分结构由多个功分器级联而成。考虑天线厚度的限制，和差器采用平面魔 T 结构。接口调整波导将和差器的和通道与差通道调整到指定的接口位置。发射时，信号由天线和通道输入，经和差器后送入功分网络和耦合阵列，在激励辐射阵列向自由空间辐射。接收时，目标散射回波被天线的辐射阵列接收后送入耦合网络及功分网络，最后经和差器形成和差两路回波信号。

图 3-57 所示为另一种在子天线阵级别上独立形成和差波束的子阵划分和波束形成方法。首先将阵面分为四个象限，每个象限划分为同样多的子天线阵，将关于中心对称的四个子阵的接收输出信号通过子天线阵和差比较器，分

别形成子天线阵的和路 Σ_i、方位差路 Δ_i^A 和俯仰差路 Δ_i^E 输出信号，然后将每个子天线阵和差比较器输出的信号分别相加，得到和路 Σ、方位差路 Δ_A 和俯仰差路 Δ_E 输出信号，即

$$\Sigma = \sum_{i=1}^{N} w_i \Sigma_i \tag{3-46}$$

$$\Delta_A = \sum_{i=1}^{N} w_i^A \Delta_i^A \tag{3-47}$$

$$\Delta_E = \sum_{i=1}^{N} w_i^E \Delta_i^E \tag{3-48}$$

从而得到和波束、方位差波束和俯仰差波束信号。在相加时，三组波束按照各自的权值进行加权，以便得到独立最佳的三组波束。

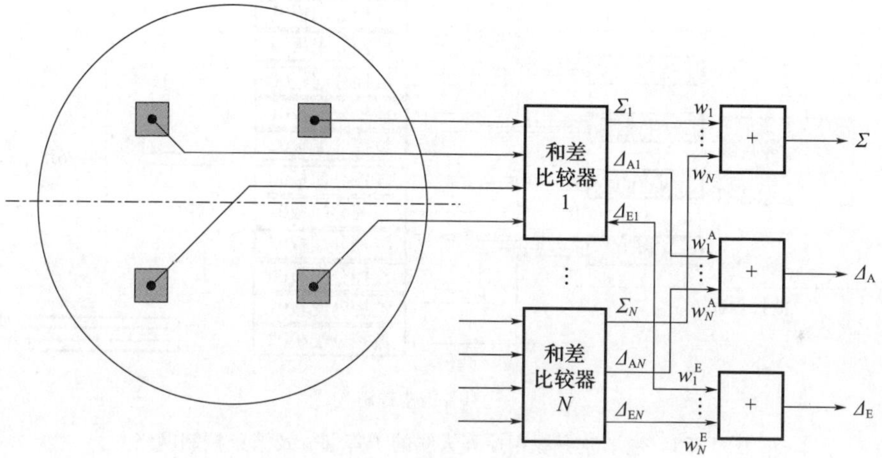

图 3-57　独立和差波束形成方法

图 3-58 所示为毫米波有源相控阵天线的子阵划分及波束控制网络。天线阵面有 768 个辐射单元，划分为 12 个子阵，每个子阵为 8×8 子阵，包含 8 个 8×1 子板，共由 96 块子板组成。基于每个 8×1 子板进行波束控制，得到和波束、方位差波束和俯仰差波束信号。

相控阵雷达天线除了应用图 3-59(a)的收发波束形成方法外，也可以采用图 3-59(b)形成多个接收波束，在一个发射波束主瓣照射的区域内，用 9 个接收波束进行覆盖，一方面，可以降低目标搜索时波束扫描的需求；另一方面，在发射波束副瓣照射的区域内，距离较近的位置处也可以进行测角，从而充分利用发射波束能力，提高目标角度测量效率。

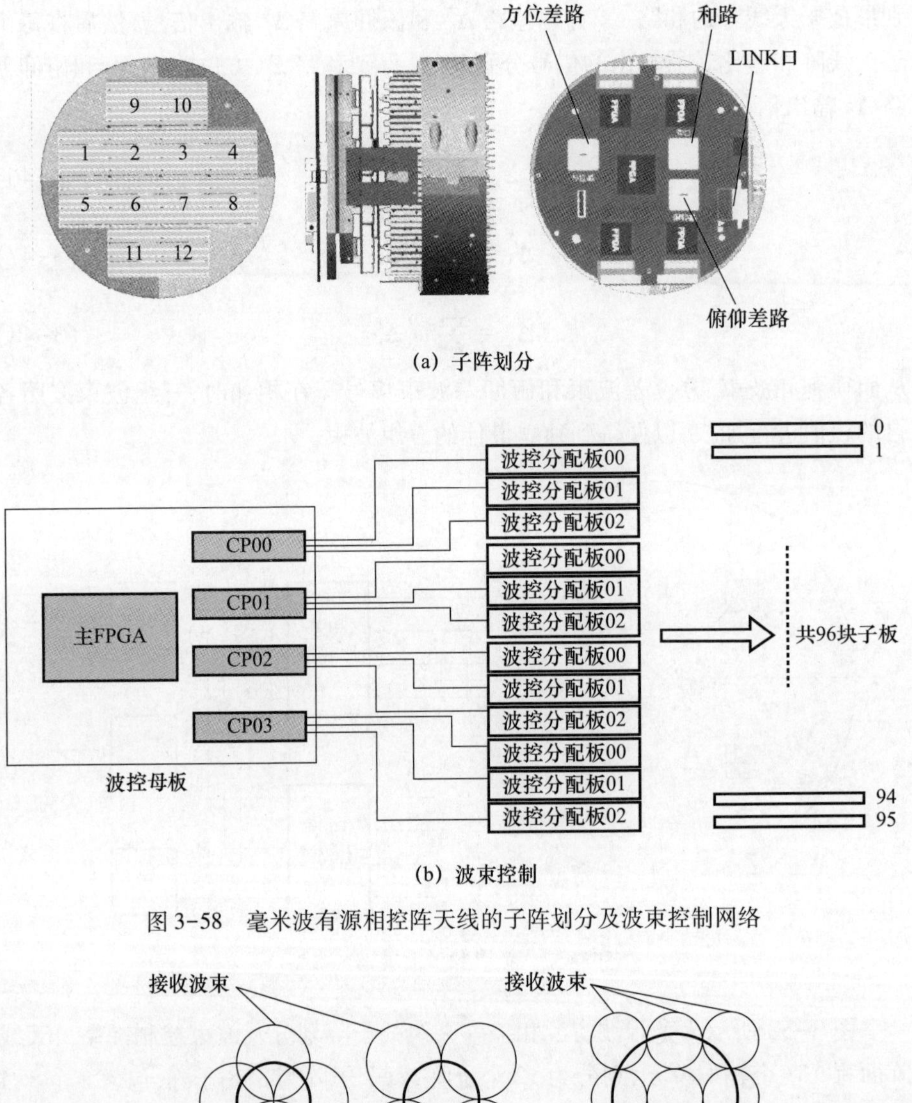

图 3-58 毫米波有源相控阵天线的子阵划分及波束控制网络

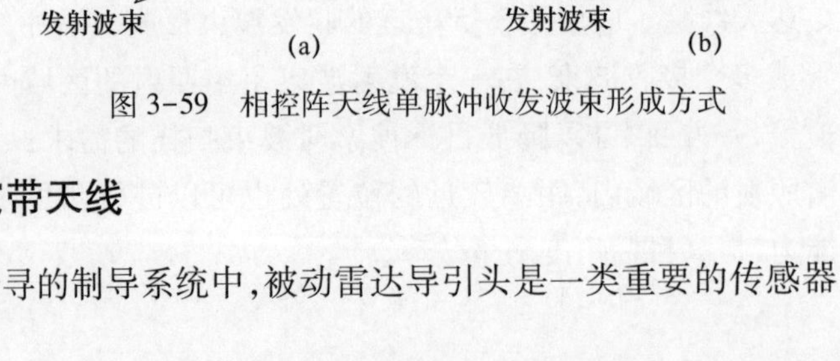

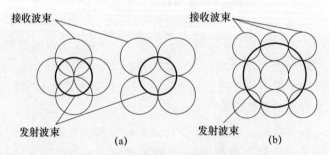

图 3-59 相控阵天线单脉冲收发波束形成方式

3.1.4 宽带天线

在复合寻的制导系统中，被动雷达导引头是一类重要的传感器。由于探测宽频段范围内的辐射源信号,需要采用宽带天线。常用的宽带天线有介质杆天线、螺旋天线、曲折臂天线、对数周期天线以及渐变槽线天线等。

1. 介质杆天线

1) 费马原理与慢波[5,12,18]

考虑图 3-60 所示的透镜系统,球面电磁波从 O 点均匀向外辐射,经透镜转换成平面波,平面波的等相位面与透镜的口径面平行。透镜的形状要使得透镜口径面上的场处处通向,也就是从原点到口径面上各点所有的射径都有相等的电长度,这就是射径的电长度等同性原理或费马原理。在图 3-60 中,射径 OPP' 的电长度应等于射径 $OQQ'Q''$ 的电长度,或简单表示为 OP 必须等于 OQ'。令 $OQ=L$ 而 $OP=R$,设透镜周围的媒质都是空气或真空,则有

$$\frac{R}{\lambda_0}=\frac{L}{\lambda_0}+\frac{R\cos\theta-L}{\lambda_d} \tag{3-49}$$

式中: λ_0 为自由空间中的波长; λ_d 为透镜中的波长。

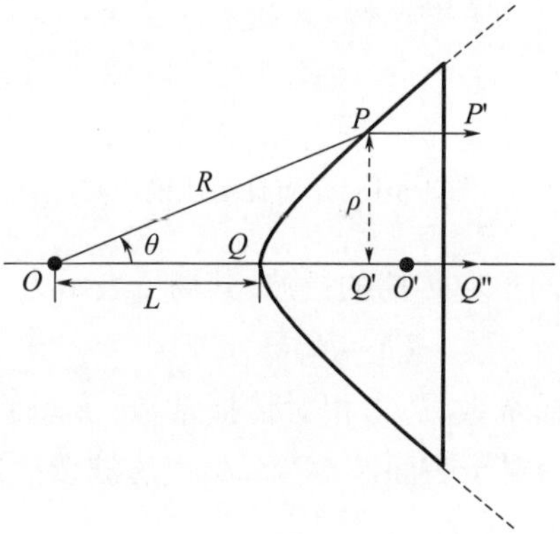

图 3-60 介质透镜中的射径长度

在图 3-60 所示的透镜天线系统中,馈源位于 O 点,自馈源出发的各个方向球面波经透镜折射后变为平面波,且在透镜口径面上同相叠加,因此其最大辐射方向为透镜口径面法线方向。可以证明,满足式(3-43)的透镜形状为双曲线。

若透镜由相对介电常数为 $\varepsilon_r>1$ 的介质组成,则电磁波在介质中传播的波长为

$$\lambda_d=\lambda_0/\sqrt{\varepsilon_r} \tag{3-50}$$

显然 $\lambda_d<\lambda_0$,电磁波在透镜介质中的传播速度也小于在自由空间的传播速度,因此可以称为等效慢波。

透镜天线的上述作用也可以由介质构成的杆状天线来实现，如图 3-61 所示。电磁波大部分能量被束缚在介质杆表面，以表面波的形式在介质杆表面向介质杆轴线方向传播，表面波的传播速度近似等于电磁波在介质中的传播速度。介质的相对介电常数大于 1，因此表面波的传播速度小于电磁波在空间中的传播速度，即表面波可视为等效慢波。与透镜天线类似，在介质杆不同位置处的表面波单元作为次级波源向空间中辐射电磁波。当长度满足一定条件时，从介质杆不同位置辐射出的电磁波到达与介质杆终端时射径电长度相同，并同相叠加，最大辐射方向在介质杆的轴线上。

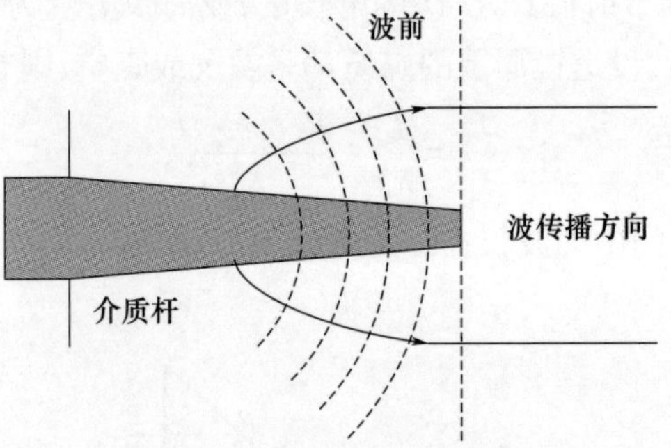

图 3-61　介质杆与透镜等效

事实上，对于沿 z 向单向传播的行波，其场可表示为

$$E = E_0(z)\,e^{-kPz} \tag{3-51}$$

式中：k 为自由空间传播常数；P 为相对传播常数；$E_0(z)$ 为沿传播方向的振幅变化，如图 3-62 所示。对于表面波，$P > 1$；电磁波传播速度为

$$v_d = \frac{v_0}{kP} < v_0 \tag{3-52}$$

即表面波为慢波。

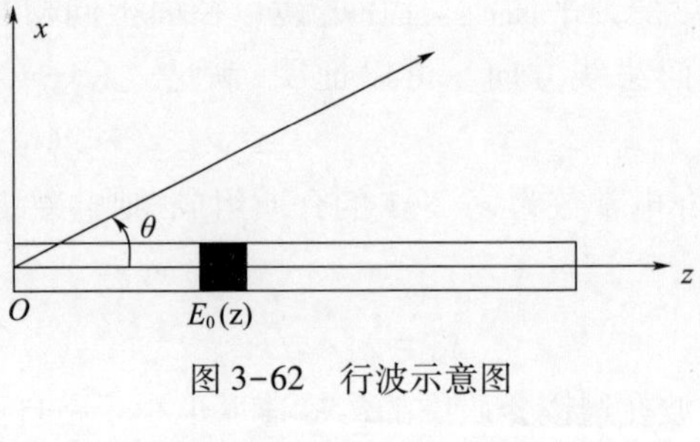

图 3-62　行波示意图

其方向图响应为

$$f=\int_{0}^{L}E_{0}(z)\,\mathrm{e}^{-\mathrm{j}k(P-\cos\theta)}\,\mathrm{d}z \tag{3-53}$$

对于沿线均匀分布的行波,其方向图因子为

$$F(\theta)=\frac{\sin\left(\frac{kL(P-\cos\theta)}{2}\right)}{\frac{kL(P-\cos\theta)}{2}} \tag{3-54}$$

当 $P\to 1$ 时,波束最大值趋于 $\theta=0$ 的方向, P 值增大并大于 1 后,随 P 值增大方向性系数提高并达到最大值,然后逐渐减小。P 与 L 的关系一般需要满足

$$P=1+\frac{0.465}{L} \tag{3-55}$$

2）介质杆天线的结构与方向性

介质杆天线的馈电通常用同轴线或圆波导馈电。采用同轴线馈电的 6λ 介质杆天线结构,如图 3-63 所示。

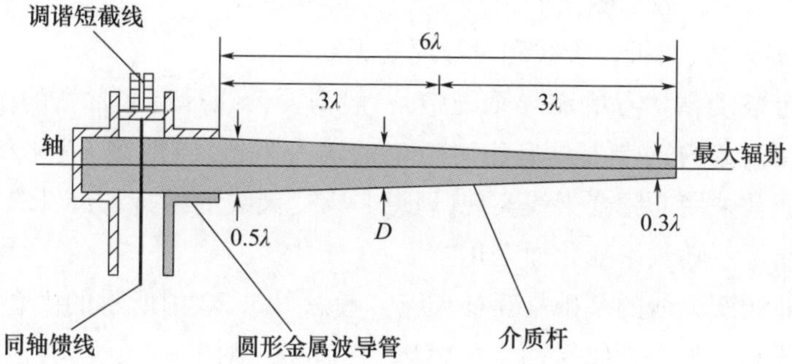

图 3-63　同轴线馈电介质杆天线

介质杆的介质材料采用聚苯乙烯制作。波在介质杆中传播的相速度以及在介质杆外与杆内的导波功率之比,都是杆径的波长数和杆材的介电常数的函数。对于直径小于 1/4 波长的聚苯乙烯杆,只有很少的导波效应和很小部分的能量被限制在杆内;杆内的相速也接近在其周围媒质中的值。然而,当直径达到波长量级时,大部分功率被约束在杆内,杆内的相速与无界聚苯乙烯媒质中的值几乎相等。实际使用的聚苯乙烯杆的直径在(0.5~0.3)λ 范围内,杆径可以是均匀的,也可以采用图 3-63 中的锥削方式减小副瓣。图 3-63 中的杆径是先均匀后锥削的,由粗端的 0.5λ 渐变成远端的 0.3λ 。

采用圆波导馈电时,介质杆从传输 TE_{11} 模的圆波导结构中外伸,在杆上激

励起混合模 TE_{11} 和 TM_{11},即 HE_{11} 模。天线可以采用锥削方式渐变,在末端使相对传播常数接近于 1,减小终端反射。

介质杆天线的定向性 D 近似为

$$D \approx 8L_{\lambda} \tag{3-56}$$

$$2\theta_{0.5} \approx \frac{60^{\circ}}{\sqrt{L_{\lambda}}} \tag{3-57}$$

其中,L_{λ} 为天线总长度的自由空间波长数。

对于长度在 $(3\sim8)\lambda$ 的介质杆天线而言,其最大增益可达 20dB,相应的半功率点波束宽度为 17°~20°。按线性锥削的介质杆天线其增益稍有下降,但副瓣电平会得到改善,可低于-20dB。对相对介电常数 $\varepsilon_{r}=2.56$ 的聚乙烯天线,相对带宽可超过 ±33%,即达到 2:1 的工作频带。介质杆天线的应用范围很广,可以从厘米波段一直应用到亚毫米波段。

介质杆天线由于结构简单,易于安装,工作带宽相对较宽,因而在复合寻的制导系统中应用。通常将介质杆天线对称安装在弹体两侧,用于被动雷达导引头的辐射源信号接收和测角。

2. 螺旋天线、曲折臂天线和对数周期天线

在宽带被动雷达寻的制导系统中,一般需要天线具有非常宽的工作带宽,即天线在相当宽的频带上具有相对恒定的输入阻抗、方向图、极化和增益等。宽带天线通常采用非频变天线实现,理想非频变天线的阻抗、方向图、极化和增益等性能指标不随频率变化而变化。

实现非频变天线的基础是互补天线。考虑图 3-22 中所示的由金属带做成的对称振子和无限大金属平面上的缝隙,二者是一对互补天线,类似于摄影中的照片和底片。互补天线的阻抗具有下列性质[5]:

$$Z_{\text{缝隙}} \cdot Z_{\text{金属}} = \left(\frac{\eta_0}{2}\right)^2 \tag{3-58}$$

式中:$\eta_0 = 120\pi = 377\Omega$ 为自由空间波阻抗。式(3-58)也称 Booker 关系。

如果天线具有自补结构,如图 3-64 所示。自补的金属平板天线的金属部分面积恰好可以填补其空白部分的面积,即二者借刚性平移和旋转正好可以拼合成整个平面,则由式(3-58)可得

$$Z_{\text{缝隙}} = Z_{\text{金属}} = \frac{\eta_0}{2} = 188.5\Omega \tag{3-59}$$

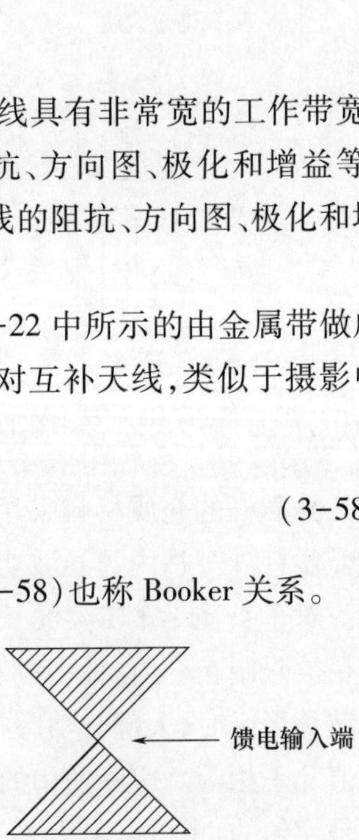

图 3-64　自补天线

式(3-59)说明,具有自补结构的理想天线,输入阻抗是一纯电阻且频率无关,具有宽频带特性。非频变天线通常具有自补结构或近似自补结构。常见的非频变天线有平面等角螺旋天线、圆锥等角螺旋天线和阿基米德螺旋天线,如图 3-65 所示[5,18-19]。

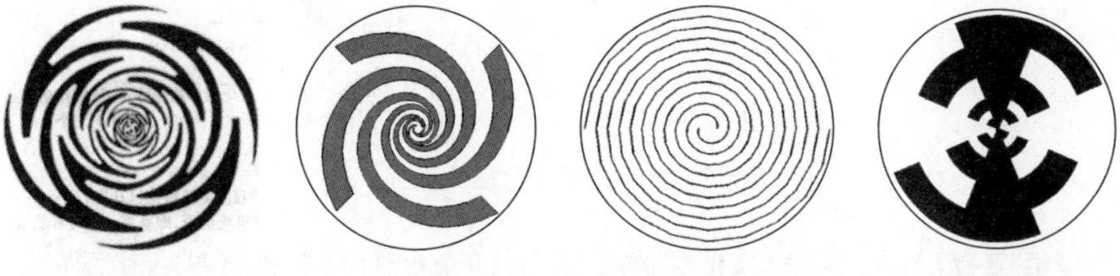

(a) 曲折臂天线 (b) 等角螺旋天线 (c) 阿基米德螺旋天线 (d) 对数周期天线

图 3-65 具有自补或近似自补结构的宽带天线

1) 曲折臂天线

曲折臂天线是在一个平面上用两个或四个旋转对称的曲折线导体臂制成。与平面螺旋天线最显著的区别是曲折臂天线的辐射臂矢径围绕原点顺时针和逆时针转动,并保持一定规律。换句话说,也就是每段螺旋线先运动一定角度,然后再向相反方向运动相同角度,各臂交错隔开,容纳在两个相同的曲折线的区域中。因而具有自补特性,可以在宽频带范围内工作。

2) 对数周期天线

平面对数周期天线的设计思想基于相似原理。当天线按某特定比例因子 τ 变换后,仍与其原来结构相同,则天线在频率 τf 和 f 时性能相同。选择合适的齿宽和槽宽,对数周期天线可以实现自补结构,具有宽频带的特性。

3) 平面等角螺旋天线

平面等角螺旋天线通常有两个臂,双臂用金属片制成,具有对称性,每一臂都有两条边缘线,均为等角螺旋线,如图 3-66(a)所示。等角螺旋天线如图 3-66(b)所示,其极坐标方程为

$$r = r_0 e^{a\phi} \tag{3-60}$$

式中:r 为螺旋线矢径;ϕ 为极坐标中的旋转角;r_0 为 $\phi = 0°$ 时的起始半径;$1/a$ 为螺旋率,决定螺旋线张开的快慢。

螺旋线与矢径之间的夹角 ψ 处处相等,因此这种螺旋线称为等角螺旋线,ψ 称为螺旋角,它只与螺旋率有关,即

$$\psi = \arctan \frac{1}{a} \tag{3-61}$$

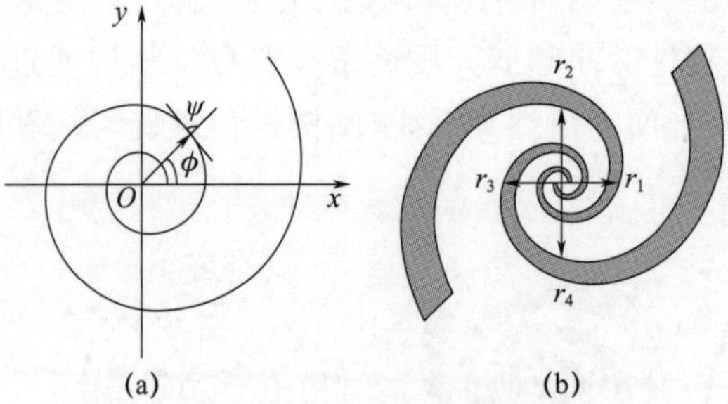

图 3-66　平面等角螺旋天线

在图 3-66(b)所示的等角螺旋天线中,两个臂的四个边缘具有相同的 a ,若一条边缘线为 $r_1 = r_0 e^{a\phi}$,则只要将该边缘旋转 δ 角,就可以得到该臂的另一条边缘线,即

$$r_2 = r_0 e^{a(\phi-\delta)} \tag{3-62}$$

另一个臂相当于该臂旋转 180°而成,即

$$r_3 = r_0 e^{a(\phi-\pi)} \tag{3-63}$$

$$r_4 = r_0 e^{a(\phi-\pi-\delta)} \tag{3-64}$$

由于平面等角螺旋天线臂的边缘仅由角度描述,因而满足非频变天线对形状的要求。如果取 $\delta = \pi/2$,天线的金属臂和两臂之间的空气缝隙是同一形状,具有自补特性。

当对两臂的始端馈电时,可以把两臂等角螺旋线看成一对变形的传输线,臂上电流沿线边传输,边辐射边衰减。螺旋线上的每一小段都是一基本辐射单元,其取向沿螺旋线而变化,总的辐射场就是这些单元辐射场的叠加。实验表明,臂上电流在流过约一个波长后就迅速衰减到 20dB 以下,终端效应很弱。因此辐射场主要是由结构中轴长约为一个波长以内的部分产生的,这个部分通常称为有效辐射区,传输行波电流。换句话说,螺旋天线存在“电流截断效应”,超过截断点的螺旋线部分对辐射没有重大贡献,在几何上截去它们不会对保留部分的电性能造成显著影响。因而,可以用有限尺寸的等角螺旋天线在相应的宽频带内实现近似的非频变特性。波长改变后,有效区的几何大小将随波长成比例变化,从而可以在一定的带宽内得到近似的与频率无关的特性。

自补平面等角螺旋天线的辐射是双向的,最大辐射方向在平面两侧的法线方向上。若设 θ 为天线平面法线与射线之间的夹角,则方向图可近似表示为 $\cos\theta$,半功率点波瓣宽度近似为 90°。

一般而言,平面等角螺旋天线在 $\theta \leqslant 70°$ 锥形范围内接近圆极化,极化旋向与螺旋线绕向有关，沿法线方向向外的一个方向辐射左旋圆极化波，另一个方向辐射右旋圆极化波。

等角螺旋天线的工作带宽受其几何尺寸的影响，由内径 r_0 和最外缘的半径 R 决定。实际的圆极化等角螺旋天线，外径 $R \approx \lambda_{max}/4$，内径 $r_0 \approx (1/4 \sim 1/8)\,\lambda_{max}$。根据实验结果，当 $a = 0.221$ 对应 1.5 圈螺旋时，其方向图最佳，此时天线带宽为

$$\frac{\lambda_{max}}{\lambda_{min}} = 8.03 \tag{3-65}$$

即典型相对带宽为 8 : 1。若要增加相对带宽，必须增加螺旋线的圈数或改变其参数，带宽有可能达到 20 : 1。

4）阿基米德螺旋天线

阿基米德螺旋天线如图 3-67 所示。这种天线像许多螺旋天线一样，采用印刷电路很容易制造。天线的两个螺旋臂方程分别为

$$r_1 = r_0 + a\phi \quad (\phi \geqslant 0) \tag{3-66a}$$

$$r_1 = r_0 + a(\phi - \pi) \quad (\phi \geqslant \pi) \tag{3-66b}$$

其中，r_0 为初始矢径；a 为增长率。阿基米德螺旋天线的性能基本上与等角螺旋天线类似。

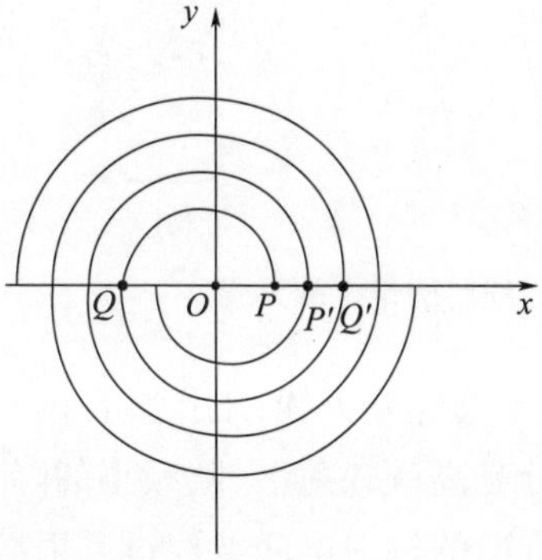

(a)

(b)

图 3-67　阿基米德螺旋天线

可以近似地将螺旋线等效为双线传输线。根据传输线理论，两根传输线上的电流反向，当两天线之间间距很小时，传输线不产生辐射。表面上看，似乎螺旋线的辐射是彼此抵消的，事实并不尽然。研究图 3-67(a) 中的 P、P' 处的两线段，设 $OP=OQ$，即 P 和 Q 为两臂上的对应点，对应线段上的电流相位差 π，由 Q 点沿螺旋臂到 P' 点的弧长近似为 πr，这里 r 为 OQ 的长度，故 P 点和 P' 点电流的相位差为 $\pi + (2\pi/\lambda)\pi r$。若设 $r = \lambda/2\pi$，则 P 点和 P' 点相位差为 2π。因

此若满足上述条件,两线段的辐射是同相叠加而非抵消的。

换句话说,天线主要辐射是集中在周长约为 λ 的螺旋环带上,称为有效辐射带。随着频率的变化,有效辐射带也随之变化,故阿基米德螺旋天线具有宽频带特性。虽然这一天线可以在很宽的频带上工作,但它不是一个真正的非频变天线。因为电流在工作区后没有明显减小,所以不能满足截断要求,必须在末端加载,以避免波的反射。

阿基米德螺旋天线具有宽频带、圆极化、尺寸小、效率高以及可以嵌装等优点,目前应用越来越广泛。

螺旋天线、对数周期天线和曲折臂天线辐射的电磁波通常是圆极化,曲折臂天线可以实现全极化接收。对于上述结构的宽带天线,其辐射通常是双向的,为实现单向辐射,通常采用背腔结构和圆锥结构,如图 3-68 所示。

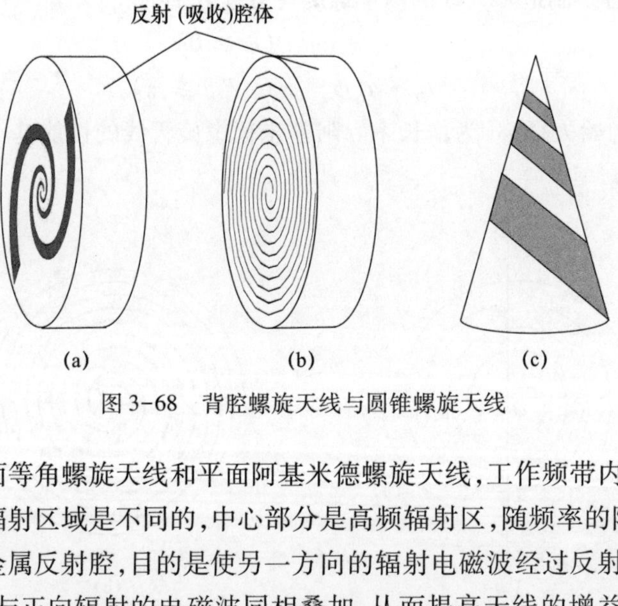

图 3-68　背腔螺旋天线与圆锥螺旋天线

对于平面等角螺旋天线和平面阿基米德螺旋天线,工作频带内不同频段的电磁波的主辐射区域是不同的,中心部分是高频辐射区,随频率的降低,辐射区外移。加装金属反射腔,目的是使另一方向的辐射电磁波经过反射腔反射后返回天线口面,与正向辐射的电磁波同相叠加,从而提高天线的增益。根据镜像法原理,要使天线增益最高,天线与反射面间距应为 1/4 波长。由于平面等角螺旋天线和平面阿基米德螺旋天线都是超宽带天线,频带的最高频率和最低频率所对应的波长相差较大,而天线又是分区辐射的,要在整个频段内做到同相反射极为困难,因此理想的反射腔设计是很难的。如果反射腔设计得不好,会影响天线在整个工作频段内的增益和阻抗特性,常用的反射腔有图 3-69 所列举的三种。对于 2 : 1 频带宽度,反射腔可采用平底腔,腔深约为中心频率对应波长的 1/4。腔体直径与螺旋线外径相同,如图 3-69(a)所示。带宽大于 2 : 1

的宽频带天线，宜采用图 3-69(b)和 3-69(c)所示的反射腔。对于背腔的侧壁，如果天线的螺旋臂太靠近腔体壁，则天线臂上的电流分布将由于电流与侧壁的耦合作用而改变。加反射腔体的阿基米德螺旋天线，其反射腔侧壁对天线的轴比和增益的影响较大，因此在设计时，在允许的尺寸范围内，应使腔体直径 D 尽可能大。

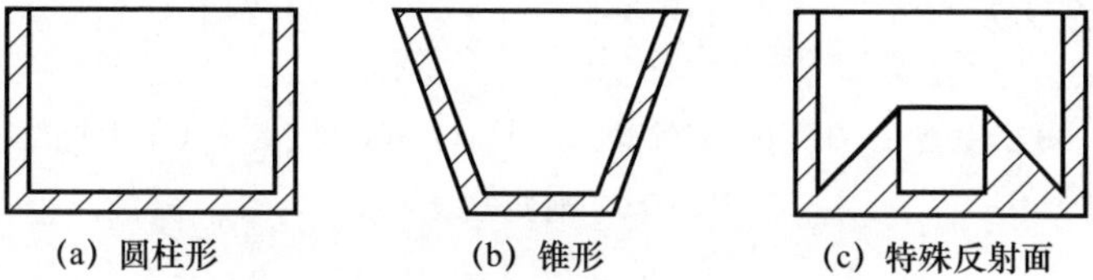

图 3-69　平面螺旋天线的反射腔结构

反射腔是一个谐振器件，必然会使天线工作频带变窄，因此在增益要求不高的条件下，可将反射腔改为吸收腔，吸收天线的后向辐射。这样在保证了单向辐射的同时，也保证了频带宽度。

对于平面等角螺旋天线和平面阿基米德螺旋天线，在腔体内加入微波吸收材料，可显著提高天线的驻波比、带宽和轴比特性，但是，天线的效率却大大降低。因此这种方法多在对天线增益要求较低时采用。

为了实现单脉冲测角，可以用螺旋天线作为天线单元构成螺旋天线阵，如图 3-70 所示。

图 3-70　螺旋天线阵

3. 渐变槽线天线

在介质极板上蚀刻出向外展开的槽线结构可以制成渐变槽线天线，由表面波产生端射方向图。单个天线可在宽频带上辐射端射方向图，将数量众多的这种天线组阵且密集排列，如图 3-71 所示，天线之间的相互耦合可改善天线的阻抗匹配。这一独特性能允许构建既有好的阻抗特性又能抑制栅瓣的宽频带阵列。

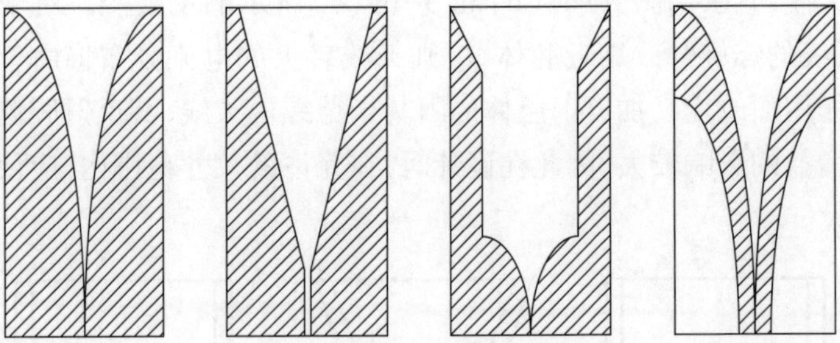

(a) 指数型　(b) 线性型　(c) 等宽型　(d) 双指数型

图 3-71　渐变槽线天线

图 3-71 给出了四种形式的渐变槽线天线。图中所示天线输入位于底部，可以是同轴-槽线转换,也可以是波导内鳍线对槽线进行馈电。槽线的小空隙将功率约束在传输线上,当传输线间距加宽后,功率向外辐射。同介质杆天线初始部分与将波约束在杆上的设计相似,槽线则将波约束在其空隙内,波在槽线内的速度减慢,随着槽线的展开辐射增加。

指数型渐变槽线天线也称韦尔第(Vivaldi)天线,其方向图的 E 面和 H 面宽度接近相等,随频率增加变化很小。当槽宽度大于半波长时开始向外辐射且输入阻抗匹配良好。对于刻蚀在氧化铝基板上的指数型槽线天线,其最低工作频率对应天线长度为 0.72λ ,方向图的 H 面波束宽度为 180°,E 面波束宽度为 70°。天线孔径为一个波长时,方向图的 H 面波束宽度为 70°,E 面波束宽度为 60°。天线孔径为 1.5λ 以上时,两个面波束宽度基本相同。天线孔径为 3λ 时,两个平面波束宽度为 33°。天线 E 面有约-5dB 的大旁瓣。

线性型渐变槽线天线比指数型渐变槽线天线有更高的增益,可以靠长度来压窄波束。天线张角范围在 5°~12°。等宽槽线天线类似于介质杆。初始的短矩形结构将槽线张开,形成一个等宽度的区域,辐射主要集中在该区域。和介质杆天线一样,可以根据要求的增益确定其天线长度。对于给定长度,该天线是渐变槽线天线中波束最窄、增益最高的天线。双指数型槽线天线形状类似于兔耳,在 0.5~18GHz 的带宽内电压驻波比可达 2∶1。

3.2　光学组件与光电探测器

光学系统是光电制导系统的重要组成部分。复合寻的制导系统中,要求光学系统不仅具有高灵敏度、大视场、高空间分辨率、高帧频、适装性好的特点,为了适应恶劣的环境条件，还同时要求其具有很好的结构稳定性和温度特性等。传统的光学系统的结构形式有反射式、折射式和折反式[21]。折射式镜头视场大，无遮挡损失，像差易通过光学设计矫正，但对于大口径，成本高且不易制作，通常用于200mm以下的口径；反射式镜头无色差，多波段系统可共用口径，但其轴外像差较大。实用系统一般采用折反射式镜头，即通过反射镜和透镜的组合来获得满意的像质。它们的共同特点是结构简单，但往往不能满足复合寻的制导条件下的高质量成像要求，因此需要增加辅助器件。

与一般光学系统要求不同，复合寻的制导用的光学系统不仅要求体积小、质量小、结构坚固稳定，还要考虑其由于环境条件等诸多因素引起的系统精确性和稳定性等性能的变化[20]。近年来，光学技术迅速发展，从传统的光学结构到现在新型的离轴反射、折衍混合、谐衍射、合成孔径、自适应光学等，都为提高光学系统的性能提供了新的活力。

3.2.1　经典光学系统结构

1. 反射式光学系统结构

纯反射式光学系统是一种没有色差和二级光谱的传统红外光学系统。双反射镜系统是目前反射式结构中应用较广泛的一种结构[21-22]。如同双反射面天线一样，双反射镜光学系统由两面反射镜组成，即主镜和次镜。主镜为抛物面凹镜，次镜为双曲面凸镜的双反射镜光学系统，称为卡塞格伦系统；若次镜为椭球面凹镜，则称为格里高利系统。由于卡塞格伦系统次镜遮光较少，镜筒较短，因此在光学探测系统中得到广泛的应用。若将卡塞格伦系统的主镜改为双曲面，此时的系统称为R-C系统[23]。R-C系统利用反射镜折叠光路，缩小了镜头的体积和减小了质量；同时不仅能消除球差，也完全没有色差，可以在紫外线到红外线的很大波长范围内工作；另外，反射镜的镜面材料比透射镜的材料容易制造，特别是对大口径零件更是如此。

传统光学系统大都采用反射式，其优点是没有色差且工作波段很宽。此外，反射可使光路折叠，并容易实现倒像等功能，使系统长度缩短，机械结构质量很小。反射只与表面有关，表面可以通过镀膜来处理，因此基底材料和具体机械结构的选择有很大的余地，容易得到大尺寸、稳定、质量小的元件，是解决系统体积过大的一个有力措施。图3-72所示为典型的反射式红外光学系统。

单纯的双反射系统最多只能校正两种像差，而且有中心遮拦，三反射系统可以解决中心遮拦的问题，但结构复杂，而且设计与装调校准较难。

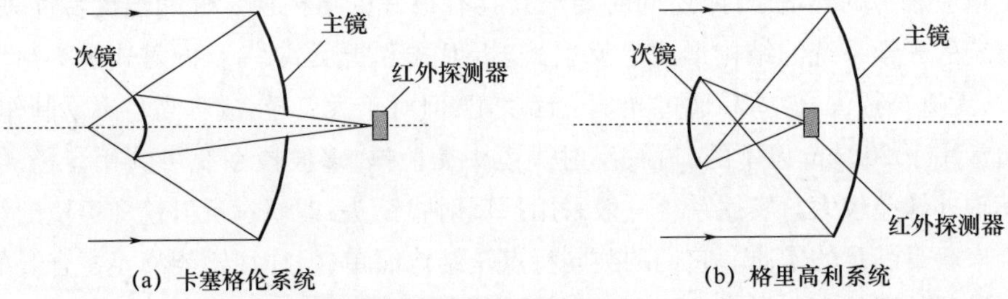

图 3-72　反射式红外光学系统

2. 折射式光学系统结构[22]

折射式光学系统相对于折反和反射式系统，较容易满足视场角的要求[22]。折射式光系统对透镜面型和材料的选择很重要，为了克服由于球面组成的折射面不可避免地存在着严重球差的问题，可以在光学系统中采用非球面，这样不但可以避免球差，还可以消除各种像差，减少光能损失，从而获得高质量的图像效果和高品质的光学特性。

现代战争要求红外光学系统能够远距离观察目标，因此要求系统的焦距长。折射系统较反射系统更适合做长焦距的设计。但是长焦折射式系统的口径不能做得很大，因为折射式光学系统对玻璃的光性能要求很高。此外，二级光谱是制约长焦距折射式光学系统成像质量提高的另一重要原因[24]。校正二级光谱最有效的方法是采用有特殊色散的光学材料，如 CaF_2 晶体、FK（氟冕）玻璃等，但有特殊色散的光学材料的折射率温度系数为负值，即温度效应显著。

折射式物镜可以由多片或单片组成。折射式光学系统在结构上一般有两组元系统、三组元系统、四组元系统等。折射式光学系统适用于口径比较小、视场比较大、波段比较窄的光学系统，如红外搜索/跟踪系统、红外导引头等，都要满足对较大空间进行方位/俯仰搜索的要求。典型折射式光学系统如图 3-73 所示。

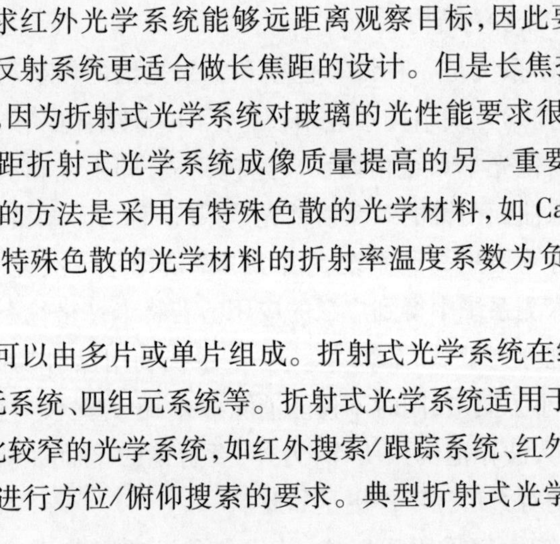

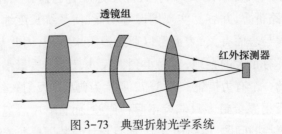

图 3-73　典型折射光学系统

3. 折反式光学系统结构[22]

一般情况下，反射光学系统视场角较小，为了校正像差扩大视场，可以采用反射镜加折射改正镜的形式设计成折反式光学系统。折反系统是以球面反射镜为基础、加入适当的折射元件构成的。折反式系统具有光力强、视场大、像差小等优点，通常用于快速移动物体以及大尺度、面光源的成像。折反光学系统结构紧凑，在红外光学系统中应用较多。折反光学系统中主、次镜分担大部分光焦度，因此有利于无热化设计，而且利用反射镜折叠光路，还可以缩小镜头的体积和质量，长度可以做到比焦距短。将非球面技术应用到卡塞格伦系统中，不仅可以减少透镜、增大视场，还可以有效消除各种像差获得优良材质。但是折反系统存在中心遮挡而且易受杂散光影响的缺点。应用最为广泛的有施密特结构和马克苏托夫结构两类，如图3-74所示。

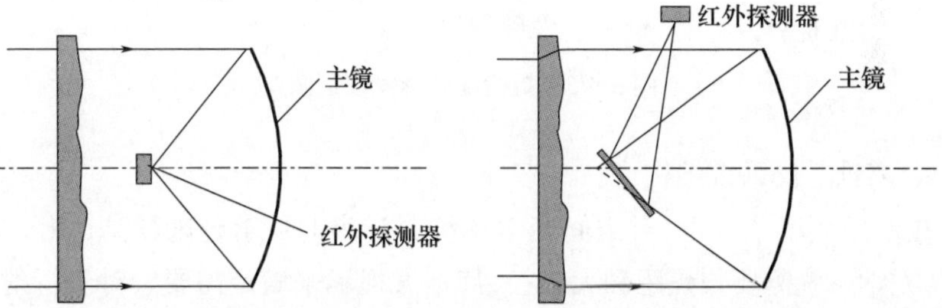

(a) 施密特结构　　(b) 马克苏托夫结构

图3-74　折反式光学系统结构

3.2.2　新型光学系统结构

经典光学系统所广泛采用的传统整体口径结构形式，主镜采用一整块反射镜。这种光学系统结构简单、成像质量好，但由于高精度反射镜的加工困难，系统在复杂环境中镜面变形等原因致使光学系统性能下降，难以满足高速发展的军用需求。新型光学系统的出现，为上述问题提供了解决途径。

1. 折衍混合光学系统结构[22]

二元光学是基于光波的衍射理论，利用计算机辅助设计及超大规模集成电路制作工艺，在片基上或传统光学器件表面刻蚀产生多个台阶深度的浮雕结构或连续浮雕结构，形成纯相位、同轴再现、具有极高衍射效率的光学元件的技术。

衍射光学元件以其任意的相位分布特性为光学设计提供更多的自由度，等效于非球面的作用，代替非球面，使光学系统用简单的结构实现复杂的功能。

二元光学元件具有不同于常规光学元件的色散特性,可在折射光学系统中同时校正球差和色差,构成折衍混合光学系统,以常规折射元件的曲面提供大部分的聚焦功能,再利用表面上的浮雕相位波带结构校正像差,进行温度补偿,改善成像质量,如图 3-75 所示。

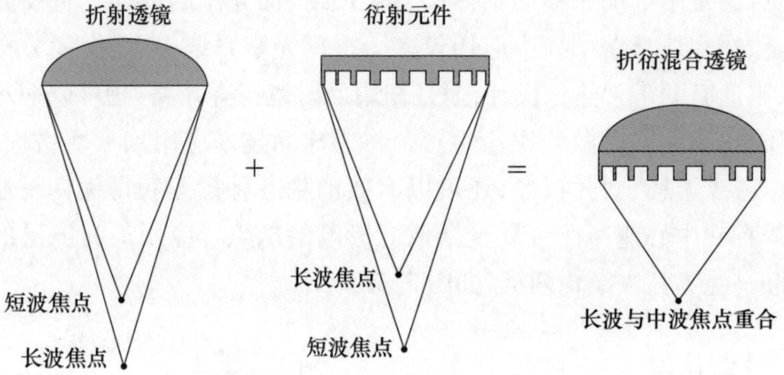

图 3-75　折衍混合透镜校正像差

2. 离轴三反系统结构[22]

在军用环境条件下,对空间光学系统分辨率的要求越来越高,在多光谱条件下,光学系统需要长焦距和大口径,甚至大视场来满足需要。对于折射系统,需要采用特殊光学材料或复杂结构来校正二级光谱,结果是体积过大,无法满足小型化、轻量化要求。

离轴三反光学系统是采用共轴三反光学系统作初始结构,通过光阑离轴或视场离轴实现系统中心无遮挡。除了具有共轴三反光学系统的无色差、无二级光谱、使用波段范围宽、抗热性能好等优点,还可以成功解决系统中心的遮挡问题,且其系统优化变量多,在提高视场大小的同时能改善系统的成像质量。

图 3-76 所示为通过视场倾斜来实现离轴的离轴三反光学系统结构。

3. 双波段光学系统

目前,大多数红外光学系统都工作在某一个单波段,由于寻的制导系统使用区域不同、气候温度的改变、目标的伪装等,单一波段的系统获取信息受限,特别是探测目标本身的操作或行为的改变导致辐射波段移动等原因,使得探测系统不能获取目标或者探测精度的下降。根据目标和背景的辐射和反射特性,对可见光或者红外光谱中的两个或者多个波段的辐射同时探测和比较就显得非常重要。美国在“战斧”Ⅳ巡航导弹的末段制导中采用了红外双波段制导,在大气层内外拦截器中采用了红外中波和长波的复合制导。

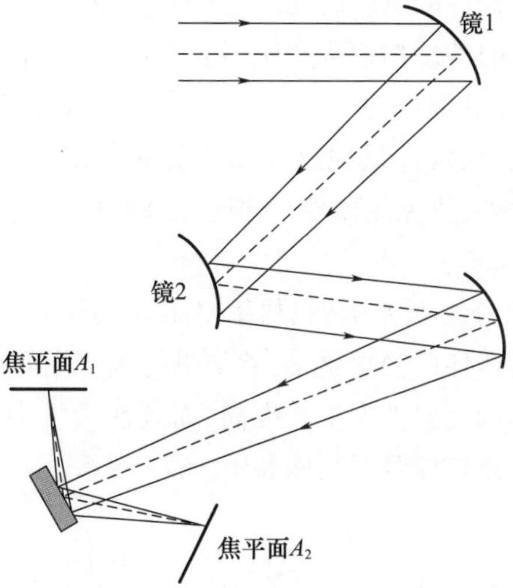

图3-76　离轴三反光学系统结构

谐衍射透镜，也称多级衍射透镜，其特点是相邻环带间的光程差为设计波长的整数倍。谐衍射光学元件可以在一系列分离波长处获得相同的光焦度，恰当地选择参量和设计中心波长就可以将衍射透镜用于双波段光学系统的设计。

3.2.3　红外探测器

光电探测器是一种能把光信号转化为电信号的器件。光电探测器在光电系统中起着将光信号转换为电信号的核心作用，因此在光电系统中光电探测器的选取和使用是否得当在很大程度上决定了光电系统的性能。

光电探测器可以分为单元探测器和成像探测器。单元探测器只能把投射在它上面的平均能量变成电信号，要成像必须经过扫描；而成像探测器放在光学系统焦平面上能给出对应于被探测物体上的光强分布的电信号，与单元光电探测器的最大不同在于能够输出图像。

按照探测机理可以将光电探测器分为两类：一类为吸收光辐射而导致温升产生温度变化效应并最终转换为电信号的热探测器，另一类为利用各种光子效应的光子探测器。

1. 热探测器

热探测器是基于光辐射与物质相互作用的热效应制成的器件。热探测器工作的物理过程是器件吸收入射辐射功率产生温升，温升引起材料某种有赖于温度的参量变化，检测该变化，可以探知辐射的存在和强弱。这一过程比较缓慢,因此,一般热探测器件的响应时间多为毫秒量级。另外,热探测器件是利用热敏材料吸收入射辐射的总功率来产生温升工作的,而不是利用某一部分光子的能量,所以各种波长的辐射对于响应都有贡献。因此,热探测器件的突出特点是光谱响应范围宽,从紫外线到红外线几乎都有相同的响应,光谱特性曲线近似为一条平线。另外,热探测器件工作时无须制冷。热探测器件的主要缺点是灵敏度低,响应时间长。

热探测器件可以分为温差电偶、热敏电阻和热释电器件等多种,热探测器件的研究比光子探测器件开展得更早,并最早得到应用。热释电器件的灵敏度和响应速度比传统热探测器件有很大提高,而且在大于 14μm 的远红外领域有着更广阔的应用。红外热探测器结构如图 3-77 所示。

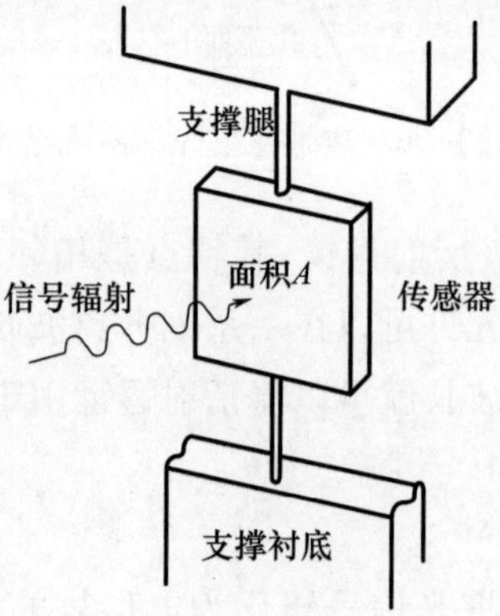

图 3-77　红外热探测器结构

2. 光子探测器

光电探测器利用光电效应,即光子与探测器内部电子直接发生相互作用,导致探测器内部电子、空穴分布发生变化,从而产生电特性的变化。当光辐射照射到导体材料,导致电子从导体中逸出,称为外光电效应;当光辐射照射到半导体材料,如 PN 结,导致半导体中形成电子-空穴对,从而在半导体内部产生附加电场和电势,称为内光电效应或光伏效应,如图 3-78 所示。光电探测器响应时间短(10^{-9}s),灵敏度比热电探测器高出 1~2 个数量级。大多数材料需要在极低的温度下才能表现出上述特性,因此,通常红外探测器需要制冷。

3. 红外焦平面阵列

在红外凝视成像系统中,红外焦平面阵列探测器作为辐射能接收器,通过光电变换作用,将接收的辐射能变为电信号,再将电信号放大、处理形成图像,如图 3-79 所示。红外焦平面阵列探测器是构成红外凝视成像系统的核心组件。

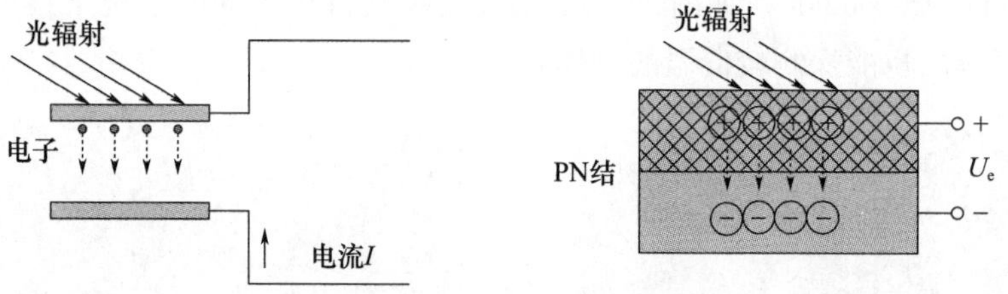

图 3-78　光电效应和光伏效应

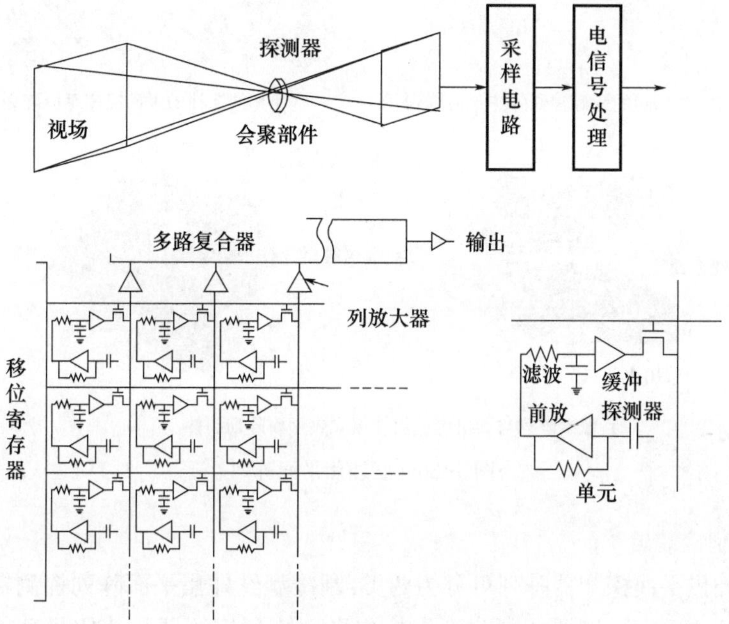

图 3-79　红外焦平面阵列与采样电路

焦平面阵列探测器中的每个单元对应于景物空间的一个相应小区域,整个焦平面阵列对应于所观察的景物空间。通过采样转接技术,将面阵探测器各单元产生的信号依次送出。凝视成像的特点是焦平面阵列探测器对整个视场内的景物辐射同时接收,而通过对阵列中各单元器件的顺序采样来实现对景物图像的分解。

在红外焦平面阵列中,通常每个阵元都有一个信号放大调理单元,将阵列单元探测到的微弱电信号进行放大滤波。信号放大调理单元输出信号通过开关管输出到列放大器的输入端,通过移位寄存器和多路复用器的控制逐列逐单元输出到 A/D 采样器输入端进行 A/D 转换,实现图像数据的数字化。

现代典型的红外线感光材料为汞碲镉(Mercury Cadmium Telluride)或锑化

铟(Indium Antimonide),如图 3-80 所示,这些材料在冷却的情况下性能较好,灵敏度较高,也能探测较低温的物体。

(a) 1024×1024的汞碲镉红外焦平面阵列

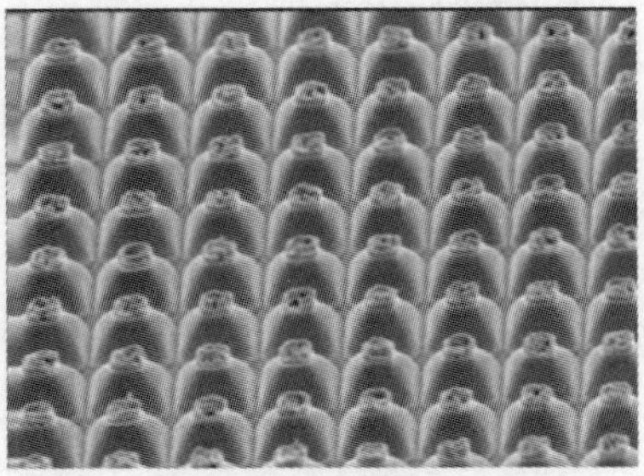

(b) 带铟柱的汞碲镉焦平面阵列

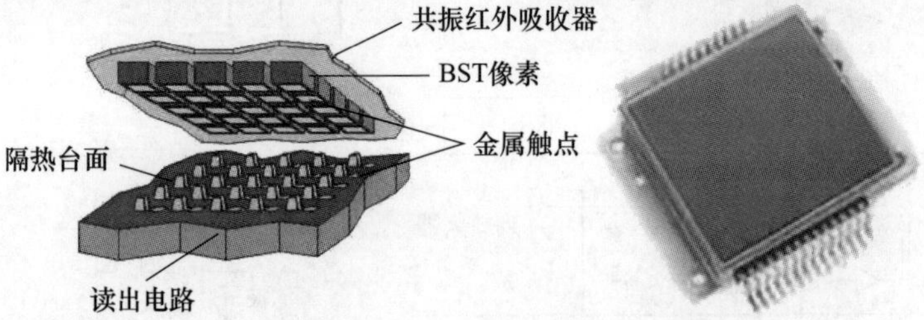

(c) 像素阵列与读出电子组件组成焦平面阵列组件

图 3-80 红外焦平面阵列

4. 制冷装置

红外焦平面探测器阵列可分为两类:制冷型红外焦平面阵列探测器和非制冷型红外焦平面探测器。制冷型红外焦平面阵列探测器是使用最多的红外焦平面阵列探测器。为了探测很小的温差,降低探测器的噪声,以获得较高的信噪比,红外探测器必须在深冷的条件下工作,一般为 77K 或更低。为了使探测器传感元件保持这种深冷温度,探测器都集成于杜瓦瓶组件中。杜瓦瓶尺寸虽小,但由于制造困难,因此价格昂贵。杜瓦瓶实际上是绝热的容器,类似于保温瓶。图 3-81 所示为通用探测器/杜瓦瓶组件。

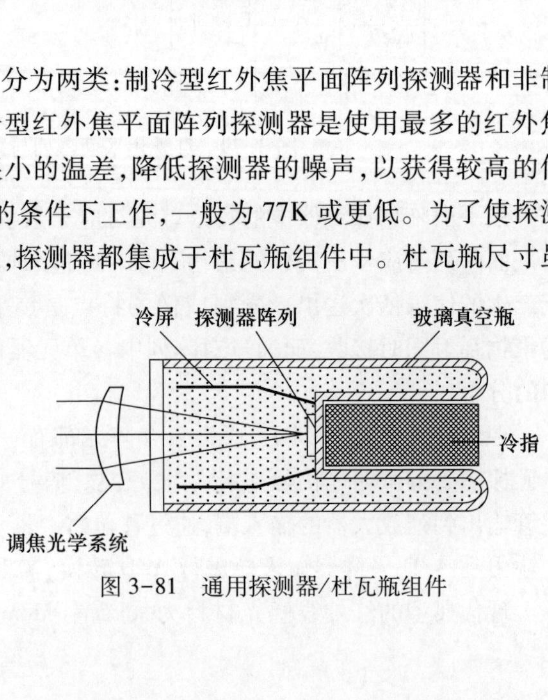

图 3-81 通用探测器/杜瓦瓶组件

在杜瓦瓶组件中,冷指贴向探测器,并使之冷却;冷指是一种用气罐火深冷泵冷却至深冷的元件。透过红外线的杜瓦窗起到真空密封的作用。冷屏是杜瓦瓶不可分割的一部分。冷屏后表面上的低温呈不均匀分布(尽管只比探测器阵列温度略高),因此会发射少许热能。冷屏的作用是限制探测器观察的立体角。冷指通常用气体节流式制冷器、斯特林循环制冷器和半导体制冷器等制冷。

5. 红外探测器性能参数

表征红外探测器性能的参数主要有噪声、暗阻抗、时间常数、等效噪声功率、响应度等,通常能够综合反映探测器性能的参数是响应度与星探测度。

响应度可以分为电流响应度和电压响应度。电流响应度 R_A 表示探测器接收单位辐射功率而产生的电流,电压响应度 R_V 表示探测器接收单位辐射功率而产生的电压。

$$R_A = \frac{I_s}{H \cdot A_d} \tag{3-67}$$

$$R_V = \frac{U_s}{H \cdot A_d} \tag{3-68}$$

式中:H 为探测器上的照度基波分量的均方根值(W/cm^2);A_d 为探测器光敏面积;I_s 为电流信号基波分量的均方根值(A);U_s 为电压信号基波分量的均方根值(V)。

探测度 D 表示探测器接收单位辐射功率所产生的信噪比

$$D = \frac{1}{H \cdot A_d} \cdot \frac{U_s}{U_N} \tag{3-69}$$

式中:U_N 为探测器噪声电压的均方根值(V)。

星探测度 D^* 表示单位器件面积与单位电子带宽之积的平方根的探测度,也称归一化探测度,是衡量探测器探测能力的一个主要指标。

$$D^* = D\sqrt{A_d \cdot B} \tag{3-70}$$

3.2.4　电视成像器件

将可见光信号转换为电视图像,可以采用真空摄像管成像器件和固态成像器件两类。真空摄像管成像器件有光导摄像管、硅靶摄像管、硅靶电子倍增摄像管等。固态成像器件有硅电荷耦合器件(Charge Coupled Device,CCD)和电荷注入器件(Charge Injected Device,CID)等。

1. 真空摄像管成像器件

在电视制导系统中,所使用的摄像管主要是光导摄像管和微光摄像管。光导摄像管主要由光电导靶、电子枪和管壳引出线三部分组成。

在光导摄像管的最前端，玻璃窗口内壁蒸镀一层薄而透明的 SnO_2 导电层作为摄像管的导电电极，它与包绕在摄像管前端的金属靶环相连，用以引出图像信号。在信号电极上再均匀地蒸涂上光电导材料，构成光电导靶。

电子枪由灯丝、阴极、控制栅极、聚焦阳极、控制栅网组成，其功能是在管外聚焦，在偏转线圈的配合作用下产生会聚的电子束，按一定的规律扫描，轰击光电靶面，取出靶上各点信号。整个电子枪与光电导靶封装在玻璃管内，利用金属引线将各电极引到管外，玻璃管内抽成真空。

光电导靶上的光电导层的面电阻率很高，因此可以把靶上的每一个像素都等效地看成一个 RC 电路，其中 C 是存储电容，R 是随光照变化的电阻，光照越强，电阻越小。当电子枪产生的电子束在靶面上扫描时，各像素的电容充电。由于外界景物通过光学系统聚焦在靶面上，造成各像素上的光照不同，其电阻值也不同，则电容通过电阻放电电荷的多少也就不同，这样在一帧时间后，当电子束再次扫描各像素时，各像素需要补充的电荷不同，流过电阻的电流大小也就不同，该电流为随光照强弱变化而变化的电流信号，从而实现光电转换。

典型的光导摄像管及其等效电路如图 3-82 所示。

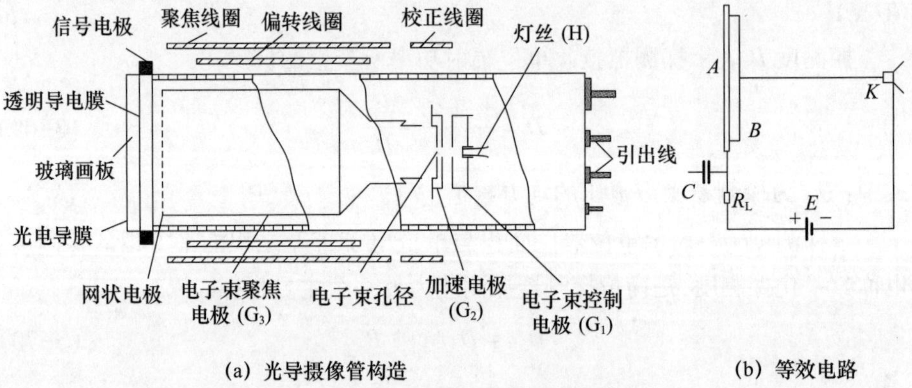

图 3-82　光导摄像管及其等效电路

2. 固态成像器件

固态成像器件是随着微电子学超大规模集成电路工业的成熟而发展起来的。它将电视摄像的三个物理过程，即景物图像的光电转换及存储、电荷转移和电荷信号读出通过一个集成的半导体芯片在特定的外驱动电路控制下，一并实现。它有 CCD、CID 等，以 CCD 型的应用最为普遍。

CCD 固态器件利用电荷耦合器件作为光电敏感器件。CCD 是一种大规模集成电路,是在P型硅的衬底上有一层二氧化硅薄膜作为绝缘层,在绝缘层上面淀积多晶硅或金属电极,构成有规律排列的MOS电容。其中,淀积多晶硅的区域为光敏区,淀积金属电极的区域为电荷存储区。当光学系统将外界景物聚焦在光敏区时,硅晶体受到光照射产生电子空穴对,其数量与入射光强度成正比。当存储区的金属电极上加正电压时,就会在绝缘层与半导体界面下产生一个耗尽层,即电势阱。根据所加电压的高低,可将光敏区产生的电荷吸引到电势阱中存储起来,然后在转换时钟脉冲的作用下将这些电荷转移并读出,形成电视图像信号。

固态成像器件可有效地克服电真空器件的缺点,具有体积小、质量轻、功耗小、坚固可靠、低压供电、分辨率高、灵敏度高等优点。目前,主要有行间转移传感器、XY寻址传感器和帧转移传感器三类。

行间转移传感器由一系列信号积累点的垂直列组成,每列之间通过多晶硅转移门电路与二相垂直CCD移位寄存器相连,每个移位寄存器的内转移单元束与每个扫描场的显示行数相等,并等于信号积累点数目的一半。因此,转移单元对两个扫描场起相同作用,通过某一场采用适当的偏压,或者另一场设置门电路来控制垂直移位寄存器,每场可以分别读出,产生隔行图像帧面,行间转移传感器的优点是需要的垂直转移单元数只是最终电视图像上像素的一半,但是它却需要同样数量的积累点。因此,总的积累时间是一整帧的时间,这样可能导致对快速运动目标的响应稍弱一些。

XY寻址MOS传感器由光电二极管的XY寻址矩阵组成,每个交叉点上都有一个MOS场效应管。每行上的晶体管栅极由多晶硅水平寻址线相连接,其电压受垂直扫描寄存器的控制,每列的晶体管漏极连接到读出线上,而读出线通过一系列受水平扫描寄存器控制的MOS场效应管与视频输出相连。垂直扫描寄存器通过在相应行的水平寻址线上加一个正脉冲,从而使MOS晶体管的栅极电压增加,使光电荷通过读出线来选择行。然后,水平扫描寄存器将每行读出线依次抵接到视频输出上,从而产生视频信号,垂直扫描寄存器使每行交替输出。与行间转移传感器的情况一样,XY寻址MOS传感器需要的光敏元数与最终电视画面内的像素数一样多,可以利用CMOS工艺生产线大大降低成本。

CCD固态成像器件电荷转移原理如图3-83所示。

帧转移传感器中,电荷转移通道垂直并排安放,利用共用的电极工作以形成二维成像区。在垂直消隐期间,场积累极端成像区中产生的电荷迅速转移到

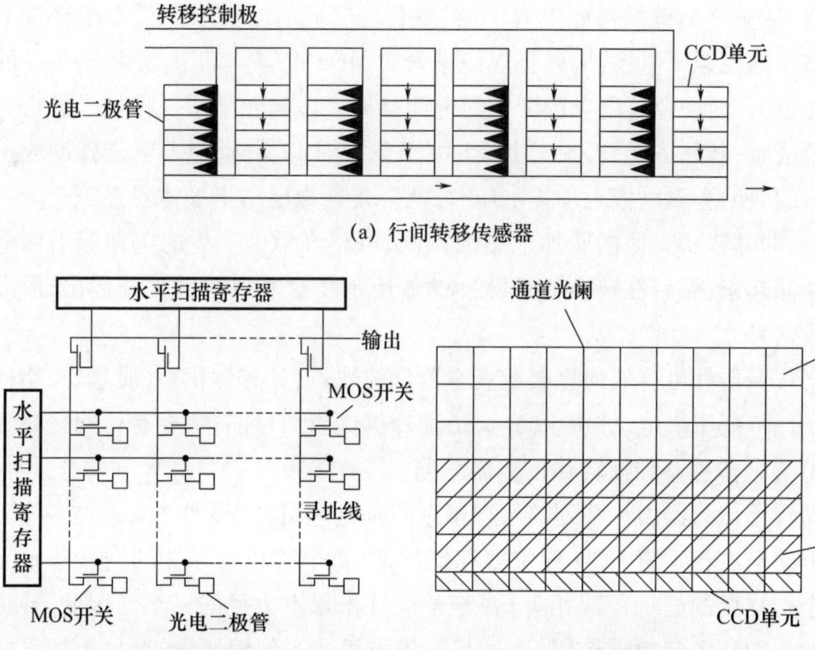

(a) 行间转移传感器

(b) XY寻址传感器

(c) 帧转移传感器

图 3-83 CCD 固态成像器件电荷转移原理

成像区下面的存储区。水平消隐期间,存储区中电荷向下一次一行地位转移到水平移位寄存器中,在每行形成视频信号期间,由时钟脉冲读出。因为每场积累起来的全部电荷都被移走,所以帧转移传感器所需要的光敏单元只是整帧内像素的一半,而且行数也只需等于单扫描场内的显示行数。

帧转移传感器比行间转移传感器和 XY 寻址 MOS 传感器更能有效地利用成像面积,XY 寻址 MOS 传感器比另两种有更低的成本,在大多数方面帧转移传感器结合并发展了另两种传感器良好的性能,而且几乎避免了它们所有的缺点。

3.3 介质杆天线/红外光学综合孔径

微波被动/红外复合体制由于工作过程中不对外辐射信号,工作隐蔽性好,制导精度高,是复合寻的导引头常用复合体制之一。采用介质杆天线的微波被动/红外复合导引头的综合孔径如图 3-84 所示。

微波被动传感器采用对称放置在弹体两侧的一对介质杆天线构成相位干

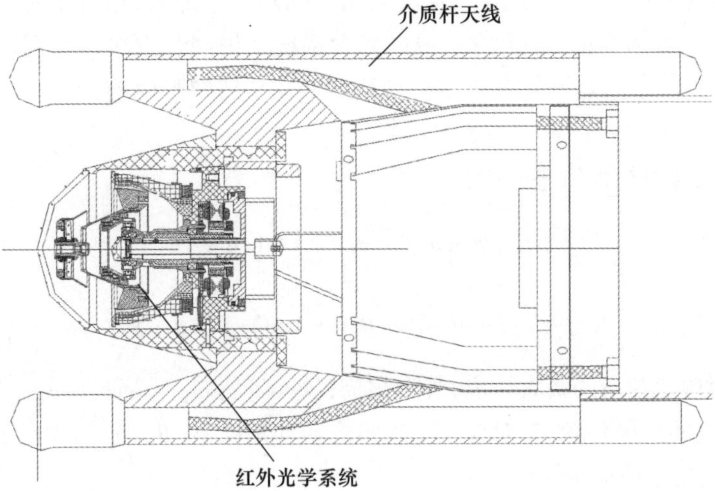

图 3-84　介质杆天线/红外综合孔径

涉仪，利用其宽带工作特性，可以完成宽带微波信号的接收和测角。

弹体中间的孔径位置设计有红外光学系统，采用玫瑰扫描成像体制，实现目标红外特性探测。玫瑰扫描成像是利用光学系统旋转的主反射镜和次反射镜构成卡塞格伦光学系统。利用次镜与偏心镜相对主光轴偏转一定角度的旋转来实现光学系统对目标场景空间的玫瑰花瓣扫描，实现小瞬时视场对较大视场范围内的扫描成像[26,27]，如图 3-85 所示。

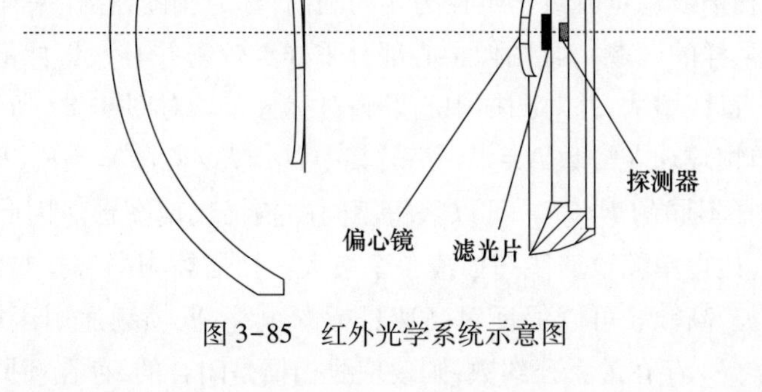

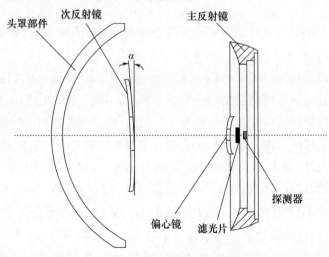

图 3-85　红外光学系统示意图

玫瑰线扫描成像的原理可以通过由两个间隔一定距离,相对于光轴稍有偏斜的凸透镜(称为主镜和次镜)组成的光学系统来说明。主次镜分别以不同频率沿相反方向绕光轴旋转,就可以使探测器按玫瑰线图形轨迹接收瞬时视场的红外辐射。

连续玫瑰线扫描轨迹方程为[25-27]

$$\begin{cases} x(t) = \dfrac{d}{2}[\cos(\omega_1 t + \theta_1) + \cos(\omega_2 t + \theta_2)] \\ y(t) = \dfrac{d}{2}[\sin(\omega_1 t + \theta_1) + \sin(\omega_2 t + \theta_2)] \end{cases} \tag{3-71}$$

式中:d 为玫瑰花瓣的最大长度,等于扫描视场半径;$\omega_1 = 2\pi F_1$, $\omega_2 = 2\pi F_2$ 分别为主次镜的扫描角频率,对应于主次镜的转动角频率;θ_1, θ_2 为相对于 x 坐标的初相位,如图 3-86 所示。

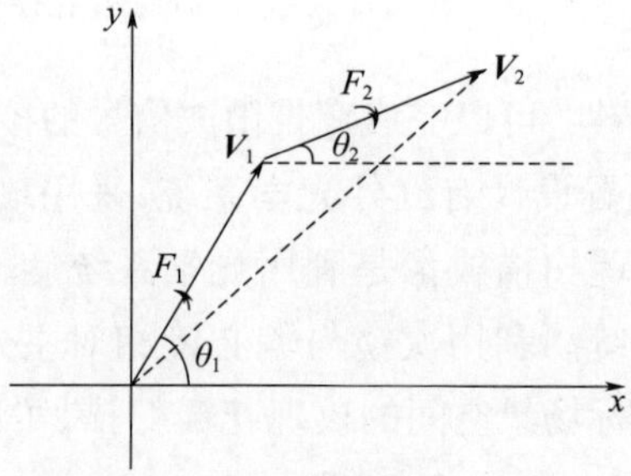

图 3-86 玫瑰线扫描的几何定义

玫瑰线扫描的等效几何可表示为两个矢径长度为 $d/2$,旋转方向相反,旋转频率为 F_1, F_2,初始相位为 θ_1, θ_2 的向量 $\boldsymbol{V}_1$, $\boldsymbol{V}_2$ 合成,合成向量 $\boldsymbol{V}$ 的端点运动轨迹形成玫瑰线扫描。当 $\boldsymbol{V}_1$, $\boldsymbol{V}_2$ 回到初始相位 θ_1, θ_2,完成一帧扫描。

玫瑰扫描线只能周期扫描部分观测空间,而不能覆盖半径为 d 的整个观测空间。玫瑰扫描线稳定收敛于半径为 d 的圆内,称为相图,存在采样盲区(视场区域中不能采样的区域),且图像中心部分采样点较密并有大量像素重叠,随着半径的增大,盲区增大,并对扫描中心呈圆对称分布。对图 3-87 所示的玫瑰扫描线相图,单帧玫瑰花瓣数 $N = N_1 + N_2$,其中 $N_1 = F_1/F_R$, $N_2 = F_2/F_R$, F_R 为扫描帧频。选择不同的 F_1、F_2,可以获得不同的扫描玫瑰图形。因此,可以灵活选择 F_1、F_2,使得单帧玫瑰线扫描覆盖率最大。扫描帧频的选择与实际场景的处理需求有关,高帧频可以保证对高速目标的跟踪,低帧频适用于慢速目标跟踪。如果 F_1、F_2 存在最大公约数,则玫瑰线扫描是闭合的,存在帧周期,完成一帧扫描,扫描点回到起始位置。如果 F_1、F_2 不存在最大公约数,则不存在扫描周期,此时玫瑰线是不闭合的。

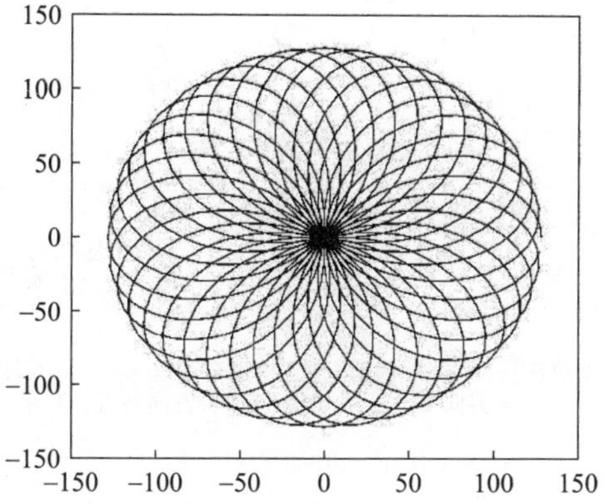

图 3-87　玫瑰线扫描相图($N_1=290, N_2=70$)

3.4　主被动综合孔径

常见的微波主动/被动复合导引头复合体制有微波主动/窄带被动、微波主动/同频被动、毫米波主动/宽带被动等复合体制。微波主动/窄带被动复合体制工作时,通常根据作战目标的辐射源配置情况选择窄带被动体制的工作波段,增强针对性,降低被动模式工作时的信号分选处理成本,主动模式一般选择与被动模式不同的工作波段。

3.4.1　微波主动/窄带被动综合孔径

微波主动/窄带被动体制为双频工作时,主动和被动模式均工作于不同的窄带频段,分别实现两个频段的目标信息探测,如主动模式实现目标运动学参数的探测,被动模式实现目标在特定工作频段所辐射微波信号的探测。

双频段工作的实现方式有多种,常规情况下,通过微带贴片天线可以方便地实现天线的双频段工作,反射面天线也是一种较为合适的选择。利用反射面天线技术实现的双频段复合天线如图 3-88 所示。主动模式和被动模式通过共用反射面,采用双波段复合多模馈源,利用波导元器件的高通特性完成被动通道信号和主动通道信号的分离,实现不同频段的复合探测;利用极化扭转技术解决副反射面的遮挡,同时将波束扫描速度相对机械扫描速度提高一倍。由于反射面的设计需要兼顾两个工作频段,一般需要在其中一个波段上采用振子型辅助天线对消副瓣。

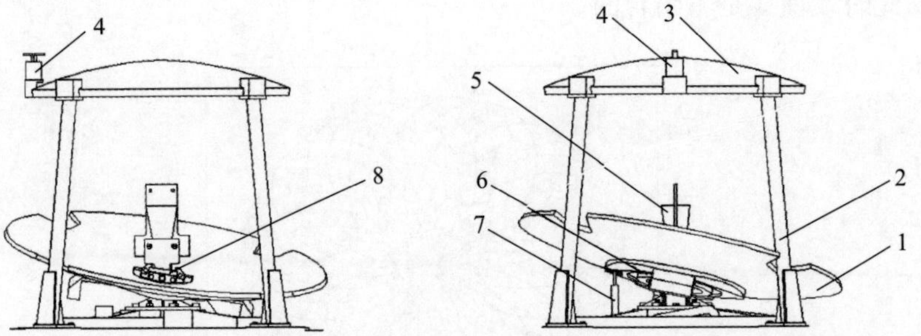

1—主反射面；2—支撑杆；3—副反射面；4—辅助阵子天线；5—双波段复合喇叭馈源；
6—万向节Ⅰ；7—连杆；8—万向节Ⅱ。

图 3-88　共用反射面的双频段复合天线

双波段复合天线原理如图 3-89 所示,双波段复合馈源如图 3-90 所示。

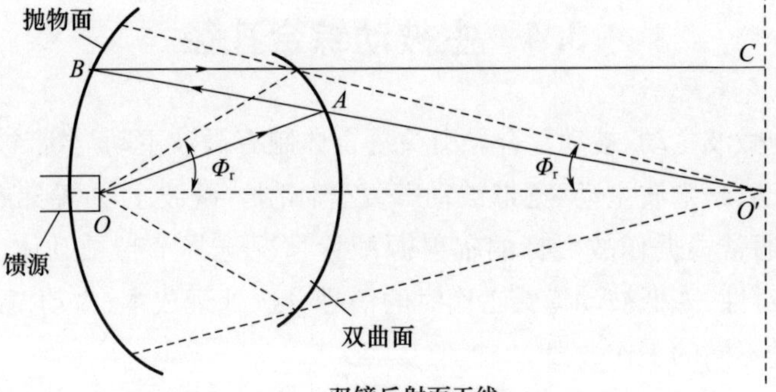

图 3-89　双波段复合天线原理

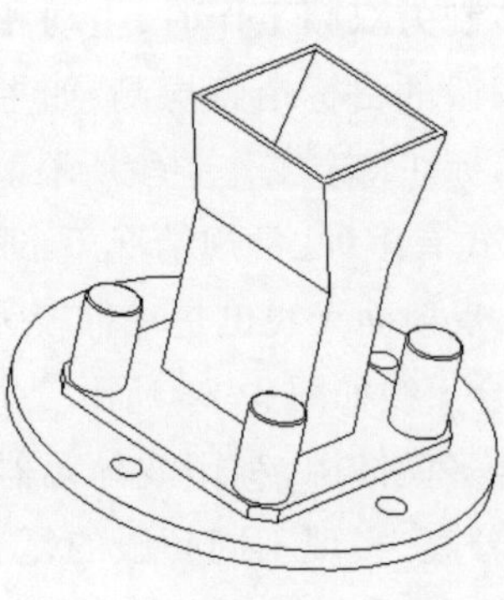

图 3-90　双波段复合馈源

天线结构为卡塞格伦结构,主反射面为抛物面,副反射面为双曲面。图中 O 点是馈源的相位中心,也是双曲面的一个焦点。O' 为抛物面的焦点,它与双曲面的另一个焦点重合。

由双曲面的性质,从焦点出发的射线到达 A 点,被双曲面反射后,其反射线的方向为沿双曲面另一个焦点与 A 点连线的延长线方向(图中 AB 方向),到达极化扭转抛物面反射面的 B 点,极化扭转抛面反射面在反射电磁波的同时将电磁波的极化方向极化扭转 90°。若馈源发射水平极化波,经抛物面反射、极化扭转后变成垂直极化的平面波。垂直极化波的极化方向垂直于双曲面的栅网,因而全部透过,从而电磁波以垂直极化的平面电磁波向空间辐射。当极化扭转抛物面在方位及俯仰上转动时,天线发射的垂直极化的平面波形成的波束将以大于机械转角的速度转动,实现在方位及俯仰上的波束搜索。

由于抛物面上任意点 A 到定点 O' 和到定直线 CO' 的距离之和为常数,由

$$O'A + AB + BC = k_1 \tag{3-72}$$

又由于双曲面上任意点到两个焦点距离之差为常数,从而

$$O'A - OA = k_2 \tag{3-73}$$

两式相减可得

$$OA + AB + BC = k_1 - k_2 = k \tag{3-74}$$

其中,k 为常数,因此由馈源辐射出来的球面波经过双曲面、抛物面反射后所形成的等相位面为平面,即卡塞格伦天线辐射的是能形成窄波束的平面电磁波。

双波段天线反射面结构如图 3-91 所示。栅网式极化扭转抛物面由三层结构组成,前面表皮层中嵌有平行金属导线,导线方向与水平方向成 45°角,中间层是介质损耗较小的复合材料六角蜂窝夹层结构,后面铺粘一层极薄的金属铜网。极化扭转抛物面外形为圆形,尺寸比双曲面反射器的栅网稍大,中间开一矩形孔,馈源从孔中伸出。

对于抛物反射面,其入射波为水平极化波,此时入射波的极化方向与抛物反射面前表皮层中的平行金属导线成 45°夹角。入射波 $\boldsymbol{E}_{\mathrm{i}}$ 可以被分解为平行于金属导线的分量 $\boldsymbol{E}_{//}$ 和垂直于金属导线的分量 $\boldsymbol{E}_{\perp}$ 的两个等幅正交分量,分量 $\boldsymbol{E}_{//}$ 平行于金属导线,被栅网反射,而分量 $\boldsymbol{E}_{\perp}$ 透过栅网继续向前传播,直至被金属铜网反射而又回到栅网面处,栅网与金属铜网的距离在原理上为 $\lambda/4$,因此反射波的垂直分量 $\boldsymbol{E}_{\mathrm{r}\perp}$ 比入射波的垂直分量 $\boldsymbol{E}_{\perp}$ 相位滞后 180°,方向发生反转,与反射波的平行分量 $\boldsymbol{E}_{\mathrm{r}//}$ 合成后,电磁波极化方向由水平极化扭转 90°,变为垂直极化,如图 3-92 所示。

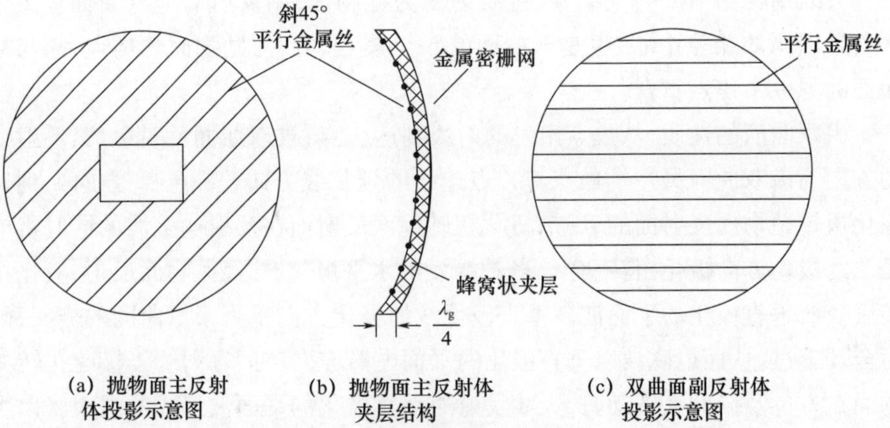

图 3-91　双波段天线反射面结构

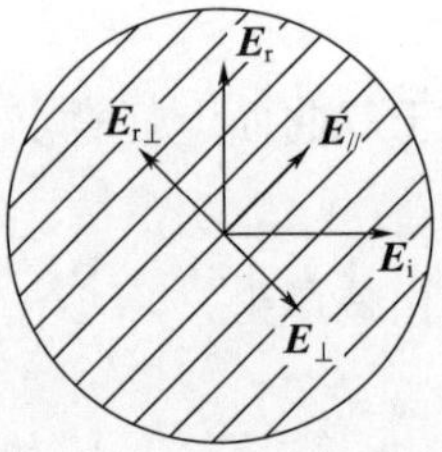

图 3-92　极化扭转原理

双曲面反射体也是蜂窝夹层结构，内表皮嵌有金属栅网，当电磁波极化平行于其中的金属导线时，起着和金属反射面相同的作用；当电磁波极化方向垂直于导线时，它使电场的透过系数近似为 1。

双曲面反射器与馈源是固定不动的，天线搜索时仅需要在方位及俯仰上轻便转动极化扭转抛物面。通过极化扭转抛物面的转动，免去了高频旋转关节，减少了系统的复杂性。变态卡塞格伦天线存在波束偏移因子，它比普通雷达天线搜索速度快得多，由于采用了极化扭转技术，双曲面对给定的垂直极化波是透明的，不存在双曲面的遮挡，变态卡塞格伦天线的频带较宽。同时，由于旋转双曲面尺寸较大，对副反射器双曲面的馈源照射需要宽方向图，这就使得馈源口径尺寸变小，减小了遮挡，增大了旋转抛物面的有效面积，提高了天线效率，降低了旁瓣电平。

双波段复合天线馈源采用带介质舌片的多模复合馈源，见图 3-90。馈源尺寸和介质舌片保证两个波段的多个波导模式都能够在馈源中被激励起来，从而形成两个和路、方位差路、俯仰差路信号，完成两个波段的单脉冲测角。

双波段复合天线以 A 波段性能为主进行设计，兼顾 B 波段天线性能，因此工作于 B 波段时，具有较高的副瓣和尾瓣。为避免 B 波段副瓣和尾瓣信号干扰，在主天线上加装了振子天线进行旁瓣对消，在弹体尾部加装了喇叭天线用于尾瓣对消。

副瓣与尾瓣信号对消原理如图 3-93 所示。天线工作于 B 波段时,将主天线接收信号与辅助振子天线及辅助喇叭天线的接收信号进行比幅,当主天线接收信号幅度小于辅助振子天线或辅助喇叭天线的信号时,认为目标信号来自旁瓣方向或尾瓣方向,不对主天线接收信号进行处理;当主天线接收信号幅度大于辅助振子天线或辅助喇叭天线的信号时,认为目标信号来自主瓣方向,此时对主天线接收信号进行处理。

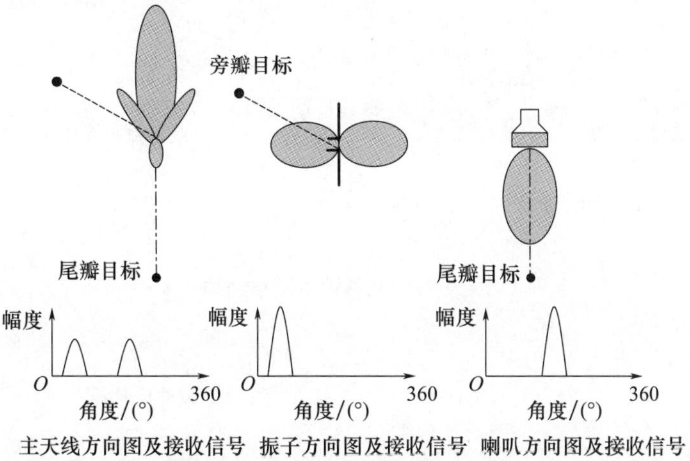

图 3-93　副瓣/尾瓣信号对消原理

馈源和差器由喇叭及和差器两部分组成。喇叭是一个带舌片的双口多模馈源,而和差器则是一个变型的 H 面波型器。

当目标在方位上偏离电轴时,目标反射回来的信号经天线后非对称地激励喇叭,根据场的叠加原理及傅里叶分析方法,可将其分解成对称激励及非对称激励。对喇叭口的对称激励产生和模,非对称激励产生方位差模及俯仰差模。和通道传输的信号决定了目标的距离,并作为差信号的参考信息。差通道传输的信号决定了目标偏离轴线的角度。

紧接喇叭后面的是一个双波段分离器。由目标辐射或反射来的信号,经同一个天线及喇叭进入"双波段分离器",进行波段分离。波段分离时,在 A 波段波导向馈源扩宽过渡段跨接一个 B 波段 E 面折叠双 T 接头,实现了对 B 波段回波的和差分离。接收时,A 波段信号进入和差器 1,再传输至主动雷达接收机。B 波段信号进入和差器 2,再传输至被动雷达接收机,以确定目标的距离及角度信息。

和差馈电网络结构和原理如图 3-94、图 3-95 所示。

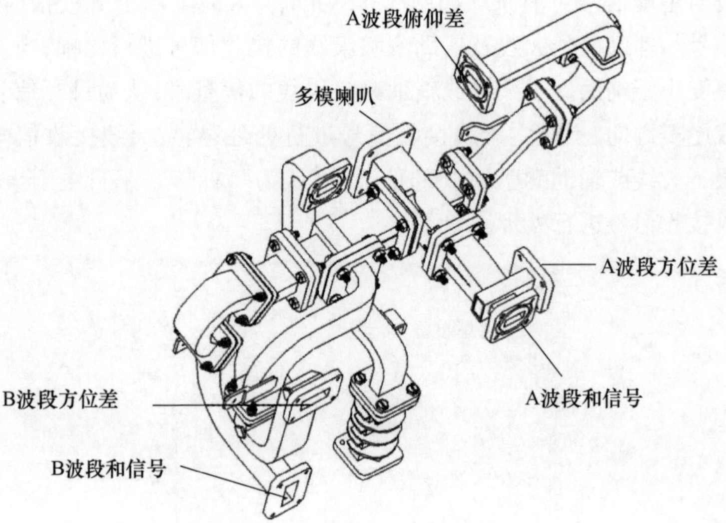

图 3-94　和差馈电网络结构

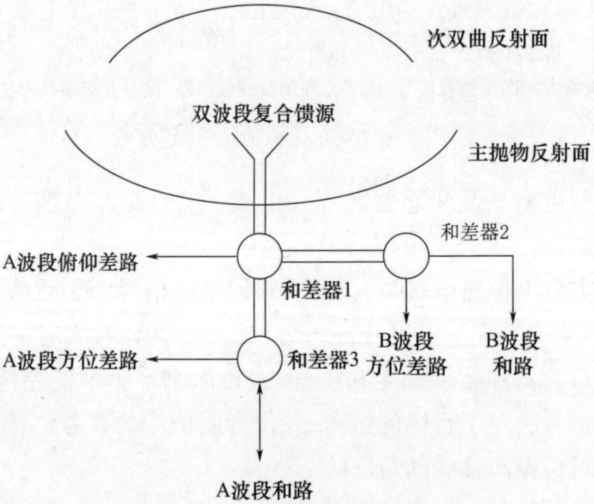

图 3-95　和差馈电网络原理框图

3.4.2　毫米波主动/宽带被动综合孔径

用于毫米波主动/微波宽带被动复合雷达系统的综合孔径结构配置方案分别如图 3-96(a)、(b)、(c)所示。

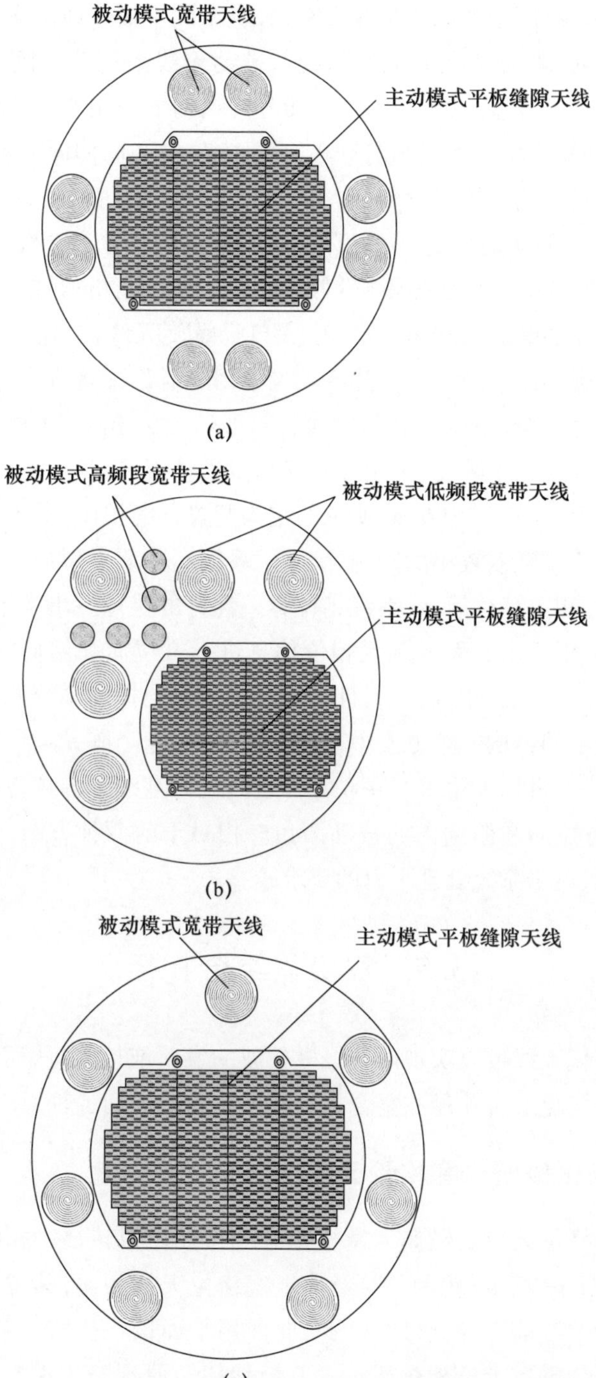

图 3-96　宽带复合天线结构配置方案

在图3-96(a)所示的结构配置方案中,毫米波平板天线阵采用单平面单脉冲波导缝隙阵列,具有独立的伺服系统。被动天线采用背腔阿基米德螺旋天线,其波束较宽,可直接与弹体捷联,天线阵列结构上采用八个阵元对称配置的方案,采用双基线相位干涉仪测向算法,满足方位向和俯仰向的被动测角需求。图3-96(a)所示结构配置方案对于被动分系统具有测向算法简单、阵列极化检测可扩展等优点,但受到基线个数的限制会导致系统相位容差较小,在较高的频段可能会出现测向错误。为兼顾频带低端和高端的系统测向性能,在图3-96(b)中采用两种口径的螺旋天线阵元,其中大口径螺旋天线覆盖整个工作频段,小口径天线覆盖高频段。螺旋天线阵的配置采用非对称配置方案,大口径全频段螺旋天线阵元为五个,小口径高频段螺旋天线阵元为五个,两种口径天线在方位向和俯仰向各用三个阵元,采用多基线相位干涉仪测向算法完成方位向和俯仰向的被动测角。与图3-96(a)所示的结构配置方案相比,图3-96(b)方案解决了测向系统相位容差较小的问题,满足了系统高频段方位向和俯仰向单脉冲测向需求,具有测向算法简单、系统相位容差性好的优点。事实上,在被动测向系统中,若能利用所用的天线阵元相位信息进行方位向和俯仰向的被动测角,将会更好地提高系统的相位容差,且在统计意义上会提高系统测向的精度。在图3-96(c)所示的结构配置方案中,天线阵列采用七个阵元均匀圆环布局的方案,在测向方法上可以采用求解联立方程组的立体基线干涉仪算法或空间谱估计算法,完成方位向和俯仰向的被动测角。相对于前两种方案,这种方案在算法上较为复杂,对于系统处理平台的要求较高。

3.5 双极化综合孔径

采用双极化天线可以实现两种线极化波的发射或接收,从而获得目标的极化域信息。双极化综合孔径在复合寻的制导系统中得到了较为广泛的应用。

3.5.1 双极化倒置卡塞格伦天线

倒置卡塞格伦天线是经典卡塞格伦天线与极化扭转技术相结合的天线技术,其结构如图3-97(a)所示。与经典卡塞格伦天线相比,其主抛物反射面由馈源后方变为馈源前方,次反射面的双曲面用平面极化扭转反射面代替,因此也称变态扭极化倒置卡塞格伦天线。其极化扭转原理与3.4.1节所述极化扭转原理基本相同,馈源发射水平极化波,经过主抛物反射面一次反射后到达极化扭转反射面，极化扭转反射面对入射波进行二次反射，并将水平极化波转换为垂直极化波，再透过主抛物反射面向空间辐射。

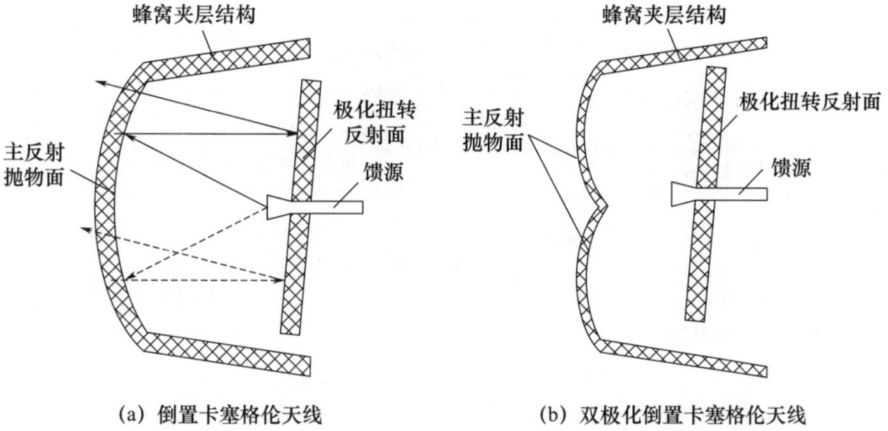

图 3-97　倒置卡塞格伦天线与双极化倒置卡塞格伦天线

双极化倒置卡塞格伦天线设计为上、下两副天线，上天线为垂直极化天线，下天线为水平极化天线，如图 3-97(b)所示。双极化倒置卡塞格伦天线采用单一极化发射方式(垂直极化发射)与双极化接收方式(垂直/水平极化双通道分时接收)。天线工作时，由发射机同相馈电，形成窄波束向空间定向辐射。发射波束的最大功率方向与天线极化扭转发射面和天线馈源之间的相对位置有关。馈源位置是固定的，而极化扭转发射面可在方位上左右转动，从而波束可以在方位向进行搜索。

磁控管振荡器产生的高频调制电磁信号经雷达发射支路和垂直极化天线辐射到空间，遇到目标后反射的电磁波信号由垂直极化波和水平极化波组成，其组成特性与目标极化特性有关。该信号经过垂直极化和水平极化天线接收后在微波段进行和差处理，形成垂直和、水平和、垂直差、水平差四路信号，如图 3-98 所示。经过单刀双掷开关，通过信号处理机的分时控制，隔周期进入两路接收通道。在集成前端中与来自本振的信号产生中频信号，并形成两路“和”信号和一路“差”信号。

3.5.2　波导缝隙阵双极化天线与微带双极化天线

对于波导缝隙阵列双、微带阵列等平面结构，可以通过不同的分区实现双极化信号的发射和接收，通过牺牲部分天线增益和波束性能，获取极化域的目标信息。

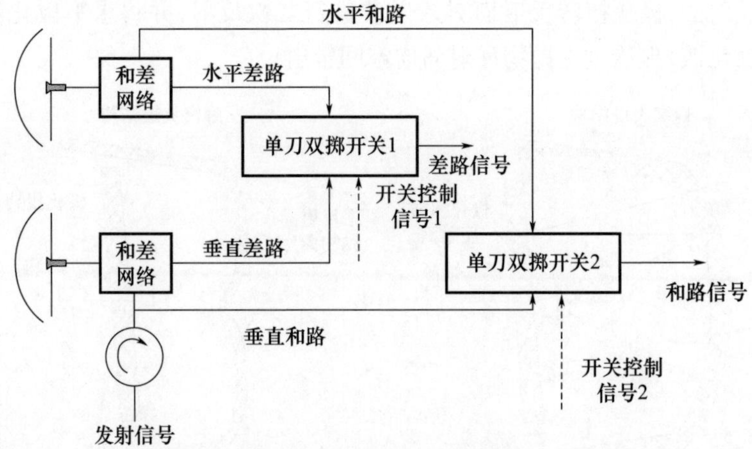

图 3-98　双极化天线天馈系统原理

一种采用波导缝隙阵实现的双极化天线如图 3-99 所示。

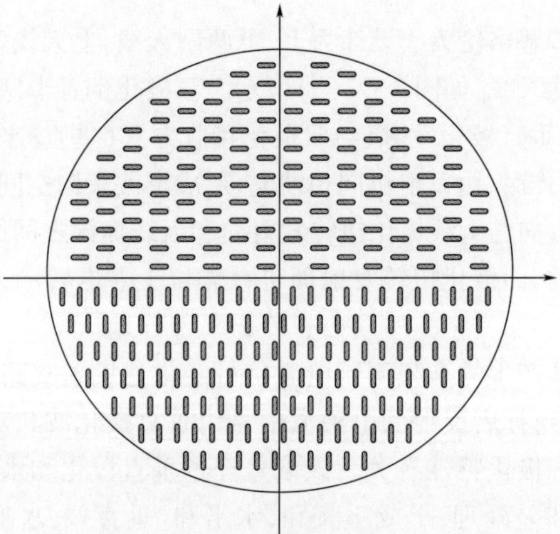

图 3-99　波导缝隙双极化天线示意图

射频信号通过波导裂缝天线以垂直极化方式向空间辐射,天线接收目标反射的垂直和水平极化信号,经和差处理后产生垂直和、差信号与水平和信号,并送入接收前端进行低噪声放大。系统隔周期分时对接收的垂直、水平和信号及差信号中频变换后,分别送到接收机通道的和路及差路。

在对功率容量要求不高的系统中,双极化天线可以通过微带天线阵设计实现。微带双极化天线阵如图 3-100 所示。

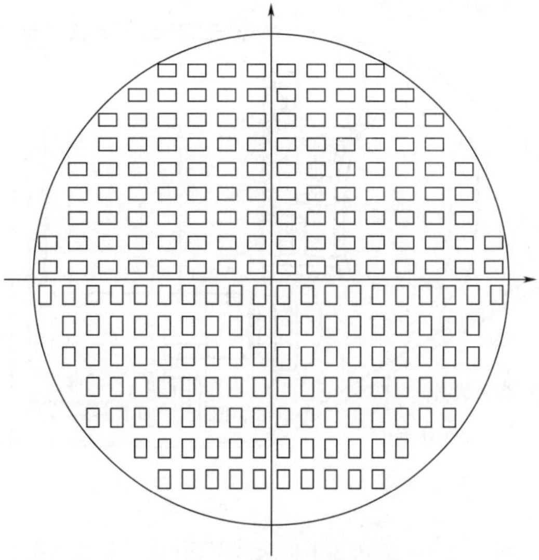

图 3-100　微带双极化天线阵

发射信号通过功率放大后经微带天线以垂直极化方式向空间辐射，天线接收目标反射的垂直和水平极化信号，经和差处理产生垂直和、差信号与水平和信号。

3.6　毫米波红外综合孔径

毫米波平板天线/红外光学复合系统如图 3-101 所示。毫米波平板天线/红外光学复合系统采用分孔径结构设计。毫米波平板天线位于上部，红外光学镜头位于毫米波平板天线后部下方，二者互不遮挡。毫米波平板天线和红外光学镜头均有独立的伺服系统。

由于毫米波分级的发热功耗大，在毫米波分机与红外镜头之间设置隔热板，以降低毫米波分机热流对红外成像子系统的影响。隔热板为实心扇形齿板，同时作为毫米波分机伺服系统的运动传递元件。

由于系统内布置红外光学系统，要求气密性设计，系统内部抽真空并充满氮气，保证红外光学系统的光学部件的正常使用和存储。

复合头罩由毫米波复合材料罩体、红外平板组成。毫米波窗口采用该性能石英纤维/氰酸酯树脂复合材料，红外窗口采用折射率低、力学性能良好的热压多晶氟化镁材料，红外平片与毫米波复合材料罩体之间采用密封粘接结构。在

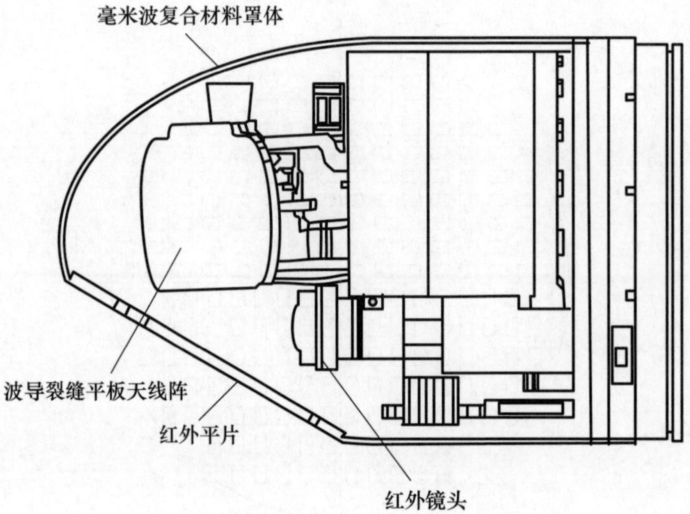

图 3-101　毫米波平板天线/红外光学复合系统

结构设计上采用在头罩曲面的前斜下方进行切割的方法，切削面作为红外透射窗口，头罩曲面其余部分作为毫米波透波窗口，红外透过率可达 85%，毫米波透过率可达 80%。复合头罩内部喷涂吸收率较高的涂层，增加对内部热量的吸收以便通过头罩散发到外部。

红外光学系统采取二次成像方式，满足小型化要求，并实现 100%的冷屏效率，有效防止外界杂散光及镜筒热辐射等入射到焦平面上。红外光学系统由七个透镜组成，结构如图 3-102 所示。

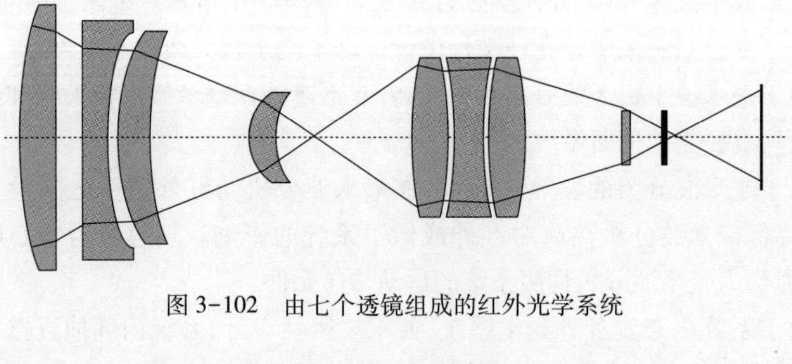

图 3-102　由七个透镜组成的红外光学系统

参 考 文 献

[1] A. И. 列昂诺夫. 单脉冲雷达[M]. 黄虹，译. 北京：国防工业出版社，1974.
[2] SHERMAN S M，BARTON D K. 单脉冲测向原理与技术[M]. 周颖，陈远征，赵锋，等译. 2

版. 北京:国防工业出版社,2013.

[3] SKOLNIK M I. Introduction to Radar Systems[M]. 3rd. New York:McGraw Hill,2001.

[4] 张祖稷,金林,束咸荣. 雷达天线技术[M]. 北京:电子工业出版社,2005.

[5] 卢万铮. 天线理论与技术[M]. 西安:西安电子科技大学出版社,2004.

[6] HAMADALLAH M. Frequency Limitations on Broad Band Performance of Shunt Slot Arrays [J]. IEEE Transaction on Antenna and Propagation,1989,37(7):817-823.

[7] COETZEE J C,JOUBERT J,MCNAMARA D A. Off-Center-Frequency Analysis of a Complete Planar Slotted Waveguide Array Consisting of Subarrays[J]. IEEE Transaction on Antenna and Propagation,2000,48(11):1746-1755.

[8] 钟顺时,费桐秋,孙玉林,等. 波导窄边缝隙阵天线的设计[J]. 西北电讯工程学院学报,1976(1):165-184.

[9] SIKORA L,WOMACK J. The Art and Science of Manufacturing Waveguide Slot Array Antennas[J]. Microwave Journal,1988,31(6):157-160,162.

[10] RICHARDSON P N,YEE H Y. Design and Analysis of Slotted Waveguide Antenna Arrays [J]. Microwave Journal,1988,31(6):109-125.

[11] MILLIGAN T A. 现代天线设计[M]. 郭玉春,方加云,张光生,等译. 2 版. 北京:电子工业出版社,2012.

[12] 钟顺时. 天线理论与技术[M]. 北京:电子工业出版社,2015.

[13] 张小飞,汪飞,徐大专. 阵列信号处理的理论和应用[M]. 北京:国防工业出版社,2010.

[14] 胡明春,周志鹏,高铁. 雷达微波新技术[M]. 北京:电子工业出版社,2013.

[15] JOSEFSSON L,PERSSON P,共形阵列天线理论与应用[M]. 肖绍球,刘元柱,宋银锁,译. 北京:电子工业出版社,2012.

[16] JOSEFSSSON L. Smart Skins for the Future[C]// RVK99. Karlskrona:[s. n.],1999:682-685.

[17] 张光义,赵玉洁. 相控阵雷达技术[M]. 北京:电子工业出版社,2006.

[18] KRAUS J D,MARHEFKA R J. 天线[M]. 章文勋,译. 3 版. 北京:电子工业出版社,2005.

[19] 司伟建,陈涛,林晴晴. 超宽频带被动雷达寻的器测向技术[M]. 北京:国防工业出版社,2014.

[20] PRICE D C,WYATT W G,TOWNSEND P,et al. Design of a Transient,Temperature Control System for a Low-Temperature Infrared Optical Telescope Utilizing a Ramai R-Cooled Thermoelectric Assembly as the Condenser of a Two-Phase Cooling System[C]// Proceedings of the ASME/Pacific Rim Technical Conference. San Francisco:[s. n.],2005:683-695.

[21] 吴晗平. 红外搜索系统[M]. 北京:国防工业出版社,2013.

[22] 吴晗平. 光电系统设计基础[M]. 北京:科学出版社,2010.

[23] 李刚,张恒金,徐沛尧. 红外 R-C 光学系统设计[J]. 红外技术,2004,26(2):60-63.

[24] 刘琳. 结构型式对折射式光学系统二级光谱的影响[J]. 激光杂志,2009,30(4):28-29.

[25] 焦彤. 玫瑰线扫描在动力陀螺式位标器中的实现与研究[D]. 上海:上海交通大学,2014.

[26] GUO Y H,QI Z K. Estimation of IFOV of Rosette Scan System[J]. Journal of Beijing Institute of Technology,2000,9(3):302-306.

[27] 朱牧. 旋转导弹红外/紫外双色玫瑰扫描准成像末端制导技术[D]. 上海:上海交通大学,2014.

第 4 章　射频前端技术

4.1　经典单脉冲射频前端

4.1.1　单脉冲复比

若单脉冲天线经和差器形成的波束如图 4-1 所示，四个波束对应的输出电压分别为 A、B、C、D，则和差通道的输出信号表示如下：

和通道信号

$$s = \frac{1}{2}(A + B + C + D) \tag{4-1}$$

方位差通道信号

$$d_A = \frac{1}{2}[(C + D) - (A + B)] \tag{4-2}$$

俯仰差通道信号

$$d_E = \frac{1}{2}[(A + C) - (B + D)] \tag{4-3}$$

式中：因子 1/2 是为了保持和差器输入和输出功率相等。

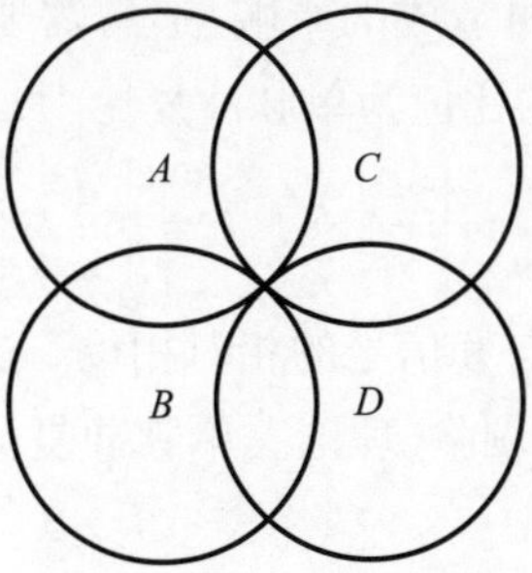

图 4-1　单脉冲波束之间的交叠关系

四个波束信号经过和差器合成，也可以等效为在方位和俯仰方向上分别形

成两对波束。方位向的两个子波束的信号为

$$\begin{cases}\nu_1 = (C + D)/\sqrt{2} \\ \nu_2 = (A + B)/\sqrt{2}\end{cases} \tag{4-4}$$

俯仰向的两个子波束的信号为

$$\begin{cases}\nu_1 = (A + C)/\sqrt{2} \\ \nu_2 = (B + D)/\sqrt{2}\end{cases} \tag{4-5}$$

则方位差信号和俯仰差信号可以用对应的子波束输出信号 ν_1 和 ν_2 表示,即

$$\begin{cases}s = (\nu_1 + \nu_2)/\sqrt{2} \\ d = (\nu_1 - \nu_2)/\sqrt{2}\end{cases} \tag{4-6}$$

事实上,单脉冲雷达的和差信号形成是通过和差器来实现的,对于由魔 T 实现的和差器,其输入是 ν_1 和 ν_2,输出是 s 和 d 。因子 $\sqrt{2}$ 使得输出信号功率相等,和差器本身无功率损耗。

同样地, ν_1 和 ν_2 也可以用 s 和 d 表示

$$\begin{cases}\nu_1 = (s + d)/\sqrt{2} \\ \nu_2 = (s - d)/\sqrt{2}\end{cases} \tag{4-7}$$

和、差信号的复包络可以写为

$$d = |d|\mathrm{e}^{\mathrm{j}\delta_{\mathrm{d}}} \tag{4-8}$$

$$s = |s|\mathrm{e}^{\mathrm{j}\delta_{\mathrm{s}}} \tag{4-9}$$

式中: δ_{s} 和 δ_{d} 分别为和、差信号的相位。

和、差信号的幅度与目标回波信号强弱有关,差信号的幅度还与目标偏离电轴的角度有关。对于比幅单脉冲测角,只希望差信号幅度与目标偏离电轴的角度有关,为了消除回波强弱造成的影响,通常需要采用和信号对差信号进行归一化,定义 d 和 s 复包络的比值为单脉冲复比[1],即

$$\frac{d}{s} = \left|\frac{d}{s}\right|\mathrm{e}^{\mathrm{j}(\delta_{\mathrm{d}}-\delta_{\mathrm{s}})} = \left|\frac{d}{s}\right|\mathrm{e}^{\mathrm{j}\delta} \tag{4-10}$$

式中: $\delta = \delta_{\mathrm{d}} - \delta_{\mathrm{s}}$ 为差信号与和信号的相对相位。这样,回波强度因为对和、差信号有共同的乘积作用而被剔除,理论上单脉冲复比的幅度值仅与目标偏离电轴的角度有关。

在和差波束形成网络无附加相移情况下,对于比幅单脉冲,四个子波束对应的输出信号 A、B、C、D 同相,由式(4-4)、式(4-5)可知, ν_1 和 ν_2 同相。再根据式(4-6),和信号与差信号要么同相,要么反相,即单脉冲复比的相位为 0°或

180°，表示目标位于电轴的不同两侧。

对目标角度进行处理，就需要处理得到和、差两路信号的单脉冲复比，根据单脉冲复比的幅度决定目标偏离电轴的角度大小；根据其相位判断目标位于电轴的哪一侧。

单脉冲天线的电轴是角度测量的参考方向。在空间中，方位与俯仰差方向图同时取到零点的方向称为“单脉冲轴向”或“电轴”。理论上讲，它与反射面天线的几何轴向是重合的，但实际总是存在一定的偏差。为了使单脉冲轴向成为测量基准，通常需要对天线进行校准。在对天线进行校准的过程中，首先要通过调整移相器等元件调整和、差通道相对相位关系，使天线对指定方位的测试目标的差通道输出为零，然后调整测试目标角度使得差通道的输出值为设定的角度值。

在实际应用中，目标回波信号对单脉冲复比的虚部贡献较小，而噪声、干扰和杂波对实部和虚部的贡献相同，并且余弦值会在通过电轴时改变符号，因此，一般单脉冲处理器只处理单脉冲复比的实部而忽略虚部。另外，只利用实部，相当于噪声、干扰和杂波的能量减少，零值附近的角精度在信噪比（Signal-to-Noise Ratio，SNR）上可以改善 3dB。

4.1.2　带 AGC 的单脉冲射频前端

假设一个乘法器能够产生两个输入电压的瞬时乘积。令输入电压为中频和差信号：

$$s(t) = |s|\cos(\omega t + \delta_s) \tag{4-11}$$

$$d(t) = |d|\cos(\omega t + \delta_d) \tag{4-12}$$

式中：$s(t)$，$d(t)$ 分别为和差信号电压的瞬时表达式；ω 为中频频率；t 为时间；δ_s，δ_d 分别表示和差信号相位。

乘积为

$$s(t)d(t) = |s||d|\cos(\omega t + \delta_s)\cos(\omega t + \delta_d) \tag{4-13}$$

利用三角函数积化和差公式，得

$$s(t)d(t) = \frac{1}{2}|s||d|[\cos(2\omega t + \delta_s + \delta_d) + \cos(\delta_s - \delta_d)] \tag{4-14}$$

2 倍频分量可以通过低通滤波器滤除，剩余分量为

$$[s(t)d(t)]_f = \frac{1}{2}|s||d|\cos(\delta) \tag{4-15}$$

式中：$[\cdot]_f$ 表示滤波后的输出；$\delta = \delta_s - \delta_d$。

这种带低通滤波器输出的乘法器，也称鉴相器或同步检测器。

为了使式(4-15)与式(4-10)一致,必须在式(4-15)的基础上除以因子 $|s|^2$,通常由和通道的 AGC 来实现,如图 4-2 所示。

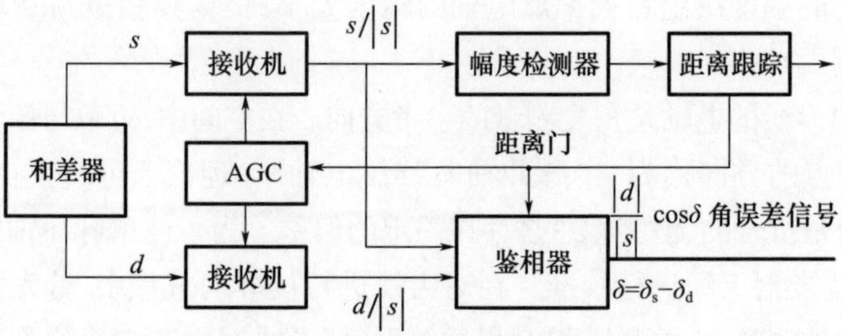

图 4-2　带 AGC 的点脉冲处理器

AGC 使和信号电压值保持在一个恒定的幅度,换句话说,和通道为鉴相器提供的输入不是 s 而是 $s/|s|$,其幅度为 1,相位与 s 相同。同样的 AGC 控制差通道,为鉴相器提供的输入为 $d/|s|$。分别用 $s/|s|$、$d/|s|$ 代替式(4-15)中的 s、d,并忽略 1/2,则单脉冲处理器的输出为

$$\left|\frac{s}{|s|}\right| \cdot \left|\frac{d}{|s|}\right| \cos\delta = \frac{|d|}{|s|}\cos\delta \tag{4-16}$$

与式(4-10)的实部结果一致。

在脉冲雷达中,所跟踪或测量的目标回波到达时间与目标的距离有关。所有其他与距离有关的因素包括噪声、杂波或者来自其他目标的多余回波。为使单脉冲处理器能够剔除无关的回波和噪声,只处理期望目标的回波,距离跟踪环可使距离波门(时间波门)中心对准期望目标。在宽带接收机之后,用一个宽度与发射脉冲相匹配的波门作为匹配滤波器。只有经过波门选通的接收机信号才能通过单脉冲处理器,AGC 在选通波门之后起作用。波门的位置提供了目标距离的测量信息。对所有的角跟踪脉冲雷达而言,距离选通通常是必需的。

在带有多普勒处理过程的雷达中,跟踪目标多普勒频移的滤波器形成"速度波门",并提供多普勒分辨力,用以取代或补充距离波门。对于电扫描阵列天线,由于波束方向能够快速在不同的目标之间切换,有可能跟踪多个目标,每个目标都有自己的距离波门。

4.1.3　正交解调数字单脉冲射频前端

由式(4-8)、式(4-9),和差信号的复包络可以写成正交解调的复数形式,即

$$d = |d|\cos\delta_d + j|d|\sin\delta_d = d_I + jd_Q \tag{4-17}$$

$$s = |s|\cos\delta_s + j|s|\sin\delta_s = s_I + js_Q \tag{4-18}$$

将单脉冲复比的分子分母同乘 s^* ,得到

$$\frac{d}{s} = \frac{ds^*}{ss^*} = \frac{d_I s_I + d_Q s_Q + j(d_Q s_I + d_I s_Q)}{s_I^2 + s_Q^2} \tag{4-19}$$

因此

$$\mathrm{Re}(d/s) = \frac{d_I s_I + d_Q s_Q}{s_I^2 + s_Q^2} \tag{4-20}$$

$$\mathrm{Im}(d/s) = \frac{d_Q s_I + d_I s_Q}{s_I^2 + s_Q^2} \tag{4-21}$$

式中: s_I , s_Q , d_I , d_Q 分别为基带和信号与差信号的同相分量和正交分量。

根据式(4-20)、式(4-21),和差信号可以通过正交解调提取同相分量和正交分量,并进行数字化,然后经过计算可以得到 Re(d/s) 和 Im(d/s) 。

图 4-3 所示为利用和差信号正交解调分量进行单脉冲处理的原理框图[1]。

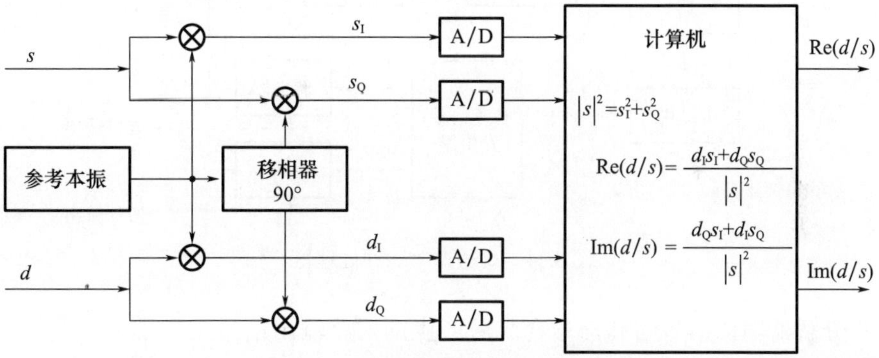

图 4-3　正交解调数字单脉冲处理器

如果本振相位改变,正交解调得到的四个 I 和 Q 分量也会随之改变,但是对 Re(d/s) 和 Im(d/s) 的计算结果不会造成影响。

正交解调单脉冲处理器的优势是具有较大的动态范围。正交解调后 I、Q 信号的频谱被限制在中频带宽内,如果有一个异常值(如幅度有尖峰)的信号输入,I、Q 信号的变化相对比较缓慢。

4.1.4　通道合并单脉冲射频前端

通常三坐标单脉冲需要三个匹配良好的接收机通道,即和通道、方位差通

道和俯仰差通道。通过通道合并技术,可以减少接收机通道的数量,有时也可以避免通道幅相特性不一致引起的测角误差。在同样的脉冲重复频率下,通道合并单脉冲处理数据率要降低。

图 4-4 所示为双通道单脉冲处理器。方位差信号和俯仰差信号以相互正交的极化方向注入微波分解器。微波分解器为一段圆波导,包含由电机驱动旋转角频率为 ω_s 的钩形探测器。当电机驱动钩形探测器旋转时,分解器输出 d_M 为方位差信号和俯仰差信号在钩形探测器极化方向上的投影之和,即

$$d_M = d_A\cos(\omega_s t) + d_E\sin(\omega_s t) \tag{4-22}$$

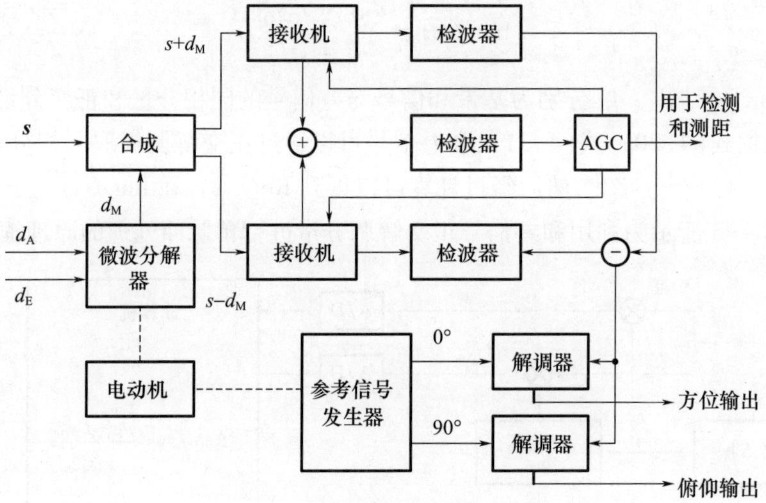

图 4-4　双通道单脉冲处理器

分解器输出信号与和信号合成后产生的两路输出信号正比于 $s + d_M$ 、$s - d_M$,经过接收机放大后,在中频输出相加,然后进行视频检波,为 AGC、检测和测距提供和信号。AGC 用于两个接收通道的幅度归一化。

两个接收机的中频输出分别进行视频检波然后相减,得到归一化的差信号。归一化的差信号为一串带正弦包络的脉冲,包络的幅度近似正比于目标偏离天线电轴的角度,包括的相位依赖于方位误差和俯仰误差分量的比值。归一化的差信号送至解调器(同步检波器)。解调器的输入同样是受电机驱动的参考信号,经滤波后分别产生归一化的方位和俯仰差信号。

与图 4-4 所示的单脉冲处理器类似,图 4-5 所示为通道转换单脉冲处理器。在图 4-5 中,采用通道转换装置代替微波分解器。转换装置使 d_M 根据一定脉冲重复频率的通道转换脉冲串的控制,按照 $+d_A$, $+d_E$, $-d_A$, $-d_E$ 的次序

顺序转换。转换后的差信号 d_M 按照前面的方法与和信号 s 相加减后，为两个接收机通道提供输入，并对两路接收机输出进行加减运算得到和信号与变换后的差信号。同步检波器按照通道转换脉冲串的时序，把脉冲 1 和 3 期间方位差信号与脉冲 2 和 4 期间的俯仰差信号分开，并使脉冲 3 和 4 期间的输出信号符号反转。这样方位差信号和俯仰差信号通过交替脉冲获取。

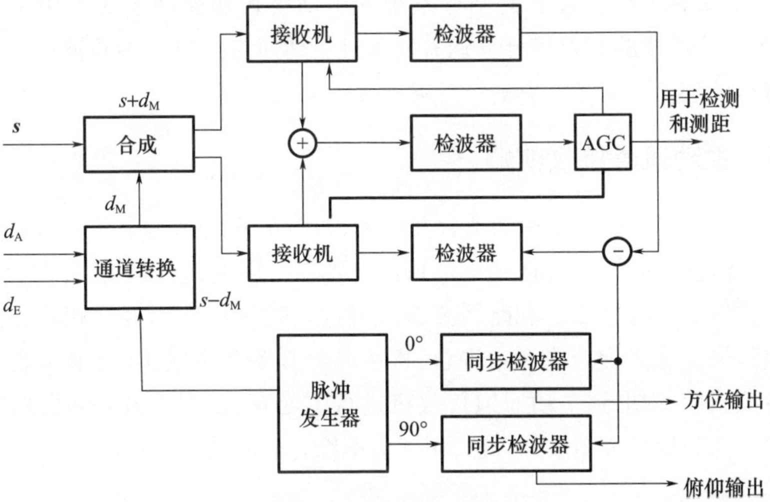

图 4-5 通道转换单脉冲处理器

当四喇叭单脉冲系统采用图 4-5 的转换形式时，$s+d_M$、$s-d_M$ 的连续转换等效于接收天线方向图的转换，即在奇数脉冲接收左右一对波束的信号，在偶数脉冲接收上下一对波束的信号，与顺序波瓣转换技术相比，数据率是顺序波束转换技术的 2 倍，每两个脉冲重复间隔测量得到一次数据。

由于常规 AGC 相对较慢，如果需要对每个脉冲进行精确的归一化，可以在 $s+d_M$、$s-d_M$ 通道中使用对数放大检波器进行归一化，即

$$sd_1 = \log(s+d_M) = \log s + \log\left(1+\frac{d_M}{s}\right) \tag{4-23}$$

$$sd_2 = \log(s-d_M) = \log s + \log\left(1-\frac{d_M}{s}\right) \tag{4-24}$$

当目标在电轴附近时，d_M 与 s 相比很小，有

$$sd_1 + sd_2 = 2\log s + \log\left(1+\frac{d_M}{s}\right) + \log\left(1-\frac{d_M}{s}\right) \approx 2\log s + 2 \tag{4-25}$$

$$sd_1 - sd_2 = \log\left(1+\frac{d_M}{s}\right) - \log\left(1-\frac{d_M}{s}\right) \approx \frac{2d_M}{s} \tag{4-26}$$

因此,图 4-4、图 4-5 中接收机后面的检波器如果用对数放大检波器代替,可以省略掉 AGC 电路[2-3]。

4.2 主动/窄带被动综合射频前端

主动/窄带被动复合寻的制导系统的主动模式和被动模式工作于不同波段,来自两个波段的和差信号分别需要经过主动通道接收前端和被动通道接收前端进行处理。

4.2.1 主动通道接收前端

主动通道接收前端采用通道合并技术,如图 4-6 所示。主动通道的方位差 Δ_A 和高低差 Δ_E 信号进入时分开关 1,使二者在时间上错开输出,即时分开关 1 输出合并后的差信号 Δ 。和路回波 Σ 同时进入时分开关 2,经调相器相位调制后与差信号 Δ 在正交合成器中混合,再由时分开关 2 中输出,由电调衰减器进行增益控制后,输出到主动通道接收机进行下变频、放大。另一路由发射信号耦合出一部分信号去频率综合器,用于频率综合器的频率调整。

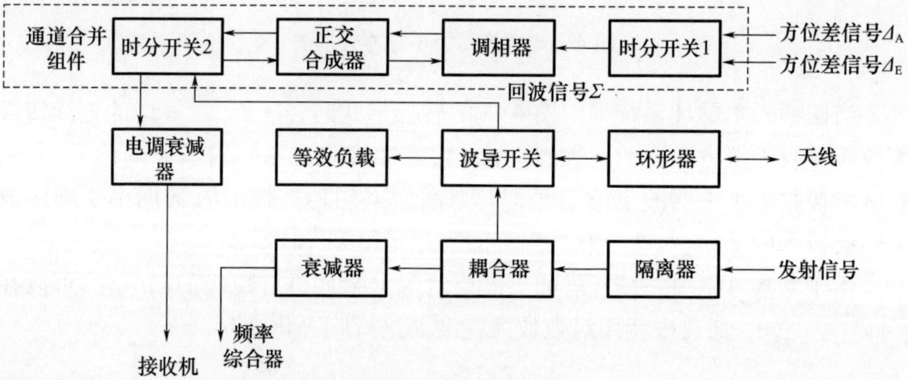

图 4-6 主动通道高频系统

和差通道合并组件电原理如图 4-7 所示。在搜索状态下,不进行单脉冲测角,Σ 回波经时分开关 2 后由 3 端口输出,进入三分贝电桥 1,由终端短路反射,再由 2 端输入时分开关 2,并由时分开关 2 的输出端口输出到接收机,此时进入接收机的信号不包含差路信号。在角跟踪状态下,Σ 回波经时分开关 2 后由 4 端口输出,进入电桥 2 的(3)臂,此时若相位调制开关的 PIN 管导通,形成短路,则 Σ 回波信号经全反射进入电桥 3,与差信号 Δ 混合;Δ 信号可能是方位差,也可能是俯仰差,它是两个差信号由时分开关 1 进行时分调制得到,时间上是错开的。混合的结果是电桥 3 的(1)臂输出被负载吸收,(2)臂输出经时分开关 2 的 1 端口进入时分开关 2,并由时分开关 2 的输出端口输出到接收机;当相位调制开关的 PIN 管不导通时,短路是由后边的相距约 $\lambda_g/4$ 的波导短路板形成的,这样实际上对和信号进行了相位调制,两种状态下的 Σ 和信号相位差为 π,所以调相开关相当于一个 $0/\pi$ 调相器,因此电桥 3 的(2)臂输出为($\Sigma+\Delta$)或($-\Sigma+\Delta$)。在通道合并组件中,对和差信号的相位有一定要求,因此在传输波导的设计中,通常需要增加一段相位补偿波导,用以调整和差两路的相位。主动通道高频系统结构如图 4-8 所示。

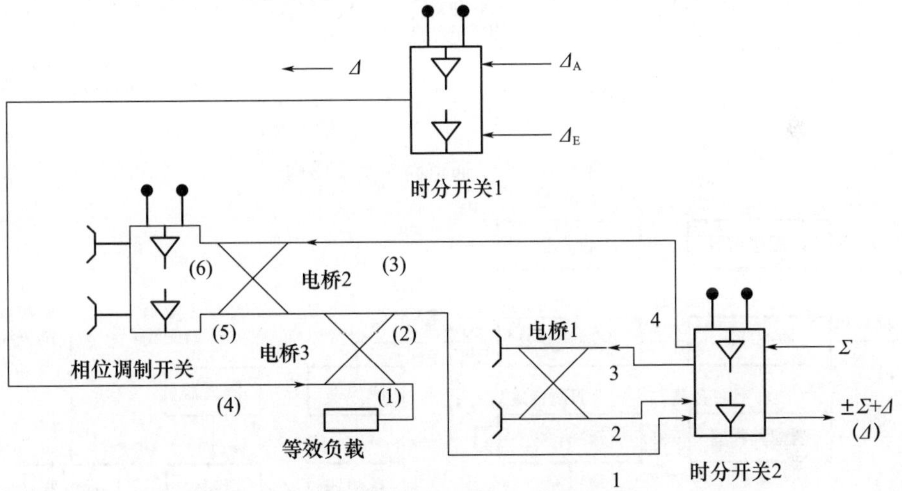

图 4-7　和差通道合并组件电原理

4.2.2　被动通道接收前端

被动通道高频系统框图如图 4-9 所示。该系统以一个魔 T 为中心,构成四个支路:两个对称臂分别为被动通道的和信号(Σ)支路与方位差(Δ)支路;H 臂为和差信号之和的支路,E 臂为和差信号之差的支路。和支路由调配移相器滤波器组成;差支路由调配移相器、两个 H 面合拢 T 接头及 PIN 开关调制器组成。H 臂包含电调衰减器和检波器 3,E 臂包含隔离器、移相器和检波器 1。此外,系统还有另外两个支路,它们分别传输来自辅助天线 1 和辅助天线 2 接收到的信号,它们和 E 臂的信号共同输入加法补偿器,其输出用来补偿天线的旁瓣和尾瓣。

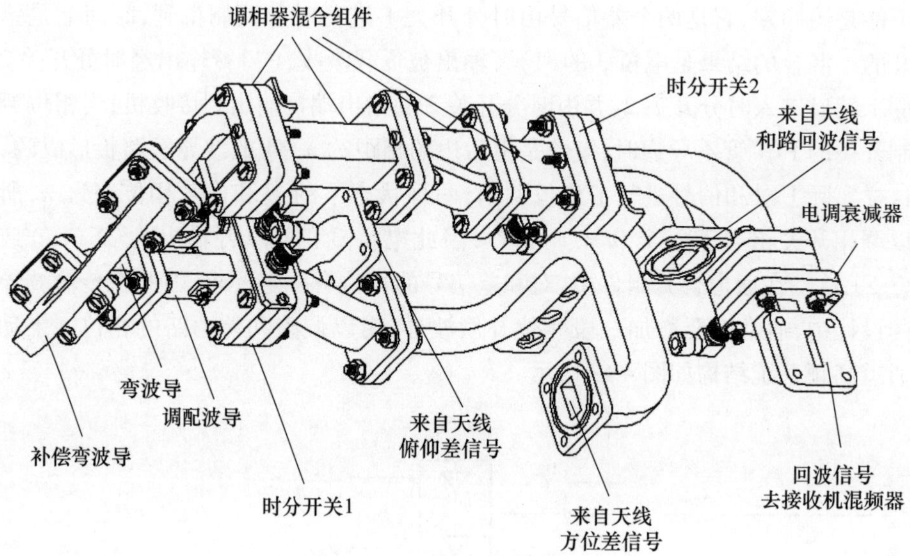

图 4-8 主动通道高频系统结构

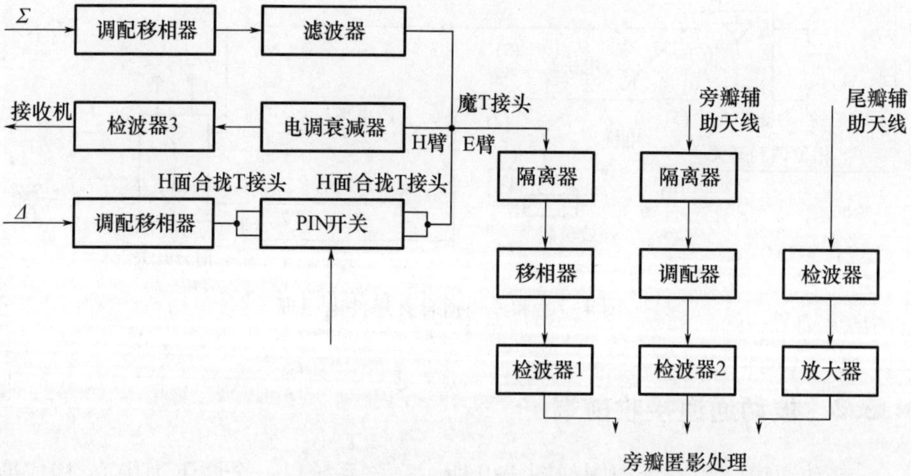

图 4-9 被动通道高频系统框图

Σ信号通过调配移相器、滤波器进入魔T，调配器调整和支路电压驻波比到规定的值，并满足一定的频带，调配器采用了三个电抗螺钉来匹配，滤波器是由一个电容螺钉和两个电感销钉构成的谐振回路，在被动通道工作波段具有小的插损，信号频率在高于被动通道工作波段时插损急剧上升，实际上相当于带通滤波器。移相器是用来调整和差两路相位的一致性。

方位差信号也是首先通过一个调配移相器进入差支路，它进入H面合拢T

接头的 E 臂，在宽波导中激励起 H_{20} 波，H_{20} 波再进入一段双波导，每个波导中则传输互为反向的 H_{10} 波。双波导部分实际上是一个由驱动器方波调制的 PIN 管开关组件，被调制的差信号的相位和幅度正比于角误差信息。当左边的开关导通时，右边的开关截止，而右边的开关导通时，左边的开关截止。左右波导中的 H_{10} 波相位差为 π。这样差信号进入魔 T 的对称臂与对面来的和信号在 H 臂相加成（$\Sigma+\Delta$），而下一周期差信号反向成（$\Sigma-\Delta$），两个周期的结果相加、相减便得到和信号与差信号，进而经过电调衰减器、检波、滤波、选通进入相位检波器，相位检波器的输出具有角误差信息，用以驱动天线跟踪目标。

在跟踪状态时，E 臂中传输的是和信号，它连同辅助天线 1 和辅助天线 2 接收的信号，分别经检波（辅助天线 2 接收的信号还要直接放大）进入加法补偿器，并在加法补偿器中进行比较；辅助天线 1 为全方向图的半波振子，而辅助天线 2 为一方向图很宽的小喇叭天线，如果辅助天线接收的信号大于主天线接收的信号，则主天线接收的信号一定是用其副瓣或尾瓣接收得到的。如果在加法补偿器输出端设立一个适当的阈值，仅当主天线接收的信号大于辅助天线 1 和辅助天线 2 接收的信号，并大到足以超过所设阈值时；选通器开启，跟踪支路才开始工作。这样就能排除天线旁瓣和尾瓣的干扰，达到“副瓣匿影”的效果。

4.3　射频接收机结构

对于复合寻的导引头的信号接收和放大，微波主动雷达通常采用窄带数字正交解调接收机实现，微波被动雷达通常采用宽带数字信道化接收机实现，探测目标背景微波辐射时通常通过辐射计接收机实现。

4.3.1　窄带数字正交解调接收机

数字正交解调接收机先对输入信号做 ADC 采样，然后在数字域通过数字滤波算法得到信号的同相分量和正交分量，具有幅相平衡度高、系统性能稳定、结构灵活等优点，在一定程度上能降低幅相校正的难度，提高接收机整体性能。

Nyquist 采样定理要求采样频率至少大于信号最高频率分量的两倍，才能由采样数据恢复出原模拟信号。否则，将会产生混叠模糊现象。对带通信号采样时，理论上要求模拟信号的频带宽度不超过采样频率的一半，即可由采样数据重建输入信号。

设带通信号中心频率为 f_0，带宽为 B，满足条件

$$f_0 - \frac{B}{2} \leqslant |f| \leqslant f_0 + \frac{B}{2} \quad \left(0 < \frac{B}{2} \leqslant f_0\right) \tag{4-27}$$

此时采样频率 f_s 满足

$$\frac{2f_0 + B}{m} \leqslant f_s \leqslant \frac{2f_0 - B}{m - 1} \quad (m = 1,2,\cdots,m_{\max}) \tag{4-28}$$

其中，$m_{\max} = \left\lfloor \frac{2f_0 + B}{2B} \right\rfloor$，$\lfloor x \rfloor$ 表示不大于 x 的最大整数。

图 4-10 给出了带通信号采样频谱示意图。

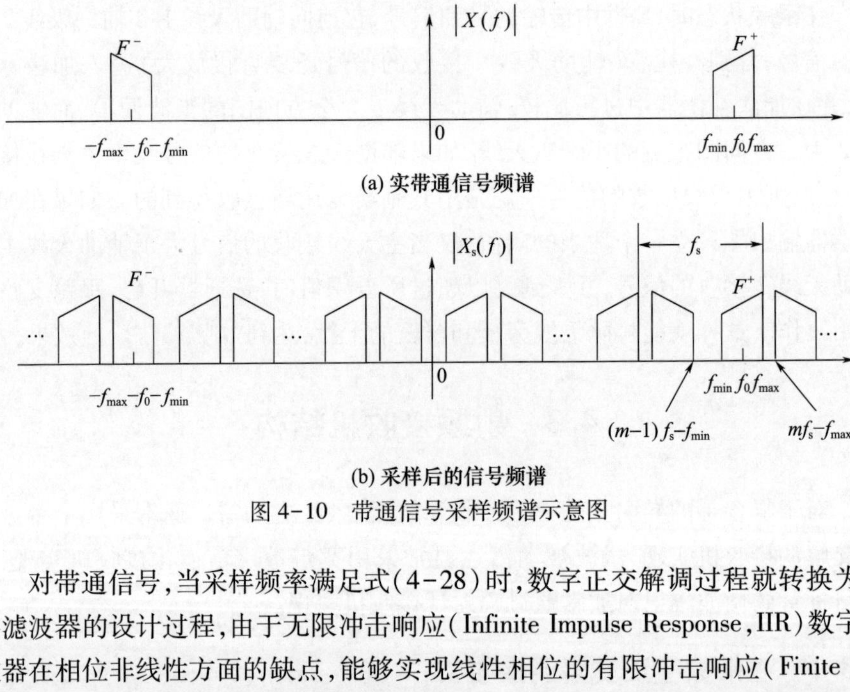

图 4-10　带通信号采样频谱示意图

对带通信号，当采样频率满足式(4-28)时，数字正交解调过程就转换为数字滤波器的设计过程，由于无限冲击响应(Infinite Impulse Response，IIR)数字滤波器在相位非线性方面的缺点，能够实现线性相位的有限冲击响应(Finite Impulse Response，FIR)数字滤波器成为主要的设计对象。根据数字正交解调实现时不同的信号处理流程，工程上常用的 FIR 数字滤波器主要分为低通滤波器、Hilbert 滤波器和插值滤波器，分别对应着低通滤波法、Hilbert 滤波法和插值滤波法。它们之间的差异表现在给定 FIR 滤波器时性能的好坏，并不存在本质上的差异，如图 4-11 所示。

低通滤波法的信号处理基本流程是混频、滤波和抽取。首先通过混频将载频移至零频，然后利用低通滤波器滤除倍频分量，抽取得到降速后的基带数字 I/Q 信号。该方法是完全数字化的模拟正交解调方法。通常采用最佳等波纹法或窗函数法设计低通滤波器的系数，形成数字 I/Q 信号过程中采用了同一滤波

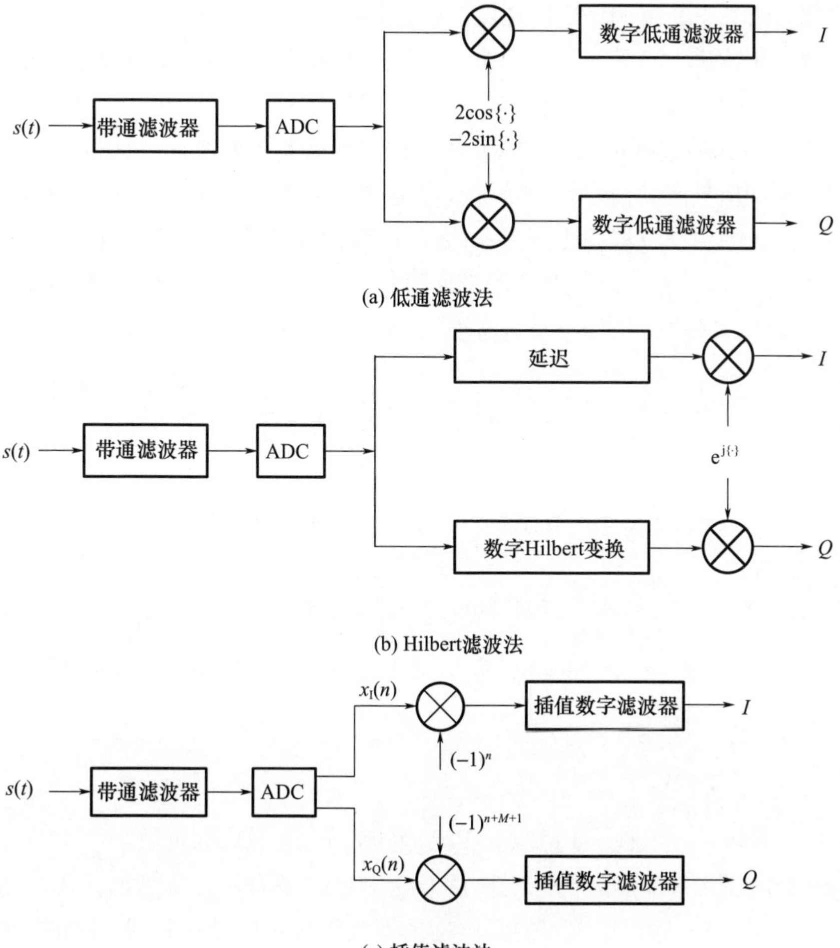

图 4-11　典型的数字正交解调

器,对两路信号由非理想滤波所引起的失真是一致的,对其正交解调输出的幅度一致性和相位正交性没有影响,因此具有很好的负频谱对消功能,可以达到很高的精度,几乎可以在整个频带内都具有相对较平坦的镜频抑制比。

Hilbert 滤波是为了滤除负频分量得到解析信号而提出来的,因此,完全可以应用于数字正交解调处理。其信号处理基本流程是滤波、混频和抽取。首先通过 Hilbert 滤波得到输入信号的 90°移相,然后与原信号一起混频至零频,抽取得到降速后的基带数字 I/Q 信号。通常利用最佳等波纹法设计 Hilbert 滤波器的系数,其镜频抑制带宽很宽,随着采样率的增加,所需滤波器的阶数越来越少。但由于 Hilbert 滤波仅在一路进行,故实际 FIR 滤波器与理想滤波器的任何差异都会给其正交解调输出的幅度一致性和相位正交性带来影响。

插值滤波法本身是一种优化方法，它通过选择特定的采样率 f_s 和载频 f_0，使得对中频信号采样后，经过简单的符号变换，即可得到不同采样时刻的数字 I/Q 信号，进而通过插值、滤波、移相等方法以及必要的抽取，得到相同采样时刻的数字 I/Q 信号。其信号处理基本流程是符号变换（I/Q 分离）、时间对齐和抽取。与前面的两种方法相比，避免了混频运算，也称免数字混频方法。

对中心频率为 f_0、带宽为 B 的带通信号，设 $s(t)=a(t)\cos[2\pi f_0 t+\phi(t)]$，其中，$a(t)$，$\phi(t)$ 分别为 $s(t)$ 的幅度和相位，当选取 $f_s=4f_0/(2m-1)$ 时，则采样后得

$$\begin{aligned} x(n) &= a(nt_s)\cos\left[2\pi f_0 n\frac{2m-1}{4f_0}+\phi(nt_s)\right] \\ &= a(nt_s)\cos\left[nm\pi-\frac{n}{2}\pi+\phi(nt_s)\right] \\ &= (-1)^{nm}a(nt_s)\cos\left[-\frac{n}{2}\pi+\phi(nt_s)\right] \end{aligned} \tag{4-29}$$

而同相分量 $I(n)=a(nt_s)\cos[\phi(nt_s)]$；正交分量 $Q(n)=a(nt_s)\sin[\phi(nt_s)]$。有

$$x(n)=\begin{cases}(-1)^{\frac{n}{2}}I(n) & (n\text{ 为偶数})\\ (-1)^{m+1}(-1)^{\frac{n+1}{2}}Q(n) & (n\text{ 为奇数})\end{cases} \tag{4-30}$$

式(4-30)表明，采样值为符号变换后 I、Q 交替的序列。也就是说，I、Q 分量在时间上并未对齐，插值滤波器的实质就是将 I、Q 两路信号在时间上对齐。插值滤波可仅在一路进行，也可在双路同时进行。当仅对在一路信号插值时，工程上经常选用辛格函数插值和 Bessel 函数插值。其中，中点 Bessel 插值滤波特别简单。N(偶数)阶中点 Bessel 插值滤波器实际上只有 $N/2$ 个不同的系数，而且其分母为 2 的整数次幂，其系数可以精确地用二进制数表示出来，实现的精度较高，在实现时只涉及移位和加减法运算，因此，用 FPGA 等硬件实现时相当容易。其滤波系数与统一后的 Hilbert 滤波系数比较接近，二者之间有一定的等效关系，其滤波误差也与采样率 f_s 有关，f_s 越大，有限项内插的误差越小。不同之处是中点 Bessel 插值滤波法对负频中心点的抑制比较高，对负频谱的边缘抑制较差，即抑制带宽比较窄，适合窄带情况。而且仅对其中一路信号进行插值，因此实际 FIR 滤波器与理想滤波器的任何差异也会给其正交解调输出的幅度一致性和相位正交性带来影响。

当对两路信号同时插值时,工程上通常采用多相滤波法。它的两路插值滤波器系数来自同一个插值滤波器,通过选取两组合适的滤波器系数,使两支路滤波器的延时相差半个采样周期,分别对两路 I、Q 信号滤波,即可将 I、Q 信号在时间上对齐。在设计最初的插值滤波器时,工程上通常采用凯泽(Kaiser)窗来达到滤波要求。该方法的两路信号所用的滤波器系数是从同一滤波器系数中抽取的,因此具有相似的频响特性,类似于低通滤波法,由非理想滤波所引起的失真是一致的,对其正交解调输出的幅度一致性和相位正交性没有影响,可以达到很高的精度,而且其镜频抑制带宽也很宽。

4.3.2 宽带数字信道化接收机

在宽带被动雷达导引头中,往往需要带宽极宽的雷达信号同时进行接收处理和分析,如反辐射导引头一般需要覆盖带宽范围为 2~18GHz。此类信号的接收处理通常需要对覆盖带宽范围内所有的可能信号同时进行处理,采用窄带接收机已不能满足要求,因此常常采用宽带数字信道化接收机[4-5]。

典型的 2~18GHz 宽带数字接收机如图 4-12 所示。宽带数字接收机采用数字并行量化技术,首先在射频部分将 2~18GHz 分为 2~6GHz、6~10GHz、10~14GHz、14~18GHz 四个频段,分别通过变频放大到 0. 5~4. 5GHz 中频,分别进入四路并行量化单元量化,量化结果进入 FPGA 完成信号处理,经过合并编码后给出信号的频率、幅度和时间信息。

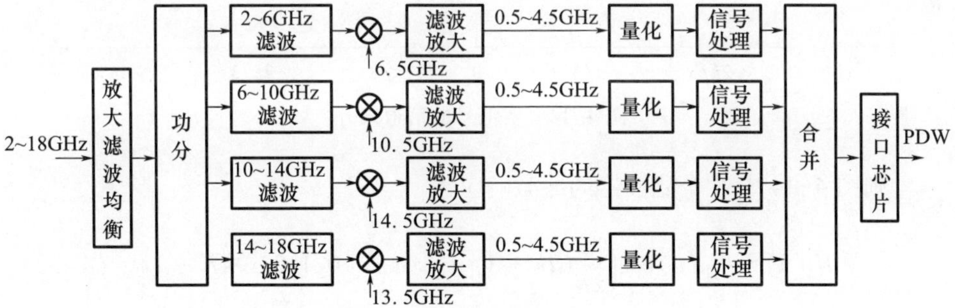

图 4-12　2~18GHz 宽带数字接收机

下面介绍数字滤波器组与信道化基本概念。

数字滤波器组是指具有一个共同输入、若干个输出端的一组滤波器,如图 4-13 所示。图中 $h_k(n)$ $(k = 0,1,\cdots,K-1)$ 为 K 个滤波器的冲激响应,它们有一个共同的输入信号 $s(n)$,有 K 个输出信号 $y_k(n)$ $(k = 0,1,\cdots,K-1)$ 。如

果这 K 个滤波器的功能是把宽带信号 $s(n)$ 均匀分成若干个自频带信号输出，那么就把这种滤波器称作信道化滤波器。一个实信号的信道划分如图 4-14 所示，图中为划分三个信道的情况。如果设一个原型理想低通滤波器 $h_{\mathrm{LP}}(n)$ 的频率响应为

$$H_{\mathrm{LP}}(\mathrm{e}^{\mathrm{j}\omega}) = \begin{cases} 1 & \left(|\omega| \leqslant \dfrac{\pi}{2K}\right) \\ 0 & (\text{其他}) \end{cases} \tag{4-31}$$

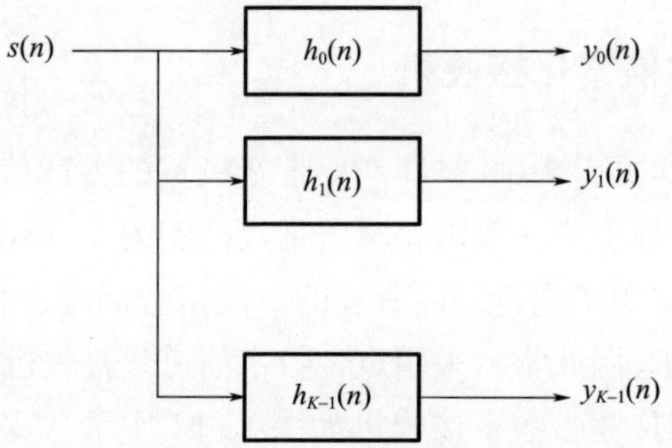

图 4-13　滤波器组

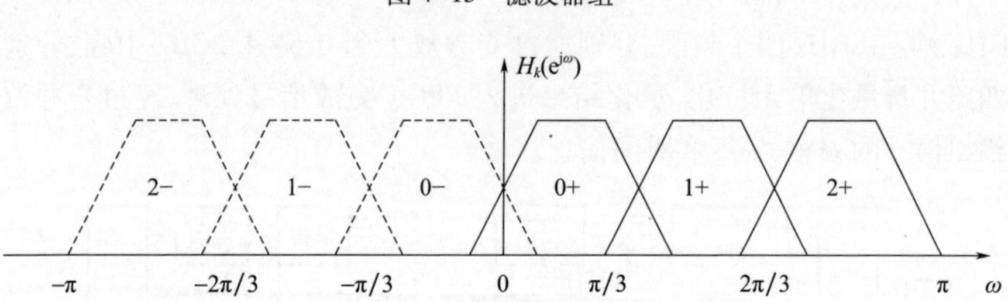

图 4-14　实信号的信道划分

则图 4-14 中 K 个滤波器的冲激响应为

$$H_k(n) = h_{\mathrm{LP}}(n)\cos\left(\frac{\pi}{2K}(2k+1)\,n\right) \quad (k = 0,1,2,\cdots,K-1) \tag{4-32}$$

由于滤波器组输出的信号 $y_k(n)(k = 0,1,2,\cdots,K-1)$ 的带宽仅为 π/K，所以可以对 $y_k(n)$ 进行 K 倍抽取，并不会影响 $y_k(n)$ 的频谱结构，如图 4-15 所示，其中，用 D 代替了 K。对图 4-13 的抽取属于整带抽取，所以抽取后的信号 $y_k(m)$ 实际上已经变成了低通信号，如图 4-16 所示，其中，f_s 为输入信号 $s(n)$ 的采样频率。

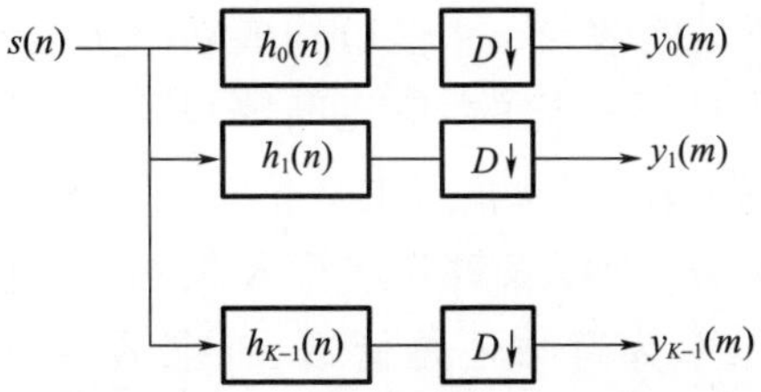

图 4-15 后置抽取器的滤波器组

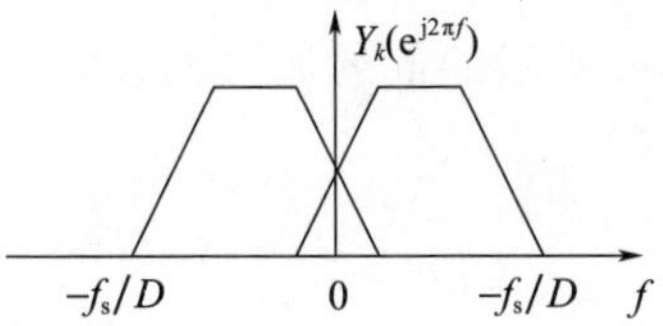

图 4-16 抽取后的低通信号

如果 $s(n)$ 是复信号,则其信道划分如图 4-17 所示,分 K 为奇数和偶数两种情况。两种情况下信道间隔均为 $2\pi/K$,此时信号化滤波器组 $h_k(n)$ 的表达式为

$$h_k(n)=h_{\mathrm{LP}}(n)\mathrm{e}^{\mathrm{j}\frac{2\pi}{K}\left(k-\frac{K-1}{2}\right)n} \tag{4-33}$$

这里 $H_{\mathrm{LP}}(\mathrm{e}^{\mathrm{j}\omega})$ 应为

$$H_{\mathrm{LP}}(\mathrm{e}^{\mathrm{j}\omega})=\begin{cases}1 & \left(|\omega|\leqslant\dfrac{\pi}{2K}\right)\\ 0 & (其他)\end{cases} \tag{4-34}$$

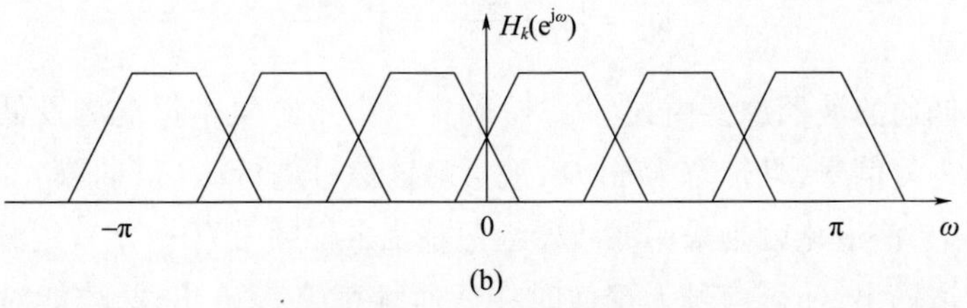

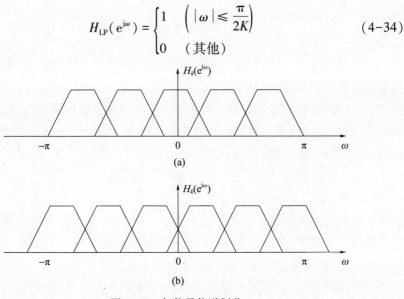

图 4-17 复信号信道划分

无论 K 是奇数还是偶数,式(4-34)均成立。实信号和复信号两种情况下的滤波器组表达式是不一样的,信道间隔也不同,在划分相同信道数的条件下,复信号的信道间隔为实信号的 2 倍。由于复信号经信道化滤波后的信号带宽为 $2\pi/K$,故仍可以对其进行 K 倍抽取,不会影响对应带宽内的信号谱结构。无论 K 为奇数还是偶数,抽取后可直接获得所需的低通信号。

对复信号滤波器组的另一种实现形式是低通型实现,如图 4-18 所示[6-7]。图中 $h_{LP}(n)$ 仍为式(4-34)所示的低通滤波器,本振角频率 $\omega_k(k = 0,1,2,\cdots, D - 1)$ 的确定公式为

$$\omega_k = \left(k - \frac{D - 1}{2}\right) \cdot \frac{2\pi}{D} \tag{4-35}$$

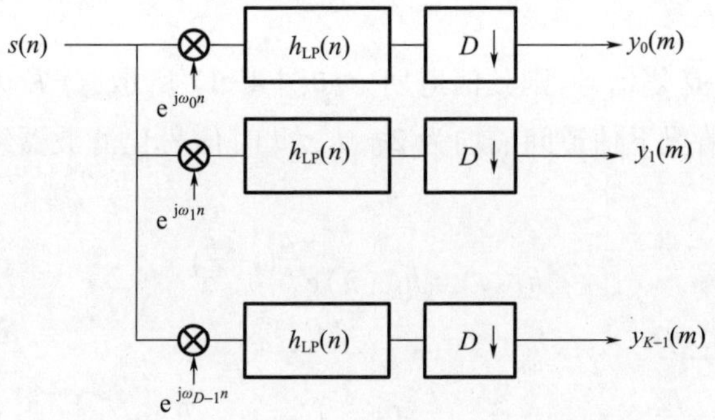

图 4-18 复信号滤波器组的低通实现

其作用是把第 K 个自频带(信道)移至基带(零中频),然后通过后接的低通滤波器滤出对应的子频带,由于滤波后的信号带宽为 $2\pi/D$,故可对其进行 D 倍抽取,以获得低采样率的信号。对于实信号也同样可以用低通滤波器组实现,如图 4-19 所示。对实信号的信道数重新作图 4-20 的定义,虚线频带为其对应的镜像,此时的 ω_k 确定公式为

$$\omega_k = \left(k - \frac{2D - 1}{4}\right) \cdot \frac{2\pi}{D} \tag{4-36}$$

且图中的低通滤波器原型由式(4-31)确定。由于经复本振混频及低通滤波器后的信号为复信号,且带宽为 π/D,故可对该信号进行 $2D$ 倍抽取。

事实上,信道化就是采用滤波器组把整个采样频带 $(0 \sim f_s)$ 划分为若干个并行的信道输出,使得信号无论何时在任何频率(信道)出现,均能对信号进行截获和解调分析。

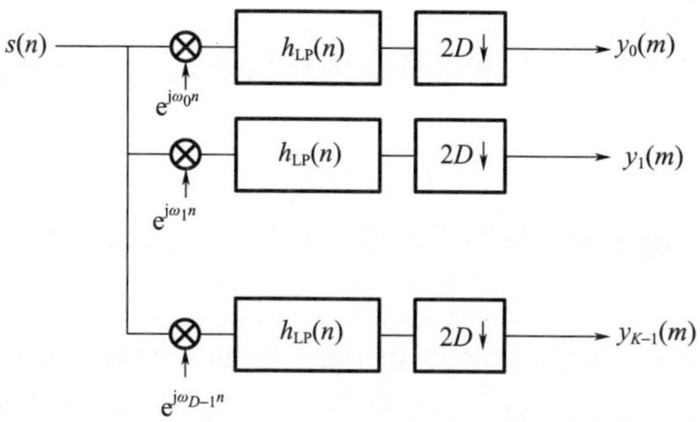

图4-19　实信号滤波器组的低通实现

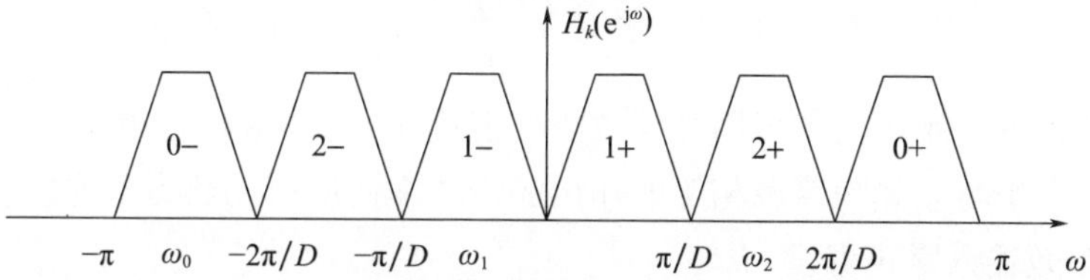

图4-20　实信号信道划分

4.3.3　全功率辐射接收机

毫米波辐射接收机是一种用于测量物体毫米波热辐射的高灵敏度接收机[8-10]，它与一般的接收机相比，其输入信号是来自物体的随机宽带热辐射信号，而一般的接收机接收的是相干窄带信号。物体的毫米波热辐射十分微弱，因而接收到的输入功率为几个微微瓦，因此输入信噪比一般只有十分之几，而一般的接收机都要求信噪比远大于0。由于这些特点，毫米波辐射接收机的电路结构、信号处理方式以及性能参数的定义均与普通的接收机有所不同。

全功率辐射接收机在工作过程中始终接收来自目标的电磁辐射，接收机输出信号与目标视在温度始终线性相关。全功率辐射接收机系统框图如图4-21所示。

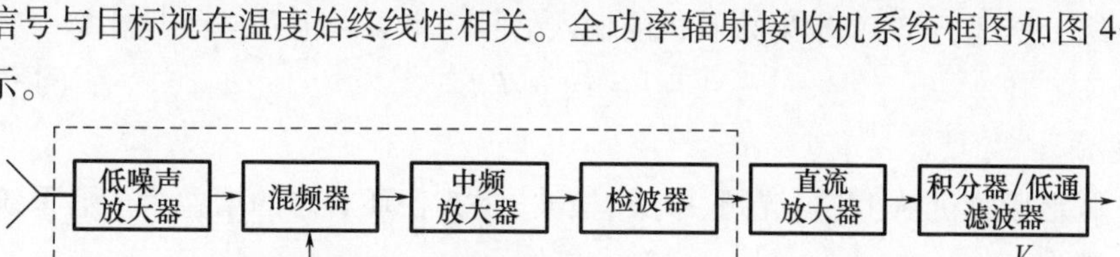

图4-21　全功率辐射接收机系统框图

1. 等效噪声温度

电阻是一个热噪声源,在单位带宽内输出的热噪声功率只与其物理温度有关:

$$P_{\mathrm{N}} = kT\Delta f \tag{4-37}$$

这样就可以用噪声温度去度量噪声功率,而且一个电阻的噪声温度就是它的物理温度。

这一方法可进一步应用于定义任何噪声源的等放输出噪声温度。例如,某一非热噪声源在中心频率 f 的一个窄频带 Δf 内输出的噪声功率 $P_{\mathrm{m}}(f)$,定义它的等效输出噪声温度为

$$T_{\mathrm{e}} = \frac{P(f)}{k\Delta f} \tag{4-38}$$

非热噪声源输出噪声功率可用其等效噪声温度 T_{e} 来度量。它相应于一个等效的电阻器产生与非热噪声源相等的输出噪声功率而应有的热力学温度。

2. 等效输入噪声温度

对接收机而言,输出信号为对输入信号放大了 G 倍,如果接收机在对信号放大的过程中不产生噪声(理想接收机),则输出信号的信噪比与输入信号的信噪比一样。

如果接收机在对信号放大的过程中产生了附加的噪声,必然导致输出信号的信噪比恶化。

为了表示接收机对输入信号信噪比恶化的程度,假定接收机是理想的,输入端在输入原有信号的同时还有一个附加的噪声源,原有输入信号和附加的噪声源同时加到理想接收机的输入端,使得输出信号的信噪比与实际接收机的输出信噪比一致,则这个噪声源称为等效噪声源。

由于噪声源的输出噪声功率可以用等效噪声温度来表示,这个功率为 P_{REC} 的等效噪声源对应的噪声温度称为等效输入噪声温度,用 T_{REC} 来表示。

综上所述,全功率辐射接收机的输入信号功率可以用系统噪声温度

$$T_{\mathrm{sys}} = T_{\mathrm{A}} + T_{\mathrm{REC}} \tag{4-39}$$

来表示。

假定接收机从 LNA、混频、中放、检波、滤波各环节总的增益为 G_{s} ,系统输出电压为

$$V_{\mathrm{out}} = G_{\mathrm{s}}(T_{\mathrm{A}} + T_{\mathrm{REC}}) \tag{4-40}$$

即全功率辐射接收机的输出直流电压 V_{out} 与系统的噪声温度 T_{sys} 有关。当系统增益因子 G_{s} 和高频前端的等效输入噪声温度 T_{REC} 为恒值时,则 V_{out} 与天线温度

T_A 成比例。

3. 接收机灵敏度

事实上，T_{REC} 和 G_s 都会受各种因素的影响产生起伏，导致输出电压 V_{out} 是一个随机变量，致使 T_A 检测的不确定性。

假定 V_{out} 的均值为 $\bar{V}_{out}$，标准差为 δ_{out}，则最小可以分辨的天线温度差为

$$\Delta T_{min} = \delta_{out}/(dV_{out}/dT_A) \tag{4-41}$$

当 V_{out} 在 $\bar{V}_{out}$ 附近以标准差 δ_{out} 随机起伏时，并不能确定变化是由 T_A 引起的，还是由于 T_{REC} 和 G_s 的起伏引起的，只有 V_{out} 变化超过 δ_{out}，才可以认为 T_A 发生了变化。

因此，ΔT_{min} 称为辐射接收机灵敏度，即辐射计最小可分辨温差。接收机灵敏度示意图如图 4-22 所示。

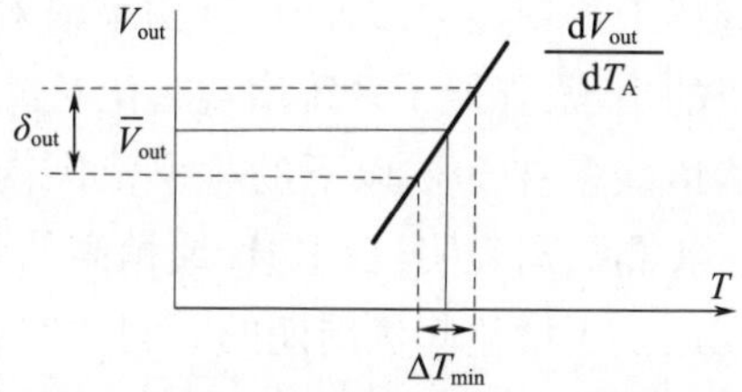

图 4-22　接收机灵敏度示意图

4. 影响辐射接收机灵敏度的因素

理论推导可知，辐射计灵敏度为

$$\Delta T_{min} = (T_A + T_{REC}) \cdot \left(\frac{1}{B\tau} + \left(\frac{\Delta G_s}{G_s}\right)^2\right)^{\frac{1}{2}} \tag{4-42}$$

式中：T_A 为天线温度；T_{REC} 为等效输入噪声温度；B 为接收机带宽；τ 为低通滤波器积分时间；$\frac{\Delta G_s}{G_s}$ 为接收机增益起伏。

根据式(4-42)，可以对辐射接收机灵敏度影响因素分析如下[9-10]：

1）系统的噪声特性

降低 $T_A + T_{REC}$，可以提高灵敏度，T_A 由被测目标决定，只能降低 T_{REC}，降低 T_{REC} 只能通过提高器件性能和降低系统工作温度实现，成本较高。

而且当 T_{REC} 降到与 T_A 相当时，T_A 占据主导地位，降低 T_{REC} 对灵敏度的改善已经不明显。

2）工作带宽

增加带宽 B 可提高灵敏度，但是由于高频前端的噪声温度 T_{REC} 往往随工作频率和带宽的增加而增加，故提高带宽 B 的同时，要考虑噪声温度的影响。

3）积分时间

增加积分时间 τ 可以提高灵敏度，但响应时间长，数据率低。

4）增益起伏

只有降低增益起伏因子，才有可能进一步提高灵敏度。为此，可采用高稳定度的电源，将整机置于恒温机壳内以及运用电子线路的恒温补偿措施等。

4.3.4 狄克式开关接收机

在接收机的增益起伏未得到显著改善时，全功率辐射接收机的灵敏度难以提高。狄克开关接收机的出现，降低了系统增益起伏对灵敏度的影响。

强幅度的增益起伏谱线落在 1Hz 以下的频率范围内，实际上不存在 1kHz 频率以上的增益起伏。实测数据表明，在 10Hz 或稍高的频率上，增益起伏已很不明显，因此，如果能在远小于增益起伏周期的时间内完成一次测量，则增益起伏的影响是很小的。

狄克式开关接收机如图 4-23 所示。

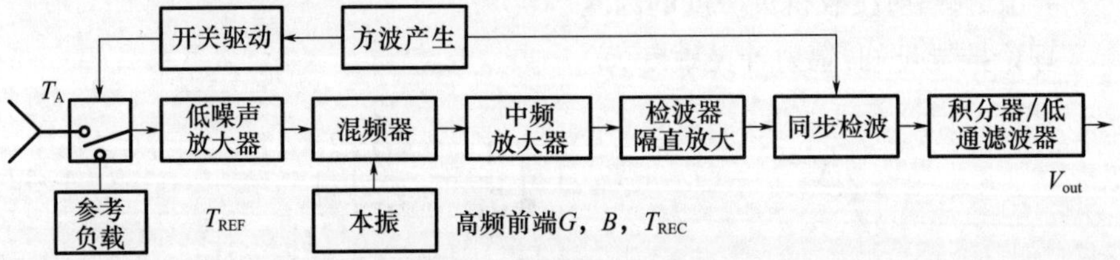

图 4-23　狄克式开关接收机

输入开关以 f_s 频率将接收机交替地与天线和参考负载接通，因此，接收机在某个半周期内接收来自参考负载的热噪声信号，而在另外的半周期内接收来自天线的场景热噪声信号。这意味着接收机的输入信号受到输入开关的调制，为保证在一个开关周期内系统的增益基本不变，以完成一次比较测量，开关频率应甚高于增益起伏谱中能起作用的最高次频谱分量。因此，开关频率通常远大于 10Hz。在这两个半周期内，平方律检波器输出的直流电压分别为

$$V_d(t)=\begin{cases}G_s(T_{REF}+T_{REC}) & \left(0\leqslant t<\dfrac{\tau_s}{2}\right)\\ G_s(T_A+T_{REC}) & \left(\dfrac{\tau_s}{2}<t\leqslant\tau_s\right)\end{cases}\tag{4-43}$$

式中：T_{REF} 为参考负载的噪声温度，$\tau_s=\dfrac{1}{f_s}$ 为一个开关周期；$V_d(t)$ 为大于零的方波信号。狄克式开关接收机的接收信号如图 4-24 所示。

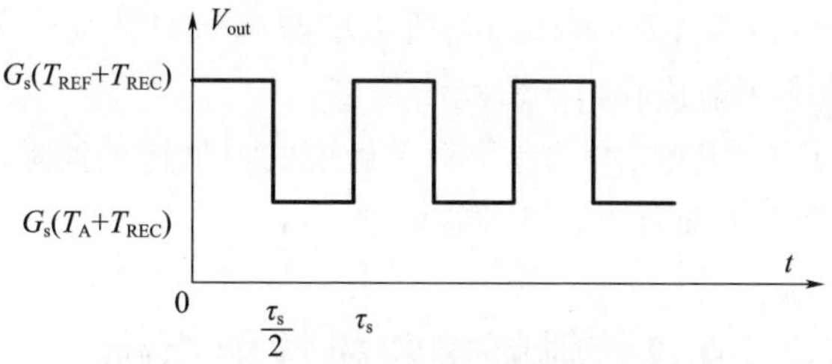

图 4-24　狄克式开关接收机的接收信号

其直流分量为

$$\begin{aligned}\bar{V}_d&=\frac{1}{2}[G_s(T_{REF}+T_{REC})+G_s(T_A+T_{REC})]\\&=G_s\left[T_{REC}+\frac{1}{2}(T_A+T_{REC})\right]\end{aligned}\tag{4-44}$$

通过隔直低放，$V_d(t)$ 中的交流分量被放大 G_L 倍：

$$V_{LF}(t)=G_L(V_d(t)-\bar{V}_d)=\begin{cases}G_sG_L(T_{REF}-T_A) & \left(0\leqslant t<\dfrac{\tau_s}{2}\right)\\ G_sG_L(T_A-T_{REF}) & \left(\dfrac{\tau_s}{2}<t\leqslant\tau_s\right)\end{cases}\tag{4-45}$$

同步检波器在输入开关频率 f_s 的控制下对 $V_{LF}(t)$ 进行同步检波，其输出电压直流分量为

$$\bar{V}_{LF}=\frac{1}{2}G_sG_L(T_{REF}-T_A)\tag{4-46}$$

式(4-46)表明，狄克式开关接收机输出的直流电压与接收机的等效噪声温度无关。由于采用了开关调制技术，增益起伏对灵敏的影响降低很多。

理论推导得到的狄克式辐射计的灵敏度表达式为

$$\Delta T_{\min}=\left(\frac{2(T_{\mathrm{REF}}+T_{\mathrm{REC}})^{2}+2(T_{\mathrm{A}}+T_{\mathrm{REC}})^{2}}{B\tau}+(T_{\mathrm{REF}}-T_{\mathrm{A}})^{2}\left(\frac{\Delta G_{\mathrm{s}}}{G_{\mathrm{s}}}\right)^{2}\right)^{\frac{1}{2}} \tag{4-47}$$

在狄克式开关接收机中,增益起伏对灵敏度的贡献由 $(T_{\mathrm{REF}}-T_{\mathrm{A}})\left(\frac{\Delta G_{\mathrm{s}}}{G_{\mathrm{s}}}\right)$ 决定,而在全功率辐射计中,增益起伏对灵敏度的贡献由 $(T_{\mathrm{A}}+T_{\mathrm{REC}})\left(\frac{\Delta G_{\mathrm{s}}}{G_{\mathrm{s}}}\right)$ 决定,因为 $(T_{\mathrm{REF}}-T_{\mathrm{A}})<(T_{\mathrm{A}}+T_{\mathrm{REC}})$,所以增益起伏对狄克开关接收机灵敏度的影响比对全功率辐射接收机的影响小得多。

当 $(T_{\mathrm{REF}}-T_{\mathrm{A}})=0$ 时,增益起伏对灵敏度的贡献将被消除。接收机工作在零平衡状态,称为零平衡狄克式开关接收机。

4.4 射频接收机性能指标

对于雷达导引头接收信号,如果没有噪声,则无论信号如何微弱,只要对信号的放大量足够,信号总是可以被检测出来的。实际工程应用中,接收信号中不可避免地存在噪声,与微弱的接收信号一起被放大,信号是否能够被检测主要取决于信噪比。因此,为提高接收机性能,通常要求接收机放大、变频的过程中对噪声的恶化程度越小越好,即要求接收机具有低噪声特性。

4.4.1 噪声系数

衡量接收机低噪声性能的主要指标为噪声系数和灵敏度。接收机噪声系数 F 定义为接收机输出信号信噪比相对于输入信号信噪比的恶化倍数,即

$$F=\frac{S_{\mathrm{i}}/N_{\mathrm{i}}}{S_{\mathrm{o}}/N_{\mathrm{o}}} \tag{4-48}$$

从噪声功率的角度看,接收机变频放大过程中的信噪比恶化,可以等效为在一个噪声系数为 1 的理想接收机(只对信号幅度放大,不会引起信噪比恶化)输入端有一个等效噪声源,如果等效噪声功率为 N_{e} ,接收机增益为 G ,则有

$$\frac{S_{\mathrm{i}}}{N_{\mathrm{i}}}=\frac{F\cdot S_{\mathrm{o}}}{N_{\mathrm{o}}}=\frac{F\cdot GS_{\mathrm{i}}}{G(N_{\mathrm{i}}+N_{\mathrm{e}})} \tag{4-49}$$

进而有

$$F=1+\frac{N_{\mathrm{e}}}{N_{\mathrm{i}}} \tag{4-50}$$

通常噪声功率可以用噪声温度表示，即 $N_e = kT_eB_n$ ，$N_i = kT_0B_n$ ，其中，k 为玻耳兹曼常数；B_n 为接收机带宽；T_e 为接收机等效噪声温度；T_0 为接收机输入噪声信号的等效噪声温度。接收机输入噪声信号通常由环境噪声、天线噪声和天线到接收机输入端的馈线热噪声引起，一般来说，可取 T_0=290K。

从而有接收机等效噪声温度与噪声系数之间的关系为

$$T_e = T_0(F - 1) \tag{4-51}$$

当接收机采用 n 级放大器级联实现时，若放大器的增益和噪声系数分别为 $G_1,G_2,\cdots,G_n$ ，$F_1,F_2,\cdots,F_n$ ，则接收机系统的级联噪声系数为

$$F = F_1 + \frac{F_2 - 1}{G_1} + \frac{F_3 - 1}{G_1G_2} + \cdots + \frac{F_n - 1}{G_1G_2\cdots G_{n-1}} \tag{4-52}$$

若放大器的等效输入噪声温度分别为 $T_1,T_2,\cdots,T_n$ ，则接收机系统的等效输入噪声温度为

$$T_e = T_1 + \frac{T_2}{G_1} + \frac{T_3}{G_1G_2} + \cdots + \frac{T_n}{G_1G_2\cdots G_{n-1}} \tag{4-53}$$

接收机噪声系数也可以用分贝数来表示。接收机的噪声系数主要取决于第一级放大器，这就要求第一级放大器具有较低的噪声系数和较高的增益，因此，接收机的第一级放大器通常采用低噪声放大器。由于接收机收入信号微弱，通常也要求第一级低噪声放大器之前的无源电路其插入损耗尽可能小。

4.4.2 灵敏度

接收机灵敏度定义为接收机可检测的最小信号功率 S_{min} 。接收机灵敏度直接决定了雷达的最大作用距离。接收机灵敏度越高，即 S_{min} 越小，雷达的最大作用距离越远。

接收机灵敏度与噪声系数密切相关，即

$$S_{min} = kT_0B_n\left(F - 1 + \frac{T_A}{T_0}\right)M \tag{4-54}$$

式中：T_A 为天线噪声温度；M 为接收机识别因子，即接收机最小可检测信噪比。

由式(4-54)可知，为提高灵敏度，必须尽量减少接收机噪声系数或等效噪声温度；尽量减少天线噪声温度；选用最佳带宽 B_n ；在满足系统性能要求的情况下，尽量减少识别因子 M。在雷达系统中，通常通过脉冲积累的方式减小识别因子 M。

通常灵敏度用功率来表示,并常以相对 1mW 的分贝数记值,即

$$S_{\min} = 10\lg \frac{S_{\min} W}{10^{-3}} = -114 + 10\lg B_n + F \tag{4-55}$$

在实际的雷达信号环境中,进入接收机频带的信号频谱很多。除了有用信号频率外,还有杂波和干扰信号频率。各种信号、干扰及其交调的存在,以及目标运动与起伏变化,使得接收信号的频谱及幅度特性变化非常大,因此,通常要求接收机具有大的动态范围。

4.4.3 动态范围

接收机动态范围的表示方法主要有 1dB 增益压缩点动态范围和无失真信号动态范围。

1. 1dB 增益压缩点动态范围

放大器工作在线性区时,其输入信号功率随输入信号功率线性增加。随着输入功率增加,放大器进入非线性区,增益下降。通常把增益下降到比线性增益低 1dB 时的输入功率值称为 1dB 压缩点输出功率。

1dB 增益压缩点动态范围定义为:当接收机的输出功率大到产生 1dB 增益压缩时,输入信号功率和可检测的最小信号或等效噪声功率之比,即

$$\mathrm{DR}_{-1} = \frac{P_{i-1}}{P_{i\min}} = \frac{P_{o-1}}{P_{i\min} G} \tag{4-56}$$

推导可得

$$\mathrm{DR}_{-1} = P_{o-1} + 114 - NF - 10\lg\Delta f - G \tag{4-57}$$

$$\mathrm{DR}_{-1} = P_{i-1} + 114 - NF - 10\lg\Delta f \tag{4-58}$$

式中:P_{o-1} 为 1dB 压缩点输出功率(dBm);NF 为 F(dB);Δf 为接收带宽(MHz);G 为增益(dB)。

2. 无失真信号动态范围

当频率为 f_1 和 f_2 的两个信号同时进入放大器输入端时,由于放大器的非线性作用,放大器输出信号中,除了 f_1 和 f_2 的频谱分量外,还会产生 $mf_1 \pm nf_2$(m,n 为正整数)的交调分量。其中,三阶交调分量 $2f_1 - f_2$ 和 $2f_2 - f_1$ 距离 f_1 和 f_2 最近,幅度最大。交调分量的存在会引起频谱失真。

无失真信号动态范围,又称无虚假信号动态范围(Spurious Free Dynamic Range,SFDR)或无杂散动态范围,是指接收机的三阶交调等于最小可检测信号时,接收机输入(或输出)的最大信号功率与三阶交调信号功率之比,即

$$\mathrm{DR}_{\mathrm{sf}} = \frac{P_{\mathrm{isf}}}{P_{\mathrm{imin}}} = \frac{P_{\mathrm{osf}}}{P_{\mathrm{imin}} G} \tag{4-59}$$

若忽略高阶分量和非线性所产生的相位失真的转换，则无虚假信号动态范围和1dB增益压缩点动态范围之间的关系近似为

$$\mathrm{DR}_{\mathrm{sf}} = \frac{2}{3}(\mathrm{DR}_{-1} + 10.65) \tag{4-60}$$

即当1dB增益压缩点动态范围为80dB时，无虚假信号动态范围为60dB左右。

雷达接收机系统的增益是由接收机的灵敏度、动态范围以及接收机输出的处理方式所决定的。在现代雷达接收机中，接收机输出的中频信号或基带信号（基带信号是指零中频的输出信号，其信号载波为0，但信号中包含了回波信号的幅度信息和相位信息）一般都要通过A/D转换器转换成数字信号再进行信号处理。所以，当根据动态范围和噪声系数的需要为接收机选择了适当的A/D转换器后，接收机的系统增益就确定了。一般来说，高频低噪声放大器的增益要比较高，以减小放大器后的混频器和中频放大器噪声对噪声系数的影响。但是高放的增益也不能太高，如果太高，一方面会影响放大器的工作稳定性，另一方面会影响接收机的动态范围。增益、噪声系数和动态范围是三个互相关联而又相互制约的参数。要实现系统线性大动态，需要合理分配增益。

为了与A/D转换器的接口匹配，最大输出信号要保持在10dBm，如果接收机动态范围为80dB，则A/D转换器的最小信号可能达到-70dBm，接收机的噪声只能在A/D转换器中占一位（A/D转换器每一位对应的动态范围约为6dB），这就大大增加了A/D转换器的性能需求。解决这一问题的方法：一是进一步提高A/D转换器的位数及最大输入电平；二是将中频信号接入对数放大器，经过对数压缩之后，再进行A/D转换，这样就大大减轻了A/D转换器的压力。

对数放大器是一种常用的扩展接收机动态范围的方法。对一个线性接收机（由线性放大器组成的接收机）而言，其动态达到60dB以上就比较困难；但对一个对数接收机（由线性放大器和对数放大器组成的接收机）而言，其动态可达到80dB甚至90dB。

对数放大器的振幅特性可表示为

$$\begin{cases} u_{\mathrm{o}} = K u_{\mathrm{i}} & (u_{\mathrm{i}} \leqslant u_{\mathrm{i1}}) \\ u_{\mathrm{o}} = u_{\mathrm{o1}} \ln \dfrac{u_{\mathrm{i}}}{u_{\mathrm{i1}}} + u_{\mathrm{o1}} & (u_{\mathrm{i}} > u_{\mathrm{i1}}) \end{cases} \tag{4-61}$$

当 $u_{\mathrm{i}} \leqslant u_{\mathrm{i1}}$ 时放大器工作在线性段，$u_{\mathrm{i}} > u_{\mathrm{i1}}$ 时放大器工作在对数段，u_{i1} 为对数

起点电压。由于输入对数特性的作用,对数放大器的输入动态范围一般比输出动态范围大,输入动态范围与输出动态范围的比值 C 称为放大器的压缩系数。

具有对数放大器的超外差式接收机通常称为对数接收机。对数接收机不仅具有良好的大动态特性,而且由于其杂波输出的均方根值是一个不变的量,因此具有良好的恒虚警特性。

4.5 接收机灵敏度时间控制与自动增益控制

在现代雷达接收机中,往往要求接收机的动态范围达到 100dB 甚至更高,通常采用灵敏度时间控制(Sensitivity Time Control,STC)电路和 AGC 电路来进一步扩展接收机的动态范围。

4.5.1 灵敏度时间控制

灵敏度时间控制又称作近程增益控制或时间增益控制,其含义就是在近距离时使接收机的灵敏度降低(用控制放大器的增益或数控衰减器的办法),以期防止近程杂波使接收机发生饱和;在远距离时使接收机保持原来的增益和灵敏度,以保证小目标的获取和辨别[11]。

在雷达实际工作中,不可避免地会遇到近程地面或海面分布物体反射的干扰,如海浪反射的杂波干扰和丛林等地物反射的杂波干扰。这些分布物体反射的干扰功率通常在方位上相对不变,而在距离上确实相对平滑地减少。根据试验,从海浪反射的杂波干扰功率 P_{ni} 与距离 R 的关系为

$$P_{ni} = KR^{-a} \tag{4-62}$$

式中:K 为比例常数,与雷达反射功率有关;a 为由试验条件所决定的系数,与天线方向图的形状有关,一般取 $a = 2.7 \sim 4.7$。

在有杂波干扰时,接收机的增益如果高(保证接收机的灵敏度),则在杂波干扰中的近程目标就会使接收机饱和。如果把接收机的增益调得过低,虽然杂波干扰中近程目标不过载,但接收机灵敏度被大大降低,从而影响远区目标的检测。为了解决这个矛盾,采用灵敏度时间增益控制电路。其基本原理是每次发射脉冲后,产生一个负极性的随时间渐趋于零的控制电压,供给可调增益放大器的控制级,使接收机的增益按此规定电压的形状跟随着变化,这个控制电压与接收机灵敏度随时间或目标距离变化的曲线如图 4-25 所示。STC 电路实

际上是一个接收机增益随时间而变化的调整电路，主要问题是如何产生一个与这一波形相匹配的电压波形。海浪反射的杂波干扰功率与距离呈指数衰减形式，因此接收机灵敏度同样按这个形势变化。

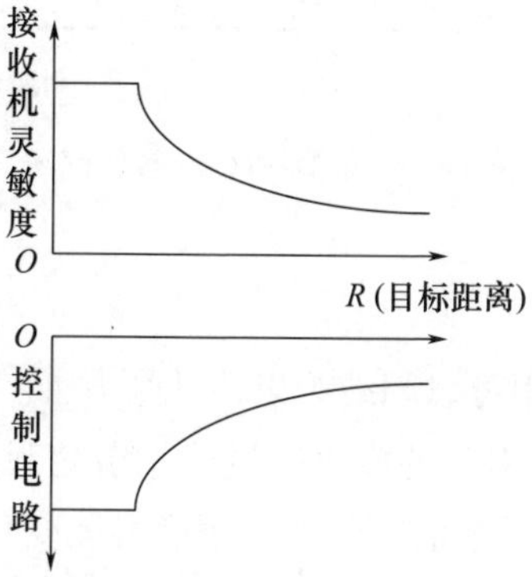

图 4-25　灵敏度时间控制电路中控制电压与灵敏度曲线

近程分布目标的杂波干扰很强，当控制电压太强时，可能使接收机的增益减小到零而停止工作。为避免这一点，在开始时有一个平台，相当于有一个时间延迟的自动增益控制电路。这个控制电压可以利用 RC 电路的放电得到。在现代雷达中，STC 往往用数控衰减器来完成。数控衰减器控制灵活，控制信号可以根据雷达周围的杂波环境来确定，STC 可以设置在中频或射频，甚至可以放置在接收机输入端的馈线里，会使接收机的动态范围大大提高。

射频 STC 电路方框图如图 4-26 所示。它是由一个射频衰减器及其 STC 信号产生器组成的，射频衰减器是由 PIN 衰减器组成的。PIN 管在正向导通时，其导通电阻大小随偏置电流大小而变化，可以把它用作高频可变电阻，使通过它的高频信号得到可控的衰减量。STC 信号产生器用于产生一个随时间延迟变化的偏置电流，由距离计数器、EPROM、D/A 转换器和电流驱动器组成。距离计数器由导前脉冲清零，然后对输入时钟信号进行计数，每一个时钟脉冲表示一个距离单元，同时，距离计数器的输出作为地址码对 EPROM 寻址，EPROM 每个存储单元的 12bit 数据是预先编程的，这些数据是随延时增加而逐渐降低的。这些数据按时间先后顺序，通过一个数据寄存器 LS-374 加到 D/A 转换器，由此转换成模拟信号。最后，这些模拟信号通过电流驱动器，变成具有阶梯形状的偏置电流，当这种偏置电流提供给 PIN 衰减器时，通过衰减器的高频信号将按偏置电流成比例地衰减。

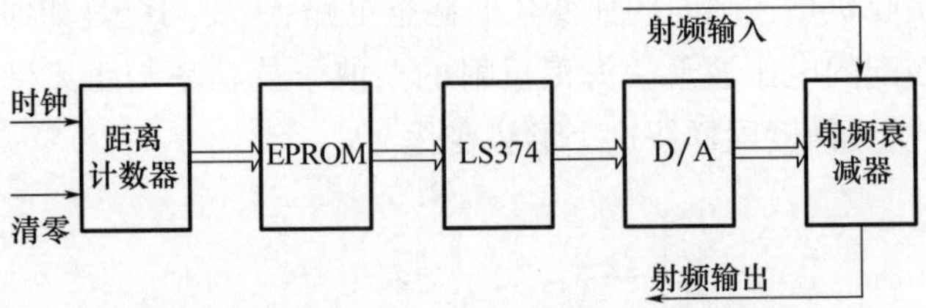

图 4-26　射频 STC 电路方框图

4.5.2　自动增益控制

接收机中的 AGC 作用可以归纳为以下几个方面：

(1) 防止由于强信号引起的接收机过载。雷达观测目标有大小、远近之分(包括杂波和干扰信号)，反射信号的强弱程度可能变化很大。当大目标处于近距离时，其反射信号很强，这就可能使接收机发生过载现象，破坏接收机的正常工作。为了防止强信号使接收机过载，就要求接收机的增益可进行调节，当信号强时，接收机工作于低增益状态；当信号弱时，则工作于高增益状态。

(2) 补偿接收机增益的不稳定。接收机工作时，由于电源电压不稳定，环境温度、电路工作参数的变化等，都可能引起接收机增益不稳定，用 AGC 可以补偿这种增益的不稳定。

(3) 在跟踪雷达中用于保证角误差信号的归一化[1,12]。归一化的角误差信号是指雷达控制天线转动的误差信号只与目标对天线轴线的偏离角有关，而与回波信号的强弱无关。实际雷达接收机的信号随目标的远近及反射面的大小而不同，假如接收机中没有自动增益控制，这个要求是达不到的，因为即使天线波束的轴线与目标位置方向的夹角不变，接收机回波信号幅度也会随着目标距离和大小的变化而变化。这种增益控制必须采用惰性小的自动增益控制，使其输出信号的强度基本上保持为一个常数，成为归一化的角误差信号。

AGC 一般组成方框图如图 4-27 所示。图中虚线部分就是 AGC 电路，一般由视频放大器、阈值电路、脉冲展宽电路、峰值检波器、低通滤波器、直流放大器和隔直放大器组成(常用射极输出器来完成)。

阈值电路是一个比较电路，它有一个阈值电压 E_d，使电路平常处于截止状态，只有当输入脉冲信号幅度值超过阈值电压时，电路才导通而让视频电压通过，这时 AGC 电路才由控制电压 E_{AGC} 送到受控级去进行增益控制。视频放大器和直流放大器用来提高 AGC 电路的增益，增益越高，增益控制越灵敏，接收机输出电压偏离阈值电压的数值越小。在实际工作中，两种放大器可以都用，

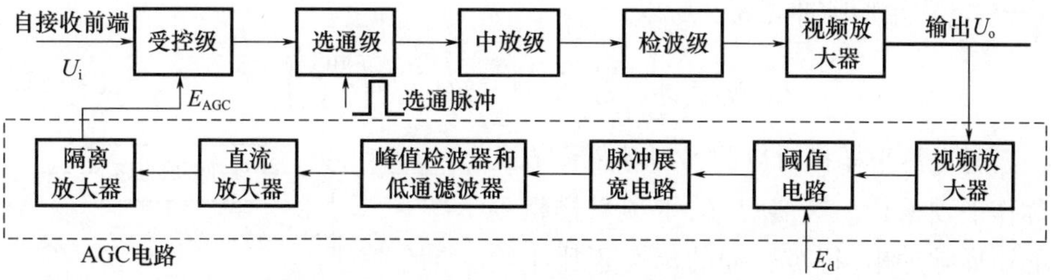

图 4-27　AGC 一般组成方框图

也可以只用一种,视具体技术要求而定。脉冲展宽电路用来展宽视频脉冲,以使峰值检波器的效率得以提高,这样就能保证在脉冲重复频率较低和脉冲宽度较窄时,仍能具有足够大的检波输出电压。隔离放大器主要用来做前后级之间的隔离。峰值检波器有时也称视频脉冲检波器,其作用主要是提取视频脉冲的包络信号,低通滤波器则是滤去不必要的较高频率成分,以保证输出电压就是所需要的自动增益控制电压 E_{AGC} 。

4.6　A/D 采样

4.6.1　A/D 转换器工作过程

A/D 转换器的工作过程可以大致分为采样、保持、量化、编码、输出等几个环节。下面着重介绍采样、量化和编码。

1. 采样

理想的采样是用周期性的冲激序列和给定的信号相乘,把时域上连续的信号转换成时域离散的信号。在实际中,真正的冲激序列是无法实现的,通常代之以窄脉冲串。这样,就可以得到顶部随给定信号变化的脉冲序列,这种采样方法称为自然采样。已采样信号的表达式为

$$f_d(t) = f_a(t)m(t) \tag{4-63}$$

式中: $m(t)$ 为矩形脉冲序列; $f_a(t)$ 为输入信号。已采样信号的频域表达式为

$$F_d(\omega) = \frac{1}{2\pi}[F_a(\omega) * M(\omega)] \tag{4-64}$$

式中: $F_d(\omega)$, $F_a(\omega)$, $M(\omega)$ 分别为 $f_d(t)$, $f_a(t)$, $m(t)$ 的频谱,而

$$M(\omega) = 2\pi \sum_{-\infty}^{\infty} \delta(\omega - n\omega_s) \mathrm{Sa}\left(\frac{n\omega_s \tau}{2}\right) \tag{4-65}$$

式中：τ 为矩形脉冲宽度。所以

$$F_{\mathrm{d}}(\omega)=\frac{1}{2\pi}\sum_{n=-\infty}^{\infty}F_{\mathrm{a}}(\omega-n\omega_{\mathrm{s}})\ \mathrm{Sa}\left(\frac{n\omega_{\mathrm{s}}l}{2}\right)\tag{4-66}$$

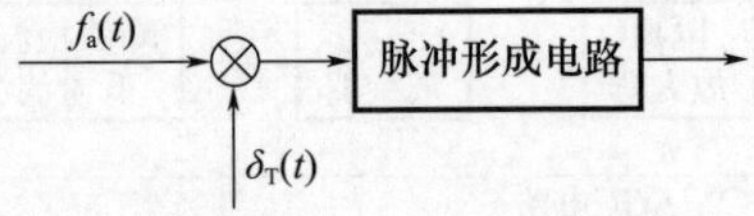

图 4-28　平顶采样的原理

与自然采样相对应的另一种采样方式称作平顶采样。顾名思义，平顶采样得到的矩形脉冲串，每个脉冲的幅度正比于给定信号的瞬时抽样值。平顶采样的原理如图 4-28 所示。假如脉冲形成电路的时域和频域传输特性分别为 $h(t)$ 和 $H(\omega)$，则已采样信号的表达式如下：

$$f_{\mathrm{d}}(t)=[f_{\mathrm{a}}(t)\delta_{\mathrm{T}}(t)]\ m(t)\tag{4-67}$$

利用理想采样的结果就可以得到平顶采样的频域表达式

$$F_{\mathrm{d}}(\omega)=\frac{1}{T}H(\omega)\sum_{n=-\infty}^{\infty}F_{\mathrm{a}}(\omega-2n\omega_{\mathrm{s}})=\frac{1}{T}\sum_{n=-\infty}^{\infty}H(\omega)F_{\mathrm{a}}(\omega-2n\omega_{\mathrm{s}})\tag{4-68}$$

由式(4-68)可以看出，平顶采样是由 $H(\omega)$ 加权后的周期性频谱 $F_{\mathrm{a}}(\omega)$ 所组成的。

模拟信号经过采样后变成了时域离散的信号，但其采样值仍是连续变化的。如果用 M 个离散的电平值来表示这些采样值，就可以把幅度连续的信号，变成幅度离散的信号，这就是所谓的量化。

2. 量化

可以用图 4-29 更形象地说明量化过程。把$[m_1,m_2]$范围内的值用电平 q_1 来表示，把$[m_2,m_3]$范围内的值用电平 q_2 来表示，……，把$[m_{i-1},m_i]$范围内的值用 q_{i-1} 来表示。在图中，输入信号值域是按等距离分割后进行的量化，即为均匀量化。每个量化区间的量化电平均取在各区间的中点。如果输入信号的最小值和最大值分别为 a、b，则有

$$\Delta V=m_2-m_1=m_3-m_2=\cdots=\frac{b-a}{M}\tag{4-69}$$

成立，ΔV 称为量化间隔。第 i 个量化区间的终点为

$$m_i=a+i\Delta V\tag{4-70}$$

第 i 个量化区间的量化电平为

$$q_i=\frac{m_i+m_{i-1}}{2}=a+\frac{(2i-1)\ \Delta V}{2}\tag{4-71}$$

量化电平的个数 M 通常为 2^n。这样，M 个离散的电平就可以用一个 n 位的

二进制数来表示，用 n 位二进制数表示量化电平就称为编码。

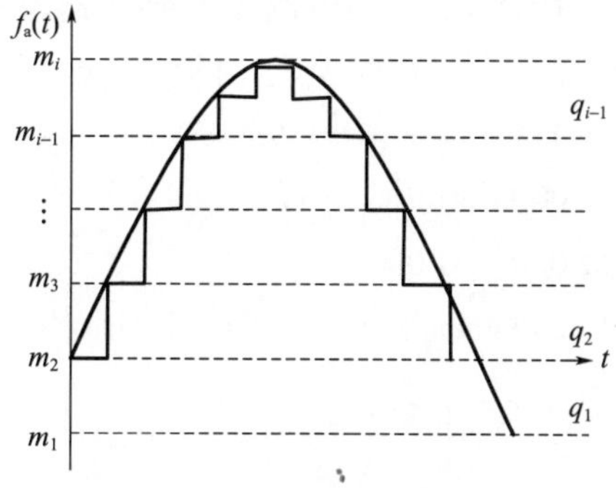

图 4-29　量化示意图

3. 编码

编码的方式很多，有偏移码、2 的补码、二进制无极性码、1 的补码等。对于单极性二进制码（Unipolar Binary），如输入信号在 $[0, V_{FS}]$ 范围内，编码位数为 n 位，则码字与码字所表示的电压之间关系为

$$V = V_{FS}\sum_{i=1}^{n}\frac{a_i}{2^i} \tag{4-72}$$

式中：a_i 为二进制数 0 或 1。由式（4-72）可以看出，编码位数 n 越大，码字所表示的电压值越接近 V_{FS}。对于有限的编码位数 n，其能表示的最大电压总小于 V_{FS}。当令 $a_i = 1$ 时，就可以得到最大输入电压与编码位数之间的关系为

$$V_{max} = V_{FS}\left(1 - \frac{1}{2^n}\right) \tag{4-73}$$

例如，工作范围在 0 ~ 10V 的 12 位单极性 A/D 转换器，其码字在最大和最小时所表示的电压分别为

V_{max} 时，编码为 111 111 111 111 =+ 9.9976V；

V_{min} 时，编码为 000 000 000 000 = 0V。

对于二进制偏移码（Offset Binary）而言，如输出信号在 $[-V_{FS}, +V_{FS}]$ 范围内，编码位置为 n 位，则码字与码字所表示的电压之间关系为

$$V = V_{FS}\sum_{i=1}^{n}\left(\frac{a_i}{2^{n-1}} - 1\right) \tag{4-74}$$

同样，可以得到码字所能表示的最大和最小电压，即

$$V_{max} = V_{FS}\left(1 - \frac{1}{2^{n-1}}\right) \tag{4-75}$$

$$V_{min} = -V_{max} \tag{4-76}$$

工作范围在(-10~10V),12 位双极性 A/D 转换器,在二进制偏移码的编码方式下,其码字在最大、中间和最小时所表示的电压分别为

V_{max} 时,编码为 111 111 111 111 =+ 9.995V ;

V_{mid} 时,编码为 100 000 000 000 = 0V ;

V_{min} 时,编码为 000 000 000 000 =- 10V 。

1 的补码(One's Complement)码字与码字所表示的电压关系为

$$V = V_{FS}\left[\sum_{i=2}^{n}\left(\frac{a_i}{2^{n-1}}\right) - a_1 + \frac{a_1}{2^{n-1}}\right] \tag{4-77}$$

$$V_{max}(\text{正}) = V_{FS}\left(1 - \frac{1}{2^{n-1}}\right) \tag{4-78}$$

$$V_{max}(\text{负}) = -V_{FS}\left(1 - \frac{1}{2^{n-1}}\right) \tag{4-79}$$

工作范围在(-10~10V),12 位双极性 A/D 转换器,编码形式为 1 的补码时,其码字在最大、中间和最小时所表示的电压分别为

V_{max} 时,编码为 111 111 111 111 =+ 9.995V ;

V_{mid} 时,编码为100 000 000 000

011 111 111 111 = 0V ;

V_{min} 时,编码为 000 000 000 000 =- 10V 。

2 的补码(Two's Complement)是一种用得很广的编码方式,对于数字运算非常有利,便于数字信号处理器对数据的处理。其表达式为

$$V = V_{FS}\left[\sum_{i=2}^{n}\left(\frac{a_i}{2^{n-1}}\right) - a_1\right] \tag{4-80}$$

$$V_{max} = V_{FS}\left(1 - \frac{1}{2^{n-1}}\right) \tag{4-81}$$

工作范围在(-10~10V),12 位双极性 A/D 转换器,编码形式为 2 的补码时,其码字在最大、中间和最小时所表示的电压分别为

V_{max} 时,编码为 011 111 111 111 =+ 9.995V ;

V_{mid} 时,编码为 000 000 000 000 = 0V ;

V_{min} 时,编码为 100 000 000 000 =- 10V 。

4.6.2 A/D 转换器性能指标

衡量 A/D 转换性能的指标有 A/D 转换位数、转换灵敏度、信噪比、转换速

率、无杂散动态范围、孔径抖动、微分非线性和积分非线性等。下面介绍其中几种。

1. 转换灵敏度

转换灵敏度又称量化电平。假设一个 A/D 器件的输入电压为$(-V,V)$,转换位数为 N,即它有 2^N 个量化电平,则它的量化电平为 $\Delta V = 2V/2^N$ 。一般来说,量化电平可表示为 $Q = V_{\text{p-pmax}}/2^N$,其中 $V_{\text{p-pmax}}$ 为输入电压峰-峰最大值。显然,A/D 转换的位数越多,器件的电压输入范围越小,它的转换灵敏度越高。

2. 信噪比

对理想的 A/D 来说,和系统指标最密切相关的是 A/D 的信噪比,通常一个幅度与 A/D 最大电平匹配的正弦波,可表示为

$$V_{\text{p-pmax}} = 2^N Q \tag{4-82}$$

式中:N 为 A/D 的分辨率;Q 为量化分层电平。

最大功率

$$P_{\max} = \left(\frac{V_{\text{p-pmax}}}{2\sqrt{2}}\right)^2 = \frac{2^{2N}Q^2}{8} \tag{4-83}$$

在没有输入噪声的情况下,最小电压被认为是量化电平,最小功率为

$$P_{\max} = \left(\frac{V_{\text{p-pmin}}}{2\sqrt{2}}\right)^2 = \frac{Q^2}{8} \tag{4-84}$$

此时动态范围

$$\text{DR} = 10\lg\frac{P_{\max}}{P_{\min}} = 20N\lg 2 \approx 6N \tag{4-85}$$

当最小位为噪声位时,最小信号用噪声的均方差来表示,假设噪声是均匀分布的,此时量化噪声功率 N_{b} 为

$$N_{\text{b}} = \frac{1}{Q}\int_{-\frac{Q}{2}}^{\frac{Q}{2}} x^2\,\mathrm{d}x = \frac{Q^2}{12} \tag{4-86}$$

因此,理想 A/D 的最大信噪比为

$$\left(\frac{S}{N}\right)_{\max} = \frac{P_{\max}}{N_{\text{b}}} = \frac{3}{2} \times 2^{2N} \tag{4-87}$$

用对数形式表示为

$$\text{SNR} = 10\lg\frac{P_{\max}}{N_{\text{b}}} \approx 6N + 1.76 \tag{4-88}$$

如果信号带宽固定,采样频率提高,效果就相当于在一个更宽的频率范围

内扩展量化噪声,从而使信噪比有所提高;如果信号带宽变窄,在此带宽内的噪声也减少,信噪比也会有所提高。因此,一个满量程的正弦信号,SNR 可准确地表示为

$$\mathrm{SNR} \approx 6N + 1.76 + 10\lg(f_s/2B) \tag{4-89}$$

式中:f_s 为采样频率; B 为模拟信号带宽。

3. 孔径抖动

在 A/D 中,噪声基底抬高的一个重要因素是 A/D 时钟孔径的不确定性[13]。孔径不确定性是噪声调制采样时钟的结果。孔径的不确定性主要来自两个方面:一个是 A/D 内部采样保持电路或带锁存比较器取样时,样本时间延迟的变化;另一个是采样时钟本身上升、下降沿触发抖动。采样时钟抖动取决于提供时钟的振荡器频谱纯度。

孔径不确定性本身为一个孔径误差,这个误差的幅度与模拟输入信号的变化速率有关(通常称为“摆率”)。

模拟输入信号的变化速率为 $\frac{\mathrm{d}V(t)}{\mathrm{d}t}$,当孔径抖动为 Δt 时,孔径抖动引入的电压误差为 $\Delta V = \frac{\mathrm{d}V(t)}{\mathrm{d}t}\Delta t$,ΔV 表示孔径抖动引入的电压误差。

当输入正弦波时,即

$$V(t) = A\sin(2\pi ft), \frac{\mathrm{d}V(t)}{\mathrm{d}t} = 2\pi Af\cos(2\pi ft) \tag{4-90}$$

$t = 0$ 时,式(4-90)取最大值

$$\left.\frac{\mathrm{d}V(t)}{\mathrm{d}t}\right|_{t=0} = 2\pi Af \tag{4-91}$$

这样,由孔径抖动引入的误差电压为

$$\Delta V = \left.\frac{\mathrm{d}V(t)}{\mathrm{d}t}\right|_{t=0} \Delta t = 2\pi Af\Delta t \tag{4-92}$$

理论上,由孔径抖动所限制的 SNR 公式为

$$\mathrm{SNR} = -20\lg(2\pi f_a \Delta t_{\mathrm{rms}}) \tag{4-93}$$

式中:SNR 是信噪比;f_a 是模拟输入信号频率; Δt_{rms} 是孔径抖动的均方根值。从式(4-93)可知,孔径抖动的均方根与模拟输入信号的输入频率成正比。

例如,对于输入频率为 101MHz 的正弦波,如果用孔径抖动均方值为 10ps 的时钟采样,其理论 SNR 的限制为

$$\mathrm{SNR} = -20\lg(2\pi \times 101 \times 10^6 \times 10 \times 10^{-12}) \approx 44(\mathrm{dB})$$

因此,当模拟信号的输入频率较高时,系统要求的动态范围越大,则要求采样时钟的孔径不确定性越小。采样时钟的抖动取决于提供时钟的振荡器频谱的纯度。

4. 无杂散动态范围

无杂散动态范围在 A/D 中是指在第一 Nyquist 区测得的信号幅度的有效值与最大杂散分量有效值之比的分贝数。它反映的是 A/D 输入端存在大信号时,接收机辨别有用小信号的能力。

对于一个理想的 A/D 转换器来说,当其输入满量程信号时,SFDR 值为最大。在实际应用中,当输入信号比满量程低几个分贝时,出现最大的 SFDR。这是由于 A/D 在输入信号接近满量程时,其非线性误差和其他失真都会增大的缘故。另外,由于实际输入信号幅度的随机波动,当输入信号接近满量程时,信号幅度超出满量程值的概率增加,这也会带来限幅所造成的额外失真。

在 A/D 手册中可以看到,n 位 A/D 的 SFDR 值通常比 SNR 值大很多。例如 AD9024 的 SFDR 值为 80dB,而 SNR 的典型值为 65dB(理论值为 74dB)。这是因为 SFDR 这个指标只是考虑了由于 A/D 非线性引起的噪声,仅仅是信号功率和最大杂散功率之比;而 SNR 是信号功率和各种误差功率之比,误差包括量化噪声、随机噪声以及非线性失真,故 SNR 比 SFDR 要小。

在信号带宽比采样带宽低很多时,噪声减少使得 SNR 性能指标提高,而且可以通过窄带数字滤波再加以改善,但寄生分量可能仍然落在滤波器带内而无法消除。

5. 非线性误差

非线性误差是指 A/D 理论转换值与其实际特性之间的差别。非线性误差可分为微分非线性(Differential Non-linearity)误差和积分非线性(Integral Non-linearity)误差。

微分非线性误差是指对于一个固定的编码,其理论的量化电平与实际的最大电平之差。常用实际的量化电平与理想量化电平相比,用所差的百分比或零点几位来表示。微分非线性误差主要是由 A/D 本身的电路结构工艺等原因引起在量程中某些点的量化电压与标准的量化电压不一致而造成的。微分非线性误差引起的失真分量与输入信号的幅度和非线性出现的位置有关。

积分非线性误差是指 A/D 的实际转换特性与理想转换特性直线之间的最大偏差,常用满刻度的百分比来表示。积分非线性误差是由模拟接收前端、采样保持器以及 A/D 传递函数的非线性造成的。

4.6.3 A/D 转换器的选择原则

A/D 转换器的选择原则有以下几个：

(1) 采样速率选择。如果 A/D 之前的带通滤波器矩形系数为 r($r = B'/B$ ，B 为滤波器通带带宽，B' 为滤波器通带与过渡带带宽之和)，为防止带外信号影响有用信号，A/D 器件的采样速度应取为

$$f_s \geqslant 2B' \tag{4-94}$$

允许过渡带混叠时，采样速度可取为

$$f_s \geqslant (r+1)B' \tag{4-95}$$

例如某中频回波信号的带宽 $B = 20\text{MHz}$ ，滤波器矩形系数 $r = 2$，则应有采样速率 $f_s \geqslant 80\text{MHz}$ 。若允许过渡带混叠，则 $f_s \geqslant 60\text{MHz}$ 。

(2) 采用分辨率好的 A/D 器件。因为 A/D 器件的分辨率越高，所需要的输入信号幅度越小，对接收前端的增益要求越小，它的三阶阶段点可以做得较高。A/D 的分辨率主要取决于器件的转换位数和器件的信号输入范围。转换位数越高，信号输入范围越小，A/D 性能越好，但对器件性能要求越高。

(3) 根据接收机动态范围确定 A/D 转换位数。由于 A/D 的动态范围指标主要取决于转换位数，A/D 转换位数越多，其动态范围越大。

(4) 根据环境条件选择 A/D 芯片的环境参数，如功耗、工作温度等。A/D 转换器的功耗应尽可能低，因为器件的功耗太大会带来供电、散热等许多问题。

(5) 根据接口特征选择合适的 A/D 输出状态。例如 A/D 是并行输出还是串行输出，输出的是 TTL 电平或 CMOS 电平还是 ECL 电平，输出编码是偏移码方式还是补码方式。

讨论 A/D 的性能，主要是为了获得 A/D 与接收前端的最佳匹配。最佳是指在接收前端和 A/D 性能允许范围内获得所希望的接收机灵敏度和动态范围。为了确定系统灵敏度，必须确定接收前端与 A/D 组合后噪声系数的恶化程度。

在理想情况下，A/D 的等效噪声功率估算公式为 $N_{A/D} = Q^2/12$，其中，Q 为量化分层电平。A/D 的实际噪声远大于理论量化噪声功率，只能根据具体 A/D 器件所能达到的 SNR 指标确定 A/D 是否满足系统灵敏度和动态范围的要求。

在数字接收系统中，可以采用“过采样”技术改善 A/D 的信噪比。在带通采样技术中，采样频率只要大于信号带宽 2 倍，就能不失真地恢复信号的全部基带信息。下采样(Under-converter)是指时钟信号频率低于信号的频率。例如采用 10MHz 的时钟采集 12.5MHz 的中频信号。过采样(Over-converter)是针

对输入信号带宽而言的,若采样时钟频率大于被采集信号带宽的2倍,都认为是过采样。

接收机进行中频采样时,下采样和过采样有可能同时存在。例如,用10MHz时钟采集12.5MHz中心频率、带宽2.5MHz的信号,这时的采样时钟既低于信号频率又大于信号带宽的2倍,因此既是下采样又是过采样。

过采样的好处是获得处理增益。由于对一定的A/D而言,其总的噪声能量保持恒定,随着采样率的提高,噪声被扩散到更宽的频率范围,采样之后的数字滤波将高于信号带宽的噪声能量滤波,从而获得信噪比的改善。其改善的理论值为 $10\lg(f_s/2B)$,其中 f_s 为采样频率,B 为信号带宽。

参考文献

[1] SHERMAN S M,BARTON D K. 单脉冲测向原理与技术[M]. 周颖,陈远征,赵锋,等译. 2版. 北京:国防工业出版社,2013.

[2] RUBIN S N. A Wideband UHF Logarithmic Amplifier[J]. IEEE Journal of Solid-State Circuits,1966,1(2):74-81.

[3] CRONEY J. A Simple Logarithmic Receiver[J]. Proceedings of the IRE,1951,39(7):807-813.

[4] 李路. 0.4~18GHz 超宽带接收机测试系统的设计与实现[D]. 成都:电子科技大学,2016.

[5] 李常中. 30MHz~8GHz 宽带接收机前端设计研究[D]. 南京:南京邮电大学,2018.

[6] 杨静. 信道化数字接收机技术的研究[D]. 成都:电子科技大学,2006.

[7] 王思航. 基于 FPGA 的数字信道化接收机设计与实现[D]. 哈尔滨:哈尔滨工程大学,2018.

[8] 高昭昭,孟建,华云,等. 毫米波辐射无源探测技术[M]. 北京:国防工业出版社,2017.

[9] 栾英宏. 毫米波主被动复合近程探测目标识别方法研究[D]. 南京:南京理工大学,2010.

[10] PEICHL M,DILL S,JIROUSEK M,et al. Microwave Radiometry-Imaging Technologies and Applications[C]//Proceedings of WFMN07. Chemnitz:[s. n.],2007:75-83.

[11] 弋稳. 雷达接收机技术[M]. 北京:电子工业出版社,2005.

[12] DUNN J H,HOWARD D D. The Effects of Automatic Gain Control Performance on the Tracking Accuracy of Monopulse Radar System[J]. Proceedings of the IRE,1959,47(3):430-435.

[13] 郑生华,蔡德林. A/D 变换器的孔径不稳定及其对数字接收机性能的影响[J]. 现代电子,2001(1):43-45.

第5章 微波频率源技术

5.1 磁控管振荡器

磁控管振荡器属于微波电真空器件，利用相互垂直的直流磁场和直流电场使电子做回旋运动，电子通过损失位能产生高频振荡。磁控管振荡器具有结构简单、输出功率大、工作频率高等优点，在雷达导引头中广泛应用。

5.1.1 电子在电磁场中的运动

图5-1所示为一无限大平面电极构成的二极管，可以认为在阳极和阴极之间的电场 $\boldsymbol{E}$ 是均匀的。假设阴极附近无空间电荷，电子由阴极出发时，初速度为零。二极管空间还存在与电场方向相垂直磁场 $\boldsymbol{B}$，其方向指向图内，构成正交电磁场。在此二极管内作用于电子上的力有两种：一种是电场力 $\boldsymbol{F}_e$，另一种是磁场力 $\boldsymbol{F}_M$。电子在运动过程中，电场力 F_e 始终保持不变，但磁场力 $\boldsymbol{F}_M$ 则因电子运动速度不同，其大小与方向均发生变化。

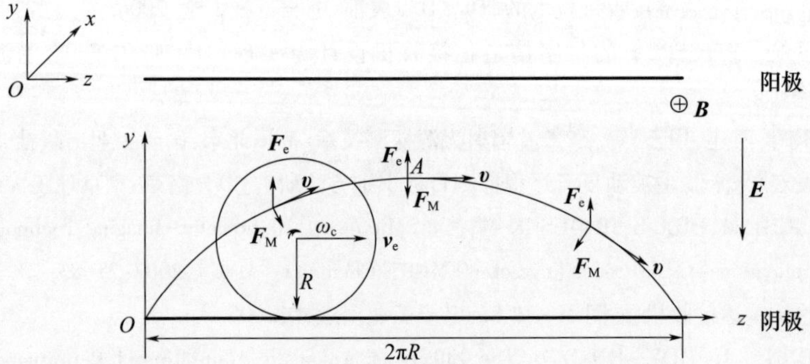

图5-1 电子在平面电极直流电磁场中的运动

设电子从原点 O 以初速度为零开始运动，最初瞬间因速度为零，磁场力 $\boldsymbol{F}_M$ 也为零，电子仅受到电场力的作用，沿 Oy 轴方向运动。电子一旦运动，具有 Oy 方向的运动速度，就会在磁场中受到洛伦兹力而使运动方向发生偏转，速度向

量就会有 Oz 方向的分量,运动轨迹发生弯曲。在从 O 到 A 点的运动中,因为在这段轨迹上有与速度方向一致的电场分量,所以电子在电场力作用下,速度就会不断增加,同时,在此过程中,磁场力 $\boldsymbol{F}_{\mathrm{M}}$ 方向总是和速度方向垂直的,而且也是逐渐增加的,但它并不影响速度的大小,仅仅决定轨迹的曲率。通过 A 点以后,电子就从阳极返回阴极,这时电场力已成为排斥力,电子在其作用下,速度减小,最终到达阴极时,电子动能应该与它从 O 点出发时一样,即速度为零。

在上述特定初始条件下,电子运动的轨迹在 yOz 平面内是一个摆线,其摆线方程为

$$\begin{cases} y = R(1 - \cos(\omega_c t)) \\ z = R(\omega_c t - \sin(\omega_c t)) \end{cases} \tag{5-1}$$

式中:$\omega_c = \dfrac{eB}{m}$;$R = \dfrac{m}{e} \cdot \dfrac{E}{B^2} = \dfrac{E}{\omega_c B}$。

式(5-1)表示的轨迹是以 R 为半径的圆周上一点在 yOz 平面内沿 Oz 轴方向,以角速度 $\boldsymbol{\omega}_c$ 做无滑动滚动时形成的轨迹,该轨迹称为轮摆线。电子在 z 轴方向运动的平均速度 $\boldsymbol{v}_e$ 与形成摆线的轮摆圆圆心运动速度相等,有

$$v_e = R\omega_c = \frac{E}{B} \tag{5-2}$$

电子运动速度可由式(5-1)微分得到

$$\begin{cases} v_y = v_e R\sin(\omega_c t) \\ v_z = v_e(1 - \cos(\omega_c t)) \end{cases} \tag{5-3}$$

因此电子做摆线运动可以看成两种运动的合成,即在 z 轴以平均速度 $\boldsymbol{v}_e$ 做等速直线运动;同时以角速度 $\boldsymbol{\omega}_c$ 围绕轮摆圆心做回旋运动。

在电场一定的条件下,磁场越大,轮摆圆的半径越小,当磁场为零时,电子的回旋半径趋于无穷大,这就是电子在恒定电场中做直线运动的情况。当磁场由零逐渐加大时,回旋半径就由无穷大逐渐变小,直到某一磁场 B_c 时,电子的回旋直径 $2R$ 正好等于极间距离 d,电子刚好擦阳极表面而过,这是一种临界状态,由于电子未打上阳极,阳极与阴极的外接直流回路中是没有电流的。当继续增大磁场使 $B > B_c$ 时,则 $2R < d$,此时电子尚未到达阳极就已经返回阴极,没有电子到达阳极,因此阳极电流为零。上述几种情况如图 5-2 所示。B_c 称为临界磁场,即当 $B = B_c$ 时,$y_{max} = 2R = d$,磁控管阳极电流 $I_a = 0$,从而

$$B_c = \sqrt{\frac{2m}{e} \cdot \frac{E}{d}} = \frac{1}{d}\sqrt{\frac{2m}{e}U_a} \tag{5-4}$$

式中：U_a 为阳极与阴极之间电位差。由(5-4)可知，$\boldsymbol{B}$ 和 U_a 之间的关系为一条抛物线，习惯上称为临界抛物线或截止抛物线。

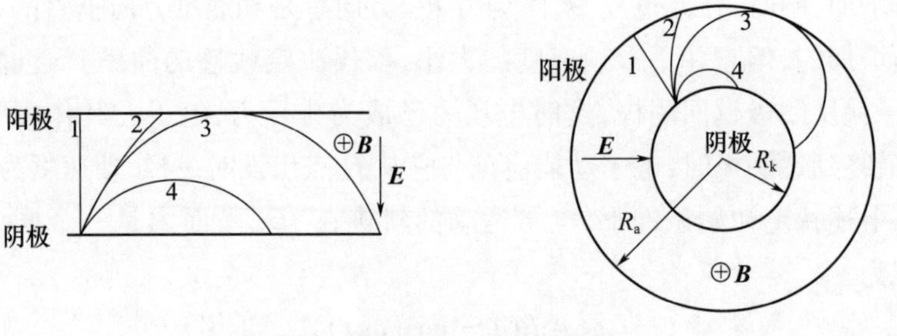

图 5-2　不同磁场时电子运动轨迹

当阴极和阳极是同轴的圆柱体时，采用圆柱坐标系，按和平面电极类似的方法，列出电子的运动方程，然后求解电子的运动轨迹。近似的求解表明，在圆筒中电子的运动轨迹和平板电极类似。在圆筒形电极中，临界磁场可表示为

$$B_c = \frac{2R_a}{R_a^2 - R_k^2}\sqrt{\frac{2m}{e}U_a} \tag{5-5}$$

当阳极和阴极之间除了正交直流电磁场外，考虑存在高频电场时电子运动情况，某一瞬间空间中的高频电场分布如图 5-3 所示。假定阳极和阴极之间有直流电场 E、均匀的轴向磁场 B，且磁场大于临界值。采用运动坐标系进行讨论，假定运动坐标系统的移动速度是电子纵向平均移动速度 $v_e = E/B$，且认为 v_e 和行波相速 v_p 相同。电子的摆线运动可以分解为等速直线运动和圆周运动。

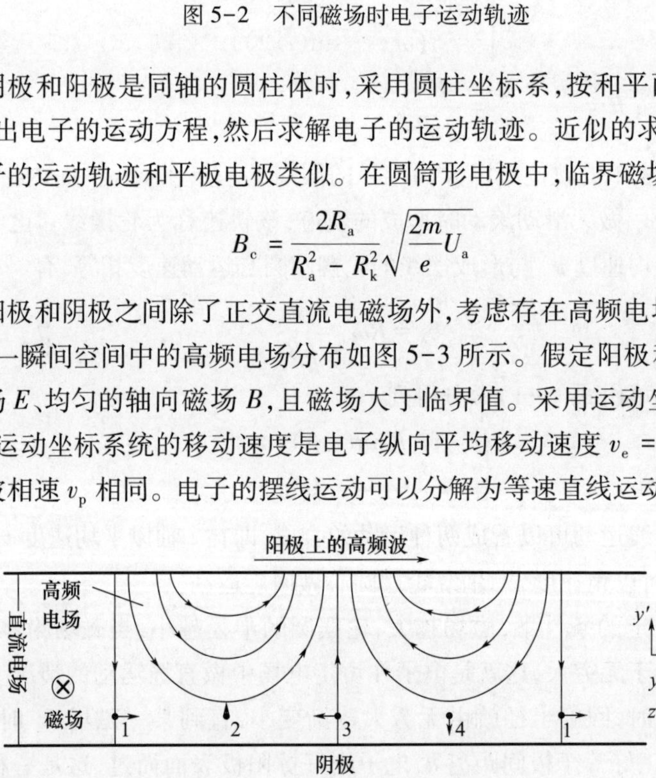

图 5-3　电子在高频电场中运动情况

1. 高频场对电子的群聚

考虑高频场对做等速直线运动电子的作用。以图 5-3 中四个典型相位上的电子为例进行讨论。

“1”类电子处于高频场横向分量最强的相位上，且其方向和直流电场方向

一致,在 z 方向的速度为

$$v_{z(1)} = \frac{E + E_y}{B} > \frac{E}{B} \tag{5-6}$$

显然,"1"类电子的纵向漂移速度比电子的纵向平均速度要大,在上述坐标系统中,"1"类电子将做向前推移的运动。

"2"类和"4"类电子处高频电场的横向分量为零,故 y 方向的电场仍只是直流电场,于是其纵向漂移速度仍为 $v_e = E/B$,所以在运动坐标系统静止不动。

"3"类电子处于高频电场横向分量最强的位置上,但与直流电场方向相反,所以其纵向速度要小于 v_e ,即

$$v_{z(1)} = \frac{E - E_y}{B} < \frac{E}{B} \tag{5-7}$$

因此,"3"类在运动坐标系中电子做向后推移的运动。

在高频场横向分量作用下,处于"2"类电子前后的电子都要向"2"类电子所在界面靠拢,形成以"2"类电子为中心的群聚现象。特别需要说明的是,决定电子群聚的是高频场的横向分量,电子群聚中心一定是高频纵向减速场最大的地方。

2. 高频场与电子的能量交换

群聚在"2"类电子附近的电子要受到高频纵向场(切向场),使其速度减小,从而磁场力减小,这样电子受到的电场力大于磁场力,所以电子就得到一个向上(正 y 方向)的加速度。当电子向上运动时,磁场力的方向刚好使电子在 z 方向加速,保持其在 z 方向平均移动速度不变,重新落在纵向减速场中。高频纵向场的作用是使电子逐渐向高电位移动,电子势能相应减小,这部分减小的势能就转换为高频场的能量。

考虑高频场对做圆周运动电子的相互作用。在"2"类电子附近,当电子做圆周运动下半周时,和高频场纵向分量方向相反,电子要从纵向场获得能量;当电子运动到上半周时,则和高频场纵向分量方向相同,受到减速,电子将能量交给高频电场。电子每旋转一周,总的结果是交出一部分能量,因此电子不能回到圆周运动的起始位置,而只能达到较高的电位位置上,然后这点开始再做圆周运动,进行第二次能量交换。这样,群聚在高频场中的电子就会在和高频场相互作用的过程中,不断把自己的势能转换给高频电场。

在"4"电子附近,电子在旋转一周的运动中,恰好是下半周被高频电场减速,上半周被高频场加速,总的来说得到能量,电子要回到比阴极电位还低的位置上去,从而撞击阴极,被排除出阴极与阳极之间的作用空间。

综上所述,阴极与阳极之间的作用空间内,高频电场横向分量对电子起群聚作用,而高频场纵向分量使电子向电位高处移动,将电子势能转换为高频能量。如果电子横向运动的平均速度 v_e 和高频场的相速度同步,从"2"类位置出发的电子在纵向向前运动的过程中,不断向阳极靠近,经过高频振荡的半个周期时,电子运动到"4"类电子上部的空间,而在此位置上高频振荡恰好相位变化180°,从而电子继续向阳极靠近,直至达到阳极,大量电子的运动形成图 5-3 阴影部分的电子分布图形。

5.1.2 磁控管基本结构

磁控管基本结构如图 5-4 所示,由三个基本部分组成,即阴极、阳极和输出装置。阴极与阳极保持严格的同轴关系[1]。阴极的作用是发射电子流,阳极由偶数个圆孔和槽缝组成,每个槽孔相当于一个谐振腔。输出耦合装置的作用是输出振荡功率,频率较高时,通过隙缝或输出天线耦合到波导管输出。磁控管阳极通常接地,阴极加负高压,在阴、阳极之间形成径向直流电场。磁控管通常夹在磁铁两极之间,形成与直流电场正交的轴向磁场。也可以把磁铁一部分和管子做在一起,磁极深入管子内部。

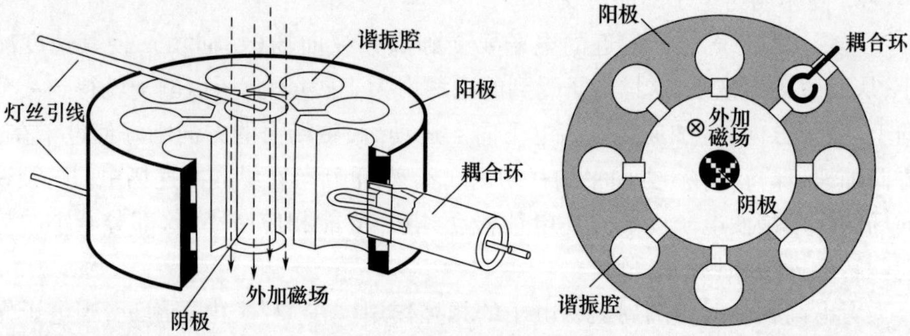

图 5-4 磁控管基本结构

磁控管工作过程中,通常阳极接地,阴极加负高压。当负高电压刚加到磁控管阴极上时,没有高频电场,电子形成如图 5-5(a)所示的绕阴极旋转的电子云。电子发射过程的波动和空间电荷的旋转电流产生噪声分量,这种波动在很宽的范围内变化,因此存在一些噪声分量去激发磁控管腔结构支撑的谐振频率。

由于阳极与阴极之间的电场作用,电子加速飞向阳极。随着电子速度的增加,磁场对电子产生逐渐增加的强力,使电子沿曲线轨迹运动,并通过谐振腔槽缝,如图 5-5(b)所示。

与在瓶口吹气将在瓶中产生声波非常类似,电子通过谐振腔的开口就导致高频电磁振荡的产生。电磁振荡起始于某个瞬间的随机扰动,该扰动激励出谐振腔的电磁振荡,即谐振腔对与其谐振频率相对应的电磁振荡进行放大,多个谐振腔按照一定的相位关系形成高频电磁振荡,如图 5-5(c)所示。在阴极与阳极之间的工作空间,谐振腔槽缝处的高频电磁场与电子的运动相互作用,根据 5.1.1 节的讨论,在某个周期峰值期间扫过谐振腔槽缝的电子被减速并偏离阳极向外运动,而在另一个峰值期间电子被加速并被推回阴极。由于高频电子场的作用,电子很快聚集成一团并形成轮辐状旋涡,并绕阴极旋转。轮辐状旋涡的旋转速度与高频电磁振荡沿阳极圆周的传播同步,在旋转过程中,达到阳极的电子势能不断减少,将能量交给高频场,高频电磁振荡得以持续。当电子达到阳极时,电子 70%的能量已经交给高频场,剩余的能量在阳极以热形式被吸收,并由冷却系统带走,外部电源使电子返回到阴极,因此只要提供恰当的外部电源,磁控管就会持续工作。

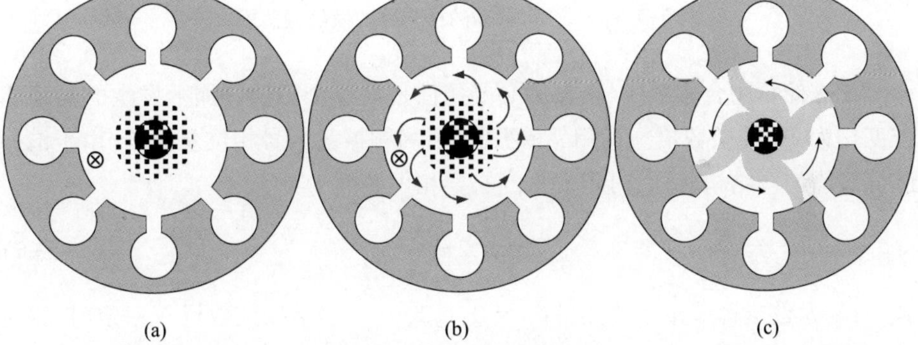

(a)　　(b)　　(c)

图 5-5　磁控管工作过程

5.1.3　振荡模式与同步

1. 磁控管的振荡模式

磁控管的每一个谐振腔可以看作一个并联 LC 电路,一个 8 腔磁控管可以等效为 8 个并联的 LC 电路,如图 5-6 所示。

由于磁控管是由很多谐振腔组成的,谐振腔之间存在着耦合。如同几个相同的摆悬挂在一个没有刚性固定的杆上一样,由于杆的耦合,摆有很多种振荡模式,如图 5-7 所示。磁控管也可以具有几种振荡模式,并取决于各谐振腔之间的耦合。

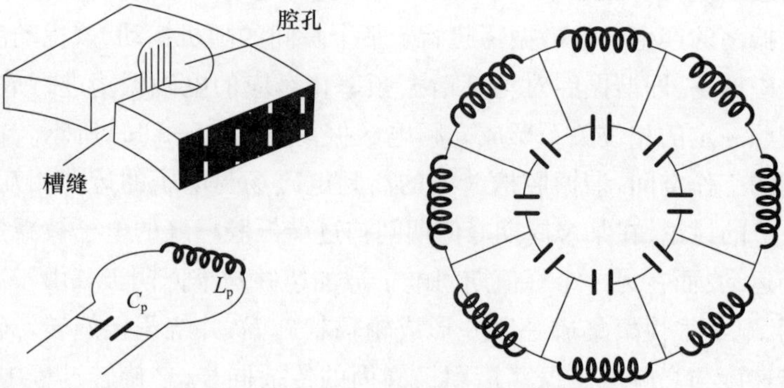

图 5-6　磁控管等效电路

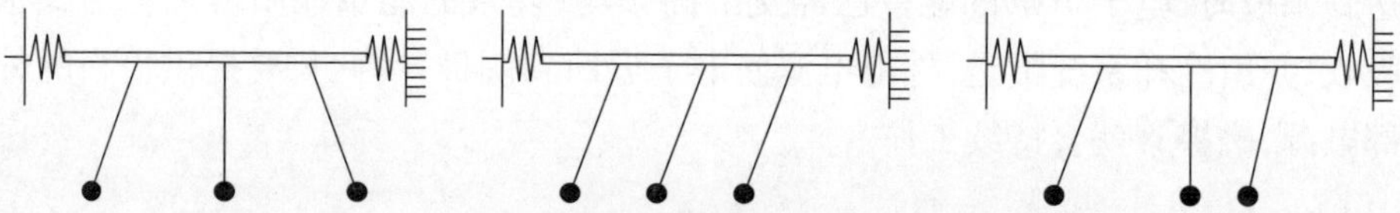

图 5-7　由一个可移动的杆支撑的摆的振荡模式

在磁控管闭合系统中，谐振的必要条件是沿整个阳极圆周上发生的高频相位变化为 2π 的整数倍。设相邻谐振腔中，高频振荡信号相位差为 ϕ，由于谐振腔分布均匀且结构相同，可得谐振的必要相位条件为

$$\phi = 2\pi \frac{n}{N} \tag{5-8}$$

式中：N 为磁控管谐振腔的数目；$n = 0,1,2,\cdots$。当谐振腔数目 N 一定时，相对于不同的 n 值，就可以得到多个不同的相位差，故 ϕ 对应多个振荡模式。一般来说，不同的振荡模式具有不同的谐振频率和场结构。表 5-1 所示为谐振腔 $N = 8$ 时各振荡模式的相位差值。

表 5-1　谐振腔数 $N = 8$ 的振荡模式

模式 n	0	1	2	3	4	5	6	7	8
相位差 ϕ	0	$\pi/4$	$\pi/2$	$3\pi/4$	π	$5\pi/4$	$3\pi/2$	$7\pi/4$	2π

在 $N = 8$ 的谐振系统中，$n = 0$ 和 8 的相位差分别为 0 和 2π，在这种情况下，谐振腔高频振荡均同相，电磁振荡状态相同，实际上是一种振荡模式。同理，$n = 1$ 和 9 时也是一种模式，依此类推。从表 5-1 中还可以看出，除 $n = 0$ 和

$n=N/2$ 两种模式外，其他模式均为“简并”模式。例如 $n=N/2-1$ 和 $n=N/2+1$ 具有相同的谐振频率和场结构，是一对“简并”模式。因此，在 N 腔磁控管振荡器中，实际上只有 $N/2+1$ 种模式。$n=0$ 时的模式称为“零模”，$n=N/2$ 时称为“π模”。“π模”的场结构为相邻谐振腔相位差为 π，即当一个槽缝切向电场为最大时，与其相邻的左右两个槽缝口切向电场也最大，但电场方向却相反，它是磁控管正常工作时的模式，如图 5-8 所示。

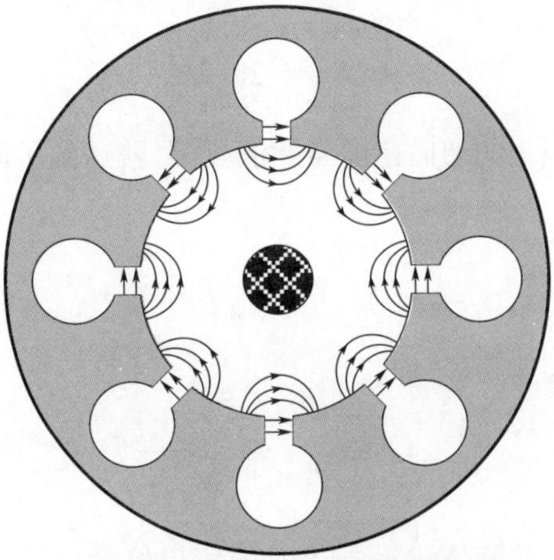

图 5-8　磁控管“π模场”结构

第 n 号模式的振荡频率及相应波长为

$$\omega_n=\frac{\omega_p}{\sqrt{1+\cfrac{1}{4\cfrac{C_p}{C_0}\sin^2\left(\cfrac{\pi n}{N}\right)}}} \tag{5-9}$$

$$\lambda_n=\lambda_p\sqrt{1+\cfrac{1}{4\cfrac{C_p}{C_0}\sin^2\left(\cfrac{\pi n}{N}\right)}} \tag{5-10}$$

式中：C_p 为槽缝等效电容；C_0 为阴极与阳极之间的分布电容；L_p 为谐振腔孔的等效电感；$\omega_p=\dfrac{1}{\sqrt{L_pC_p}}$，$\lambda_p=\dfrac{2\pi c}{\omega_p}$ 为单个谐振腔的谐振频率和波长；c 为光速。

2. 同步条件

在磁控管工作过程中，轮辐状电子旋涡的旋转速度必须与高频电磁振荡沿阳极圆周的传播同步，高频振荡才能维持。对于任何一个模式，某个瞬间相邻

腔孔的相位差为 ϕ_n,对于 π 模,设两腔孔之间的距离为 d_L,则 π 模相速为

$$(v_p)_\pi = \frac{d_L}{\frac{T}{2}} = 2f_\pi d_L = \frac{\omega_\pi}{\pi} d_L \tag{5-11}$$

式中:T 为高频振荡周期;f_π,ω_π 分别为 π 模振荡的频率和角频率;$d_L = \frac{2\pi R_a}{N}$,R_a 为阳极半径,于是有

$$(v_p)_\pi = 2\frac{\omega_\pi}{N} R_a \tag{5-12}$$

若电子在阳极表面附近的切向速度与此值相等,就达到了同步条件。同样可得其他模式相速为

$$(v_p)_n = \frac{\omega_n}{n} R_a \tag{5-13}$$

电子的切向速度与相速相等,即

$$v_t = (v_p)_n = \frac{\omega_n}{n} R_a \tag{5-14}$$

电子达到这一速度时动能是 $\frac{1}{2}mv_t^2$,相应直流电位为

$$U_0 = \frac{\frac{1}{2}mv_t^2}{e} = \frac{1}{2}\frac{m}{e}\left(\frac{\omega_n}{n}R_a\right)^2 \tag{5-15}$$

U_0 称为“同步电压”。如果磁控管的阴极与阳极之间电位差 U_a 小于该值,磁控管就不能工作,有时也称“特征电压”。当 $U_a = U_0$ 时,电子恰好能够达到阳极表面,此时磁场 B 与电压 U_0 应符合式(5-5)的抛物线关系,即

$$B_0 = 2\frac{m}{e}\left(\frac{R_a^2}{R_a^2 - R_k^2}\right)\frac{\omega_n}{n} \tag{5-16}$$

此时磁场 B_0 称为特征磁场。磁控管实际工作磁场要比特征磁场大得多。

磁控管在工作时,如果固定磁场不变,逐步提高阳极电压,一旦电子的切向速度达到某一模式的相速时,电子与微弱的初始激励场就会发生换能作用,将发生相位挑选与群聚,有一部分电子达到阳极,出现阳极电流,并在某一模式上产生自激振荡,如果继续提高阳极电压,阳极电流和振荡功率随之急剧上升。开始出现自激振荡的阳极电压称为阈值电压,模式号 n 越大,阈值电压越低,因此,π 模具有最低的阈值电压。磁控管的正常工作电压总是选择在略高于阈值

电压 15%~20%的范围内,防止从一种模式跳变到另一种模式。

5.1.4　耦合与调谐

对于振荡频率较低的磁控管,可以采用图 5-4 所示的同轴耦合方式将高频振荡功率耦合出来。同轴线通过阳极壁向外延伸,中心导体弯曲回到外导体,形成一个环,该耦合环耦合谐振器感性部分的高频磁场。在较高频率,可以采用图 5-9 所示的输出谐振腔耦合到输出波导,同时可以通过改变输出谐振腔的谐振频率进行调谐。

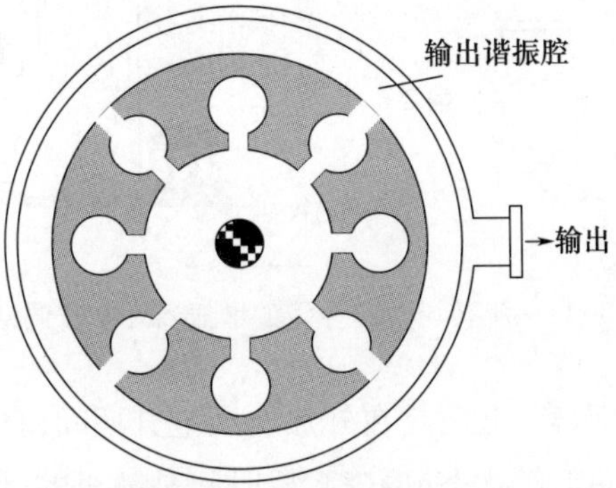

图 5-9　输出谐振腔耦合

磁控管频率调谐可以通过改变谐振腔的电容或电感实现。如图 5-10 所示,可以通过在谐振腔隙缝附近的可移动金属元件(或介质元件)改变谐振腔的电容,或者通过将金属活塞插入谐振腔的中空部分减小谐振腔的电感。

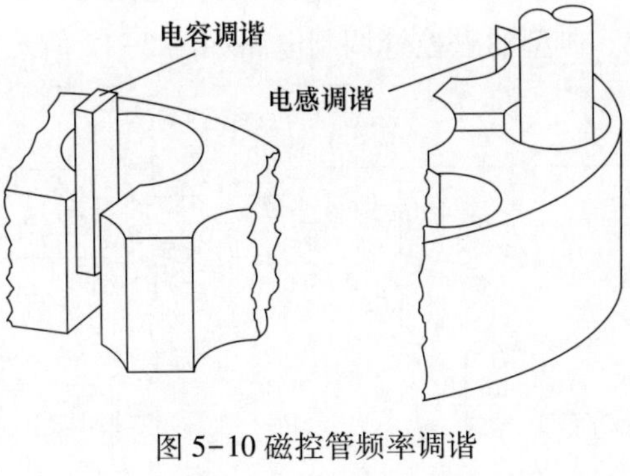

图 5-10 磁控管频率调谐

磁控管采用机械调谐时,其调谐速度很慢。对于捷变频雷达导引头等需要调谐速度很快的应用环境,可以采用旋转调谐磁控管,如图 5-11 所示。调谐器是一个铜的圆筒,它形成谐振器感性部分的一部分,当调谐器旋转时,圆筒上的孔运动,与谐振腔对中或错开,从而感性调谐谐振腔。在图 5-11 所示的 X 波段旋转调谐磁控管中,有 16 个谐振腔,转子上有 16 个孔。对于正常的转子速度为 4000r/min,磁控管频率变化超过每秒 1000 个完整的调谐循环。磁控管的频率变化范围约为载波频率的 5%。

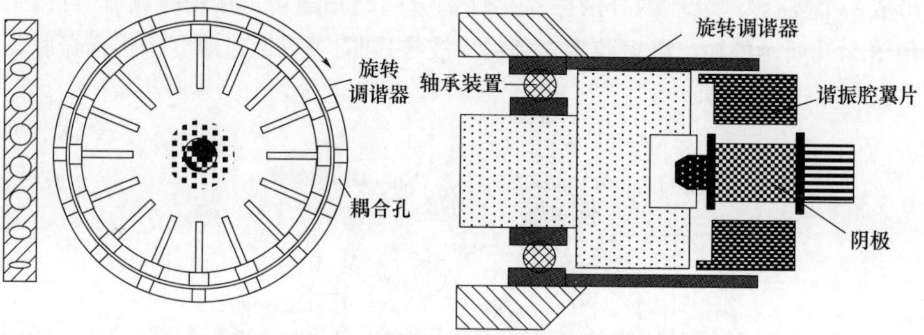

图 5-11　旋转调谐磁控管的谐振器和旋转调谐器

对于磁控管振荡而言,振荡是在外加电压上升期间由电子流中内在噪声信号建立起来的,在脉冲工作状态,振荡起始时间是随机的,因此脉冲间没有相位相干性。另外,由于噪声和热漂移的影响,磁控管振荡器输出信号的频谱纯度和频率稳定度一般不高[1-2]。

5.1.5　磁控管的调制电路

磁控管在脉冲工作状态时,需要在阴极上加负极性高压脉冲,需要通过专门的调制电路实现。典型的磁控管调制电路如图 5-12 所示。

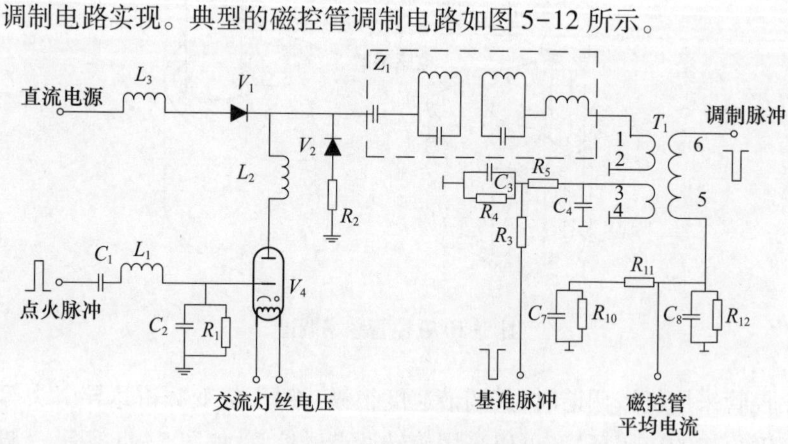

图 5-12　典型的磁控管调制电路

在图 5-12 中,由高压组件产生的直流高压加到扼流线圈 L_3,在脉冲时间间隔内,闸流管不导通。直流电压经过扼流圈 L_3、充电二极管 V_1 和脉冲变压器 T_1 的初级绕组给脉冲形成线 Z_1 充电。当点火脉冲加到闸流管栅极时,闸流管导通,此时脉冲形成线经闸流管迅速放电,在磁控管阴极上形成一个负极性的高压调制脉冲。

脉冲形成线充电过程为慢变化过程,脉冲形成线相当于一个电容器假设充电电路的电阻很小。由于二极管 V_1 的存在,在充电到最大值后,脉冲延迟线上的电压将保持在最大值。在闸流管导通时,此电压经过电感 L_2、闸流管 V_4 和变压器 T_1 放电,在 T_1 的初级绕组上产生负极性脉冲,由脉冲变压器 T_1 按照变压比将脉冲电压升高到磁控管所需要的工作电压,形成负极性的高压调制脉冲,加到磁控管的阴极。

加到变压器 T_1 初级绕组上的脉冲信号,一路经变压器升压,由变压器的 6 端输出,加到磁控管振荡器的阴极,另一路变换为负脉冲(其形状与调制脉冲基本一样),由 T_1 变压器的 3 端输出,经由 R_3、R_4、R_5、C_3 和 C_4 组成的衰减器衰减输出基准脉冲。

磁控管平均电流电路由 R_{12}、C_8 并联组成,当直流电流表并接在电路两端时,由于表的内阻很小,磁控管脉冲电流的直流分量流过电流表,该电流即为磁控管平均电流,电流交流分量流过电容 C_8,当去掉电流表时,电阻 R_{12} 为脉冲电流提供直流通路。

点火脉冲输入电路包括耦合电容 C_1 和低通滤波器 C_2、L_1。电容 C_1 将点火脉冲耦合至闸流管 V_4 的栅极,使闸流管 V_4 导通。在闸流管阴极和阳极导通的瞬间,会在栅极上感应出一个几千伏的尖脉冲。这一高压尖脉冲如果返回到同步组合的点火脉冲形成级,将使其击穿。因而设计由 L_1、C_2 组成的低通滤波器,阻止这一高压尖脉冲通过,从而保护点火脉冲形成级电路。电阻 R_1 是闸流管的栅漏电阻。

在闸流管导通的瞬间,电流突增,电流上升速率很大,这一方面会使闸流管阴极跳火降低管子的寿命,另一方面会使磁控管产生漏脉冲。在电路中增加限流电感 L_2 后,可使闸流管的电流上升速率被限制。同时,L_2 也是脉冲形成线的一部分,与脉冲形成线一起产生调制脉冲,控制调制脉冲前沿。

当负载与脉冲形成线不匹配(如磁控管打火或调制器有故障等)时,在脉冲形成线上产生负电压,严重时将使闸流管、脉冲形成线、充电二极管被击穿。为防止此类现象的发生,采用保护二极管 V_2,该负电压就可以通过 V_2 释放掉,电

阻 R_2 的作用是限制流过二极管 V_2 的电流。

5.2 直接数字频率合成器

直接数字频率合成器(Directly Digital Synthesizer,DDS)是采用全数字方式,利用正弦函数的幅相数据,实现直接频率合成的器件。DDS 由于具有相对带宽宽、频率转换时间短、频率分辨率高、输出相位连续、可编程及全数字化结构等优点,在雷达导引头中得到了广泛应用[3-5]。

5.2.1 DDS 工作原理

如图 5-13 所示,将正弦波一个完整周期内的相位变化用相位圆表示,其相位与幅度一一对应,即相位圆上每一个相位角 ϕ_n 均对应输出一个特定的幅度值 $s(\phi_n)$,并存储于波形存储器中。一般波形存储器相位量化位数为 N ,即按照 2^N 个点对一个周期内的相位进行量化,则最低相位分辨率为 $\Delta\phi_{\min} = 2\pi/2^N$ 。根据同样的时间间隔 Δt ,用增量 K 进行累加得到相位码,然后用相位码对波形存储器寻址,完成相位-幅度变换,经 D/A 转换和低通滤波,就可以得到模拟正弦波输出。

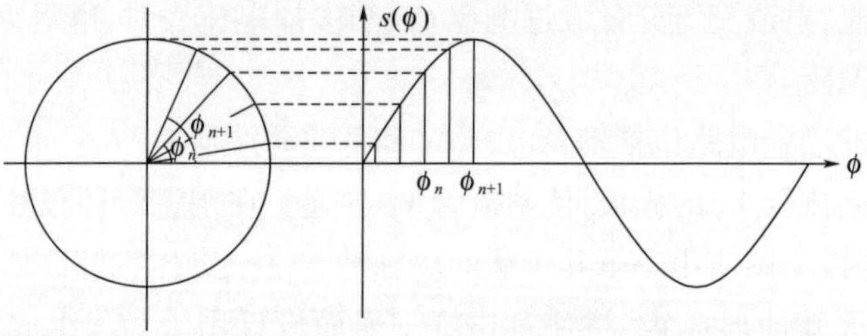

图 5-13 正弦波的幅度相位对应关系

输出一个完整的正弦波周期的波形数据,相位累加的次数 M 为

$$M = \frac{2\pi}{K\Delta\phi_{\min}} = \frac{2^N}{K} \tag{5-17}$$

从而输出正弦波的周期 $T = Mt_s$,频率为

$$f = \frac{1}{T} = \frac{K}{2^N} f_s \tag{5-18}$$

式中: $f_s = 1/t_s$ 为相位累加时间间隔的倒数,一般与 D/A 转换采样频率相同。

由式(5-18),在采样频率 f_s 和波形存储器相位量化位数 N 确定的情况下,

改变相位累加增量 K ,可以改变输出信号频率,因此, K 通常称为频率控制字(Frequency Tune Word,FTW),如图 5-14 所示。

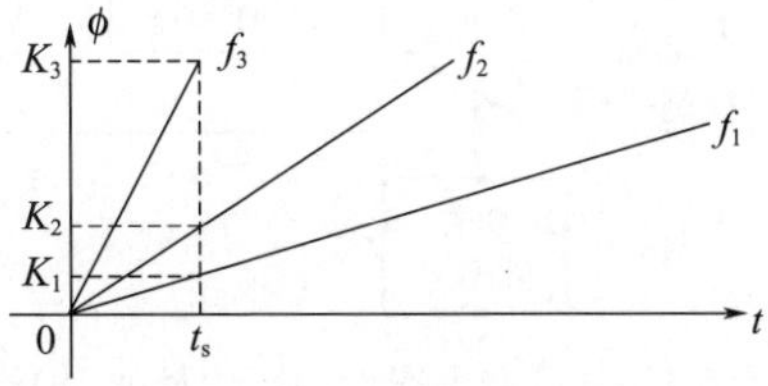

图 5-14　频率与相位增量之间的线性关系

输出信号的频率分辨率为

$$\Delta f = \frac{1}{2^N} f_s \tag{5-19}$$

DDS 的组成框图如图 5-15 所示。

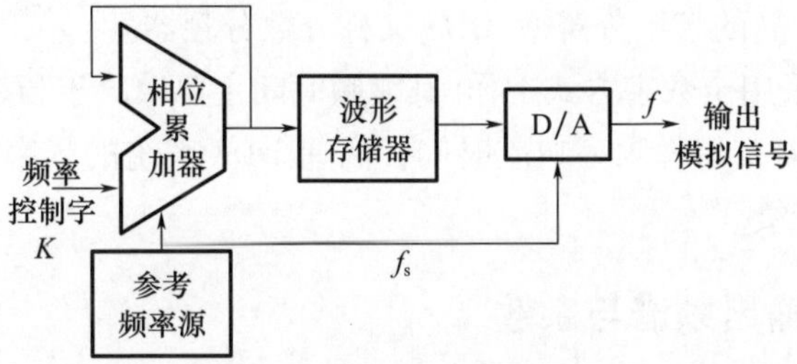

图 5-15　DDS 的组成框图

参考频率源又称参考时钟,一般是稳定度较高的晶体振荡器,用来同步 DDS 的各组成部分。相位累加器在每一个参考时钟输入时,输出按照频率控制字 K 累加,累加结果用于波形存储器的寻址,完成相位幅度变换,波形存储器输出的波形幅度数据经 D/A 变换和低通滤波,对输出信号进行平滑,滤除带外杂散信号,输出所需要频率的模拟正弦波信号。

DDS 也可以用来产生线性调频信号,其组成如图 5-16 所示。

图 5-16 中,频率控制字 K 按照斜率控制字 P 在每一个参考时钟输入时累加,从而 $K = K_0 + P(nt_s)$, K_0 为初始频率控制字。由式(5-18),输出信号频率为

$$f = \frac{1}{2^N} f_s [K_0 + P(nt_s)] \tag{5-20}$$

随采样时刻 n 线性变化,输出信号为线性调频信号。

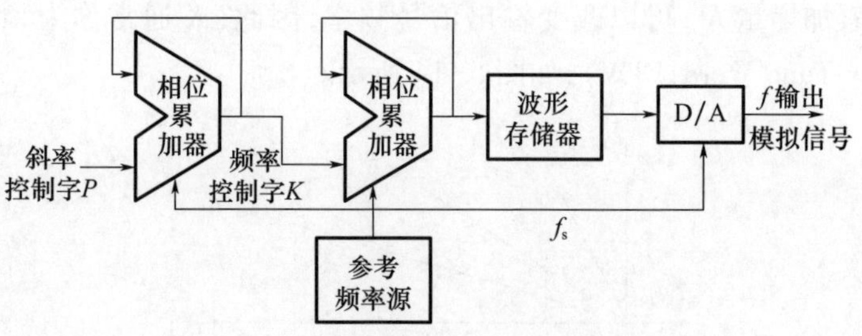

图 5-16　可产生线性调频信号的 DDS

通过设定 DDS 相位累加器的初始值(相位偏移量),可以控制 DDS 输出信号的初相位。按照一定的时序控制相位累加器的初始值,可以产生脉内相位编码信号。

DDS 输出信号的频率分辨率很高,如参考时钟 $f_s = 100\text{MHz}$,相位累加器字长 $N=32$ 位时,频率分辨率为 $\Delta f \approx 0.023\text{Hz}$ 。由于输出信号频率与频率控制字的线性关系和极高的频率分辨率,DDS 又称分数分频器。

由于 DDS 采用全数字方式工作,其跳频时间主要取决于频率控制字的传输时间、参考时钟以及器件频率响应时间。高速 DDS 系统的频率转换时间极短,一般可达纳秒量级。

5.2.2　DDS 输出频谱与杂散

1. 理想 DDS 输出频谱

假定理想情况下,相位累加器的存储能量足够大,所有相位累加器的输出位都用于波形存储器的寻址;同时,波形存储器所存储的幅度值都用无限长的二进制码来表示,不存在量化误差,DAC 不存在转换误差,转换特性完全理想。在上述条件下,相位累加器的幅相变换可等效为一个采样频率为 f_s 的理想采样电路,DAC 就相当于保持宽度为 t_s 的理想保持电路,DDS 可等效为一个理想的采样保持电路,如图 5-17 所示,其中 $\delta(t)$ 为冲激函数。

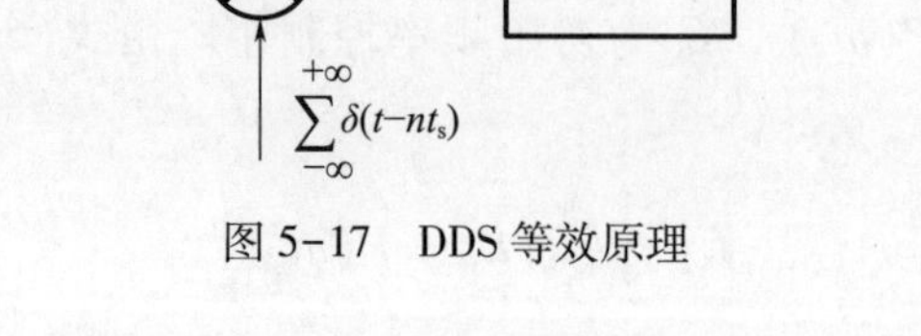

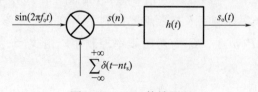

图 5-17　DDS 等效原理

理想 DAC 的冲激响应 $h(t)$ 为

$$h(t)=\begin{cases}1 & (0<t<t_s)\\ 0 & (\text{其他})\end{cases} \tag{5-21}$$

输出信号表达式为

$$s_o(t)=\sum_{l=-\infty}^{+\infty}[\sin 2\pi f_o t\cdot\delta(t-lt_s)]\times h\left(t-\frac{1}{2}t_s\right) \tag{5-22}$$

输出频谱为

$$\begin{aligned}S(f)=&\ \mathrm{j}\pi\sum_{l=-\infty}^{+\infty}\mathrm{sinc}\left(\frac{lf_s-f_o}{f_s}\pi\right)\exp\left(-\mathrm{j}\frac{lf_s-f_o}{f_s}\right)\delta(f+lf_s-f_o)\\ &+\mathrm{j}\pi\sum_{l=-\infty}^{+\infty}\mathrm{sinc}\left(\frac{lf_s+f_o}{f_s}\pi\right)\exp\left(-\mathrm{j}\frac{lf_s+f_o}{f_s}\right)\delta(f+lf_s+f_o)\end{aligned} \tag{5-23}$$

理想 DDS 输出频谱如图 5-18 所示。

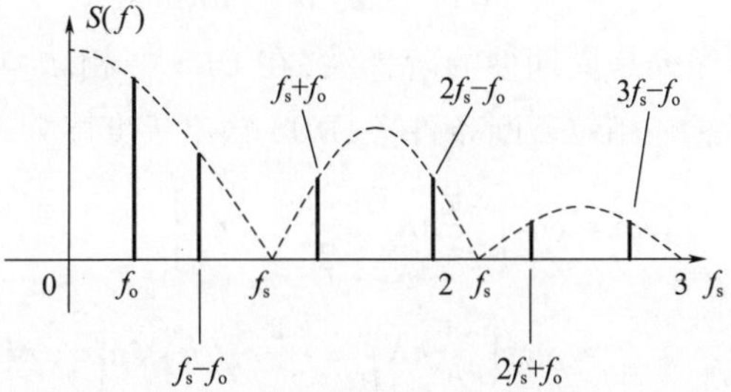

图 5-18　理想 DDS 输出频谱

理想 DDS 频谱中，幅度最大的杂散出现在频率 f_s-f_o 处，杂散电平为

$$\begin{aligned}20\lg\left|\frac{\mathrm{sinc}\left(\pi\frac{f_c-f_o}{f_c}\right)}{\mathrm{sinc}(\pi f_o/f_c)}\right|&=20\lg\left[\left|\frac{\sin\left(\pi\frac{f_c-f_o}{f_c}\right)}{\sin(\pi f_o/f_c)}\right|\ |f_o/(f_c-f_o)|\right]\\ &=20\lg\left(\frac{1}{\frac{f_c}{f_o}-1}\right)=20\lg\left(\frac{1}{\frac{2^N}{K}-1}\right)\end{aligned} \tag{5-24}$$

式(5-24)表明，理想 DDS 最大杂散电平由参考时钟和 DDS 输出频率之比决定。理论上 DDS 输出频率可达 $f_c/2$，但当 f_o 接近 $f_c/2$ 时，最大杂散谱线与非常 f_o 接近，两者幅度趋于相等，难以滤除。工程上，一般 DDS 最大输出频率取 $40\% f_c$。

2. DDS 输出杂散[4]

DDS 实际工程应用中，由于波形存储器容量有限，通常是忽略相位累加器输出相位序列的低位,用高位来对波形存储器寻址,这会引起相位截断误差,如图 5-19 所示。

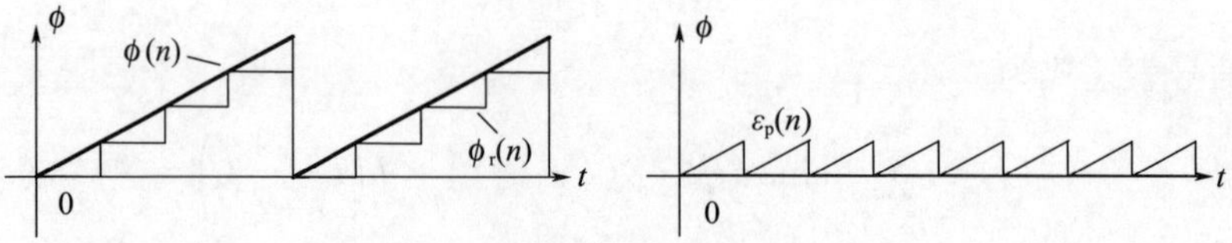

图 5-19　相位截断误差及误差序列

假定实际用相位累加器输出相位序列 $\phi(n)$ 的高 A 位对波形存储器寻址,而舍去低 B 位,即 $N = B + A$,则截断后的累加器输出相位序列为

$$\phi_{\mathrm{r}}(n) = nK\mathrm{mod}2^{N} - nK\mathrm{mod}2^{B} \tag{5-25}$$

式中:mod 表示模除运算。这样,由于相位截断引起的相位误差序列为

$$\varepsilon_{\mathrm{p}}(n) = \phi(n) - \phi_{\mathrm{r}}(n) = nK\mathrm{mod}2^{B} \tag{5-26}$$

相位截断误差序列是周期性的阶梯波,在 DDS 幅相转换的过程中,相位误差会导致幅度误差。在相位截断条件下,DDS 输出幅度序列为

$$\begin{aligned} s_{\mathrm{r}}(n) &= \cos\left[\frac{2\pi}{2^{N}}nK - \frac{2\pi}{2^{N}}\varepsilon_{\mathrm{p}}(n)\right] \\ &\approx \cos\left(\frac{2\pi}{2^{N}}nK\right) - \frac{2\pi}{2^{N}}\varepsilon_{\mathrm{p}}(n)\sin\left(\frac{2\pi}{2^{N}}nK\right) \end{aligned} \tag{5-27}$$

因此,由相位截断引入的输出波形误差序列为

$$s_{\mathrm{e}}(n) \approx \frac{2\pi}{2^{N}}\varepsilon_{\mathrm{p}}(n)\sin\left(\frac{2\pi}{2^{N}}nK\right) \tag{5-28}$$

由于 $\varepsilon_{\mathrm{p}}(n)$ 为周期性序列, $s_{\mathrm{e}}(n)$ 为受周期性相位截断误差阶梯波调制的正弦信号序列,也是周期性序列,这是 DDS 输出频谱出现杂散的主要来源。理论分析表明,幅度最强的杂散谱线的频率为

$$f = \pm f_{\mathrm{o}} \pm \frac{(K,2^{B})}{2^{B}}f_{\mathrm{s}} \tag{5-29}$$

相对于主谱线,杂散电平为

$$\left(\frac{S}{S_{\mathrm{spur}}}\right)_{\mathrm{dB}} = 20\lg\left[2^{B-N}\frac{\pi\dfrac{(K,2^{B})}{2^{B}}}{\sin\left(\pi\dfrac{(K,2^{B})}{2^{B}}\right)}\right] \geqslant 6(N-B) \tag{5-30}$$

式中: $(K,2^{B})$ 表示 K 和 2^{B} 的最大公约数。式(5-30)表明,由相位截断引起的

最强杂散电平由 $N - B$ 决定,相位截断位数 B 减少 1 位,杂散电平优化约 6dB。

除相位截断误差外,DAC 的幅度量化通常是用有限的 D 位来表示的,这样 DDS 输出波形就存在着幅度量化误差,称为量化噪声,如图 5-20 所示。如果 DDS 采用舍入量化方式,DAC 工作在满量程输出,则信号能量与量化噪声能量之比为[5]

$$\mathrm{SQR} \approx 1.76 + 6.02D \tag{5-31}$$

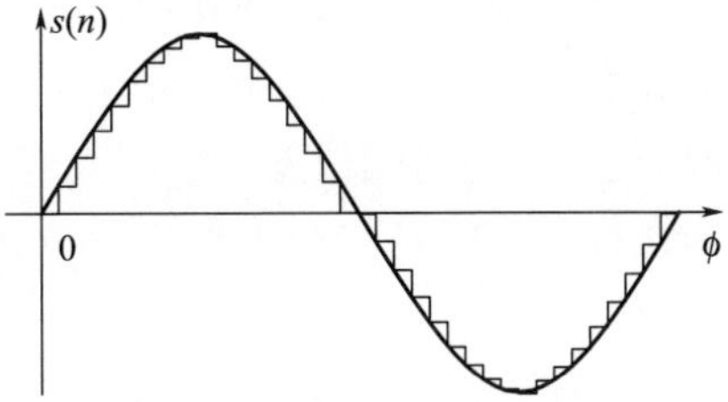

图 5-20　DDS 幅度量化误差

5.3　锁相环频率合成器

锁相环路(Phase-Locked Loops,PLL)是通过比较输入信号和输出信号的相位差,产生误差控制信号,实现对输出信号频率闭环控制的相位控制系统。由于锁相环路可以闭环控制的方式实现对输入信号的倍频输出,且具有良好的杂散抑制性能,因而在微波频率源中应用广泛[6-7]。

5.3.1　PLL 锁相原理

锁相环输入输出信号及相位如图 5-21 所示。

图 5-21　锁相环输入输出信号及相位

其输入信号为

$$u_{\mathrm{i}}(t) = U_{\mathrm{i}}\sin[\omega_{\mathrm{i}}t + \theta_{\mathrm{i}}(t)] \tag{5-32}$$

式中:U_{i} 为输入信号幅度;ω_{i} 为输入信号角频率;$\theta_{\mathrm{i}}(t)$ 为输入信号以 $\omega_{\mathrm{i}}t$ 为参考的瞬时相位。输出信号为

$$u_{\mathrm{o}}(t) = U_{\mathrm{o}}\sin[\omega_{\mathrm{o}}t + \theta_{\mathrm{o}}(t)] \tag{5-33}$$

式中:U_{o} 为输出信号幅度;ω_{o} 为输出信号角频率;$\theta_{\mathrm{o}}(t)$ 为输出信号以 $\omega_{\mathrm{o}}t$ 为参

考的瞬时相位。

以 $\omega_o t$ 为参考，输入信号的相位为

$$\omega_i t + \theta_i(t) = \omega_o t + \theta_1(t) \tag{5-34}$$

式中：$\theta_1(t) = \Delta\omega t + \theta_i(t)$；$\Delta\omega = \omega_i - \omega_o$ 为输入信号与输出信号自由振荡频率之差，称为环路固有频差。

输出信号的相位可写成

$$\omega_o t + \theta_o(t) = \omega_o t + \theta_2(t) \tag{5-35}$$

式中：$\theta_2(t) = \theta_o(t)$ 为输出信号以 $\omega_o t$ 为参考的瞬时相位。

系统输入信号与输出信号的瞬时相位差为

$$\theta_e(t) = \theta_1(t) - \theta_2(t) = \Delta\omega t + \theta_i(t) - \theta_o(t) \tag{5-36}$$

系统输入信号与输出信号的瞬时频率差为

$$\frac{d\theta_e(t)}{dt} = \dot{\theta}_e(t) = \dot{\theta}_1(t) - \dot{\theta}_2(t) = \Delta\omega + \dot{\theta}_i(t) - \dot{\theta}_o(t) \tag{5-37}$$

将输入信号与输出信号之间的相位关系用向量图表示，如图 5-22 所示。当输入信号角频率 $\dot{\theta}_1(t)$ 与输出信号角频率 $\dot{\theta}_2(t)$ 不相等时，两向量将相对旋转，向量之间的夹角 $\theta_e(t)$ 将无限增大，环路处于失锁状态；只有当输入信号角频率 $\dot{\theta}_1(t)$ 与输出信号角频率 $\dot{\theta}_2(t)$ 相等时，两向量以相同的角速度旋转，向量之间的夹角 $\theta_e(t)$ 保持稳定不变，环路处于锁定状态。

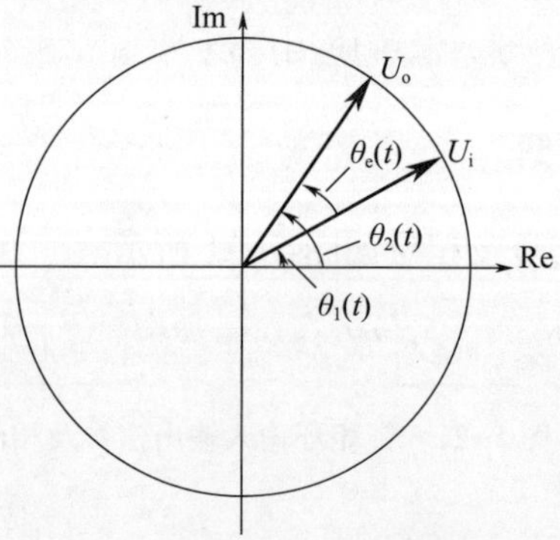

图 5-22　输入信号与输出信号相位关系向量图

1. 捕获过程

从输入信号输入锁相环路的输入端到环路达到锁定的全过程，称为捕获过程。一般情况下，初始状态时，输入信号频率 ω_i 与被控振荡器的自由振荡频率 ω_o 不同，即 $\Delta\omega \neq 0$。如果没有锁相环的作用，两信号之间的相位差 $\theta_e(t)$ =

$\theta_1(t) - \theta_2(t)$ 将随时间不断增长。

若固有频差 $\Delta\omega = \omega_i - \omega_o$ 在一定范围之内,通过锁相环路的相位跟踪作用,迫使输出信号相位跟踪输入信号相位的变化,两者之间的相位差将不会无限增长,最终使其保持在一个有限的范围 $2n\pi + \varepsilon_{\theta_e}$ 之内,通常 ε_{θ_e} 为很小的量,此时为锁定状态或同步状态。环路能通过捕获过程而进入同步状态的最大固有频差 $|\Delta\omega|_{max}$ 称为捕获带宽。

锁相环路由起始状态到锁定状态的过程称为捕获过程,所需的时间称为捕获时间。捕获时间的大小不仅与环路参数有关,还与起始状态有关。

2. 同步状态

从向量图上看,在同步状态时,两向量不再相对旋转,而是在一个很小的范围内摆动,其夹角维持在 ε_{θ_e} 之内,即

$$\begin{cases} |\theta_e(t) - 2n\pi| \leqslant \varepsilon_{\theta_e} \\ |\dot{\theta}_e(t)| \leqslant \varepsilon_{\Delta\omega} \end{cases} \tag{5-38}$$

式中:$\varepsilon_{\Delta\omega}$ 和 ε_{θ_e} 均为很小的量。

理想情况下,在输入信号为固定频率信号时,即 $\dot{\theta}_i(t) = 0$, $\theta_i(t) = \theta_i$ 为常数,此时

$$\begin{aligned} u_o(t) &= U_o \sin[\omega_o t + \theta_o(t)] \\ &= U_o \sin[\omega_o t + \Delta\omega t + \theta_i(t) - \theta_e(t)] \\ &= U_o \sin(\omega_i t + \theta_i - \varepsilon_{\theta_e}) \end{aligned} \tag{5-39}$$

被控振荡器的振荡频率与输入信号频率相同,频差为0,稳态相位差 ε_{θ_e} 为常数,是一个很小的量。

实际工程应用中,输入信号可以是受到频率调制的信号,也可能有噪声和干扰存在,输入信号的 $\theta_1(t)$ 通常随时间变化。经过锁相环路的跟踪作用,$\theta_2(t)$ 随 $\theta_1(t)$ 变化,但只要一直满足式(5-38),环路仍处于同步状态。

3. PLL 基本组成

锁相环路是一个典型的关于相位的负反馈系统,主要由鉴相器(Phase Detector,PD)、环路滤波器(Loop Filter,LP)和压控振荡器(Voltage Control Oscillator,VCO)组成,如图 5-23 所示。

5.3.2 鉴相器

鉴相器用于检测输入信号 $\theta_1(t)$ 和反馈输出信号 $\theta_2(t)$ 之间的相位差

$\theta_e(t)$。鉴相器输出信号 $u_d(t)$ 是相位差的 $\theta_e(t)$ 函数。鉴相器的模型可以由乘法器和低通滤波器组成,如图 5-24 所示。

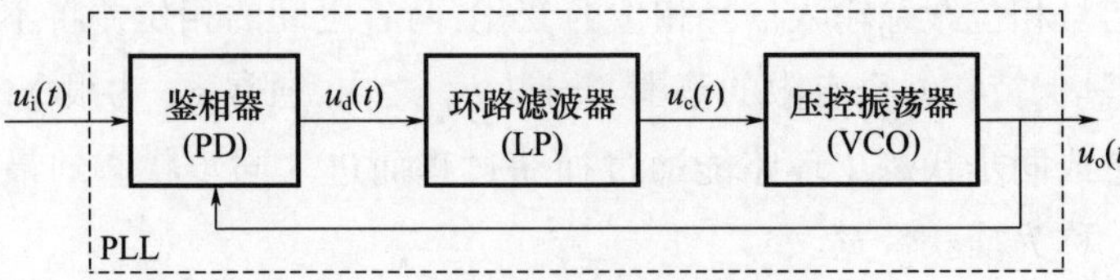

图 5-23　锁相环路基本组成

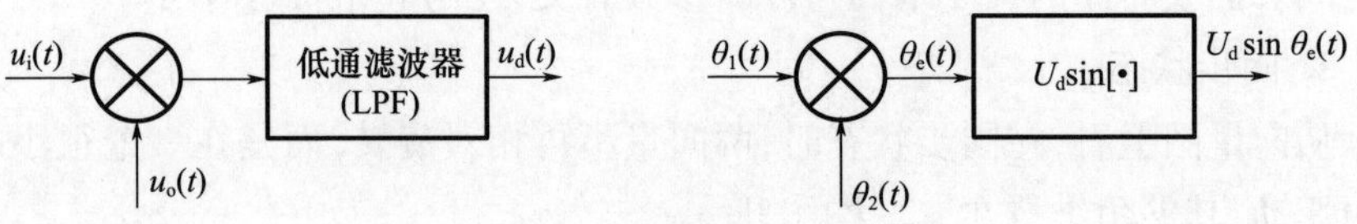

图 5-24　鉴相器及其模型

若乘法器增益为 K_m,输入信号 $u_i(t)$ 与反馈信号 $u_o(t)$ 经相乘得到

$$
\begin{aligned}
K_m u_i(t) u_o(t) &= K_m U_i \sin[\omega_o t + \theta_1(t)]\, U_o \sin[\omega_o t + \theta_2(t)] \\
&= \frac{1}{2} K_m U_i U_o \sin[2\omega_o t + \theta_1(t) + \theta_2(t)] \\
&\quad + \frac{1}{2} K_m U_i U_o \sin[\theta_1(t) - \theta_2(t)]
\end{aligned} \tag{5-40}
$$

经鉴相器滤除 $2\omega_o$ 高频分量后,得到误差电压

$$
u_d(t) = U_d \sin\theta_e(t) \tag{5-41}
$$

式中:$U_d = \frac{1}{2} K_m U_i U_o$。

鉴相器也可以采用边沿触发、电平触发等数字电路实现。将输入正弦信号和反馈正弦信号经过限幅形成方波,输出电压是输入信号方波和反馈信号方波的过零点之间时间差的函数。一种典型的边沿触发型数字鉴频鉴相器(Phase Frequency Detector,PFD)如图 5-25 所示,该鉴相器由两个 D 触发器组成,其输出分别用 U 和 D 表示,有以下四种工作状态:

$U=0, D=0$;

$U=1, D=0$;

$U=0, D=1$;

$U=1, D=1$。

式中:第 4 种状态通过一个与门的作用而禁止出现。只要两个触发器的状

态为 1,其清零端 C_D 将出现逻辑高电平,将两个触发器复位。因此,该器件可认为只有三个逻辑状态,定义:

"-1"状态:$U=0,D=1$;

"0"状态:$U=0,D=0$;

"1"状态:$U=1,D=0$。

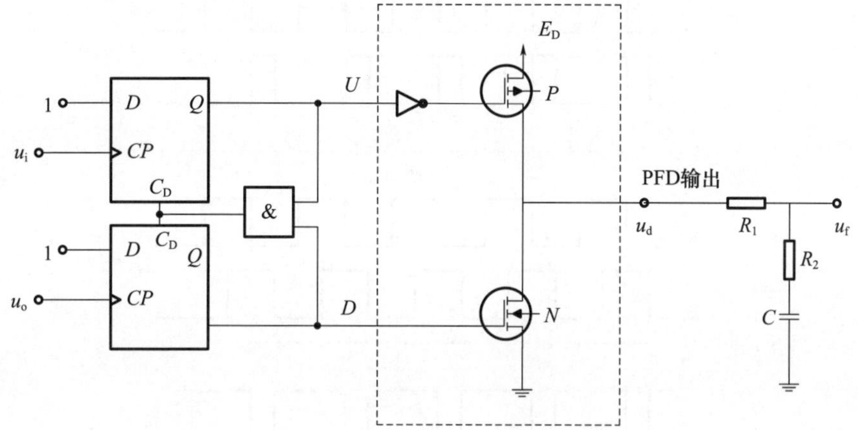

图 5-25　典型数字鉴频鉴相器

PFD 的实际状态由信号 u_i 和 u_o 的上升沿决定(也可以定义 PFD 的状态由 u_i 和 u_o 的下降沿决定)。见图 5-25,u_i 的上升沿使 PFD 进入更高的状态,除非 PFD 本来就处于"1"状态;u_o 的上升沿使 PFD 进入一个更低的状态,除非 PFD 本来就处于"0"状态。PFD 状态转移图如图 5-26 所示。

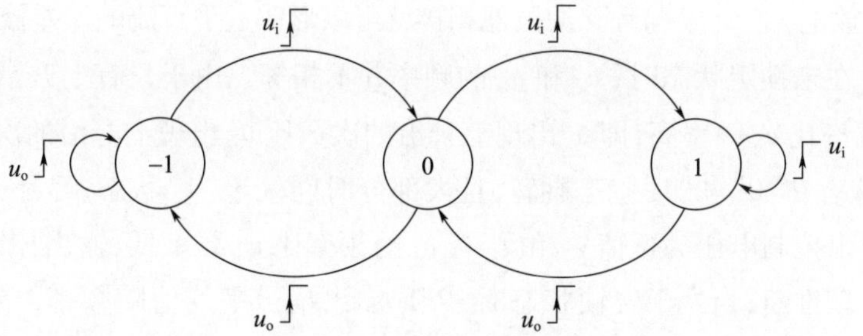

图 5-26　PFD 状态转移图

PFD 的 U 端和 D 端以逻辑电平的形式产生相位超前、滞后以及相位超前量、滞后量的信息,其工作波形图如图 5-27 所示。当 U 端和 D 端处于"1"状态时,P 沟道 MOS 管导通,N 沟道 MOS 管截止,u_d 端输出为电源电压 E_d;当 U 端

和 D 端处于“-1”状态时，P 沟道 MOS 管截止，N 沟道 MOS 管导通，u_d 端输出为接地电压。如果 u_i 和 u_o 同相，则 U 端和 D 端处于“0”状态，P 沟道和 N 沟道 MOS 管均截止，u_d 端为高阻态。

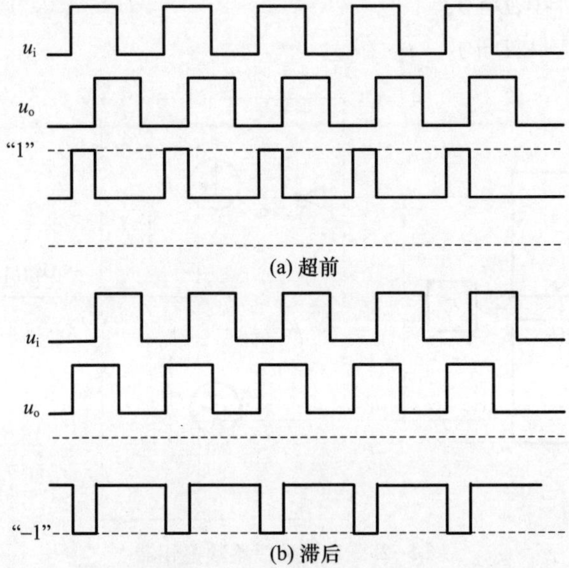

图 5-27　PFD 工作波形图

图 5-25 中虚线部分的电路也称为电荷泵（Charge Pump，CP）。在输入相位超前或滞后时，U 和 D 分别在相位差对应时间上控制 CMOS 开关分别接通电源电压或地电压，电流可以通过 u_d 端流入或流出，从而对环路滤波器的积分电路进行充电或放电，将 u_d 端与环路滤波器相接就可以形成近乎直流的误差控制电压。

PFD 在未锁定状态时，u_i 和 u_o 的频率并不相等。由于只有上升沿起作用，若 u_i 的频率比 u_o 频率高，即 u_i 出现上升沿的次数比 u_o 出现上升沿的次数多，那么 PFD 状态在“0”和“1”状态翻转，且大部分时间处于“1”状态，经环路滤波器平均后输出控制电压为正值。相反，若 u_i 的频率比 u_o 频率低，输出控制电压为负值。可以推断，当处于失锁状态时，PFD 输出信号平均值随频率误差单调变化，可以起到鉴频的作用。

5.3.3　受控振荡器

1. 压控振荡器

锁相环通常需要频率可调谐的振荡器作为受控信号源，最常用的频率可调谐振荡器为压控振荡器。压控振荡器有很多实现形式，如 LC 压控振荡器、晶体压控振荡器、负阻压控振荡器和 RC 压控振荡器等。典型 LC 压控振荡器电路如图 5-28 所示，振荡器的谐振频率与振荡回路中的 L，C_s 和变容二极管 V_D 的结电容有关。变容二极管两端结电压发生变化时，其结电容随之发生变化，从而使回路谐振频率发生变化。

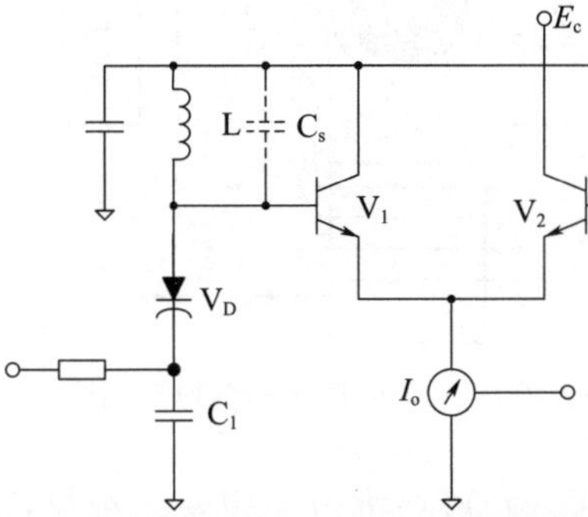

图 5-28　典型 LC 压控振荡器电路

2. YIG 振荡器

钇铁石榴石（$Y_3Fe_5O_{12}$，YIG）是一种石榴石型的微波铁氧体，由于其具有铁磁共振特性、温度特性好、介质损耗低等优良特性，已广泛用于移相器、隔离器、滤波器、环行器等微波铁氧体器件的制造。YIG 振荡器具有极高的 Q 值，在微波频段可达 8000，YIG 振荡器具有很好的频谱纯度及相位噪声指标，可以达到 -120dBc/Hz，非常适合于微波测量仪器、雷达、导弹方面的应用。

YIG 磁调振荡器（YIG Tuned Oscillator，YTO）典型构成如图 5-29 所示。它是由负阻器件、YIG 小球和负载组成的。负阻器件通过耦合环和 YIG 小球耦合，负载和 YIG 小球则通过另一个耦合环进行耦合。两个耦合环的平面相互垂直，如果没有 YIG 的作用，它们之间几乎没有耦合。将 YIG 小球置于恒定磁场 $\boldsymbol{H}_0$ 之中，恒定磁场 $\boldsymbol{H}_0$ 由永久磁铁提供，同时在它上面还绕有调谐线圈，由扫描电源提供的磁化电流通过线圈，使磁场在 $\boldsymbol{H}_0 + \Delta$ 范围内变化，谐振频率 $f_0 = \gamma(\boldsymbol{H}_0 + \Delta)$，频率可以在相应的范围内调谐。

在谐振频率上，负阻器件与负载产生了耦合，当满足起振条件后就能产生振荡。在其他频率上，因为 YIG 对它是失谐的，负载与负阻器件没有耦合，所以不会产生振荡。YIG 振荡器频率变化与磁场变化之间几乎是线性的，磁场变化范围很窄，因此 Q 值很高，输出频谱很纯。

YIG 振荡器的调谐有其特殊性。一般 VCO 仅需一端便可以快速调谐。

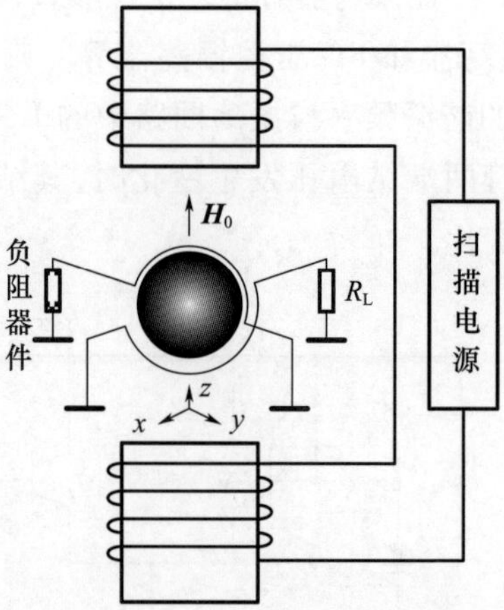

图 5-29　YIG 磁调振荡器典型构成

YIG 振荡器由于线圈的磁滞型,虽然可以实现宽频程,但调谐速度却较慢。通常可以设置两个线圈:一个大线圈,调谐带宽大,灵敏度高,响应慢;一个小线圈,用于窄带调整,灵敏度低,响应快。大线圈的驱动可以通过 DA 产生直流电压,经过电阻网络在大范围内锁定频率;小线圈的驱动信号可以由微分电路从电荷泵输出信号中提取快速变化的信号,经放大滤波后得到。

5.3.4　典型锁相频率合成器

1. 整数分频锁相频率合成器

三种典型的整数分频锁相频率合成器如图 5-30 所示。在图 5-30(a)中,VCO 输出信号经过 N 计数分频后与频率参考信号进行比相,环路锁定时 VCO 输出频率为

$$f_o = Nf_{ref} \tag{5-42}$$

由于 N 为整数,VCO 输出信号的频率分辨率为 $\Delta f = f_{ref}$ 。为提高输出信号的频率分辨率,需要选择较低的参考信号频率,而千赫兹级别的晶体振荡器体积大,使用不便,通常采用频率较高的晶体振荡器,并对参考信号进行分频的办法来实现,如图 5-30(b)所示。环路锁定时,VCO 输出频率为

$$f_o = \frac{N}{R} f_{ref} \tag{5-43}$$

为扩展输出信号频率范围,N 分频器通常需要选择较大的分频比。一方面,大的分频比往往会增加环路锁定时间;另一方面,对高频甚至微波信号进行

分频通常需要不同响应速度的电路来实现。通常采用在 N 分频器之前增加 V 预分频器来解决这些问题，如图 5-30(c)所示，N 分频器采用 CMOS 电路，V 预分频器采用 ECL 等高速电路，可以将输出频率扩展到微波波段。环路锁定时，输出频率为

$$f_o = \frac{NV}{R} f_{ref} \tag{5-44}$$

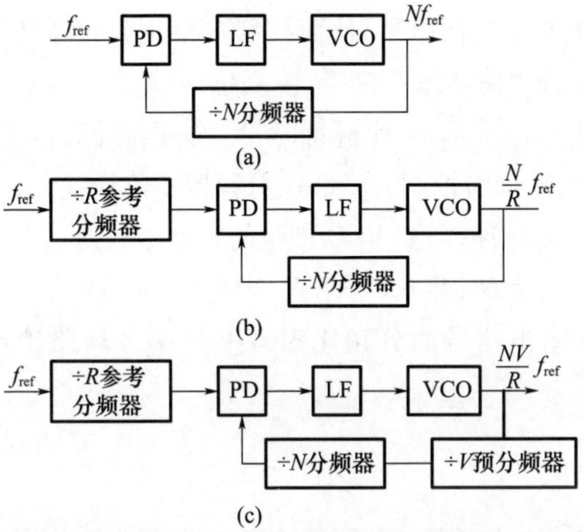

图 5-30　整数分频锁相频率合成器

2. 变模分频锁相频率合成器

在图 5-30(c)的锁相环路中，V 预分频器可以使环路输出频率得到较大的提高，但同时又降低了频率分辨率。若要保持频率分辨率不变，则必须降低参考信号频率 f_{ref}，这对降低环路噪声和频率转换时间是不利的。较为有效的方法是采用脉冲吞除技术的变模分频锁相频率合成器。

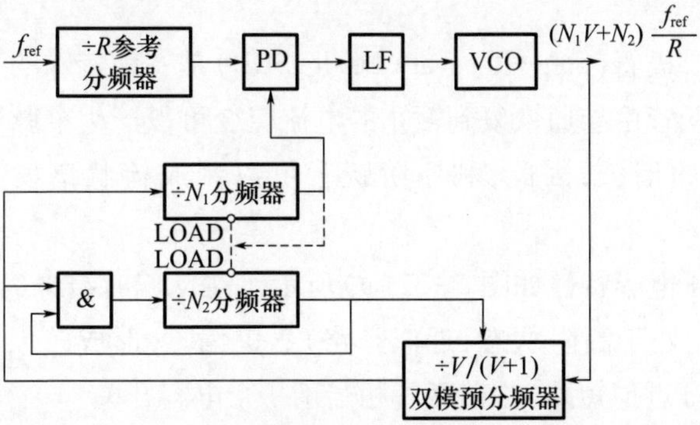

图 5-31　变模分频锁相频率合成器

在图 5-31 所示的变模分频锁相频率合成器中，预分频器为双模预分频器，即在逻辑电平的控制下，可以有 V 计数分频和 $V+1$ 计数分频两种工作模式。N_1 和 N_2 分频器为减法计数器，且 $N_1 \geqslant N_2$。

初始状态时，双模预分频器工作在 $V+1$ 计数分频模式，N_1 和 N_2 从其设定分频值进行减法计数，即当 VCO 每产生 $V+1$ 个脉冲时，N_1 和 N_2 分频器计数值同时减 1。当 VCO 产生 $N_2(V+1)$ 个脉冲时，N_2 分频器计数值首先达到 0，N_2 分频器输出由高电平变为低电平，从而控制双模预分频器切换到 V 计数模式。此时，N_2 分频器保持当前状态不变，等待复位加载，N_1 分频器继续进行减法计数，当 VCO 再产生 $(N_1-N_2)V$ 个脉冲时，N_1 分频器计数值达到 0，产生鉴相脉冲送至 PD 进行鉴相，同时控制 N_1 和 N_2 分频器复位加载。

每产生一个鉴相脉冲，需要 VCO 产生的脉冲个数为

$$N_{\text{tot}} = N_2(V+1) + (N_1 - N_2)V = N_1V + N_2 \tag{5-45}$$

即鉴相之前，VCO 输出信号的分频比为 $N_1V + N_2$。环路锁定后，输出信号频率为

$$f_{\text{o}} = (N_1V + N_2)\frac{f_{\text{ref}}}{R} \tag{5-46}$$

频率分辨率与图 5-30(b)所示相同，但输出信号频率大为提高。变模分频锁相频率合成器的双模预分频器交替使用两种分频比实现分数分频，这种技术也称为脉冲吞除技术。

5.4 倍频与谐波发生

5.4.1 阶跃恢复二极管

阶跃恢复二极管(Step-Recovery Diode, SRD)是一种特殊的变容二极管，简称阶跃管。阶跃管由导通恢复到截止的电流突变可以产生窄脉冲输出，由于窄脉冲具有丰富的谐波，因此，利用阶跃管可以制成梳状谱发生器或高次倍频器[2]。

阶跃管电压电容特性如图 5-32(a)所示。在反偏时结电容近似为一个不变的小电容 C_0(处于高阻状态，近似开路)。正偏时，形成较大的扩散电容 C_{d}(处于低阻状态，近似短路)。阶跃管相当于一个电容开关。

实际中，阶跃管在大信号交流电压的激励下，电容的开关状态在外电压由

正半周到负半周的转变时刻不发生转换。

大信号交流电压正半周加在阶跃管上时，阶跃管处于正向导通状态，阶跃管相当于一个低阻，阶跃管两端电压 u 嵌位于 PN 结结电压 Φ，管子中有电流 i 流过，阶跃管相当于一个大扩散电容 C_d，交流信号对其进行充电，有大量电荷在 PN 结两端聚集。

信号电压进入负半周，PN 结两端聚集的电荷反向放电，阶跃管仍然有很大的电容量，两端电压不能突变，管子中有较大的反向电流，呈现出导通和低阻状态，阶跃管电压仍然正向且嵌位于 Φ，直到正半周存储的电荷基本清除完。一旦电荷耗尽，反向电流就迅速下降到反向饱和电流，形成电流阶跃。调整直流偏置，可以使电流阶跃不发生在反向电流最大值处，而是在交流电压负半周即将结束的时刻。在电流发生阶跃的同时，阶跃管两端可以产生很大的脉冲电压。

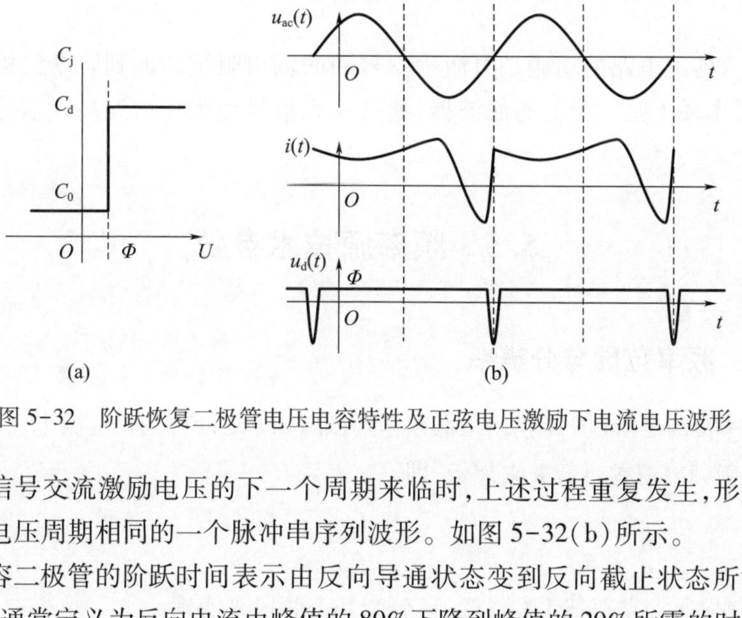

图 5-32　阶跃恢复二极管电压电容特性及正弦电压激励下电流电压波形

大信号交流激励电压的下一个周期来临时，上述过程重复发生，形成与交流激励电压周期相同的一个脉冲串序列波形。如图 5-32(b)所示。

变容二极管的阶跃时间表示由反向导通状态变到反向截止状态所需的过渡时间，通常定义为反向电流由峰值的 80%下降到峰值的 20%所需的时间。阶跃时间越短，电流阶跃越陡，高次谐波越丰富，一般可达几十皮秒，但减小阶跃时间会使得反向击穿电压过低，在实际使用中应折中考虑。

5.4.2　谐波发生器

阶跃管谐波产生器在周期性正弦脉冲的激励下产生含有输入信号频率丰富谐波的余弦脉冲串，其原理电路如图 5-33 所示，主要由输入匹配电路、偏置电路、阶跃二极管脉冲发生器、输出匹配电路组成。

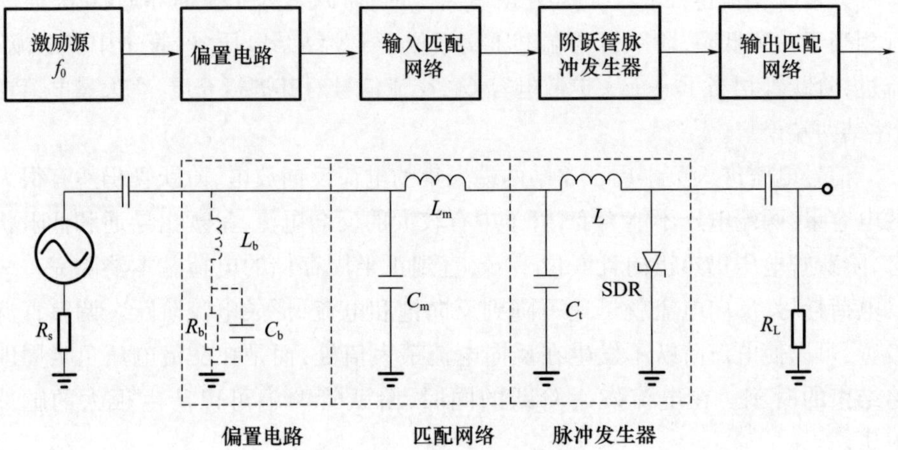

图 5-33　谐波发生器原理电路

输入匹配电路的功能是将激励信号源的输出阻抗转换到阶跃二极管输入阻抗上，本质上是一个低通滤波器，通过输入信号而阻止谐波高频信号反串到输入端。

5.5　频率源技术参数

5.5.1　频率范围与分辨率

频率范围是指频率源输出最低频率到最高频率之间的变化范围 $[f_{omin}, f_{omax}]$，也可以用频率覆盖系数 k 来表示，即

$$k=\frac{f_{omax}}{f_{omin}} \tag{5-47}$$

当 $k>3$ 时，通常需要把 $[f_{omin}, f_{omax}]$ 分为几个频段来实现。

频率源的输出通常不是连续的，两相邻频点之间的最小频率差称为频率分辨率或频率间隔。在 DDS 频率合成器中，频率分辨率由式(5-19)确定；在锁相环频率合成器中，频率分辨率由参考频率 f_{ref} 和分频比决定。

5.5.2　频率稳定度

频率稳定度是指一定时间间隔范围内，频率合成器输出频率相对于标称频

率的变化，通常分为长期频率稳定度和短期频率稳定度。

1. 长期频率稳定度

长期频率稳定度是指由振荡器的老化和元器件的性能变化以及环境条件的改变导致的频率的慢变化，常用一定时间（时、天、月、年）内，频率的相对变化值 K 来表示

$$K = \frac{\Delta f}{f} \tag{5-48}$$

微波频率源的输出频率 f 较高，频率的相对变化较小，工程上常用 ppm（Part Per Million，百万分之一）为单位来表示。在频率合成器中，频率稳定度主要受参考频率源的频率稳定度影响，采用石英晶体振荡器为参考频率源的锁相频率合成器的频率稳定度可达 5ppm。

2. 短期频率稳定度

短期频率稳定度是指取样时间短于 10s 的频率稳定性，主要描述频率源信号的随机变化量。引起频率源短期频率不稳定的主要原因是存在各种随机噪声起伏，如附加噪声、干扰噪声和调频闪变噪声。

对于雷达导引头频率源而言，雷达有效工作时间一般较短（单脉冲雷达在一个脉冲重复间隔内就可以获得目标的有效信息）。另外，雷达导引头通常工作体制为相参体制，需要在几十、几百个脉冲重复周期内进行相参积累，因此，要求频率源具有较高的频率稳定性和相位稳定性，所以通常关注频率源的短期频率稳定度。

频率源短期频率稳定度通常用相位噪声（频域）和阿伦方差（时域）来表示。

5.5.3　相位噪声

1. 单边带相位噪声[5]

理想情况下，频率源输出的固定频率信号应该是理想正弦波信号，其数学表达式为

$$s(t) = A_0 \sin(\omega_0 t) \tag{5-49}$$

实际频率源输出的固定频率信号由于随机因素的影响，总是存在着幅度、频率和相位调制，其数学表达式为

$$s(t) = [A_0 + \varepsilon(t)] \sin[\omega_0 t + \phi(t)] \tag{5-50}$$

式中：$\varepsilon(t)$ 和 $\phi(t)$ 分别为随机幅度调制和相位调制。

由于频率是相位的时间导数，所以瞬时频率、相位调制都可以看成是相位

随机起伏引起的,描述相位起伏通常用相位噪声表示,简称相噪。

实际观测到的信号频谱和相位噪声定义如图 5-34 所示。

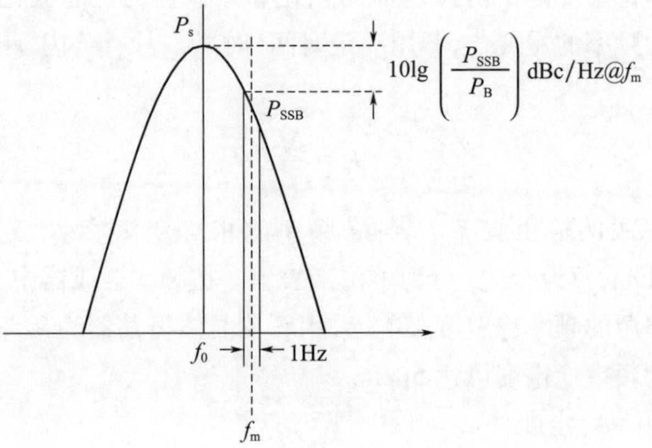

图 5-34　相位噪声示意图

相位噪声 $L(f_m)$ 定义为偏离载波频率 f_m 处,在单边带 1Hz 带宽内噪声功率 P_{SSB} 与载波功率 P_S 之比,通常用对数表示,即

$$L(f_m) = 10\lg\frac{P_{SSB}}{P_S} \tag{5-51}$$

相位噪声的单位通常写成 dBc/Hz。工程应用中,频率偏移量 f_m 的取值可以取 1kHz、10kHz、100kHz、1MHz 等,为了区分不同的频率偏移 f_m 处的相位噪声值,其通常写成 dBc/Hz@ 1kHz,dBc/Hz@ 10kHz 等。例如典型 100MHz 高稳定度晶体振荡器的相位噪声可以达到-150dBc/Hz@ 1kHz。

在微波频率合成器中,通常以相位噪声性能较好的高稳定度晶体振荡器为参考频率源,经过倍频以获得所需要频段的工作频率。若频率合成器的输出信号与参考频率源的倍频比为 N,则频率为 Nf_m 输出信号的相位噪声 $L_2(Nf_m)$ 与频率为 f_m 参考频率源的相位噪声 $L_1(f_m)$ 相比,恶化的分贝数可以按照 $20\lg N$ 估算,即

$$\frac{L_2(Nf_m)}{L_1(f_m)} = 20\lg N \tag{5-52}$$

2. 频率源相位噪声对雷达导引头性能的影响

在雷达导引头中,频率源的相位噪声性能对雷达导引头性能有着至关重要的影响,主要包括本振相位噪声对接收机性能的影响和发射信号相位噪声对相参多普勒处理的影响。

在雷达导引头中，本振信号的相位噪声对雷达导引头接收机的选择性和动态范围是一个重要的限制因素。如图 5-35 所示，回波信号与噪声干扰信号经过本振信号进行下变频得到中频信号，如果噪声干扰位置合适，本振信号的边带噪声会直接转化为干扰信号的中频边带噪声，对中频回波信号造成严重的干扰，降低接收机的频率选择性和动态范围[8]。

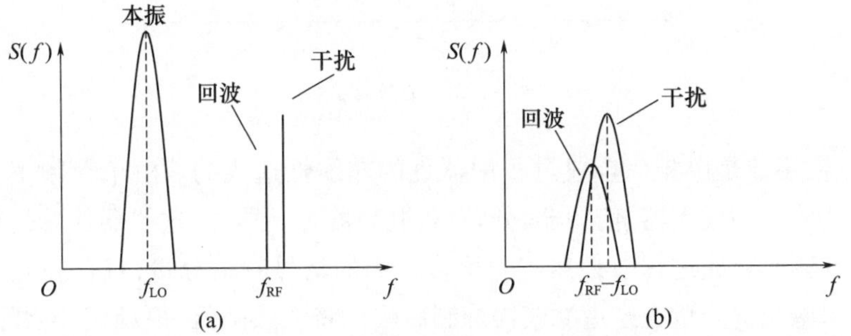

图 5-35　相位噪声对接收机性能影响

发射信号的相位噪声性能对相参多普勒回波信号处理也会产生重要的影响。如图 5-36 所示，如果发射信号相位噪声性能较差，固定目标回波会将低速运动目标回波淹没，使低速运动目标回波无法检测。因此，对相参雷达导引头而言，其性能受发射信号相位噪声的限制，必须尽可能地提高发射信号相位噪声性能。

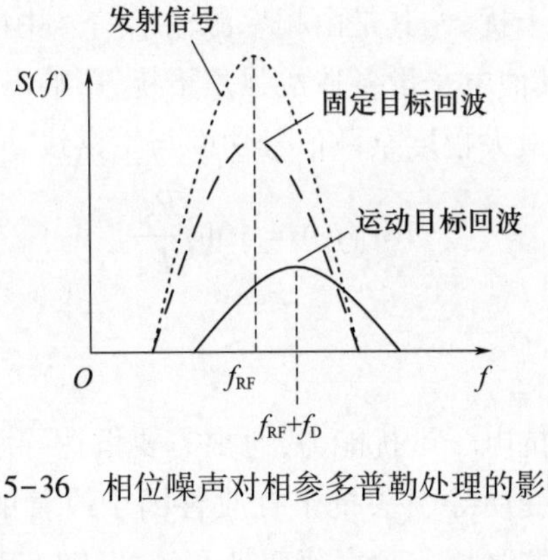

图 5-36　相位噪声对相参多普勒处理的影响

5.5.4　杂散

微波频率源输出固定频率信号时，除了相位噪声引起的输出谱线展宽，频谱纯度下降以外，实际工程应用中还可能会出现除主谱线和谐波信号以外的无用的小信号，这些信号通常称为杂散信号（Spurious Signal），如图 5-37 所示。

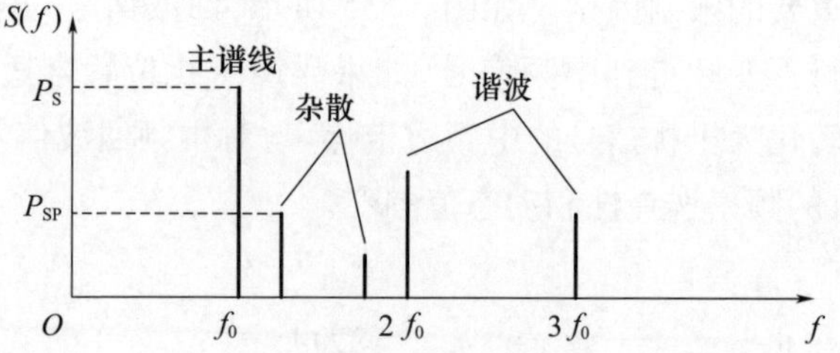

图 5-37　杂散示意图

杂散主要是由频率合成过程中器件的非线性造成的。由于在频率合成过程中，要使用到放大器、倍频器、分频器、混频器等元器件，这些器件总是存在非线性，在频率合成过程中必然产生很多无用的信号频谱分量，且存在互相交叉调制，这些频谱分量在经过滤波器抑制后幅度将大大降低，很难完全滤除，将在最终输出信号上表现出来，形成杂散信号。

另外，当电路设计不当时，如放大器等电路会产生自激，如果自激幅度较大，频率靠近主谱线频率，也会在最终输出信号上表现出来，形成杂散。频率合成器的电源纹波也会产生杂散信号，如果电路设计中电源没有处理好，电源纹波会调制到输出信号频谱上。对线性电源，电源纹波以 50Hz 工频调制在载波周围，并按 50Hz 步进逐渐减小，而微波频率源往往会对 100Hz 处的相位噪声提出要求，如果该处杂散较大，将会使频率源相位噪声指标严重下降。杂散信号对其他电子系统造成干扰，尤其是由频率源输出信号中的杂散信号经过功率放大发射后，有可能对其他电子设备造成强烈干扰，影响电磁兼容性能。

杂散电平定义为最大幅度杂散信号功率与主谱线功率之比，即

$$\mathrm{SL}(f_{\mathrm{m}}) = 10\lg \frac{P_{\mathrm{SP}}}{P_{\mathrm{S}}} \tag{5-53}$$

5.5.5　跳频时间

为提高导引头的抗电子干扰能力，通常需要雷达导引头微波频率源具备频率捷变能力。频率捷变使导引头抗干扰改善因子改善的倍数等于频率捷变带宽和导引头接收机带宽之比。频率捷变带宽越宽，越有利于导引头抗干扰能力的提高[11]。

频率捷变通常有脉间频率捷变和脉组频率捷变两种方式。对于非相参体制的雷达导引头，通常采用脉间频率捷变；对于全相参体制的雷达导引头，由于

需要进行中频积累等相干信号处理技术，通常采用脉组频率捷变。对于脉间频率捷变，只要相邻脉冲间频差达到“临界频差”，就可使相邻脉冲目标回波幅度及海杂波去相关，消除目标回波幅度慢速起伏，通过视频积累提高检测性能，增加探测距离。另外，采用单脉冲测角时，通过频率捷变可以减小目标角闪烁效应的影响，进而减小角跟踪误差，提高角跟踪精度。

频率捷变往往会对频率源的跳频时间提出要求。微波频率源的跳频时间，与频率合成过程中采用的合成方式、元器件密切相关。对于锁相式频率合成器，跳频时间主要取决于锁相环路的锁定时间、分频比控制字的写入与响应时间等因素；对于直接数字频率合成器，跳频时间主要取决于微波开关响应时间、DDS 控制字写入及相应时间、滤波器延时等因素。一般而言，采用直接数字频率合成器的跳频时间优于锁相环频率合成器，直接数字频率合成器的跳频时间可达 1μs，而锁相环频率合成器的跳频时间一般为几十甚至几百微秒。

5.6　全相参频率合成器

全相参频率合成器是在同一个基准频率源的基础上，经过分频、倍频、混频产生各种所需频率信号的频率合成器。由于使用同一个基准频率源，所产生的各种输出信号具有确定的相位关系，称为全相参频率合成器。全相参频率合成器按照频率合成方式的不同，分为锁相式全相参频率综合器和直接合成式全相参频率综合器。

5.6.1　锁相式全相参频率综合器

锁相式全相参频率综合器采用锁相环作为主要频率合成手段，结合分频、倍频和混频等频率合成手段，实现所需信号的频率合成，也称为间接频率合成器。

典型锁相式全相参雷达频率综合器如图 5-38 所示。

锁相式全相参雷达频率综合器为雷达提供全相参的发射射频信号、本振信号、10MHz 和 60MHz 基本频率信号，同时对基带调制波形进行射频调制，在一定频率范围内可进行射频、本振频率的同步跳变。

锁相式全相参雷达频率综合器包括晶振、基频、本振、发射四部分。晶振是锁相式全相参雷达频率综合器的参考频率源，为频率合成器提供基准参考频率信号，一般采用高稳定度晶体振荡器实现。晶体振荡器的振荡频率可以定制，

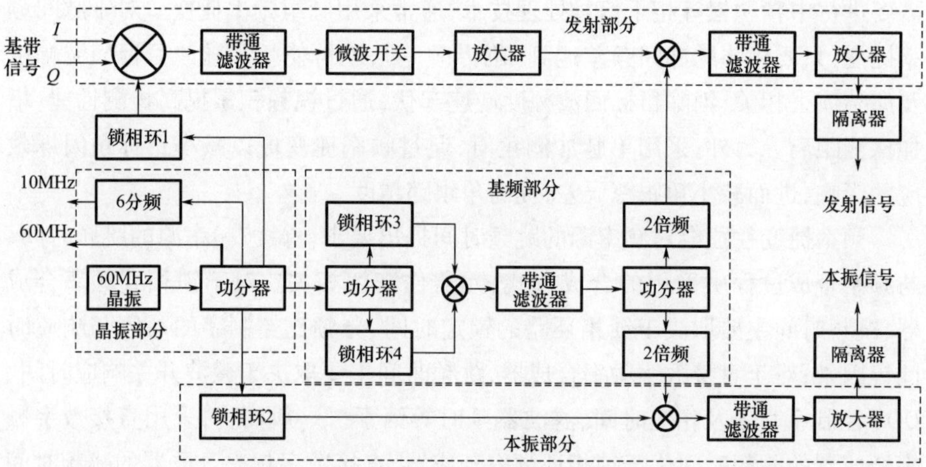

图 5-38　典型锁相式全相参雷达频率综合器

一般雷达微波频率综合器常用的晶体振荡器振荡频率为 10~100MHz,本例中晶体振荡器产生的基准参考信号频率为 60MHz。60MHz 基准参考频率信号及分频产生的 10MHz 信号可以用于信号处理中的 DSP 处理器时钟、FPGA 时钟输入信号及各种调制脉冲波形产生。

5.6.2　直接合成式全相参频率综合器

直接合成式全相参频率合成器是采用谐波产生、倍频、分频、混频等频率合成手段实现所需信号频率的直接合成。典型直接合成式全相参频率综合器如图 5-39 所示。

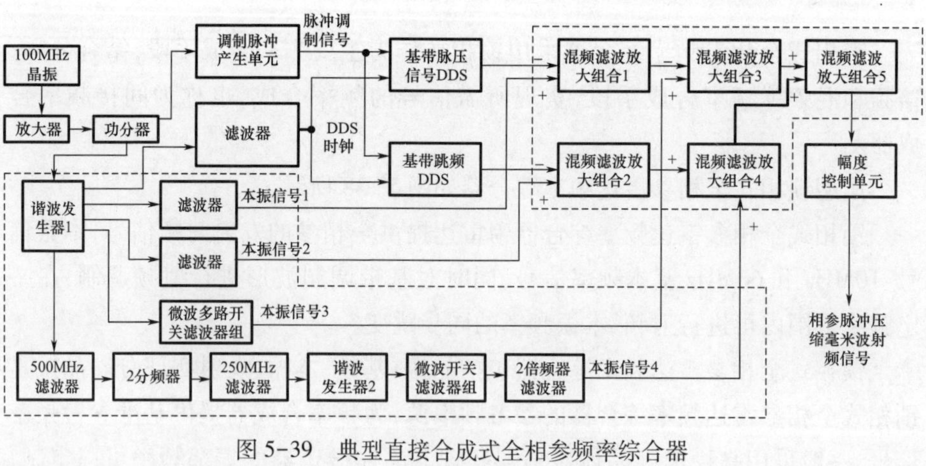

图 5-39　典型直接合成式全相参频率综合器

全相参毫米波雷达频率综合器由调制脉冲产生单元、基于谐波发生器的本振单元、基带脉压信号 DDS 单元、基带调频 DDS 单元、上变频单元和幅度控制单元组成。雷达射频信号的合成过程为:将晶体振荡器输出的 100MHz 基准参考信号作为雷达射频回波信号模拟器的基准参考信号。调制脉冲产生单元通过对基准参考信号进行整数倍分频产生脉冲压缩回波 DDS 单元和多普勒频移 DDS 单元所需的脉冲调制信号。100MHz 基准参考信号经过谐波发生器产生输出到基带脉冲压缩 DDS 单元和基带跳频 DDS 单元的 DDS 时钟信号。基带脉冲压缩 DDS 单元直接合成中频脉冲压缩信号;采用基带跳频 DDS 单元控制输出信号的频率跳变。基于谐波发生器的本振单元将输入的基准参考信号通过谐波发生器和分频器进行整数次倍频和分频合成得到多路本振信号,并输出到上变频单元。上变频单元将多路本振信号、脉冲压缩回波 DDS 单元输出的中频脉冲压缩信号、基带跳频 DDS 单元输出信号进行上变频混频,得到毫米波射频信号。

基带脉冲压缩 DDS 单元产生的基带线性调频脉冲压缩信号中心频率为 200MHz,其调频带宽最大为 60MHz。基带跳频 DDS 单元产生中心频率为 200~300MHz 的跳频信号。

1. 谐波频率产生

谐波发生器采用低相位噪声梳状谱发生器实现。梳状谱发生器利用晶体管的非线性效应,产生基准频率信号的各阶谐波,从而实现对基准频率信号的谐波倍频。倍频频率合成比锁相环频率合成具有更低的附加相位噪声,因此采用梳状谱发生器可以获得高稳定度、高频谱纯度的输出信号。梳状谱频率合成技术已经成为全相参频率合成器设计的关键技术。

梳状谱发生器按照工作原理可分为非线性电抗(电容)型和非线性电导型两类[10],非线性电导型如肖特基势垒二极管属阻性器件,具有较低的闪烁噪声和白噪声,从而具有较好的附加相位噪声性能。

考虑到低相位噪声的性能需求,采用两组非线性电导型梳状谱发生器。一组梳状谱发生器采用外部输入的 100MHz 参考信号作为基准输入信号,4 个输出窄带滤波器的中心频率分别选择在 500MHz、800MHz、1600MHz、3700MHz,其中 800MHz 信号用作 DDS 参考时钟,1600MHz 和 3700MHz 信号用作混频器本振信号。另外,选择中心频率为 C 波段,500MHz 带宽内间隔 100MHz 的 6 个频率点上进行窄带滤波输出,输出信号频率的选择通过开关滤波器组的切换实现。

第一组梳状谱发生器的500MHz输出信号经2分频,即250MHz的信号作为第二组梳状谱发生器的输入,选择中心频率为Ku波段750MHz带宽内间隔250MHz的4个频率点上进行窄带滤波输出。对第二组滤波器的输出进行2倍频可以得到中心频率为K波段1.5GHz带宽内间隔500MHz的4个频率点上的信号,输出信号的频率选择通过相应的开关滤波器组的切换实现。

2. 相位噪声性能

频率合成是在100MHz基准参考信号的基础上进行整数倍频和分频得到的,因此输出信号相位噪声遵循 $L=20\lg N$(dBc) 原则。在图5-39中最高倍频次数 N 为260,100MHz基准参考信号相位噪声优于-135dBc@1kHz。理论上多路本振信号输出信号相位噪声应优于-86.8dBc@1kHz。基带脉冲压缩单元和基带跳频单元采用高性能DDS芯片AD9910,其相位累加器为32位,DAC为14位,当输出400MHz正弦波时其相位噪声性能可达-125dBc@1kHz[11]。综合考虑到多路本振相位噪声、DDS相位噪声、混频器和放大器非线性引入的附加相位噪声,输出信号的相位噪声指标约为-80dBc@1kHz。

3. 杂散信号抑制

输出信号的杂散主要由谐波发生器、混频器及DDS产生。

谐波发生器输出100MHz的多次谐波,通过滤波器提取出所需频率的信号,谐波发生器产生的杂散只要窄带滤波器对其他频率的抑制足够就可以了,对于点频滤波器的设计而言,100MHz以外的信号是可以得到较好抑制的。

混频器产生的杂散主要考虑低阶交调,通过对频点的合理规划,每次混频6阶以下的交调都在带外,只需选用合理的滤波器就能滤除混频带来的交调杂散。

DDS的杂散主要包括相位截断杂散、幅度量化杂散和DAC非线性杂散。DDS芯片AD9910内部集成的是14bit的DAC,其采样速率最高可达1GS/s。DDS输出频率在200~300MHz范围内变化时,其带内杂散小于-70dB,带外杂散可以通过带通滤波器滤除。

两路DDS输出信号与多路本振信号合成采用只混频不倍频的合理规划,最终输出相位噪声和杂散可以保持较低的水平。

4. 跳频时间性能

跳频时间主要取决于微波多路开关的切换时间、滤波器延时和DDS控制字的置数时间,由 PIN 二极管和 GaAs 射频 MMIC 组成的开关的开关时间为 200ns;滤波器的延时通常在几十纳秒之内。采用 DSP 和高速 FPGA 在跳频前预先置数,跳频时使能脉冲控制各器件控制字同时由缓存器向对应 DDS 寄存器转移,以消除送数时间对跳频速度的影响。由于 AD9910 需要串行向寄存器写入数据,数据包括两路 DDS 的特征控制字、频率控制字和相位控制字,置数及输出稳定时间约为 1.5μs。考虑到各种因素的影响,跳频时间应小于 2μs。

基于梳状谱发生器的全相参脉冲压缩毫米波雷达频率综合器实物图如图 5-40 所示。

图 5-40　全相参脉冲压缩毫米波频率综合器实物图

图 5-41 是基准参考信号为 100MHz、相位噪声为-150dBc@1kHz 时,用 Agilent4447A 频谱仪测量得到的相位噪声测试结果。其中,图 5-41(a)是频率偏移量 1kHz 处的相位噪声,为-81.07dBc@1kHz,图 5-41(b)是频率偏移量 10kHz 处的相位噪声,为-84.54dBc@10kHz。

图 5-42 是基准参考信号为 100MHz、相位噪声为-150dBc@1kHz 时,用 Agilent4447A 频谱仪测量得到的线性调频脉冲压缩信号的输出频谱测试结果。其中,图 5-42(a)是输出信号为脉冲宽度为 10μs、带宽为 10MHz 时的频谱测量结果;图 5-42(b)是输出信号为脉冲宽度为 100μs、带宽为 10MHz 时的频谱测量结果;图 5-42(c)是输出信号为脉冲宽度为 100μs、带宽为 40MHz 时的频谱测量结果。

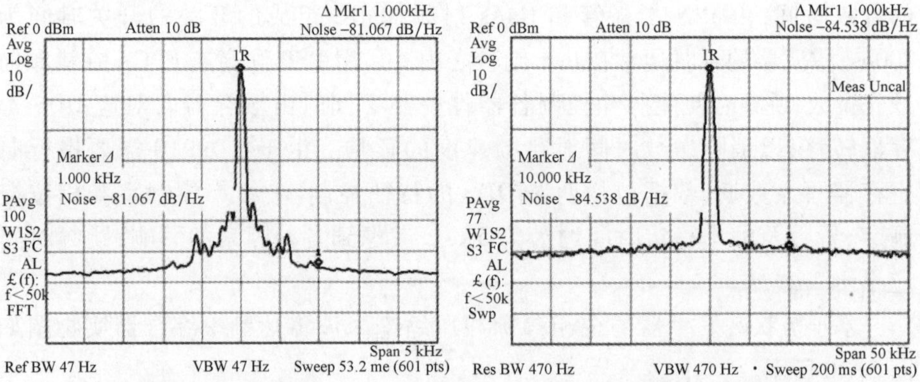

(a) 频偏1kHz相位噪声　　(b) 频偏10kHz相位噪声

图 5-41　相位噪声测试结果

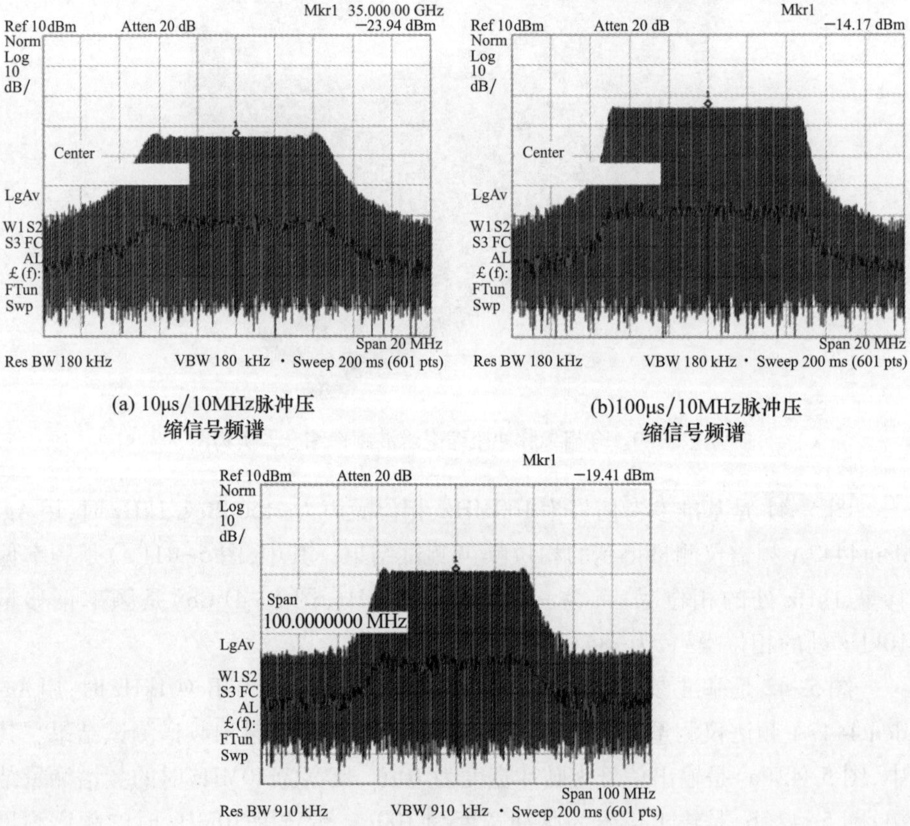

(a) 10μs/10MHz脉冲压缩信号频谱　　(b)100μs/10MHz脉冲压缩信号频谱

(c) 100μs/40MHz脉冲压缩信号频谱

图 5-42　线性调频脉冲压缩信号频谱

5.7　频率源功率放大与合成

在复合寻的雷达导引头中，为增加作用距离，频率合成器产生的信号必须经过功率放大后才能作为发射信号辐射出去。频率合成器输出信号的放大通常有两种方法，即通过行波管进行功率放大或采用固态器件进行功率放大与合成。

5.7.1　行波管放大器

1. 螺旋线行波管的基本结构

螺旋线行波管的基本结构如图 5-43 所示，其主要组成部分有电子枪（阴极、加速极）、高频结构（高频输入、输出装置和螺旋线慢波结构）、收集极和聚焦磁场。

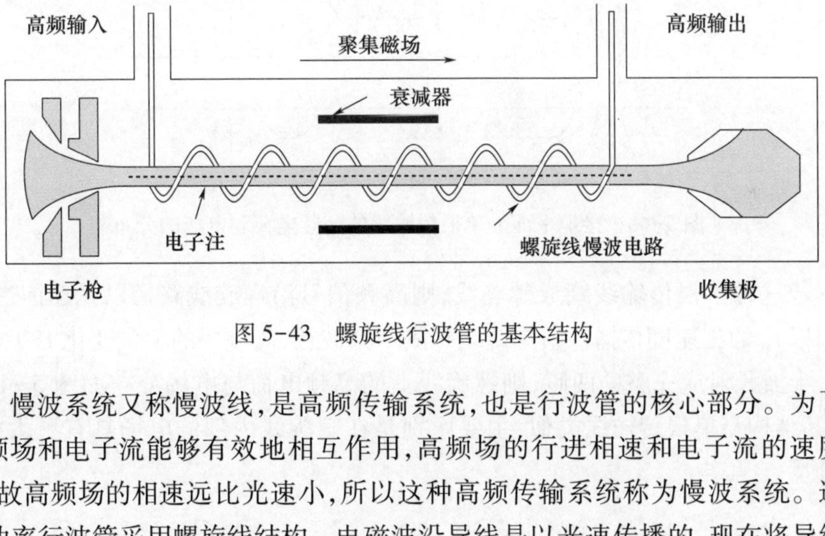

图 5-43　螺旋线行波管的基本结构

慢波系统又称慢波线，是高频传输系统，也是行波管的核心部分。为了使高频场和电子流能够有效地相互作用，高频场的行进相速和电子流的速度相近，故高频场的相速远比光速小，所以这种高频传输系统称为慢波系统。通常小功率行波管采用螺旋线结构。电磁波沿导线是以光速传播的，现在将导线绕成螺旋形，电磁波沿导线螺旋前进，从轴向看，电磁波的传播速度减慢了。螺旋线中相速与光速的关系取决于螺旋线一圈的长度和其螺距之比，如图 5-44 所示。若 D 为螺旋线平均直径，d 表示螺距，则有

$$\frac{v_{\mathrm{p}}}{c}=\frac{d}{\sqrt{(\pi D^{2})+d^{2}}}\approx\frac{d}{\pi D} \tag{5-54}$$

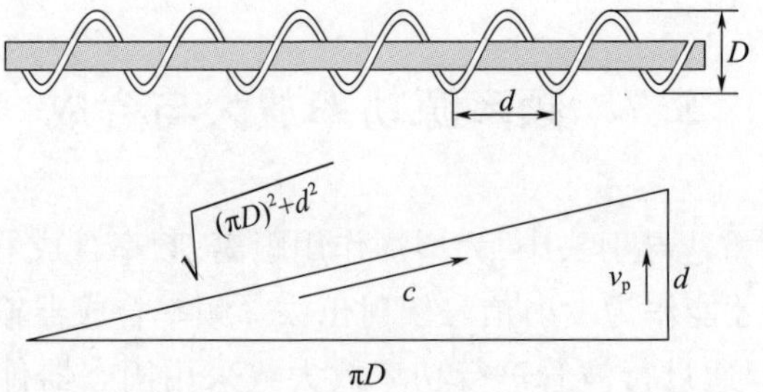

图 5-44　螺旋线中相速和光速的关系

2. 行波管放大器的工作原理

为说明螺旋线行波管的高频特性，考虑接地平面上单根传输线一端接匹配负载，传输线上传输行波时的电荷和高频电场分布如图 5-45 所示。如果线上传输行波，电荷与电场分布将等幅向一端运动，其传播速度为光速且与频率无关。

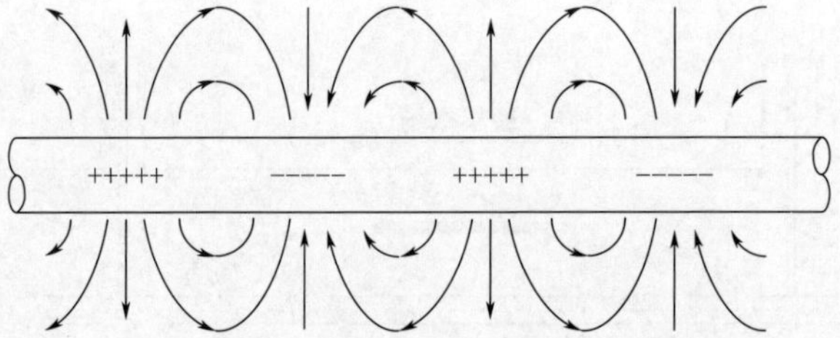

图 5-45　接地平面上单根传输线的高频电荷和电场的分布

若这种单根传输线绕成螺旋线，则高频信号沿螺旋线路径以光速前进，沿轴向以 v_p 的相速度传播。沿螺旋线每隔半个波长，高频场的相位变化 180°。若每个半波长对应完整的两匝，则螺旋线上的高频电荷与电场分布如图 5-46 所示，其结构与单根传输线类似，主要区别是在螺旋线内部的电场具有更大的轴向分量。

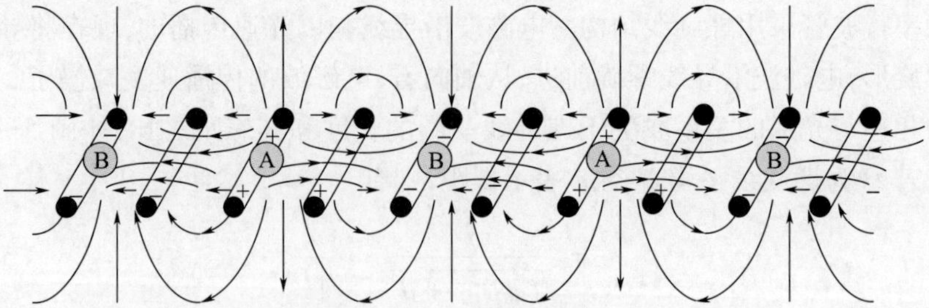

图 5-46　螺旋线上的高频电荷和电场的分布

当电子沿螺旋线轴向注入时,轴向电场对一些电子加速,而对另一些电子减速。在图 5-46 中,作用在电子上的电场力指向 A 区而背向 B 区。在轴向的场分布按照正弦曲线变化,如图 5-47 所示。

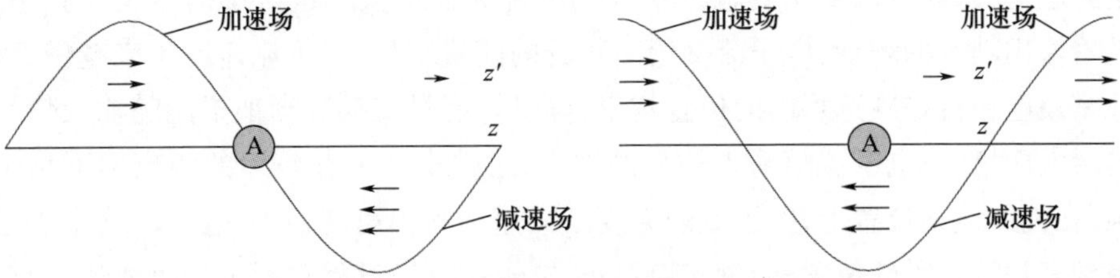

图 5-47　轴向电场使电子群聚

如果电场的轴向速度 v_p 与电子注的速度 v_0 接近,那么当电子注沿着螺旋线前进时,电子将始终受到指向 A 区的电场力,结果在 A 区就形成电子群聚块,均匀电子流将变为不均匀的电子流,即变为密度受调制的电子流。

若建立一个运动坐标系 z',其运动速度等于 v_p。当电场的轴向速度 v_p 与电子注速度 v_0 相等时,A 区的电子始终处于由加速向减速过渡为零的相位上,以电子 A 为中心群聚,由于加速区和减速区电子数目相等,调制电子流与行波场之间没有净能量交换。

当电子注的速度 v_0 比电场的轴向速度 v_p 略大时,电子除以 A 为中心的电子群聚外,还增加一个相对运动,即全部电子以 $v_0 - v_p$ 的相对速度在 $+z'$ 方向上运动,使群聚中心移到高频减速场区域,这样就有较多的电子集中于高频减速场,而较少的电子处于高频加速场。这时存在电子流与行波场的净能量交换,电子流把从直流电源那里获得的能量转换给高频场。

3. 行波管放大器的主要特性

1）带宽

行波管放大器增益随频率的变化是比较小的。当用慢波线作为慢波电路时,行波的相速度取决于慢波电路,而螺旋线又具有弱色散特性,因而行波的相速度与频率基本无关,即螺旋线具有极宽的带宽,所以行波管放大器是一个宽带器件。现在已研制成功超过两个倍频程的螺旋线行波管。

2）功率增益

当输入信号较小时,输出功率与输入信号功率呈线性关系,行波管放大器的功率增益为常数,这种状态称为线性工作状态或小信号工作状态;当输入功率增大到某一数值之后,输出功率不再随输入信号的增大而增大,功率增益将下降出现饱和现象,此时对应最大输出功率的增益 G_{sat} 称为饱和增益。

当行波管放大器加速极电压和电流确定后,行波管电子流所能给出的功率就确定了。当输入功率从较小逐渐增加时,输入信号电压对电子流的调制速度越来越快,因而输出功率随输入信号功率增大而增大。这是小信号工作状态。随着输出功率的增加,电子流交给高频场的能量增加,电子流速度越来越慢,因而密集电子群在减速场内的位置越来越滞后,能量交换逐渐地不能随输入信号的增大而增大;电子流随输入信号的增大,已使电子流在较短的距离内群聚很强,在慢波线某位置上,电子流的速度已减速到和相速度相等,电子群聚中心已退到高频场为零的位置,能量交换停止,电子在行进过程中不再交出能量,继续增大输入功率,只能缩短电子交出能量的过程,而不能增大输出功率,即达到饱和状态。

3）效率

电子流能够交出的能量只是速度差 $v_0 - v_p$ 相应的这一部分动能,即 $\frac{1}{2}m(v_0 - v_p)^2$。为了使电子流与行波场同步,电子流的速度只能略大于波的相速。而当电子流交出一定的能量,速度低到和行波相速度相等时,能量交换就停止了。由于这个速度差的限制,电子流所能交出的能量是很有限的,所以效率可近似等于

$$\eta_e = \frac{\frac{1}{2}m(v_0^2 - v_p^2)}{\frac{1}{2}mv_0^2} = 1 - \left(\frac{v_p}{v_0}\right)^2 \tag{5-55}$$

通常 v_0 比 v_p 略大,因此行波管效率一般很低,大功率行波管的效率很少超过30%。

4）同步特性

加速极电压 U_0 决定了飞入螺旋线的电子的运动速度。通过调整加速极电压 U_0,可以使得电子流的速度略大于行波的相速度,以使电子流能向高频电场进行充分的能量交换,使高频信号得到最大的功率输出。在一定的条件下,就有一个能够获得最大输出功率的加速极电压,这个电压称为同步电压。如果偏离了同步电压,则输出功率便会迅速减少。通常把输出功率或增益与加速极电压之间的关系称为同步特性。

5）稳定性与自激

在行波管中,存在着从输出端到输入端的传播路径。因此,由于输出端、输

入端阻抗不匹配会造成自激。假如已放大的波在输出部分被反射,反射波沿慢波系统向输入端传播。如果输入端匹配不好,就在输入端产生二次反射。如果二次反射波功率大于输入信号功率,且相位合适,放大器就产生自激。为消除这种现象,一般在慢波系统中引入衰减器,即在螺旋线的介质支撑杆上喷涂石墨层,为使衰减器的两端匹配,石墨层的厚度是渐变的。

5.7.2　固态功率放大器

1. 固态功率器件

微波固态功率器件是从20世纪70年代发展起来的,随着半导体生长工艺的成熟,这些器件的工作波段很快扩展到毫米波段。固态器件的输出功率是工作频率的函数。单功率器件的输出功率和工作频率近似满足

$$P \cdot f^2 = \text{const} \tag{5-56}$$

越来越高的功率密度需求驱动着全新固态功率器件概念与技术的进步,目前,砷化镓(GaAs)半导体技术日趋完善,碳化硅(SiC)和氮化镓(GaN)等宽带隙半导体技术也得到发展,后者表现出更高的功率容量,代表着重要的技术方向。

微波毫米波功率放大器常用的固态器件可分为双极型晶体管和场效应管两大类。其中,从双极型晶体管又发展了异质结双极型晶体管,而场效应管又分为金属氧化物半导体场效应管、金属半导体场效应管及其衍生出来的横向扩散金属半导体场效应管、高电子迁移率晶体管。

双极型晶体管是最基本的半导体器件,一般采用在硅半导体上制作的垂直结构,容易获得高收集极击穿电压,因此功率密度很高,在雷达应用中可获得1kW的脉冲功率。硅半导体典型偏置电压为28V,工作频率可达5GHz。

异质结双极型晶体管是在传统双极型晶体管的基础上发展而来的,其异质结构通常基于复合半导体如AlGaAs、GaAs、SiGe及InP。异质结双极型晶体管与双极型晶体管相比,共发射极增益和工作频率更高、线性度较好。GaAs异质结双极型晶体管在X波段以下微波单片集成电路中得到了广泛的应用,而用于功率放大器时工作频率高达20GHz,InP异质结双极型晶体管进一步提高了工作频率、增益和效率,预计可工作于50~60GHz。

金属半导体场效应管由于栅极采用了金属半导体接触,提高了工作频率。GaAs金属半导体场效应管典型的工作电压是5~10V,已经在2GHz和20GHz分别实现了200W和40W输出,最高可工作在25~30GHz。SiC金属半导体场效应管一般工作在5~10V电压,最高工作频率为10~12GHz。

高电子迁移率晶体管是在金属半导体场效应管基础上发展起来的,GaAs高电子迁移率晶体管的截止频率可达150GHz,S波段的封装器件可实现100W的输出,在12GHz输出功率可达15W。InP高电子迁移率晶体管的工作频率更高,已经达到300GHz,但其输出功率则较低,单片输出功率为100~500mW。GaN高电子迁移率晶体管采用了不同的半导体基底材料,改善了导热性,因此具有高功率、高电压特性,目前正处于快速发展阶段。

2. 功率放大器技术指标

1)输入、输出功率及功率增益

功率放大器的输入功率 P_{in} 定义为输入端的可用功率,输出功率 P_{out} 定义为放大器传送给负载的功率。功率增益定义为输出功率与输入功率的比值,通常用对数表示为

$$G = 10\log \frac{P_{out}}{P_{in}} \tag{5-57}$$

由于器件存在非线性,功率放大器的增益与输入信号电平有关。功率放大器增益与输入功率的关系如图5-48所示。放大器从线性区进入饱和区后,增益将降低,这种现象称为增益压缩。功率放大器常用的一个参数为1dB压缩点输出功率 $P_{out-1dB}$,即功率增益相对于理想线性降低1dB时的输出功率。对应的输入功率 P_{in-1dB} 称为1dB压缩点输入功率,用于划分线性和非线性激励区。放大器进入饱和区后输出功率称为饱和输出功率。

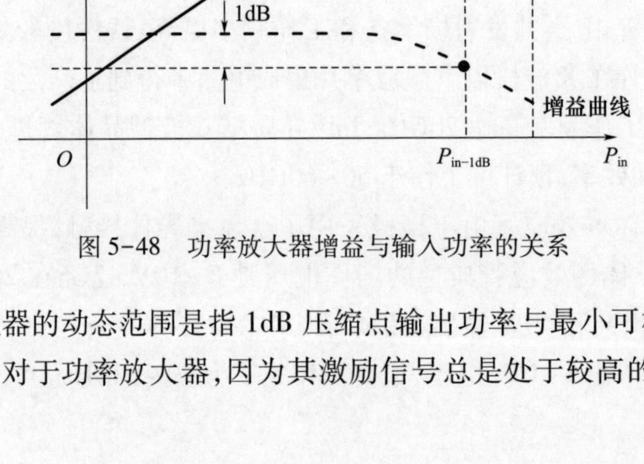

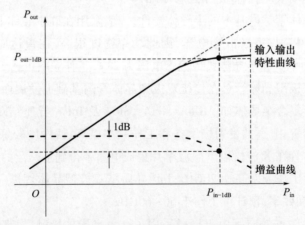

图5-48 功率放大器增益与输入功率的关系

功率放大器的动态范围是指1dB压缩点输出功率与最小可检测放大信号功率的比值。对于功率放大器,因为其激励信号总是处于较高的电平,所以动

态范围并不是十分关注的指标。

2）效率

功率放大器的效率用于描述放大器将直流功率转化为射频功率的能力，定义为输出射频功率与直流功耗的比值，即

$$\eta = \frac{P_{\text{out}}}{P_{\text{DC}}} \tag{5-58}$$

放大器的效率通常用于直流功率预算，对于特定射频功率需求，效率越高，需要直流电源功率越小，同时转化为热的直流功率越少，要求的散热设计越容易。

3）噪声特性

噪声系数通常用于表征放大器的噪声特性，由于功率放大器通常处于发射端，对信噪比的影响较小，以往不将放大器噪声系数作为重要指标。但是随着全相参体制的发展，相位噪声逐渐成为功率放大器关注的特性。功率放大器的相位噪声主要来源有两个：一是有源器件将低频噪声转化为高频噪声，二是有源器件高频噪声的叠加和放大。

功率放大器的噪声特性也可以用残留相位噪声（即用输出信号的相位噪声与输入信号相位噪声之差，也称为附加相位噪声）来表示。放大器残留相位噪声通常受输入信号电平的影响，输入信号电平越高，残留相位噪声就越高。

4）非线性

功率放大器增益的非线性将引起输出信号的失真，1dB 压缩点输出功率可以用来描述放大器增益的非线性，除此之外，还有谐波失真、互调等。

谐波失真定义为放大器输出 n 次谐波功率 $P_{\text{out},n}$ 与载波功率 P_{out} 之比，即

$$\text{HD}_n = \frac{P_{\text{out},n}}{P_{\text{out}}} \tag{5-59}$$

总谐波失真定义为

$$\text{THD} = \sum_{n \geqslant 2} \frac{P_{\text{out},n}}{P_{\text{out}}} \tag{5-60}$$

5）交调失真与交调点

如果放大器有两个信号同时输入，频率分别为 f_1 和 f_2，其频率间距远小于其中任一频率，那么在放大器输出信号中就包含了很多交调分量。多数情况下，位于 $2f_1 - f_2$ 和 $2f_2 - f_1$ 两个频点的三阶交调分量距工作频段很近，其他交调分量距离工作频段很远，可以通过滤波加以抑制，因此放大器的交调失真定义为三阶交调分量的功率。

交调点交调分量功率曲线与理想放大器输出功率曲线的交点，三阶交调点(Third Order Intercept Point，IP3)在放大器中最为常用，分为输出三阶交调点(OIP3)和输入三阶交调点(IIP3)，如图 5-49 所示。三阶交调是放大器失真的主要原因，输出三阶交调点功率越大，表明放大器非线性性能越好。

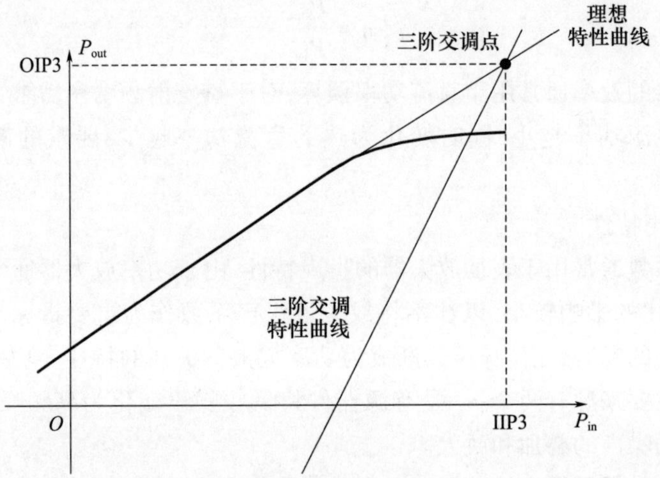

图 5-49　三阶交调点

3. 典型固态功率放大器

固态功率放大器具有重量轻、尺寸小、可靠性高、成本低等优点，在微波系统中得到广泛应用。

固态功率放大器按照偏置类型可以分为 A 类、AB 类、B 类和 C 类，不同类型的放大器工作在不同的静态偏置点。放大器的电流导通角定义为在一个射频周期内漏极或收集极电流不为 0 的部分，电流导通角用来描述不同的静态偏置状态。A 类放大器一直处于导通状态，线性度高，但静态工作电流大，效率低，A 类放大器在峰值包络处的效率仅为 50%；B 类放大器在半周期内导通，相对于 A 类放大器保持了线性度，而且峰值包络处的效率可以提高到 78.5%，但增益较 A 类放大器低；C 类放大器的导通角减小，效率进一步提高，但其线性度大大降低；AB 类放大器是介于 A 类和 B 类之间的一类放大器，同时具有增益高、效率高、线性度高的优点，在实际系统中应用广泛。

固态功率放大器的实现形式包括混合电路、微波集成电路(Microwave Integrated Circuit，MIC)和微波单片集成电路(MMIC)，目前以 MMIC 为主要形式。已形成货架产品的 MMIC 功率放大器工作频率可达 100GHz 甚至 220GHz，且输出功率、效率等指标不断得到提升。表 5-2 所示为各频段具有代表性的 MMIC

功率放大器及其性能。

表 5-2　典型 MMIC 功率放大器

工作频段 /GHz	型号	生产商	饱和输出功率 /dBm	线性增益 /dB	半导体工艺
1.3～2.5	MAAPGM0076	M-A/COM	16	25	GaAs
2.0～6.0	MAAPGM0078	M-A/COM	12	20	GaAs
7.5～10.5	MAAPGM0079	M-A/COM	20		GaAs
12.75～15.4	EMM5063X	Eudyna	33	29	GaAs
18～23	TGA4022	TriQuint	33	26	GaAs
24～31	TGA4505-EPU	TriQuint	36	23	GaAs
55～66	HMC-ABH241	Hittite	19	24	GaAs
66～70	LSPA2	HRL	13	13	InP
207～230	—	Northrop Grumman	17	11.5	InP

5.7.3　功率合成技术

通常行波管放大器的输出功率远大于固态放大器，但固态放大器在质量、体积、成本、可靠性、线性度等方面的优势有时使其表现出更优越的综合性能。在单个固态功率放大器不能满足系统功率需求时，往往采用功率合成技术来实现。

功率合成技术可以分为电路合成和空间合成两大类，采用不同的功率合成方式组合又形成了复合式功率合成[12]。电路功率合成是通过传输线模式的电磁波叠加而实现多路信号功率相加的，可分为谐振型和非谐振型。谐振结构有腔体和平面两种形式，腔体结构适用于大功率的情况。非谐振电路功率合成的结构是传输线模式的电路网络，相对于谐振型电路功率合成，其优点为工作频带宽、合成规模大；缺点在于路径损耗较大，合成效率不高。非谐振型平面电路功率合成主要包括二进制级联平面功率合成和 N 路平面功率合成。

1. 二进制级联平面功率合成

二进制级联平面功率合成结构是出现最早、最基本的一种平面电路功率合成类型，其结构简单，设计容易。以 Wilkinson 电桥为基本单元的二进制功率合成技术除了在电路层面的功率合成中应用之外，在微波毫米波 MMIC 功率器件级的功率合成上也获得了较多应用。

二进制级联功率合成示意图如图 5-50 所示，主要包括有源器件和合成器两大部分,其中有源器件的数量为 2^N ,N 为功率合成级数。合成器是 3 端口元件级联而成的功率分配/合成网络,是实现功率合成的核心部分。

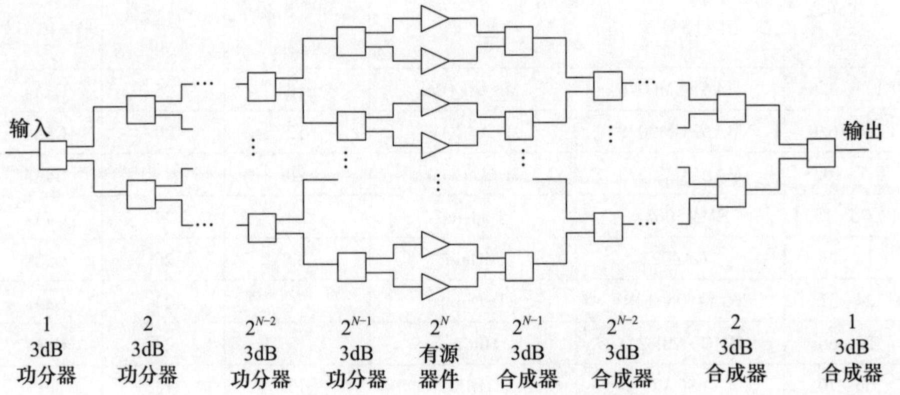

图 5-50　二进制级联功率合成示意图

为实现高效率的功率合成,3 端口功率合成器需要满足输入端口到输出端口的匹配、低插损和端口之间的高隔离度。二进制级联合成结构的实现可以归结为基本的两路功率分配/合成器的实现,常用 Wilkinson 两路功率合成器实现,如图 5-51 所示。

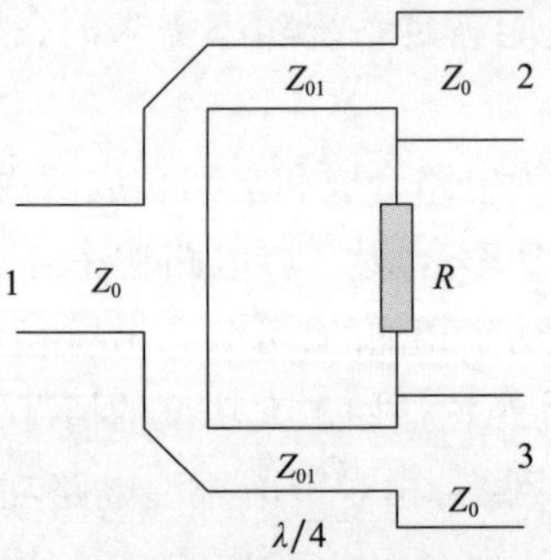

图 5-51　Wilkinson 两路功率合成/分配器

Wilkinson 两路功率合成器只有两个输入端口和一个输出端口,其前级输出负载和后级输入阻抗均为 Z_0,容易匹配和级联,利用电路中电阻 R 可以获得良好的输出端匹配和隔离。若端口 2 和端口 3 稍有失配,则电阻 R 将耗散反射功率,从而保证输出端口有良好的隔离。Wilkinson 两路功率合成器是最基本、最常用的二进制级联功率合成 3 端口器件。

对于 3dB 功率分配/合成器,实现阻抗匹配和隔离时有

$$Z_{01} = \sqrt{2} Z_0, \quad R = 2Z_0 \tag{5-61}$$

2. N路平面功率合成

二进制级联功率合成结构虽然简单,但这样级联功率流过的路径较长,随着参与合成的器件规模的增大,平面功率合成器级数越多,插入损耗越大,因此二进制级联功率合成适用于合成规模不大的情况。如果在一级上实现N路功率合成,即为N路平面合成技术。

叉形N路 Wilkinson 合成器如图5-52所示。分支的阻抗Z_0为

$$Z_0 = \sqrt{N \cdot Z_d \cdot Z_c} \tag{5-62}$$

式中:Z_d和Z_c分别为输入和输出阻抗,平衡电阻R用于优化插损和隔离度性能。叉形 Wilkinson 合成器工作频带较宽,但匹配和隔离特性不太理想。

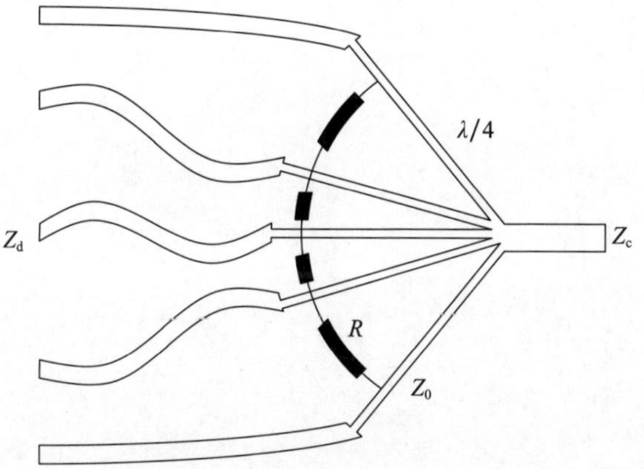

图5-52　叉形N路 Wilkinson 合成器

参考文献

[1] 吉尔摩.速调管、行波管、磁控管、正交场放大器和回旋管[M].丁耀根,张兆传,等译.北京:国防工业出版社,2012.

[2] 雷振亚,李磊,谢拥军,等.微波电子线路[M].西安:西安电子科技大学出版社,2009.

[3] NICHOLAS H T,SAMUELI H. An Analysis of the Output Spectrum of Direct Digital Frequency Synthesizers in the Presence of Phase-Accumulator Truncation[C]//41st Annual Frequency Control Symposium. Philadelphia:IE,1987:495-502.

[4] 费元春,苏广川,米红,等.宽带雷达信号产生技术[M].北京:国防工业出版社,2002.

[5] 王家礼,孙璐.频率合成技术[M].西安:西安电子科技大学出版社,2009.

[6] 郑继禹,张厥盛,万心平,等.锁相技术[M].2版.西安:西安电子科技大学出版社,2012.

[7] BEST R E. 锁相环:设计、仿真与应用(第5版)[M]. 李永明,王海永,肖珺,等译. 北京:清华大学出版社,2007.
[8] 唐晓东. 相参高频雷达发射信号的相位噪声测量[J]. 现代雷达,2007(3):1-4.
[9] 张媛,周青. 接收机选择性对截点值的改善[J]. 通信对抗,2004(3):59-62.
[10] 赵建国. X 波段雷达频率源技术研究[D]. 南京:南京理工大学,2009.
[11] 弋稳. 雷达接收机技术[M]. 北京:电子工业出版社,2005.
[12] 杨陈,李立萍. 频率步进单脉冲雷达抗干扰原理分析[J]. 电子对抗,2008(4):19-21,49.
[13] 董士伟,王颖,李军,等. 微波毫米波功率合成技术[M]. 上海:上海交通大学出版社,2012.

第6章　复合寻的制导信号处理技术

6.1　距离-多普勒信息处理

6.1.1　多普勒频移

当雷达与目标之间存在相对运动时,多普勒效应体现在目标回波信号的频率与发射信号频率不同。当雷达发射电磁波遇到一个向雷达运动的目标时,则从此目标返回的电磁波信号频率将高于雷达发射信号的频率;若背着雷达运动,则低于发射信号的频率。由于雷达电磁波往返传播,根据多普勒效应,运动目标回波与雷达发射信号之间的相位差为

$$\phi(t) = -\frac{2\pi}{\lambda} \cdot 2R(t) \tag{6-1}$$

式中:$R(t)$ 表示雷达与目标之间瞬时变化的单程距离;λ 为雷达工作波长。当目标以速度 ν 向着(或背着)雷达做匀速运动时,则 $R(t)=R_0-vt$,于是式(6-1)可写为

$$\phi(t) = -\frac{4\pi R_0}{\lambda} + 2\pi \cdot \frac{2v}{\lambda}t \tag{6-2}$$

运动目标回波与雷达发射信号之间的角频率差为

$$\omega_{\mathrm{d}} = \frac{\mathrm{d}\phi(t)}{\mathrm{d}t} = 2\pi \cdot \frac{2v}{\lambda} \tag{6-3}$$

运动目标回波与雷达发射信号之间的频率差,即多普勒频移为

$$f_{\mathrm{d}} = \frac{\omega_{\mathrm{d}}}{2\pi} = \frac{2v}{\lambda} \tag{6-4}$$

当目标运动速度向量与雷达视线夹角为 θ 时,多普勒频移可以写为

$$f_{\mathrm{d}} = \frac{2v_0}{\lambda}\cos\theta \tag{6-5}$$

式中:ν_0 为目标实际运动速度。由式(6-5)可知,多普勒频移具有如下特点:

(1) 根据目标与雷达的运动方向，多普勒频移可正可负。

(2) 当雷达工作波长一定时，多普勒频移与目标和雷达之间的相对运动速度成正比。因此，可以根据多普勒频移来测量目标相对于雷达站的运动速度(径向分量)。

(3) 当目标相对运动速度一定时，多普勒频移与雷达工作波长成反比，即雷达工作波长越短，多普勒频移越高。

(4) 当目标运动向量与雷达视线相互垂直时，则 $f_d = 0$。

多普勒频移对雷达而言至关重要，不仅使雷达可以测量目标运动速度；也使得雷达在进行目标检测时，把运动目标回波从静止目标回波中分离区分开成为可能；更重要的是，通过多普勒频移，可以实现雷达方位高分辨，即合成孔径雷达。

6.1.2 多普勒回波特性

非相参系统只能利用发射脉冲与回波脉冲之间的延时来提取目标的距离信息，而不能提取多普勒频移信息，即目标速度信息。早期的脉冲雷达都是磁控管发射机，每个发射脉冲的初相位都是随机的，是不可知的，每个发射脉冲的振荡频率都不尽相同(有细微区别)，甚至每个发射脉冲的频谱都不是单根谱线，而是由很多频谱成分组成的。非相参发射波形和非相参雷达发射信号频谱分别如图 6-1 和图 6-2 所示。

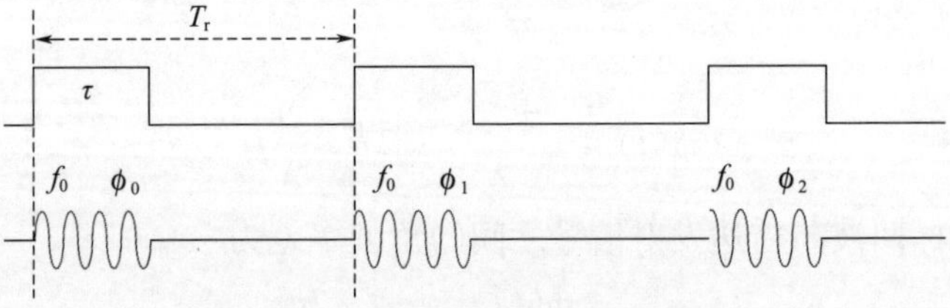

图 6-1 非相参发射波形示意图

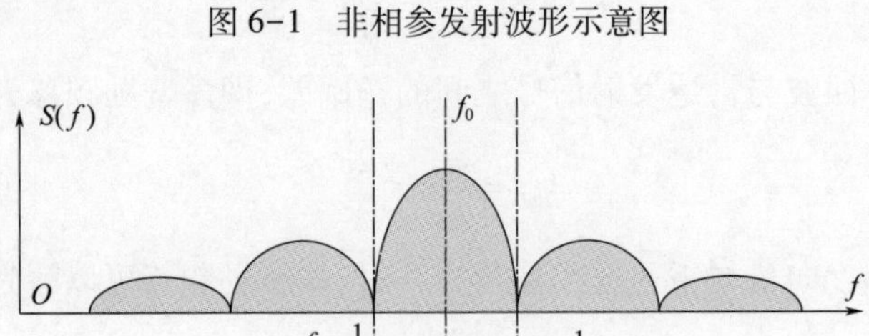

图 6-2 非相参雷达发射信号频谱

无法通过检测每个脉冲的相位来检测多普勒频移,从而提取目标的速度信息,只能利用发射脉冲与回波脉冲之间的延时来提取目标的距离信息,这种雷达系统称为非相参雷达。

为了检测多普勒频移,要求发射信号必须是频谱纯度很高的连续波信号或相参脉冲串信号。

对于连续波雷达,发射信号频率为 f_0,回波信号仍为连续波,其频率为 $f_0 + f_d$。连续波雷达发射信号和连续波雷达发射信号及回波信号频谱分别如图 6-3 和图 6-4 所示。

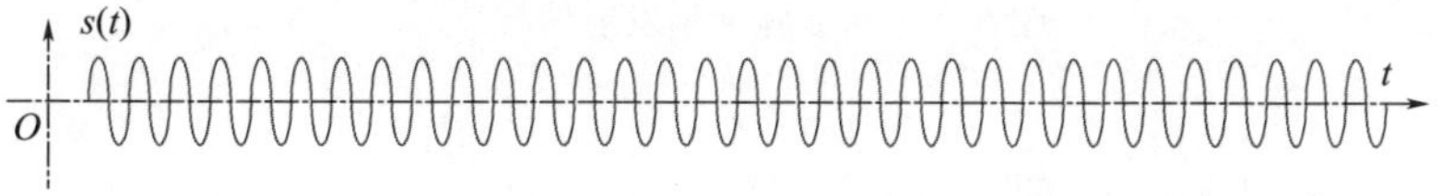

图 6-3　连续波雷达发射信号

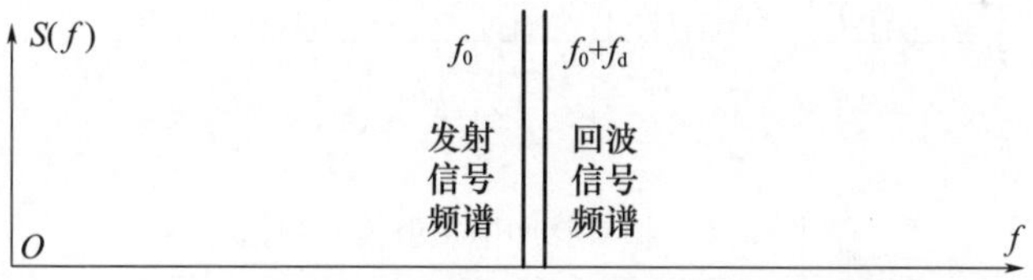

图 6-4　连续波雷达发射信号及回波信号频谱

如果将频谱纯度很高的连续波进行脉冲调制,形成的脉冲串信号作为雷达的发射信号,这样发射脉冲的初相位之间具有确定的相位关系,这种信号称为相参脉冲串。

相参脉冲串的频谱包络是辛克函数,第一零点位于 $f_0 \pm 1/\tau$,τ 为脉冲宽度;谱线间隔为 $1/T_r$,T_r 为脉冲重复周期。相参脉冲串发射信号波形、发射信号频谱、回波信号频谱及发射与回波信号频谱分别如图 6-5、图 6-6、图 6-7 和图 6-8 所示。

运动目标所产生的多普勒频移只有几百赫兹到几十千赫兹,远远小于雷达工作频率。因此,提取多普勒频移是十分困难的。它要求主振源信号具有极高的频率稳定度和频谱纯度。另外,对天线性能、信号处理分析均有很高的要求。

对于脉冲雷达来说,如果采用相参检波器对于中频多普勒回波进行检波,相参检波器输出的 I/Q 视频信号是受多普勒频移调幅的脉冲序列,如图 6-9 所示。

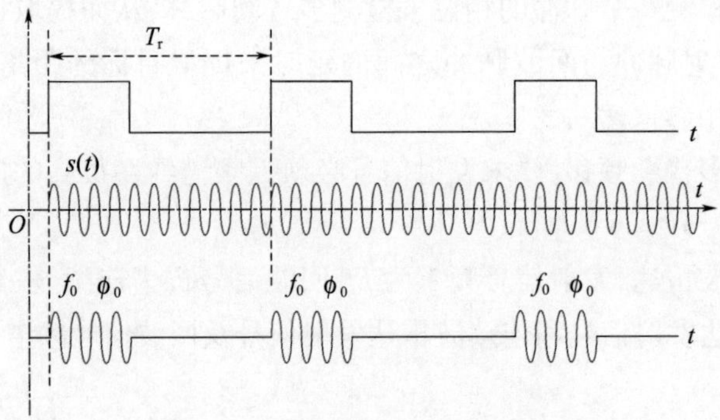

图 6-5　相参脉冲串发射信号波形

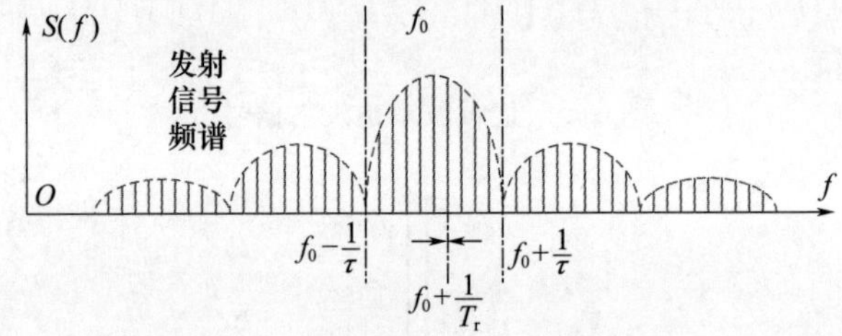

图 6-6　相参脉冲串发射信号频谱

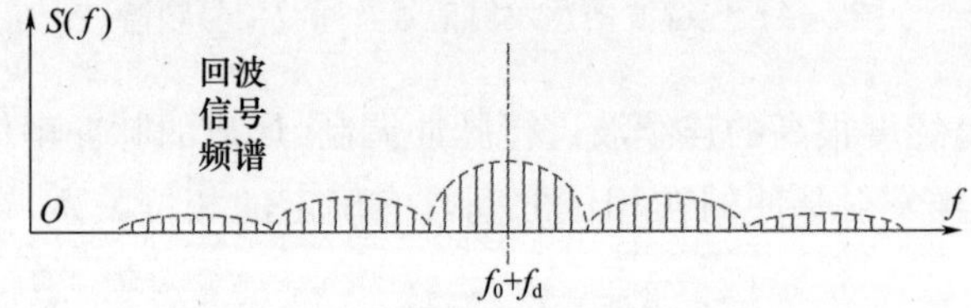

图 6-7　相参脉冲串回波信号频谱

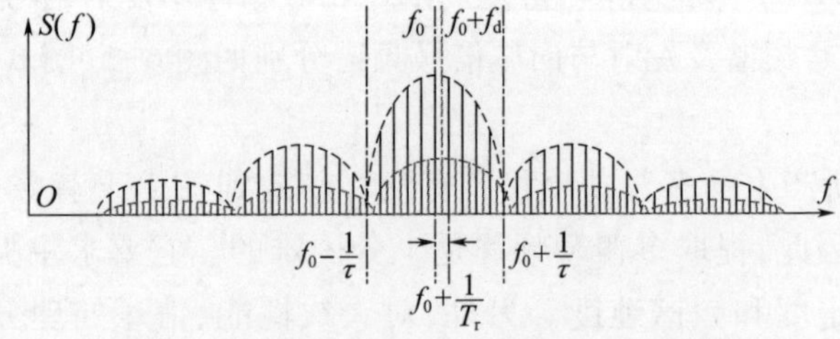

图 6-8　相参脉冲串发射与回波信号频谱

对于固定目标，$f_d = 0$，则相参检波器的输出为一等幅脉冲序列。

对于运动目标，$f_d \neq 0$，则相参检波器的输出为一受多普勒频移 f_d 调幅的脉冲序列。

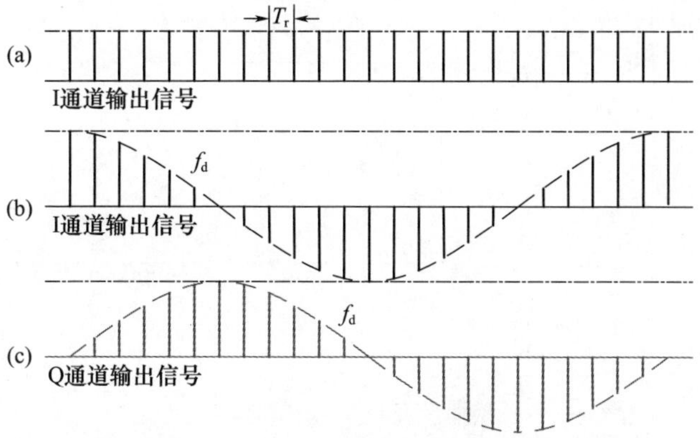

图 6-9　相参检波信号时域波形图

如果用 A 型显示器来观察相参检波器的输出波形,则固定目标回波信号为稳定的钟形脉冲,而运动目标回波信号的幅度和极性是变化的,在 A 型显示器上观察到的是上下跳动的波形,这就是所说的运动目标产生的"蝶形效应",如图 6-10 所示。

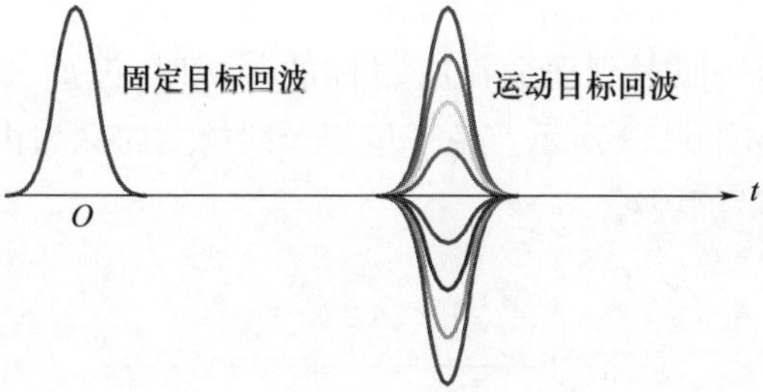

图 6-10　A 型显示器观察到的相参检波器输出波形图

6.1.3　多普勒杂波频谱结构

当目标发生运动且雷达装载到导弹上时,由于雷达是与导弹一起运动的,其回波信号的频谱结构将发生很大的变化。

如图 6-11 所示,假定导弹运动速度为 v_a ,速度方向与雷达天线方位、俯仰指向之间的夹角分别为 α,β ,雷达的工作波长为 λ 。由于杂波可能从任意方向进入雷达接收机,杂波产生的多普勒频移为

$$f_{\text{clutter}} = \frac{2v_a}{\lambda}\cos\alpha\cos\beta \tag{6-6}$$

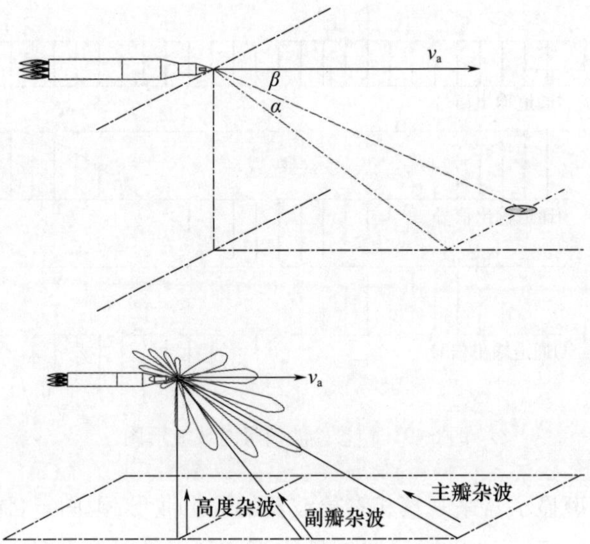

图 6-11　导引头姿态及杂波示意图

杂波主要由三部分组成:主瓣杂波、副瓣杂波和高度杂波。

1. 主瓣杂波

天线波束主瓣在照射到海面没有目标的区域时,海面会产生反射杂波信号,即主瓣杂波,如图 6-12 所示。由于位于天线的主瓣区域内,主瓣增益很高,所以主瓣杂波的信号很强。

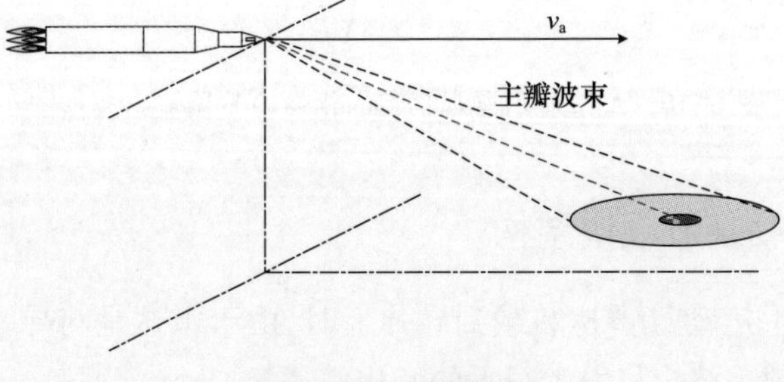

图 6-12　主瓣杂波

当导弹做低空飞行时,α、β 都很小(几度范围),因此主瓣杂波产生的多普勒频移在 $2v_a/\lambda$ 附近,占据的带宽也很窄,特别是当目标运动速度不高时,运动目标的回波谱线可能在主瓣杂波附近,容易被主瓣杂波淹没。

2. 副瓣杂波

副瓣杂波如图 6-13 所示。各个方向的杂波都有可能通过副瓣进入接收机,即 α、β 可以取主瓣区域外的任何值,因此副瓣杂波占据的频带较宽,从 $-2v_a/\lambda$ 到 $2v_a/\lambda$ 都有副瓣杂波信号,由于副瓣电平比主瓣电平低很多,因此副瓣杂波幅度较小。

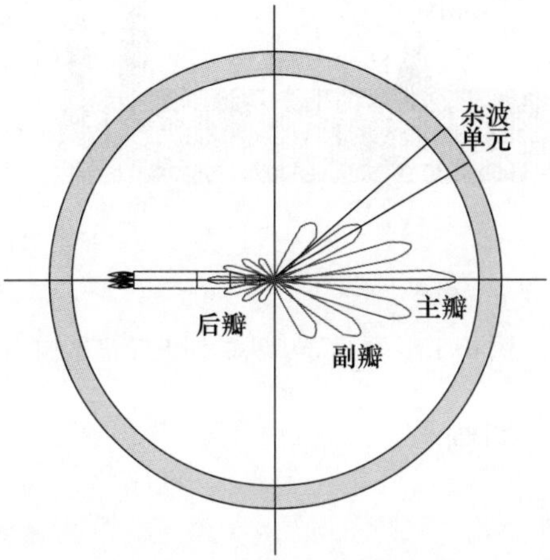

图 6-13　副瓣杂波示意图

3. 高度杂波

导弹掠海飞行,高度最低可达几米,因此导弹下方的海面回波也可以通过天线副瓣进入接收机,称为高度杂波,如图 6-14 所示。由于距离非常近,尽管副瓣增益很低,高度杂波信号的幅度也很大;由于导弹飞行方向与海面平行,高度杂波的谱线集中在 0 频率附近,仅在爬升或俯冲时有小的多普勒频移,因此谱线占据带宽很窄。

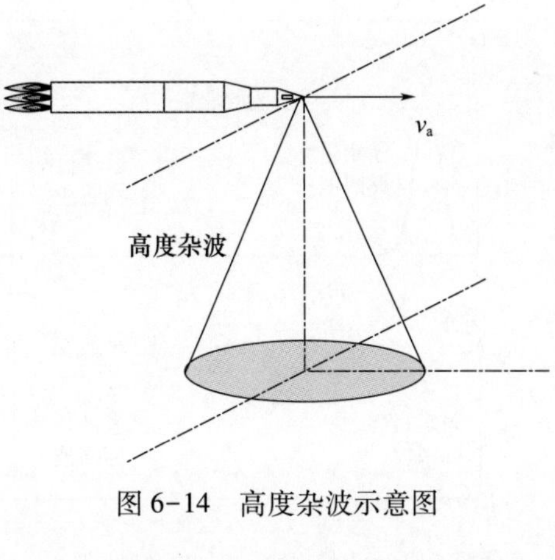

图 6-14　高度杂波示意图

雷达导引头的回波频谱结构如图 6-15 所示。

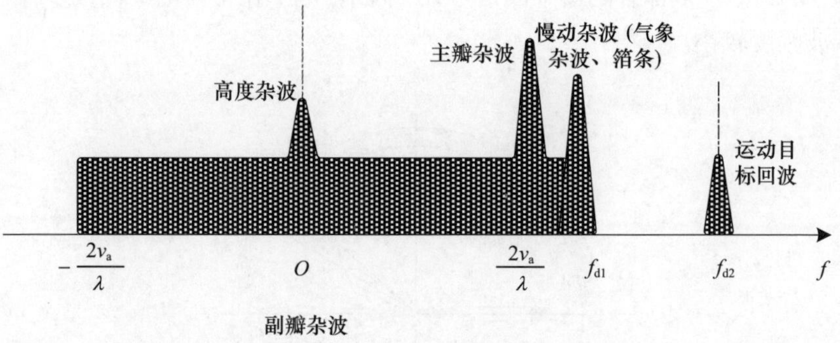

图 6-15　雷达导引头的回波频谱结构

6.1.4　多普勒杂波抑制

1. 固定杂波抑制

固定杂波抑制方法有时域方法和频域方法。在时域内,因为固定目标回波(固定杂波)为一等幅脉冲序列,若采用相邻周期回波信号相减处理的方法,则输出为零,即固定目标回波被抑制;而运动目标回波为一受多普勒频移调幅的脉冲序列,相邻周期信号的幅度是不相等的,那么相减后输出就不等于零,如图 6-16 所示。

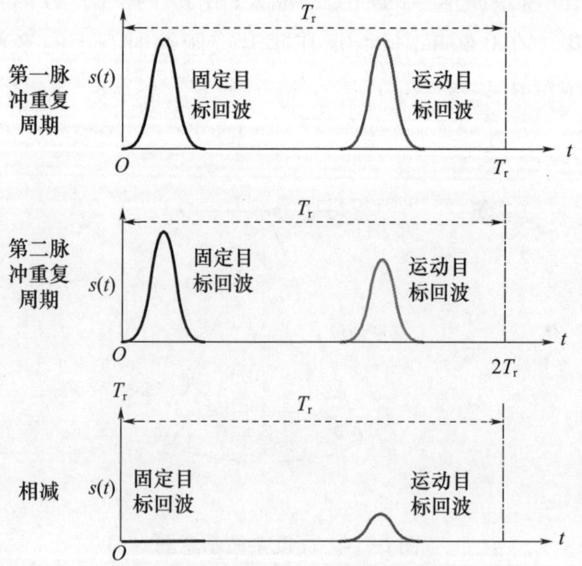

图 6-16　时域固定杂波抑制原理

在频域内,由于固定目标和运动目标的频谱发生了分离,可以设计一个具有如图6-17所示滤波特性的滤波器,使位于零频和 $nf_r(n=0,\ \pm1,\ \pm2,\cdots)$ 频率点上的固定目标回波信号谱线正好落在滤波器传输特性的阻带上,被有效抑制;而运动目标回波信号的谱线正好落在滤波器传输特性的通带上,从而被提取出来。

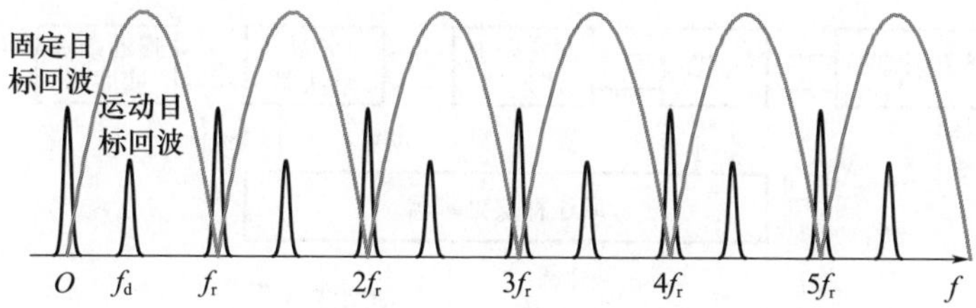

图6-17　频域杂波抑制原理

虽然上述两种方法基于不同的思想,但结果是一致的,都能达到抑制杂波和提取运动目标的目的。因此,相邻周期回波信号相减电路的传输特性,就应该与梳齿状杂波抑制滤波特性相一致,或者说,相邻周期回波信号相减电路的频率响应就应该与梳齿状杂波抑制滤波器的频率响应一致。

2. 固定杂波抑制滤波器

根据相邻周期回波信号相减抑制固定杂波的原理,杂波抑制滤波器原理框图应如图6-18所示。

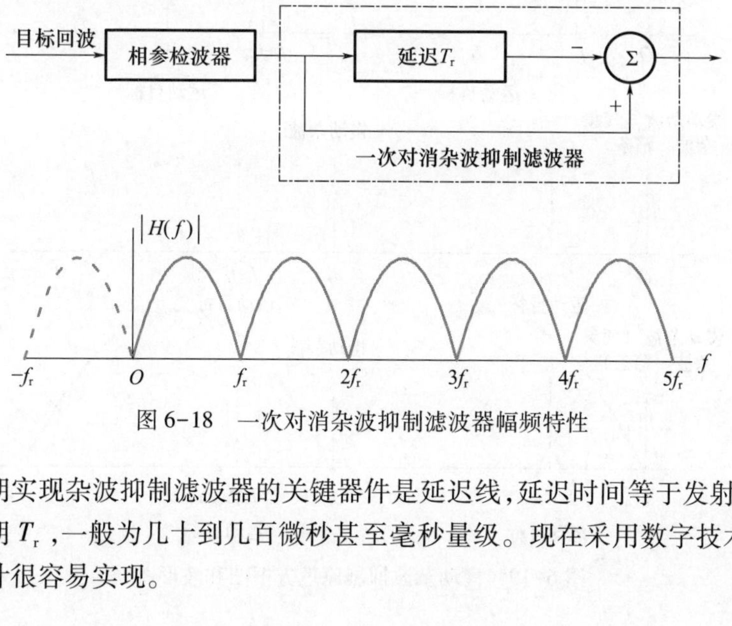

图6-18　一次对消杂波抑制滤波器幅频特性

早期实现杂波抑制滤波器的关键器件是延迟线,延迟时间等于发射信号的重复周期 T_r,一般为几十到几百微秒甚至毫秒量级。现在采用数字技术,滤波器的设计很容易实现。

3. 慢动杂波抑制

慢动杂波是指由风速引起的气象、箔条等运动物体所产生的杂波。由于它们相对于雷达的运动速度远比雷达目标相对雷达的运动速度小,故称这类干扰物所产生的杂波为慢动杂波。图 6-19 所示为慢动杂波抑制原理方框图和波形图。

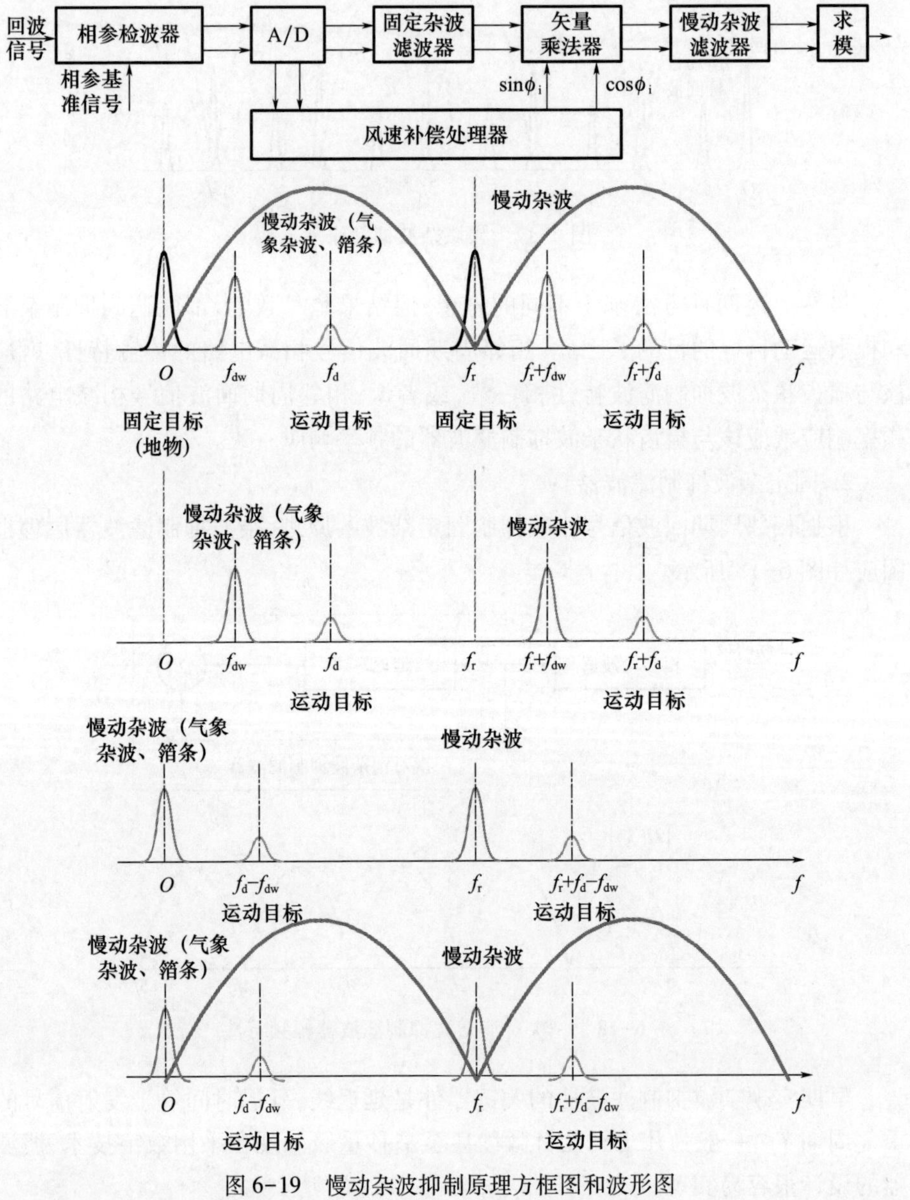

图 6-19　慢动杂波抑制原理方框图和波形图

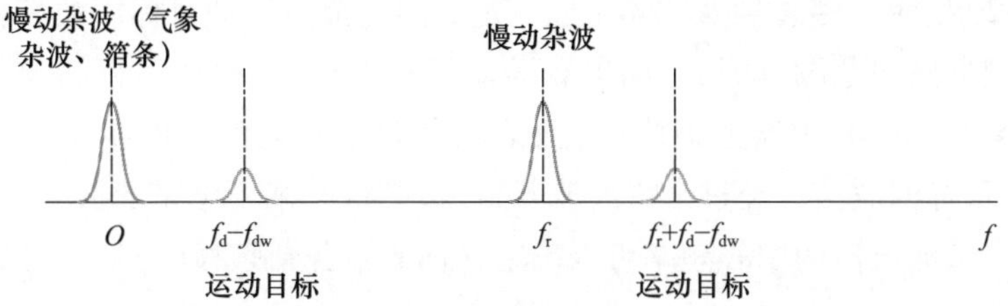

图 6-19　慢动杂波抑制原理方框图和波形图(续)

在经过固定杂波滤波器后,固定杂波能被有效抑制,但是慢动杂波仍然有输出,它将影响雷达对动目标的检测性能。如果能够确定慢动杂波的谱线位置,即 f_{dw} 的值,就可以用频谱搬移的方法,将慢动杂波的谱线搬移到杂波抑制滤波器的阻带,即将谱线向左或向右搬移 f_{dw} 。频谱搬移是通过复数乘法来实现的。假定慢动杂波的多普勒频移为 f_{dw} ,幅度为 A,则其复数表达式为

$$s(t) = Ae^{j2\pi f_{dw}t} \tag{6-7}$$

假定风速补偿处理器测量得到的慢动目标的多普勒频移为 f_{dw} ,然后生成风速补偿信号

$$S_{dw}(t) = e^{-j2\pi f'_{dw}t} \tag{6-8}$$

二者进行复数相乘

$$s(t)s_{dw}(t) = Ae^{j2\pi(f_{dw}-f'_{dw})t} \tag{6-9}$$

即经过复数相乘后,回波信号的频谱被整体向左(或向右)搬移 f'_{dw} ,如果风速补偿处理器测量得到的慢动目标多普勒频移为 $f'_{dw}-f_{dw}$,则回波信号的频谱被整体搬移到零频和重复频率的整数倍处,然后再利用慢动杂波滤波器对位于零频和重复频率整数倍处的信号进行抑制,就可以实现慢动杂波的一致。

慢动杂波抑制的关键是对慢动杂波多普勒频移 f'_{dw} 的测量。测量 f'_{dw} 的方法可以分为试探法和实测法。试探法是用试探的方法寻找慢动杂波的谱线位置,实测法则是通过频谱分析直接求出慢动杂波的多普勒频移 f_{dw} 。在分米波以上的波段,由于风速所产生的多普勒频移较高,多采用实测法[7-10]。

6.1.5　多普勒滤波器组与相参积累

回波信号的杂波(固定杂波、慢动目标杂波)被抑制之后,需要对运动目标回波的多普勒频率进行提取和测量。

由于目标回波的多普勒频移不可预知,通常采用一组相邻且部分重叠的窄带滤波器组来提取和测量运动目标回波的多普勒频移,称为多普勒滤波器组,

如图 6-20 所示。多普勒滤波器组以一定的间隔覆盖运动目标回波多普勒频移可能出现的频率范围。因此,如果有运动目标出现,其回波多普勒频移谱线必定落入某个窄带滤波器的通带内,而落在其余窄带滤波器的阻带内。也就是说,运动目标回波信号经过窄带滤波器组后,必定有某个窄带滤波器输出最大,根据该窄带滤波器的中心频率可以确定目标的多普勒频移(通带带宽很窄)。

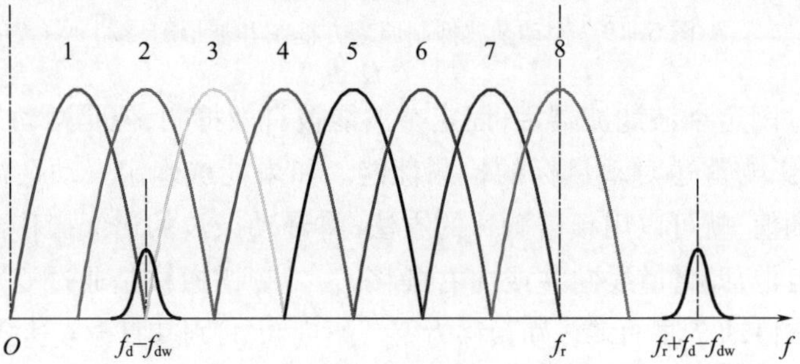

图 6-20　多普勒滤波器组示意图

多普勒滤波器组可以采用横向滤波器的结构来实现,如图 6-21 所示。

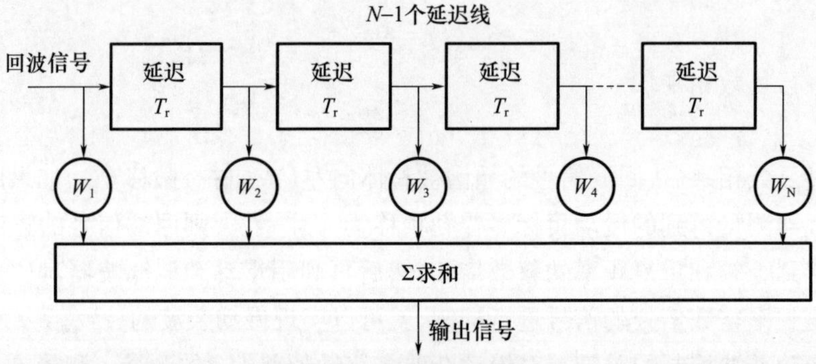

图 6-21　横向滤波器框图

横向滤波器由三部分组成:一条抽头延迟线,共有 N 个抽头和 $N-1$ 段延迟线,相邻抽头的延时为雷达重复周期 T_r;一个加权装置,对每个抽头的输出分别乘以系数 $W_1, W_2, \cdots, W_N$;一个求和器,将各抽头经加权输出之和作为滤波器的输出。

对于横向滤波器而言,一组 $W_1, W_2, \cdots, W_N$ 的值对应多普勒滤波器组中的一个窄带滤波器。若多普勒滤波器组由 N 个窄带滤波器组成,则需要有 N 组加权值,即 $W_{1k}, W_{2k}, \cdots, W_{Nk}, k = 0,1,2,\cdots,N-1$。

滤波器加权值取下式

$$W_{ik} = e^{j[2\pi(i-1)k/N]} \tag{6-10}$$

式中：$i=1,2,\cdots,N$，表示第 i 个抽头；$k=0,1,2,\cdots,N-1$，表示第 k 组加权值构成的第 k 个滤波器，总共有 N 个滤波器。

设输入回波信号为 $u_{\text{in}}(m)$，则第 k 个窄带滤波器的输出信号 $u_{\text{out},k}(m)$ 为

$$\begin{aligned} u_{\text{out},k}(m) &= \sum_{i=1}^{N} W_{ik} \cdot u_{\text{in}}(m-i+1) \\ &= \sum_{i=1}^{N} \mathrm{e}^{\mathrm{j}[2\pi(i-1)k/N]} \cdot u_{\text{in}}(m-i+1) \end{aligned} \tag{6-11}$$

两边对 m 做 Z 变换得到

$$\begin{aligned} U_{\text{out},k}(z) &= \sum_{i=1}^{N} Z[\mathrm{e}^{\mathrm{j}[2\pi(i-1)k/N]} \cdot u_{\text{in}}(m-i+1)] \\ &= \sum_{i=1}^{N} Z[\mathrm{e}^{\mathrm{j}[2\pi(i-1)k/N]} \cdot u_{\text{in}}(m-i+1)] \\ &= \sum_{i=1}^{N} \mathrm{e}^{\mathrm{j}[2\pi(i-1)k/N]} \cdot z^{-i+1} U_{\text{in}}(z) \\ &= U_i(z) \sum_{i=1}^{N} \mathrm{e}^{\mathrm{j}[2\pi(i-1)k/N]} \cdot z^{-i+1} \end{aligned} \tag{6-12}$$

第 k 个窄带滤波器传输函数为

$$H_k(z) = \frac{U_{\text{out},k}(z)}{U_{\text{in}}(z)} = \sum_{i=1}^{N} \mathrm{e}^{\mathrm{j}[2\pi(i-1)k/N]} \cdot z^{-i+1} \tag{6-13}$$

令 $z=\mathrm{e}^{\mathrm{j}2\pi fT_{\mathrm{r}}}$，得到第 k 个窄带滤波器的频率响应，如图 6-22 所示。

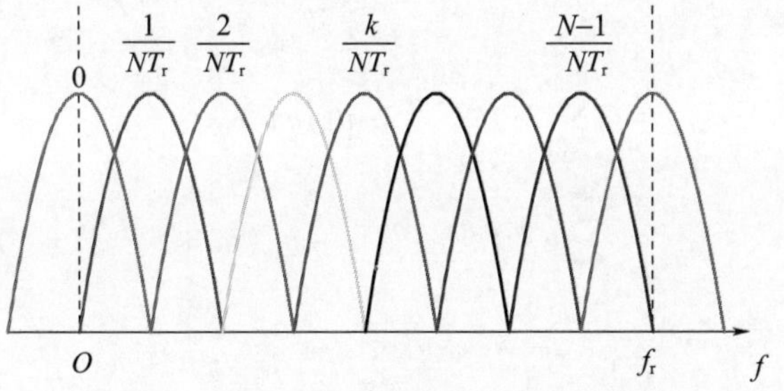

图 6-22　$N=8$ 时窄带滤波器组的频率响应

（1）当 $k=0$ 时，滤波器峰值发生在 $f=0,f_{\mathrm{r}},2f_{\mathrm{r}},\cdots$，即滤波器的中心位置位于零频及重复频率整数倍处，滤波器第一零点位于 $f=\dfrac{1}{NT_{\mathrm{r}}}$ 处。

（2）当 $k=1$ 时，滤波器峰值发生在 $f=\dfrac{1}{NT_{\mathrm{r}}},f_{\mathrm{r}}+\dfrac{1}{NT_{\mathrm{r}}},2f_{\mathrm{r}}+\dfrac{1}{NT_{\mathrm{r}}},\cdots$，即滤波

器第一零点位于$f=0,\dfrac{2}{NT_r}$处。

(3) 当$k=2$时,滤波器峰值发生在$f=\dfrac{2}{NT_r},f_r+\dfrac{2}{NT_r},2f_r+\dfrac{2}{NT_r},\cdots$,即滤波器第一零点位于$f=\dfrac{1}{NT_r},\dfrac{3}{NT_r}$处。

其余依次类推,每个滤波器的形状和$k=0$时相同,只是滤波器的中心频率不同。

事实上,有

$$
\begin{aligned}
|H_k(f)| &= \left|\sum_{i=1}^{N} e^{j[2\pi(i-1)k/N]}\cdot e^{-j2\pi(i-1)fT_r}\right| \\
&= \left|\sum_{i=1}^{N} e^{-j2\pi(i-1)T_r\left[f-\frac{k}{NT_r}\right]}\right| \\
&= \left|\frac{\sin\left[N\pi T_r\left(f-\dfrac{k}{NT_r}\right)_r\right]}{\sin\left[\pi T_r\left(f-\dfrac{k}{NT_r}\right)_r\right]}\right|
\end{aligned}
\tag{6-14}
$$

$$
\begin{aligned}
u_{out,k}(m) &= \sum_{i=1}^{N} W_{ik}\cdot u_{in}(m-i+1) \\
&= \sum_{i=1}^{N} e^{j[2\pi(i-1)k/N]}\cdot u_{in}(m-i+1) \\
&= \sum_{i=-N+1}^{0} e^{-j[2\pi ik/N]}\cdot u_{in}(m+i) \\
&= \sum_{i=0}^{N-1} e^{-j[2\pi(i-N+1)k/N]}\cdot u_{in}(m+i-N+1) \\
&= e^{-j[2\pi(-N+1)k/N]}\sum_{i=0}^{N-1} e^{-j2\pi ik/N}\cdot u_{in}(m+i-N+1) \\
&= e^{-j[2\pi(-N+1)k/N]}\cdot \mathrm{DFT}[u_{in}(m+i-N+1)]
\end{aligned}
\tag{6-15}
$$

故第k个滤波器的输出为序列$\{u_{in}(m-N+1),u_{in}(m-N+2),\cdots,u_{in}(m-1),u_{in}(m)\}$的$N$点 DFT 的第$k$个采样点,因此,窄带滤波器组可以用快速傅里叶变换(Fast Fourier Transform,FFT)算法实现,如图 6-23 所示。

考虑窄带滤波器的输入输出,输入是N个幅度为 1 的回波脉冲;当回波信号的多普勒频移与第k个滤波器中心频率匹配时,第k个滤波器输出幅度最

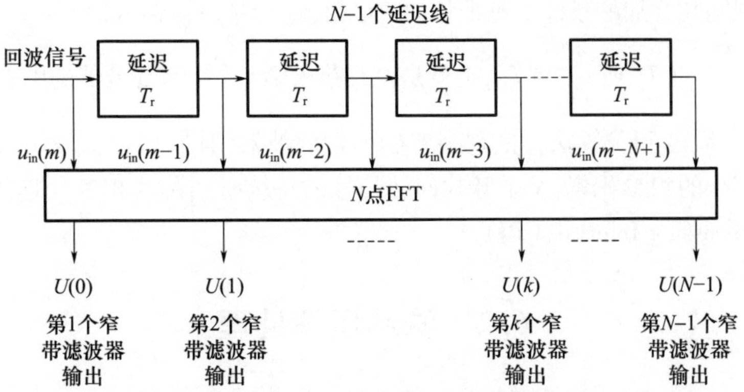

图 6-23　用 FFT 算法实现 N 个窄带滤波器组

大,为 N。也就是说,通过窄带滤波器对 N 个回波脉冲进行滤波处理,输出信号的幅度增加了 N 倍,功率增加 N^2 倍;假定经过杂波抑制后,回波信号噪声为白噪声,因为不同重复周期的噪声是不相关的,经过滤波器进行积累后,只是功率增加 N 倍,从而输出信号的信噪比与单个脉冲的信噪比增加了 N 倍,则有

$$\mathrm{SNR}_{\mathrm{coh}} = \frac{N^2 P_{\mathrm{pulse}}}{N P_{\mathrm{noise}}} = N \frac{P_{\mathrm{pulse}}}{P_{\mathrm{noise}}} = N \cdot \mathrm{SNR}_{\mathrm{pulse}} \tag{6-16}$$

上述过程称为相参积累过程,也可以从移相叠加的角度来理解,如图 6-24 所示。

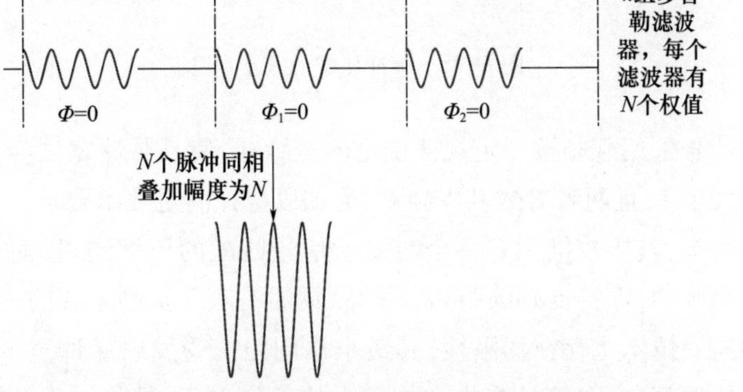

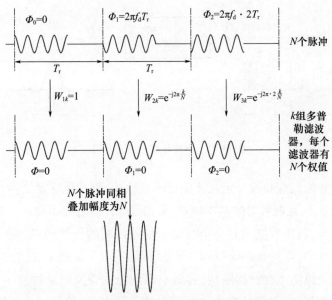

图 6-24　从移相叠加角度理解多普勒滤波器组和相参积累

实现同相叠加的条件是每个脉冲的移相值(窄带滤波器权值)与多普勒频移匹配,即 $\frac{k}{N} = f_d T_r$ 或 $\frac{k}{NT_r} = f_d$,也就是说 f_d 落入第 k 个窄带滤波器的中心频率上。

可见,通过 FFT 算法在实现多普勒窄带滤波器组同时,也实现了对 N 个脉冲回波信号的相参积累,N 个脉冲回波信号的持续时间称为相参处理间隔(Coherent Processing Interval,CPI)。

6.2 脉冲压缩处理

6.2.1 脉冲压缩的基本概念

采用宽脉冲发射提高发射的平均功率,能保证足够的最大作用距离。采用窄脉冲可获得较高的距离分辨率。雷达作用距离分辨率可表示为 $\delta_r = \frac{c}{2B}$,B 为发射波形带宽。

利用脉冲压缩信号发射足够宽的调制脉冲,保证在一定的峰值功率电平上提供必需的平均功率。在接收时采用相应的脉冲压缩法获得窄脉冲,以提高距离分辨率,如图 6-25 所示。脉冲脉宽被压缩的倍数称为脉冲压缩比,可表示为 $D = T/\tau$ 。

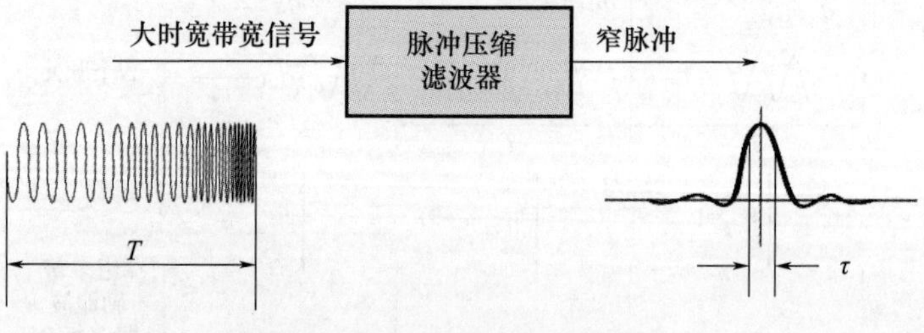

图 6-25 脉冲压缩的基本概念

发射信号采用载频按一定规律变化的宽脉冲,使其脉冲宽度与有效频谱宽度乘积远大于 1,且两者参数基本独立,可加以选择满足战术要求。对于脉冲压缩雷达导引头,其接收机中有一个与发射信号匹配的压缩网络,使宽脉冲发射信号变成窄脉冲,保持良好的距离分辨率,同时有利于提高系统的抗干扰能力。

脉冲压缩技术也存在局限性,其最小作用距离受发射脉冲宽度 T 的限制,收发系统比较复杂,在信号产生和处理中的任何失真,都将增大副瓣高度。在脉冲压缩处理过程中,不可避免地存在距离副瓣,一般可以采用失配加权抑制副瓣,但会有信噪比损失。对脉冲压缩波形,也存在一定的距离和速度测定模糊[1-3]。

6.2.2 线性调频信号脉冲压缩原理

1. 线性调频信号的幅度谱和相位谱

线性调频发射信号表达式为

$$u_{\mathrm{i}}(t)=\begin{cases}A\cos\left(\omega_0 t+\dfrac{\mu t^2}{2}\right) & \left(|t|\leqslant\dfrac{\tau}{2}\right)\\[2ex] 0 & \left(|t|>\dfrac{\tau}{2}\right)\end{cases}\tag{6-17}$$

或者用矩形函数表示为

$$u_{\mathrm{i}}(t)=A\mathrm{rect}\left(\frac{t}{\tau}\right)\cos\left(\omega_0 t+\frac{\mu t^2}{2}\right)\tag{6-18}$$

线性调频脉冲信号的复频谱 $U_{\mathrm{i}}(\omega)$ 为

$$\begin{aligned}U_{\mathrm{i}}(\omega)&=\int_{-\infty}^{\infty}u_{\mathrm{i}}(t)\mathrm{e}^{-\mathrm{j}\omega t}\mathrm{d}t=\int_{-\infty}^{\infty}A\mathrm{rect}\left(\frac{t}{\tau}\right)\mathrm{e}^{\mathrm{j}\left(\omega_0 t+\frac{\mu t^2}{2}\right)}\mathrm{e}^{-\mathrm{j}\omega t}\mathrm{d}t\\&=A\int_{-\tau/2}^{\tau/2}\mathrm{e}^{\mathrm{j}\left[(\omega_0-\omega)t+\frac{\mu t^2}{2}\right]}\mathrm{d}t\end{aligned}\tag{6-19}$$

将积分项内指数项进行配方,得

$$\begin{aligned}U_{\mathrm{i}}(\omega)&=A\int_{-\tau/2}^{\tau/2}\mathrm{e}^{\mathrm{j}\frac{\mu}{2}\left[\left(t-\frac{\omega-\omega_0}{\mu}\right)^2-\left(\frac{\omega-\omega_0}{\mu}\right)^2\right]}\mathrm{d}t\\&=A\mathrm{e}^{-\mathrm{j}\frac{(\omega-\omega_0)^2}{2\mu}}\int_{-\tau/2}^{\tau/2}\mathrm{e}^{\mathrm{j}\frac{\mu}{2}\left(t-\frac{\omega-\omega_0}{\mu}\right)^2}\mathrm{d}t\end{aligned}\tag{6-20}$$

为查表和计算方便,令积分项内指数项为

$$\frac{\mu}{2}\left(t-\frac{\omega-\omega_0}{\mu}\right)^2=\frac{\pi}{2}x^2,x=\sqrt{\frac{\mu}{\pi}}\left(t-\frac{\omega-\omega_0}{\mu}\right)\tag{6-21}$$

则有

$$U_{\mathrm{i}}(\omega)=A\sqrt{\frac{\pi}{\mu}}\mathrm{e}^{-\mathrm{j}(\omega-\omega_0)^2/2\mu}\int_{-\nu_1}^{\nu_2}\mathrm{e}^{\mathrm{j}\pi x^2/2}\mathrm{d}x\tag{6-22}$$

式中:ν_1 和 ν_2 可用调频斜率 μ 和脉冲压缩比 D 来表示

$$\nu_1=\sqrt{D}\,\frac{1+(\omega-\omega_0)/\pi\Delta f}{\sqrt{2}},\nu_2=\sqrt{D}\,\frac{1-(\omega-\omega_0)/\pi\Delta f}{\sqrt{2}}\tag{6-23}$$

从而

$$U_{\mathrm{i}}(\omega)=A\sqrt{\frac{\pi}{\mu}}\mathrm{e}^{-\mathrm{j}(\omega-\omega_0)^2/2\mu}\{[c(\nu_1)+c(\nu_2)]+\mathrm{j}[s(\nu_1)+s(\nu_2)]\} \tag{6-24}$$

式中:$c(\nu)$和$s(\nu)$为菲涅耳积分,即

$$c(\nu)=\int_0^{\nu}\cos\left(\frac{\pi}{2}x^2\right)\mathrm{d}x,\ s(\nu)=\int_0^{\nu}\sin\left(\frac{\pi}{2}x^2\right)\mathrm{d}x \tag{6-25}$$

如图6-26所示。

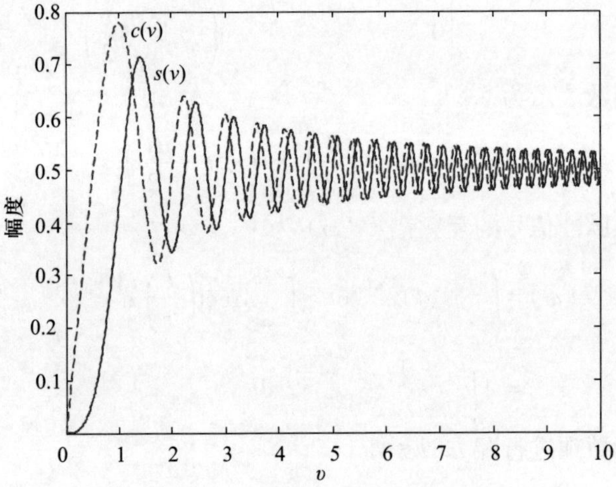

图6-26　$c(\nu)$和$s(\nu)$的菲涅耳积分

线性调频信号的幅度谱为

$$|U_{\mathrm{i}}(\omega)|=A\sqrt{\frac{\pi}{\mu}}\{[c(\nu_1)+c(\nu_2)]^2+[s(\nu_1)+s(\nu_2)]^2\}^{\frac{1}{2}} \tag{6-26}$$

当$D\gg1$, $\omega=\omega_0$时, $|U_{\mathrm{i}}(\omega)|=A\sqrt{\frac{2\pi}{\mu}}$;

当$D\gg1$, $\omega=\omega_0-\Delta\omega/2$时, $|U_{\mathrm{i}}(\omega)|=\frac{A}{2}\sqrt{\frac{2\pi}{\mu}}$;

当$D\gg1$, $\omega=\omega_0+\Delta\omega/2$时, $|U_{\mathrm{i}}(\omega)|=\frac{A}{2}\sqrt{\frac{2\pi}{\mu}}$。

图6-27展示了$D=200$时线性调频信号的幅度谱。

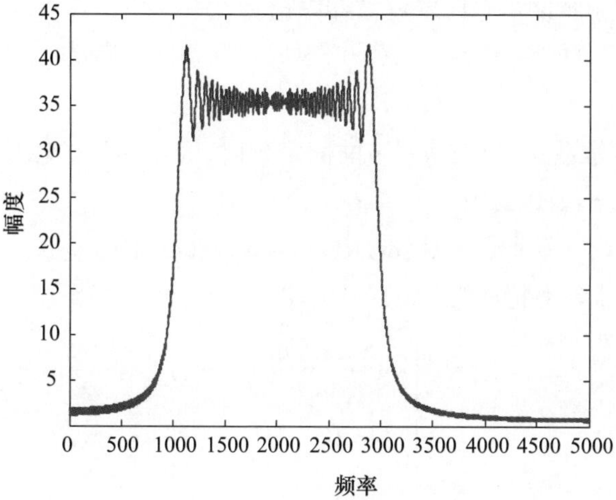

图 6-27　$D=200$ 时线性调频信号的幅度谱

线性调频信号的相位谱为

$$\phi_1(\omega)=-\frac{(\omega-\omega_0)^2}{2\mu}+\arctan\frac{s(\nu_1)+s(\nu_2)}{c(\nu_1)+c(\nu_2)} \tag{6-27}$$

剩余相位谱

$$\phi_2(\omega)=\arctan\frac{s(\nu_1)+s(\nu_2)}{c(\nu_1)+c(\nu_2)} \tag{6-28}$$

当 $D\gg1$，$\omega=\omega_0$ 时，$c(\nu_1)=c(\nu_2)=s(\nu_1)=s(\nu_2)\approx0.5$；

$\omega=\omega_0+\dfrac{\Delta\omega}{2}$ 时，$c(\nu_1)=s(\nu_1)\approx0.5\quad c(\nu_2)=s(\nu_2)=0$；

$\omega=\omega_0-\dfrac{\Delta\omega}{2}$ 时，$c(\nu_1)=s(\nu_1)=0\quad c(\nu_2)=s(\nu_2)\approx0.5$。

D 很大时，相频特性可近似表示为

$$\phi_1(\omega)=-\frac{(\omega-\omega_0)^2}{2\mu}+\frac{\pi}{4}\quad\left(|\omega-\omega_0|\leqslant\frac{\Delta\omega}{2}\right) \tag{6-29}$$

线性调频信号的相位谱如图 6-28 所示。

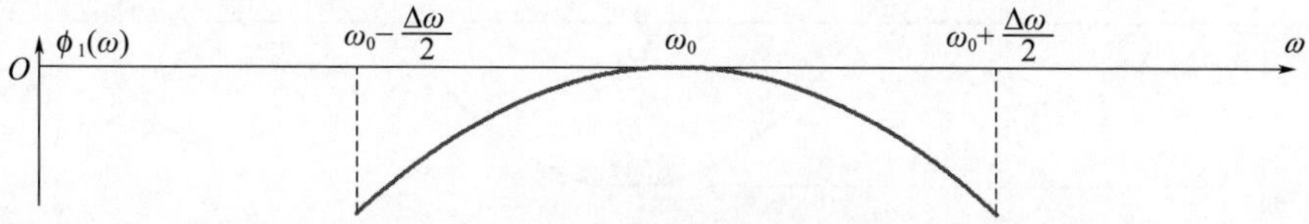

图 6-28　线性调频信号的相位谱

2. 线性调频脉冲信号匹配滤波器频谱特性

设压缩网络的频率特性为 $H(\omega)$，根据匹配条件应满足：

$$H(\omega)=K|U_{\mathrm{i}}(\omega)|\mathrm{e}^{-\mathrm{j}\phi_{i}(\omega)}\mathrm{e}^{-\mathrm{j}\omega t_{\mathrm{d}}} \tag{6-30}$$

式中：K 为比例常数；t_{d} 为压缩网络的固定延时，经压缩后的输出信号包络被压缩了，脉压的输出表达式为

$$U_{\mathrm{o}}(\omega)=U_{\mathrm{i}}(\omega)H(\omega)=K|U_{\mathrm{i}}(\omega)|^{2}\mathrm{e}^{-\mathrm{j}\omega t_{\mathrm{d}}} \tag{6-31}$$

匹配滤波器频率特性为

$$|H(\omega)|=\begin{cases}KA\sqrt{\dfrac{2\pi}{\mu}} & \left(|\omega-\omega_{0}|\leqslant\dfrac{\Delta\omega}{2}\right)\\ 0 & \left(|\omega-\omega_{0}|>\dfrac{\Delta\omega}{2}\right)\end{cases} \tag{6-32}$$

$$\phi_{H}(\omega)=\frac{(\omega-\omega_{0})^{2}}{2\mu}-\frac{\pi}{4}-\omega t_{\mathrm{d}}\quad\left(|\omega-\omega_{0}|\leqslant\frac{\Delta\omega}{2}\right) \tag{6-33}$$

匹配滤波器频率特性可近似为

$$H(\omega)=\mathrm{e}^{\mathrm{j}[(\omega-\omega_{0})^{2}/2\mu-\pi/4-\omega t_{\mathrm{d}}]}\quad\left(|\omega-\omega_{0}|\leqslant\frac{\Delta\omega}{2}\right) \tag{6-34}$$

滤波器群延时定义为 $\mathrm{d}\phi_{H}(\omega)/\mathrm{d}\omega$，则匹配滤波器的群延时特性为

$$t_{\mathrm{d}}(\omega)=-\frac{\mathrm{d}\phi_{H}(\omega)}{\mathrm{d}\omega}=-\frac{\omega-\omega_{0}}{\mu}+t_{\mathrm{d}}\quad\left(|\omega-\omega_{0}|\leqslant\frac{\Delta\omega}{2}\right) \tag{6-35}$$

其群延时随频率变化而线性变化，表明滤波器具有色散特性。其幅相特性如图 6-29 所示。

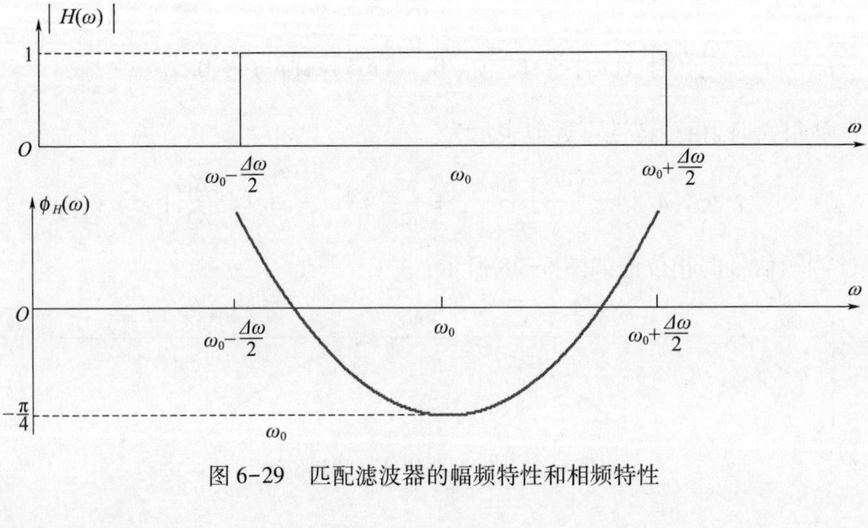

图 6-29 匹配滤波器的幅频特性和相频特性

设匹配滤波器的输出为 $u_o(t)$

$$u_o(t)=\mathrm{IFFT}[U_o(\omega)]=A\sqrt{D}\frac{\sin[\pi B(t-t_d)]}{\pi B(t-t_d)}\mathrm{e}^{\mathrm{j}2\pi f_0(t-t_d)} \tag{6-36}$$

对实信号

$$u_o(t)=A\sqrt{D}\frac{\sin[\pi B(t-t_d)]}{\pi B(t-t_d)}\cos[2\pi f_0(t-t_d)] \tag{6-37}$$

如图 6-30 所示。

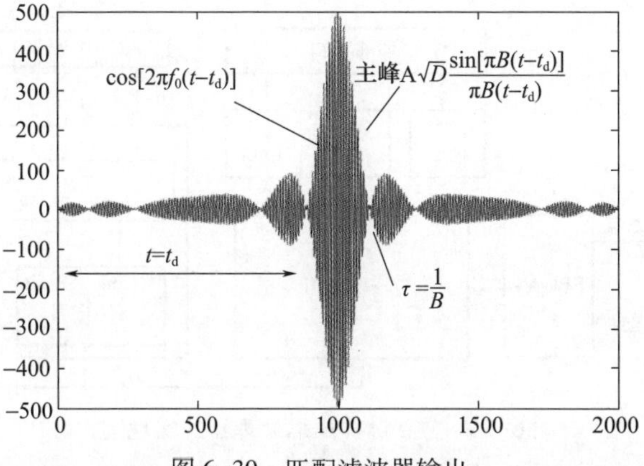

图 6-30 匹配滤波器输出

6.2.3 脉冲压缩处理的实现

匹配滤波器有时域和频域两种实现方法，因此脉冲压缩的实现方法也分为时域和频域两种，如图 6-31 与图 6-32 所示。

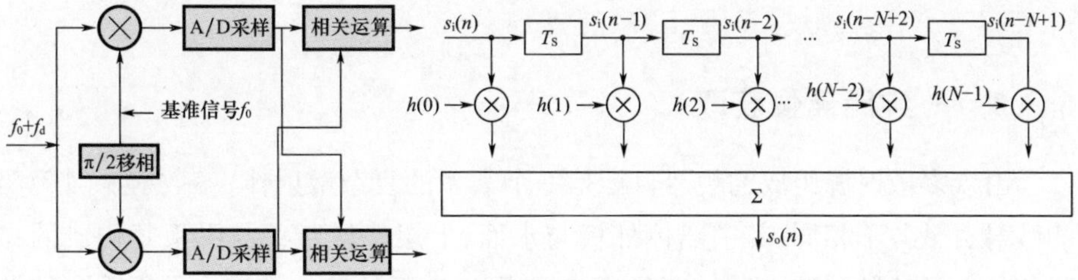

图 6-31 脉冲压缩的时域实现方法

数字脉冲压缩处理器的实现结构如图 6-33 所示。当模数转换器完成对雷达回波的采集后，再由一片 FPGA 完成三路信号的锁存工作，并通过板间传输给主信号处理板上的 FPGA 芯片，在这片 FPGA 中完成的工作较多，首先需要对采集信号完成正交变换,在内部集成了整个雷达系统中的时序产生电路完成各种同步、发射、调制等基本时序信号的产生。

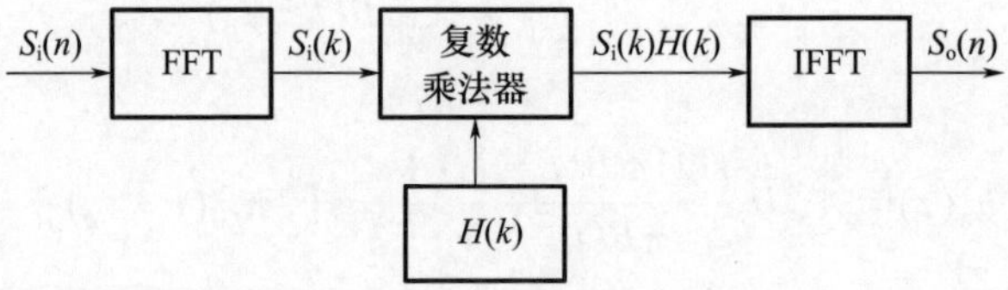

图 6-32　脉冲压缩的频域实现方法

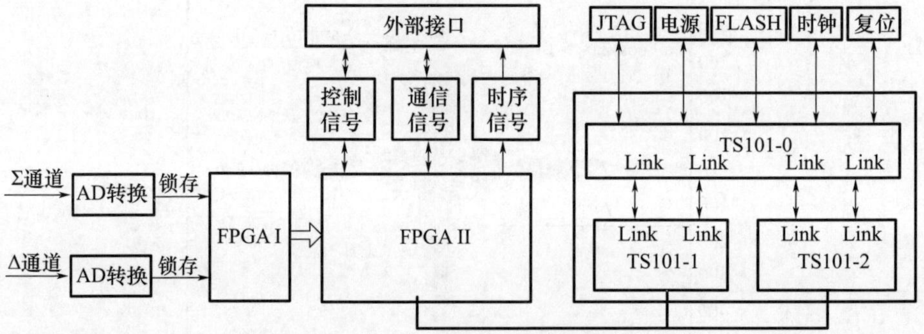

图 6-33　数字脉冲压缩处理器的实现结构

在后端由三片 TS101 构成整个处理机的主体,其中经过正交变换的信号在 DSP1 和 DSP2 中进行处理,DSP1 和 DSP2 采用乒乓工作方式,并将每周期的检测结果送入 DSP0 中进行进一步处理,并在 DSP0 中得到最终结果。

6.3　一维距离像处理

6.3.1　一维距离像获取

由众多散射源组成的舰船目标是一个大型的复杂散射体,各散射源对舰船的散射贡献各不相同,其中船体外板与水面、上层建筑直壁与甲板等构成的二面角是主要的散射源,桅杆、烟囱、开口及甲板表面的其他设施也是很重要的散射源。舰船目标的主要散射源一般包括:

(1) 主要垂直散射体:尾封板、部分上层建筑侧壁和船体侧壁等,甲板与这些侧壁构成的二面角是很强的散射源。

(2) 由以上多个二面角组成的三面角散射体。

（3）艏部结构：艏部的平缓弧线变化相当于提供了一个类似法线方向入射并引起法向反射的尖劈。

（4）桅杆、烟囱、舰炮等散射体类似为圆柱体。

利用宽带雷达信号波形，将目标各散射点的回波在距离向上进行投影，得到向量和的幅度波形即为雷达高分辨一维距离像（High Resolution Range Profile，HRRP）。舰船目标的一维距离像如图 6-34 所示。雷达信号的带宽决定了 HRRP 的分辨率，若雷达系统的带宽为 B，则其距离上的分辨率为

$$\Delta R = \frac{c}{2B} \tag{6-38}$$

式中：c 为电磁波传播速度。

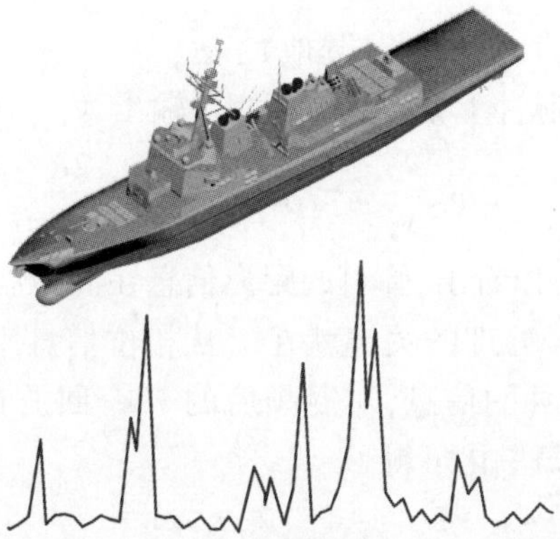

图 6-34　“阿利·伯克”级驱逐舰及其一维距离像示意图

常用的宽带雷达信号波形有线性调频信号、非线性调频信号、频率步进信号等。宽带雷达信号具有大的时间带宽积信号，可以有效解决简单矩形脉冲信号距离向分辨力与探测距离的矛盾。下面就以步进频率信号为例，说明一维距离像成像原理。

设有 N 个步进频率脉冲的雷达发射信号

$$x_i(t) = \begin{cases} A_i \mathrm{e}^{\mathrm{j}2\pi/f_i t + \theta_i} & (iT_\mathrm{r} \leqslant t \leqslant iT_\mathrm{r} + T_1) \\ 0 & (\text{其他}) \end{cases} \tag{6-39}$$

式中：θ_i 为相对相位；A_i 为第 i 个发射频率 $f_i = f_0 + i\Delta f$ 上的脉冲幅度（$i = 0, 1, \cdots, N-1$）；T_1 和 T_r 分别为脉冲宽度和脉冲重复周期。接收机收到的目标信号为

$$y_i(t)=\begin{cases}A'_i\mathrm{e}^{\mathrm{j}2\pi f_i(t-\tau(t))+\theta_i} & (iT_\mathrm{r}+\tau(t)\leqslant t\leqslant iT_\mathrm{r}+T_1+\tau(t))\\ 0 & (\text{其他})\end{cases}\tag{6-40}$$

式中：A'_i 为发射频率为 f_i 时的回波脉冲幅度，此时目标的距离时延为

$$\tau(t)=\frac{2(R-V_\mathrm{t}\cdot t)}{c}\tag{6-41}$$

式中：c 为电磁波传播速度；R 为雷达与目标的距离；V_t 为目标的速度。为分析推导方便，令 $V_\mathrm{t}=0$，则相参检测的本振参考信号为

$$z_i(t)=B\mathrm{e}^{\mathrm{j}2\pi f_i t+\theta_i}\quad(iT_\mathrm{r}\leqslant t\leqslant iT_\mathrm{r}+T_1)\tag{6-42}$$

式中：B 为常数。回波信号与相参信号混频后，采用正交双通道处理后得到的基带分量为

$$y_i(t)=\begin{cases}B_i\mathrm{e}^{\mathrm{j}2\pi f_i\tau(t)} & (iT_\mathrm{r}+\tau(t)\leqslant t\leqslant iT_\mathrm{r}+T_1+\tau(t))\\ 0 & (\text{其他})\end{cases}\tag{6-43}$$

混频后输出的第 i 个脉冲上幅度为 B_i，相位输出为

$$\phi_i=-2\pi f_i\tau(t)=-2\pi\frac{2R}{c}\tag{6-44}$$

从式(6-44)中可以看出，弹目的距离信息在混频器输出的相位中得到了体现，步进频率雷达信号处理的关键就在于从相位信息中获得目标的距离信息。为了得到步进频率脉冲的信息，对混频后的 N 个回波在时刻 $t=iT_\mathrm{r}+\tau(t)+T_1/2$ 处采样，并进行归一化可得

$$y(i)=\mathrm{e}^{\mathrm{j}2\pi(f_0+i\Delta f)\frac{2R}{c}}\tag{6-45}$$

对式(6-45)进行逆傅里叶变换(Inverse Discrete Fourier Transform，IDFT)可得

$$H(k)=\frac{1}{N}\mathrm{e}^{-\mathrm{j}2\pi f_0\frac{2R}{c}}\cdot\mathrm{e}^{\left(\mathrm{j}\frac{(N-1)\pi}{N}\right)\left(k-\frac{2NR\Delta f}{c}\right)}\cdot\frac{\sin\left[\pi\cdot\left(k-\dfrac{2NR\Delta f}{c}\right)\right]}{\sin\left[\dfrac{\pi}{N}\cdot\left(k-\dfrac{2NR\Delta f}{c}\right)\right]}\quad(k=0,1,\cdots,N-1)\tag{6-46}$$

对式(6-46)取模即得回波信号时频的相应包络

$$|H(k)|=\left|\frac{\sin\left[\pi\cdot\left(k-\dfrac{2NR\Delta f}{c}\right)\right]}{\sin\left[\dfrac{\pi}{N}\cdot\left(k-\dfrac{2NR\Delta f}{c}\right)\right]}\right|\quad(k=0,1,\cdots,N-1)\tag{6-47}$$

当 $k-\frac{2NR\Delta f}{c}=lN, l\in \mathbf{Z}$（整数）时，$|H(k)|$ 出现最大值。此时，$k_l=\frac{2NR\Delta f}{c}\pm lN, l\in \mathbf{Z}$，$k_0=\frac{2NR\Delta f}{c}$，则对应的距离为

$$R=\frac{ck_0}{2N\Delta f},\frac{c(k_0\pm N)}{2N\Delta f},\frac{ck_0(k_0\pm 2N)}{2N\Delta f},\cdots \tag{6-48}$$

上面的推导是针对单点目标的步进频率体制雷达的一维距离像成像原理，成像过程中，IDFT 可以用快速傅里叶反变换（Inverse Fast Fourier Transform，IFFT）算法代替，通常选用两倍脉冲串个数（2N）作为 IFFT 采样点数，通过补零增加 IFFT 点数不会提高一维距离像的分辨率，但会细化其显示。由以上的分析可知，合成的一维距离像的最大不模糊窗宽度为

$$R_{\mathrm{m}}=\frac{c}{2\Delta f} \tag{6-49}$$

距离分辨率为

$$\Delta R=\frac{c}{2N\Delta f} \tag{6-50}$$

当然，如果雷达同时在方位差通道和俯仰差通道对复杂目标各散射中心频域响应之和进行 IFFT 处理，也可以得到两个差通道的高分辨一维距离像。

6.3.2　一维距离像预处理

一维距离像提供了目标散射点沿距离方向的分布情况，是目标重要的结构特征。不同舰船目标的强散射点分布与其结构紧密相关，为海面目标特征提取与识别提供了丰富的信息[5]。

在远距离探测场景下，录取的海面目标 HRRP 往往信噪比低、质量较差，特别是对于小尺寸的船，由于其一维像所占距离单元数相比于中大尺寸的船而言较少，因而低信噪比条件会进一步恶化 HRRP 中的目标有效信息，进而会给稳健的特征提取带来很大困难，最终降低分类准确率[4]；另外，由于目标结构不同，现有等间隔分帧预处理并不能有效反映目标自身统计特性的变化，且会导致最终识别时存在模型失配以及模型匹配运算量过多的情况，影响了后续识别效率。因此，为了实现更精细更稳健的特征提取，需要对 HRRP 进行必要的预处理。

由于雷达系统有接收增益控制，为了实施后续非相干平均等信号积累处理，需要先将增益不同引起的一维像幅度差别去除，预处理中往往首先对一维

像进行增益调整。另外,获得有效的信号积累增益的前提是积累前各 HRRP 必须是对齐的,但雷达观测的通常都是非合作目标,且目标在观测期间可能存在运动;因此,进行信号积累前需先进行包络对齐,即把 HRRP 包络按距离单元对齐。

对于低信噪比条件下的 HRRP 信号,除了采用经典的增益调整、包络对齐、异常值剔除和能量归一化等预处理外,还可以采用信号积累和降噪处理等预处理技术。

1. HRRP 的信号积累技术

远距离条件下,目标回波能量受距离调制而减小,从而导致一维距离像信噪比变差,此时,舰船目标的弱散射点易被杂波或噪声淹没,严重影响径向长度的提取。图 6-35 所示为某雷达录取的舰船目标一维距离像,图 6-35(a)为高信噪比条件下的一维距离像,由图可见,目标散射主要分为强散射区域和边缘弱散射区域两个部分;图 6-35(b)为加噪声后的一维距离像,随着信噪比的下降,强散射区域保持不变,但弱散射区域被周围噪声淹没,此时目标径向长度提取误差达到 70%。

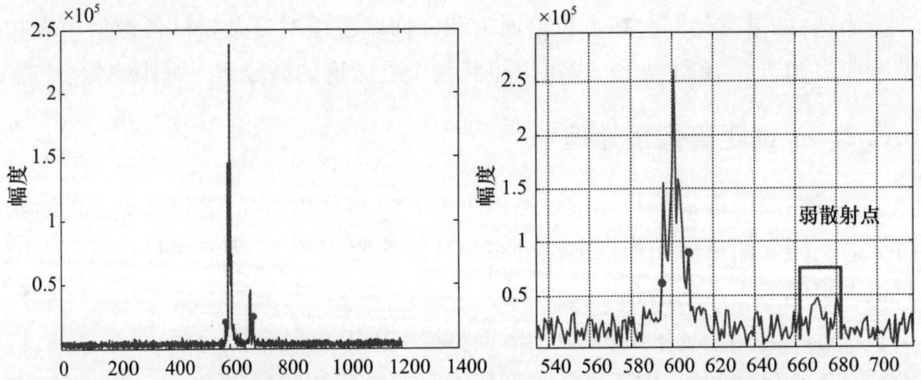

(a) 高信噪比　(b) 低信噪比

图 6-35　不同信噪比的舰船一维距离像

通过对 HRRP 进行有效的信号积累,可以抑制噪声的影响,提高目标信噪比。

首先,考虑信号的非相干积累。HRRP 是目标散射中心沿雷达视线方向上的一维投影,各距离单元信号为该距离单元内所有散射点回波的向量和,随目标的视角变化较为敏感。对一定姿态角范围内的 HRRP 进行非相干平均不仅可降低 HRRP 的姿态敏感性,而且可以获得非相干积累的 SNR 增益。若对 M 次回波进行非相干平均,则 SNR 将提高 M。对于同一目标相邻姿态角的任何两幅距离像,只要目标散射中心之间的相对位置变化不超过雷达的一个距离分辨单元,则可以认为目标距离像不会发生大的变化,意味着相邻姿态角的目标距离像可以通过非相干积累提高信噪比,进而为低信噪比条件下目标识别提供有利条件。非相干平均实现的是同距离单元的平均,因此在非相干平均处理之前需完成包络对齐。

相邻姿态角距离像的非相干积累处理基本流程如下。

步骤1:在训练过程中,把目标全姿态角的距离像数据空间按俯仰角的大小分成不同的子空间。俯仰角相同的距离像处在同一子空间内。

步骤2:在俯仰角相同的距离像子空间内进行方位压缩积累:

(1) 选定方位角初始值 $\alpha = 0°$,设定非相干积累角域大小 $\Delta\alpha$, $\Delta\alpha$ 可根据经验或前述 HRRP 自适应分帧处理结果确定。

(2) 在方位角 $[\alpha,\alpha + \Delta\alpha]$ 内的距离像非相干积累。目标在相邻距离像中位置是有变化的,因此积累之前距离像必须重新定位。定位方法是:任选一参考距离像,其他距离像左移或右移一定的单元与之相关,相关最大时移动位置即重新定位后的位置。

(3) 令 $\alpha = \alpha + \Delta\alpha$,若 $\alpha < 180°$,则转步骤1;否则结束。

步骤3:把所有经过方位压缩积累的子空间合并,再按方位角的大小分成不同的子空间。方位角相同的距离像处在同一子空间内。

步骤4:在方位角相同的子空间内进行俯仰压缩积累,实施方法与方位压缩积累类似,不再赘述。

经过以上积累处理以后,可以用数量较少的特征距离像反映出目标的全貌。目标全姿态角距离像数据库通过相邻姿态角的非相干积累,可以减少数据库的容量,提高 HRRP 信噪比。

非相干平均积累对噪声平滑有一定的效果。图 6-36(a)是由某次宽带回波得到的一帧一维像,可以看出噪声污染很严重;图 6-36(b)是对连续 16 帧一维像进行非相干平均得到的平均一维像,可以看出,非相干积累后噪声单元幅度得到了一定的平滑,与目标支撑域区分更加明显。

2. 低信噪比条件下 HRRP 降噪处理

当目标距离、所处环境等发生变化时,HRRP 的信噪比会相应改变。在基于 HRRP 的雷达目标识别中,噪声对距离像的污染会给识别带来不利影响,造

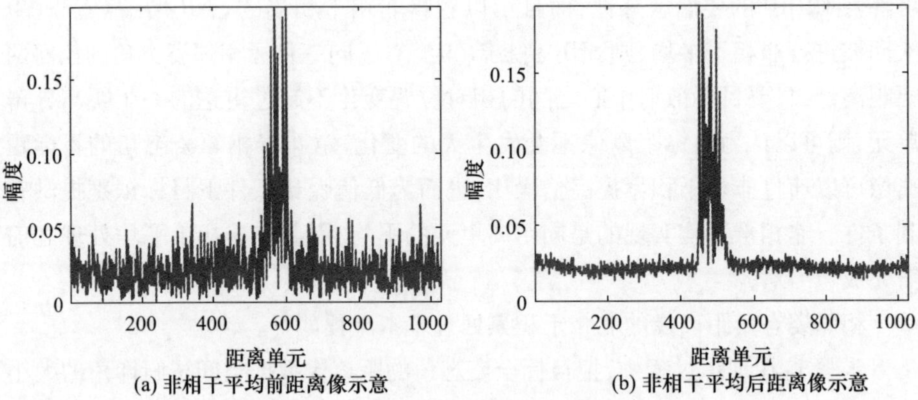

图 6-36　一维像非相干平均处理初步结果

成基于 HRRP 的识别距离较近,难以满足雷达对远距离海面目标识别的需求。同时,噪声太强的情况下一些距离像预处理方法效果下降,如幂变换等方法难以应用。此外,噪声占据大量距离单元,不仅会影响识别性能,而且造成特征维数冗余,目标识别的存储量和计算量都大大增加。因此,研究距离像降噪方法对基于 HRRP 的雷达目标识别具有重要意义。

小波变换既保持了傅里叶方法的优点,又具有短时傅里叶变换的良好局域特性,在信号去噪等多方面得到了应用。由于小波基为无条件基,信号经过小波变换后,信号中的有用分量分布在少数展开系数上,而无用分量分布在大多数展开系数上。基于小波变换的信号处理中,可以根据有用信号与无用信号展开系数的幅值来分离信号的不同分量。根据离散小波变换的 Parseval 能量守恒定理,时域信号的能量等于小波变换域中各展开分量的能量代数和。显然,有用分量对应的少数展开系数的幅值必然比较大,而无用分量对应的多数展开系数的分量幅值必然较小。通过对雷达 HRRP 回波信号进行小波变换,可得到回波信号的小波系数,根据目标与噪声小波系数的不同特征,在小波变换域中进行相应的阈值处理,尽可能减小噪声分量,对处理后的小波系数进行信号重构可提取目标 HRRP 信号,达到降噪的目的。

一般来说,长度为 N 的 HRRP $\boldsymbol{x}=[x_1,x_2,\cdots,x_N]^{\mathrm{T}}$ 可建模为

$$\boldsymbol{x}=\boldsymbol{s}+\boldsymbol{n} \tag{6-51}$$

式中:$\boldsymbol{s}$ 为目标信号;$\boldsymbol{n}$ 为高斯白噪声分量。

基于小波阈值法的 HRRP 降噪处理主要分为以下四个步骤:

步骤 1:选择合适的小波基函数,并确定小波分解层数 j。小波基函数一般

根据目标信号特性进行选择，分解层数可依经验选取。

步骤2：进行小波分解。由于HRRP为等间隔离散信号，可对距离像序列直接进行离散小波变换，Mallat分解算法可表示为

$$\begin{cases} c_{j,k} = \sum_{n} c_{j-1,n}\overline{h_{n-2k}} \\ d_{j,k} = \sum_{n} c_{j-1,n}\overline{g_{n-2k}} \end{cases} \tag{6-52}$$

式中："-"表示取共轭，h_n 和 g_n 为多分辨分析中定义的共轭低通和高通滤波器；$c_{j,k}$ 和 $d_{j,k}$ 分别表示尺度 j 下平移位置 k 处的尺度系数和小波系数，分别代表近似信号和细节信号；较大的 j 值对应于粗分辨尺度，$\{c_{0,n}\}$ 对应于原始输入的HRRP序列 $\boldsymbol{x}$。

步骤3：确定阈值，选择合适的阈值函数，对分解得到的小波系数 $d_{j,k}$ 进行阈值处理。

步骤4：小波重构。根据阈值化处理后的小波系数 $d_{j,k}$ 以及未处理的最大分解层上的尺度系数 $c_{j,k}$ 进行离散小波逆变换重构HRRP序列 $\{c_{0,n}\}$

$$\hat{c}_{j-1,k} = \sum_{l} \hat{c}_{j,l}h_{k-2l} + \sum_{l} \hat{d}_{j,l}g_{k-2l} \tag{6-53}$$

在以上四个步骤中，小波基函数选择、阈值确定和阈值函数选择均会直接影响去噪效果，因此，针对这三个问题需结合HRRP去噪需求进一步开展研究。

在小波基函数选择方面，本节采用基于规则性系数相似性的方法选择小波基。众所周知，用于逼近信号的傅里叶变换基函数为正弦函数，而傅里叶系数实际上体现了正弦波的各次谐波分量与信号的相似性。基于这一思想，根据小波变换的时频局域化性质可以对信号进行局部分析，小波系数的大小也体现了小波和信号的相似程度。此外，小波和信号的规则性都表示了其自身的可微性和平滑程度，规则性系数越大信号越平滑。因此，按照相似性，用规则性系数大的小波来分析平滑的信号；用规则性系数小的小波来分析不平滑的信号，具有一定的合理性。目标HRRP常会出现多个较为孤立的峰值，即信号在某一距离单元上的幅值发生突变，导致信号的不连续性增强，这种突变类似于第一种类型的间断点，因此需选用规则性系数较小的小波基函数用于HRRP降噪。

在阈值确定方面，本节对多种阈值确定方法进行比较评估，从中优选出适合于HRRP降噪的阈值确定方法。小波阈值在去噪过程中具有重要作用。如果阈值太小，那么阈值处理后的小波系数中包含了过多的噪声分量；若阈值太大，则将会丢失信号的一部分有用信息，从而造成小波系数重构后的信号失真。考虑的主要阈值确定方法包括：①Donoho的通用统一阈值，由噪声小波系数的

标准差和分解系数的长度共同决定;②基于无偏似然估计的软阈值(Rigrsure 规则),其最佳阈值通过选择风险最小的阈值获得;③启发式阈值(Heursure 规则),是 Rigrsure 软阈值和长度对数阈值的综合,利用启发函数在二者中优选其一;④最小极大方差阈值(Minimaxi 规则),在最不利情况下通过使求得的回归函数与原信号的方差最小化,从而获得相应的阈值,可使选取的阈值产生最小均方误差的极值。对于白噪声来说,它所对应的小波系数在每个尺度上都是均匀的,并且随着尺度的增长,噪声小波系数的幅值有所减少,因此,小波阈值的设置还应考虑阈值与分解尺度的关系。另外,除了采用上述的单个阈值规则,也可考虑结合评估结果将不同阈值规则进行合理组合利用。

由于上述部分阈值确定规则需要估计噪声小波系数的方差,本节对不同的标准差估计方法进行小波去噪性能评估,优选用于 HRRP 降噪处理。考察的主要标准差估计方法包括:

最小平方估计值

$$\sigma_1 = \sqrt{\sum_{i=1}^{K} (x_i - \bar{x})^2 / (K - 1)} \tag{6-54}$$

均值绝对差

$$\sigma_2 = \sum_{i=1}^{K} |x_i - \bar{x}| / K \tag{6-55}$$

绝对偏差中值

$$\sigma_3 = 1.483 \cdot \text{median} |x_j - \text{median}\ x_i| \tag{6-56}$$

内四分极值

$$\sigma_4 = x_{(3K/4)} - x_{(K/4)} \tag{6-57}$$

式中:K 是 x 的长度;$\bar{x}$ 是 x 的均值;median 表示取序列的中位数;$x_{(i)}$ 表示 x 的升序排列。

在阈值函数选择方面,对现有软阈值函数和硬阈值函数进行融合改进。小波去噪过程就是决定哪些小波系数代表信号,哪些主要是噪声,而小波阈值函数实质上是使模型精确度和过消噪之间达到平衡,尽可能多地保留信号而去除噪声。

常用的软阈值函数可表示为

$$\hat{d}_j = \begin{cases} \text{sgn}(d_j)(|d_j| - \text{th}) & (|d_j| > \text{th}) \\ 0 & (\text{其他}) \end{cases} \tag{6-58}$$

式中:d_j 和 $\hat{d}_j$ 分别表示阈值处理前后的小波系数;th 表示小波阈值。

硬阈值函数为

$$\hat{d}_j=\begin{cases}d_j & (\mid d_j \mid > \text{th}) \\ 0 & (\text{其他})\end{cases} \tag{6-59}$$

值得注意的是,软阈值法和硬阈值法虽然在实际中得到了广泛的应用,硬阈值法能较好地保留信号的突变,而软阈值法能提供较好的光滑性,但二者在HRRP降噪处理上存在不足之处。软阈值法处理后的小波系数发生了收缩,处理后的小波系数和原系数之间具有固定偏差,因而信号重构时会损失一些有用的高频信息,而目标HRRP的多孤立尖峰散射点的结构特征恰好对应于高频部分,直接用软阈值法处理会造成HRRP的信噪比降低。硬阈值法虽然能够保留信号中的一些突变成分,有助于保留目标HRRP的尖峰特征,但对数据变化反应过为灵敏,经阈值处理后的估计小波系数 $\hat{d}_j$ 在 ±th 处是不连续的,即处理后的HRRP可能会产生新的不连续点,导致假的"目标散射点尖峰"出现。为了克服软、硬阈值法的不足,本节研究改进的阈值函数。

本节对阈值函数进行改进的目的,是使得HRRP中大部分噪声能被消除,并尽量保留信号的奇异点。其主要考虑如下几点:①改进的阈值函数应保证处理后的估计小波系数 $\hat{d}_j$ 在 ±th 处连续,并适当保留阈值函数的高阶可导性,尽量避免重构的HRRP信号产生震荡,克服硬阈值处理可能导致的虚假目标散射点;②根据小波系数幅值的大小差异,自适应调整小波系数估计值与原系数之间的偏差大小,减小软阈值处理中固定偏差的不利影响;③引入可调参数,使得改进的阈值函数能兼容现有软阈值和硬阈值处理,充分发挥现有阈值处理方法在特定情况下的优势。

另外,在信号积累和降噪处理后,还可考虑去噪声单元和降低噪声电平等方法,进一步减小残余噪声的不利影响。

对于低信噪比HRRP信号来说,有很多距离单元都是冗余的。例如,对于200MHz带宽的雷达,距离分辨率近似为0.75m,1000个距离单元对应750m的观测范围。而通常观测的舰船目标的尺寸都在300m以下,因此,有很多距离单元都是冗余的。为了提高计算效率,同时考虑到噪声影响,可考虑进行去噪声单元处理,对一维像进行长度截取。去噪声单元的目的就是通过去除部分噪声单元,较好地保留目标区域信息,从而降低一维像维数。图6-37是去掉512个噪声距离单元后得到的目标一维像示意结果,可以看出,在降低距离维数的同时HRRP目标信号得到很好的保留,初步展现了去噪声单元的有益效果。另外,还可考虑对一维像每连续 N 个距离单元求和,使得目标能量进一步集中,达到进一步降维的目的。

经过信号积累、降噪和去噪声单元处理后,噪声单元的幅度虽然得到平滑,但仍占有较大比例的能量,这部分能量在分类识别过程中会影响一维像的相似性度量。对于平均一维像,采用去噪声均值等方法降低噪声电平,然后对一维像做能量归一化处理。由于平均一维像的幅度已被平滑,可考虑将噪声最小值置为零电平的方法,去除部分噪声能量。经过以上处理之后,一般还要进行异常值剔除、能量归一化等处理,进一步提升一维像的品质,为后续的分类识别奠定良好基础。

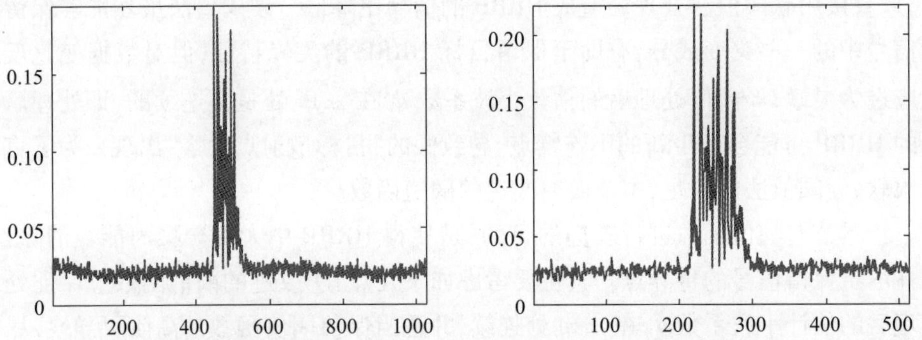

(a) 去噪声单元前　　(b) 去噪声单元后

图 6-37　一维像去噪声单元处理初步结果示意

6.3.3　一维距离像特征提取

作为雷达目标识别中的核心环节,特征提取阶段所提特征的好坏直接影响整个识别系统性能的优劣。由于依靠单一特征难以获得良好的分类识别结果,通过舰船目标 HRRP 多特征提取、选择与优化技术,可以降低特征的信息冗余性,优选出高可分性的综合特征。

考虑到海面目标 HRRP 特征的高维特性,对原始信号信息损失小的特征提取方法并不是最优的,保留不同目标间的共有信息不仅不会带来好处,还会增加分类器负担:大量的特征会使得数据量急剧增加,降低运算效率。除此之外,由于部分特征之间存在相关性,过多的特征可能反而会降低分类器的性能。着眼于舰船分类识别的性能,筛选出识别率高的良好特征,使得所提取的特征能够反映不同目标间的差异并有利于提高识别率,进而构建特征子集是一项十分重要的研究内容。舰船目标 HRRP 的特征可以从结构与变换域两个方面提取,提取的特征尽可能反映目标物理散射结构特性,充分发掘战斗舰、辅助船、民船各类之间的一维像散射特征差异性,既考虑类间可分性,又考虑类内相似性。

1. 结构特征提取

目标 HRRP 的散射中心代表了目标的精细物理结构,目标的一维距离像反映了散射中心在径向距离轴上的投影分布及其散射截面积的相对大小。因此,可以从目标的一维距离像中提取一些反映目标结构的直观特征。

第 m 次 HRRP 实样本可表示为

$$\boldsymbol{x}(m)=[\,|x_1(m)|,\cdots,|x_n(m)|,\cdots,|x_N(m)|\,]^{\mathrm{T}} \tag{6-60}$$

式中:T 表示转置运算;$x_n(m)$ 表示第 n 个距离单元的第 m 次复回波。式(6-60)的时域信号可作为最原始的时域特征,其直观地反映了目标的尺寸和散射点分布等物理结构特性。

基于 HRRP 样本的时域信号,可进一步提取与目标物理特性有关的直观特征,其表达了对特定参量情况下目标距离像的直观或视觉理解,重点考虑以下直观结构特征:尺度特征、散射重心、目标强散射中心数目、散射中心间距离、散射中心分布熵、散射中心分布的离散程度、对称性特征、能量链码特征等。

1) 尺度特征

主要的尺度特征为目标的最大长度,是目标识别时最直观的几何形状特征,可通过计算超过一定阈值的距离单元所占据的单元数除以目标对应方位角的余弦,得到目标的最大长度,其准确度与角度估计相关。

2) 散射重心

在统计学理论中,重心是衡量样本形态偏斜程度的统计量,设 $\{x(n),n=1,2,\cdots,N\}$ 为距离像,N 为距离单元数,则距离像的散射重心可表示为

$$n_0=\sum_{n=1}^{N} nx(n)\Big/\sum_{k=1}^{N} x(k) \tag{6-61}$$

3) 目标强散射中心数目

目标强散射中心数目是指距离像轮廓中峰值的数目,可刻画目标结构特征,主要通过阈值判决和峰值搜索算法进行确定。由于不同目标的结构和材质不同,在相同姿态角域内,它们的一维像在能量聚集区内的强散射中心数目是不同的。

4) 散射中心间距离

散射中心间距离主要包括两个最强散射中心间距离和最强散射中心距目标最前端的距离,二者主要反映了目标强散射中心距离位置之间的对应关系。

5) 散射中心分布熵

在信息论中,熵是对不确定性的度量,能够表示变量的随机特性,均匀分布的熵最大,而服从中心分布的熵较小。借用熵的定义,可用一维像的幅值代替

熵函数中的概率值,从而得到一维像的熵特征。对于不同的目标,较大的熵表示散射中心在雷达辐射方向上分布较均匀,较小的熵说明散射中心分布较集中。

将从 HRRP 序列中提取出的 N 个强散射中心,按幅值递减顺序排列,记为 $\boldsymbol{P}=[p_{m_1},p_{m_2},\cdots,p_{m_i},\cdots,p_{m_{N-1}},p_{m_N}]^{\mathrm{T}}$,其中,$p_{m_i}$ 为 HRRP 序列中第 i 个强散射中心的幅值;下标 m_i 为散射中心对应的单元序号,则散射中心分布熵(EA)定义为

$$\begin{cases}\mathrm{EA}=-\sum\limits_{i=1}^{N}p'_{m_i}\cdot\log(p'_{m_i})\\ p'_{m_i}=p_{m_i}/\sum\limits_{i=1}^{N}p_{m_i}\end{cases}\tag{6-62}$$

散射中心分布熵反映了目标强散射中心幅值大小的离散程度,EA 越大说明幅值之间的差异越小;反之,差异越大。

6) 散射中心分布的离散程度

散射中心分布的离散程度(EP)定义为

$$\begin{cases}\mathrm{EP}=-\sum\limits_{i=1}^{N}m'_i\cdot\log(m'_i)\\ m'_i=(m_i-n_1)/(n_2-n_1)\end{cases}\tag{6-63}$$

式中:n_1,n_2 分别为 HRPP 序列中大于阈值的第一个和最后一个点所对应的序号。EP 值反映了目标强散射中心在径向尺度上位置分布的离散程度,EP 越大,说明强散射中心在径向尺度上均匀分布的可能性越大;反之,则说明强散射中心在径向尺度上的位置分布比较集中。

7) 对称性特征

以舰船目标为例,有的舰船的船楼等主体结构位于舰船的中部,且分布较均匀,在一维像上体现出一定的对称性;而有的舰船的上层建筑则位于船尾,在一维像中表现为对称性很差。因此,可考虑基于这种简单而明显的差别对舰船进行粗分类。对称度越接近于 1,说明目标的对称性越强;相反,越远离 1(接近于 0 或正无穷大),则目标的对称性越差。

8) 能量链码特征

在数字图像处理中,图像区域的边界轮廓线往往含有丰富的信息,对于图像的分类与识别有着十分重要的意义。图像区域的边界轮廓线一般采用边界的方向链码来表示。此链码是沿边界曲线的逆时针方向而构成的。链码可用于描述雷达目标 HRRP,但难以直接用它来进行目标识别。而图像边缘的傅里

叶展开可以任意逼近边缘本身，从而能够较好地反映图像的形态特征。为此，可考虑建立链码与傅里叶系数的对应关系，利用傅里叶系数构造并重点分析圆形度、细长度、散射度、凹度等形状特征，以期用于目标识别。

2. 变换域特征提取

通过对 HRRP 进行合适变换，有助于挖掘区分性更强且维度更小的变换域特征，重点考虑以下变换域特征：高阶中心矩特征、频域特征、双谱特征等。

1）高阶中心矩特征

设 $\{x(n), n = 1,2,\cdots,N\}$ 为距离像，N 为距离单元数，则归一化距离像可表示为

$$\bar{x}(n) = x(n) / \sum_{n=1}^{N} x(n) \tag{6-64}$$

注意到 $\sum_{n=1}^{N} \bar{x}(n) = 1$，因此 $\{\bar{x}(n), n = 1,2,\cdots,N\}$ 可看作一离散概率分布函数。距离像 $\bar{x}$ 的 p 阶中心矩 $\mu^{(p)}$ 定义为

$$\mu^{(p)} = \sum_{n=1}^{N} (n - n_0)^{p} \bar{x}(n) \tag{6-65}$$

式中：n_0 表示一阶原点距，即归一化距离像的散射重心。

中心矩提供了目标的几何结构信息，如对称性等，具有平移、旋转及尺度不变性，适用于识别对象较简单的情况。各阶中心矩在分类识别中的作用不同，如二阶中心矩实质上反映了各散射中心与散射重心离散的程度。值得注意的是，二阶及高阶中心矩是以原点矩为参考点来补偿距离像的平移分量，因此具有平移不变特征，可作为特征向量

$$\begin{aligned} \boldsymbol{f} &= [f(1), f(2), \cdots, f(p_{\max} - 1)]^{\mathrm{T}} \\ &= [\mu^{(2)}, \mu^{(3)}, \cdots, \mu^{(p_{\max})}]^{\mathrm{T}} \end{aligned} \tag{6-66}$$

式中：$p_{\max}$ 代表中心矩的最高阶数。不同阶中心矩之间不是正交的，存在信息冗余，当阶数大于 10 时，高阶中心矩提供的有用信息急剧减少，且有可能形成干扰，使识别率下降，因此实际应用中中心矩阶数不宜取得过高。偶数阶中心矩比奇数阶中心矩具有更强的稳定性，因此重点考察 $2 \sim p_{\max}$ 范围内的偶数阶中心矩，生成偶数阶特征向量。

2）频域特征

对时间连续的实信号 $x_T = \{x(t), t \in T\}$ 做快速傅里叶变换可定义目标的频域特征，其功率谱可表示为

$$F(\omega) = |X(\omega)|^2 = X(\omega) X^{*}(\omega) \tag{6-67}$$

式中：$X(\omega)$ 表示 x_T 的频谱函数。

根据傅里叶变换的性质，信号 $x_\tau(t) = x(t - \tau)$ 的频谱函数 $X_\tau(\omega) = e^{-j\omega\tau}X(\omega)$，相应的功率谱可表示为

$$F_\tau(\omega) = |X_\tau(\omega)|^2 = |e^{-j\omega\tau}X(\omega)|^2 = |X(\omega)|^2 = F(\omega) \tag{6-68}$$

由上述分析可知，频域特征信息具有以下特点：傅里叶变换是一个信息保持变换，将 HRRP 从时域变换到频域过程中信息没有损失；功率谱具有平移不变性，将其作为特征向量用于目标识别，可避免距离像识别中的平移失配；功率谱是实对称的，可将原特征向量的维数降低一半，减少运算量；从频域中可能获得时域中不可见的距离像统计特性，合理利用这些统计特性作为判别信息，有助于改善识别性能，且功率谱特征在各阶高阶谱中具有很好的分类潜力。

3）双谱特征

给定一距离像 $X(t)$，其双谱定义为

$$X(\omega_1,\omega_2) = X(\omega_1)X(\omega_2)X^*(\omega_1,\omega_2) \tag{6-69}$$

式中：* 表示取共轭。HRRP 双谱具有如下重要特点：对信号的平移不变性、对信号的可逆性（对于有限支撑图像，其高分辨距离像波形可以唯一地从双谱中恢复出来，因此从信息损失的角度来看，可逆性是双谱特征识别的一大优点）和对加性噪声的不敏感性。海面目标 HRRP 识别中的双谱，除了具备上述特点外，还可利用目标散射结构特征获得稳定、可靠、不敏感于高斯噪声的分类特征，因此双谱特征在目标 HRRP 识别中具有较大潜力。

上述结构特征和变换域特征从不同的角度反映目标特性，因而具有一定的信息互补性。例如功率谱特征能够全面地反映舰船目标的频域能量信息；针对目标的形状、结构和材料信息，尺度特征可以识别尺寸相差较大的目标；不同目标的结构和材料质地不同，在同一姿态角域内，它们在能量聚集区内散射中心数目和中心矩特征也不同，因此提取强散射中心数目以及中心矩等特征，能对目标尺度特征进行有效的补充。除上述特征外，还可考察评估诸如偏度、峰度等更多的特征，充分发掘一维像的物理散射特性。

6.3.4 基于 HRRP 多特征优化的目标识别技术

经特征提取后每个目标在任意方位角可以提取多个特征，但并不是所有特征对分类识别都能发挥积极作用，多特征间可能存在不同程度的相关性和信息冗余，因此必须进行特征评估与选择，筛选出可分性强且冗余性小的特征子集，然后进行多特征联合识别处理。

特征评估的基本任务是通过一个定量的准则来衡量目标特征对目标分类的敏感程度,进而从众多特征中选出那些对识别最有利的特征,从而实现计算量的减少与高维特征空间维数的压缩。特征选取是否得当将直接影响识别算法的效率、处理时间、所需数据量以及扩展性。如果能选取适当特征并组合,则能显著改善识别性能。

可以利用类内、类间距离准则函数进行特征评估和优化选取。设已有 c 类模式集 $S_j = \{x_i^{(j)}; i = 1,2,\cdots,n_j\}$ $(j = 1,2,\cdots,c)$,其中,上标 j 表示类别,下标 i 表示类内模式的序号, n_j 表示每类模式里的序列维数,各类模式取值相同记为 N ,则 ω_j 类模式的样本均值向量为

$$m_j = \frac{1}{N}\sum_{i=1}^{N} x_i^{(j)} \quad (j = 1,2,\cdots,c) \tag{6-70}$$

类内 N 维向量之间的欧几里得距离定义为

$$r_j = \frac{1}{N}\max_{\substack{k=1,2,\cdots,N\\ l=1,2,\cdots,N,k\neq l}} d^2(x_k^{(j)}, x_l^{(j)}) \quad (j = 1,2,\cdots,c) \tag{6-71}$$

式中: $d^2(x_k^{(j)}, x_l^{(j)}) = \sum\limits_{k=1,l=1,k\neq l}^{N} (x_k^{(j)} - x_l^{(j)})^{\mathrm{T}}(x_k^{(j)} - x_l^{(j)})$ 。

类间距离定义为

$$d(\omega_i,\omega_j) = |m_i - m_j| \quad (i = 1,2,\cdots,c; j = 1,2,\cdots,c; j \neq i) \tag{6-72}$$

则可分性判据定义为

$$d(\omega_i,\omega_j) > \left|\frac{r_i}{2} + \frac{r_j}{2}\right| \quad (i = 1,2,\cdots,c; j = 1,2,\cdots,c; j \neq i) \tag{6-73}$$

记为

$$\delta_{i,j} = \frac{2d(\omega_i,\omega_j)}{|r_i + r_j|} \quad (i = 1,2,\cdots,c; j = 1,2,\cdots,c; j \neq i) \tag{6-74}$$

此时,若 $\delta_{i,j} > 1$ 认为两类模式是可分的,如果两两模式之间均可分,则认为研究的基本几何体之间是可分的,且可将 $\delta_{i,j}$ 的值大小作为可分性程度的度量。

在获取了目标特征子集之后,随之而来的就是分类器的设计。雷达 HRRP 具有平移敏感性和目标姿态敏感性,即使对同一目标,其 HRRP 在特征空间的分布也比较复杂,因此,所要求的分类平面也比较复杂,针对这些特点,简单有效的分类器对 HRRP 识别的研究有重要意义。目前,分类器技术已经比较成熟,不同的分类器具有不同的优缺点,如经典的支持向量机(Support Vector Machine,SVM)分类器,能够提高学习机的推广能力,即使有限的数据得到的判别函数对独立的测试集仍能够得到较小的误差。相关向量机(Relevance Vector

Machine,RVM)分类器是在2000年提出的一种与SVM类似的稀疏概率模型,与SVM相比,其最大的优点就是极大地减少了核函数的计算量,并且克服了所选核函数必须满足Mercer条件的缺点。但是对可获得目标大角域方位角变化HRRP样本时,这两种分类器均没有充分利用其在时间维上隐含的目标信息的问题,损失了序列信号中包含的很重要的目标结构信息。另外,人工神经网络已在模式识别领域得到了广泛的应用,具有比较明显的优点。例如,具有较强的容错性,能够识别带有噪声或变形的输入模式,以及具有很强的自适应学习能力等。但传统神经网络学习算法收敛速度比较慢,容易陷入局部极小点,神经网络识别方法的工程化必须解决学习算法稳定收敛的问题。

同时,相比于传统的利用特定分类器来对目标进行分类,在目标识别中通过对多分类器识别结果进行融合,能够有效地提高对目标的分类识别效果。目前,基于多特征的多分类器组合技术已在目标识别和模式分类领域内得到了广泛的应用,其中集成学习中的AdaBoost方法是典型代表。

基于多特征优化的海面目标HRRP分类与识别实现方案如图6-38所示。

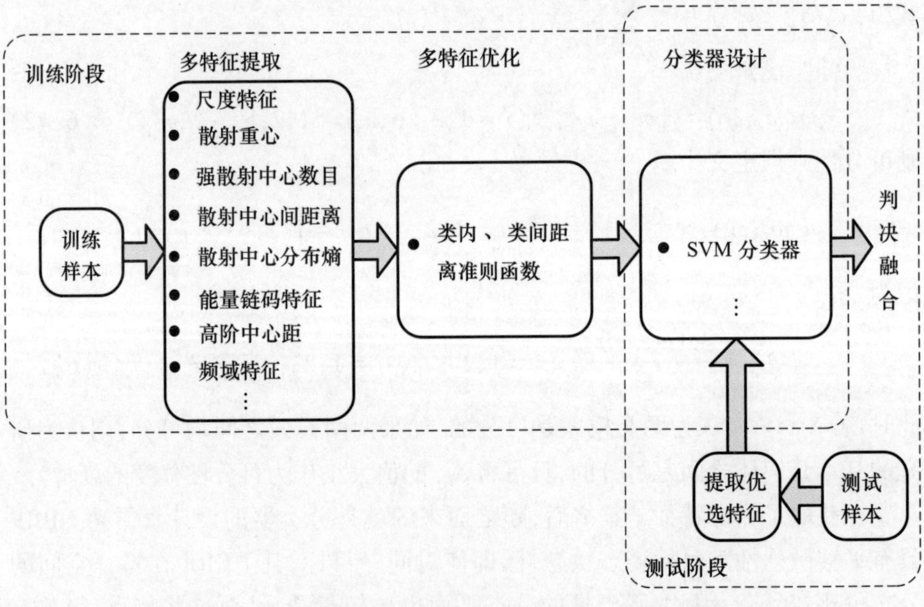

图6-38　基于多特征优化的海面目标HRRP分类与识别方案

首先,利用目标HRRP多特征提取技术提出的非参数方法提取目标HRRP的结构特征、变换域特征等多种特征;其次,选择类内、类间距离准则函数特征评估方法,优选出可分性较高且冗余度低的特征;最后,根据优选后的特征,采用 SVM 等分类器完成对目标的识别。

6.3.5　基于深度学习的 HRRP 目标识别技术

由于 HRRP 对于目标几何特性和姿态比较敏感，单一回波所包含的目标信息不够丰富，所提取的特征不足以充分表达目标信息，从而很大程度上制约了特征提取的性能。一个很自然的想法是利用目标从多个角度得到的 HRRP 来增强目标的表达信息，并利用多角度获得的多张视图进行联合训练。同时，HRRP 还具有幅度敏感性和平移敏感性的特点，即不同的雷达回波强度和不同的距离窗会影响所获得 HRRP 的特性，而传统的 HRRP 特征提取方法对幅度和平移敏感性的适应性仍有待加强。

为了能够获得目标更有鉴别力的特征表示，可充分利用多个角度回波构成的视图来丰富目标的表示信息，采用多个视图的信息对卷积神经网络进行联合训练，以期提取更有效的信息，使得目标识别方法能更好地适应 HRRP 幅度敏感性和平移敏感性这两个特点。其基本思路是：首先，在获取 HRRP 的角度信息的条件下，将不同角度获得的同一目标的多个 HRRP 数据按照角域划分为 m 类，其中相同类内的一维距离像的波形特征相似；其次，将所有的 HRRP 进行标准化预处理，并按照类别划分训练各自相应的卷积神经网络；再次，利用卷积神经网络所提取 HRRP 深度一维特征向量进行特征融合；最后，在获得目标完整特征信息后，用特征匹配方法来进行目标的分类与识别。相应的总体框图结构如图 6-39 所示。

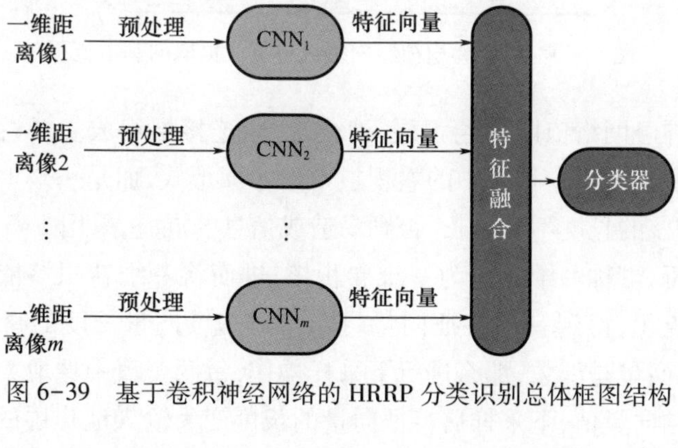

图 6-39　基于卷积神经网络的 HRRP 分类识别总体框图结构

多视图卷积神经网络结合同一目标的多个角度的信息来进行联合学习，但不同的角度得到的 HRRP 波形可能大不相同，如果将其用同一个卷积神经网络来进行特征提取，可能会导致某些重要的特征被忽略而丢失。从 HRRP 特性分析的现有结论可知,在角度相差不大的一定角域内,不同角度得到的 HRRP 波形比较相似,可以利用同一个卷积神经网络结构来提取特征。

传统的神经网络都是采用全连接的方式,即输入层到隐藏层的神经元都是全部连接的,这样做将导致参数量巨大,使得网络训练耗时大甚至难以训练,而卷积神经网络则通过局部连接、权值共享等方法避免这些困难。卷积神经网络主要由卷积层、池化层、全连接层、输出层等几种类型的层组成,其中,卷积层主要用于提取图像的深层特征,卷积神经网络中一般含有多个卷积层;池化层又称采样层,主要为了进一步降低网络训练参数及模型的过拟合程度,一般池化层与卷积层成对出现;全连接层则类似于传统的神经网络,在某些模型中,不使用全连接层也能得到良好的效果。

利用卷积神经网络进行特征提取的基本流程如图 6-40 所示。

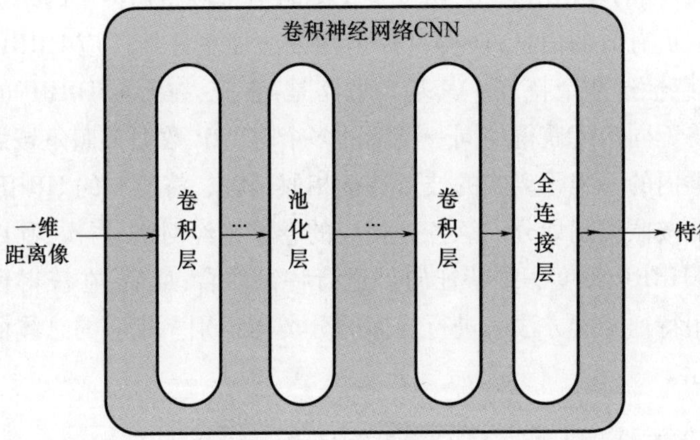

图 6-40　利用卷积神经网络进行特征提取的基本流程

该卷积神经网络依旧由卷积层、池化层、全连接层组成。但卷积层和池化层的设置有所不同。卷积层中的卷积核不是 $n \times n$ 形式,而是一个 $1 \times n$ 的一维向量,一般卷积核的长度不宜过长,否则易造成信息的混叠,采用 1×3 或者 1×5 的一维向量即可,可称一维向量为一维卷积核,进而将一维卷积核依次与输入的一维向量做点积,得到一维特征向量;接着,对一维向量长度的奇偶性进行判断,如果一维向量是偶数,那么进行下采样操作,每两个值中选取大的那一个作为下采样后的向量值,下采样后特征向量的长度变为输入池化层的一半。经过多个卷积层和池化层提取深度特征后,再进入全连接层进一步提取特征,最后输出的一维特征向量即为所需的 HRRP 的深度特征。由于卷积神经网络能较好地适应二维图像的平移、缩放和扭曲不变性,所以对于 HRRP 的幅度敏感性和平移敏感性有潜在的适应性。

由于全连接层具有良好的非线性结构和较强的拟合能力,在训练的过程中,可以将多个特征图按照一种深度的方式进行聚合,以期达到比较好的效果。同时考虑到不同的特征图存在差异,某些视图可能存在许多噪声,使得对应的特征图效果比较差,在聚合的过程中可能会干扰其他特征图的特征信息。因此,拟采用局部全连接的方式进行聚合,该层的每个神经元随机连接一个或多个特征图,对于聚合的具体细节,在特征图聚合的过程中,局部全连接既能保留原来的特征信息,又能相互之间进行信息的互补,提高了模型的鲁棒性和泛化能力,保证了第二部分网络的收敛性,增强了特征向量的鉴别力。

在特征融合之后,需连接一个总体的输出层,如果是多类分类,输出层可采用 Softmax 函数进行分类。Softmax 的输出是归一化的分类概率,直观性强,可表示为

$$f_{y_i} = \boldsymbol{W}\boldsymbol{x}_i \tag{6-75}$$

$$L_i = -\log\left(\frac{e^{f_{y_i}}}{\sum_j e^{f_j}}\right) \tag{6-76}$$

式中:$\boldsymbol{x}_i$ 为 Softmax 分类器的第 i 输入向量;$\boldsymbol{W}$ 为权值向量;L_i 为损失函数,归一化为概率值。

另外,还将考虑采用多类支持向量机进行分类,即

$$s_{y_i} = \boldsymbol{W}\boldsymbol{x}_i \tag{6-77}$$

$$L_i = \sum_{j \neq y_i} \max(0, s_j - s_{y_i} + 1) \tag{6-78}$$

式中:$\boldsymbol{x}_i$ 为多类 SVM 的第 i 输入向量;$\boldsymbol{W}$ 为权值向量;L_i 为损失函数。

神经网络用于模式识别的主流是有监督学习网络,无监督学习网络一般用于聚类分析。对于有监督的模式识别,由于任一样本的类别是已知的,样本在空间的分布不再是依据其自然分布倾向来划分,而是要根据同类样本在空间的分布及不同类样本之间的分离程度设计一种适当的空间划分方法,或者找到一个分类边界,使得不同类样本分别位于不同的区域内。这就需要一个长时间且复杂的学习过程,不断调整用以划分样本空间的分类边界的位置,使尽可能少的样本被划分到非同类区域中。

第一阶段,向前传播阶段。首先,从样本集中取一个样本 $(\boldsymbol{x}_i, y_i)$,其中 $\boldsymbol{x}_i$ 为卷积神经网络的输入, y_i 是理想的输出值,亦称为标签;接着,计算相应的实际输出 o_i 。在此阶段,信息从输入层经过逐级的变换,传送到输出层,这个过程

也是网络在完成训练后正常运行时执行的过程。在此过程中,网络执行的是计算,即输入与每层的权值矩阵相点乘,得到最后的输出结果

$$o_i = f_n(\cdots(f_2(f_1(\boldsymbol{x}_i, \boldsymbol{W}_1)\ \boldsymbol{W}_2)\ \cdots)\ \boldsymbol{W}_n) \tag{6-79}$$

第二阶段,向后传播阶段。首先计算实际输出 o_i 与相应的理想输出 y_i 的差,然后按极小化误差的方法反向传播调整权矩阵。

实际训练过程中,可将所获得的同一目标不同角度的多个 HRRP 数据按照角域划分为 m 类,利用同一类中的 HRRP 来训练一个卷积神经网络;根据训练结果,比较各个卷积神经网络的参数,如果参数相近,则可将神经网络合并,以此简化模型的复杂度,并经过多次的训练和改进得到高效的特征提取模型。

6.4 极化信息处理

6.4.1 极化信息的测量方法

目前,极化测量体制主要有两种:一种是分时极化测量体制(简称分时极化体制)[6,11,13],另一种是同时极化测量体制(简称同时极化体制)[14-16]。分时极化体制按时间先后发射多个不同极化的脉冲,接收时两正交极化通道(水平极化 H 和垂直极化 V)同时接收信号,如图 6-41 所示。

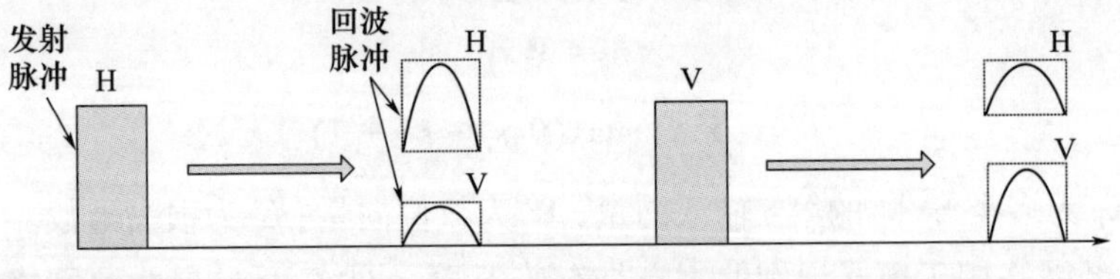

图 6-41 分时极化测量方法

现有极化雷达大多采用分时极化体制,该体制存在以下缺点:

(1) 由于需要多个脉冲重复周期才能完成一次测量,对于非平稳目标(Nonstationary Target,即由于运动姿态变化而引起的散射特性随时间变化较快的目标),其散射特性在各脉冲之间会产生一定的去相关效应,从而限制了测量精度。

(2) 由于历时较长,目标的多普勒效应会导致各脉冲回波测量之间相差一个无法精确补偿的相位,从而影响测量精度。

(3) 距离模糊(Range Ambiguity)会影响脉冲回波的正常接收,如果目标回

波时延大于脉冲重复周期,则水平极化脉冲的回波可能会落入垂直极化脉冲的信号采集区域内,这显然会影响正常的极化测量。

(4) 分时极化体制需要在脉冲之间进行极化切换,由于极化切换器件的隔离度有限,难免存在着交叉极化干扰作用,对测量产生不利的影响。

针对分时极化体制的这些固有缺陷,可采用同时极化体制,该测量体制只需发射一个脉冲,该脉冲由多个编码序列相干叠加得到,每个编码序列对应一种发射极化。在接收时,利用编码序列之间的正交性分离出不同发射极化对应的向量回波,经进一步处理后就可以获取目标的完整极化信息。同时极化测量方法如图 6-42 所示。

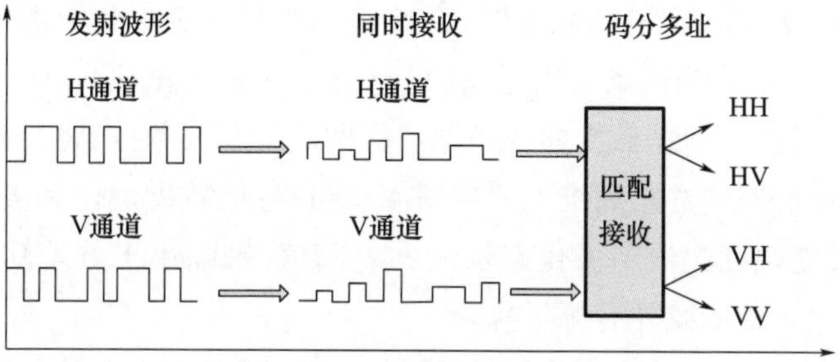

图 6-42　同时极化测量方法

相比于分时极化体制,同时极化体制具有以下优点:

(1) 由于同时极化体制只需一个脉冲,历时较短,因而更适用于非平稳目标的情况。

(2) 对于目标回波的多普勒调制,同时极化体制与分时极化体制受其影响的机理不同,后者是测量数据间存在着不可忽略的相位差,而前者主要取决于编码波形的自相关特性和互相关特性对多普勒的敏感程度,只要多普勒估计精度达到一定要求,则经多普勒补偿后,这种影响不会妨碍同时极化体制的正常使用。

(3) 同时极化体制只发射一个脉冲,因此不存在距离模糊的问题。

(4) 同时极化体制同时利用了两个正交极化通道,不需要进行极化切换,因此也不存在交叉极化干扰的问题。

6.4.2　极化信息处理的基本思想

极化雷达为取得目标检测方面的性能提升,可以从以下两方面实现:

(1) 在极化域改变发射极化,选择特定目标回波总能量最强的发射极化状态。

(2) 在极化域改变接收极化,选择特定目标回波总能量中能被接收进来的能量最强的接收极化状态。

在抗干扰和抑制杂波方面,极化雷达为取得应有的性能提升,须具备以下几个功能要求:

(1) 在极化域改变接收极化,选择有源干扰能量最弱的接收极化状态。

(2) 在极化域改变接收极化,选择海杂波或箔条杂波能力最弱的接收极化状态。

(3) 改变发射极化,选择特定目标的信干比最大的发射极化状态。

雷达导引头工作在检测状态时,系统首先对目标做极化识别,将极化角度在45°±10°的目标作为箔条予以滤除(也可对抗水平极化、圆极化、线极化方式的弦外有源干扰)。根据数据曲线还原目标回波的真实数据,将目标舰船、有源干扰源和角反射器建立距离维上的数据库,将目标的幅度起伏和极化起伏作归一化处理,设立幅度起伏和极化起伏的方差阈值,剔除小于方差阈值的角反射器和垂直极化方式的弦外有源干扰。

在自动导引状态时,系统首先对目标做极化滤波,滤除箔条干扰(同样也可对抗水平极化、圆极化、线极化方式的弦外有源干扰)。然后作对数支路和线性支路的目标幅度起伏和极化起伏的归一化处理,剔除小于方差阈值的角反射器和垂直极化方式的弦外有源干扰。对于距离门内经过处理后仍然有两个以上目标,如果在四个积累周期中有三个积累周期都判断为同一个目标幅度起伏方差和极化起伏方差相对较大,则跟踪此目标,并采用传统跟踪前沿方式对抗后拖干扰,保证雷达导引头能够正确地跟踪目标。

基于双极化非相参雷达最为常用的极化特征为极化比和极化角。以抗箔条干扰为例,箔条干扰的两个极化通道 VV 和 HV 的回波相互独立,幅度服从瑞利分布。对舰船目标假设两个极化通道 VV 和 HV 的回波相互独立,幅度服从瑞利分布。

利用双极化雷达导引头的外场实测数据,可以对箔条干扰和舰船目标的极化特性进行分析。对于箔条干扰,根据实测数据可知,箔条干扰极化角的均值稍大于45°,小于60°,分布范围比较宽,散布在[0°,90°]范围内,方差较大;对舰船极化角的均值比较大,主要分布在60°以上,分布比较集中,方差较小。由比较可知,箔条干扰的极化角均值比舰船小,均方差比舰船大。对舰船目标,二者的起伏特征不同,由此决定了舰船和箔条干扰的极化角特征具有很大差别。根据极化角分布的以上统计特性,可以选取极化角的均值和均方差作为极化识别的特征量。

对于角反射器假目标,可以从奇、偶次散射的角度予以区分,如图6-43所示。同一固定极化的电磁波,经过奇数次散射和偶数次散射后具有不同的极化特性。研究表明:舰船的反射以二面角为主,也就是说,对于舰船目标而言,偶次散射分量远大于奇次散射分量的大小;角反射器假目标以三次散射分量为主,其偶次散射分量小于奇次散射分量。

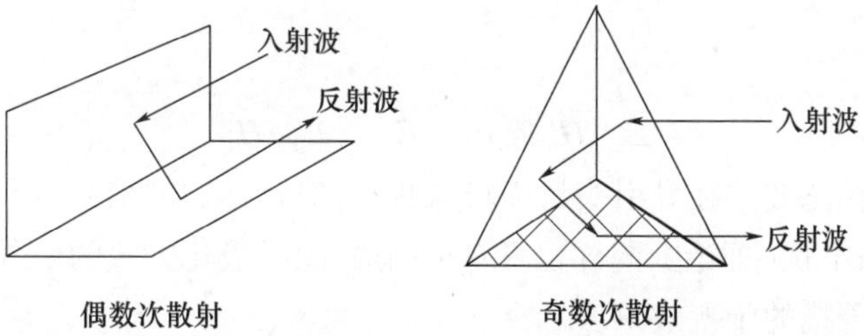

图6-43 偶次散射与奇次散射

6.4.3 极化滤波技术

平面电磁波电场可以表示为 $\boldsymbol{E} = E_x\boldsymbol{x} + E_y\boldsymbol{y}$,设

$$E_x = E_{0x}\cos(\theta + \phi_x)\ ,\ E_y = E_{0y}\cos(\theta + \phi_y) \tag{6-80}$$

式中:$E_0 =(E_{0x}^2 + E_{0y}^2)^{\frac{1}{2}}$,$\gamma = \arctan\left(\frac{E_{0y}}{E_{0x}}\right)$,$\phi = \phi_y - \phi_x$,则有

$$\boldsymbol{E} = E_0(\cos\gamma\boldsymbol{x} + \sin\gamma \mathrm{e}^{\mathrm{j}\phi}\boldsymbol{y}) \tag{6-81}$$

Jones 向量定义为

$$\boldsymbol{E}_{\text{Jones}} = E_0\begin{bmatrix}\cos\gamma \\ \sin\gamma \mathrm{e}^{\mathrm{j}\phi}\end{bmatrix} \tag{6-82}$$

若不考虑幅度,Jones 向量也可以写成

$$\boldsymbol{E}_{\text{Jones}} = \begin{bmatrix}\cos\gamma \\ \sin\gamma \mathrm{e}^{\mathrm{j}\phi}\end{bmatrix} \tag{6-83}$$

极化的基本思想是根据干扰信号极化向量建立一个与干扰信号正交的极化滤波向量,然后与接收信号的极化向量进行点乘运算[6]。

设接收信号为目标信号与干扰信号的向量和,即 $\boldsymbol{E} = \boldsymbol{E}_{\mathrm{i}} + \boldsymbol{E}_{\mathrm{s}}$,其中干扰信号为 $\boldsymbol{E}_{\mathrm{i}} = |\boldsymbol{E}_{\mathrm{i}}|\begin{pmatrix}\cos\gamma_{\mathrm{i}}\mathrm{e}^{\mathrm{j}\omega t} \\ \sin\gamma_{\mathrm{i}}\mathrm{e}^{\mathrm{j}\phi_{\mathrm{i}}}\mathrm{e}^{\mathrm{j}\omega t}\end{pmatrix}$,目标回波信号为 $\boldsymbol{E}_{\mathrm{s}} = |\boldsymbol{E}_{\mathrm{s}}|\begin{pmatrix}\cos\gamma_{\mathrm{s}}\mathrm{e}^{\mathrm{j}\omega t} \\ \sin\gamma_{\mathrm{s}}\mathrm{e}^{\mathrm{j}\phi_{\mathrm{s}}}\mathrm{e}^{\mathrm{j}\omega t}\end{pmatrix}$。

极化滤波器传递函数为

$$\boldsymbol{H}_r = |\boldsymbol{H}_r| \begin{pmatrix} \cos\gamma_r \\ \sin\gamma_r e^{j\phi_r} \end{pmatrix} \tag{6-84}$$

接收信号通过极化滤波器后的响应为

$$\boldsymbol{E}_{out} = (\boldsymbol{E}_i + \boldsymbol{E}_s) \cdot \boldsymbol{H}_r^H = \boldsymbol{E}_i \cdot \boldsymbol{H}_r^H + \boldsymbol{E}_s \cdot \boldsymbol{H}_r^H \tag{6-85}$$

若极化滤波器相应于干扰信号满足

$$\gamma_i + \gamma_r = \frac{\pi}{2}, \quad \phi_i - \phi_r = \pm\pi \tag{6-86}$$

则有

$$\boldsymbol{E}_i \cdot \boldsymbol{H}_r^H = 0, \quad \boldsymbol{E}_{out} = \boldsymbol{E}_s \cdot \boldsymbol{H}_r^H \tag{6-87}$$

即可实现极化滤波。在导引头目标跟踪状态,对目标回波信号进行极化滤波处理,滤除箔条干扰(理论上同样也可对抗圆极化、线极化方式的舷外有源干扰),削弱质心式干扰的干扰效果。

6.4.4 编队目标极化 HRRP 特征提取与识别技术

与常规单极化 HRRP 相比,全极化 HRRP 的优势在于可以获得目标的全极化散射信息,最大限度地将不同目标的散射特性以向量的形式表现出来,从而揭示目标散射特性的差别。

为了更好地解译目标全极化数据,近年来发展起来的目标分解理论成为众多国内外学者研究的重点[17-28]。Huynen 最早提出了目标分解定理,通过对极化散射矩阵的分析揭示了散射体的物理机理[25]。相干目标分解(Coherent Target Decomposition,CTD)和非相干目标分解(Incoherent Target Decomposition,ICTD)构成了目标分解理论的两个主要组成部分。CTD 主要是基于极化散射矩阵 $\boldsymbol{S}$ 的分解,其主要方法包括 Pauli 分解、Krogager 的 SDH 分解[17-19]、Cameron 分解[20-22]和 Touzi 分解[23-24]等。ICTD 主要是基于散射矩阵的能量形式的分析,如能够表征目标散射特性的极化相干矩阵 $\boldsymbol{T}$、极化协方差矩阵 $\boldsymbol{C}$、Mueller 矩阵 $\boldsymbol{M}$ 或 Stokes 矩阵等,其主要方法包括 Huynen 分解[25]、Cloude 分解[26]、Holm-Barnes 分解[27]和 Freeman-Durden 分解[28]。

1. 相干矩阵分解及特征提取

目标的散射矩阵在水平-垂直极化基下表示为[29]

$$\boldsymbol{S} = \begin{bmatrix} S_{HH} & S_{HV} \\ S_{VH} & S_{VV} \end{bmatrix} \tag{6-88}$$

在典型雷达系统中,如果目标是线性散射体,那么任意目标的后向散射矩阵都是对称的,即 $S_{HV} = S_{VH}$ 。

利用 Pauli 基将散射矩阵 $\boldsymbol{S}$ 投影可得到散射向量

$$\boldsymbol{k} = \frac{1}{\sqrt{2}}[S_{HH} + S_{VV}, S_{HH} - S_{VV}, 2S_{HV}] \tag{6-89}$$

因此,相干矩阵分解定义为 $\boldsymbol{T} = \langle \boldsymbol{k} \cdot \boldsymbol{k}^{H} \rangle$,式中 $(\cdot)^{H}$ 表示共轭转置。根据 $\boldsymbol{T} = \boldsymbol{U}^{-1}\boldsymbol{\Lambda}\boldsymbol{U}$,可以对相干矩阵进行特征值分解,将接收信号在统计意义上分解成三个不相关的平均散射机制。其中:

$$\begin{cases} \boldsymbol{\Lambda} = \begin{bmatrix} \lambda_1 & 0 & 0 \\ 0 & \lambda_2 & 0 \\ 0 & 0 & \lambda_3 \end{bmatrix} \quad (\lambda_1 \geqslant \lambda_2 \geqslant \lambda_3 \in \Re^{+}) \\ \boldsymbol{U} = [\boldsymbol{u}_1 \quad \boldsymbol{u}_2 \quad \boldsymbol{u}_3] \in C \end{cases} \tag{6-90}$$

因此,相干矩阵可以表示为

$$\boldsymbol{T} = \lambda_1 \cdot \boldsymbol{u}_1 \cdot \boldsymbol{u}_1^{H} + \lambda_2 \cdot \boldsymbol{u}_2 \cdot \boldsymbol{u}_2^{H} + \lambda_3 \cdot \boldsymbol{u}_3 \cdot \boldsymbol{u}_3^{H} \tag{6-91}$$

散射熵 H 定义为

$$H = -\sum_{i=1}^{3} p_i \log_n p_i \quad \left(p_i = \lambda_i / \sum_{j}^{3} \lambda_j\right) \tag{6-92}$$

H 表示散射媒质从各向同性散射到完全随机散射的随机性,其值界于[0,1]区间。当 $H=0$ 时, $\lambda_1,\lambda_2,\lambda_3$ 只有一个值不为0,此时目标只有一种主要的散射机理,目标处于完全极化状态;当 H 值较低时, $\lambda_1 \gg \lambda_2,\lambda_3$,目标接近完全极化状态;当 H 值较高时, $\lambda_1 \approx \lambda_2 \approx \lambda_3$,目标接近完全非极化状态,此时目标不再认为只存在一种占主要地位的散射机理;而当 $H = 1$ 时,目标的散射机理完全随机,表现出完全非极化状态。

反熵 A 定义为

$$A = \frac{\lambda_2 - \lambda_3}{\lambda_2 + \lambda_3} = \frac{p_2 - p_3}{p_2 + p_3} \tag{6-93}$$

反熵值的大小反映了 Clodue 分解中两个相对较弱的散射分量之间的大小关系。

因此,特征向量 $\boldsymbol{u}_i (i = 1,2,3)$ 表示为

$$\boldsymbol{u}_i = [\cos(\alpha_i)\mathrm{e}^{\mathrm{j}\phi_i} \quad \sin(\alpha_i)\cos(\beta_i)\mathrm{e}^{\mathrm{j}\delta_i} \quad \sin(\alpha_i)\sin(\beta_i)\mathrm{e}^{\mathrm{j}\gamma_i}] \tag{6-94}$$

式中: α_i 反映了目标的散射机理(图 6-44); β_i 为目标定向角; ϕ_i,δ_i 和 γ_i 分别为对应散射分量的相位。其中: ϕ_i 为 $S_{HH} + S_{VV}$ 的相位, δ_i 为 $S_{HH} + S_{VV}$ 与 $S_{HH} - S_{VV}$ 的相位差, γ_i 为 $S_{HH} + S_{VV}$ 与 S_{HV} 的相位差。

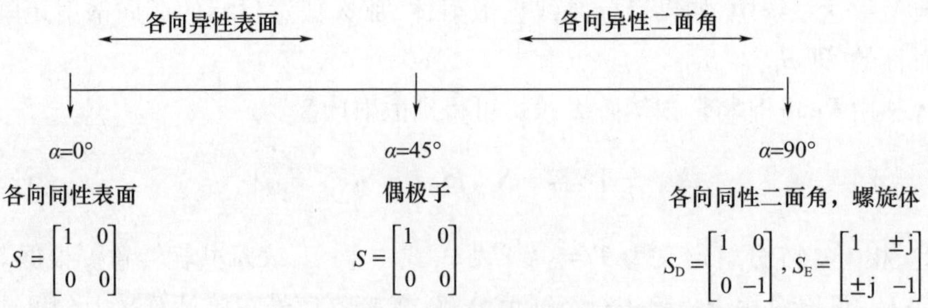

图 6-44　α 的物理意义

在非相干散射情况下，α_i 值各不相同，平均散射角 α 定义为加权和

$$\alpha = p_1\alpha_1 + p_2\alpha_2 + p_3\alpha_3 \tag{6-95}$$

α 的物理意义图 6-44。

另外，还可定义反映主散射分量与次散射分量比值的参数 P 为

$$P = \frac{\lambda_1 - \lambda_2}{\lambda_1 + \lambda_2} = \frac{p_1 - p_2}{p_1 + p_2} \tag{6-96}$$

对于步进频率全极化雷达体制，目标的散射矩阵可表示为

$$\boldsymbol{S}(f_n) = \begin{bmatrix} S_{\mathrm{HH}}(f_n) & S_{\mathrm{HV}}(f_n) \\ S_{\mathrm{VH}}(f_n) & S_{\mathrm{VV}}(f_n) \end{bmatrix} \quad (f_n = f_0 + n\Delta f, n = 0,1,\cdots,N-1) \tag{6-97}$$

式中：f_0 为最小发射频率；Δf 为步进频率间隔；N 为发射频率的总数。通过逆傅里叶变换可得到时域中各个极化通道的 HRRP 为

$$\begin{cases} s_{\mathrm{HH}}(n) = s_{\mathrm{HH}}(r_n) = \mathrm{IFFT}(s_{\mathrm{HH}}(f_n)) \\ s_{\mathrm{HV}}(n) = s_{\mathrm{HV}}(r_n) = \mathrm{IFFT}(s_{\mathrm{HV}}(f_n)) \\ s_{\mathrm{VH}}(n) = s_{\mathrm{VH}}(r_n) = \mathrm{IFFT}(s_{\mathrm{VH}}(f_n)) \\ s_{\mathrm{VV}}(n) = s_{\mathrm{VV}}(r_n) = \mathrm{IFFT}(s_{\mathrm{VV}}(f_n)) \end{cases} \tag{6-98}$$

式中：$r = n\Delta r(n = 0,1,2,\cdots,N-1)$；$\Delta r = c/[2(N-1)\Delta F]$ 为距离分辨率。

CTD 理论提取 $H/\alpha/A/P$ 特征的主要步骤如下：

步骤 1：计算 Pauli 变换

$$\boldsymbol{k}(n) = \frac{1}{\sqrt{2}}[S_{\mathrm{HH}}(n) + S_{\mathrm{VV}}(n) \quad S_{\mathrm{HH}}(n) - S_{\mathrm{VV}}(n) \quad 2S_{\mathrm{HV}}(n)] \tag{6-99}$$

步骤 2：计算各个距离单元的相干矩阵

$$\boldsymbol{T}(n) = \boldsymbol{k}(n) \cdot \boldsymbol{k}^{\mathrm{H}}(n) \tag{6-100}$$

步骤3:估计相干矩阵

$$\boldsymbol{T} = \langle \boldsymbol{T}(n) \rangle = \frac{1}{N}\sum_{d=0}^{N-1} \boldsymbol{T}(n) \tag{6-101}$$

步骤4:特征值分解

$$\boldsymbol{T} = \boldsymbol{U}^{-1}\boldsymbol{\Lambda}\boldsymbol{U} \tag{6-102}$$

步骤5:极化特征向量提取

$$\gamma = \begin{cases} H = \sum\limits_{i=1}^{3} - p_i \log_n p_i \\ A = \dfrac{\lambda_2 - \lambda_3}{\lambda_2 + \lambda_3} = \dfrac{p_2 - p_3}{p_2 + p_3} \quad \left(p_i = \lambda_i / \sum\limits_{j=1}^{3} \lambda_j\right) \\ \alpha = p_1\alpha_1 + p_2\alpha_2 + p_3\alpha_3 \\ P = \dfrac{\lambda_1 - \lambda_2}{\lambda_1 + \lambda_2} = \dfrac{p_1 - p_2}{p_1 + p_2} \end{cases} \tag{6-103}$$

2. Cameron 分解及特征提取

Cameron 分解理论将散射矩阵 $\boldsymbol{S}$ 分解成对应于非互易、不对称及对称散射体的部分,是一种基于极化散射矩阵 $\boldsymbol{S}$ 的相干分解理论[21]。

由 Pauli 分解理论可知,散射矩阵可表示为

$$[\boldsymbol{S}] = \alpha[\boldsymbol{S}_a] + \beta[\boldsymbol{S}_b] + \gamma[\boldsymbol{S}_c] + \delta[\boldsymbol{S}_d] \tag{6-104}$$

式中:

$$[\boldsymbol{S}_a] = \frac{1}{\sqrt{2}}\begin{bmatrix} 1 & 0 \\ 0 & 1 \end{bmatrix} \tag{6-105}$$

$$[\boldsymbol{S}_b] = \frac{1}{\sqrt{2}}\begin{bmatrix} 1 & 0 \\ 0 & -1 \end{bmatrix} \tag{6-106}$$

$$[\boldsymbol{S}_c] = \frac{1}{\sqrt{2}}\begin{bmatrix} 0 & 1 \\ 1 & 0 \end{bmatrix} \tag{6-107}$$

$$[\boldsymbol{S}_d] = \frac{1}{\sqrt{2}}\begin{bmatrix} 0 & -1 \\ 1 & 0 \end{bmatrix} \tag{6-108}$$

且 $\alpha,\beta,\gamma,\delta \in C$。

定义互易目标的散射矩阵在子空间 $\boldsymbol{W}_{\text{rec}}$ 的投影算子 $\boldsymbol{P}_{\text{rec}}$ 为

$$\boldsymbol{P}_{\text{rec}}=\frac{1}{2}\begin{bmatrix}2&0&0&0\\0&1&1&0\\0&1&1&0\\0&0&0&2\end{bmatrix}\tag{6-109}$$

任意散射矩阵可用在复数域内两个正交的部分表示：$\boldsymbol{S}_{\text{rec}}$ 和 $\boldsymbol{S}_{\perp}$。其中，$\boldsymbol{S}_{\text{rec}}\in\boldsymbol{W}_{\text{rec}}$，$\boldsymbol{S}_{\perp}\in\boldsymbol{W}_{\text{rec}}^{\perp}$（$\boldsymbol{W}_{\text{rec}}^{\perp}$ 为四维复数空间且与 $\boldsymbol{W}_{\text{rec}}$ 相互正交）。因此，散射矩阵分解表示为

$$\begin{cases}\boldsymbol{S}=\boldsymbol{S}_{\text{rec}}+\boldsymbol{S}_{\perp}\\\boldsymbol{S}_{\text{rec}}=\boldsymbol{P}_{\text{rec}}\boldsymbol{S}\\\boldsymbol{S}_{\perp}=(\boldsymbol{I}-\boldsymbol{P}_{\text{rec}})\boldsymbol{S}\end{cases}\tag{6-110}$$

式中：$\boldsymbol{I}$ 是四维复数空间上的单位矩阵。散射矩阵服从互易性原理的程度可表示为

$$\theta_{\text{rec}}=\arccos\|\boldsymbol{P}_{\text{rec}}\boldsymbol{S}\|\quad(0\leqslant\theta_{\text{rec}}\leqslant\pi/2)\tag{6-111}$$

当 $\theta_{\text{rec}}=0$，散射矩阵对应于严格遵守互易原理的散射体；而当 $\theta_{\text{rec}}=\pi/2$ 时，$\boldsymbol{S}\in\boldsymbol{W}_{\text{rec}}^{\perp}$，因此散射矩阵不符合互易原理。

在目标和雷达系统满足互易性的假设条件下，如果 $\boldsymbol{S}\in\boldsymbol{W}_{\text{rec}}$，$\delta=0$，则式(6-104)重新写为

$$[\boldsymbol{S}]=\alpha[\boldsymbol{S}_a]+\beta[\boldsymbol{S}_b]+\gamma[\boldsymbol{S}_c]\tag{6-112}$$

如果存在一个旋转角 ψ，能使式(6-88)表达的散射矩阵 $\boldsymbol{S}$ 在非对称 Pauli 方向 $\boldsymbol{S}_c$ 上的投影为零，则认为散射矩阵 $\boldsymbol{S}$ 是对称的。对称散射部分 $\boldsymbol{S}_{\text{sym}}$ 作为角度 $\theta=-2\psi$ 的函数表达式为

$$\boldsymbol{S}_{\text{sym}}=\alpha\boldsymbol{S}_a+\varepsilon\cdot[\cos\theta\cdot\boldsymbol{S}_b+\sin\theta\cdot\boldsymbol{S}_c]\tag{6-113}$$

当满足 $\beta\neq\gamma$，且 θ 满足下面关系式时，可从散射矩阵 $\boldsymbol{S}$ 中提取最大对称部分 $\boldsymbol{S}_{\text{sym}}$。

$$\tan(2\theta)=\frac{\beta\gamma^{*}+\beta^{*}\gamma}{|\beta|^{2}-|\gamma|^{2}}\tag{6-114}$$

对角化后，最大对称部分 $\boldsymbol{S}_{\text{sym}}^{\max}$ 在基 $(\boldsymbol{S}_a,\boldsymbol{S}_b)$ 下表示为

$$\boldsymbol{S}_{\text{sym}}^{\max}=\alpha\boldsymbol{S}_a+\varepsilon\boldsymbol{S}_b\tag{6-115}$$

式中：

$$\varepsilon=\beta\cos\theta+\gamma\sin\theta\tag{6-116}$$

整体散射向量 $\boldsymbol{S}$ 在两部分元素的组成下可表示为

$$\boldsymbol{S}=A\cdot[\cos\tau\cdot\boldsymbol{S}_{\text{sym}}^{\max}+\sin\tau\cdot\boldsymbol{S}_{\text{sym}}^{\max c}]\tag{6-117}$$

式中：S_{sym}^{max} 为最大对称部分；S_{sym}^{maxc} 为剩余部分。S_{rec} 偏离 S_{sym}^{max} 的部分可表示为

$$\tau = \arccos \frac{\| (S_{rec}, S_{sym}^{max}) \|}{\| S_{rec} \| \, \| S_{sym}^{max} \|} \quad (0 \leqslant \tau \leqslant \pi/4) \tag{6-118}$$

当 $\tau = 0$ 时，S_{rec} 是对称散射体的散射矩阵；当 τ 逐渐增大时，S_{rec} 的散射特性越来越不对称；当 $\tau = \pi/4$ 时，S_{rec} 表示的散射体对应为左螺旋体或右螺旋体。

在正交线性基下，Cameron 用归一化向量 $\hat{\boldsymbol{\Lambda}}(z)$ 表示式(6-118)说明的任意对称散射矩阵 S_{sym}^{max}：

$$\hat{\boldsymbol{\Lambda}}(z) = \frac{1}{\sqrt{1 + |z|^2}} (1 \quad 0 \quad 0 \quad z) \quad (z \in C, |z| \leqslant 1) \tag{6-119}$$

因此，所研究的对称散射体可以用式(6-119)的复参量 z 表示。

$\hat{\boldsymbol{\Lambda}}(z)$ 表示的基本参考散射体如下：

三面角(Trihedral，TR)：$\hat{S}_a = \hat{\boldsymbol{\Lambda}}(1) = \frac{1}{\sqrt{2}} \begin{pmatrix} 1 & 0 \\ 0 & 1 \end{pmatrix}$；

二面角(Dihedral，DH)：$\hat{S}_b = \hat{\boldsymbol{\Lambda}}(-1) = \frac{1}{\sqrt{2}} \begin{pmatrix} 1 & 0 \\ 0 & -1 \end{pmatrix}$；

1/4 波(Quater Wave，QW)：$\hat{S}_{1/4} = \hat{\boldsymbol{\Lambda}}(i) = \frac{1}{\sqrt{2}} \begin{pmatrix} 1 & 0 \\ 0 & i \end{pmatrix}$；

圆柱体(Cylinder，CY)：$\hat{S}_{cy} = \hat{\boldsymbol{\Lambda}}\left(\frac{1}{2}\right) = \frac{1}{\sqrt{5}} \begin{pmatrix} 2 & 0 \\ 0 & 1 \end{pmatrix}$；

窄二面角(Narrow Dihedral，ND)：$\hat{S}_{nd} = \hat{\boldsymbol{\Lambda}}\left(-\frac{1}{2}\right) = \frac{1}{\sqrt{5}} \begin{pmatrix} 2 & 0 \\ 0 & -1 \end{pmatrix}$；

偶极子(Dipole，DP)：$\hat{S}_l = \hat{\boldsymbol{\Lambda}}(0) = \begin{pmatrix} 1 & 0 \\ 0 & 0 \end{pmatrix}$。

将任意对称散射矩阵 $\hat{\boldsymbol{\Lambda}}(z)$ 与一个参考散射矩阵 $\hat{\boldsymbol{\Lambda}}_{ref}(z)$ 相比较，通过其夹角 θ_t 大小判断它们的相似程度：

$$\theta_t = \arccos \left| \frac{(\hat{\boldsymbol{\Lambda}}(z), \hat{\boldsymbol{\Lambda}}_{ref}(z))}{\| \hat{\boldsymbol{\Lambda}}(z) \|} \right| \quad (0 \leqslant \theta_t \leqslant \pi/2) \tag{6-120}$$

可按如下步骤判断散射矩阵对应于散射体的类型。

步骤 1：通过式(6-111)计算 θ_{rec}，若 $\theta_{rec} > \pi/4$，则认为极化散射矩阵中非互易散射分量占优，判断为非互易散射体(Non-Reciprocal Component，NRC)；否则判断为互易散射体，转入步骤 2。

步骤 2:按照式(6-118)计算 τ,如果 $\tau \leqslant \pi/8$,则认为它是对称散射体,转入步骤 3。否则,进一步判断其是左螺旋散射体(Left Helix Component,LHC)和右螺旋散射体(Right Helix Component,RHC)或者是一般的非对称散射体(General Asymmetric Component,GAC)。

步骤 3:计算散射体的旋转角度并将矩阵对角化。

步骤 4:通过式(6-120)计算矩阵的互易部分与六类典型散射体(TR,DH,QW,CY,ND,DP)的匹配角度,取最小角度,若此角度小于阈值 T,则认为是该最小夹角对应的散射体;否则,判断其为一般的对称散射体(General Symmetric Component,GSC)。

Cameron 识别方法流程如图 6-45 所示。

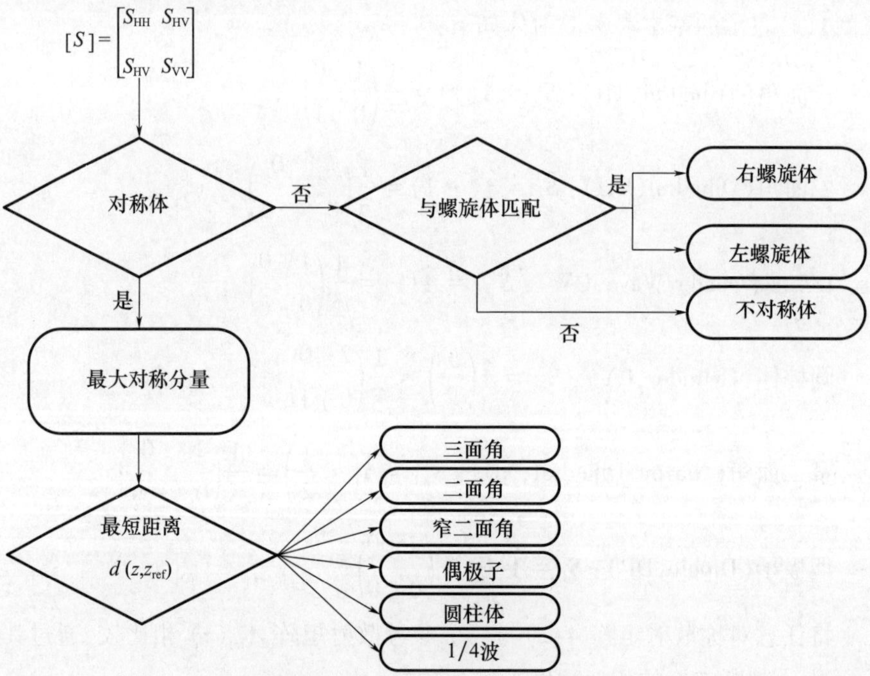

图 6-45　Cameron 识别方法流程

通过逆傅里叶变换得到时域中各个极化通道的 HRRP 重写为

$$\begin{cases} s_{\mathrm{HH}}(n) = s_{\mathrm{HH}}(r_n) = \mathrm{IFFT}(s_{\mathrm{HH}}(f_n)) \\ s_{\mathrm{HV}}(n) = s_{\mathrm{HV}}(r_n) = \mathrm{IFFT}(s_{\mathrm{HV}}(f_n)) \\ s_{\mathrm{VH}}(n) = s_{\mathrm{VH}}(r_n) = \mathrm{IFFT}(s_{\mathrm{VH}}(f_n)) \\ s_{\mathrm{VV}}(n) = s_{\mathrm{VV}}(r_n) = \mathrm{IFFT}(s_{\mathrm{VV}}(f_n)) \end{cases} \tag{6-121}$$

式中：$r = n\Delta r(n = 0,1,2,\cdots,N-1)$ 。经过预处理后，目标所占的距离单元区域为 $[n_1,n_2]$ ，将 Cameron 分解方法应用于全极化 HRRP 分解中，定义目标属于 NRC 的概率参数形式为

$$p_{\mathrm{NRC}} = \frac{\mathrm{NRC}}{|n_2 - n_1|} \tag{6-122}$$

其中，NRC 为属于 NRC 散射体的距离单元数。目标属于其他基本体的概率形式 $p_{\mathrm{LHC}}, p_{\mathrm{RHC}}, p_{\mathrm{GAC}}, p_{\mathrm{TR}}, p_{\mathrm{DH}}, p_{\mathrm{ND}}, p_{\mathrm{DP}}, p_{\mathrm{CY}}, p_{\mathrm{QW}}, p_{\mathrm{GSC}}$，可以进行类似的定义。

3. 基于极化特征的编队舰船目标识别仿真

利用电磁仿真软件仿真计算某型濒海战斗舰（Littroal Combat Ship, LCS）、某型护卫舰 A（Frigate A）、某型护卫舰 B（Frigate B）、某型驱逐舰（Destroyer）和某型航空母舰（Aircraft Carrier）共五类舰船目标的转台数据，仿真舰船模型如图 6-46 所示。

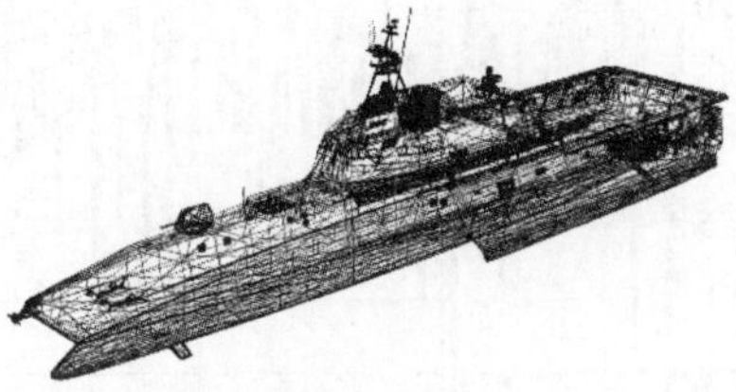

(a) LCS模型

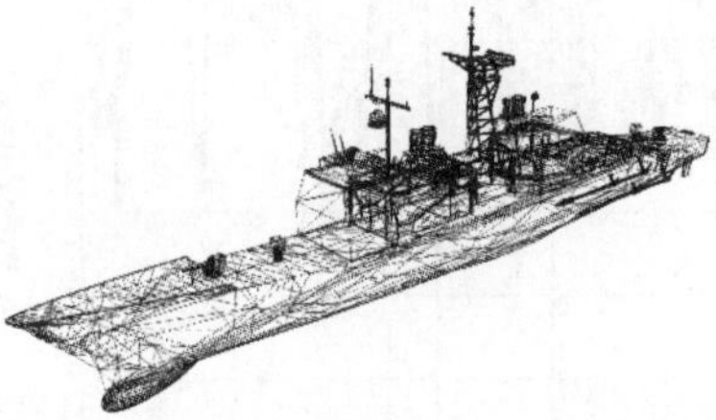

(b) Frigate A

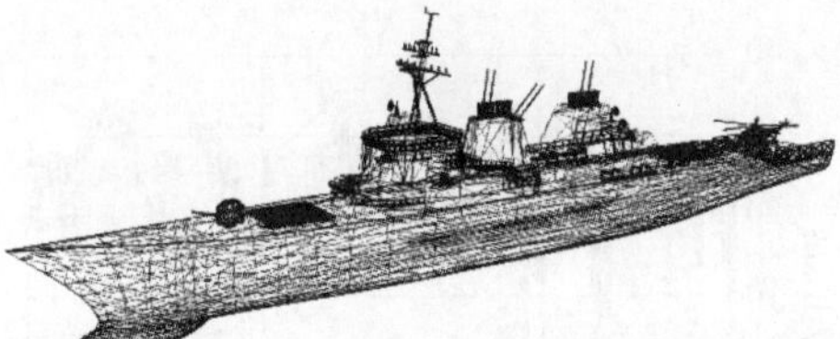

(c) Frigate B

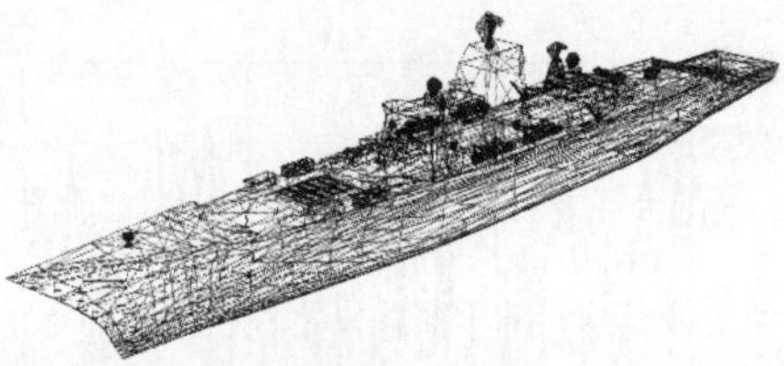

(d) Destroyer

(e) Aircraft Carrier

图 6-46　仿真舰船模型

由图 6-46 可知，五种类型舰船的结构差异较为明显，同时为了增加识别难度，Frigate B 的尺寸缩放为与 Frigate A 保持一致。其中：LCS 长 127.5m，宽 31.2m，高 32.5m；Frigate 长 98.8m，宽 9.8m，高 27.3m；Destroyer 长 135.8m，宽 14.6m，高 26.4m；Aircraft Carrier 长 253.9m，宽 49.7m，高 62.4m。雷达工作波段为 X 波段，信号带宽为 150MHz。

仿真采用的方位角为 0°～360°（0°为正对船头方向，顺时针方向为方位角增加方向），掠射角为 5°，单次样本按 0.1°等方位角间隔产生。利用电磁仿真软件计算得到 LCS 舰船掠射角为 5°、方位 0°的全极化 RCS 数据和全极化 HRRP 数据分别如图 6-47 和图 6-48 所示。

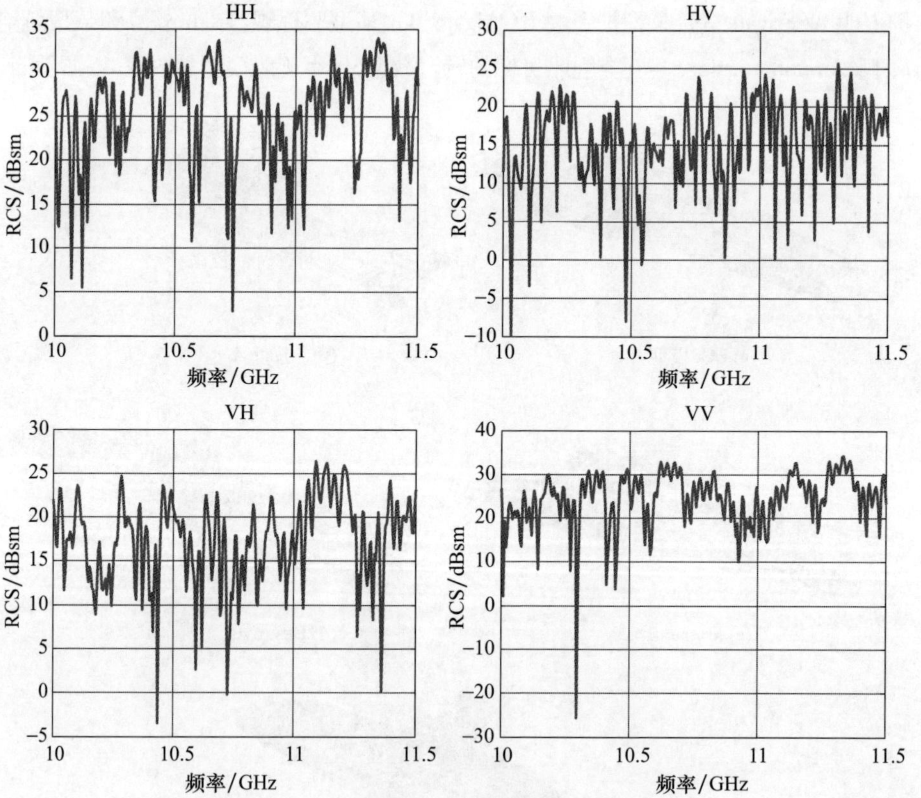

图 6-47　LCS 全极化 RCS（掠射角 5°，方位 0°）

由图 6-48 可知，不同极化状态下目标强散射点位置各不相同，散射强度也不一样，全极化数据完整地刻画了目标所包含的信息。

为分析全极化 $H/\alpha/A/P$ 特征的有效性，将不同舰船目标按照相干矩阵分解方法计算得到五类舰船目标俯仰角 5°、方位角 0°～90°，采样间隔 1°的

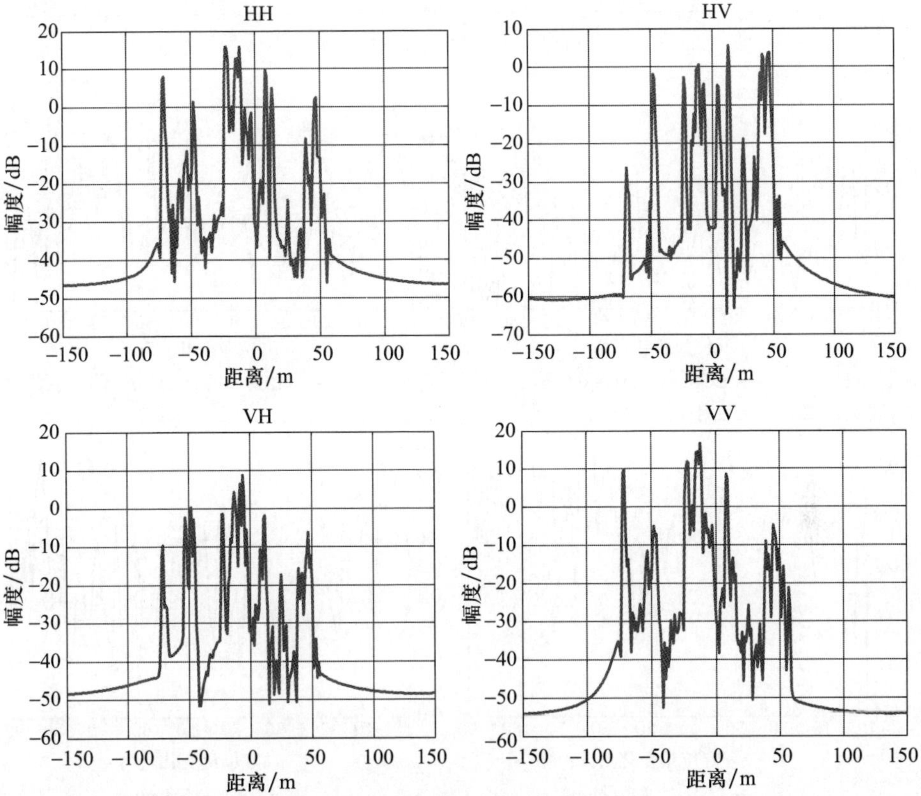

图 6-48　LCS 全极化 HRRP(掠射角 5°,方位 0°)

$H/\alpha/A/P$ 特征值。为了方便说明,以 LCS 和 Frigate A 为例进行 $H/\alpha/A/P$ 特征有效性分析,计算得到的 $H/\alpha/A/P$ 特征值变化趋势如图 6-49 所示。

由图 6-49 可知,LCS 和 Frigate A 的 $H/\alpha/A/P$ 特征值变化趋势有明显差别,各个特征值的差异反映了两类舰船目标在物理结构上的差异,可利用这些特征值的差异对目标进行分类识别。

为进一步判断全极化 $H/\alpha/A/P$ 特征的有效性,需要对一定方位角域下不同目标特征值的可分性进行对应分析。

选用常用的类内、类间离差矩阵作为可分性度量的准则。可分性判据值如下[26]:

$$J = \mathrm{tr}[\boldsymbol{S}_w^{-1}\boldsymbol{S}_B] \tag{6-123}$$

式中:$\boldsymbol{S}_w$ 和 $\boldsymbol{S}_B$ 分别表示类内和类间离差矩阵,J 越大,说明选用的特征使得不同类别的可分性越好。

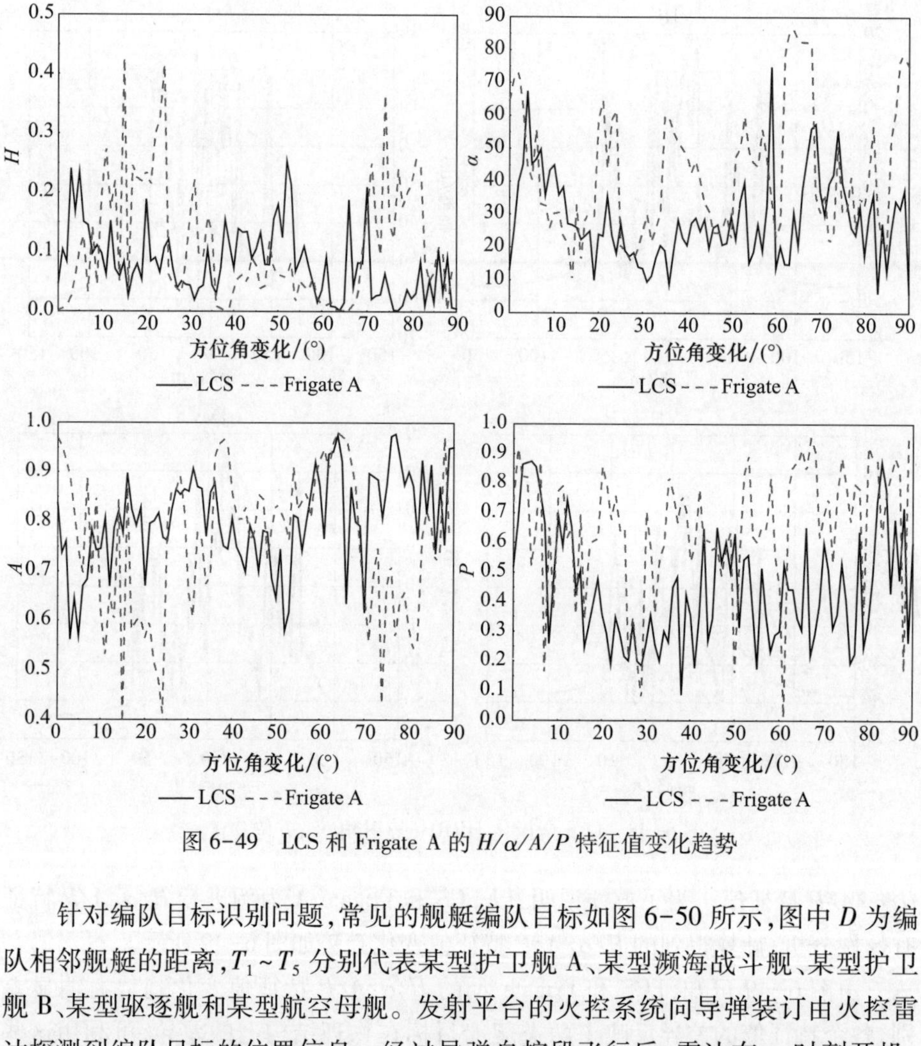

图 6-49　LCS 和 Frigate A 的 $H/\alpha/A/P$ 特征值变化趋势

针对编队目标识别问题，常见的舰艇编队目标如图 6-50 所示，图中 D 为编队相邻舰艇的距离，$T_1 \sim T_5$ 分别代表某型护卫舰 A、某型濒海战斗舰、某型护卫舰 B、某型驱逐舰和某型航空母舰。发射平台的火控系统向导弹装订由火控雷达探测到编队目标的位置信息。经过导弹自控段飞行后，雷达在 t_0 时刻开机，

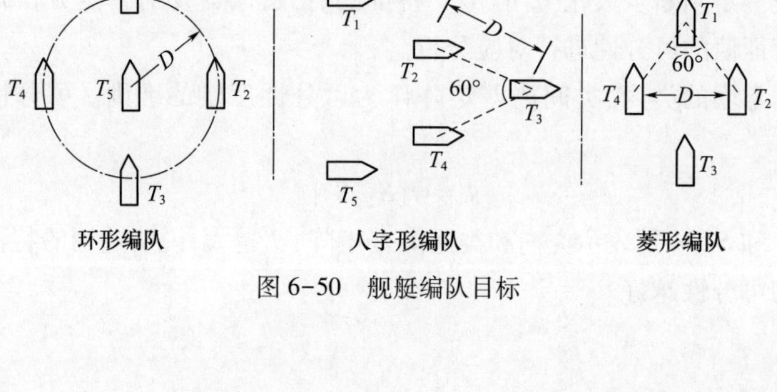

图 6-50　舰艇编队目标

在其最大搜索区域搜索一遍，录入所有探测到的目标信息。t' 时刻为末制导雷达搜索结束时刻，然后利用搜索阶段获取的目标信息进行目标识别。

仿真条件为：$\varepsilon = 0.5$、$\alpha = 5°$、$\beta = 45°$、$\zeta = 0° \sim 90°$，步进为 1°。以图 6-50 中的环形编队为例，计算得到环形舰艇编队各个目标相对方位角度 $\Delta\varphi$ 的变化如图 6-51 所示。

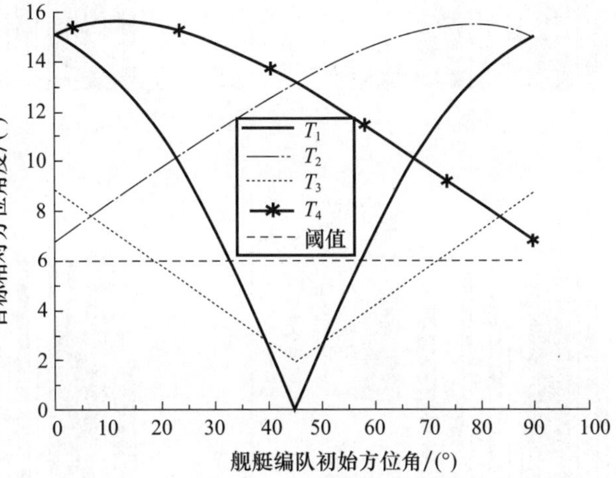

图 6-51　舰艇编队各个目标相对方位角度变化

其中，T_1 舰船的相对方位角变化 $\Delta\varphi$ 在 ζ 位于 0° ~32° 及 58° ~90° 时大于阈值（阈值经过多次仿真分析选定）；T_2 与 T_4 舰船的相对方位角变化 $\Delta\varphi$ 在 ζ 的整个变化范围内均大于阈值；T_3 舰船的相对方位角变化 $\Delta\varphi$ 在 ζ 位于 0° ~18° 及 72° ~90° 时大于阈值；而位于编队散布圆圆心的 T_5 目标的 $\Delta\varphi$ 恒等于 0。

因此，为了比较方位角对特征可分性的影响，仿真计算了 0° ~ 6°、25° ~31°、50° ~56° 和 75° ~81° 下特征的可分性值大小，如图 6-52 所示。

其中，L、FA、FB、D 和 A 分别代表 LCS、Frigate A、Frigate B、Destroyer 和 Aircraft Carrier。由图 6-52 可知，在不同方位角区间，特征值 H 的值要远小于其他三个特征值；特征值 α 和特征值 A 则比较接近且值均较大；P 的可分性值则相对较小。因此，特征值 α 和 A 属于稳健的特征，可用于目标识别时选用的特征。

按照 Cameron 分解方法，俯仰角 5°、方位角 0° ~90° 条件下 LCS 舰船与基本体概率参数形式特征值如图 6-53 所示。

由于 p_{LHC}、p_{RHC}、p_{GAC} 和 p_{GSC} 这四个概率参数特征值全部为 0，故只记录了 p_{TR}、p_{DH}、p_{ND}、p_{DP}、p_{CY}、p_{QW} 概率参数特征值随方位角变化的情况。由图 6-53 可知 LCS 和 Frigate A 的六个概率参数特征值变化趋势各不相同，为进一步验证概

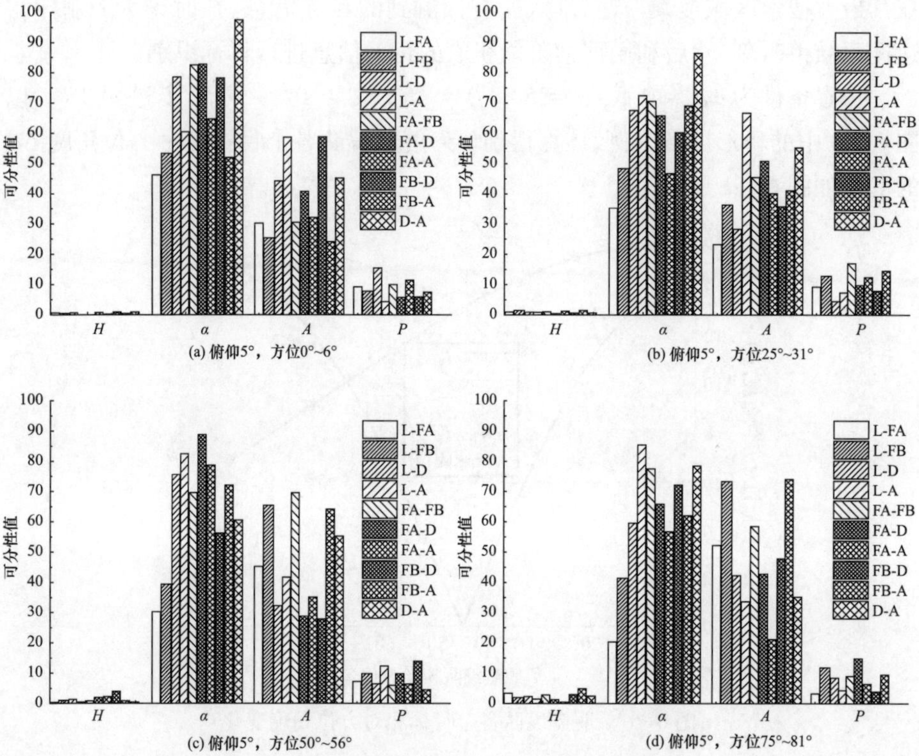

图 6-52　舰船全极化 $H/\alpha/A/P$ 特征的可分性值

率参数特征值的有效性,需要研究在一定方位角域下上述概率参数特征值的可分性。

按照式(6-123)仿真计算了 0° ~ 6°、25° ~31°、50° ~56° 和 75° ~81° 下五种舰船目标与基本体概率参数特征的可分性值大小,如图 6-54 所示。

由图 6-54 可知,相比于其他概率参数的可分性值, p_{DP} 的可分性值相对较小, p_{ND} 、p_{TR} 和 p_{DH} 的可分性值相对较大。总的来说,这六个值与基本体概率参数特征随方位角变化不大,属于稳健的特征,均可以作为识别实验时选用的特征。

综合上述分析结果,对三类编队目标进行识别实验时选取以下两类共八个特征组成目标特征向量:

(1) 平均散射角 α 和反映主散射分量的反熵 A。

(2) 六类典型散射体的概率参数特征 $p_{\mathrm{TR}}, p_{\mathrm{DH}}, p_{\mathrm{ND}}, p_{\mathrm{DP}}, p_{\mathrm{CY}}, p_{\mathrm{QW}}$。

选用 SVM 作为分类器,仿真条件设置为 $\varepsilon = 0.5$、俯仰角 $\alpha = 5°$ 、$\beta = 45°$ 、$\zeta = 0° \sim 90°$,步进为 1° 。下面分析三种舰艇编队各个目标相对方位角度 $\Delta\varphi$

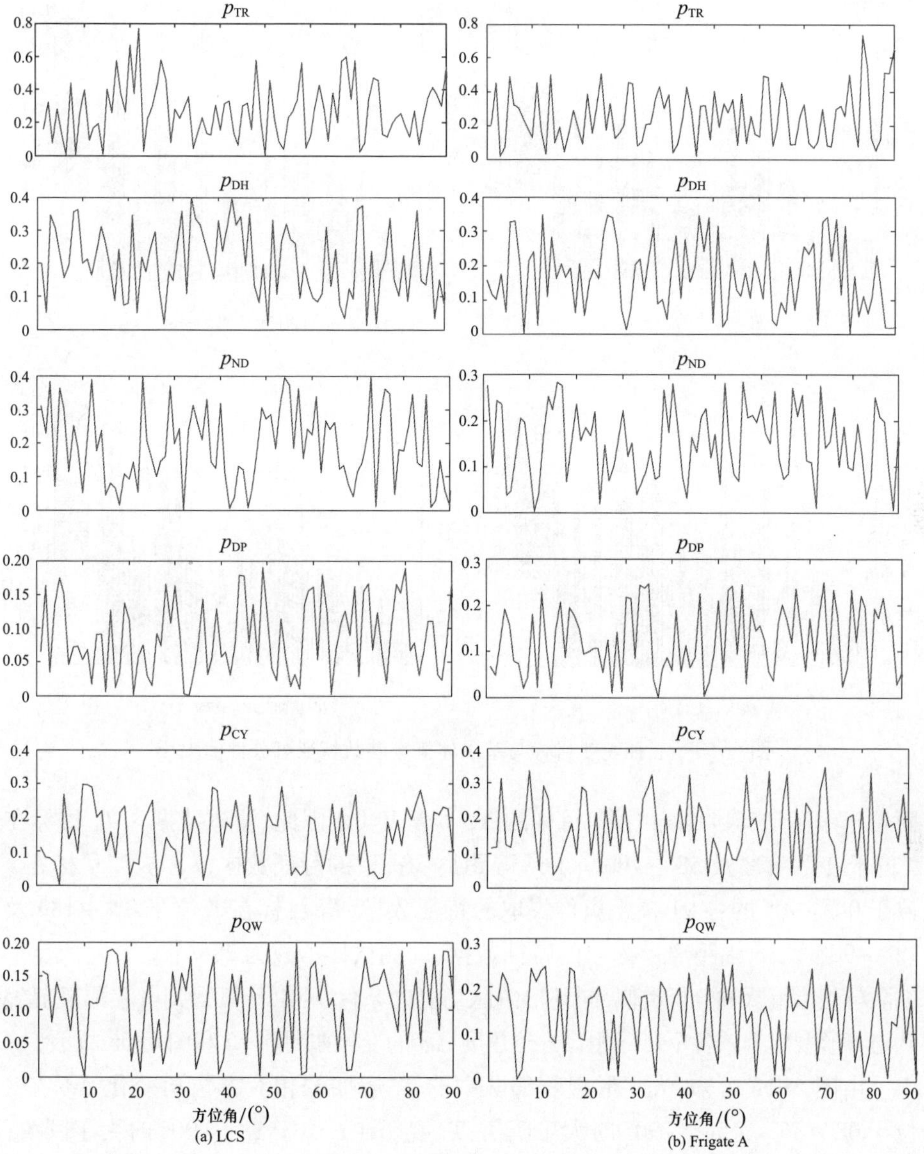

图 6-53　LCS 和 Frigate A 随方位角度变化与基本体概率参数形式特征值

的变化。

环形编队：T_1 舰船的相对方位角变化 $\Delta\varphi$ 在 ζ 位于 0° ~32° 及 58° ~90° 时大于阈值；T_2 与 T_4 舰船的相对方位角变化 $\Delta\varphi$ 在 ζ 的整个变化范围内均大于阈值；T_3 舰船的相对方位角变化 $\Delta\varphi$ 在 ζ 位于 0° ~18° 及 72° ~90° 时大于阈值；

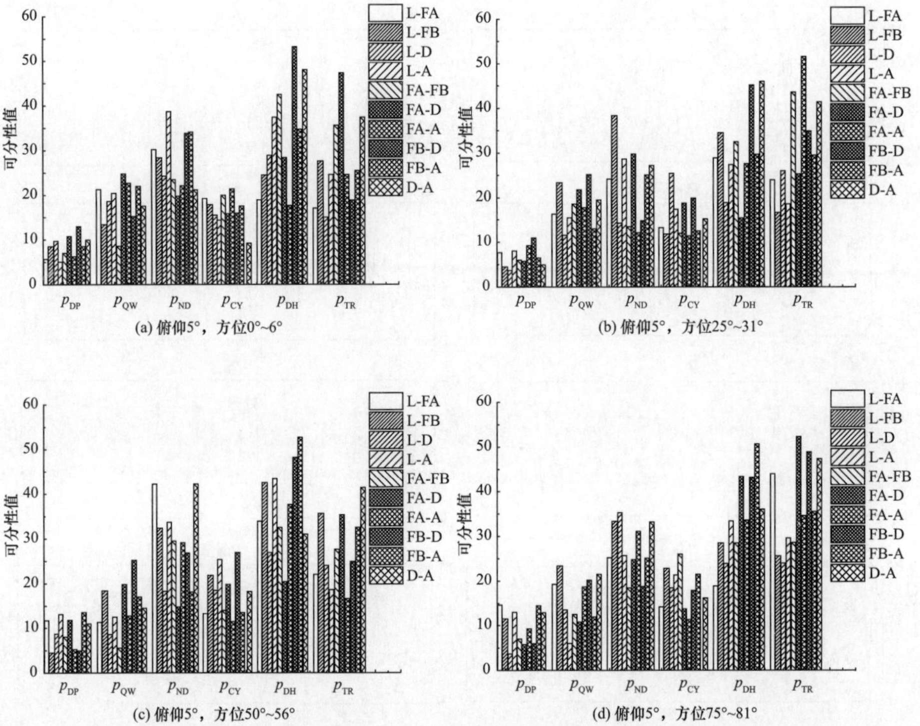

图 6-54　五种舰船目标与基本体概率参数特征可分性值大小

而位于编队散布圆圆心的 T_5 目标的 $\Delta\varphi$ 恒等于 0。因此，测试数据为 T_1 目标在 ζ 位于 0° ~32° 及 58° ~90° 的 66 幅距离像提取的特征数据，T_2 与 T_4 目标在 ζ 位于 0° ~90° 的各 91 幅距离像提取的特征数据，T_3 目标在 ζ 位于 0° ~18° 及 72° ~90° 的 38 幅距离像提取的特征数据，即测试样本数为 285 个。针对人字形编队与菱形编队的分析类似，同环形编队仿真时条件一致，计算得到人字形舰艇编队与菱形舰艇编队各个目标相对方位角度 $\Delta\phi$ 的变化如图 6-55 和图 6-56 所示。

由图 6-55 可知，人字形舰艇编队中的 T_1 舰船的相对方位角变化 $\Delta\phi$ 在 ζ 位于 0° ~36° 及 54° ~90° 时大于阈值；T_2 舰船在 ζ 位于 18° ~90° 时大于阈值；T_3 舰船在 ζ 位于 0° ~68° 时大于阈值；T_4 舰船在 ζ 位于 0° ~72° 时大于阈值；T_5 舰船在 ζ 位于 22° ~90° 时大于阈值。因此，测试数据选择为 T_1 ~ T_5 舰船大于阈的共 358 幅距离像提取的特征数据，即选择的测试样本数为 358 个。

由图 6-56 可知，菱形舰艇编队中的 T_1 舰船的相对方位角变化 $\Delta\phi$ 在 ζ 位于 0° ~29° 时大于阈值；T_2 舰船在 ζ 位于 25° ~90° 时大于阈值；T_3 舰船在 ζ 位于 0° ~16° 及 74° ~90° 时大于阈值；T_4 舰船在 ζ 位于 0° ~65° 时大于阈值。因

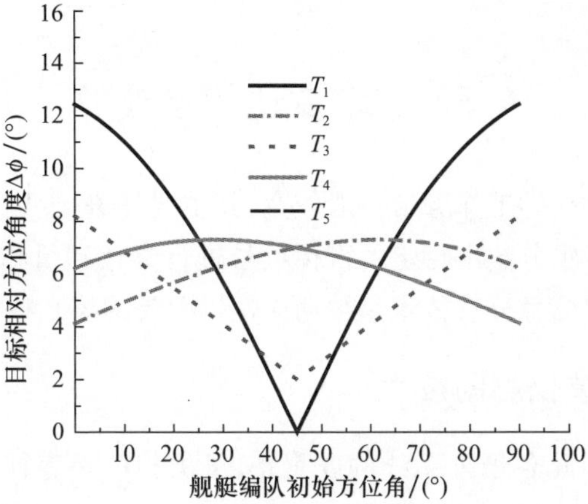

图 6-55　人字形舰艇编队

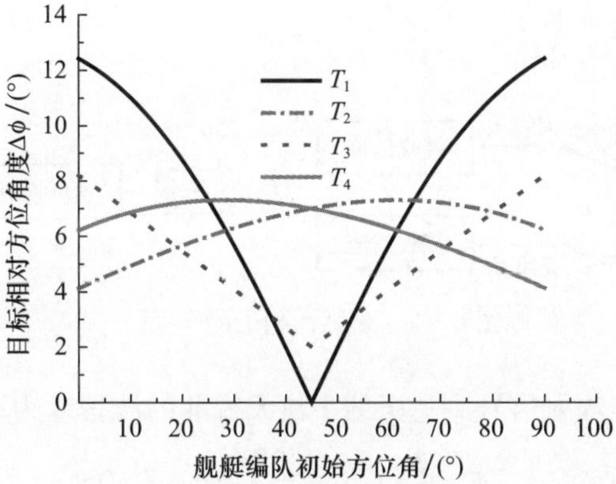

图 6-56　菱形舰艇编队

此，测试数据选择为 $T_1 \sim T_4$ 舰船大于阈的共 236 幅距离像提取的特征数据，即测试样本数为 236 个。三种编队总的测试样本数为 879 个，在不同信噪比条件下识别实验的平均结果如表 6-1 所示。

表 6-1　舰船编队平均识别结果

SNR	环形编队	人字形编队	菱形编队	平均识别率
∞	91.23%	89.38%	92.37%	90.99%
20dB	85.96%	83.79%	82.20%	83.98%
15dB	81.05%	78.21%	74.58%	77.95%
10dB	72.98%	69.83%	69.49%	70.77%
5dB	64.91%	60.05%	63.56%	62.84%

6.5 被动雷达信息处理

被动雷达导引头的工作频带一般较宽，其主要任务是从宽带接收机接收到的众多辐射源信号中分选出特定的目标信号进行参数测量和角度跟踪。因此，辐射源测向技术和信号分选技术是被动雷达导引头的核心技术。

6.5.1 相位干涉仪测向技术

辐射源到天线阵各子阵天线的波程差，可由相位差表征，它与目标的角位置有关。天线阵相干测向系统可以从对应于波程差的相位差中提取目标的角信息。天线阵相干测向系统可实现单脉冲测向，故又称相位单脉冲测向系统。单脉冲相干测向系统如图 6-57 所示。

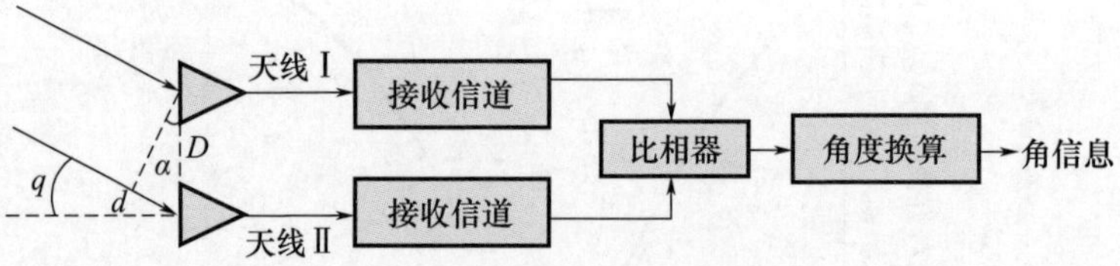

图 6-57 单脉冲相干测向系统

远场辐射源的辐射信号到达天线Ⅰ与天线Ⅱ的波程差为

$$\phi = \frac{2\pi}{\lambda} D\sin q = \frac{2\pi}{\lambda} D\cos\alpha \tag{6-124}$$

式中：D 为天线Ⅰ和天线Ⅱ的间距；α 为电波到达角，即视线（导弹与目标连线）与天线基线的夹角；q 为天线的视角，即视线与天线法线的夹角。α 与 q 互为余角。

波程差对应的相位差为

$$\phi = \omega\left(\frac{d}{c}\right) = \frac{2\pi}{\lambda} D\sin q \tag{6-125}$$

式中：ω 与 λ 为辐射信号的角频率和波长；c 为光速。

只要两个接收通道的幅相特性具有良好的一致性，比相器就可提取两路信号的相位差 ϕ，经过换算，可得 q 值。导弹测向系统应具有高精度测角能力，相干测向系统的测角精度全微分表达式为

$$\mathrm{d}\phi = \frac{\mathrm{d}\phi}{\mathrm{d}q}\mathrm{d}q + \frac{\mathrm{d}\phi}{\mathrm{d}\lambda}\mathrm{d}\lambda + \frac{\mathrm{d}\phi}{\mathrm{d}D}\mathrm{d}D \tag{6-126}$$

对固定安装的两个天线,可不计间距 D 的不稳定因素,忽略式(6-126)中的第三项,则有

$$d\phi = \frac{2\pi D\cos q}{\lambda}dq - \frac{2\pi D\sin q}{\lambda^2}d\lambda \tag{6-127}$$

整理式(6-127),并用增量表示,可得

$$\Delta q = \frac{\Delta\phi}{2\pi D\cos q}\lambda + \frac{\Delta\lambda}{\lambda}\tan q \tag{6-128}$$

可见测向误差由多种因素决定:

(1) 测向误差与波长相对变化量($\Delta\lambda/\lambda$)有关,由辐射源和测向系统本振源的频率稳定度决定,当频率稳定度很高时,可忽略式(6-128)中的第二项。

(2) 测向误差与天线间距 D 有关,间距越大,测角精度越高。

(3) 测向误差与相位测量误差 $\Delta\phi$ 有关,由天线罩、天线、馈线、信道等相位平衡度决定。

(4) 测向误差与视线角 q 有关,当 q 趋向 0°时,测角误差最小,即有

$$q_{\mathrm{m}} = \pm \arcsin\left(\frac{\lambda}{2D}\right) \tag{6-129}$$

为了扩大不模糊视场角,必须采用小间距天线阵。对于图 6-58 所示的测向系统,在小视角方位内,式(6-125)可写成 $\phi \approx (2\pi D/\lambda)q$,可见 q 的无模糊区间为 $[-\lambda/(2D), +\lambda/(2D)]$ 。若将天线间距增大 4 倍,即达到 $4D$,则 q 的无模糊区间为 $[-\lambda/(8D), +\lambda/(8D)]$,不模糊区间缩小到 1/4。图 6-58 给出上述两种长短基线测向系统的 ϕ 曲线,实线是长度为 D 的短基线测向系统的 ϕ 曲线,虚线是长度为 $4D$ 的长基线测向系统的 ϕ 曲线。其中,ϕ 曲线的斜率与基线长度成正比,长基线测向系统有助于提高测角精度。

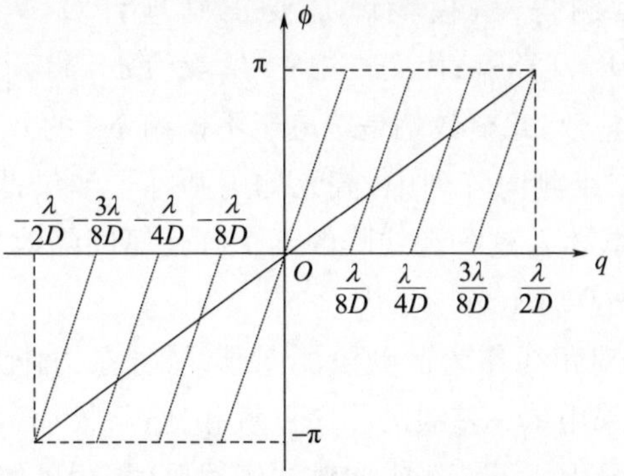

图 6-58　长短基线测向系统的 ϕ 曲线

为了解决测角模糊问题,往往需要更多天线组成复杂的天线阵。采用长短基线复合天线阵的相干测向系统可解决大视角与高精度的矛盾,短基线天线阵可获得足够大的不模糊视角,而长基线天线阵可获得足够高的测向精度。图6-59所示为单平面双基线天线阵相干测向系统示意图。由天线Ⅰ和天线Ⅱ组成短基线天线阵,为确保无模糊,最大视角的相位差不得超过 2π,短基线长度 D_s 应小于波长。由天线Ⅰ和天线Ⅲ组成长基线天线阵。为确保系统的测向精度,长基线的长度 D_L 应数倍于短基线的长度。

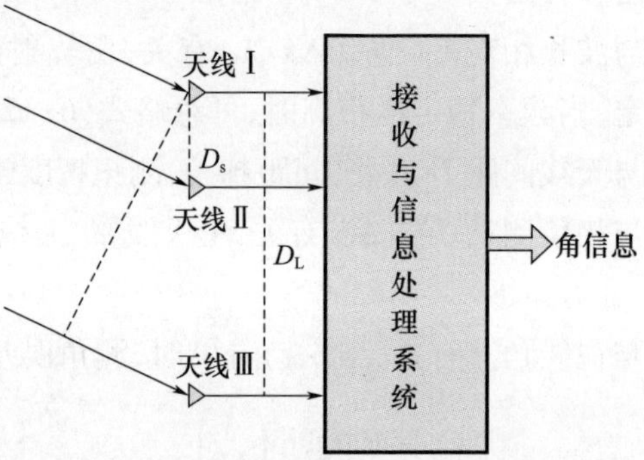

图6-59 单平面双基线天线阵相干测向系统

天线阵Ⅰ-Ⅱ、天线阵Ⅰ-Ⅲ接收的信号相位差分布为

$$\phi_{12} = \frac{2\pi}{\lambda} D_s \sin q \tag{6-130}$$

$$\phi_{13} = \frac{2\pi}{\lambda} D_L \sin q = N \cdot 2\pi + \psi \tag{6-131}$$

式中:N 为正整数;ψ 为小于 2π 的角度。

ψ 可由比相器测得,解模糊就是要正确地计算 N 值。可得 $D_L/D_s = \phi_{13}/\phi_{12}$,即 $\phi_{13} = (D_L/D_s)\phi_{12}$,用 2π 去除 $(D_L/D_s)\phi_{12}$ 得到最接近 $(D_L/D_s)\phi_{12}$ 而又小于它的那个整数,此整数就是对应于不模糊 ϕ_{13} 的 N 值。

应该指出,在二维测向阵列中,五元均匀圆阵干涉仪是均匀阵中阵元最少的一种无模糊测向技术。这种天线阵的五个阵元等间隔地分布在一个圆上,其天线阵布局如图6-60所示。

五元阵的五条对角线作为低频段测向基线,五条边作为高频段测向基线。这种方法与全频段采用单一基线的测向系统相比,解模糊运算量和测向精度比较均衡。当小口径导引头不能容纳多基线天线阵时,为了解决大视角与高精度的矛盾,往往采用比幅-比相测向系统。通过倾斜安装的天线,形成交叉波束,

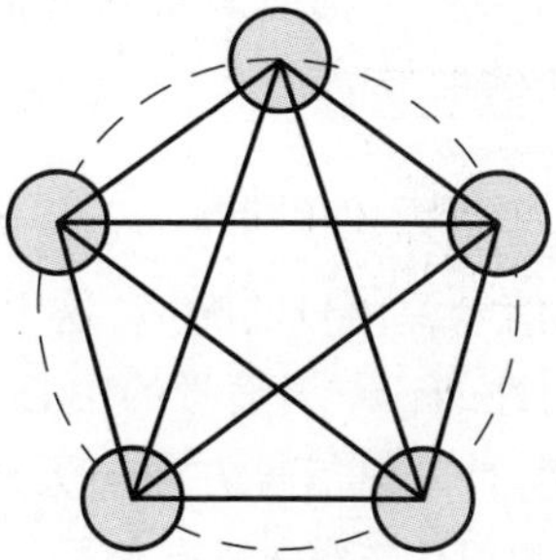

图 6-60　五元均匀圆阵干涉仪

信息处理系统对交叉波束天线的接收信号进行比幅处理,无模糊地获取角误差信息,通过导引头随动系统控制天线跟踪目标,当进入相干测角系统的线性区域时,实施单基线相干处理,实现高精度测角与跟踪。需要指出的是,尽管相干测向系统存在测角模糊,但可以无模糊地提取角速率信息。

在相干测角系统中,当相位差 ϕ 超过 2π 时,将导致测角模糊,不能确定辐射源的真实方向。相干测向系统以天线阵中心处的法线为对称轴,法线方向的相位差为零,法线两侧的最大相位差分别为 π 与 $-\pi$。

6.5.2　空间谱-阵列测向技术

相位干涉仪测向技术在测向精度和多个同时到达信号的测向方面有其局限性,为提高测向精度,实现多个同时到达信号的测向,可以采用阵列测向技术[30]。

以均匀线阵为例,假设天线阵元在观测平面内是各向同性的,阵元位置示意图如图 6-61 所示,用 M 个阵元的阵列对 $K(K < M)$ 个目标信号进行测向。来自远场的辐射信号到达天线阵时均可以看作平面波,以第一个阵元为参考,

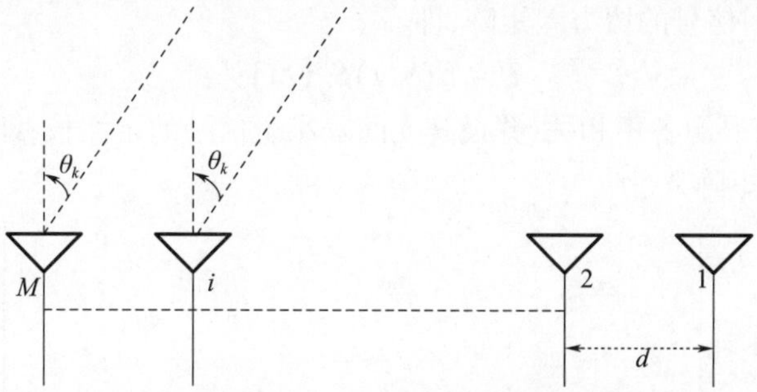

图 6-61　阵元位置示意图

相邻阵元间的距离为 d,若由第 k 个辐射源辐射的信号到达阵元 1 的波前信号为 $S_k(t)$,则第 i 个阵元接收的信号为

$$S_i(t) = \sum_{i=1}^{k} a_k S_k(t) \exp(\mathrm{j}\omega_0(i-1)d\sin\theta_k/c) \tag{6-132}$$

式中: a_k 为阵元 i 对第 k 个信号源信号的响应,这里可取 $a_k = 1$,因为已假定各阵元在观察平面内是无方向性的; ω_0 为信号的中心频率; c 为波的传播速度; θ_k 为第 k 个信号源的入射角度,是入射信号方向与天线法线的夹角。考虑量测噪声(包括来自自由空间和接收机内部的)所有信号源的来波信号,则第 i 个阵元的输出信号为

$$x_i(t) = \sum_{i=1}^{K} a_k \exp(\mathrm{j}\omega_0(i-1)d\sin\theta_k/c) + n_i(t) \tag{6-133}$$

式中: $n_i(t)$ 为噪声;标号 i 表示该变量属于第 i 个阵元;标号 k 表示第 k 个信号源。假定各阵元的噪声是均值为零的平稳白噪声过程,方差为 σ^2,并且噪声之间不相关,且与信号不相关。将式(6-133)写成向量形式,则有

$$\boldsymbol{X}(t) = \boldsymbol{AS}(t) + \boldsymbol{N}(t) \tag{6-134}$$

式中: $\boldsymbol{X}(t) = [x_1(t), x_2(t), \cdots, x_M(t)]^{\mathrm{T}}$ 为 M 维的接收数据向量;

$\boldsymbol{S}(t) = [S_1(t), S_2(t), \cdots, S_K(t)]^{\mathrm{T}}$ 为 K 维信号向量;

$\boldsymbol{A} = [\boldsymbol{a}(\theta_1), \boldsymbol{a}(\theta_2), \cdots, \boldsymbol{a}(\theta_K)]$ 为 $M \times K$ 维的阵列流型矩阵;

$\boldsymbol{a}(\theta_k) = [1, \mathrm{e}^{-\mathrm{j}\omega_0\tau_k}, \cdots, \mathrm{e}^{-\mathrm{j}\omega_0(M-1)\tau_k}]^{\mathrm{T}}$ 为 M 维的方向向量, $\tau_k = d\sin\theta_k/c$;

$\boldsymbol{N}(t) = [n_1(t), n_2(t), \cdots, n_M(t)]^{\mathrm{T}}$ 为 M 维的噪声向量。

各阵元的噪声互不相关,且与信号也不相关,因此接收数据 $X(t)$ 的协方差矩阵为

$$\boldsymbol{R} = E\{\boldsymbol{X}(t)\boldsymbol{X}^{\mathrm{H}}(t)\} \tag{6-135}$$

式中: $E[\cdot]$ 表示求统计均值;上标 H 表示共轭转置,从而有

$$\boldsymbol{R} = \boldsymbol{APA}^{\mathrm{H}} + \sigma^2\boldsymbol{I} \tag{6-136}$$

式中: $\boldsymbol{P}$ 为空间信号的协方差矩阵,即

$$\boldsymbol{P} = E\{\boldsymbol{S}(t)\boldsymbol{S}^{\mathrm{H}}(t)\} \tag{6-137}$$

假设空间各信号源各不相关,并设阵元间隔小于信号的半波长,即 $d \leqslant \lambda/2$, $\lambda = 2\pi c/\omega_0$,这样矩阵 $\boldsymbol{A}$ 为

$$\boldsymbol{A} = \begin{bmatrix} 1 & 1 & \cdots & 1 \\ \mathrm{e}^{-\mathrm{j}\frac{2\pi d}{\lambda}\sin\theta_1} & \mathrm{e}^{-\mathrm{j}\frac{2\pi d}{\lambda}\sin\theta_2} & \cdots & \mathrm{e}^{-\mathrm{j}\frac{2\pi d}{\lambda}\sin\theta_D} \\ \vdots & \vdots & & \vdots \\ \mathrm{e}^{-\mathrm{j}\frac{2\pi d}{\lambda}(M-1)\sin\theta_1} & \mathrm{e}^{-\mathrm{j}\frac{2\pi d}{\lambda}(M-1)\sin\theta_2} & \cdots & \mathrm{e}^{-\mathrm{j}\frac{2\pi d}{\lambda}(M-1)\sin\theta_D} \end{bmatrix} \tag{6-138}$$

矩阵 $\boldsymbol{A}$ 是范德蒙德(Vandemonde)矩阵,只要 $\theta_i \neq \theta_j(i \neq j)$,它的列就相互独立。这样,若 $\boldsymbol{P}$ 为非奇异矩阵,则有

$$\operatorname{rank}\ (\boldsymbol{APA}^{\mathrm{H}}) = K \tag{6-139}$$

$\boldsymbol{A}$、$\boldsymbol{P}$ 是正定的,因此 $\boldsymbol{APA}^{\mathrm{H}}$ 的特征值为正,即共有 K 个正的特征值。

在式(6-136)中, $\sigma^2 > 0$,而 $\boldsymbol{APA}^{\mathrm{H}}$ 的特征值为正,$\boldsymbol{R}$ 为满秩矩阵,因此 $\boldsymbol{R}$ 有 M 个正特征值,按降序排列为 $\lambda_1 \geqslant \lambda_2 \geqslant \lambda_3 \geqslant \cdots \geqslant \lambda_M$,特征值对应的特征向量为 $\boldsymbol{v}_1,\boldsymbol{v}_2,\boldsymbol{v}_3,\cdots,\boldsymbol{v}_M$,且各特征向量是正交的,这些特征向量构成 $M \times M$ 维空间的一组正交基。与信号有关的特征值有 K 个,且 $K < M$,分别等于 $\boldsymbol{APA}^{\mathrm{H}}$ 的各特征值与 σ^2 之和,而矩阵的其余 $M - K$ 个特征值为 σ^2,即 σ^2 为 $\boldsymbol{R}$ 的最小特征值,它是 $M - K$ 重的。因此,只要将天线各阵元输出数据的协方差矩阵进行特征值分解,找出最小特征值的个数 n_E ,据此就可以估计出信号源的个数 K ,即

$$K = M - n_E \tag{6-140}$$

同时求得的最小特征值就是噪声功率 σ^2。设已求得的 $\boldsymbol{R}$ 的最小特征值为 $\lambda_{\min}$,它是 n_E 重的,对应着 n_E 个相互正交的最小特征向量,设为 $\boldsymbol{v}_i(i=K+1,K+2,\cdots,M)$,则有

$$\boldsymbol{R}\boldsymbol{v}_i = \lambda_{\min}\boldsymbol{v}_i \quad (i = K + 1,K + 2,\cdots,M) \tag{6-141}$$

代入式(6-136),可得

$$\boldsymbol{APA}^{\mathrm{H}}\boldsymbol{v}_i + (\sigma^2 - \lambda_{\min})\ \boldsymbol{v}_i = 0 \tag{6-142}$$

由于 $\lambda_{\min} = \sigma^2$,所以

$$\boldsymbol{APA}^{\mathrm{H}}\boldsymbol{v}_i = 0 \tag{6-143}$$

由于矩阵 $\boldsymbol{A}$ 是范德蒙德矩阵,矩阵 $\boldsymbol{P}$ 是正定阵,则有

$$\boldsymbol{A}^{\mathrm{H}}\boldsymbol{v}_i = 0 \tag{6-144}$$

式(6-144)表明,$\boldsymbol{R}$ 的各最小特征向量与矩阵 $\boldsymbol{A}$ 的各列正交。

$\boldsymbol{R}$ 的最小特征向量仅与噪声有关,因此由 n_E 个特征向量所张成的子空间称为噪声子空间,而与它正交的子空间,即由信号的方向向量张成的子空间则是信号子空间。将矩阵 $\boldsymbol{R}$ 所在的 $M \times M$ 维子空间分解成两个完备的正交子空间,即信号子空间和噪声子空间,形式上可以写成

$$\operatorname{span}\ \{\boldsymbol{v}_{K+1},\boldsymbol{v}_{K+2},\cdots,\boldsymbol{v}_M\} \perp \operatorname{span}\ \{\boldsymbol{a}(\theta_1)\ ,\boldsymbol{a}(\theta_2)\ ,\cdots,\boldsymbol{a}(\theta_K)\ \} \tag{6-145}$$

为了求出入射信号的方向,可以利用两个子空间的正交性,将各最小特征向量构造一个 $M \times (M - K)$ 维噪声特征向量矩阵,即

$$\boldsymbol{E}_N = [\boldsymbol{v}_{K+1},\boldsymbol{v}_{K+2},\cdots,\boldsymbol{v}_M] \tag{6-146}$$

则在信号所在方向 θ_k 上,显然有

$$E_N^{\mathrm{H}}\boldsymbol{a}(\theta_k) = 0 \tag{6-147}$$

由于协方差矩阵 $\boldsymbol{R}$ 是根据有限次观测数据估计得到的,对其进行特征分解时,最小特征值和重数 n_E 的确定以及最小特征向量的估计都是有误差的,当 $\boldsymbol{E}_N$ 存在偏差时,式(6-147)右边也不是零向量。这时,可取使得 $\boldsymbol{E}_N^{\mathrm{H}}\boldsymbol{a}(\theta_k)$ 的2范数为最小值的 $\hat{\theta}_k$ 作为第 k 个信号源方向的估计值。连续改变 θ,进行谱峰搜索,由此得到 K 个最小值所对应的 θ 就是 K 个信号源的位置角度。通常做法是利用噪声子空间与信号子空间的正交性,构造空间谱函数:

$$P_{\mathrm{MUSIC}}(\theta) = \frac{1}{\boldsymbol{a}^{\mathrm{H}}(\theta)\boldsymbol{E}_N\boldsymbol{E}_N^{\mathrm{H}}\boldsymbol{a}(\theta)} \tag{6-148}$$

谱函数最大值对应的 θ 就是信号源方向的估计值。

综上所述,MUSIC 算法计算步骤可以总结如下[30]:

(1) 根据天线阵列中各阵元接收的数据 $x_i(n)$ 估计协方差矩阵 $\hat{\boldsymbol{R}}$。由阵列输出信号的采样值求协方差矩阵 $\boldsymbol{R}$ 的估计值 $\hat{\boldsymbol{R}}$,设阵列输出信号向量表示为 $\boldsymbol{X}(n) = [x_1(n), x_2(n), \cdots, x_M(n)]$,每次采样称为一个快拍,设一次估计所用的快拍数为 L,则共有 L 个数据向量 $\boldsymbol{X}(n)(n = 1,2,\cdots,L)$,于是

$$\hat{\boldsymbol{R}} = \frac{1}{L}\sum_{n=1}^{L}\boldsymbol{X}(n)\boldsymbol{X}^{\mathrm{H}}(n) \tag{6-149}$$

(2) 对 $\hat{\boldsymbol{R}}$ 进行特征值分解,获得特征值 λ_i 和特征向量 $\boldsymbol{v}_i(i = 1,2,\cdots,M)$。

(3) 按照某种准则确定矩阵 $\hat{\boldsymbol{R}}$ 的最小特征值的数据 n_E,设这 n_E 个最小特征值分别为 $\lambda_{K+1}, \lambda_{K+2}, \cdots, \lambda_M$,则

$$\sigma^2 = \frac{1}{n_E}(\lambda_{K+1} + \lambda_{K+2} + \cdots + \lambda_M) \tag{6-150}$$

与之对应的特征向量为 $\boldsymbol{v}_{K+1}, \boldsymbol{v}_{K+2}, \cdots, \boldsymbol{v}_M$,利用这些特征向量构造噪声特征向量矩阵 $\boldsymbol{E}_N = [\boldsymbol{v}_{K+1}, \boldsymbol{v}_{K+2}, \cdots, \boldsymbol{v}_M]$。

(4) 按照式(6-148)计算空间谱 $P_{\mathrm{MUSIC}}(\theta)$,进行谱峰搜索,它的 D 个极大值所对应的 θ 就是信号源的方向

$$P_{\mathrm{MUSIC}}(\theta) = \frac{1}{\boldsymbol{a}^{\mathrm{H}}(\theta)\boldsymbol{E}_N\boldsymbol{E}_N^{\mathrm{H}}\boldsymbol{a}(\theta)} \tag{6-151}$$

MUSIC 算法对均匀线阵的限制不是必需的,实际中可采用几乎是任意形状的阵列形式,只要满足在 D 个独立信号源条件下,矩阵 $\boldsymbol{A}$ 具有 D 个线性无关的列就可以了。另外,天线阵元在观测平面内无方向性也不是必需的,还可以考虑三维空间辐射源的到达角估计问题,即不仅估计信号的方位角,也估计信号

的俯仰角。MUSIC 算法也可以用于频率、方位和俯仰的联合估计。

6.5.3　辐射源信号检测

1. 信道检测

宽带被动雷达导引头一般采用数字信道化接收机结构,从数字信道化结构输出的多个信道的数据,需要进行检测,从低信噪比环境下检测信号的存在。信号检测的方法分为频域方法和时域方法。频域方法是将信道输出数据进行快速傅里叶变换得到频域数据,然后搜索其峰值,与某一特定阈值相比较来检测信号存在与否。

频域方法有利于提高信噪比,可以通过 FFT 运算来实现。但是 FFT 运算成本很高。FFT 点数增加时,所需的逻辑资源会成倍增加,不利于系统实时处理。

时域检测法的核心思想是通过技术手段,如自相关、求幅度值、能量累积等,直接对信道输出数据进行预处理,然后与合适的阈值进行比较判断信号的输出信道。

由于数字信道化的输出 $x(n)$ 为复信号,对于复信号 $x(n)=I(n)+\mathrm{j}Q(n)$,其幅度值 $x(n)$ 为

$$A(n)=\sqrt{I^2(n)+Q^2(n)} \tag{6-152}$$

信号功率的计算方法可以采用共轭乘积实现,即

$$P(n)=[I(n)+\mathrm{j}Q(n)]\cdot[I(n)-\mathrm{j}Q(n)]=I^2(n)+Q^2(n) \tag{6-153}$$

基于信号幅度(功率)的检测方法是通过对信道化输出的信号进行包络检波,计算其包络,然后与检测阈值相比较。

检测阈值的设定至关重要,固定阈值不能适应包含噪声的信号。可以采用自适应阈值检测,即根据输入信号的变化自动调整检测阈值,也可以采用滑窗检测方法实现脉冲前沿检测。

采用滑窗检测时,各个子信道采用单独阈值进行检测。设求和点数为 N,m 为信道化后子信道的采样点序号, $a(n)$ 为子信道信号序列,则

$$Q(m)=\sum_{n=m-1}^{m-N}a(n) \tag{6-154}$$

滑窗的计算可以通过递推实现,即

$$Q(m)=Q(m-1)-a(m-N-1)+a(m-1) \tag{6-155}$$

滑窗检测的实现过程如图 6-62 所示。

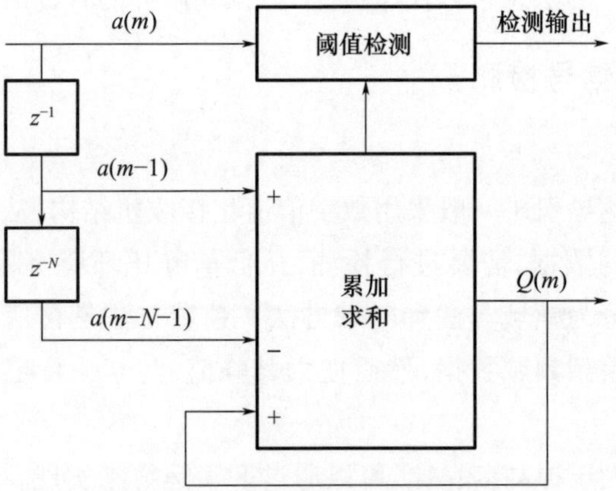

图 6-62　滑窗检测的实现过程

2. 信道判决

信道划分存在50%交叠，因此信号可能出现跨信道的情况。对于窄带信号，位于交叠处的可能出现在相邻的两个信道中，必须对其进行判决，确定出信号所在的正确信道，舍弃相邻信道中存在的虚假信号；对于占据多个信道的宽带信号，必须判决确定信号的正确带宽。

根据信道划分方案，相邻信道相互交叠50%。原型滤波器的通带、阻带截止频率分别为 $\pi/2K$ 和 π/K，接收信号结果信道化输出后，由于抽取操作可展宽原信号频谱，这两个频率分别对应 $\pi/4$ 和 $\pi/2$，归一化后为0.25和0.5。根据一阶相位差分算法（见后文描述），估算出信号频率后，可以根据子信道内信号的瞬时频率分布情况，对信号的跨信道情况作出判决。

信号判决过程如下：

先通过信号检测判断信号存在的信道，若两个相邻信道内均存在信号，则对这两个信道的输出分别求瞬时归一化频率 $f_{k-1}(n)$ 和 $f_k(n)$。根据以下情形作出判决（这里以两信道为例，若多个信道同时有信号，可依此类推）：

(1) 若 $f_{k-1}(n) > 0.25$ 且 $f_k(n) > -0.25$，说明接收到的是一窄带信号，其中落入信道 $k-1$ 的是虚假信号，需要将其舍弃。

(2) 若 $f_{k-1}(n) < 0.25$ 且 $f_k(n) < -0.25$，说明接收到的是一窄带信号，其中落入信道 k 的是虚假信号，需要将其舍弃。

(3) 若 $f_{k-1}(n) > 0.25$ 且 $f_{k-1}(n) < -0.25$，说明接收到的是一宽频带跨信道信号，需要信号重建来恢复。

(4) 若 $f_{k-1}(n)$ 或 $f_k(n)$ 满足 $0.25 > f(n) > -0.25$，说明接收到的是两个

独立信号。

6.5.4　辐射源信号参数测量

表征雷达辐射源信号特征的主要参数有：频域参数，如载频频率、频谱、频率变化规律及变化范围等；空域参数，如信号的到达方向（方位角、仰角）；时域参数，如脉冲到达时间、脉冲宽度、脉冲重复周期（或重复频率）及其变化规律、变化范围等；脉冲的幅度参数，如雷达天线调制参数、天线扫描周期及扫描规律等。

1. CORDIC 算法的基本原理[31,32]

设向量 (x,y) 旋转 θ 角后得到新向量 (x',y') ，如图 6-63 所示，根据坐标变化规则，两向量之间关系如下：

$$\begin{bmatrix} x' \\ y' \end{bmatrix} = \begin{bmatrix} \cos\theta & -\sin\theta \\ \sin\theta & \cos\theta \end{bmatrix} \begin{bmatrix} x \\ y \end{bmatrix} = \cos\theta \begin{bmatrix} 1 & -\tan\theta \\ \tan\theta & 1 \end{bmatrix} \begin{bmatrix} x \\ y \end{bmatrix} \tag{6-156}$$

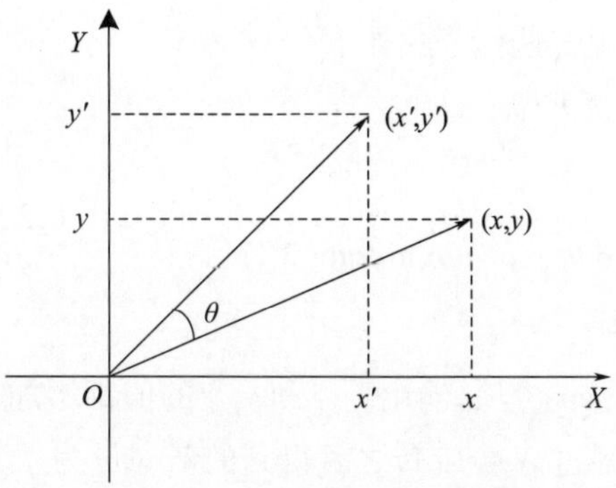

图 6-63　CORDIC 算法原理

将旋转角 θ 分解为 N 个递减的小旋转角 θ_i 之和，即 $\theta = \sum_{i=1}^{N-1} \delta_i \theta_i$ ，其中 $\theta_i \geqslant 0$，且当 $\delta_i = 1$ 时，第 i 次逆时针旋转，当 $\delta_i = -1$ 时，第 i 次顺时针旋转。所以，对于每一次小旋转迭代公式，有

$$\begin{bmatrix} x_{i+1} \\ y_{i+1} \end{bmatrix} = \cos\theta_i \begin{bmatrix} 1 & -\delta_i \tan\theta_i \\ \delta_i \tan\theta_i & 1 \end{bmatrix} \begin{bmatrix} x_i \\ y_i \end{bmatrix} \quad (i = 0,1,2,\cdots,N-1) \tag{6-157}$$

为便于硬件实现，令 $\theta_i = \arctan(2^{-i})$ ，即 $\tan\theta_i = 2^{-i}$ ，这时有

$$\cos\theta_i = \frac{1}{\sqrt{1+\tan^2\theta_i}} = \frac{1}{\sqrt{1+2^{-2i}}} \tag{6-158}$$

旋转迭代公式可以修改为

$$\begin{bmatrix} x_{i+1} \\ y_{i+1} \end{bmatrix} = \cos\theta_i \begin{bmatrix} 1 & -\delta_i 2^{-i} \\ \delta_i 2^{-i} & 1 \end{bmatrix} \begin{bmatrix} x_i \\ y_i \end{bmatrix} \tag{6-159}$$

为简化计算,先不考虑式(6-159)中的 $\cos\theta_i$ 项,得到伪旋转迭代公式为

$$\begin{bmatrix} x_{i+1} \\ y_{i+1} \end{bmatrix} = \begin{bmatrix} 1 & -\delta_i 2^{-i} \\ \delta_i 2^{-i} & 1 \end{bmatrix} \begin{bmatrix} x_i \\ y_i \end{bmatrix} \tag{6-160}$$

引入第三个方程,称为角度累加器,即

$$\begin{cases} z_{i+1} = z_i - \delta_i \theta_i = z_i - \delta_i \arctan(2^{-i}) \\ \delta_i = \mathrm{sgn}\ (z_i) \end{cases} \tag{6-161}$$

式中:z_i 表示第 i 次已经旋转的角度,则 z_{i+1} 表示经过第 i 次旋转后剩余未旋转的角度。$\arctan(2^{-i})$ 可以预先求出来,保存在 ROM 中用于查询。

综上分析,最终旋转迭代公式如下:

$$\begin{cases} x_{i+1} = x_i - \delta_i 2^{-i} y_i \\ y_{i+1} = y_i - \delta_i 2^{-i} x_i \\ z_{i+1} = z_i - \delta_i \theta_i = z_i - \delta_i \arctan(2^{-i}) \\ \delta_i = \mathrm{sgn}\ (z_i) \end{cases} \quad (i = 0,1,2,\cdots,N-1) \tag{6-162}$$

因为前面去除了 $\cos\theta_i$ 项,输出 x_{i+1} 和 y_{i+1} 的值都增加 $1/\cos\theta_i$ 倍,所以旋转后的向量模值变大,经过 N 步旋转之后得到的新向量为

$$\begin{aligned} \begin{bmatrix} x_N \\ y_N \end{bmatrix} &= \left(\prod_{i=0}^{N-1} \cos\theta_i \begin{bmatrix} 1 & -\delta_i 2^{-i} \\ \delta_i 2^{-i} & 1 \end{bmatrix} \right) \begin{bmatrix} x_0 \\ y_0 \end{bmatrix} \\ &= K_N \left(\prod_{i=0}^{N-1} {}_i \begin{bmatrix} 1 & -\delta_i 2^{-i} \\ \delta_i 2^{-i} & 1 \end{bmatrix} \right) \begin{bmatrix} x_0 \\ y_0 \end{bmatrix} \end{aligned} \tag{6-163}$$

式中:K_N 称为模校正因子,是伪旋转不可避免的副产物,其表达式为

$$K_N = \prod_{i=0}^{N-1} \cos\theta_i = \prod_{i=0}^{N-1} \frac{1}{\sqrt{1 + 2^{-2i}}} \tag{6-164}$$

当 $N \to \infty$ 时,有 $K_N \to 0.607253$,同样,当迭代次数 N 确定时,K_N 的值也可以确定,所以 K_N 可以看成一个常量,可以在设计系统时提前计算 K_N 的值,这样就可以正常使用最终旋转迭代公式。

迭代次数为 N 的 CORDIC 算法,旋转角度范围为

$$-\sum_{i=0}^{N-1}\arctan(2^{-i}) \leqslant \theta \leqslant \sum_{i=0}^{N-1}\arctan(2^{-i}) \tag{6-165}$$

而 $\lim\limits_{N\to\infty}\sum\limits_{i=0}^{N-1}\arctan(2^{-i}) \approx 99.88$，所以 CORDIC 算法可以计算的角度范围为 $[-99.88°, 99.88°]$。

根据 δ_i 的迭代方式，可以将 CORDIC 算法分为旋转模式和向量模式。设剩余旋转角度初始值为 z_0，经过 N 次旋转后使得 $z_n = 0$，称这种模式为旋转模式。旋转模式可以用来计算输入角度的正弦值和余弦值。

设剩余旋转角度初始值为 z_0，经过 N 次旋转后使得 $y_n = 0$，称这种模式为向量模式。向量模式与旋转模式的区别是旋转方向 δ_i 的值取决于 y_i 的符号，即

$$\delta_i = \operatorname{sgn}(y_i) = \begin{cases} +1, y_i > 0 \\ -1, y_i < 0 \end{cases} \quad (i = 0,1,2,\cdots,N-1) \tag{6-166}$$

经过 N 次旋转后，可以得到的表达式为

$$\begin{cases} x_N = \dfrac{1}{K_N}\sqrt{x_0^2 + y_0^2} \\ y_N = 0 \\ z_N = z_0 + \arctan(y_0/x_0) \end{cases} \tag{6-167}$$

因此，向量模式可以用来计算向量的模值和相位。

2. CORDIC 算法的实现结构[35]

从算法架构上来看，CORDIC 的实现方式有三种：反馈结构、流水线结构、粒度迭代结构。反馈结构是指采用一个迭代单元进行反复迭代；流水线结构是指采用流水线技术，使用多个迭代单元进行运算；粒度迭代结构是反馈结构与流水线结构的结合。

流水线结构由于采用 N 个相同的单步迭代单元同时工作，所以在一个时钟周期内就能得到一个输出，实时运算性能好，其结构如图 6-64 所示。

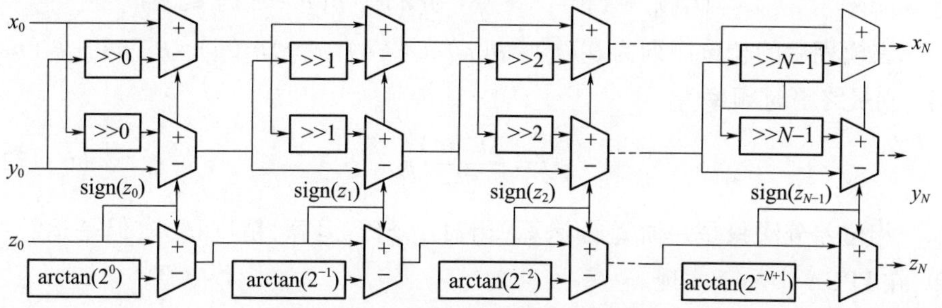

图 6-64　CORDIC 算法流水线结构

流水线结构不消耗乘法器资源，主要消耗加法器资源，N 级流水线消耗 $3N$ 个加法器；主要延迟由加法器引起，N 级流水线延迟为 $N\times$Tadd，其中 Tadd 为加法器延迟。

3. 基于 CORDIC 算法的幅相解调方法

信道化输出的每个子信道的信号为复信号，具有实部和虚部，利用 CORDIC 算法的向量模式，可以计算输出信号的幅度和瞬时相位，然后采用相位差分法实现脉内信号的测频。

设数字信道化后某个子信道的输出信号为 $s(n)=I(n)+\mathrm{j}Q(n)$，则

$$\begin{cases} I(n)=A\cos\left(2\pi\dfrac{f}{f_s}n+\phi(n)\right) \\ Q(n)=A\sin\left(2\pi\dfrac{f}{f_s}n+\phi(n)\right) \end{cases} \tag{6-168}$$

信号的瞬时相位为

$$\theta(n)=2\pi\frac{f}{f_s}n+\phi(n)\quad(|\theta(n)|\leqslant\pi) \tag{6-169}$$

瞬时频率可以采用瞬时相位的差分计算得到

$$f=\frac{\theta(n)-\theta(n-1)}{2\pi}f_s \tag{6-170}$$

式中：$\theta(n)-\theta(n-1)$ 为一阶相位差分。

由于相位 $\theta(n)$ 周期性地从 $-\pi$ 变化到 π，当 $\theta(n)>\theta(n-1)$ 时，可以通过一阶差分相位直接计算出瞬时频率 f。但是当 $\theta(n)<\theta(n-1)$ 时，相位差产生不连续，此时相位跨越了 2π 无模糊区间，出现相位模糊，需要进行去模糊处理。为此根据相位序列的后向差分大小，增加一个解模糊序列 $C(n)$ 为

$$C(n)=\begin{cases} C(n-1)+2\pi & (\theta(n)-\theta(n-1)>\pi) \\ C(n-1)-2\pi & (\theta(n)-\theta(n-1)<-\pi) \\ C(n-1) & (|\theta(n)-\theta(n-1)|\leqslant\pi) \end{cases} \tag{6-171}$$

去模糊后的相位序列为 $\theta'(n)=\theta(n)+C(n)$，令 $\Delta\theta'(n)=\theta'(n)-\theta'(n-1)$，则最终瞬时频率为

$$f=\frac{\Delta\theta'(n)}{2\pi}f_s \tag{6-172}$$

相位差分法只是一阶差分运算，相对于 FFT 运算，精度稍差，但是运算简单，在 FPGA 中易于实现。

相位差分法是对信道化后信号的相位数据进行一阶差分运算得到频率，而

信道化后只有经过 CORDIC 算法的幅相解调才能得到信号的相位信息,在 FP-GA 中实现一阶差分运算可以通过图 6-65 中的方式实现。

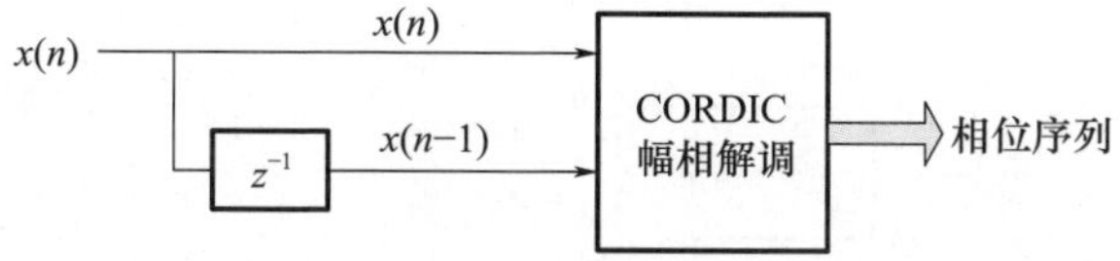

图 6-65　一阶相位差分计算过程

设 $x(n)=\cos(\theta(n))+\mathrm{j}\sin(\theta(n))$,对其延时一个周期,产生 $x(n-1)$,然后与 $x(n)$ 共轭相乘,得到

$$\begin{aligned} x(n)\cdot x^{*}(n-1) &= (\cos(\theta(n))+\mathrm{j}\sin(\theta(n)))\cdot(\cos(\theta(n-1)) \\ &\quad -\mathrm{j}\sin(\theta(n-1))) \\ &= \cos(\theta(n)-\theta(n-1))+\mathrm{j}\sin(\theta(n)-\theta(n-1)) \end{aligned} \tag{6-173}$$

将共轭运算的实部和虚部通过 CORIDC 算法进行幅相解调,得到相位差序列。

为了估计脉内信号频率值,需要进行多次相位差分运算得到其频率平均值。对于固定频率的脉冲信号,可以从上升沿开始相位差的累加计算,然后下降沿锁存累加结果。可以把累加结果送给 DSP 单元,由 DSP 单元计算最终的频率结果。

对于脉内频率的精确测量,可以通过 FFT 实现,估计精度与选取的分析窗长度有关,时间长度越长,测量精度越高。若需要达到 0.1MHz 的测量精度,单个脉冲测量时,需要脉冲宽度至少大于 10μs;否则需要多个脉冲周期才能实现,具体分析窗宽度与脉冲重复周期有关。

对于线性调频信号,一阶相位差分的运算结果是一个单调增加或减小的序列,对上升沿和下降沿处的一阶相位差分值分别锁存后,送给 DSP 单元进行处理,可以估算调频带宽和斜率。对于相位编码信号,一阶相位差分的运算结果在相位跳变处存在规则的突变,且 90°跳变和 180°跳变的突变幅度不同。

4. 到达时间、脉宽和重复周期测量

信号到达时间和脉宽可以通过信号检测输出的包络脉冲进行测量得到,到达时间测量如图 6-66 所示。

系统上电复位后,计数器开始计数,在脉冲包络上升沿,读取计数器的值,锁存在寄存器中,根据计数脉冲的周期,可以计算出到达时间(Time of Arrival, TOA)。

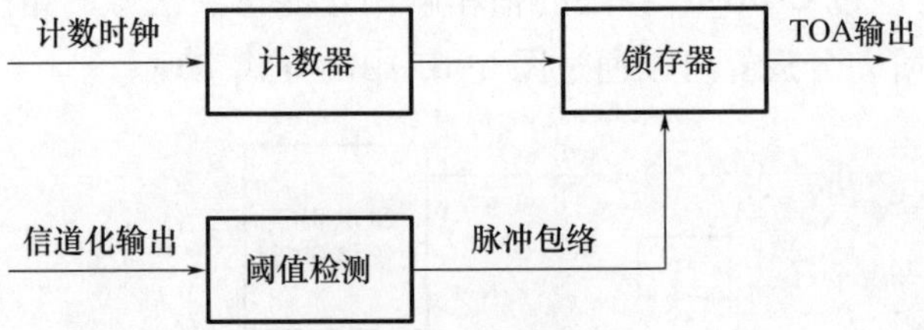

图 6-66 到达时间测量

脉冲宽度测量、重复周期和到达时间测量可以同时进行,如图 6-67 所示。

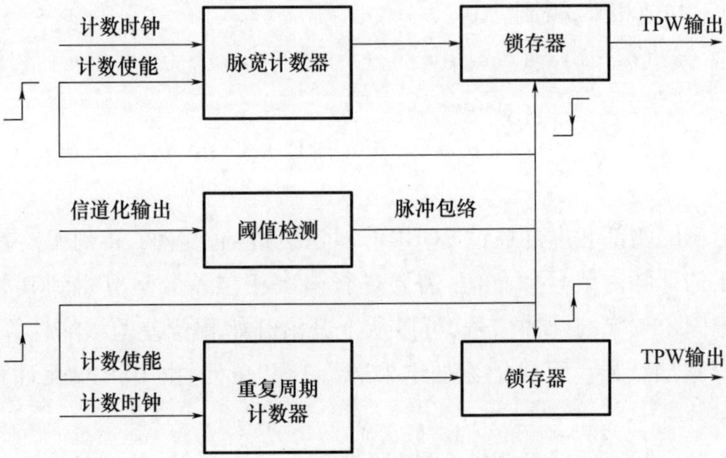

图 6-67 脉冲宽度和重复周期测量

6.5.5 辐射源信号分选流程

信号分选的主要任务是将交叠在一起的脉冲流分开,根据脉冲流数据估计雷达的工作参数和工作状态。信号分选的过程是通过对 PDW 数据流的处理完成的,基本处理过程为:依据装订的已知雷达数据库,对实时输入的 PDW 流进行预分选,尽可能地将来自不同雷达的 PDW 区分开,而将同一辐射源的 PDW 归置在一起,从而形成多个并行的 PDW 子流[33-34]。

信号分流的流程可以分为预分选和主分选两个步骤。信号预分选的任务是依据信道划分方案、装订的雷达数据库对实时输入的 PDW 进行预分选。预分选的过程为:首先将实时输入的 PDW 中的数据按照信号划分方案进行窄带混叠信号剔除、跨信道宽带信号合并,删除己方雷达数据;然后将剩余的 PDW 与装订的已知雷达数据库进行匹配,将符合装订的雷达数据库中雷达信息的信号子流分离出来,将其放在已知雷达信号缓冲区中,交付主处理机,再根据已知雷达主分选方法做详细划分和识别处理;对剩余的不符合装订雷达库信息的剩余数据,产生未知雷达信号子流,存放于未知雷达数据缓存区,交给主处理机,按照对未知雷达主分选方法做后续主分选和识别。

信号主分选的任务是对预分选出来的已知和未知雷达的子流进行细划分。对已知雷达信号的主分选是利用已知雷达的脉间特征信息脉冲重复间隔(Pulse Repetition Znterval,PRI)从中挑选出符合已知雷达 PRI 特征的子流,识别雷达属性。

雷达信号分选流程如图 6-68 所示。

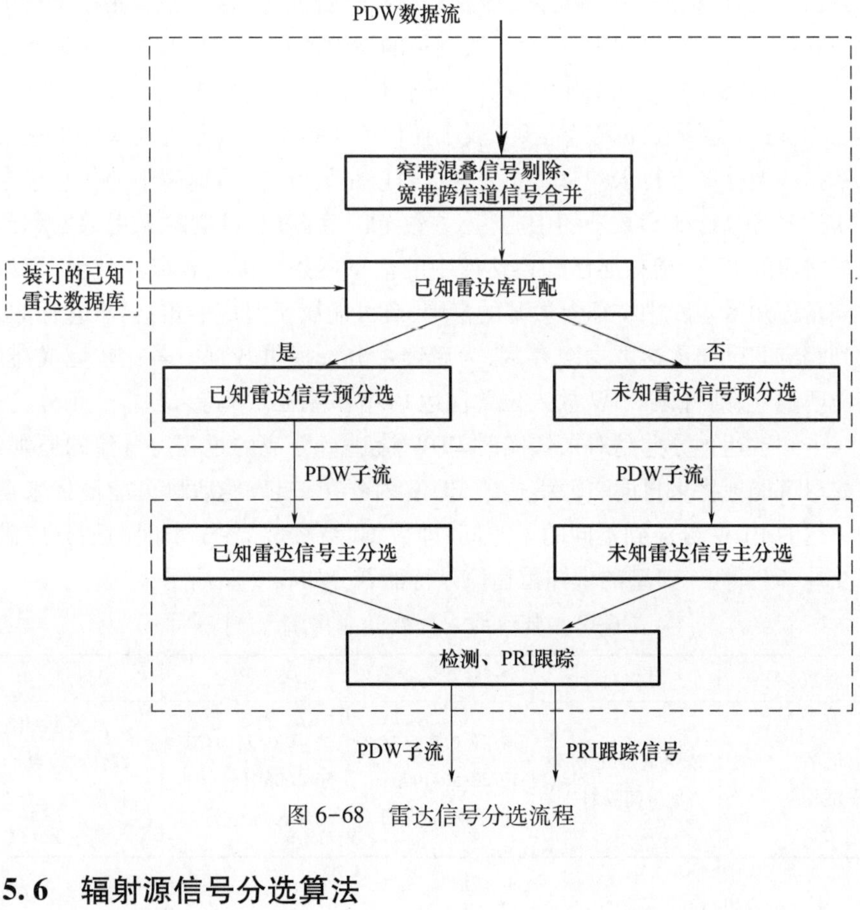

图 6-68　雷达信号分选流程

6.5.6　辐射源信号分选算法

1. 预分选方法

预分选过程是直接利用 PDW 中载频 f_{RF}、脉宽 τ_{PW}、瞬时带宽 B_{PW}、调制方

式 M 四个特征参数进行的。雷达信号的 f_{RF}、τ_{PW}、B_{PW}、M 参数相对稳定,分布集中,因此它们是雷达信号分选时最关键的参数。相对于这些特征参数,脉冲幅度(Pulse Amplitude,PA)影响因素多,平稳性相对较差,一般情况下雷达信号分选参数不选取 PA。脉冲到达时间 t_{TOA} 的处理需要时间较长,也不作为预分选的参数。

已知雷达预分选的过程即是对剔除掉无用数据和己方数据滞后的子流与已知雷达库匹配的过程。选择 f_{RF} 、τ_{PW} 、B_{PW} 、M 作为已知雷达库的参数基,用各雷达信号在此参数基上的投影生成 C_j ,C_j 为第 j 部已知雷达的特征参数信息:

$$C_j = (f_{RF_j}, \tau_{PW_j}, B_{PW_j}, M) \tag{6-174}$$

由于特征参数样式的变化,参数测量系统引入的测量误差、测量过程中的噪声和信噪比影响等因素,都会导致测量的参数值在一定范围内变化。所以在分选时,需要设置一个恰当的容差。属于 C_j 子空间的 PDW 信号被分选到第 j 类已知雷达辐射源数据缓存区,不属于任何 C_j 的 PDW 信号放到未知雷达辐射源数据的缓存区进行未知雷达预处理。也就是说,已知雷达库中的信息包含已知雷达的各个特征参数基的中心值、参数范围等,对经过删除无用数据和己方数据之后的 PDW 流按照已知雷达库中的信息逐条匹配。若能匹配上,则该脉冲满足已知雷达库中特征参数基的范围,有可能属于对应的雷达,将它存起来,放到相应的已知雷达数据缓存区,为后续主分选提供数据。若比较完成滞后,不能匹配上,则将该 PDW 放入位置雷达 PDW 缓存区,等待未知雷达预分选。

未知雷达预分选是对未知实时 PDW 流进行分流的过程。分流的原则是:首先尽可能地将来自同一部雷达的 PDW 划分在一起,然后尽可能地将来自不同雷达的 PDW 分流到不同的子空间,即数据缓存区。各子空间的划分应满足正交性、完备性。典型的未知雷达信号特征划分如表 6-2 所示。

表 6-2　典型的未知雷达信号特征划分

参数名称	载频 f_{RF}	脉宽 τ_{PW}	带宽 B_{PW}	调制方式 M
量化单位与划分方式	按照信道化划分方案等间隔划分	按照 0.5/1/2/5/10/20/50/100μs… 非均匀区间划分	按照 0/5/10/20/50/100MHz … 非均匀区间划分	点频 $M=0$ 线性调频 $M=1$ 相位编码 $M=2$ 其他 $M=3$

2. 主分选方法

信号主分选是利用脉冲到达时间参数 t_{TOA} 从预分选输出的已知雷达子流 $\{PDW_{i,j}\}_{j=1}^{m}$ 和未知雷达子流 $\{PDW_{i,k}\}_{k=1}^{n}$ 中,继续将每一部雷达的 PDW 序列挑选出来。对于已知雷达信号,采用一次重合法进行分选。一次重合的基本思想是从当前脉冲开始,按照估计的脉冲重复间隔估算下一个脉冲到达时间,如果接收到的某个脉冲 PDW 与该到达时间重合,则认为该脉冲来自同一部雷达。如果对 $\{PDW_q\}_{q=0}^{q_{max}}$ 中每一个 PDW 都进行 k 次验证,相当于连续进行 k 次一次重合法分选,其发生分选错误的概率将会极大地降低,称为 PRI 的 k 次重合法分选。

3. 序列差值直方图算法

未知雷达信号主分选,首先要根据未知雷达 t_{PRI} 估计算法进行 t_{PRI} 估计,然后再采用一次重合法挑选出符合这个 t_{PRI} 的脉冲。对 t_{PRI} 进行估计的方法主要有统计直方图法、累积差值直方图算法(Cumulative Difference Histogram, CDIF)、序列差值直方图算法(Sequential Diffenence Histogram, SDIF)、PRI 变换法和修正 PRI 变换算法等[36-43]。

直方图法的基本思想是对接收的 PRI 参数进行统计分析,当 PRI 出现的次数超过设定检测阈值时,就认为该 PRI 对应的脉冲序列可能构成雷达信号。传统的直方图法是统计任意两个脉冲的到达时间差,这将导致计算量过大且谐波影响严重。

CDIF 的基本思想是通过各级差值直方图的累积结果与检测阈值相比较来估计潜在的 PRI 值,然后通过序列检索来确认 PRI 值并提取单一雷达的脉冲序列。由于直方图累加设定和序列检索算法的设计,CDIF 算法在脉冲丢失率较高的情况下仍能够取得较好的结果,并且算法对于干扰脉冲不敏感。为排除谐波干扰的影响,CDIF 算法要求两点同时超过阈值时才进行序列检索,这一设定容易导致直方图级数增加,算法计算量过大。

SDIF 的基本原理是将各级差值直方图的统计结果独自与检测阈值比较,估计出潜在的 PRI 值,然后通过序列检索来确认 PRI 值并提取单一雷达的脉冲序列。SDIF 算法从概率论的角度重新设计了检测阈值函数:

$$T_{\text{threshold}}(\tau) = k(E - c)\mathrm{e}^{-E\tau/T} \tag{6-175}$$

式中:E 为脉冲总数;c 为直方图级数;T 为采样时间;常数 k 一般由实验决定。

SDIF 算法步骤如下:

(1) 计算任意两个相邻脉冲 TOA 的差值,对各差值出现次数进行统计,形成第一级差值直方图。

(2) 将统计结果和阈值函数相比较,如果只有一个差值超过阈值,则进行序列检索,序列检索成功进入步骤(4),否则进入步骤(3);如果有多个差值超过阈值,则进入步骤(3)。

(3) 计算下一级差值直方图,将超过阈值的差值从小到大排序,依次进行序列检索,只要有一次检索成功进入步骤(4),否则再次进行步骤(3)的操作。

(4) 若序列检索成功,则认为该差值为真实 PRI 值并将其所对应的所有脉冲从脉冲序列中扣除,重新进入步骤(1),直到所有脉冲分选完毕。

SDIF 算法是 CDIF 算法的改进算法,与 CDIF 算法相比,不用进行两次比较,直方图结果不用进行累积,节省了大量的计算量,是工程实践中经常使用的算法。

CDIF 算法和 SDIF 算法都只适用于脉冲丢失率和 PRI 抖动率小于 10%的情况。当脉冲丢失过多或重叠严重时,算法容易检测到谐波分量,出现大量虚假辐射源。如果 PRI 抖动率超过界限,则可能导致统计结果分散,累积值无法超过阈值,算法失效。总之,直方图算法在雷达辐射源中分布不太密集,脉冲丢失或重叠现象发生较少的情况下较为适用。

6.6 光学导引头图像信息处理

6.6.1 红外焦平面阵列非均匀性及校正

红外焦平面阵列是一种辐射敏感和信息处理功能兼备的新一代红外探测器,用其制成的红外成像系统结构简单、工作稳定可靠、灵敏度高、噪声等效温差(Noise-Equivalent Temperature Difference,NETD)小。但是受探测器材料和工艺水平所限,也存在致命弱点,即非均匀性问题,限制了凝视红外成像系统的探测性能。

焦平面阵列的非均匀性是指焦平面在均匀辐射输入时各单元输出的不一致性,又称为固有空间噪声。一般意义上的非均匀性是指由探测器各阵列单元的红外响应度不一致导致的图像质量降低,更一般意义上的非均匀性还包括由焦平面阵列所处环境温度的变化、电荷传输效率及噪声等诸因素所造成的图像质量下降。红外图像的非均匀性严重影响红外传感器的成像质量,因此必须进行非均匀性校正。

非均匀性的主要来源及表现形式有以下六种[44]:

(1) 探测器中各阵元的响应特性不一致。这种不一致是由制造过程中的随机性引起的,如焦平面阵列各探测单元的有效感应面积不同以及半导体掺杂的变化等原因，其表现为信号乘性和加性的变化。当阵列具有较高的稳定性时，这种非均匀性在像平面上的模式是固定的。

（2）1/f 噪声。通常认为 1/f 噪声是由半导体表面电流所引起的。不同阵元内部的 1/f 噪声可近似认为互不相关。1/f 噪声为一非平稳随机过程。

（3）电荷传输效率。这种非均匀性存在于移位读出的焦平面阵列中，表现为图像平面上的阴影，随像素点与阵列读出节点的距离做指数变化，距离越大，亮度越暗。通常也表现为固定的乘性噪声。

（4）红外光学系统的影响。例如镜头的加工精度、孔径的影响等因素，它表现为固定的乘性噪声。当孔径的中轴和光轴重合时，表现为中间亮、四周暗。

（5）无效探测阵元的影响。在焦平面上，有少量的阵列敏感元对红外辐射的响应很弱或几乎不响应，这些阵元在图像上一直表现为黑点。

（6）焦平面阵列所处环境的温度变化。温度的变化对所有的阵元起作用，温度的变化是随机的。

从上面分析可以看出，红外非均匀性表现为乘性和加性噪声，并且噪声会随时间发生变化，非均匀性校正的目的是消除以上因素的影响，提高图像质量。

虽然造成红外焦平面探测器成像的非均匀性的原因有很多，但总的可分为两类：一类与探测器本身性能有关，另一类与探测器本身无关。相对而言，对于第一类因素比较容易校正，而对第二类因素却难以校正，目前红外探测器成像的非均匀性校正主要集中在对第一类因素的校正上。

非均匀性校正方法采用较多的是两点校正法，即假定探测器的响应特性在所感兴趣的温度范围内是线性的，为弥补两点校正方法的不足，可进一步采用多个温度点进行多点校正或曲线拟合[45-46]。

非均匀性校正算法的流程包括原始数据采集、非均匀性指纹提取以及校正处理等步骤，如图 6-69 所示。

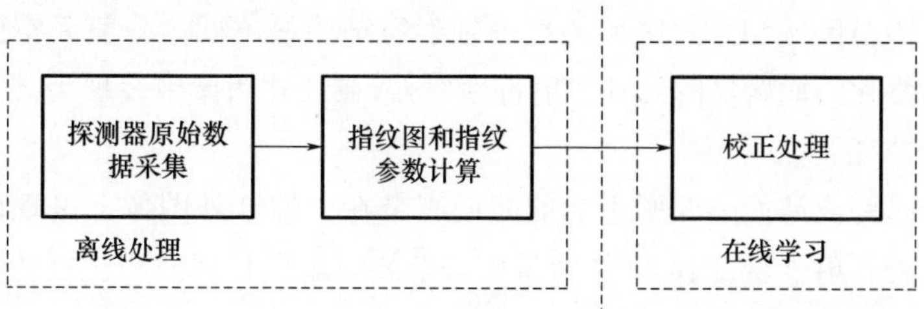

图 6-69　非均匀性校正算法流程

6.6.2 海面舰船及港口目标成像场景

在光学寻的制导过程中,可以根据目标距离将目标成像场景划分为不同的工作阶段,再针对目标图像在不同阶段的特点,采用不同的处理流程和算法进行处理,如表 6-3 所示。

表 6-3 不同距离段的光学寻的制导处理流程

工作阶段	点目标	小目标	面目标	目标充满视场
处理流程	点源目标检测与捕获	小目标检测与跟踪	面目标分割、识别与跟踪	兴趣点(要害部位)检测、识别与跟踪

典型海面舰船目标中波红外图像如图 6-70 所示,主要特点如下:

图 6-70 典型海面舰船目标中波红外图像

(1) 远距离海面舰船目标在成像面上呈现出斑状且目标无形状特征或不明显,一般为 1×1~7×7 个像素。

(2) 远距离海上图像都可以划分为天空区域、天水区域、海面区域三部分;天水区即海面与天空相邻的子区域,既有天空的一部分也有海面的一部分。

(3) 天空区域和海面区域的红外辐射特征明显不同。一般天空区域的红外辐射特性比海面区域的红外辐射特性要强,在红外图像中表现为天空区较海面区域图像亮。

(4) 远距离海面杂波所引起的海面亮带在中波红外图像上呈现出与目标类似的红外辐射强度,因而海洋背景中海杂波对舰船目标检测识别的影响比天空云层要大很多。

(5) 天空区即使在有云层出现时,和海面相比也会呈现出不同的纹理信息，天空区和海面区在垂直方向的高频特征明显不同，在天水区附近高频垂直方向投影值将出现突变。

（6）天水线为天空区域和海面区域的分界线，且天水线可以看作天水区的中心线。

相对于海面舰船目标场景而言，海港区域的成像场景更为复杂。海港有价值目标群主要有舰船、码头、配套设施等。其主要特点如下：

（1）海港区域从空间结构上可分为水域、港口和陆地三部分。

（2）对于陆地部分，有价值的目标主要有建筑物、防控阵地、油库等。

（3）对于港口区域，可以划分为港湾和码头，码头区域有靠泊的舰船和码头配套设施。

（4）对于离岸一定距离的水域，主要包括海面、岛礁和目标群，且目标群的组成较为复杂，如舰艇编队、民用船只等。

6.6.3　目标图像处理的基本过程

1. 图像预处理

预处理是在进行目标识别之前进行的，此时尚不确知目标究竟在图像中哪一个区域，因此要对全图像进行处理。在远距离舰船图像中，天空区和海面区呈现出两种不同的纹理信息。天空区和海面区在垂直于天水线方向上的高频特征明显不同，天水区是天空区与海面区的交界，且在天水区附近高频信息将出现突变。图像中的低频成分存在于天空区域和海面区域沿天水线方向。利用滤波器，可以提取图像中的低频信息和高频信息，进行天水区的检测。

2. 天水区检测

对不同的海空场景下的海面舰船图像进行复杂度分析后，根据图像复杂程度，结合海面舰船图像的先验知识，选择相应的检测方法进行天水区的检测。

海天线检测过程除了利用低频分割图中的黑色和白色大面积区域的纵坐标外，还可以利用高频图像沿横坐标方向的灰度投影信息，因为在海天线附近高频分量会发生突变。

3. 海面背景杂波抑制与目标增强

准确检测定位出天水区后，就可在天水区中进行船舶目标的识别定位。由于远距离舰船红外目标呈现斑状，斑状目标检测最常用的方法是通过滤波来提高信噪比。

滤波的目的是平滑随机空间噪声，保持和突出某种空间结构。常用的方法

是用 $K \times K$ 的模板对全图像做卷积运算,模板的特性决定了滤波器特性,最常用的滤波方法是多级滤波方法和形态学方法。

在动平台条件下所获得的红外船舶目标序列图像中,当平台飞向目标时,距离逐渐减小,目标成像尺寸渐渐变大。针对大小不同的目标,滤波存在模板的选择问题。在目标检测阶段采用固定大小模块对图像滤波时,效果不好。如果采用不同尺寸的模板对图像进行滤波,再将多个滤波结果融合,可以在不知道目标大小的情况下分割出多种尺寸大小不同的小目标,得到较好的效果,但是计算量大,不适合实时计算。

形态学滤波的基本思想是用具有一定形态结构的元素去度量和提取图像中的对应形态,以达到对图像分析和识别的目的。形态学的应用可以简化图像数据,保持其基本的形状特性,并去除不相干的结构。

4. 舰船目标识别定位

舰船红外图像经过背景杂波抑制和目标增强处理后,疑似的舰船目标都被凸显出来。可以通过对背景抑制后的结果图像进行二值分割,对分割结果中凸显出来的疑似目标区域进行标记,得到各个疑似目标区域的几何属性,如包括长度、宽度、面积和位置坐标等。

递推分割后,疑似目标数据已从图像中提取。但是,此时目标数据中既包含真实目标,也包含伪目标,即有虚警。需要通过目标验证剔除疑似数据中的虚警,确认目标的存在。

6.6.4 目标图像跟踪

光学导引头的主要功能是利用目标图像进行目标的搜索、捕捉和跟踪。跟踪目标首先需要计算出目标在视场中的位置,其次应计算出目标图像的位置与光轴坐标原点之间的水平脱靶量和垂直脱靶量,最终根据目标运动速度和目标距离等参数预测下一帧图像跟踪窗口参数。

测量计算图像中的目标位置通常有两种方法:一是计算目标图像区域的形心或矩心坐标位置,称为形心或矩心跟踪;二是计算目标图像与模板相关匹配点的位置,称为相关跟踪。

1. 矩心跟踪

矩心或形心跟踪模式适用于简单背景中的目标跟踪,尤其是对二值目标图像,矩心或形心跟踪是一种较佳的选择。矩心跟踪一般采用两种方法,即质心坐标法和面积平衡法。为适应不同距离处的目标图像尺度和对比度的变化,可以通过自适应矩心跟踪法，动态调整跟踪窗的大小和检测阈值。

质心坐标法是将跟踪窗内有效面积化成矩阵，对像素值超过阈值的各像元进行积分处理，得到目标矩心坐标，即

$$\bar{Y} = \frac{\sum_{j=1}^{m}\sum_{k=1}^{n} U_{j,k} Y_j}{\sum_{j=1}^{m}\sum_{k=1}^{n} U_{j,k}} \tag{6-176}$$

$$\bar{Z} = \frac{\sum_{j=1}^{m}\sum_{k=1}^{n} U_{j,k} Z_j}{\sum_{j=1}^{m}\sum_{k=1}^{n} U_{j,k}} \tag{6-177}$$

式中：

$$U_{j,k} = \begin{cases} 1 & (V_{j,k} \geqslant V_{\mathrm{T}}) \\ 0 & (V_{j,k} < V_{\mathrm{T}}) \end{cases} \tag{6-178}$$

Y_j 为 Y 方向第 j 个像元；Z_k 为 Z 方向第 k 个像元；m,n 分别表示 Y、Z 方向的分辨像元数；$V_{j,k}$ 为第 (j,k) 个像元的像素值；V_{T} 为检测阈值。

面积平衡法是将跟踪窗口分成四个象限或两个象限对，如图 6-71 所示，分别对每个象限进行积分后求差值形成误差信号，分别对象限内超过阈值的像素进行积分，如果目标处在跟踪窗中心，则跟踪窗中心线上下和左右两侧的积分值应该平衡，误差信号为 0；反之，误差信号不为 0。不平衡的误差信号可以用于调整跟踪窗中心线的位置。

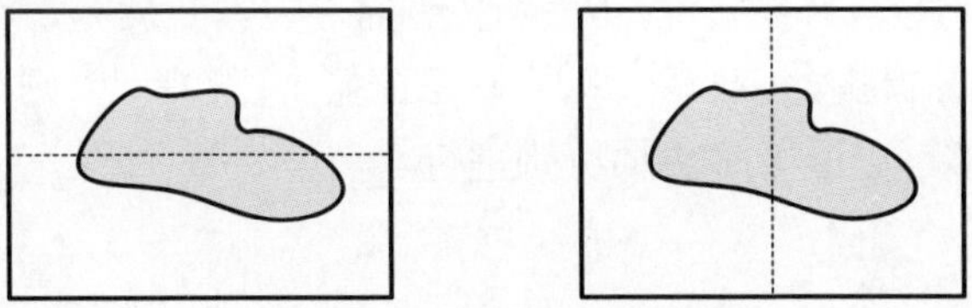

图 6-71　面积平衡法示意图

自适应矩心跟踪通常需要在跟踪窗外侧的四角或四边各设一个背景窗，在跟踪窗内侧的四边各设一个目标边界窗。背景窗可以为条形也可以为方形，每个背景窗约占四个像元的位置，如图 6-72 所示。

背景窗像素值的均方根值为

$$V_{\mathrm{b}} = \sqrt{\frac{\sum V_{j,k}^2}{n-1}} \tag{6-179}$$

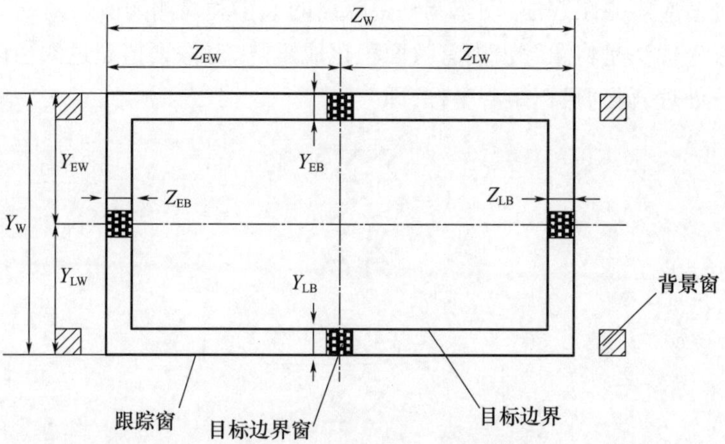

图 6-72　目标背景窗及边界窗

式中：$V_{j,k}$ 为背景窗像素值，n 为背景窗的像元总数。考虑到目标特殊部位形状的影响，可以背景窗的像素值的均方根值做 10%的修正，即 V'_b；对跟踪窗内的目标取其像素值的最大值为 V_p，进行 10%的修正后为 V'_p，检测阈值可以取为

$$V_T = \frac{1}{2}(V'_p + V'_b) \tag{6-180}$$

如图 6-73 所示。为确保目标始终处于跟踪窗内，可以通过边界窗内像素值超过阈值的像元数 V_{ID} 与像素值不超过阈值的像元数 $\bar{V}_{ID}$ 的差值来调整。即

$$D = V_{ID} - \bar{V}_{ID} \tag{6-181}$$

若 $D > 0$，则跟踪窗扩大；若 $D < 0$，则跟踪窗缩小；若 $D = 0$，则跟踪窗不变。跟踪窗尺寸的调整可以沿 Y、Z 方向分别进行。

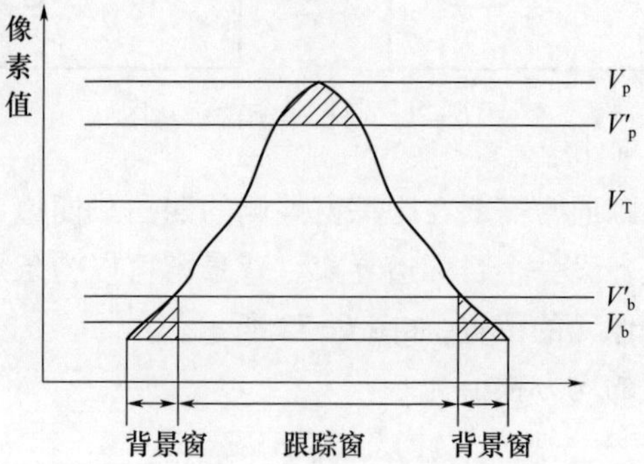

图 6-73　阈值处理

2. 相关跟踪

相关跟踪法通过求取目标图像与图像模板的相关函数 $c(x,y)$ 的最大值来获取目标相对位置。设 $r(u,v)$ 为被检测图像，其大小为 $L \times L$；模板图像 $s(u,\nu)$ 尺寸为 $M \times M$，相关函数可定义为

$$c(x,y) = \iint s(u,\nu) r(u+x,\nu+y) \mathrm{d}u\mathrm{d}\nu \tag{6-182}$$

也可以写成离散形式，即

$$c(x,y) = \sum_{u} \sum_{\nu} s(u,\nu) r(u+x,\nu+y) \tag{6-183}$$

当 $s(u,\nu)$ 和 $r(u,\nu)$ 完全重合时，相关函数取得最大值 $c(0,0)$；当 $s(u,\nu)$ 和 $r(u+x_0,\nu+y_0)$ 完全重合时，相关函数最大值为 $c(x_0,y_0)$，由此可以确定方位向和俯仰向脱靶量，实现自动跟踪。

相关跟踪法可以实现对目标任意部位的选择，与图像对比度大小无关。相关函数也可以用于目标识别。

计算两幅图像的相关函数计算量大、耗时长。为满足实时计算的需要，可以通过快速匹配算法完成两幅图像的相似度计算，典型的有平均绝对差分法（Mean Absolute Difference，MAD）和序列相似性检测算法（Similarity Sequential Detection Algorithm，SSAD）。

MAD 法是通过计算两幅图像相对应像素灰度差的平均绝对值来度量两幅图像之间的相似性。平均差值越大，表明两幅图像差异越大，相似性越差；相反，平均差值越小，表明两幅图像差异越小，相似性越好。

设模板图像为 $S(u,\nu)$，尺寸为 $M \times N$；实测图像为 $R(u,\nu)$，尺寸为 $L \times L$，平均绝对差分的计算方法为

$$D(x,y) = \frac{1}{M \times N} \sum_{u=1}^{M} \sum_{v=1}^{N} \left| R(u+x,\nu+y) - S(u,\nu) \right| \tag{6-184}$$

其移位配准范围为 $(L-M+1)^2$。

若模板图像 $S(u,\nu)$ 和实测图像 $R(u,\nu)$ 完全重合，且图像灰度分布又完全相同，则 $D(x,y)$ 理论上应该为 0；当两者之间有相对运动时，$D(x,y)$ 将逐步增大。根据式（6-184）可以计算出匹配范围内各点的 $D(x,y)$ 值，当 $D(x,y)$ 为零或最小值的点，即两幅图像的配准点。

虽然 MAD 法比相关函数的计算量小，但在模板图像尺寸大、匹配范围大时，仍显得计算量较大，可以通过隔行隔列 MAD 法减少计算量。

实际上，在计算 $D(x,y)$ 值时，只需要计算出 $D(x,y)$ 的局部匹配值或大部

分匹配值,而不必计算出每次匹配时模板图像中全部像素灰度绝对差值,这样可以减少每次匹配的计算量。

SSDA 是 MAD 的一种简化算法,在 MAD 的计算公式中,令

$$\varepsilon(x,y) = R(u + x,\nu + y) - S(u,\nu) \tag{6-185}$$

其中,$\varepsilon(x,y)$ 表示模板图像 $S(u,\nu)$ 和实测图像 $R(u,\nu)$ 相距为 (x,y) 时的误差图像,在根据 $\varepsilon(x,y)$ 计算 $D(x,y)$ 值时,需要遍历 (u,ν) 的位置进行累积。如果 (x,y) 为非匹配点,则 $D(x,y)$ 的累积会非常快;如果 (x,y) 为匹配点,则 $D(x,y)$ 的累积较为缓慢。对于非匹配点,只需要计算前面几项就可以判断其是否属于匹配点,从而终止计算,减小计算量,即当 $D(x,y) \geqslant T_1$ 时,终止计算,然后进行下一个点的 $D(x,y)$ 值累积计算。

SSDA 算法的阈值选取至关重要,可以采用固定阈值、单调递增阈值序列或自适应阈值序列。

6.6.5 目标图像特征提取与识别

在目标识别过程中,目标图像的灰度分布包含目标图像的所有信息,可以作为目标识别的重要特征。但是由于目标图像灰度分布往往数据量较大,为提高识别算法的效率,通常需要对目标图像进行特征提取。

1. 图像边缘检测算子

当目标图像区域的像素灰度值大于背景图像区域灰度值时可以通过图 6-74 所示的边缘检测算子,分别用于检测目标图像上、左、右、下边缘。

−1	−1	−1
−1	−1	−1
2	2	2

A_1

−1	−1	2
−1	−1	2
−1	−1	2

A_2

2	−1	−1
2	−1	−1
2	−1	−1

A_3

2	2	2
−1	−1	−1
−1	−1	−1

A_4

图 6-74 正对比度边缘检测算子

类似地,当目标图像区域的像素灰度值小于背景图像区域灰度值时可以通过图 6-75 所示的边缘检测算子,分别用于检测目标图像上、左、右、下边缘。

对于二值目标图像,也可以用图 6-76 所示的算子进行检测。

2. 傅里叶描绘子

原始图像经过灰度阈值检测、分割处理后,目标图像从所在背景中分离出来并转换成二值图像,再经过边缘检测算子检测后,可将目标图像区域的边缘

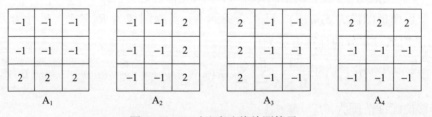

点描绘出来,如图 6-77 所示。

2	2	2
-1	-1	-1
-1	-1	-1

B_1

2	-1	-1
2	-1	-1
2	-1	-1

B_2

-1	-1	2
-1	-1	2
-1	-1	2

B_3

-1	-1	-1
-1	-1	-1
2	2	2

B_4

图 6-75　负对比度边缘检测算子

-1	-1	-1
2	2	2
-1	-1	-1

-1	2	-1
-1	2	-1
-1	2	-1

图 6-76　二值图像边缘检测算子

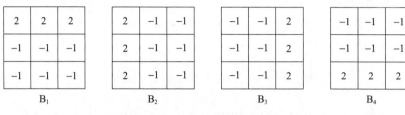

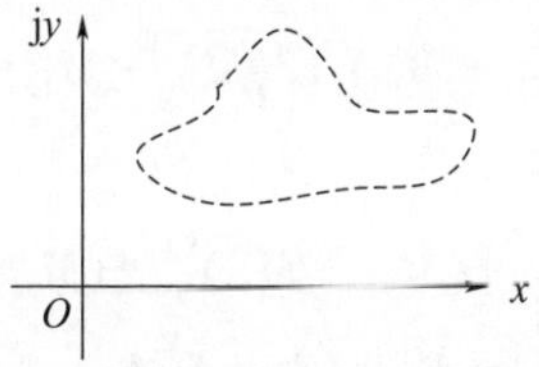

图 6-77　在复平面中目标图像边缘点表示法

设目标图像区域边缘点的个数为 N,可将目标图像区域看作一个复平面,其中 y 为虚轴,x 为实轴。每个像素点的坐标 (x,y) 可表示成复数 $x+\mathrm{j}y$ 。从边缘上任一点开始,沿此边缘追迹一周,可产生一个复数序列,该复数序列可称为目标图像轮廓的傅里叶描绘子。

设二值图像区域边缘点 $n = 0,1,\cdots,N-1$ 对应的离散序列为 $X(n) = x(n) + \mathrm{j}y(n)$,则 $X(n)$ 的离散傅里叶变换(Discrete Fourier Transform,DFT)定义为

$$X(k) = \sum_{n=0}^{N-1} X(n) W_N^{nk} \tag{6-186}$$

式中:$k = 0,1,\cdots,N-1$; $W_N = \mathrm{e}^{-\mathrm{j}(2\pi/N)}$ 。

离散傅里叶变换可以通过快速傅里叶变换算法实现。目标图像边缘点序列转换到频域后,可以表示为不同频率上的频率分量,取向和起始点的操作只影响频率分量的相位。对这些频率分量进行处理后,可以使其不受平移、缩放和旋转的影响。通常需要对最低频率分量进行归一化处理,最低频率分量也表

示了目标的基本轮廓形状。

3. 矩描绘子

矩描绘子是描绘目标图像区域形状特征的一种方法。图像的高阶矩定义为

$$M_{pq} = \iint (x - \bar{x})^p (y - \bar{y})^q r(x,y) \mathrm{d}x\mathrm{d}y \tag{6-187}$$

式中：$\bar{x} = \iint xr(x,y)\mathrm{d}x\mathrm{d}y / \iint r(x,y)\mathrm{d}x\mathrm{d}y$，$\bar{y} = \iint yr(x,y)\mathrm{d}x\mathrm{d}y / \iint r(x,y)\mathrm{d}x\mathrm{d}y$。

可以用 M_{pq} 构成下面七个代数式：

$$M_{02} + M_{20} \tag{6-188}$$

$$(M_{02} - M_{20})^2 + 4M_{11}^2 \tag{6-189}$$

$$(M_{30} - 3M_{21})^2 + (3M_{21} - M_{03})^2 \tag{6-190}$$

$$(M_{30} + M_{12})^2 + (M_{21} + M_{03})^2 \tag{6-191}$$

$$\begin{aligned}&(M_{30} - 3M_{12})(M_{30} + M_{12})[(M_{30} + M_{12})^2 - 3(M_{21} + M_{03})^2]\\&+ 3(M_{21} - M_{03})(M_{21} + M_{03})[3(M_{30} + M_{12})^2 - (M_{21} + M_{03})^2]\end{aligned} \tag{6-192}$$

$$\begin{aligned}&(M_{20} - M_{02})[(M_{30} + M_{12})^2 - (M_{21} + M_{03})^2]\\&+ 4M_{11}(M_{30} + M_{12})(M_{21} + M_{03})\end{aligned} \tag{6-193}$$

$$\begin{aligned}&3(M_{21} - M_{03})(M_{30} + M_{12})[(M_{30} + M_{12})^2 - 3(M_{21} + M_{03})^2]\\&- 4(M_{30} - 3M_{12})(M_{21} + M_{03})[3(M_{30} + M_{12})^2 - (M_{21} + M_{03})^2]\end{aligned} \tag{6-194}$$

已经证明，用该算子描述的形状特征不受图像平移、旋转和比例变化影响。

4. 拓扑描绘子

拓扑描绘子主要描绘目标图像区域孔洞个数和连接部分的个数，常用欧拉数 E 表示，定义为

$$E = C - H \tag{6-195}$$

式中：C 为连接部分数；H 为孔洞部分数。拓扑特性不受图像形变的影响。

5. 目标图像形状区域特征

目标图像形状区域特征参数有周长 P 和面积 A，依据周长和面积可以计算薄度系数 T，T 定义为

$$T = 4\pi \frac{A}{P^2} \tag{6-196}$$

当形状为圆形时,T 值为 1;当形状为方形时,T 值为 $\pi/4$;当形状为线型时,T 值为 0。

6. 投影特征

根据二值投影理论,若二值目标图像区域无孔洞且为凸形,则两组正交投影可唯一地确定出目标形状特征。一个图像函数 $r(x,y)$ 在 (x,y) 平面中沿给定方向垂直投影到直线上的投影定义为

$$P_{\mathrm{w}}(z) = \int r(x,y)\,\mathrm{d}w \tag{6-197}$$

对二值目标图像而言,可以沿图像的行和列方向分别计算其投影值。对于灰度图像,也可以做类似定义。利用灰度图像的投影值可以分析沿行方向或列方向的灰度变化情况。

目标图像识别分类器的设计与雷达 HRRP 识别分类器类似,具体可以参考 6.3.4 节有关分类器内容。

参 考 文 献

[1] SKOLNIK M I. 雷达系统导论[M]. 3 版. 左群声,徐国良,马林,等译. 北京:电子工业出版社,2014.

[2] RICHARDS M A. 雷达信号处理基础[M]. 2 版. 邢孟道,王彤,李真芳,等译. 北京:电子工业出版社,2017.

[3] 吴顺君,梅晓春. 雷达信号处理和数据处理技术[M]. 北京:电子工业出版社,2008.

[4] 黄培康,殷红成,许小剑. 雷达目标特性[M]. 北京:电子工业出版社,2005.

[5] 倪迎红,陈玲. 雷达目标识别及发展趋势预测[J]. 电讯技术,2009,49(11):98-102.

[6] 李永祯,肖顺平,王雪松. 雷达极化抗干扰技术[M]. 北京:国防工业出版社,2010.

[7] PETTENGILL G H, KRAFT L G. Earth Satellite Observation Made with the Millstone Hill Radar. Avionics Research: Satellite and Problems of Long Range Detection and Tracking[M]. New York, United States: Pergamon Press, 1960.

[8] INGWERSEN P, LEMNIOS W Z. Radars for Ballistic Missile Defense Research[J]. Lincoln Laboratory Journal, 2000, 12(2): 245-266.

[9] FREEMAN E C. MIT Lincoln Laboratory: Technology in the National Interest[J]. Lincoln Laboratory Journal, 1995(8): 83.

[10] COLLIER C G. Radar Meteorology in the United Kingdom[C]// 22nd Conference on Radar Meteorology. Zurich: [s. n.], 1984: 1-8.

[11] 王致君. 偏振气象雷达发展现状及其应用潜力[J]. 高原气象,2002(5):495-500.

[12] CHRISTENSEN E L, DALL J. EMISAR: A Dual-frequency, Polarimetric Airborne SAR [C]// IEEE International Geoscience and Remote Sensing Symposium. Toronto: IEEE, 2002:1711-1713.

[13] FETTER S, SESSLER A M, CORNWALL J M, et al. Countermeasures: A Technical Evaluation of the Operational Effectiveness of the Planned US National Missile Defense System[R]. Union of Concerned Scientist, Cambridge MA, 2000.

[14] GIULI D, FOSSI M, FACHERIS L. Radar Target Scattering Matrix Measurement Through Orthogonal Signals[J]. IEE proceedings F, 1993, 140(4):233-242.

[15] SCOTT R D, KREHBIEL P R, RISON W. The Use of Simultaneous Horizontal and Vertical Transmissions for Dual-Polarization Radar Meteorological Observations[J]. Journal of Atmospheric and Oceanic Technology, 2001, 18(4):629-648.

[16] GIULI D, FACHERIS L, FOSSI M, et al. Simultaneous Scattering Matrix Measurement Through Signal Coding[C]// IEEE International Radar Conference. Arlington: IEEE, 1990: 258-262.

[17] KROGAGER E. New Decomposition of the Radar Target Scattering Matrix[J]. Electonics Letters, 1990, 18(26):1525-1527.

[18] KROGAGER E. Aspects of Polarimetric Radar Imaging[D]. Lyngby, Denmark: TUD, 1993.

[19] KROGAGER E, CZYZ Z H. Properties of the Sphere, Deplane and Helix Decomposition[C]// 3rd International Workshop on Radar Polarimetry. Univ Nantes: France, 1995:106-114.

[20] CAMERON W L, LEUNG L K. Feature Motivated Polarization Scattering Matrix Decomposition[C]// IEEE International Conference on Radar. Arlington: IEEE, 1990:549-557.

[21] CAMERON W L, LEUNG L K. Identification of Elemental Polarimertric Scatter Responses in High-Resolution ISAR and SAR Signature Measurements[C]// In Proceedings of JIPR. Nantes: [s. n.], 1992:196-212.

[22] CAMERON W L, YOUSSEF N N, LEUNG L K. Simulated Polarimetric Signatures of Primitive Geometrical Shapes[J]. IEEE Transactions on Geoscience and Remote Sensing, 1996, 34 (3):793-803.

[23] TOUZI R, CHARBONNEAU F. Characterization of Target Symmetric Scattering Using Polarimetric SARs[J]. IEEE Transactions on Geoscience and Remote Sensing, 2002, 40(11):2507-2516.

[24] TOUZI R, BOERNER W M, LEE J S. et al. A Review of Polarimetry in the Context of Synthetic Aperture Radar: Concepts and Information Extraction[J]. Canadian Journal of Remote Sensing, 2004, 30(3):380-407.

[25] HUYNEN J R. Phenomenological Theory of Radar Targets [D]. Delft, Nederland: TU Delft, 1970.

[26] CLOUDE S R. Polarimetry: The Characterization of Polarimetric Effects in EM Scattering [D]. Birmingham, United Kingdom: University of Birmingham, 1986.

[27] HOLM W A,BARNES R M. On Radar Polarization Mixed Target State Decomposition Techniques [C]// IEEE National Radar Conference. 3rd Ann Arbor,MI,USA:IEEE,1988:249-254.
[28] FREEMAN A,DURDEN S L. A Three-Component Scattering Model for Polarimetric SAR Data[J]. IEEE Transactions on Geoscience and Remote Sensing,1998,36(3):963-973.
[29] CLOUDE S R,POTTIER E. An Entropy Based Classification Scheme for Land Applications of Polarimetric SAR[J]. IEEE Transactions on Geoscience and Remote Sensing,1997,35(1):68-78.
[30] 司伟健,陈涛,林晴晴. 超宽频带被动雷达寻的器测向技术[M]. 北京:国防工业出版社,2014.
[31] 熊学文,刘佳琪. 干扰机中基于 CORDIC 算法的检波与鉴相实现[J]. 航天电子对抗,2010,26(5):47-49.
[32] 沈建龙. 低时延-消耗 CORDIC 算法及结构的技术研究[D]. 长沙:湖南大学,2014.
[33] 黎聪. 雷达的信号分选技术研究[D]. 成都:电子科技大学,2015.
[34] 吕松玲. 脉冲雷达信号分选识别算法研究[D]. 成都:电子科技大学,2016.
[35] 孟爱权. 宽带侦察接收机中信号处理的设计与实现[D]. 西安:西安电子科技大学,2010.
[36] 何伟. 雷达信号分选关键算法研究[D]. 成都:电子科技大学,2007.
[37] 梁睿海,吴叶楠,袁乃昌. 常用脉冲重复间隔估计算法[J]. 航空计算技术,2005(2):112-115.
[38] 赵长虹. 重频分选与跟踪算法的研究[D]. 西安:西安电子科技大学,2003.
[39] 邹顺. 雷达信号分选与细微特征分析[D]. 西安:西北工业大学,2006.
[40] 唐瑭. 高信号密度雷达脉冲分选算法研究[D]. 郑州:中国人民解放军信息工程大学,2006.
[41] MARDIA H K. Digital Signal Processing for Radar Recognition in Dense Radar Environments [D]. Leeds,United Kingdom:University of Leeds,1988.
[42] NISHIGUCHI K,KOBAYASHI M. Improved Algorithm for Estimating Pulse Repetition Intervals[J]. IEEE Transactions on Aerospace and Electronic Systems,2000,36(2):407-421.
[43] MOORE J B,KRISHNAMURTHY V. De-interleaving Pulse Trains Using Discrete-Time Stochastic Dynamic-Linear Models[J]. IEEE Transactions on Signal Processing,1994,42(11):3092-3103.
[44] 张天序,王岳环,钟胜. 飞行器光学寻的制导信息处理技术[M]. 北京:国防工业出版社,2014.
[45] 张春晓. 红外图像非均匀性校正算法及软件开发[D]. 武汉:华中科技大学,2010.
[46] 张天序,石岩,曹治国. 红外焦平面非均匀性噪声的空间频率特性及空间自适应非均匀性校正方法改进[J]. 红外与毫米波学报,2005,24(4):255-260.

第 7 章　复合寻的制导信息融合技术

7.1　信息融合基本概念与状态滤波

7.1.1　信息融合的基本概念

根据美国国防部三军实验室理事联席会（Joint Directors of Laboratories，JDL）的定义，信息融合就是一种多层次、多方面的处理过程，主要完成来自多个信息源的数据或信息的自动检测（Detection）、关联（Association）、相关（Correlation）、估计（Estimation）和组合（Combination）等的处理。为拓宽其适用范围，JDL 后来又将信息融合的定义修正为：信息融合是一个数据或信息综合过程，用于估计或预测实体状态[1-2]。

复合寻的制导系统是典型的多传感器系统，其数据处理过程本质上是通过多个信息源对目标区域进行探测，利用多个信息源对目标的探测数据，估计或预测目标状态，引导导弹飞行的过程。

与单一信息源相比，多源信息融合存在多方面优势的根本原因是信息的冗余性和互补性。通过多源信息融合，可以提高系统的战场环境感知能力，增强系统的推理与认知能力，辅助系统做出合理决策，进而改善系统的工作性能。从认知角度看，多源信息融合是一个从现实物理空间的能量向信号、数据、状态向量、符号和知识逐步转换的过程[3]。

信息融合模型设计是多源信息融合的关键问题。信息融合模型主要包括功能模型、结构模型和数学模型[4]。其中，功能模型是从融合过程的角度，表述信息融合系统及其子系统的主要功能和作用，以及系统工作时各组成部分之间的相互作用关系；结构模型主要从信息流的角度，说明信息融合系统的工作方式，以及系统与外部环境的信息交互过程；数学模型主要是指信息融合算法和综合逻辑。基于 JDL 五级模型的军事应用模型目前是我国工程界普遍认可的模型[5]，如图 7-1 所示。

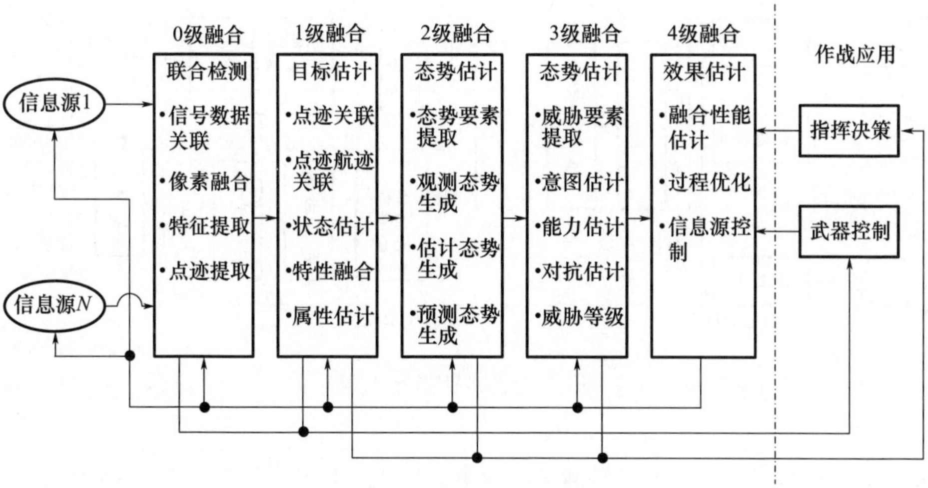

图 7-1　JDL 五级军事应用模型

第 0 级融合指的是对多类(多介质、多频谱)传感器原始测量信号(数据或图像)进行融合,以联合检测弱信号目标(隐身或机动目标)。第 1 级融合是依据多源感知信息对战场目标进行定位、识别和跟踪。第 0 级和第 1 级融合通常采用集中式融合结构、分布式融合结构和混合式融合结构[5],分别如图 7-2(a)、(b)、(c)所示,图中,S_1,S_2,…,S_N 表示传感器。

在图 7-2(a)所示的集中式融合结构中,第 0 级和第 1 级融合集中在融合中心处理。对状态处理来说,各信息源信号预处理生成数据点迹(带有不同的虚警概率或者检测概率),传送到融合中心。融合中心进行时空配准后,方能进行融合检测,以生成目标点迹数据,然后再进行点迹数据聚集/关联,生成源于同一目标的测量集合。每个测量集合中的测量分别与已有目标外推点进行点迹-航迹关联处理,若关联成功则对该目标进行状态估计,以进行航迹延续更新;若关联成功但无法唯一分配,则生成融合测量值对该目标进行航迹延续更新;若判定某测量集合源于新目标,则延续几个周期进行航迹起始;若判定某测量集合源于杂波或噪声,则滤除之。对于属性估计处理来说,若观测信息是图像类,则在时空配准后直接进行图像融合,然后对融合后的图像进行特征提取,最后依据提取出的目标属性特征进行属性/身份判定;若观测信息是非图像类,则对属性原始测量数据联合检测到属性参数后,进行数据/参数关联,然后再对源于同一目标的数据特征进行融合,最后进行属性判定。

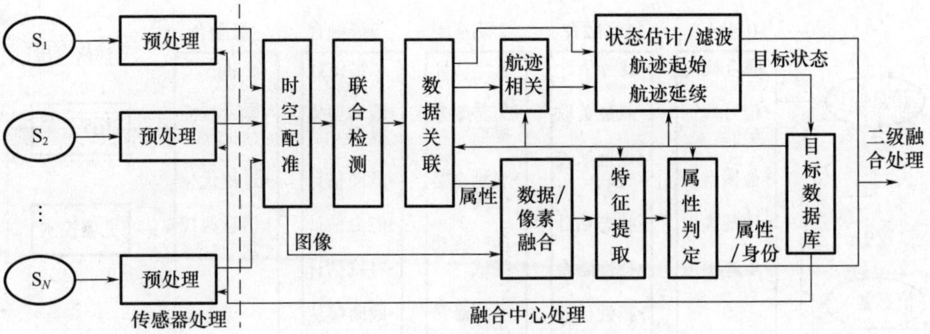

(a) 集中式融合结构

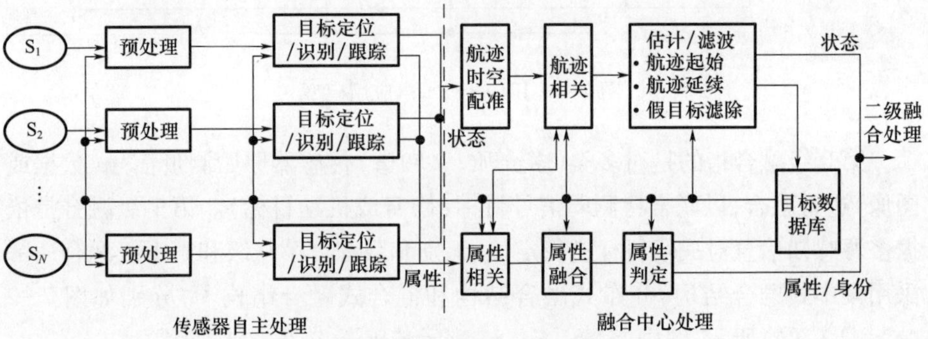

(b) 分布式融合结构（自主式融合结构）

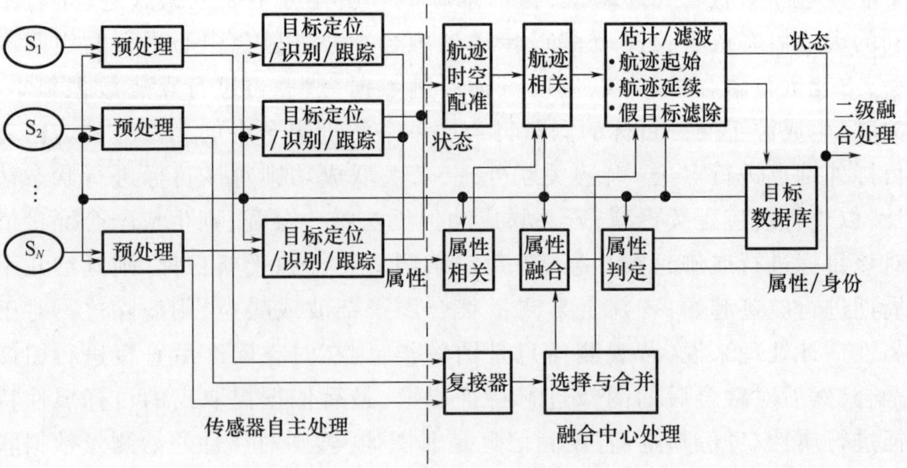

(c) 混合式融合结构

图 7-2　第 0 级和第 1 级融合结构

在图 7-2(b)所示的分布式融合结构中,第 0 级融合由各信息源自主进行,各信息源依据自身观测信息和融合中心反馈的指示(综合状态与属性)信息自主进行目标定位、识别与跟踪。而融合中心则依据信息源各自生成的判定结论(目标状态、属性)进行判定级融合,包括判定目标状态融合和属性估计。此时融合中心的主要功能是时空配准和相关处理及对各信息源处理器的反馈控制。

图 7-2(c)所示的混合式结构除具有分布式的功能结构之外,还将各信息源的原始测量信息复接到融合中心。融合中心根据系统的实际需要,依据某些确定的准则,通过对各信息源重复测量信息的选择与合并,实现航迹相关与属性相关处理。

信息融合是一门综合性很强的交叉学科,其使用的数学工具主要包括概率论、Dempster-Shafer 证据理论、模糊集理论及神经网络,此外,粗糙集理论、条件代数理论、数据挖掘技术、各种优化技术、认知模拟状态的方法以及随机集理论也已经开始或已经用于多传感器数据融合[6-7]。

对 JDL 五级融合模型而言,第 0 级多传感器联合检测所用技术和方法还不系统。第 1 级目标估计融合主要是研究实体本身的特征,如类型、位置、速度和方向等。需要解决的主要问题有数据关联、状态估计、分类、识别与身份判别。第 2 级态势估计主要是建立实体及实体几何之间的关系,最终得到更高级的推理结果,如行动或事件。第 3 级影响估计主要包括威胁等级确定、估计敌方作战能力和企图,以及对我方产生的后果。具有一定的智能处理能力的算法是该领域的主要手段,如聚类和聚集算法、概率网络方法、决策树和基于图的推理、计算智能、认知智能等学习推理方法。第 4 级过程优化主要完成对融合过程的监控和评价,并指导如何获取数据,从而达到最佳的融合效果,主要功能有性能评估、融合控制、任务管理、信息源管理等[8-9]。

7.1.2　卡尔曼滤波

卡尔曼滤波(Kalman Filter,KLF)是一种基于线性最小方差估计准则,利用状态空间方法构建系统模型,通过递推算法完成整个滤波过程,可以在处理器上方便实现。卡尔曼滤波具有较好的滤波性能,在高斯白噪声假设条件下滤波过程能得到最优的状态估计[10]。

考虑以下离散时间线性随机动态系统,该系统受加性高斯白噪声影响,系统的状态方程和量测方程分别为

$$\boldsymbol{x}_{k+1} = \boldsymbol{F}_k \boldsymbol{x}_k + \boldsymbol{G}_k \boldsymbol{u}_k + \boldsymbol{v}_k \tag{7-1}$$

$$\boldsymbol{z}_k = \boldsymbol{H}_k \boldsymbol{x}_k + \boldsymbol{w}_k \tag{7-2}$$

式中：$k=0,1,2,\cdots$；$\boldsymbol{x}_k \in \boldsymbol{R}^{n_x \times 1}$ 为状态向量；$\boldsymbol{u}_k \in \boldsymbol{R}^{n_u \times 1}$ 为已知的输入向量；$\boldsymbol{v}_k \in \boldsymbol{R}^{n_x \times 1}$ 为零均值高斯过程白噪声序列，称为过程噪声，其协方差矩阵为 $\boldsymbol{Q}_k$；$\boldsymbol{z}_k \in \boldsymbol{R}^{n_z \times 1}$ 为观测向量；$\boldsymbol{w}_k \in \boldsymbol{R}^{n_z \times 1}$ 为零均值高斯过程白噪声序列，称为测量噪声，其协方差矩阵为 $\boldsymbol{R}_k$。

$\boldsymbol{F}_k$，$\boldsymbol{G}_k$，$\boldsymbol{H}_k$，$\boldsymbol{Q}_k$ 和 $\boldsymbol{R}_k$ 假定为已知并可能是时变的，换句话说，系统可能是时变的，噪声也可能是非平稳随机噪声。初始状态 $\boldsymbol{x}_0$ 为一位置的高斯分布随机变量，假设其均值和方差已知。过程噪声和测量噪声及初始状态假定是彼此不相关的。

1. 基本卡尔曼滤波

在卡尔曼滤波算法中，只要给定初始状态估计值 $\hat{\boldsymbol{x}}_{0|0}$ 和初始状态估计误差的协方差矩阵 $\boldsymbol{P}_{0|0}$，根据 $k+1$ 时刻的观测值 z_{k+1}，就可以递推计算得到 $k+1$ 时刻的状态估计 $\hat{\boldsymbol{x}}_{k+1|k+1}$ 及其协方差矩阵 $\boldsymbol{P}_{k+1|k+1}$，主要方程和计算步骤如下：

（1）状态一步预测方程

$$\hat{\boldsymbol{x}}_{k+1|k} = \boldsymbol{F}_k \hat{\boldsymbol{x}}_k + \boldsymbol{G}_k u_k \tag{7-3}$$

（2）量测一步预测方程

$$\hat{\boldsymbol{z}}_{k+1|k} = \boldsymbol{H}_k \hat{\boldsymbol{x}}_{k+1|k} \tag{7-4}$$

（3）新息方程

$$\tilde{\boldsymbol{z}}_{k+1|k} = \boldsymbol{z}_{k+1} - \hat{\boldsymbol{z}}_{k+1|k} \tag{7-5}$$

（4）一步预测协方差矩阵方程

$$\boldsymbol{P}_{k+1|k} = \boldsymbol{F}_k \boldsymbol{P}_{k|k} \boldsymbol{F}_k^{\mathrm{T}} + \boldsymbol{Q}_k \tag{7-6}$$

（5）新息协方差矩阵方程

$$\boldsymbol{S}_{k+1} = \boldsymbol{H}_{k+1} \boldsymbol{P}_{k+1|k} \boldsymbol{H}_{k+1}^{\mathrm{T}} + \boldsymbol{R}_{k+1} \tag{7-7}$$

（6）滤波增益方程

$$\boldsymbol{K}_{k+1} = \boldsymbol{P}_{k+1|k} \boldsymbol{H}_{k+1}^{\mathrm{T}} \boldsymbol{S}_{k+1}^{-1} \tag{7-8}$$

（7）状态更新方程

$$\hat{\boldsymbol{x}}_{k+1|k+1} = \hat{\boldsymbol{x}}_{k+1|k} + \boldsymbol{K}_{k+1} \tilde{\boldsymbol{z}}_{k+1|k} \tag{7-9}$$

（8）状态估计协方差矩阵更新方程

$$\boldsymbol{P}_{k+1|k+1} = \boldsymbol{P}_{k+1|k} - \boldsymbol{K}_{k+1} \boldsymbol{S}_{k+1} \boldsymbol{K}_{k+1}^{\mathrm{T}} \tag{7-10}$$

卡尔曼滤波算法一个循环周期的流程如图 7-3 所示。

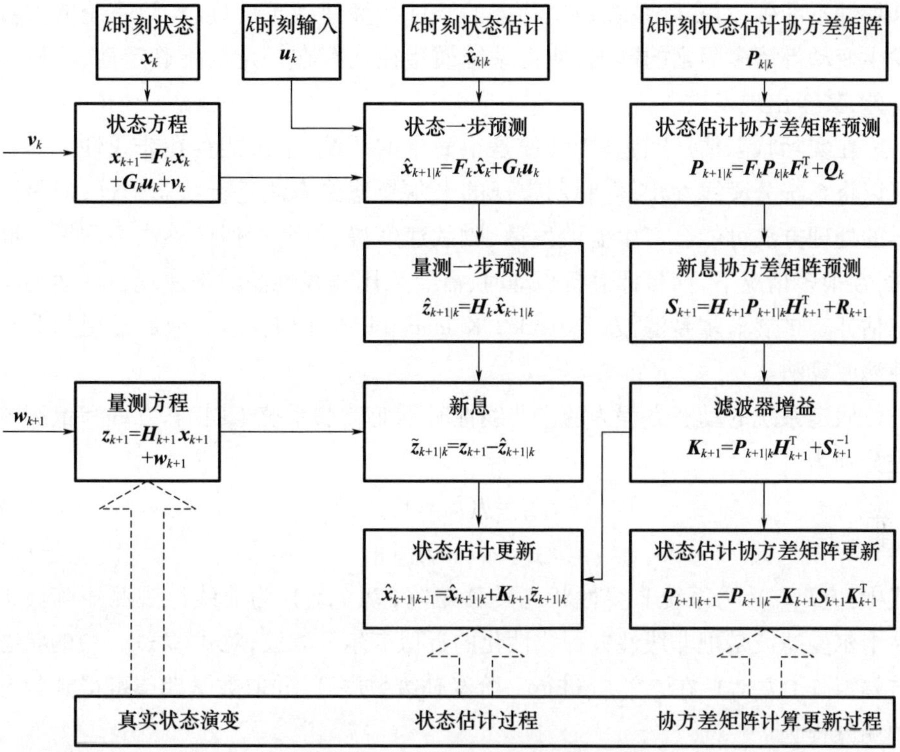

图 7-3　卡尔曼滤波算法流程

图 7-3 中,左边一列表示系统状态在输入变量 $\boldsymbol{u}_k$ 及过程噪声 $\boldsymbol{v}_k$ 作用下从 k 时刻到 $k+1$ 时刻的演变。演变后的 $k+1$ 时刻的系统状态在量测噪声 $\boldsymbol{w}_{k+1}$ 影响下得到新的测量值 z_{k+1}。计算状态更新需要滤波增益,滤波增益矩阵来自协方差矩阵的计算过程。协方差计算过程与系统状态及量测是不相关的,因而不需要实时的计算。大的滤波增益表明系统状态更新量对测量的响应较快,而小的滤波增益表明其对测量的响应较慢。

卡尔曼滤波理论是贝叶斯估计理论对一类状态估计问题的解决办法,是最优的最小均方误差(Minimum Mean Squared Error,MMSE)估计器。假如上述随机变量不是高斯随机变量,而仅知道其均值和方差,则此时卡尔曼滤波器是线性最小均方误差(Linear Minimum Mean Squared Error,LMMSE)估计器。由于具有模型简单、数据存储量小等特点,特别适合用于基于处理器的应用场景,因而得到广泛应用。

2. 扩展卡尔曼滤波[9]

卡尔曼滤波器需要对系统建模,在系统建模过程中,由于模型简化、噪声统计特性不准确、对实际系统初始状态的统计特性建模不准确、实际系统的参数发生变动等诸多因素的影响,使得系统模型往往存在一定的不确定性,鲁棒性变差,甚至出现发散。

在实际状态估计问题中,即使是很简单的系统,也可能存在非线性。尽管可以将系统分段线性化,再利用常规的卡尔曼滤波算法进行状态估计,但是这样的处理方法可能会产生滤波发散、收敛速度慢、模型近似度不高等问题。同时,在很多情况下,如目标进行机动时,需要采用非线性滤波来实现目标运动状态估计。扩展卡尔曼滤波(Extended Kalman Filter,EKF)是一种最常用的非线性滤波算法。

假定系统的动态方程为随机非线性时不变离散系统,其状态方程和量测方程分别为

$$\boldsymbol{x}_{k+1} = \boldsymbol{f}(k,\boldsymbol{x}_k) + \boldsymbol{v}_k \tag{7-11}$$

$$\boldsymbol{z}_k = \boldsymbol{h}(k,\boldsymbol{x}_k) + \boldsymbol{w}_k \tag{7-12}$$

式中:$\boldsymbol{f}(k,\boldsymbol{x}_k)$ 为系统非线性状态转移矩阵;$\boldsymbol{h}(k,\boldsymbol{x}_k)$ 为非线性观测矩阵。扩展卡尔曼滤波是把非线性方程线性化的近似卡尔曼滤波,对式(7-11)中的状态转移矩阵 $\boldsymbol{f}(k,\boldsymbol{x}_k)$ 在 $\hat{\boldsymbol{x}}_{k|k}$ 处进行一阶泰勒级数展开,并取数学期望可得到状态预测方程为

$$\hat{\boldsymbol{x}}_{k+1|k} = \boldsymbol{f}(k,\hat{\boldsymbol{x}}_{k|k}) \tag{7-13}$$

状态预测的协方差方程为

$$\boldsymbol{P}_{k+1|k} = \boldsymbol{F}_k \boldsymbol{P}_{k|k} \boldsymbol{F}_k^{\mathrm{T}} + \boldsymbol{Q}_k \tag{7-14}$$

式中:

$$\boldsymbol{F}_k = \left.\frac{\partial \boldsymbol{f}(k,\boldsymbol{x}_k)}{\partial \boldsymbol{x}_k}\right|_{\boldsymbol{x}_k=\hat{\boldsymbol{x}}_{k|k}} \tag{7-15}$$

是 $\boldsymbol{f}(k,\boldsymbol{x}_k)$ 的雅可比矩阵。

对式(7-12)中的非线性观测矩阵 $\boldsymbol{h}(k,\boldsymbol{x}_k)$ 在 $\hat{\boldsymbol{x}}_{k|k}$ 处进行一阶泰勒级数展开,并取数学期望可得到量测预测方程为

$$\hat{\boldsymbol{z}}_{k+1|k} = \boldsymbol{h}(k+1,\hat{\boldsymbol{x}}_{k+1|k}) \tag{7-16}$$

新息协方差矩阵为

$$\boldsymbol{S}_{k+1} = \boldsymbol{H}_{k+1} P_{k+1|k} \boldsymbol{H}_{k+1}^{\mathrm{T}} + \boldsymbol{R}_{k+1} \tag{7-17}$$

式中:

$$\boldsymbol{H}_{k+1} = \left.\frac{\partial \boldsymbol{h}(k+1,\boldsymbol{x}_{k+1})}{\partial \boldsymbol{x}_{k+1}}\right|_{\boldsymbol{x}_{k+1}=\hat{x}_{k+1|k}} \tag{7-18}$$

是 $\boldsymbol{h}(k,\boldsymbol{x}_k)$ 的雅可比矩阵。

扩展卡尔曼滤波器的其余方程与基本卡尔曼滤波器方程相同，其最大不同在于状态转移方程和量测方程的雅可比矩阵的赋值，从而对于协方差的计算不再同状态估计量无关，不能像基本卡尔曼滤波算法那样独立计算。由于扩展卡尔曼滤波算法的非线性转换引入了状态估计量偏差，且其协方差矩阵的计算也存在误差，只有估计量的偏差与算法计算的误差协方差相比拟时，滤波器才会有较好的性能。

3. 无味卡尔曼滤波[9]

无味卡尔曼滤波(Unscented Kalman Filter, UKF)是 Julier 等提出的一种新的非线性滤波方法，具有类似卡尔曼滤波的算法流程，其最大特点是减少了扩展卡尔曼滤波中引入的非线性误差。它并不对非线性状态方程和观测方程在估计点处进行线性近似，而是利用无味变换(Unscented Transform, UT)在估计点附近确定采样，用这些样本点表示的高斯密度近似状态的概率密度函数，也是假定概率密度函数近似高斯分布，因此，也是一种矩匹配方法。

UT 变换基于两个基本原理：一是在单独的一个点进行非线性变换相对于对整个概率密度函数进行非线性变换而言要简单得多；二是在状态空间中找出一个点集，使得这些点集构成的采样概率密度函数与系统状态向量的真实概率密度函数近似并不是一件很难的事情。基于以上两点，可以找出一种方法以求得变换后的状态均值及方差。

假定一个 n_x 维随机向量 $\boldsymbol{x}$ 及其均值与协方差分别为 $\bar{\boldsymbol{x}}$ 和 $\boldsymbol{P}_x$，由非线性函数 $\boldsymbol{y}=\boldsymbol{h}(\boldsymbol{x})$ 可以得到一个 n_y 维随机向量 $\boldsymbol{y}$，则随机向量 $\boldsymbol{y}$ 的均值及协方差可由 UT 变换确定，具体步骤如下。

(1) 计算 $(2n_x+1)$ 个 σ 采样点向量 $\boldsymbol{x}^{(i)}$ 和相应权值 $\omega^{(i)}$，即

$$\begin{cases}\boldsymbol{x}^{(0)}=\bar{\boldsymbol{x}}, & (i=0)\\ \boldsymbol{x}^{(i)}=\bar{\boldsymbol{x}}+\left(\sqrt{(n_z+\kappa)\boldsymbol{P}_x}\right)_i & (i=1,2,\cdots,n_x)\\ \boldsymbol{x}^{(i+n_x)}=\bar{\boldsymbol{x}}-\left(\sqrt{(n_z+\kappa)\boldsymbol{P}_x}\right)_i & (i=1,2,\cdots,n_x)\end{cases} \tag{7-19}$$

$$\begin{cases}\omega^{(0)}=\dfrac{\kappa}{n_x+\kappa} & (i=0)\\ \omega^{(i)}=\dfrac{1}{2(n_x+\kappa)} & (i=1,2,\cdots,n_x)\\ \omega^{(i+n_x)}=\dfrac{1}{2(n_x+\kappa)} & (i=1,2,\cdots,n_x)\end{cases} \tag{7-20}$$

式中：κ 为伸缩因子；$n_x+\kappa>0$；$\left(\sqrt{(n_z+\kappa)\boldsymbol{P}_x}\right)_i$ 是矩阵 $\left(\sqrt{(n_z+\kappa)\boldsymbol{P}_x}\right)$ 的第 i 列(或行)；$\omega^{(i)}$ 是第 i 个采样点的权重。

(2) 将每个 σ 采样点向量通过非线性函数进行传播，即得到采样点的变换点

$$\boldsymbol{y}^{(i)}=\boldsymbol{h}(\boldsymbol{x}^{(i)})\quad(i=0,1,\cdots,2n_x)\tag{7-21}$$

(3) $\boldsymbol{y}$ 的均值及协方差的近似值可以确定如下：

$$\bar{\boldsymbol{y}}=\sum_{i=0}^{2n_x}\omega^{(i)}\boldsymbol{y}^{(i)}\tag{7-22}$$

$$\boldsymbol{P}_y=\sum_{i=0}^{2n_x}\omega^{(i)}(\boldsymbol{y}^{(i)}-\bar{\boldsymbol{y}})(\boldsymbol{y}^{(i)}-\bar{\boldsymbol{y}})^{\mathrm{T}}\tag{7-23}$$

假定系统的状态方程和量测方程如式(7-11)和式(7-12)所示，在 k 时刻，系统状态估计及协方差矩阵分别为 $\hat{\boldsymbol{x}}_{k|k}$ 和 $\boldsymbol{P}_{k|k}$，状态维数为 n_x。通过 UT 变换对其密度函数确定采样，取 $2n_x+1$ 个加权样本点或 σ 采样点，这些样本点的均值及协方差矩阵分别匹配 $\hat{\boldsymbol{x}}_{k|k}$ 和 $\boldsymbol{P}_{k|k}$，即

$$\begin{cases}\boldsymbol{x}_{k|k}^{(0)}=\hat{\boldsymbol{x}}_{k|k}, & \omega^{(0)}=\dfrac{\kappa}{n_x+\kappa}\quad(i=0)\\ \boldsymbol{x}_{k|k}^{(i)}=\hat{\boldsymbol{x}}_{k|k}+\left(\sqrt{(n_z+\kappa)\boldsymbol{P}_{k|k}}\right)_i, & \omega^{(i)}=\dfrac{\kappa}{n_x+\kappa}\quad(i=1,2,\cdots,n_x)\\ \boldsymbol{x}_{k|k}^{(i+n_x)}=\hat{\boldsymbol{x}}_{k|k}-\left(\sqrt{(n_z+\kappa)\boldsymbol{P}_{k|k}}\right)_i, & \omega^{(i+n_x)}=\dfrac{\kappa}{n_x+\kappa}\quad(i=1,2,\cdots,n_x)\end{cases}\tag{7-24}$$

根据式(7-13)计算这些样本点的一步预测

$$\hat{\boldsymbol{x}}_{k+1|k}^{(i)}=\boldsymbol{f}(k,\hat{\boldsymbol{x}}_{k|k}^{(i)})\quad(i=0,1,2,\cdots,2n_x)\tag{7-25}$$

系统状态的一步预测值为样本点一步预测的加权平均值

$$\hat{\boldsymbol{x}}_{k+1|k}=\sum_{i=0}^{2n_x}\omega^{(i)}\hat{\boldsymbol{x}}_{k+1|k}^{(i)}\tag{7-26}$$

状态预测协方差为

$$\boldsymbol{P}_{k+1|k}=\sum_{i=0}^{2n_x}\omega^{(i)}(\hat{\boldsymbol{x}}_{k+1|k}-\hat{\boldsymbol{x}}_{k+1|k}^{(i)})(\hat{\boldsymbol{x}}_{k+1|k}-\hat{\boldsymbol{x}}_{k+1|k}^{(i)})^{\mathrm{T}}\tag{7-27}$$

利用每个样本点对量测值进行一步预测

$$\hat{\boldsymbol{z}}_{k+1|k}^{(i)}=\boldsymbol{h}(k+1,\hat{\boldsymbol{x}}_{k+1|k}^{(i)})=\boldsymbol{h}(k+1,\boldsymbol{f}(k,\hat{\boldsymbol{x}}_{k|k}^{(i)}))\quad(i=0,1,2,\cdots,2n_x)\tag{7-28}$$

系统测量预测为所有样本点对量测值一步预测的加权均值

$$\hat{z}_{k+1 \mid k} = \sum_{i=0}^{2n_x} \omega^{(i)} \hat{z}_{k+1 \mid k}^{(i)} \tag{7-29}$$

系统测量预测的协方差为

$$S_{k+1} = \sum_{i=0}^{2n_x} \omega^{(i)} [\hat{z}_{k+1 \mid k} - \hat{z}_{k+1 \mid k}^{(i)}] [\hat{z}_{k+1 \mid k} - \hat{z}_{k+1 \mid k}^{(i)}]^{\mathrm{T}} \tag{7-30}$$

系统增益矩阵为

$$K_{k+1} = \left\{ \sum_{i=0}^{2n_x} \omega^{(i)} [\hat{x}_{k+1 \mid k} - \hat{x}_{k+1 \mid k}^{(i)}] [\hat{x}_{k+1 \mid k} - \hat{x}_{k+1 \mid k}^{(i)}]^{\mathrm{T}} \right\} S_{k+1}^{-1} \tag{7-31}$$

系统状态估计及其协方差矩阵为

$$\hat{x}_{k+1 \mid k+1} = \hat{x}_{k+1 \mid k} + K_{k+1} \cdot [z_{k+1} - \hat{z}_{k+1 \mid k}] \tag{7-32}$$

$$P_{k+1 \mid k+1} = P_{k+1 \mid k} + K_{k+1} S_{k+1} K_{k+1}^{-1} \tag{7-33}$$

无味滤波处理非线性并不需要在上一时刻估计点附近进行泰勒级数展开然后进行近似,而是在估计点附近进行 UT 变换,使获得的采样点均值和方差与原统计特性匹配,再直接对这些采样点进行非线性映射,因此是一种统计近似而非解析近似。

对于非线性系统,与扩展卡尔曼滤波相比,无味滤波不需要计算矩阵的雅可比式,计算简单且容易实现[10]。

7.1.3 粒子滤波

最大非线性贝叶斯估计由于涉及积分运算,一般很难得到解析解,为此产生了大量的次优算法,基本可以分为矩估计和概率密度估计两类[10]。矩估计法假定概率密度函数近似是高斯的,从而前二阶矩可以完全表示其统计特性,通过求解期望值和协方差进行非线性滤波,如 UKF 滤波。密度估计方法中,较为典型的是粒子滤波算法[11-12]。

粒子滤波是基于蒙特卡罗积分的方法[13-14]。蒙特卡罗积分的核心思想是将积分值看成某种随机变量的数学期望,并用采样方法加以估计[15]。设 $\boldsymbol{x} \in \boldsymbol{R}^{n_x}$ 为 n_x 维空间向量,考虑积分

$$I = \int_{R^{n_x}} g(x) \mathrm{d}x \tag{7-34}$$

可以将被积函数 $g(x)$ 分解为

$$g(x) = f(x) p(x) \tag{7-35}$$

式中: $p(x)$ 为状态变量 x 的概率密度函数,满足 $p(x) \geqslant 0$ 且

$$\int_{R^{n_x}} p(x)\,\mathrm{d}x = 1 \tag{7-36}$$

同时，I 可以看成 $f(x)$ 的数学期望，即 $I = \boldsymbol{E}[f(x)]$ 。

假设概率密度函数 $p(x)$ 可以产生独立同分布的样本 $\{x^{(i)}, i = 1,2,\cdots, N_s\}$，则对积分

$$I = \int_{R^{n_x}} g(x)\,\mathrm{d}x = \int_{R^{n_x}} f(x)p(x)\,\mathrm{d}x \tag{7-37}$$

的估计就可以采用样本平均法，即

$$\bar{I} = \frac{1}{N_s}\sum_{i=1}^{N_s} f(x^{(i)}) \tag{7-38}$$

即当所求解的问题为某个随机变量的期望值时，可以通过某种试验的办法得到这个随机变量的平均值，并用它作为问题的解。

假设直到 k 时刻的量测值集合为 $\mathbf{Z}_k = \{z_1, z_2, \cdots, z_k\}$ ，其中各元素独立同分布，根据贝叶斯定理可以获得每一变量相对于未知参数 x 的条件概率密度，即 x 的后验概率密度为

$$p(x \mid \mathbf{Z}_k) = \frac{p(\mathbf{Z}_k \mid x)\,p(x)}{p(\mathbf{Z}_k)} = \frac{p(\mathbf{Z}_k \mid x)\,p(x)}{\int p(\mathbf{Z}_k \mid x)\,p(x)\,\mathrm{d}x} \tag{7-39}$$

贝叶斯定理的实质就是后验概率分布密度正比于似然函数和先验概率分布密度的乘积，即

$$p(x \mid \mathbf{Z}_k) = p(\mathbf{Z}_k \mid x)\,p(x) \tag{7-40}$$

设 $\boldsymbol{x}_k$ 为目标 k 时刻的状态向量，目标的状态方程和量测方程为

$$\boldsymbol{x}_k = \boldsymbol{f}(x_{k-1}, \boldsymbol{v}_{k-1}) \tag{7-41}$$

$$z_k = h(x_k, w_k) \tag{7-42}$$

其中，v_k 和 w_k 分别表示状态噪声和量测噪声。目标的状态估计本质上就是利用当前时刻的量测值 z_k 递推估计目标状态 x_k 的过程。首先构造条件概率分布函数 $p(x_k \mid \mathbf{Z}_k)$ ，假设先验分布 $p(x_0)$ 已知，并且初始条件概率分布函数 $p(x_0 \mid \mathbf{Z}_0) \equiv p(x_0)$ ，则 $p(x_k \mid \mathbf{Z}_k)$ 可以根据贝叶斯递推估计得到，其状态预测过程为

$$p(x_k \mid \mathbf{Z}_{k-1}) = \int p(x_k \mid x_{k-1})\,p(x_{k-1} \mid \mathbf{Z}_{k-1})\,\mathrm{d}x_{k-1} \tag{7-43}$$

状态更新过程为

$$p(x_k \mid \mathbf{Z}_k) = \frac{p(z_k \mid x_k)\,p(x_k \mid \mathbf{Z}_{k-1})}{p(z_k \mid \mathbf{Z}_{k-1})} \tag{7-44}$$

式中：

$$p(z_k \mid \mathbf{Z}_{k-1}) = \int p(z_k \mid x_k)\, p(x_k \mid \mathbf{Z}_{k-1})\, \mathrm{d}x_k \tag{7-45}$$

用 x_k 表示 k 时刻的状态，$\{x_k^{(i)}, i = 1,2,\cdots,N_s\}$ 表示 k 时刻从后验概率密度分布中采样得到的样本集合，$\{w_k^{(i)}, i = 1,2,\cdots,N_s\}$ 表示每个样本对应的归一化权重,利用蒙特卡罗方法估计得到的 k 时刻目标状态的后验概率密度函数可以近似为

$$p(x_k \mid \mathbf{Z}_k) \approx \sum_{i=1}^{N_s} w_k^{(i)} \delta(x_k - x_k^{(i)}) \tag{7-46}$$

有时无法从 $p(x_k \mid \mathbf{Z}_k)$ 中直接抽样得到样本 $x_k^{(i)}$（$i = 1,2,\cdots,N_s$）,那么就需要一个易于抽样的概率分布 $q(x_k \mid \mathbf{Z}_k)$,而且它与目标的后验概率分布相似,这样的概率分布函数称为重要度函数,式(7-46)中的归一化权重可以表示为

$$w_k^{(i)} \propto \frac{p(x_k^{(i)} \mid \mathbf{Z}_k)}{q(x_k^{(i)} \mid \mathbf{Z}_k)} \tag{7-47}$$

如果离散系统各个时刻观测值相互独立,且服从马尔可夫过程(即系统状态 k 时刻的状态只与 $k-1$ 时刻的状态有关),则可以进一步分解重要度函数为

$$q(x_k \mid \mathbf{Z}_k) = q(x_k \mid x_{k-1}, \mathbf{Z}_k)\, q(x_{k-1} \mid \mathbf{Z}_{k-1}) \tag{7-48}$$

样本的递推过程为 $k-1$ 时刻从 $q(x_{k-1} \mid \mathbf{Z}_{k-1})$ 抽取样本 $x_{k-1}^{(i)}$（$i = 1,2,\cdots,N_s$）之后,在 k 时刻增加服从 $q(x_k \mid x_{k-1}, \mathbf{Z}_k)$ 分布的新样本 $x_k^{(i)}$,根据式(7-44)进行分解,后验概率密度的递推公式为

$$\begin{aligned} p(x_k \mid \mathbf{Z}_k) &= \frac{p(z_k \mid x_k, \mathbf{Z}_{k-1})\, p(x_k \mid \mathbf{Z}_{k-1})}{p(z_k \mid \mathbf{Z}_{k-1})} \\ &= \frac{p(z_k \mid x_k, \mathbf{Z}_{k-1})\, p(x_k \mid x_{k-1}, \mathbf{Z}_{k-1})\, p(x_{k-1} \mid \mathbf{Z}_{k-1})}{p(z_k \mid \mathbf{Z}_{k-1})} \\ &= \frac{p(z_k \mid x_k)\, p(x_k \mid x_{k-1})\, p(x_{k-1} \mid \mathbf{Z}_{k-1})}{p(z_k \mid \mathbf{Z}_{k-1})} \\ &\propto p(z_k \mid x_k)\, p(x_k \mid x_{k-1})\, p(x_{k-1} \mid \mathbf{Z}_{k-1}) \end{aligned} \tag{7-49}$$

从而归一化权重的递推公式为

$$\begin{aligned} w_k^{(i)} &\propto \frac{p(z_k \mid x_k)\, p(x_k \mid x_{k-1})\, p(x_{k-1} \mid \mathbf{Z}_{k-1})}{q(x_k \mid x_{k-1}, \mathbf{Z}_k)\, q(x_{k-1} \mid \mathbf{Z}_{k-1})} \\ &= w_{k-1}^{(i)} \frac{p(z_k \mid x_k)\, p(x_k \mid x_{k-1})}{q(x_k \mid x_{k-1}, \mathbf{Z}_k)} \end{aligned} \tag{7-50}$$

因为系统是马尔可夫过程,当前状态只与前一时刻有关,重要度函数 $q(x_k \mid x_{k-1}, \mathbf{Z}_k)$ 可以近似为 $q(x_k \mid x_{k-1}, z_k)$,则重要度函数就可以只利用 x_{k-1} 和 z_k 计算得到,计算时仅需要存储 k 时刻的粒子状态集合 $x_k^{(i)}$ ($i = 1,2,\cdots,N_s$),而不必关心过去时刻的粒子集 $x_k^{(i-1)}$ ($i = 1,2,\cdots,N_s$)和过去时刻的量测集合 $\mathbf{Z}_{k-1}$,从而归一化权重递推公式可以改写为

$$w_k^{(i)} \propto w_{k-1}^{(i)} \frac{p(z_k \mid x_k^{(i)})\, p(x_k^{(i)} \mid x_{k-1}^{(i)})}{q(x_k^{(i)} \mid x_{k-1}^{(i)}, z_k)} \tag{7-51}$$

如果重要度函数选择最易实现先验概率密度,即

$$q(x_k \mid x_{k-1}, z_k) = p(x_k \mid x_{k-1}) \tag{7-52}$$

式(7-51)可以改写成

$$w_k^{(i)} \propto w_{k-1}^{(i)} p(z_k \mid x_k^{(i)}) \tag{7-53}$$

$p(z_k \mid x_k^{(i)})$ 是似然函数,从而权重与粒子的似然函数成正比,后验概率分布函数可表示为

$$p(x_k \mid \mathbf{Z}_k) \approx \sum_{i=1}^{N_s} w_k^{(i)} \delta(x_k - x_k^{(i)}) \tag{7-54}$$

当样本数很大时,式(7-54)可逼近真实的 k 时刻目标状态 x_k 的后验概率。

理论证明,通常经过若干次迭代后,除了少数粒子外,其余粒子的权值均可忽略不计,只剩下一个权重较大的有效粒子,即粒子退化或湮灭问题[13,16]。解决这一问题的有效方法是重采样算法,其原理是将权重较大的粒子复制多份,而权重较小的粒子复制少份甚至删除,然后对新粒子赋予等权重。

设某时刻粒子集为 $\{x_k^{(i)}, \omega_k^{(i)}, i = 1,2,\cdots,N_s\}$,重采样算法步骤如下:

(1) 将[0,1]区间划分为 N_s 个子空间,第 i 个子空间的起始端点记为 $c^{(i)}$,满足

$$c^{(0)} = 0, c^{(i)} = c^{(i-1)} + \omega_k^{(i)} \tag{7-55}$$

(2) 在[0,1]区间上采样得到第 i 个随机数 $u_i (i = 1,2,\cdots,N_s)$,寻找第 j 个子空间,使得

$$c^{(j-1)} \leqslant u_i \leqslant c^{(j)} \tag{7-56}$$

(3) 把第 i 个粒子的信息修改为第 j 个粒子的信息,即 $x_k^{(i^*)} = x_k^{(j)}$,重复步骤(2) N_s 次,得到新粒子集 $\{x_k^{(i^*)}, i = 1,2,\cdots,N_s\}$。重采样之后,粒子权重为等权重,即 $\omega_k^{(i)} = 1/N_s$。

根据重采样是否需要每一次递推都执行,粒子滤波可以分为序贯重要性采样(Sequential Important Sampling, SIS)和序贯重要性重采样(Sequential Importance Resampling, SIR)[9]。SIR 每一次递推都要执行重采样,而 SIS 通过计算相对数值效率(Relative Numerical Efficiency, RNE)来确定有效样本数量,衡量粒子退化程度,决定是否需要重新采样。RNE 可近似表示为

$$N_{k+1}^{\text{eff}} \approx \left(\sum_{i=1}^{N_s} (\omega_k^{(i)})^2 \right)^{-1} \tag{7-57}$$

如果 $N_{k+1}^{\text{eff}} \leqslant \dfrac{2N_s}{3}$,则执行重采样;否则不执行重采样,进入下一步递推。

标准粒子滤波算法可以总结如下[9,17]:

(1) 初始化。

由先验概率 $p(x_0)$ 产生粒子群 $\{x_0{}^{(i)}, i = 1,2,\cdots,N_s\}$,所有粒子权值为 $\omega_0^{(i)} = 1/N_s$。

(2) 序贯重要性采样。

选取先验概率作为重要性密度函数,即

$$q(x_k \mid x_{k-1}, z_k) = p(x_k \mid x_{k-1}) \tag{7-58}$$

从重要性密度分布中抽样得到 N_s 个样本 $\{x_k^{(i)}, i = 1,2,\cdots,N_s\}$。

计算各粒子权值

$$w_k^{(i)} = w_{k-1}^{(i)} p(z_k \mid x_k^{(i)}) \tag{7-59}$$

归一化权值

$$w_k^{(i)} = \frac{w_{k-1}^{(i)}}{\sum_{i=1}^{N_s} w_{k-1}^{(i)}} \tag{7-60}$$

(3) 重采样。

若 $N_{k+1}^{\text{eff}} \approx \left(\sum_{i=1}^{N_s} (\omega_k^{(i)})^2 \right)^{-1} \leqslant \dfrac{2N_s}{3}$,则进行重采样,将原来的加权样本 $\{x_k^{(i)}, \omega_k^{(i)}, i = 1,2,\cdots,N_s\}$ 映射为等权样本 $\left\{x_k^{(i)}, \dfrac{1}{N}, i = 1,2,\cdots,N_s\right\}$。

(4) 状态估计。

$$\hat{x}_k = \sum_{i=1}^{N_s} \omega_k^{(i)} x_k^{(i)} \tag{7-61}$$

$$\boldsymbol{P}_k = \sum_{i=1}^{N_s} \omega_k^{(i)} (\hat{x}_k^{(i)} - \hat{x}_k)(\hat{x}_k^{(i)} - \hat{x}_k)^{\mathrm{T}} \tag{7-62}$$

7.2 时空配准

7.2.1 时间配准

复合寻的制导系统中,各传感器通常是异类传感器,通常对目标状态的测量存在时间上的不同步问题,因此复合寻的制导系统处理的多传感器数据通常是异步数据。异步问题通常分为两类:一类是由于各传感器具有不同的采样率造成的异步问题,另一类是由于各传感器的数据传输延时造成的异步问题。为提高目标状态估计精度,通常需要在传感器数据融合时进行时间配准处理[18]。目前,解决的主要方法有内插外推法[19]、最小二乘法、曲线拟合法等。

1. 内插外推法

内插外推法是采用时间片技术,将高采样率的量测数据推算到低采样率的传感器量测数据对应的时间点上,即在同一时间片内,对各传感器的数据按照测量时间进行增量排序,然后将高采样率的量测数据向低采样率的量测数据对应的时间点进行内插、外涂,以形成等间隔的多传感器同步的量测数据。

假设 $t_{k,i-1}, t_{k,i}, t_{k,i+1}$ 时刻的量测数据为 z_{i-1}, z_i, z_{i+1},运用拉格朗日三点插值法可以内插计算 t_i 时刻的测量值为

$$t_i = \frac{(t_i - t_{k,i})(t_i - t_{k,+1})}{(t_{k,i-1} - t_{k,i})(t_{k,i-1} - t_{k,i+1})} z_{i-1} + \frac{(t_i - t_{k,i-1})(t_i - t_{k,i+1})}{(t_{k,i} - t_{k,i-1})(t_{k,i} - t_{k,i+1})} z_i + \frac{(t_i - t_{k,i-1})(t_i - t_{k,i})}{(t_{k,i+1} - t_{k,-1})(t_{k,i+1} - t_{k,j})} z_{i-1} \tag{7-63}$$

2. 最小二乘法

假定两传感器采样周期之比 n 为整数,则可以采用最小二乘法进行时间配准。最小二乘法的基本思想是采用最小二乘规则将采样率高的传感器的 n 次测量值融合成一个虚拟的测量值作为该传感器在第 k 时刻测量值,然后与低采样率传感器的测量值进行融合,从而得到第 k 时刻两传感器目标状态的融合值。

若传感器 1 对目标状态最近一次更新时间为 $(k-1)\tau$,下一次更新时间为 $k\tau = (k-1)\tau + nT$;传感器 2 对目标状态最近一次更新时间为 $(k-1)T$,下一次更新时间为 kT,即在连续两次目标状态更新之间,传感器 2 有 n 次测量值。

可采用最小二乘规则将这 n 次测量值融合成一个虚拟的测量值,将其作为 k 时刻传感器 2 的测量值,再和传感器 1 的测量值进行融合。

用 $\boldsymbol{Z}_n = \{z_1, z_2, \cdots, z_n\}$ 表示 $k-1$ 到 k 时刻传感器的 n 个测量值集合,与 k 时刻传感器 1 测量值同步,$u=[z, \dot{z}]$ 表示 $z_1, z_2, \cdots, z_n$ 融合后的测量值及其对时间的导数,则传感器 2 的测量值可表示为

$$z_i = z + (i-n)T\dot{z} + v_i \quad (i = 1,2,3,\cdots,n) \tag{7-64}$$

式中:v_i 表示量测噪声,将式(7-64)写成向量形式

$$\boldsymbol{Z}_n = \boldsymbol{W}_n \boldsymbol{U} + \boldsymbol{V}_n \tag{7-65}$$

式中:$\boldsymbol{V}_n = [v_1, v_2, \cdots, v_n]^{\mathrm{T}}$,$\boldsymbol{E}[\boldsymbol{V}_n \boldsymbol{V}_n^{\mathrm{T}}] = \mathrm{diag}[\delta_n^2, \delta_n^2, \cdots, \delta_n^2]$,δ_n^2 为融合前的测量噪声方差。

$$\boldsymbol{W}_n = \begin{bmatrix} 1 & 1 & \cdots & 1 \\ (1-n)T & (2-n)T & \cdots & (n-n)T \end{bmatrix} \tag{7-66}$$

式(7-65)的最小二乘解及其方差的估计值为

$$\hat{\boldsymbol{u}} = [\hat{z}, \dot{z}]^{\mathrm{T}} = (\boldsymbol{W}_n^{\mathrm{T}} \boldsymbol{W}_n)^{-1} \boldsymbol{W}_n^{\mathrm{T}} \boldsymbol{Z}_n \tag{7-67}$$

$$\boldsymbol{R}_u = \delta_n^2 (\boldsymbol{W}_n^{\mathrm{T}} \boldsymbol{W}_n)^{-1} \tag{7-68}$$

进一步推导可以得到

$$\hat{z}_k = c_1 \sum_{i=1}^{n} z_i + c_2 \sum_{i=1}^{n} i z_i \tag{7-69}$$

$$\mathrm{var}\,(\hat{z}_k) = \frac{2\delta_n^2 n(2n+1)}{n(n+1)} \tag{7-70}$$

式中:$c_1 = -2/n$;$c_2 = 6/[n(n+1)]$。

3. 曲线拟合法

工程应用中很多传感器的采样是不均匀的,为此可以利用曲线拟合的时间配准方法。曲线拟合法的基本思想是,选择一个或多个传感器的测量数据,经过对数据进行曲线拟合得到一条曲线,由拟合后的曲线计算其他任意时刻的值,此时可以按照一定的准则将各传感器测得的数据进行融合配准。

假设传感器 1 和传感器 2 分别以不同的采样率对目标进行采样测量,各传感器可以是均匀采样,也可以是非均匀采样。每个传感器在采样时刻 t_i 有一个测量值,记作 (t_i, z_i) 。传感器 1 在某一时间段 $[a, b]$ 内对目标进行了 $n+1$ 次测量,将整个时间区按采样时刻划为 $a = t_0 < t_1 < \cdots < t_n = b$,给定的时刻点对应的测量值 t_i 对应的观测值 $f(t_i) = z_i (i = 0,1,2,\cdots,n)$,构造一个三次样条插值函数 $s(t)$ 使其满足下列条件:

（1）$s(t_i)=z_i, i=0,1,2,\cdots,n$。

（2）$s(t)$ 在每个小区间 $[t_i,t_{i+1}]$ 上是一个三次多项式，且 $i=0,1,2,\cdots,n-1$。

（3）$s(t)$ 在 $[a,b]$ 上具有连续二阶导数。

三次样条插值函数的构造过程如下：

记 $m_i=s''(t_i)$ $(i=0,1,2,\cdots,n)$，即 $s(t)$ 的二阶导数在 t_i 处的值。

（1）在每个小区间 $[t_i,t_{i+1}]$ $(i=0,1,2,\cdots,n-1)$ 内，计算相邻时间点之间的步长 $h_i=t_{i+1}-t_i$ $(i=0,1,2,\cdots,n-1)$。

（2）应用端点边界条件，$s''(t_0)=0$，$s''(t_n)=0$，求解如下矩阵方程，得到二次微分值 m_i：

$$\begin{bmatrix} 1 & 0 & 0 & & \cdots & & 0 \\ h_0 & 2(h_0+h_1) & h_1 & 0 & & & \\ 0 & h_1 & 2(h_1+h_2) & h_2 & 0 & & \\ 0 & 0 & h_2 & 2(h_2+h_3) & h_3 & & \vdots \\ \vdots & & & \ddots & \ddots & \ddots & \\ & & & 0 & h_{0-2} & 2(h_{n-2}+h_{n-3}) & h_{n-1} \\ 0 & \cdots & & & 0 & 0 & 1 \end{bmatrix} \begin{bmatrix} m_0 \\ m_1 \\ m_2 \\ m_3 \\ \vdots \\ m_n \end{bmatrix}$$

$$= 6\begin{bmatrix} 0 \\ \dfrac{z_2-z_1}{h_1}-\dfrac{z_1-z_0}{h_0} \\ \dfrac{z_3-z_2}{h_2}-\dfrac{z_2-z_1}{h_1} \\ \dfrac{z_4-z_3}{h_3}-\dfrac{z_3-z_2}{h_2} \\ \vdots \\ \dfrac{z_n-z_{n-1}}{h_{n-1}}-\dfrac{z_{n-1}-z_{n-2}}{h_{n-2}} \end{bmatrix} \tag{7-71}$$

（3）计算每一段的三次样条曲线系数：

$$a_i=z_i \tag{7-72}$$

$$b_i=\frac{z_{i+1}-z_i}{h_i}-\frac{h_i}{2}m_i-\frac{h_i}{6}(m_{i+1}-m_i) \tag{7-73}$$

$$c_i = \frac{m_i}{2} \tag{7-74}$$

$$d_i = \frac{m_{i+1} - m_i}{6h_i} \tag{7-75}$$

(4) 在每一个小区间 $[t_i, t_{i+1}]$ 内,对应样条函数表达式为

$$s(t) = a_i + b_i(t - t_i) + c_i(t - t_i)^2 + d_i(t - t_i)^3 \tag{7-76}$$

7.2.2 空间配准

空间配准是选择一个基准坐标系,将来自不同传感器的数据统一到这个基准坐标系下,使得传感器数据在空间上达到一致。如果复合导引头为共孔径结构,即各个传感器坐标一致,就不需要进行空间配准。对分孔径结构则需要进行空间配准,通常分孔径结构的多个传感器之间,如果传感器的测量参考坐标系之间的相对位置关系确定已知,则可以通过坐标变换实现空间配准,但是往往传感器测量参考坐标系之间的相对位置关系存在着系统误差,因此,空间配准也包括对传感器测量参考坐标系相对位置关系的系统误差进行估计处理的过程[23-25]。

1. 坐标系及坐标变换

导弹飞行过程中,常用的坐标系有弹体坐标系、大地坐标系和地面坐标系等。

弹体坐标系的原点 O 取在导弹的重心上, OX 轴取在弹体纵对称轴上, OY 轴取在弹体纵对称平面内,与 OX 轴垂直, OZ 轴取与 OXY 平面垂直,如图 7-4 所示。

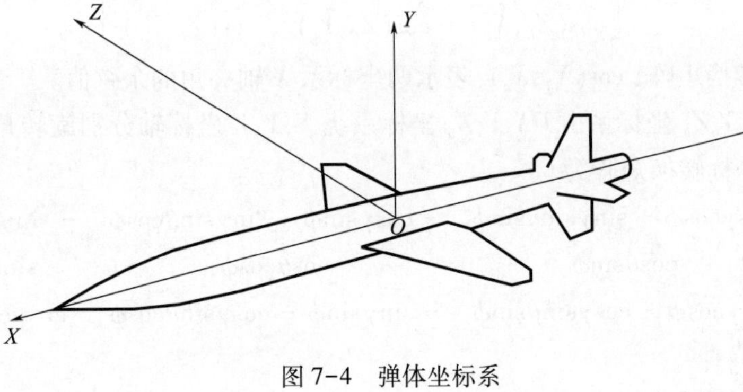

图 7-4　弹体坐标系

大地坐标系,即地理坐标系 (L, λ, H) ,其中, L 为地理经度, λ 为地理纬度, H 为海拔高度。

地面坐标系是一个与地球固连的坐标系。坐标系的原点 O 取在地面的导弹发射点上。OX 轴取在过原点的地平面上，指向大地正北。OY 轴取在通过 O 点的铅垂平面 OXY 上，向上为正。OZ 轴垂直于 OXY 平面，也位于通过 O 点的地平面上，其正向按右手定则确定。地面坐标系也称东北天坐标系，通常用这个坐标系来确定导弹的重心相对于地球运动的轨迹，即弹道。

不同坐标系的坐标转换主要有平移变换和旋转变换两类。

坐标变换时，设任意一点 P 在坐标系 $OX_aY_aZ_a$ 中的位置为

$$\boldsymbol{x}_a = [x_a, y_a, z_a]^{\mathrm{T}} \tag{7-77}$$

坐标系 $OX_bY_bZ_b$ 和坐标系 $OX_aY_aZ_a$ 各个坐标轴平行，坐标系 $OX_aY_aZ_a$ 的原点在坐标系 $OX_bY_bZ_b$ 中的坐标为

$$\bar{\boldsymbol{x}} = [\bar{x}, \bar{y}, \bar{z}]^{\mathrm{T}} \tag{7-78}$$

则 P 在 $OX_bY_bZ_b$ 中的坐标值为

$$\boldsymbol{x}_b = [x_b, y_b, z_b]^{\mathrm{T}} = \bar{X}_a + \bar{X} \tag{7-79}$$

坐标旋转时，设任意一点 P 在坐标系 $OX_aY_aZ_a$ 中的位置为 $\boldsymbol{x}_a = [x_a, y_a, z_a]^{\mathrm{T}}$，而在坐标系 $OX_bY_bZ_b$ 中的位置为

$$\boldsymbol{x}_b = [x_b, y_b, z_b]^{\mathrm{T}} \tag{7-80}$$

在两个坐标系共原点的情况下，两坐标系坐标值之间的关系为

$$\boldsymbol{x}_b = \boldsymbol{L}_{ba}\boldsymbol{x}_a \tag{7-81}$$

式中：

$$\boldsymbol{L}_{ba} = \begin{bmatrix} \cos(X_b, X_a) & \cos(X_b, Y_a) & \cos(X_b, Z_a) \\ \cos(Y_b, X_a) & \cos(Y_b, Y_a) & \cos(Y_b, Z_a) \\ \cos(Z_b, X_a) & \cos(Z_b, Y_a) & \cos(Z_b, Z_a) \end{bmatrix} \tag{7-82}$$

称为坐标转换矩阵，$\cos(X_b, X_a)$ 表示两坐标系 X 轴夹角的余弦值。

若 $OX_bY_bZ_b$ 坐标系由 $OX_aY_aZ_a$ 坐标系绕 X, Y, Z 坐标轴分别旋转角度（ϕ, θ, γ），则坐标转换矩阵为

$$\boldsymbol{L}_{ba} = \begin{bmatrix} \cos\gamma\cos\phi + \sin\gamma\sin\theta\sin\phi & -\cos\gamma\sin\phi + \sin\gamma\sin\theta\cos\phi & -\sin\gamma\cos\theta \\ \cos\theta\sin\phi & \cos\theta\cos\phi & \sin\theta \\ \sin\gamma\cos\phi - \cos\gamma\sin\theta\sin\phi & -\sin\gamma\sin\phi - \cos\gamma\sin\theta\cos\phi & \cos\gamma\cos\theta \end{bmatrix} \tag{7-83}$$

2. 空间配准方法

若传感器之间的相对位置关系不随时间变化，即传感器之间相对位置关系的系统误差相对于时空都是恒定的情况，可以通过离线估计法或在线估计法进

行估计[25]。

离线估计法是在离线状态下,多个传感器对同一个或者多个目标同时进行多次测量,利用多次测量得到的数据估计传感器相对位置关系的系统误差的方法,实际系统工作时,要利用估计得到的系统误差值对传感器测量数据进行修正,消除系统误差的影响[26-27]。

在线估计法通常把传感器相对位置关系的系统误差作为待估计的变量,采用滤波或最优化等方法进行估计[28-29]。滤波方法是将空间系统误差与系统状态向量联合起来,组成扩维的状态向量,通过构建扩维的状态方程和量测方程,应用滤波的方法对目标状态和空间系统误差进行同时估计的方法[30-31]。最优化方法通常是通过构造相应的目标函数,将空间系统误差转换为一个在一定范围内寻找适当的系统误差参数,使目标函数取得极值的问题[32-35]。

7.3 目标状态估计融合

7.3.1 扩维融合状态估计

考虑 N 个传感器组成的信息融合系统,其状态方程和量测方程分别为

$$\boldsymbol{x}_{k+1}=\boldsymbol{F}_k\boldsymbol{x}_k+\boldsymbol{v}_k \tag{7-84}$$

$$\boldsymbol{z}_k^{(i)}=\boldsymbol{H}_k^{(i)}\boldsymbol{x}_k+\boldsymbol{w}_k^{(i)}\quad(i=1,2,\cdots,N) \tag{7-85}$$

式中:k 为离散时间变量;$\boldsymbol{x}_k\in\boldsymbol{R}^{n_x\times 1}$ 为状态向量;$\boldsymbol{F}_k\in\boldsymbol{R}^{n_x\times n_x}$ 是系统矩阵;系统过程噪声 $\boldsymbol{v}_k\in\boldsymbol{R}^{n_x}$ 为高斯白噪声序列;$\boldsymbol{z}_k^{(i)}\in\boldsymbol{R}^{p_i\times 1}$ 是第 i 个传感器的观测值;$\boldsymbol{H}_k^{(i)}\in\boldsymbol{R}^{p_i\times n_x}$ 是相应的测量矩阵;测量噪声 $\boldsymbol{w}_k^{(i)}\in\boldsymbol{R}^{p_i\times 1}$ 为高斯白噪声序列。系统过程噪声序列 $\boldsymbol{v}_k$ 均值为0,协方差矩阵为 Q_k;测量噪声序列 $\boldsymbol{w}_k^{(i)}$ 均值为0,协方差矩阵为 $\boldsymbol{R}_k^{(i)}$。

对于异类传感器,可以将所有传感器量测写成扩维向量的形式,即

$$\boldsymbol{Z}_k=[(\boldsymbol{z}_k^{(1)})^{\mathrm{T}},\quad(\boldsymbol{z}_k^{(2)})^{\mathrm{T}},\quad\cdots,\quad(\boldsymbol{z}_k^{(N)})^{\mathrm{T}}]^{\mathrm{T}} \tag{7-86}$$

$$\boldsymbol{H}_k=[(\boldsymbol{H}_k^{(1)})^{\mathrm{T}},\quad(\boldsymbol{H}_k^{(2)})^{\mathrm{T}},\quad\cdots,\quad(\boldsymbol{H}_k^{(N)})^{\mathrm{T}}] \tag{7-87}$$

$$\boldsymbol{w}_k=[(\boldsymbol{w}_k^{(1)})^{\mathrm{T}},\quad(\boldsymbol{w}_k^{(2)})^{\mathrm{T}},\quad\cdots,\quad(\boldsymbol{w}_k^{(N)})^{\mathrm{T}}]^{\mathrm{T}} \tag{7-88}$$

从而,扩维后的噪声方差为

$$\boldsymbol{R}_k=\mathrm{diag}[\boldsymbol{R}_k^{(1)},\quad\boldsymbol{R}_k^{(2)},\quad\cdots,\quad\boldsymbol{R}_k^{(N)}] \tag{7-89}$$

扩维后的量测方程为

$$\boldsymbol{Z}_k=\boldsymbol{H}_k\boldsymbol{x}_k+\boldsymbol{w}_k \tag{7-90}$$

从而式(7-84)和式(7-90)组成了一个新的系统,利用标准卡尔曼滤波或其他状态滤波方法可以得到集中式扩维融合估计器[36],$k+1$ 时刻的状态估计值及其误差协方差矩阵为

$$\hat{\boldsymbol{x}}_{k+1|k+1}=\hat{\boldsymbol{x}}_{k+1|k}+\boldsymbol{K}_{k+1}[\boldsymbol{Z}_{k+1}-\boldsymbol{H}_{k+1}\hat{\boldsymbol{x}}_{k+1|k}] \tag{7-91}$$

$$\boldsymbol{P}_{k+1|k+1}=[\boldsymbol{I}-\boldsymbol{K}_{k+1}\boldsymbol{H}_{k+1}]\boldsymbol{P}_{k+1|k} \tag{7-92}$$

式中:

$$\hat{\boldsymbol{x}}_{k+1|k}=\boldsymbol{F}_{k+1}\hat{\boldsymbol{x}}_{k|k} \tag{7-93}$$

$$\boldsymbol{P}_{k+1|k}=\boldsymbol{F}_{k+1}\boldsymbol{P}_{k|k}\boldsymbol{F}_{k+1}^{\mathrm{T}}+\boldsymbol{Q}_k \tag{7-94}$$

$$\boldsymbol{K}_{k+1}=\boldsymbol{P}_{k+1|k}\boldsymbol{H}_{k+1}^{\mathrm{T}}[\boldsymbol{H}_{k+1}\boldsymbol{P}_{k+1|k}\boldsymbol{H}_{k+1}^{\mathrm{T}}+\boldsymbol{R}_{k+1}]^{-1} \tag{7-95}$$

7.3.2 局部估计值加权融合状态估计

对式(7-84)和式(7-85)描述的多传感器融合系统,每个传感器利用标准卡尔曼滤波,得到状态的局部估计值和状态局部估计值的协方差矩阵

$$\hat{\boldsymbol{x}}_{k+1|k+1}^{(i)}=\hat{\boldsymbol{x}}_{k+1|k}^{(i)}+\boldsymbol{K}_{k+1}^{(i)}[z_{k+1}^{(i)}-\boldsymbol{H}_{k+1}^{(i)}\hat{\boldsymbol{x}}_{k+1|k}^{(i)}] \tag{7-96}$$

$$\boldsymbol{P}_{k+1|k+1}^{(i)}=[\boldsymbol{I}-\boldsymbol{K}_{k+1}^{(i)}\boldsymbol{H}_{k+1}^{(i)}]\boldsymbol{P}_{k+1|k}^{(i)} \tag{7-97}$$

式中:$i=1,2,\cdots,N$;

$$\hat{\boldsymbol{x}}_{k+1|k}^{(i)}=\boldsymbol{F}_{k+1}\hat{\boldsymbol{x}}_{k|k}^{(i)} \tag{7-98}$$

$$\boldsymbol{P}_{k+1|k}^{(i)}=\boldsymbol{F}_{k+1}\boldsymbol{P}_{k|k}^{(i)}\boldsymbol{F}_{k+1}^{\mathrm{T}}+\boldsymbol{Q}_k \tag{7-99}$$

$$\boldsymbol{K}_{k+1}^{(i)}=\boldsymbol{P}_{k+1|k}^{(i)}(\boldsymbol{H}_{k+1}^{(i)})^{\mathrm{T}}[\boldsymbol{H}_{k+1}^{(i)}\boldsymbol{P}_{k+1|k}^{(i)}(\boldsymbol{H}_{k+1}^{(i)})^{\mathrm{T}}+\boldsymbol{R}_{k+1}^{(i)}]^{-1} \tag{7-100}$$

可以采用加权的思想,将上述 N 个局部估计值融合起来,得到局部估计值加权融合估计器为[37]

$$\hat{\boldsymbol{x}}_{k+1|k+1}=\sum_{i=1}^{N}\frac{(\boldsymbol{P}_{k+1|k+1}^{(i)})^{-1}}{\boldsymbol{P}_{k+1|k+1}^{-1}}\hat{\boldsymbol{x}}_{k+1|k+1}^{(i)} \tag{7-101}$$

$$\boldsymbol{P}_{k+1|k+1}=\sum_{i=1}^{N}(\boldsymbol{P}_{k+1|k+1}^{(i)})^{-1} \tag{7-102}$$

7.3.3 分步式滤波融合状态估计

对式(7-84)和式(7-85)描述的多传感器融合系统,分步式滤波(Step by Step Filtering,SSF)的基本思想为:若已获得 k 时刻状态的全局估计值 $\hat{\boldsymbol{x}}_{k|k}$ 及其相应的估计误差协方差矩阵 $\boldsymbol{P}_{k|k}$,当 $k+1$ 时刻时,利用卡尔曼滤波器和 $k+1$ 时刻到达的各局部观测值依次对 $k+1$ 时刻的状态值进行估计,最后得到基于全局信息的估计值 $\hat{\boldsymbol{x}}_{k+1|k+1}$ 和相应误差协方差矩阵 $\boldsymbol{P}_{k+1|k+1}$,具体步骤如下[9]:

（1）利用 $\hat{\boldsymbol{x}}_{k|k}$ 和 $\boldsymbol{P}_{k|k}$ 计算一步预测值 $\hat{\boldsymbol{x}}_{k+1|k}$ 和预测误差协方差矩阵 $\boldsymbol{P}_{k+1|k}$

$$\hat{\boldsymbol{x}}_{k+1|k}=\boldsymbol{F}_k\hat{\boldsymbol{x}}_{k|k} \tag{7-103}$$

$$\boldsymbol{P}_{k+1|k}=\boldsymbol{F}_k\boldsymbol{P}_{k|k}\boldsymbol{F}_k^{\mathrm{T}}+\boldsymbol{Q}_k \tag{7-104}$$

（2）用 $z_k^{(1)}$ 对 $\hat{\boldsymbol{x}}_{k+1|k}$ 进行更新,得到 $k+1$ 状态基于量测信息 $z_k^{(1)}$ 的估计值 $\hat{\boldsymbol{x}}_{k+1|k+1}^{(1)}$ 和相应的估计误差协方差矩阵 $\boldsymbol{P}_{k+1|k+1}^{(1)}$,即令

$$\hat{\boldsymbol{x}}_{k+1|k}^{(1)}=\hat{\boldsymbol{x}}_{k+1|k} \tag{7-105}$$

$$\boldsymbol{P}_{k+1|k}^{(1)}=\boldsymbol{P}_{k+1|k} \tag{7-106}$$

则有

$$\hat{\boldsymbol{x}}_{k+1|k+1}^{(1)}=\boldsymbol{F}_k\hat{\boldsymbol{x}}_{k|k}+\boldsymbol{K}_{k+1}^{(1)}[\boldsymbol{z}_{k+1}^{(1)}-\boldsymbol{H}_{k+1}^{(1)}\hat{\boldsymbol{x}}_{k+1|k}^{(1)}] \tag{7-107}$$

$$\boldsymbol{P}_{k+1|k+1}^{(1)}=[(\boldsymbol{P}_{k+1|k}^{(1)})^{-1}+(\boldsymbol{H}_{k+1}^{(1)})^{\mathrm{T}}(\boldsymbol{R}_{k+1}^{(1)})^{-1}\boldsymbol{H}_{k+1}^{(1)}]^{-1} \tag{7-108}$$

式中:

$$\boldsymbol{K}_{k+1}^{(1)}=\boldsymbol{P}_{k+1|k}^{(1)}(\boldsymbol{H}_{k+1}^{(1)})^{\mathrm{T}}[\boldsymbol{H}_{k+1}^{(1)}\boldsymbol{P}_{k+1|k}^{(1)}(\boldsymbol{H}_{k+1}^{(1)})^{\mathrm{T}}+\boldsymbol{R}_{k+1}^{(1)}]^{-1} \tag{7-109}$$

（3）用 $z_k^{(2)}$ 对 $\hat{\boldsymbol{x}}_{k+1|k+1}^{(1)}$ 进行更新,得到状态基于量测 $z_k^{(1)}$, $z_k^{(2)}$ 的估计值 $\hat{\boldsymbol{x}}_{k+1|k+1}^{(2)}$ 和相应的估计误差协方差矩阵 $\boldsymbol{P}_{k+1|k+1}^{(2)}$,即令

$$\hat{\boldsymbol{x}}_{k+1|k}^{(2)}=\hat{\boldsymbol{x}}_{k+1|k+1}^{(1)} \tag{7-110}$$

$$\boldsymbol{P}_{k+1|k}^{(2)}=\boldsymbol{P}_{k+1|k+1}^{(1)} \tag{7-111}$$

则有

$$\hat{\boldsymbol{x}}_{k+1|k+1}^{(2)}=\boldsymbol{F}_k\hat{\boldsymbol{x}}_{k|k}+\sum_{i=1}^{2}\boldsymbol{K}_{k+1}^{(i)}[\boldsymbol{z}_{k+1}^{(i)}-\boldsymbol{H}_{k+1}^{(i)}\hat{\boldsymbol{x}}_{k+1|k}^{(i)}] \tag{7-112}$$

$$\boldsymbol{P}_{k+1|k+1}^{(2)}=\left[(\boldsymbol{P}_{k+1|k}^{(1)})^{-1}+\sum_{i=1}^{2}(\boldsymbol{H}_{k+1}^{(i)})^{\mathrm{T}}(\boldsymbol{R}_{k+1}^{(i)})^{-1}\boldsymbol{H}_{k+1}^{(i)}\right]^{-1} \tag{7-113}$$

式中:

$$\boldsymbol{K}_{k+1}^{(2)}=\boldsymbol{P}_{k+1|k}^{(2)}(\boldsymbol{H}_{k+1}^{(2)})^{\mathrm{T}}[\boldsymbol{H}_{k+1}^{(2)}\boldsymbol{P}_{k+1|k}^{(2)}(\boldsymbol{H}_{k+1}^{(2)})^{\mathrm{T}}+\boldsymbol{R}_{k+1}^{(2)}]^{-1} \tag{7-114}$$

（4）用 $z_k^{(j)}(3\leqslant j\leqslant N)$ 依次对 $\hat{\boldsymbol{x}}_{k+1|k+1}^{(j-1)}$ 进行更新,得到状态基于量测 $z_k^{(1)}$, $z_k^{(2)},\cdots,z_k^{(j)}$ 的估计值 $\hat{\boldsymbol{x}}_{k+1|k+1}^{(j)}$ 和相应的估计误差协方差矩阵 $\boldsymbol{P}_{k+1|k+1}^{(j)}$,即令

$$\hat{\boldsymbol{x}}_{k+1|k}^{(j)}=\hat{\boldsymbol{x}}_{k+1|k+1}^{(j-1)} \tag{7-115}$$

$$\boldsymbol{P}_{k+1|k}^{(j)}=\boldsymbol{P}_{k+1|k+1}^{(j-1)} \tag{7-116}$$

则有

$$\hat{\boldsymbol{x}}_{k+1|k+1}^{(j)}=\boldsymbol{F}_k\hat{\boldsymbol{x}}_{k|k}+\sum_{i=1}^{j}\boldsymbol{K}_{k+1}^{(i)}[\boldsymbol{z}_{k+1}^{(i)}-\boldsymbol{H}_{k+1}^{(i)}\hat{\boldsymbol{x}}_{k+1|k}^{(i)}] \tag{7-117}$$

$$\boldsymbol{P}_{k+1|k+1}^{(j)}=\left[(\boldsymbol{P}_{k+1|k}^{(j-1)})^{-1}+\sum_{i=1}^{j}(\boldsymbol{H}_{k+1}^{(i)})^{\mathrm{T}}(\boldsymbol{R}_{k+1}^{(i)})^{-1}\boldsymbol{H}_{k+1}^{(i)}\right]^{-1} \tag{7-118}$$

式中:

$$K_{k+1}^{(j)}=P_{k+1|k}^{(j)}(H_{k+1}^{(j)})^{\mathrm{T}}[H_{k+1}^{(j)}P_{k+1|k}^{(j)}(H_{k+1}^{(j)})^{\mathrm{T}}+R_{k+1}^{(j)}]^{-1} \tag{7-119}$$

(5) 最终得到 $k+1$ 时刻的状态基于量测 $z_k^{(1)}$, $z_k^{(2)}$,…, $z_k^{(N)}$ 的估计值 $\hat{x}_{k+1|k+1}^{(N)}$ 和相应的估计误差协方差矩阵 $P_{k+1|k+1}^{(N)}$,作为基于全局信息的融合估计值 $\hat{x}_{k+1|k+1}$ 和估计误差协方差矩阵 $P_{k+1|k+1}$

$$\hat{x}_{k+1|k+1}=\hat{x}_{k+1|k+1}^{(N)}=F_k\hat{x}_{k|k}+\sum_{i=1}^{N}K_{k+1}^{(i)}[z_{k+1}^{(i)}-H_{k+1}^{(i)}\hat{x}_{k+1|k}^{(i)}] \tag{7-120}$$

$$P_{k+1|k+1}=P_{k+1|k+1}^{(N)}=\left[(P_{k+1|k}^{(N-1)})^{-1}+\sum_{i=1}^{N}(H_{k+1}^{(i)})^{\mathrm{T}}(R_{k+1}^{(i)})^{-1}H_{k+1}^{(i)}\right]^{-1} \tag{7-121}$$

分步式滤波融合状态估计方法的思想也可以推广应用于异步系统的信息融合,当两个传感器的数据不同步时,按照传感器量测的到达顺序,每接收到某个传感器的量测数据时就利用该传感器的量测数据进行一次状态更新。特别要强调的是,量测到达的时间间隔不固定,因此式(7-84)的系统状态方程不再适用,需要根据每次传感器量测到达的时间间隔,重新修改系统状态方程。

7.4 目标跟踪与数据关联

7.4.1 目标跟踪的基本概念

从数据处理的角度而言,目标跟踪是为了维持对目标当前状态的估计,同时也是对传感器接收到的量测进行处理的过程。航迹(Track)是目标跟踪领域经常提到的概念,它是指基于源于同一目标的一组量测信息获得的目标状态轨迹的估值。目标跟踪处理过程主要包括航迹起始与终止、数据关联、跟踪维持等内容,其中数据关联和跟踪算法是最重要的两个问题。

数据关联是多目标跟踪的核心和难点问题,其根本任务是将传感器接收到的量测信息分解为对应于各种不确定机动信息源所产生的不同观测集合或轨迹。一旦轨迹被形成或确认,则被跟踪的目标数量、每一条轨迹的目标运动参数及目标分类特征等,均可相应地被估计出来[20-22]。

图 7-5 给出了一个简单的机动目标跟踪基本原理框图。

事实上,整个机动目标跟踪过程是个递推过程。首先通过跟踪起始逻辑创建新目标档案。其次通过跟踪门规则和数据关联规则实现量测和航迹的配对,利用滤波等跟踪维持方法估计各个目标的状态,从而更新已建立的目标航迹。在跟踪空间中那些不与任何已知目标关联的量测集合用来建立新目标档案,当

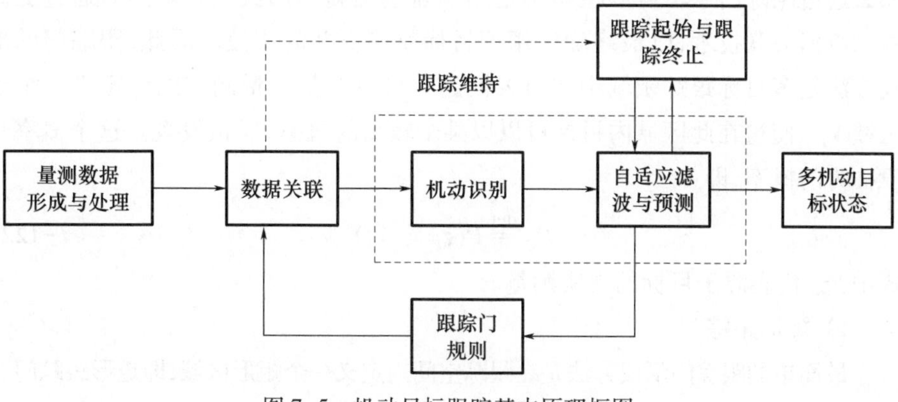

图 7-5　机动目标跟踪基本原理框图

有目标离开跟踪空间或被摧毁时，由跟踪终止方法消除多余目标档案。最后由目标预测状态可以确定下一时刻的跟踪门中心和大小，在新的观测到来之前，重新开始下一时刻的递推循环[24]。

复合寻的制导系统的工作过程可以分为系统搜索和系统跟踪两个工作阶段，在这个过程中通常都需要进行目标跟踪的数据处理。在系统搜索阶段，需要根据目标跟踪处理形成的多个目标的航迹，进行目标选择和截获；在系统跟踪阶段，多目标跟踪问题转化为单目标跟踪问题，系统需要持续对截获的目标航迹进行更新，同时控制天线波束（光学视场）指向、距离（速度）跟踪门位置，确保系统能以高数据率持续对截获的目标进行测量，并根据处理形成的目标航迹为导弹飞行提供导引数据。

目标跟踪综合运用了随机统计决策、自适应滤波、知识工程、神经网络、模糊推理等现代信息处理技术，其输出结果包括被跟踪的目标数目以及相应于每一条轨迹的目标运动参数，如位置、速度、加速度及目标分类特征等，同时为战场态势评估和威胁评估提供决策支持。

1. 跟踪门

跟踪门是整个跟踪空域中的一块子区域，它将传感器接收到的回波量测进行筛选，划分为可能源于目标和不可能源于目标两个部分[38]，其中心位于被跟踪目标的预测位置，大小由接收正确回波的概率来确定。将落入跟踪门内的回波称为候选回波。跟踪门的形成既是限制不可能决策数目的关键环节，又是维持跟踪或保持目标航迹更新的先决条件[39-40]。

在数据关联的过程中，如果只有一个回波落入该目标的跟踪门内，则此回波直接用于航迹更新；如果多于一个以上的回波落在被跟踪目标的跟踪门内，那么通过跟踪门逻辑可以粗略确定用于航迹更新的回波集合。然后通过更高级的数据关联技术,以最终确定用于目标航迹更新的回波。因此,跟踪门的形成方法是多目标跟踪领域中的首要问题。可以在整个量测空间中定义一个子区域 $\boldsymbol{V}_k$,使得在此区域内目标可以以某个较高的概率 P_{G} 被发现。这个概率一般称为门概率,即

$$P_{\mathrm{G}} \overset{\mathrm{def}}{=} P(z_k \in \boldsymbol{V}_k) \tag{7-122}$$

式中: z_k 代表源于目标的真实测量。

1) 矩形跟踪门

最简单的跟踪门形成方法是在跟踪空间内定义一个矩形区域,即矩形跟踪门。

根据 Kalman 滤波算法,设 k 时刻的量测向量为 z_k 及其一步预测量测向量 $\hat{z}_{k|k-1}$ 的第 i 个分量分别为 $z_{k,i}$ 和 $\hat{z}_{k|k-1,i}$,且所有分量都具有相同的跟踪门常数 K_{G} ,新息向量(残差向量)为 $\tilde{z}_{k|k-1} = z_k - \hat{z}_{k|k-1}$,如果量测值 z_k 满足

$$|\tilde{z}_{k|k-1}| = |z_{k,i} - \hat{z}_{k|k-1,i}| \leqslant K_{\mathrm{G}} \cdot \boldsymbol{\sigma}_{ri} \quad (i = 1,2,\cdots,n_z) \tag{7-123}$$

则 z_k 成为候选回波。这里 $\boldsymbol{\sigma}_{ri}$ 为新息向量第 i 个分量的标准偏差,其大小为

$$\boldsymbol{\sigma}_{ri} = \sqrt{\boldsymbol{\sigma}_{oi}^2 + \boldsymbol{\sigma}_{pi}^2} \tag{7-124}$$

式中: $\boldsymbol{\sigma}_{oi}^2$ 为观测噪声向量第 i 个分量的方差; $\boldsymbol{\sigma}_{pi}^2$ 为一步预测协方差矩阵 $\boldsymbol{P}_{k+1|k}$ 的第 i 个对角线元素。

2) 椭球跟踪门

设 k 时刻新息向量为 $\tilde{z}_{k|k-1}$,其协方差矩阵为 $\boldsymbol{S}_k$,量测向量维数为 n_z,定义量测向量的范数为

$$d_k = \tilde{z}_{k|k-1} \boldsymbol{S}_k^{-1} \tilde{z}_{k|k-1}^{\mathrm{T}} \tag{7-125}$$

可以证明 d_k 服从自由度为 n_z 的 $\chi_{n_z}^2$ 分布。

若量测向量 z_k 满足

$$d_k^2 \leqslant \gamma \tag{7-126}$$

则 z_k 成为候选回波。式(7-126)即称为椭球跟踪门规则,其中 γ 决定了椭球跟踪门的体积大小。

可以证明,矩形跟踪门的体积随着量测向量维数 n_z 的增加迅速增大,椭球跟踪门优于矩形跟踪门。除了前面提到的两种常见的跟踪门外,还有球面坐标下的扇形跟踪门。在实际的多目标跟踪问题中,跟踪门的使用非常广泛。当目标无机动时,跟踪门的大小一般为常值;当目标机动时,调整门的大小以保证一定的接收正确回波的概率就成了关键问题。

2. 数据关联与跟踪维持

数据关联和跟踪维持是多目标跟踪算法的核心。数据关联包括量测-量测关联、量测-航迹关联和航迹-航迹关联三种类型的问题。在多目标跟踪过程中,数据关联过程是将所有候选测量值与已知目标航迹相比较,并确定量测与目标航迹的配对过程。量测-航迹的配对过程可以通过跟踪门来实现,当某个测量值位于某个目标的跟踪门时,该测量值与目标航迹配对成功,此时不需要数据关联算法,经过跟踪门的筛选就可以找到目标状态更新所需要的测量值。在实际跟踪空间中,存在着各种各样的杂波,并且跟踪空间内通常不止一个目标,在目标附近存在着密集杂波或有多个目标航迹交叉,这时就会出现多个测量值位于某个目标的跟踪门内,或者某个测量值位于多个目标的跟踪门内,为了实现目标量测-航迹关联,通常需要数据关联算法来解决。常用的数据关联算法有最近邻法数据关联、概率数据关联、多假设数据关联等。

跟踪维持包括机动识别、滤波和预测,其目的是对目标持续跟踪以维持目标的航迹,保证跟踪的目标不发生误跟和失跟现象。对于单个非机动目标,可以通过建立目标运动的单一模型,采用卡尔曼滤波算法对目标状态进行估计,实现跟踪维持。如果目标发生机动,采用单个目标模型描述不能准确反映目标运动情况,经过几个周期之后,航迹维持会出现问题,导致目标发生误跟和失跟的概率增大。对这种情况,通常需要采用模型集合,每个时刻的运动模型都包含在这个模型中,当目标发生机动时,系统采用的模型就随之发生变化,适应目标当前的运动状态。模型切换有两类方法:一类是先对目标运动状态进行识别,当目标机动时,就采用机动模型;另一类是采用模型集合中所有模型的融合值来当作当前目标的运动模型,例如交互式多模型(Interacting Multiple Model, IMM)[41]。对多个机动目标的跟踪,通常需要数据关联技术和跟踪维持技术相结合实现。

7.4.2　最近邻法数据关联算法

最近邻法(Nearest Neighbor, NN)[42]仅将在统计意义上与被跟踪目标预测位置最近的有效回波作为候选回波,即唯一的选择落在跟踪门之内,且将被跟踪目标预测位置空间距离最近的观测作为目标关联的对象,“最近”表示统计距离最小或者残差概率密度最大。对单个目标来说,由于杂波的干扰或者多个传感器的不同量测,在每个时刻可能会产生多于一个的量测。选择在观测空间上与量测的一步预测范数最近的有效量测向量来求解新息的量测值,而将其余的量测值舍弃。

首先可以利用跟踪门来确定有效候选量测。设 $k+1$ 时刻的 n 个观测向量为 $\{z_{k+1,i}\}(i=1,2,\cdots,n)$，其中，$m$ 个有效候选量测向量为 $\{z_{k+1,i}\}(i=1,2,\cdots,m)$，$m \leqslant n$。量测的一步提前预测为 $\hat{z}_{k+1|k}$，每个量测的新息为

$$\tilde{z}_{k+1|k,i} = z_{k+1,i} - \hat{z}_{k+1|k,i} \tag{7-127}$$

每个新息的协方差矩阵为

$$\boldsymbol{S}_{k+1} = \boldsymbol{S}_{k+1,i} = \boldsymbol{H}_{k+1}\boldsymbol{P}_{k+1|k}\boldsymbol{H}_{k+1}^{\mathrm{T}} + \boldsymbol{R}_{k+1} \tag{7-128}$$

若量测 $z_{k+1,i}$ 满足方程

$$\tilde{z}_{k+1|k,i}^{\mathrm{T}}\boldsymbol{S}_{k+1}^{-1}\tilde{z}_{k+1|k,i} \leqslant \lambda \tag{7-129}$$

则称其为一个候选回波或者称为有效量测。跟踪门阈值 λ 的选择主要与量测向两维数有关。

从跟踪门选择的有效量测中，选取使式(7-130)最小的量测作为目标回波并用于滤波更新，即最近邻观测的选择确定公式为

$$z_{k+1,NN} = \underset{z_{k+1}^{i}}{\operatorname{argmin}} \| z_{k+1}^{i} - \hat{z}_{k+1|k} \|_2 \quad (i=1,2,\cdots,m) \tag{7-130}$$

最近邻数据关联算法在杂波较少的单目标环境中是一种高效、简便的算法，然而，当杂波密度变高时，即在恶劣环境下，或者目标空间距离不是很远甚至出现轨迹交叉(量测空间上的投影交叉，不是目标的实际碰撞)时，最近邻数据关联算法会发生致命缺陷，因为最近邻数据关联算法选择最近的量测作为用于更新的测量，而在密集杂波的环境下，最近的测量并不一定是真实的，有可能仅仅是一个随机出现的杂波，当连续多次选择错误后，必然导致航迹丢失现象。

7.4.3 概率数据关联算法

概率数据关联(Probability Data Association，PDA)方法首先是由 Bar-Shalom 和 Tse 于 1975 年提出的[43-45]，它适用于杂波环境中单目标的跟踪问题。概率数据关联算法并不利用一个标准选择某一个量测用于目标状态更新，而是将所有落在跟踪门内的候选回波加权求和得到一个融合值，用融合值来更新状态。

概率数据关联有两个假定条件：

(1) 一个量测要么来自目标，要么产生于杂波，且杂波在量测空间均匀分布，在跟踪门内的杂波个数满足泊松分布。

(2) 一个目标最多产生一个量测，也可能没有产生任何量测。设落在跟踪门内的有效测量集为 $\{z_{k+1}^{j}\}_{j=1}^{m}$，$\beta_{k+1,j}$ 表示第 j 个量测源于目标的后验概率，$\beta_{k+1,0}$ 表示目标没有产生量测的后验概率，且

$$\beta_{k+1,j}=\frac{\exp[-0.5\tilde{\boldsymbol{z}}_{k+1|k,j}^{\mathrm{T}}\boldsymbol{S}_{k+1}^{-1}\tilde{\boldsymbol{z}}_{k+1|k,j}]}{b_{k+1}+\sum_{j=1}^{m}\exp[-0.5\tilde{\boldsymbol{z}}_{k+1|k,j}^{\mathrm{T}}\boldsymbol{S}_{k+1}^{-1}\tilde{\boldsymbol{z}}_{k+1|k,j}]} \tag{7-131}$$

$$\beta_{k+1,0}=\frac{b_{k+1}}{b_{k+1}+\sum_{j=1}^{m}\exp[-0.5\tilde{\boldsymbol{z}}_{k+1|k,j}^{\mathrm{T}}\boldsymbol{S}_{k+1}^{-1}\tilde{\boldsymbol{z}}_{k+1|k,j}]} \tag{7-132}$$

式中：

$$b_{k+1}=(2\pi)^{m/2}C\left|S_{k+1}\right|^{1/2}(1-P_{\mathrm{D}}P_{\mathrm{G}})/P_{\mathrm{D}} \tag{7-133}$$

这里 C 是杂波密度，一般取 0.2~2.0；P_{D} 是目标被检测到的先验概率；P_{G} 表示目标被检测到且真实量测落在跟踪门内的先验概率。

将所有有效量测加权，可以得到融合后的量测值

$$z_{k+1,\mathrm{PDA}}=\sum_{j=1}^{m}\beta_{k+1,j}z_{k+1,j} \tag{7-134}$$

用式(7-134)对目标状态进行更新即可。概率数据关联算法在计算状态协方差时需要考虑目标没有产生任何量测的情况，即

$$\boldsymbol{P}_{k+1}=\boldsymbol{P}_{k+1|k}-(1-\beta_{k+1,0})\boldsymbol{K}_{k+1}\boldsymbol{S}_{k+1}\boldsymbol{K}_{k+1}^{\mathrm{T}}+\tilde{\boldsymbol{P}}_{k} \tag{7-135}$$

$$\tilde{\boldsymbol{P}}_{k}=\boldsymbol{K}_{k+1}\left[\sum_{j=1}^{m}\beta_{k+1,j}\tilde{\boldsymbol{z}}_{k+1|k,j}\tilde{\boldsymbol{z}}_{k+1|k,j}^{\mathrm{T}}-\tilde{\boldsymbol{z}}_{k+1|k}\tilde{\boldsymbol{z}}_{k+1|k}^{\mathrm{T}}\right]\boldsymbol{K}_{k+1}^{\mathrm{T}} \tag{7-136}$$

概率数据关联算法对于密集杂波环境下单目标或稀疏的多目标跟踪是非常有效的，计算量相对较小。当对多目标跟踪时，如果目标轨迹在观测空间的投影上出现交叉或接近现象，在该时刻概率数据关联算法的假设不再成立，此时可能出现某个目标的候选回波中，有些回波既不属于目标，也不是杂波，可能是另外目标产生的回波。在这种情况下，概率数据关联算法会使得航迹在交叉点后出现汇合或者错误关联。

7.4.4 联合概率数据关联算法

联合概率数据关联算法(Joint Probability Data Association，JPDA)是 Bar-Shalom 在概率数据关联的基础上提出的适用于多目标跟踪情形的一种数据关联算法[43,45]。当跟踪测量空间内存在接近的多个目标时，测量可能同时落在几个目标的跟踪门内，将这些跟踪门内有交集的目标形成“簇”(Cluster)。设簇内目标数为 n_t，将簇用一个二元关联逻辑矩阵 $\boldsymbol{\Phi}=[\Phi_{ij}]_{n_m\times(n_t+1)}$ 表示。$\boldsymbol{\Phi}_{ij}=1$ 表示第 i 个量测可能源于第 j 个目标($j=0$ 表示该量测源于杂波)；相反，$\boldsymbol{\Phi}_{ij}=0$ 表示第 i 个量测不可能源于第 j 个目标。满足如下三个约束条件的一种量测和目

标之间的可能配对事件称为一个可行事件χ。

(1) 每个目标最多产生一个量测值。

(2) 每个量测最多来源于一个目标。

(3) 落入某个目标跟踪门之内的候选量测或者源于该目标,或者源于杂波,或者源于其他目标。

由可行事件的约束条件可知,$\boldsymbol{\Phi}$的每行元素之和为1,每列元素之和等于1或0(第0列除外),可行事件可以看作在测量集和待定目标集形成的所有数学组合中按照约束条件遴选出的部分组合。求出每个可行事件的后验概率,并将所有的$\boldsymbol{\Phi}_{ij}=1$可行事件的后验概率相加,即得到第i个量测源于第j个目标的后验概率,用它求出用该量测更新该目标时的权重。

用$\tau_i(\chi)=\sum\limits_{j=1}^{n_t}\boldsymbol{\Phi}_{ij}$表示可行事件$\chi$中第$i$个量测的指标函数,$\delta_j(\chi)=\sum\limits_{i=1}^{n_t}\boldsymbol{\Phi}_{ij}$表示可行事件$\chi$第$j$个目标的指标函数,$\phi(\chi)=\sum\limits_{i=1}^{n_m}(1-\tau_i(\chi))$表示可行事件$\chi$中杂波个数。在源自目标的测量满足正态分布,杂波满足均匀分布,杂波个数满足泊松分布的前提下,可得可行事件χ发生的后验概率为

$$P(\chi\mid\boldsymbol{Z}^{k+1})=\frac{C^{\phi(\chi)}}{c}\prod_{\tau_i=1}N(\tilde{z}_{k+1,ij},\boldsymbol{S}_{k+1,j})\prod_{\delta_j=1}P_{\mathrm{D}}\prod_{\delta_j=0}(1-P_{\mathrm{D}})\tag{7-137}$$

式中:$\boldsymbol{Z}^{k+1}$为$k+1$时刻之前的所有量测集合;$\tilde{z}_{k+1,ij}$为第j个目标对应第i个量测的信息;$\boldsymbol{S}_{k+1,j}$为$k+1$时刻第j个目标的新息协方差矩阵,第一个连乘表示量测属于实际目标的正态分布概率,第二个连乘表示所有目标被检测的概率,第三个连乘表示目标都没有被检测的概率;c是归一化因子。第i测量源自第j个目标的后验概率为

$$\beta_{k+1,ij}=\sum_{\chi:\boldsymbol{\Phi}_{ij}=1}P(\chi\mid\boldsymbol{Z}^{k+1})\tag{7-138}$$

第j个目标没有产生任何量测的后验概率为

$$\beta_{k+1,0j}=1-\sum_{i=1}^{n_m}\beta_{k+1,ij}\tag{7-139}$$

类似概率数据关联算法,可以通过式(7-134)产生第j个目标对应的融合量测值,更新目标状态,计算目标状态协方差矩阵的方法与概率数据关联算法相同。

7.4.5 目标运动模型

在机动目标跟踪中,对目标的跟踪滤波通常需要建立目标运动的数学模

型,如果能准确地建立目标的运动模型,那么就能对目标进行准确跟踪,否则就有可能导致滤波的发散。

1. 匀速及匀加速模型

当目标无机动运动时,其运动模型可以用匀速或匀加速模型表示。二阶匀速模型为

$$\begin{bmatrix}\dot{x}\\ \ddot{x}\end{bmatrix}=\begin{bmatrix}0&1\\0&0\end{bmatrix}\begin{bmatrix}x\\ \dot{x}\end{bmatrix}+\begin{bmatrix}0\\1\end{bmatrix}w(t) \tag{7-140}$$

三阶匀加速模型为

$$\begin{bmatrix}\dot{x}\\ \ddot{x}\\ \dddot{x}\end{bmatrix}=\begin{bmatrix}0&1&0\\0&0&1\\0&0&0\end{bmatrix}\begin{bmatrix}x\\ \dot{x}\\ \ddot{x}\end{bmatrix}+\begin{bmatrix}0\\0\\1\end{bmatrix}w(t) \tag{7-141}$$

2. Singer 模型[46]

Singer 模型假定机动加速度 $a(t)$ 服从一阶时间相关过程,其时间相关函数为指数衰减形式,即

$$R_a(\tau)=\boldsymbol{E}[a(t)a(t+\tau)]=\sigma_\alpha^2\mathrm{e}^{-\alpha|\tau|}\quad(\alpha\geqslant 0) \tag{7-142}$$

式中:σ_α^2、α 为在时间区间 $(t,t+\tau)$ 内决定目标机动特性的待定参数,σ_α^2 为机动加速度方差,α 为机动时间常数的倒数(机动频率),$\alpha=1/\tau$,一般取经验值为转弯机动 $\alpha=1/60$,逃避机动 $\alpha=1/20$,大气扰动 $\alpha=1$。

同时假定机动加速度的概率密度函数近似服从均匀分布。机动加速度的均值为 0,方差为

$$\sigma_\alpha^2=\frac{A_{\max}{}^2}{3}(1+4P_{\max}-P_0) \tag{7-143}$$

式中:$A_{\max}$ 为最大机动加速度;$P_{\max}$ 为发生概率;P_0 为非机动概率。

对时间相关函数 $R_a(\tau)$ 进行白化,机动加速度 $a(t)$ 可用一阶时间相关模型来表示。可以推导得到 Singer 模型为

$$\begin{bmatrix}\dot{x}\\ \ddot{x}\\ \dddot{x}\end{bmatrix}=\begin{bmatrix}0&1&0\\0&0&1\\0&0&-\alpha\end{bmatrix}\begin{bmatrix}x\\ \dot{x}\\ \ddot{x}\end{bmatrix}+\begin{bmatrix}0\\0\\1\end{bmatrix}w(t) \tag{7-144}$$

式中:x、$\dot{x}$ 和 $\ddot{x}$ 分别表示目标的位置、速度和加速度分量;$w(t)$ 为均值为 0、方差为 $2\alpha\sigma_\alpha^2$ 的高斯白噪声。

3. 半马尔可夫模型[47]

Singer 模型为零均值模型,对于模拟机动目标来说有其不合理之处。半马

尔可夫模型把机动看成一系列有限指令，该指令由马尔可夫过程的转移概率来确定，转移时间为随机变量。

半马尔可夫模型描述为

$$\begin{bmatrix} \dot{x} \\ \ddot{x} \\ \dddot{x} \end{bmatrix} = \begin{bmatrix} 0 & 1 & 0 \\ 0 & -\theta & 1 \\ 0 & 0 & -\alpha \end{bmatrix} \begin{bmatrix} x \\ \dot{x} \\ \ddot{x} \end{bmatrix} + \begin{bmatrix} 0 \\ 1 \\ 0 \end{bmatrix} u(t) + \begin{bmatrix} 0 \\ 0 \\ 1 \end{bmatrix} w(t) \tag{7-145}$$

式中：θ 为阻力系数。半马尔可夫模型与 Singer 模型的主要差别在于引入了非零加速度。

4. 协同转弯模型[9]

目标转弯运动的离散方程为

$$\boldsymbol{x}_{k+1} = \boldsymbol{F}_k \boldsymbol{x}_k + \boldsymbol{G}_k \boldsymbol{v}_k \tag{7-146}$$

式中：$\boldsymbol{x}_k$ 为 k 时刻目标状态向量；$\boldsymbol{F}_k$ 为状态转移矩阵；$\boldsymbol{G}_k$ 为输入矩阵；$\boldsymbol{v}_k$ 为高斯白噪声。二维直角坐标系下目标状态向量为 $\boldsymbol{x}_k = [x, \dot{x}, y, \dot{y}, \omega]^{\mathrm{T}}$，$x$ 和 $\dot{x}$ 表示 X 方向的位移和速度，y 和 $\dot{y}$ 表示 Y 方向的位移和速度，ω 表示转弯率，则

$$\boldsymbol{F}_k = \begin{bmatrix} 1 & \dfrac{\sin(\omega T)}{\omega} & 0 & -\dfrac{1-\cos(\omega T)}{\omega} & 0 \\ 0 & \cos(\omega T) & 0 & -\sin(\omega T) & 0 \\ 0 & \dfrac{1-\cos(\omega T)}{\omega} & 1 & \dfrac{\sin(\omega T)}{\omega} & 0 \\ 0 & \sin(\omega T) & 0 & \cos(\omega T) & 0 \\ 0 & 0 & 0 & 0 & 1 \end{bmatrix} \tag{7-147}$$

$$\boldsymbol{G}_k = \begin{bmatrix} 0.5T^2 & 0 & 0 \\ T & 0 & 0 \\ 0 & 0.5T^2 & 0 \\ 0 & T & 0 \\ 0 & 0 & T \end{bmatrix} \tag{7-148}$$

当转弯率 ω 是常量时，模型是线性的；否则模型是非线性的，在使用该模型进行滤波时，可以采用 EKF 算法进行滤波。

7.4.6 交互式多模型联合概率数据关联目标跟踪算法

多模型机动目标跟踪算法的基本思想是将目标可能的运动模式映射为模型集，集合中的各个模型代表不同的运动模式，利用多个基于不同模型的滤波

器并行工作,状态估计输出为各滤波器的状态估计基于贝叶斯推理的融合结果。

交互式多模型(Interaeting Multiple Model,IMM)算法[48]假定存在有限多个目标模型,每个模型对应于目标的不同机动输入水平,在计算出各个模型的后验概率之后,就可以通过对各模型的状态估计进行加权求和,给出最终的目标估计。IMM 算法包含了多个滤波器(各自对应相应的模型)、模型概率估计器、交互式作用器和估计混合器。通过 IMM 算法和 JPDF 算法的结合,得到交互式多模型联合概率数据关联目标跟踪算法(Interacting Multiple Model Joint Probabilistic Data Association,IMMJPDA)[49-50]。

问题描述如下:

假定有 N 个机动目标 $\{T_i\}_{i=1}^{N}$,若每个目标 k 时刻的运动模型都可以用已知模型集 $\{M_j\}_{j=1}^{n}$ 中的一个模型表示,即 k 时刻第 r 个目标的运动模型可表示为 $\{M_{j,r}\}_{j=1}^{n}$,则对于第 j 个模型,第 r 个目标的运动方程和量测方程分别为

$$\boldsymbol{x}_{k,r}=\boldsymbol{F}_{k-1,j}\boldsymbol{x}_{k-1,r}+\boldsymbol{G}_{k-1,j}\boldsymbol{v}_{k-1,j,r} \tag{7-149}$$

$$z_{k,r}=\boldsymbol{H}_{k,j,r}\boldsymbol{x}_{k,r}+\boldsymbol{w}_{k,j,r} \tag{7-150}$$

式中:$\boldsymbol{x}_{k,r}$ 是目标 r 在 k 时刻的状态向量;$z_{k,r}$ 是目标 r 在 k 时刻的量测向量;$\boldsymbol{F}_{k-1,j}$ 和 $\boldsymbol{G}_{k-1,j}$ 分别是使用模型 j 的状态转移矩阵和输入矩阵;$\boldsymbol{H}_{k,r}$ 是量测矩阵;$\boldsymbol{v}_{k-1,j,r}$ 和 $\boldsymbol{w}_{k,j,r}$ 是互不相关的零均值高斯白噪声,其协方差矩阵分别是 $\boldsymbol{Q}_{k-1,j}$ 和 $\boldsymbol{R}_{k-1,j}$。

对于所有的目标轨迹,模型的跳变规律服从已知转移概率的马尔可夫链,即

$$P\{M_k=M_j \mid M_{k-1}=M_i\}=p_{ij} \tag{7-151}$$

式中:p_{ij} 是根据马尔可夫链,系统由模型 i 转移到模型 j 的转移概率。

记 $k-1$ 时刻传感器的确认量测集合为 $\boldsymbol{Z}_{k-1}=\{z_{k-1,1},z_{k-1,2},\cdots,z_{k-1,\bar{m}}\}$,目标 r 基于模型 j 的状态估计为 $\hat{\boldsymbol{x}}_{k-1|k-1,j,r}$,状态估计误差的协方差矩阵为 $\boldsymbol{P}_{k-1|k-1,j,r}$,模型概率为 $\mu_{k-1,j,r}$,有效观测集为 $\boldsymbol{Y}_{k-1}$。

IMMJPDA 算法的主要步骤如下:

(1) 数据输入交互。

预估概率为

$$\mu_{k,j-,r}=P\{M_{k,j,r} \mid Y_{k-1}\}=\sum_{i=1}^{n}p_{ij}u_{k-1,i,r} \tag{7-152}$$

混合概率为

$$\mu_{i|j,r}=P\{M_{k-1,i,r} \mid M_{k,j,r}Y_{k-1}\}=p_{ij}u_{k-1,i,r}/u_{k,j-,r} \tag{7-153}$$

混合估计值为

$$\hat{\boldsymbol{x}}^0_{k-1|k-1,j,r} = E\{x_{k-1,r} \mid M_{k,j,r}, Y_{k-1}\} = \sum_{i=1}^{n} \hat{\boldsymbol{x}}_{k-1|k-1,i,r}\,\boldsymbol{\mu}_{i|j,r} \tag{7-154}$$

$$\begin{aligned}\boldsymbol{P}^0_{k-1|k-1,j,r} = \sum_{i=1}^{n} \boldsymbol{P}_{k-1|k-1,i,r} \\ + \{[\hat{\boldsymbol{x}}_{k-1|k-1,i,r} - \hat{\boldsymbol{x}}^0_{k-1|k-1,j,r}][\hat{\boldsymbol{x}}_{k-1|k-1,i,r} - \hat{\boldsymbol{x}}^0_{k-1|k-1,j,r}]^{\mathrm{T}}\}\boldsymbol{\mu}_{i|j,r}\end{aligned} \tag{7-155}$$

(2) 状态滤波。

状态一步预测为

$$\hat{\boldsymbol{x}}_{k|k-1,j,r} = \boldsymbol{F}_{k-1,j}\hat{\boldsymbol{x}}^0_{k-1|k-1,j,r} \tag{7-156}$$

$$\boldsymbol{P}_{k|k-1,j,r} = \boldsymbol{F}_{k-1,j}\boldsymbol{P}^0_{k-1|k-1,j,r}\boldsymbol{F}^{\mathrm{T}}_{k-1,j} + \boldsymbol{G}_{k-1,j}\boldsymbol{Q}_{k-1,j}\boldsymbol{G}^{\mathrm{T}}_{k-1,j} \tag{7-157}$$

对于目标 r，模型 j，第 i 个测量的新息为

$$\boldsymbol{z}^{(i)}_{k,j,r} = \boldsymbol{z}^{(i)}_{k} - \boldsymbol{H}_{k,j,r}\hat{\boldsymbol{x}}_{k|k-1,j,r} \tag{7-158}$$

对应的协方差矩阵为

$$\boldsymbol{S}_{k,j,r} = \boldsymbol{H}_{k,j,r}\boldsymbol{P}_{k|k-1,j,r}\boldsymbol{H}^{\mathrm{T}}_{k,j,r} + \boldsymbol{R}_{k,j} \tag{7-159}$$

目标 r 取不同模型 j 时，目标状态的一步预测值不同，相应的新息 $z^{(i)}_{k,j,r}$ 也就不同，因此对于有效观测集的确认会随着目标模型的改变而改变。最终可以得到 n^N 个簇矩阵。对于目标 $r(r \in T_N)$，落入其跟踪门的有效观测集 Y_k 的产生条件为

$$[\boldsymbol{z}^{(i)}_{k,j,r}]^{\mathrm{T}}[\boldsymbol{S}_{k,j,r}]^{-1}[\boldsymbol{z}^{(i)}_{k,j,r}] < \gamma \tag{7-160}$$

式中：γ 为合适的阈值。

对于 k 时刻落入跟踪门的观测值 $\boldsymbol{Y}_k = \{y^1_k, y^2_k, \cdots, y^{\bar{m}}_k\}$，根据 $\boldsymbol{Y}_k$ 可以得到联合事件

$$\chi = \bigcap_{i=1}^{\bar{m}} \chi_{i,r_i} \tag{7-161}$$

式中：r_i 是目标的索引，量测 y^i_k 在考虑的事件中与该目标关联。定义关联矩阵

$$\boldsymbol{\Omega} = [\omega_{ir}] \quad (i = 1,2,\cdots,\bar{m}; r = 0,1,\cdots,N) \tag{7-162}$$

可行事件的条件概率的计算为

$$P(\chi \mid Y_k) = \frac{1}{c}\prod_{i:\tau_i=1} N(y^i_k; \hat{z}_{k,j,r}; \boldsymbol{S}_{k,j,r}) \prod_{r:\delta_r=1} P_{\mathrm{D},r} \prod_{r:\delta_r=0}(1 - P_{\mathrm{D},r}) \tag{7-163}$$

式中：c 是归一化常数；P_{D} 是检测概率；τ_i,δ_r 的取值可参考文献[50]。

(3) 关联数据更新。当量测 i 与目标 r 关联，并且目标运动模型采

用 j 描述时，除目标 r 外的剩余所有目标 r_- $(r_- \neq r)$ 采用的运动模型为 $J\left(J \in \dfrac{\{M_i\}_{i=1}^{n} \times \cdots \times \{M_i\}_{i=1}^{n}}{N-1}\right)$ 时的概率 $\beta_i^{r,j,J}$ 可用下式求得

$$\beta_i^{r,j,J} = \sum_{\chi} P(\chi \mid Y_k)\, \hat{\omega}_{ir}(\chi) \tag{7-164}$$

采用模型 j 时目标 r 与量测 i 的关联概率 $\beta_i^{r,j}$ 可通过目标模型概率对式(7-164)得到的 $\beta_i^{r,j,J}$ 进行加权求和得到，即

$$\beta_i^{r,j} = \sum_{J} \mu_{k-1,J} \beta_i^{r,j,J} \quad (r = 0,1,\cdots,N) \tag{7-165}$$

$$\mu_{k-1,J} = \prod_{r_-=1}^{N} \mu_{k-1,j,r_-} \quad (r \neq r_-) \tag{7-166}$$

（4）目标采用各模型时的状态更新。

对于采用模型 j 的目标 r 的融合新息为

$$\tilde{\boldsymbol{y}}_k^{r,j} = \sum_{i=1}^{\bar{m}} \beta_i^{r,j} \tilde{\boldsymbol{z}}_{k,j,r}^{(i)} \tag{7-167}$$

卡尔曼滤波增益为

$$\boldsymbol{K}_{k,j,r} = \boldsymbol{P}_{k|k-1,r} \boldsymbol{H}_{k,j,r} \boldsymbol{S}_{k,j,r}^{-1} \tag{7-168}$$

对于采用模型 j 的目标 r 的状态更新为

$$\hat{\boldsymbol{x}}_{k|k,j,r} = \hat{\boldsymbol{x}}_{k|k-1,j,r} + \boldsymbol{K}_{k,j,r} \tilde{\boldsymbol{y}}_k^{r,j} \tag{7-169}$$

误差协方差矩阵更新为

$$\begin{aligned} \boldsymbol{P}_{k|k,j,r} = {} & \boldsymbol{P}_{k|k-1,j,r} - \left(\sum_{i=1}^{\bar{m}} \beta_i^{r,j}\right) \boldsymbol{K}_{k,j,r} \boldsymbol{S}_{k,j,r}^{-1} \boldsymbol{K}_{k,j,r}^{\mathrm{T}} \\ & + \boldsymbol{K}_{k,j,r} \left[\sum_{i=1}^{\bar{m}} \beta_i^{r,j} \tilde{\boldsymbol{z}}_{k,j,r}^{(i)} (\tilde{\boldsymbol{z}}_{k,j,r}^{(i)})^{\mathrm{T}} - \tilde{\boldsymbol{y}}_k^{r,j} (\tilde{\boldsymbol{y}}_k^{r,j})^{\mathrm{T}}\right] \boldsymbol{K}_{k,j,r}^{\mathrm{T}} \end{aligned} \tag{7-170}$$

（5）似然函数更新。k 时刻，采用模型 j 的目标 r 的似然函数满足如下正态分布

$$\boldsymbol{\Lambda}_{k,j,r} = N(\boldsymbol{z}[k \mid k; \hat{\boldsymbol{x}}_{k|k,j,r}], \hat{\boldsymbol{z}}[k \mid k-1; \hat{\boldsymbol{x}}_{k-1|k-1,j,r}^0], \boldsymbol{S}[k; \boldsymbol{P}_{k-1|k-1,j,r}^0]) \tag{7-171}$$

（6）模型概率更新。

目标 r 模型概率为

$$\mu_{k,j,r} = \frac{1}{c} \mu_{k,j-r} \Lambda_{k,j,r} \tag{7-172}$$

式中：归一化常数

$$c = \sum_{j=1}^{r} \mu_{k,j-,r} \Lambda_{k,j,r} \tag{7-173}$$

(7) 目标状态更新。

目标状态向量为

$$\hat{\boldsymbol{x}}_{k|k,r} = \sum_{j=1}^{r} \hat{\boldsymbol{x}}_{k|k,j,r} \mu_{k,j,r} \tag{7-174}$$

目标误差协方差矩阵为

$$\boldsymbol{P}_{k|k,r} = \sum_{j=1}^{r} \mu_{k,j,r} \{ \boldsymbol{P}_{k|k,j,r} + [\hat{\boldsymbol{x}}_{k|k,j,r} - \hat{\boldsymbol{x}}_{k|k,r}][\hat{\boldsymbol{x}}_{k|k,j,r} - \hat{\boldsymbol{x}}_{k|k,r}]^{\mathrm{T}} \} \tag{7-175}$$

7.4.7 雷达/红外融合跟踪

本节讨论多传感器概率数据关联滤波(Multi-Sensor Probability Data Association Filtering,MSPDAF)用于雷达和红外的跟踪。把概率数据关联滤波(Probability Data Association Filtering,PDAF)用于雷达和红外融合跟踪,可以使该系统适用于虚假检测率在监视区域内急剧变化的环境。假定雷达和红外同地配置,同步采样,设在直角坐标系中目标动态模型为

$$\boldsymbol{x}_{k+1} = \boldsymbol{F}_k \boldsymbol{x}_k + \boldsymbol{w}_k \tag{7-176}$$

式中:$\boldsymbol{x}_k$ 为状态向量;$\boldsymbol{F}_k$ 为状态转移矩阵;$\boldsymbol{w}_k$ 为过程噪声,假定 $\boldsymbol{w}_k$ 是零均值的高斯白噪声,即满足

$$E(w_k w_j^{\mathrm{T}}) = \boldsymbol{Q}\delta_{kj} \tag{7-177}$$

式中:δ_{kj} 是 Kronecker Delta 函数。为书写方便,设雷达传感器为 1,红外传感器为 2。传感器的量测模型为

$$\boldsymbol{z}_k^{(i)} = \boldsymbol{H}_k^{(i)} \boldsymbol{x}_k + \boldsymbol{v}_k^{(i)} \tag{7-178}$$

当 $i=1$ 时对应雷达测量;对于 2D 雷达,$\boldsymbol{z}_k^{(1)} = [\theta_k, r_k]^{\mathrm{T}} + \boldsymbol{v}_k^{(1)}$;对于 3D 雷达,$\boldsymbol{z}_k^{(1)} = [\theta_k, \varphi_k, r_k]^{\mathrm{T}} + \boldsymbol{v}_k^{(1)}$,其中 r_k、θ_k 和 φ_k 分别表示距离、方位角和俯仰角。当 $i=2$ 时对应红外的测量,它包括方位角和俯仰角,即 $\boldsymbol{z}_k^{(2)} = [\theta_k, \varphi_k]^{\mathrm{T}} + \boldsymbol{v}_k^{(2)}$,而距离、方位角和俯仰角与状态变量的关系分别为

$$r = \sqrt{x^2 + y^2 + z^2}, \quad \theta = \arctan(y/x), \quad \varphi = \arctan(z/r_h) \tag{7-179}$$

式中:x, y, z 是笛卡儿坐标系统的三维坐标值,而 $r_h = \sqrt{x^2 + y^2}$,式(7-178)中,$\boldsymbol{v}_k^{(i)}$ 是具有零均值和已知协方差阵 $\boldsymbol{R}^{(i)}$ 的高斯白噪声。其中,对于 2D 和 3D 雷达,其协方差阵分别为

$$\operatorname{cov}(\boldsymbol{v}_k^{(1)}) = \boldsymbol{R}^{(1)} = \begin{bmatrix} q_{\theta_1} & 0 \\ 0 & q_r \end{bmatrix}, \operatorname{cov}(\boldsymbol{v}_k^{(1)}) = \boldsymbol{R}^{(1)} = \begin{bmatrix} q_{\theta_1} & 0 & 0 \\ 0 & q_{\varphi_1} & 0 \\ 0 & 0 & q_r \end{bmatrix} \tag{7-180}$$

对于红外传感器,其协方差阵为

$$\mathrm{cov}(\boldsymbol{v}_k^{(1)}) = \boldsymbol{R}^{(1)} = \begin{bmatrix} q_{\theta_2} & 0 \\ 0 & q_{\varphi_2} \end{bmatrix} \tag{7-181}$$

式中:q_{θ_1}、q_{φ_1} 和 q_r 分别是雷达的方位角、俯仰角和距离测量噪声的方差;$q_{\theta 2}$,q_{φ_2} 分别是红外传感器的方位角和俯仰角测量噪声的方差。

设传感器 i 在 k 时刻的跟踪波门内共有 $m_k^{(i)}$ 个回波 $z_k^{(i)}(j)$,$j=1,2,\cdots,m_k$,对应的测量集为

$$\boldsymbol{Z}_k^{(i)} = \{\boldsymbol{z}_k^{(i)}(j)\}_{j=1}^{m_k^{(i)}} \quad (i=1,2) \tag{7-182}$$

设第 i 个传感器到 k 时刻为止的累积测量集为

$$\boldsymbol{Z}^{(i)k} = \{\boldsymbol{z}_l^{(i)}(j)\}_{k=l}^{k} \tag{7-183}$$

在上述假设条件下,基于第 i 个传感器量测的最小后验期望损失估计为

$$\hat{\boldsymbol{x}}_{k|k}^{(i)} = E(\boldsymbol{x}_k \mid \boldsymbol{Z}^{(i)k}) \quad (i=1,2) \tag{7-184}$$

式中:$E[\cdot|\cdot]$ 表示求条件期望。

对于 $\forall j \neq 0$,设 $\boldsymbol{\eta}_k^{(i)}$ 表示 $z_k^{(i)}(j)$ 源于目标的正确测量事件,$\boldsymbol{\eta}_k^{(i)}(0)$ 是第 i 个传感器的跟踪波门内所有量测都不源于目标的事件,并令

$$\beta_k^{(i)}(j) = P[\boldsymbol{\eta}_k^{(i)}(j) \mid \boldsymbol{Z}^{(i)k}] \tag{7-185}$$

则根据 PDAF 算法,应有

$$\beta_k^{(i)}(j) = \frac{e_k^{(i)}(j)}{b_k^{(i)} + c_k^{(i)}} \quad (j \neq 0) \tag{7-186}$$

$$\beta_k^{(i)}(0) = \frac{b_k^{(i)}}{b_k^{(i)} + c_k^{(i)}} \tag{7-187}$$

其中

$$e_k^{(i)}(j) = (P_{\mathrm{G}}^{(i)})^{-1} \boldsymbol{N}(\boldsymbol{v}^{(i)}(j); 0, \boldsymbol{S}_k^{(i)}) \tag{7-188}$$

$$b_k^{(i)} = m_k^{(i)}(1 - P_{\mathrm{D}}^{(i)} P_{\mathrm{G}}^{(i)})[P_{\mathrm{D}}^{(i)} P_{\mathrm{G}}^{(i)} \xi_k^{(i)}]^{-1} \tag{7-189}$$

$$c_k^{(i)} = \sum_{j=1}^{m_k} e_k^{(i)}(j) \tag{7-190}$$

式中,$\boldsymbol{v}_k^{(i)}(j) = z_k^{(i)}(j) - \hat{z}_k^{(i)}$ 为对应跟踪波门内第 j 个量测的信息,$\hat{z}_k^{(i)}$ 为传感器 i 的预测值;$\xi_k^{(i)}$ 为传感器 i 的跟踪门体积;$\boldsymbol{S}_k^{(i)}$ 为新息 $\boldsymbol{v}_k^{(i)}(j)$ 的协方差阵;$P_{\mathrm{D}}^{(i)}$ 为传感器 i 正确回波的检测概率;$P_{\mathrm{G}}^{(i)}$ 为正确回波落入传感器 i 跟踪波门内的概率。设回波被确认时应满足的条件为

$$[\boldsymbol{v}_k^{(i)}(j)]^{\mathrm{T}} [\boldsymbol{S}_k^{(i)}]^{-1} \boldsymbol{v}_k^{(i)}(j) < g^2 \tag{7-191}$$

$$\xi_k^{(i)} = C_{M_i} g^{M_i} |S_k^{(i)}|^{\frac{1}{2}} \tag{7-192}$$

式中：M_i 为传感器 i 的测量维数。当 $M_i = 2$ 时，$C_2 = \pi$；当 $M_i = 3$ 时，$C_3 = 4\pi/3$。一般情况下，$C_{M_i} = \pi^{\frac{M_i}{2}} / \Gamma\left(\frac{M_i}{2} + 1\right)$。又令

$$\hat{\boldsymbol{x}}_{k|k}^{(i)}(j) = E(\boldsymbol{x}_k \mid \eta_k^i(j), \boldsymbol{Z}^{(i)k}) \tag{7-193}$$

则有

$$\hat{\boldsymbol{x}}_{k|k}^{(i)} = E(\boldsymbol{x}_k \mid \boldsymbol{Z}^{(i)k}) = \sum_{j=0}^{m_k^{(i)}} \beta_k^{(i)}(j) \hat{\boldsymbol{x}}_{k|k}^{(i)}(j) \tag{7-194}$$

其中

$$\hat{\boldsymbol{x}}_{k|k}^{(i)}(0) = \hat{\boldsymbol{x}}_{k|k-1}^{(i)}, \ \hat{\boldsymbol{x}}_{k|k}^{(i)}(j) = \hat{\boldsymbol{x}}_{k|k-1}^{(i)} + \boldsymbol{K}_k^{(i)} \boldsymbol{v}_k^{(i)}(j) \quad (j \neq 0) \tag{7-195}$$

而 $\hat{\boldsymbol{x}}_{k|k-1}^{(i)}$ 为传感器 i 的状态一步预测值，$\boldsymbol{K}_k^{(i)}$ 为传感器 i 的滤波增益，计算公式为

$$\boldsymbol{K}_k^{(i)} = \boldsymbol{P}_{k|k-1}^{(i)} (\boldsymbol{H}_k^{(i)})^{\mathrm{T}} [\boldsymbol{H}_k^{(i)} \boldsymbol{P}_{k|k-1}^{(i)} (\boldsymbol{H}_k^{(i)})^{\mathrm{T}} + \boldsymbol{R}^{(i)}]^{-1} = \boldsymbol{P}_{k|k-1}^{(i)} (\boldsymbol{H}_k^{(i)})^{\mathrm{T}} [\boldsymbol{S}_k^{(i)}]^{-1} \tag{7-196}$$

式中：$\boldsymbol{P}_{k|k-1}^{(i)}$ 为传感器 i 的一步预测协方差阵，$\boldsymbol{S}_k^{(i)}$ 表示为

$$\boldsymbol{S}_k^{(i)} = \boldsymbol{H}_k^{(i)} \boldsymbol{P}_{k|k-1}^{(i)} (\boldsymbol{H}_k^{(i)})^{\mathrm{T}} + \boldsymbol{R}^{(i)} \tag{7-197}$$

将式(7-193)、式(7-194)和式(7-195)代入式(7-196)，可得

$$\hat{\boldsymbol{x}}_{k|k}^{(i)} = \hat{\boldsymbol{x}}_{k|k-1}^{(i)} + \boldsymbol{K}_k^{(i)} \boldsymbol{v}_k^{(i)} \tag{7-198}$$

其中

$$\boldsymbol{v}_k^{(i)} = \sum_{j=0}^{m_k^{(i)}} \beta_k^{(i)} \boldsymbol{v}_k^{(i)}(j) \quad (i = 1,2) \tag{7-199}$$

设 $\hat{\boldsymbol{x}}_{k|k}^{(i)}(0)$ 对应的协方差矩阵为 $\boldsymbol{P}_{k|k}^{(i)}(0)$，与 $\hat{\boldsymbol{x}}_{k|k}^{(i)}(j)$ 对应的协方差阵为 $\boldsymbol{P}_{k|k}^{(i)}(j)$，则有

$$\boldsymbol{P}_{k|k}^{(i)}(0) = \boldsymbol{P}_{k|k-1}^{(i)}, \ \boldsymbol{P}_{k|k}^{(i)}(j) = [\boldsymbol{I} - \boldsymbol{K}_k^{(i)} \boldsymbol{H}_k^{(i)}] \boldsymbol{P}_{k|k-1}^{(i)} \tag{7-200}$$

从而有

$$\begin{aligned} \boldsymbol{P}_{k|k}^{(i)} = {} & \beta_k^{(i)}(0) \boldsymbol{P}_{k|k-1}^{(i)} + [1 - \beta_k^{(i)}(0)] [\boldsymbol{I} - \boldsymbol{K}_k^{(i)} \boldsymbol{H}_k^{(i)}] \boldsymbol{P}_{k|k-1}^{(i)} \\ & + \boldsymbol{K}_k^{(i)} \left\{ \sum_{j=1}^{m_k^{(i)}} \beta_k^{(i)}(j) \boldsymbol{v}_k^{(i)}(j) [\boldsymbol{v}_k^{(i)}(j)]^{\mathrm{T}} - \boldsymbol{v}_k^{(i)} (\boldsymbol{v}_k^{(i)})^{\mathrm{T}} \right\} (\boldsymbol{K}_k^{(i)})^{\mathrm{T}} \end{aligned} \tag{7-201}$$

在按上述方法得到基于第 i 个传感器的状态估计后，则基于雷达和红外传感器测量的最优估计为

$$\hat{\boldsymbol{x}}_{k|k} = E[\boldsymbol{x}_k \mid \boldsymbol{Z}^{(1)k}, \boldsymbol{Z}^{(2)k}] \tag{7-202}$$

为了进一步减少计算量，可以采用如下的次序对雷达和红外传感器测量数据进行处理，具体步骤如下：

(1) 利用 $\hat{\boldsymbol{x}}_{k-1|k-1}$ 及协方差阵 $\boldsymbol{P}_{k-1|k-1}$，按卡尔曼滤波计算预测状态 $\hat{\boldsymbol{x}}_{k|k-1}$ 及其协方差阵 $\boldsymbol{P}_{k|k-1}$，然后计算雷达测量的一步提前预测 $\hat{\boldsymbol{z}}_{k|k-1}^{(i)}$，相应的协方差阵 $\boldsymbol{S}_k^{(1)}$ 和滤波增益 $\boldsymbol{K}_k^{(1)}$，即

$$\hat{\boldsymbol{z}}_{k|k-1}^{(1)}=\boldsymbol{H}_k^{(1)}\hat{\boldsymbol{x}}_{k|k-1} \tag{7-203}$$

$$\boldsymbol{S}_k^{(1)}=\boldsymbol{H}_k^{(1)}\boldsymbol{P}_{k|k-1}^{(1)}(\boldsymbol{H}_k^{(1)})^{\mathrm{T}}+\boldsymbol{R}^{(1)} \tag{7-204}$$

$$\boldsymbol{K}_k^{(1)}=\boldsymbol{P}_{k|k-1}^{(1)}(\boldsymbol{H}_k^{(1)})^{\mathrm{T}}(\boldsymbol{S}_k^{(1)})^{-1} \tag{7-205}$$

(2) 利用 $\hat{z}_{k|k-1}^{(1)}$ 和 $\boldsymbol{S}_k^{(1)}$，对雷达回波是否落在跟踪门内进行确认，即若满足

$$[\boldsymbol{v}_k^{(1)}(j)]^{\mathrm{T}}[\boldsymbol{S}_k^{(1)}]^{-1}\boldsymbol{v}_k^{(1)}(j)<g^2 \tag{7-206}$$

则对雷达的测量 $z_k^{(1)}(j)$ 予以确认，其中，$\boldsymbol{v}_k^{(1)}(j)=\boldsymbol{z}_k^{(1)}(j)-\hat{\boldsymbol{z}}_{k|k-1}^{(1)}$。

(3) 利用第(2)步确认的雷达测量进行状态估计，即

$$\hat{\boldsymbol{x}}_{k|k}^{(1)}=\sum_{j=0}^{m_k^{(1)}}\beta_k^{(1)}(j)\hat{\boldsymbol{x}}_{k|k}^{(1)}(j) \tag{7-207}$$

$$\begin{aligned}\boldsymbol{P}_{k|k}^{(1)}=&\beta_k^{(1)}(0)\boldsymbol{P}_{k|k-1}^{(1)}+[1-\beta_k^{(1)}(0)][\boldsymbol{I}-\boldsymbol{K}_k^{(1)}\boldsymbol{H}_k^{(1)}]\boldsymbol{P}_{k|k-1}^{(1)}\\&+\boldsymbol{K}_k^{(1)}\left\{\sum_{j=1}^{m_k^{(1)}}\beta_k^{(1)}(j)\boldsymbol{v}_k^{(1)}(j)[\boldsymbol{v}_k^{(1)}(j)]^{\mathrm{T}}-\boldsymbol{v}_k^{(1)}(\boldsymbol{v}_k^{(1)})^{\mathrm{T}}\right\}[\boldsymbol{K}_k^{(1)}]^{\mathrm{T}}\end{aligned} \tag{7-208}$$

式中：$\hat{\boldsymbol{x}}_{k|k}^{(1)}(j)=\hat{\boldsymbol{x}}_{k|k-1}^{(1)}+\boldsymbol{K}_k^{(1)}\boldsymbol{v}_k^{(1)}(j)$，$j\neq 0$；$\hat{\boldsymbol{x}}_{k|k}^{(1)}(0)=\hat{\boldsymbol{x}}_{k|k-1}^{(1)}$。

(4) 利用 $\hat{\boldsymbol{x}}_{k|k}^{(1)}$ 和 $\boldsymbol{P}_{k|k}^{(1)}$ 计算红外测量的提前一步预测 $\hat{z}_{k|k-1}^{(2)}$，以及新息协方差阵 $\boldsymbol{S}_k^{(2)}$ 和滤波增益 $\boldsymbol{K}_k^{(2)}$，即

$$\hat{\boldsymbol{z}}_{k|k-1}^{(2)}=\boldsymbol{H}_k^{(2)}\hat{\boldsymbol{x}}_{k|k}^{(1)} \tag{7-209}$$

$$\boldsymbol{S}_k^{(2)}=\boldsymbol{H}_k^{(2)}\boldsymbol{P}_{k|k}^{(1)}(\boldsymbol{H}_k^{(2)})^{\mathrm{T}}+\boldsymbol{R}^{(2)} \tag{7-210}$$

$$\boldsymbol{K}_k^{(2)}=\boldsymbol{P}_{k|k}^{(1)}(\boldsymbol{H}_k^{(2)})^{\mathrm{T}}(\boldsymbol{S}_k^{(2)})^{-1} \tag{7-211}$$

(5) 利用 $\hat{z}_{k|k-1}^{(2)}$ 和 $\boldsymbol{S}_k^{(2)}$，对红外传感器的回波是否落在跟踪波门内进行确认，即若满足

$$[\boldsymbol{v}_k^{(2)}(j)]^{\mathrm{T}}[\boldsymbol{S}_k^{(2)}]^{-1}\boldsymbol{v}_k^{(2)}(j)<g^2 \tag{7-212}$$

则对 $z_k^{(2)}(j)$ 予以确认，其中，$\boldsymbol{v}_k^{(2)}(j)=\boldsymbol{z}_k^{(2)}(j)-\hat{\boldsymbol{z}}_{k|k-1}^{(2)}$。

(6) 利用第(5)步确认的红外测量进行状态估计，即

$$\hat{\boldsymbol{x}}_{k|k}^{(2)}=\sum_{j=0}^{m_k^{(2)}}\beta_k^{(2)}(j)\hat{\boldsymbol{x}}_{k|k}^{(2)}(j) \tag{7-213}$$

$$\boldsymbol{P}_{k|k}^{(2)}=\beta_k^{(2)}(0)\boldsymbol{P}_{k|k-1}^{(2)}+[1-\beta_k^{(2)}(0)][\boldsymbol{I}-\boldsymbol{K}_k^{(2)}\boldsymbol{H}_k^{(2)}]\boldsymbol{P}_{k|k-1}^{(2)}$$
$$+\boldsymbol{K}_k^{(2)}\left\{\sum_{j=1}^{m_k^{(2)}}\beta_k^{(2)}(j)\boldsymbol{v}_k^{(2)}(j)[\boldsymbol{v}_k^{(2)}(j)]^{\mathrm{T}}-\boldsymbol{v}_k^{(2)}(\boldsymbol{v}_k^{(2)})^{\mathrm{T}}\right\}[\boldsymbol{K}_k^{(2)}]^{\mathrm{T}} \tag{7-214}$$

式中：$\hat{\boldsymbol{x}}_{k|k}^{(2)}(j)=\hat{\boldsymbol{x}}_{k|k-1}^{(1)}+\boldsymbol{K}_k^{(2)}\boldsymbol{v}_k^{(2)}(j)$，$j\neq 0$；$\hat{\boldsymbol{x}}_{k|k}^{(2)}(0)=\hat{\boldsymbol{x}}_{k|k-1}^{(1)}$。

（7）令 $\hat{\boldsymbol{x}}_{k|k}=\hat{\boldsymbol{x}}_{k|k}^{(2)}$，$\boldsymbol{P}_{k|k}=\boldsymbol{P}_{k|k}^{2}$，这就是基于 MSPDAF 对雷达和红外测量融合跟踪的状态估计及协方差阵。

7.5 航迹关联与航迹融合

如果复合寻的制导系统探测到多个目标，经过多目标跟踪算法处理后，可以通过多传感器概率数据关联算法实现多传感器数据的量测-航迹关联，形成融合后的多目标航迹。多个传感器也可以独立进行目标跟踪，形成各自的多目标航迹，不同传感器独立形成的多目标航迹之间，可以进行航迹关联和航迹融合处理，形成融合后的多目标航迹。

7.5.1 航迹关联

航迹关联是指对不同传感器独立形成的多目标航迹进行处理，通过一定的准则判决不同传感器形成的目标航迹是否源于同一目标，形成航迹关联对的处理过程。航迹关联的过程除了可以实现不同传感器形成的目标航迹的匹配，同时可以滤除冗余的航迹或者虚假目标的航迹，提升系统的抗干扰性能。航迹关联的算法通常有基于统计的航迹关联算法[51-55]和模糊航迹关联算法等[58]。基于统计的航迹关联算法一般框架简约，算法压力小，有利于工程实现，但在密集目标环境下，算法有效性会有所下降。基于模糊数学理论的模糊航迹关联算法可以提高算法有效性[57-58]，数据量小，但是参数设置过于繁杂，工程实践难度大，因此在工程实现上，广泛应用的还是传统的统计航迹关联算法。

航迹关联问题说明如下：

假定 $\boldsymbol{x}_{k,i}^{1}$ 与 $\boldsymbol{x}_{k,j}^{2}$ 为 k 时刻航迹 i 与航迹 j 的状态向量，且具有相同的维数 n_x，$\hat{\boldsymbol{x}}_{k|k,i}^{1}$ 与 $\hat{\boldsymbol{x}}_{k|k,i}^{2}$ 为 k 时刻航迹 i 与航迹 j 的状态估计，航迹 i 与航迹 j 分别来自传感器 1 与传感器 2。设立如下两个假设：

H_0：$\hat{\boldsymbol{x}}_{k|k,i}^{1}$ 与 $\hat{\boldsymbol{x}}_{k|k,i}^{2}$ 是来自同一目标的估计；

H_1：$\hat{\boldsymbol{x}}_{k|k,i}^{1}$ 与 $\hat{\boldsymbol{x}}_{k|k,i}^{2}$ 是来自不同目标的估计。

1. 加权航迹关联算法[56]

假定传感器 1 与传感器 2 对相同目标的状态估计是不相关的，即当 $\boldsymbol{x}_{k,i}^1=\boldsymbol{x}_{k,j}^2$ 时，状态估计误差 $\tilde{\boldsymbol{x}}_{k,i}^1=\boldsymbol{x}_{k,i}^1-\hat{\boldsymbol{x}}_{k|k,i}^1$ 与 $\tilde{\boldsymbol{x}}_{k,i}^2=\boldsymbol{x}_{k,i}^2-\hat{\boldsymbol{x}}_{k|k,i}^2$ 为相互独立的统计向量。

定义 $\tilde{\boldsymbol{x}}_{k,ij}=\hat{\boldsymbol{x}}_{k|k,i}^1-\hat{\boldsymbol{x}}_{k|k,j}^2$，表示两传感器的位置状态估计误差。如果两传感器来自同一目标，则该状态估计误差的协方差矩阵满足：

$$\begin{aligned}\boldsymbol{C}_{k|k,ij}&=E[\tilde{\boldsymbol{x}}_{k,ij}\tilde{\boldsymbol{x}}_{k,ij}^{\mathrm{T}}]=E\{[\tilde{\boldsymbol{x}}_{k,i}^1-\tilde{\boldsymbol{x}}_{k,j}^2][\tilde{\boldsymbol{x}}_{k,i}^1-\tilde{\boldsymbol{x}}_{k,j}^2]^{\mathrm{T}}\}\\&=\boldsymbol{P}_{k|k,i}^1+\boldsymbol{P}_{k|k,j}^2\end{aligned}\tag{7-215}$$

式中：$\boldsymbol{P}_{k|k,i}^1$ 与 $\boldsymbol{P}_{k|k,j}^2$ 为两传感器的状态估计误差协方差矩阵，可以在多目标跟踪滤波中得到。

构造检验统计量为

$$\alpha_{k,ij}=[\hat{\boldsymbol{x}}_{k|k,i}^1-\hat{\boldsymbol{x}}_{k|k,j}^2]^{\mathrm{T}}[\boldsymbol{P}_{k|k,i}^1+\boldsymbol{P}_{k|k,j}^2]^{-1}[\hat{\boldsymbol{x}}_{k|k,i}^1-\hat{\boldsymbol{x}}_{k|k,j}^2]\tag{7-216}$$

如果 $\alpha_{k,ij}<\delta$ 成立，则两个状态估计值来自同一目标；否则两个估计值来自不同的目标。由于 $t_{k,ij}$ 服从正态分布，所以 $\alpha_{k,ij}$ 服从χ^2 分布，且自由度为 $n_{\boldsymbol{x}}$ 。δ 为通过χ^2 分布获得的关联阈值。检验统计量相当于对 $C_{k|k,ij}$ 进行统计加权，因此该方法称为加权航迹关联算法。

2. 最近邻法

最近邻法[59]是统计航迹关联中的基本算法，假设 k 时刻两传感器航迹 i 与航迹 j 的状态估计误差为

$$\tilde{\boldsymbol{x}}_{k,ij}=\hat{\boldsymbol{x}}_{k|k,i}^1-\hat{\boldsymbol{x}}_{k|k,j}^2=[u_{k,ij,1},u_{k,ij,2},\cdots,u_{k,ij,n_{\boldsymbol{x}}}]^{\mathrm{T}}\quad(i\in U_1,j\in U_2)\tag{7-217}$$

式中：$n_{\boldsymbol{x}}$ 为各传感器状态估计向量的维数。假设阈值向量为 $e=(e_1,e_2,\cdots,e_{n_{\boldsymbol{x}}})^{\mathrm{T}}$，则关联准则为：如果 $L_{k,ij}=(|u_{k,ij,1}<e_1|)\cap(|u_{k,ij,2}<e_2|)\cap\cdots\cap(|u_{k,ij,n_{\boldsymbol{x}}}<e_{n_{\boldsymbol{x}}}|)$ 成立，则判定航迹 i 与航迹 j 是相关联的。如果有多条航迹与某一条航迹满足上述准则，则选定与其距离范数最小的一条作为其关联航迹。

3. K 近邻法

最近邻法在目标较为密集的情况下算法的关联成功率会严重下降，K 近邻法（K-Nearest Neighbor，K-NN）使算法的性能得到了较大的提升。

K 近邻法的基本思想是取两个正整数 N_0 和 K，其中 N_0 为关联检测次数，且 $N_0\geqslant 2$，此时，在不同的时刻进行 N_0 次假设检验，每次检验的方法与最近邻法相同，即每次检测满足下列条件是否成立

$$L_{k,ij}=(|u_{k,ij,1}<e_1|)\cap(|u_{k,ij,2}<e_2|)\cap\cdots\cap(|u_{k,ij,n_x}<e_{n_x}|)\tag{7-218}$$

在 N_0 次检测中，只要有 K 次检测条件成立，则 H_0 假设成立；否则 H_1 假设成立。通常选择 $N_0/2 < K < N_0$，如果两条航迹已经被判定为一个关联对，则不需要再次对这两条航迹做关联检验。K 近邻法通常分为建立期、关联期、巩固期、检查期以及保持期，算法结构相对复杂。

4. 修正 K 近邻法

修正 K 近邻法（Modified K-Nearest Neighbor，MK-NN）[60] 相对于 K 近邻法进行了改进，其关联检测可以划分为关联期、检查期、保持期三个阶段。

1）关联期

当进行融合的航迹点数小于 N_0 时，算法处于关联期。定义关联质量 $m_{k,ij}$ 和脱离质量 $d_{k,ij}$ 分别为

$$m_{0,ij} = 0\ ,\ d_{0,ij} = 0 \tag{7-219}$$

如果 k 时刻 $L_{k,ij}$ 为真，则 $m_{k,ij} = m_{k-1,ij} + 1$；否则 $d_{k,ij} = d_{k-1,ij} + 1$。

在关联期的一次关联检测中，在 N_0 时刻，如果满足关联质量 $m_{N_0,ij} \geqslant K$，则判定两传感器航迹 i 与航迹 j 成为关联对；如果存在某两条航迹的脱离质量超过某一阈值，则不再继续进行关联处理，认定关联失败。

如果关联期内有多条来自传感器 2 的航迹 $j \in \{j_1, j_2, \cdots, j_n\}$ 与传感器 1 的航迹 i 关联质量都满足 $m_{N_0,ij} \geqslant K$，则选择 $m_{N_0,ij}$ 最大的航迹 j^* 与航迹 i 组成关联对。如果满足 $m_{N_0,ij}$ 最大的航迹有多条，则判定距离范数最小的航迹与航迹 i 组成关联对[61]，即

$$\min_{j^*} d(i, j^*) = \frac{1}{k}\left(\sum_{q=1}^{k} \| \tilde{\boldsymbol{x}}_{q,ij} \| \right) \quad (j \in \{j_1, j_2, \cdots, j_n\}) \tag{7-220}$$

当 $k = N_0$ 时，关联期结束。

K 的取值通常应该满足 $K = [\mu N_0]$，$[\cdot]$ 代表取整，μ 的取值为 $0.5 < \mu < 0.75$。当目标密集时，N_0 取值应适当增大；数据率较低时，可以适当减小 N_0 的值。N_0 过大，会使运算量增大，实时性变差；过小使得关联效果不好，$N_0 = 1$ 时，相当于最近邻法。一般可取 $6 \leqslant N_0 \leqslant 12$。

2）检查期

关联期结束后，通过关联期的关联航迹进入检查期。

当 $k > N_0$ 时，用新接收的目标点迹状态检查整条航迹的方差。构造统计量如下：

$$\omega_{k,ij} = \beta\left([\hat{\boldsymbol{x}}^1_{k|k,i} - \hat{\boldsymbol{x}}^2_{k|k,j}]^T [\boldsymbol{P}^1_{k|k,i} + \boldsymbol{P}^2_{k|k,j}]^{-1} [\hat{\boldsymbol{x}}^1_{k|k,i} - \hat{\boldsymbol{x}}^2_{k|k,j}] \right) \tag{7-221}$$

式中：β 为修正系数；$\omega_{k,ij}$ 满足自由度为 n_x 的 χ^2 分布。定义检验指数 T，T 初

始值为零。如果

$$\omega_{k,ij} \leqslant \delta \tag{7-222}$$

则检验指数 $T = T + 1$,否则 $T = T - 1$。

δ 为设定的检测阈值,是由 $\omega_{k,ij}$ 分布的自由度和显著性水平决定的,可以取 0.01、0.05 或 0.1 等数值。

经过连续三次检验,即在 $k = N_0 + 3$ 时刻,如果 $T = 3$,则判定两条航迹继续关联;如果 $T = -1$,则撤销关联对;如果 $T = 1$,则重复检验过程。

3）保持期

关联检测进入保持期后,航迹关联对已经确定,不再进行关联检测,而是直接对关联航迹进行更新,然后进入融合中心进行后续处理。

7.5.2 航迹融合

航迹关联处理后,不同传感器的多个目标航迹形成了有效关联对,要实现准确的目标跟踪,需要对航迹进行融合处理,形成融合后的航迹,称为航迹融合问题。

1. 加权航迹融合

航迹 j 与航迹 i 形成有效关联对后,可以利用各传感器的状态估计(即估计误差的协方差矩阵)对两条航迹进行加权航迹融合处理[62]。

k 时刻,航迹融合后的状态估计为

$$\begin{aligned}\hat{\boldsymbol{x}}_{k|k} &= \boldsymbol{P}_{k|k,j}(\boldsymbol{P}_{k|k,i} + \boldsymbol{P}_{k|k,j})^{-1}\hat{\boldsymbol{x}}_{k|k,i} + \boldsymbol{P}_{k|k,i}(\boldsymbol{P}_{k|k,i} + \boldsymbol{P}_{k|k,j})^{-1}\hat{\boldsymbol{x}}_{k|k,j} \\ &= \boldsymbol{P}_{k|k}(\boldsymbol{P}_{k|k,i}^{-1}\hat{\boldsymbol{x}}_{k|k,i} + \boldsymbol{P}_{k|k,j}^{-1}\hat{\boldsymbol{x}}_{k|k,j})\end{aligned} \tag{7-223}$$

$\boldsymbol{P}_{k|k}$ 为融合后的误差协方差矩阵

$$\boldsymbol{P}_{k|k} = \boldsymbol{P}_{k|k,j}(\boldsymbol{P}_{k|k,i} + \boldsymbol{P}_{k|k,j})^{-1}\boldsymbol{P}_{k|k,j} = (\boldsymbol{P}_{k|k,i}^{-1} + \boldsymbol{P}_{k|k,j}^{-1})^{-1} \tag{7-224}$$

式中:$\hat{\boldsymbol{x}}_{k|k}$ 与 $\boldsymbol{P}_{k|k}$ 为融合后航迹的状态估计值与状态估计误差协方差矩阵;$\hat{\boldsymbol{x}}_{k|k,i}$,$\hat{\boldsymbol{x}}_{k|k,j}$,$\boldsymbol{P}_{k|k,i}$ 与 $\boldsymbol{P}_{k|k,j}$ 分别为航迹 i 与航迹 j 的状态估计值及状态估计误差协方差矩阵。

也可以推广到 n 个航迹的融合处理,融合后的状态估计为

$$\hat{\boldsymbol{x}}_{k|k} = \boldsymbol{P}_{k|k}(\boldsymbol{P}_{k|k,1}^{-1}\hat{\boldsymbol{x}}_{k|k,1} + \boldsymbol{P}_{k|k,2}^{-1}\hat{\boldsymbol{x}}_{k|k,2} + \cdots + \boldsymbol{P}_{k|k,n}^{-1}\hat{\boldsymbol{x}}_{k|k,n}) \tag{7-225}$$

$\boldsymbol{P}_{k|k}$ 为融合后的误差协方差矩阵,即

$$\boldsymbol{P}_{k|k} = (\boldsymbol{P}_{k|k,1}^{-1} + \boldsymbol{P}_{k|k,2}^{-1} + \cdots + \boldsymbol{P}_{k|k,n}^{-1})^{-1} = \left(\sum_{i=1}^{n}\boldsymbol{P}_{k|k,i}^{-1}\right)^{-1} \tag{7-226}$$

加权航迹融合算法结构简单，运算速度快，被普遍应用于工程实践中。

2. 互协方差加权航迹融合

当航迹的误差协方差矩阵有相关性时，加权航迹融合并不是最优的。R. K. Saha 指出当航迹间估计误差的互协方差正定时，可利用互协方差对航迹进行加权，其性能高于加权航迹融合算法[63]。算法流程如下：

假定两条航迹的状态估计误差为

$$\tilde{\boldsymbol{x}}_{k,ij}=\hat{\boldsymbol{x}}^{1}_{k|k,i}-\hat{\boldsymbol{x}}^{2}_{k|k,j} \tag{7-227}$$

存在相关性时，状态估计误差的协方差矩阵为

$$\begin{aligned}\boldsymbol{C}_{k|k,ij}&=E[\tilde{\boldsymbol{x}}_{k,ij}\tilde{\boldsymbol{x}}^{\mathrm{T}}_{k,ij}]=E\{[\tilde{\boldsymbol{x}}_{k,i}-\tilde{\boldsymbol{x}}_{k,j}][\tilde{\boldsymbol{x}}_{k,i}-\tilde{\boldsymbol{x}}_{k,j}]^{\mathrm{T}}\}\\&=\boldsymbol{P}_{k|k,i}+\boldsymbol{P}_{k|k,j}-\boldsymbol{P}_{k|k,ji}-\boldsymbol{P}_{k|k,ij}\end{aligned} \tag{7-228}$$

式中：$\boldsymbol{P}_{k|k,ji}$ 与 $\boldsymbol{P}_{k|k,ij}$ 为航迹 i 与航迹 j 的互协方差矩阵。

融合航迹的状态估计为

$$\hat{\boldsymbol{x}}_{k|k}=\hat{\boldsymbol{x}}_{k|k,i}+(\boldsymbol{P}_{k|k,i}-\boldsymbol{P}_{k|k,ij})(\boldsymbol{P}_{k|k,i}+\boldsymbol{P}_{k|k,j}-\boldsymbol{P}_{k|k,ji}-\boldsymbol{P}_{k|k,ij})^{-1}(\hat{\boldsymbol{x}}_{k|k,j}-\hat{\boldsymbol{x}}_{k|k,i}) \tag{7-229}$$

融合航迹的协方差矩阵为

$$\boldsymbol{P}_{k|k}=\boldsymbol{P}_{k|k,j}-(\boldsymbol{P}_{k|k,i}-\boldsymbol{P}_{k|k,ij})(\boldsymbol{P}_{k|k,i}+\boldsymbol{P}_{k|k,j}-\boldsymbol{P}_{k|k,ji}-\boldsymbol{P}_{k|k,ij})^{-1}(\boldsymbol{P}_{k|k,i}-\boldsymbol{P}_{k|k,ji}) \tag{7-230}$$

航迹 i 与航迹 j 的互协方差矩阵可以通过卡尔曼滤波器计算，公式为

$$\boldsymbol{P}_{k|k,ij}=(\boldsymbol{I}-\boldsymbol{K}_k\boldsymbol{H}_k)(\boldsymbol{F}_k\boldsymbol{P}_{k-1|k-1,ij}\boldsymbol{F}^{\mathrm{T}}_k+\boldsymbol{Q}_k)(\boldsymbol{I}-\boldsymbol{K}_k\boldsymbol{H}_k)^{\mathrm{T}} \tag{7-231}$$

式中：$\boldsymbol{K}_k$ 为滤波器增益；$\boldsymbol{H}_k$ 为量测矩阵；$\boldsymbol{F}_k$ 为状态转移矩阵；$\boldsymbol{Q}_k$ 为状态转移噪声协方差矩阵。

7.6 复合寻的导引头数据融合方案

7.6.1 主动雷达导引头的一般工作过程

主动雷达导引头的工作状态，一般分为数据封装、自动搜索和自动跟踪三种工作状态。

1. 数据封装

导弹发射前，自动检查完成后，若导引头处于良好状态，根据火控雷达、战场数据链和指挥仪的测量、计算，对导引头进行数据封装。不同的导引头完成的具体项目可能又存在较大区别，如某型导弹导引头为模拟体制的，其所需装

订数据可能就是距离远近一项;而某导引头功能复杂,可能需要装订大量数据,如不同搜索区域坐标、作战区域气象情况、目标特征数据、目标选择策略等。以上工作完成后,导引头处于等待发射状态。

2. 自动搜索

导弹发射后,导引头一直处于待机状态,当接收到开机指令后,导引头开机工作。对主动雷达导引头,发射机开始向外发射电磁波对指定区域进行照射并开始在方位和距离上搜索目标。从导引头接到开机指令至截获到目标发出截获目标指令为止,导引头工作于自动搜索状态。

自动搜索状态,导引头需要完成对预定区域的方位自动搜索和距离自动搜索。方位自动搜索是在搜索指令或搜索电压的控制下,导引头控制波束按一定的搜索周期在设定的角度范围内进行周期性的扫描。对低空或超低空飞行的反舰导弹来讲,雷达导引头一般都采用单平面方式,俯仰上天线以固定角度下倾,方位上以左右极限角度范围内按设定范围自动扫描。对于传统雷达导引头,方位搜索一般都是在设定的左、右最大搜索角度范围内进行搜索;某些新型雷达,可以预先装订搜索角度范围,开机后首先在装订的角度范围内搜索目标,如果在给定时间内没有搜索到目标可以扩展到最大角度搜索范围进行搜索。

距离自动搜索的方式较多。典型的传统距离搜索方式是,在距离系统和接收机的配合下,使用"距离选通波门"在设定的距离范围内按由远到近或由近到远来搜索目标。距离范围,可以是全程范围,也可以是装订的距离范围。与方位搜索类似,通过一定时间的搜索若在装订距离搜索范围内没有搜索到目标则通常需要扩展到全程范围搜索。

在数字化程度比较高的导引头中,经常采用软硬波门结合的方式完成距离搜索。硬波门,可以覆盖全程或部分距离范围,用于和接收机配合完成对接收信号的接收处理;软波门,按距离分辨率和模拟/数字转换的采样率将硬波门划分成若干小的距离单元,每个小的距离单元相当于一个小的距离波门。

传统的距离搜索方式,每个探测脉冲只能对一个距离选通波门对应的距离单元进行检测;而数字化的距离搜索,一个探测脉冲可以完成对当前方位上全程或部分距离范围内的多个距离单元的目标检测。

3. 自动跟踪

导引头从截获到目标发出跟踪指令到命中目标,工作于自动跟踪状态。在自动跟踪状态时,在方位上,天线停止,在目标方位误差信号的控制下使天线电轴(或法线)逐渐与弹目视线角重合;在距离上,在距离误差信号的作用下使距离选通波门始终与目标回波,直至弹目距离小于最小跟踪距离、命中目标。在跟踪过程中,导引头要根据跟踪指令发出时间和弹目距离,适时发出相应的一次或多次指令,控制导弹完成降高、俯冲等飞行动作。

4. 导引头开关机

某些导引头在导弹飞行过程中具备多次开机、关机功能。当射程较远时,飞行到预定区域时可能会因目标出现较大机动而超出导引头搜索范围;为此可通过发射前的计算,在距离目标还比较远时,使导弹爬升到较高高度,雷达开机搜索目标,搜索到目标后,按设计的规则对导弹进行修正,修正完成后,导引头关机、导弹降高继续静默飞行。在距离目标较近时,进行二次开机搜索后,再转入自动跟踪。

5. 目标丢失后导引头工作情况

在对目标的跟踪过程中,可能会出现因目标起伏、干扰等造成目标丢失的情况,不同的导引头对这类情况的处理也不尽相同。典型的处理步骤如下:

步骤1:原位等待目标再次出现,若出现继续跟踪目标;否则进入步骤2。

步骤2:小范围搜索。在原位等待一定时间没有目标出现,则进行小范围搜索,包括方位搜索和距离搜索,若搜索到目标就对此目标进行跟踪,该目标不一定是丢失的目标。如没有搜索目标,则进入步骤3。

步骤3:全程搜索目标,截获首先遇到的目标并对其进行跟踪。

目前,在电子信息技术快速发展,作战模式不断变化的情况下,实际作战过程中有可能要打击的目标已经被先期发射的导弹击毁,此时导弹需要重新选择打击目标,弹载数据链路通常能够为导弹重新选择作战区域和打击目标。

6. 存在电子干扰时的工作情况

在实际作战中,存在干扰是必然的。导引头在受到干扰时,若干扰比较弱则通过抗干扰电路对其进行抑制,此时有可能会对检测灵敏度造成不良影响,但能够使导引头正常工作;当干扰比较强已经使接收机无法正常工作时,通常采取跟踪干扰源的处理方法,以期摧毁干扰源为后续突防扫清障碍。

7.6.2 雷达/光电复合导引头的数据融合方案

1. 工作过程

典型雷达/光电复合导引头工作过程分为发射前的准备阶段和发射后的工作阶段。导弹发射前,复合导引头加电,进行自检、射检及参数装订,这一过程为准备阶段。导弹发射后的作战过程为工作阶段,分为待机阶段、远区工作阶段和近区工作阶段。

待机阶段是指从发射后到弹上计算机发出导引头开机指令时的工作过程，在此过程中，雷达和光电系统均处于待机状态，雷达天线与光学镜头处于起始位置。

远区工作阶段是指弹目距离小于雷达探测距离而大于光电系统探测距离的工作阶段。在此工作阶段，光电系统处于待机状态，雷达开机工作，雷达单独完成对远距离目标的搜索、截获和跟踪，复合导引头工作于雷达单模制导状态。

近区工作阶段是指弹目距离满足光电系统探测距离的工作阶段。在此工作阶段，光电系统和雷达均正常工作，复合导引头工作于双模复合制导状态。

基于工作阶段的划分，复合导引头的工作模式为远区单模搜索、远区单模跟踪、近区双模搜索、近区引导搜索、融合跟踪五种工作模式。复合导引头在不同的工作阶段选择相应的工作模式，以保证目标搜索截获能力。

2. 复合策略

在远区工作阶段，雷达接收到开机指令，转入远区单模搜索模式，雷达单独进行目标搜索与截获。

当远区单模搜索模式截获目标后，转入远区单模跟踪模式。该模式下，雷达单独对截获目标进行跟踪，根据目标信息自主控制或受弹上计算机的控制，确定雷达是否关机静默。

在近区工作阶段，若雷达与光电系统均不处于跟踪状态则执行近区双模搜索。该模式是指雷达天线和光学镜头同时在预置角度范围内搜索目标。

在近区工作阶段，若任一传感器丢失目标，可由另一传感器进行引导截获。这一搜索截获方式可以充分发挥复合导引头分孔径复合的优势，近区引导搜索可以减小搜索空域，使已丢失目标的传感器快速截获目标并转入稳定跟踪。

在近区工作阶段，若雷达和光学系统均处于跟踪状态，复合导引头执行融合模式。在该工作模式下，信息融合对雷达与光学系统跟踪目标的信息进行融合处理，得到并输出制导信息。

雷达/光电复合导引头在不同工作阶段的工作状态和复合策略如表 7-1 所示。

表 7-1　雷达/光电复合导引头在不同工作阶段的工作状态和复合策略

工作阶段	工作状态	复合策略
远区阶段	雷达开机	远区单模搜索
	雷达截获目标	远区单模跟踪
	雷达跟踪丢失目标	远区单模搜索

续表

工作阶段	工作状态	复合策略
近区阶段	雷达远区未捕获目标，光学系统工作条件满足	近区双模搜索
	雷达远区跟踪，光学系统工作条件满足	近区引导搜索，由雷达引导光学系统进行搜索
	二次开机	近区双模搜索
	雷达正常跟踪，光学系统受到干扰丢失目标	近区引导搜索，由雷达引导光学系统进行搜索
	雷达受干扰丢失目标，光学系统正常跟踪	近区引导搜索，由光学系统引导雷达进行搜索
	雷达、光学系统均受干扰丢失目标	近区双模搜索
	雷达、光学系统均正常跟踪目标	近区双模融合跟踪

3. 信息融合处理工作流程

信息融合处理工作流程如图 7-6 所示。系统开机初始化后，在控制处理器

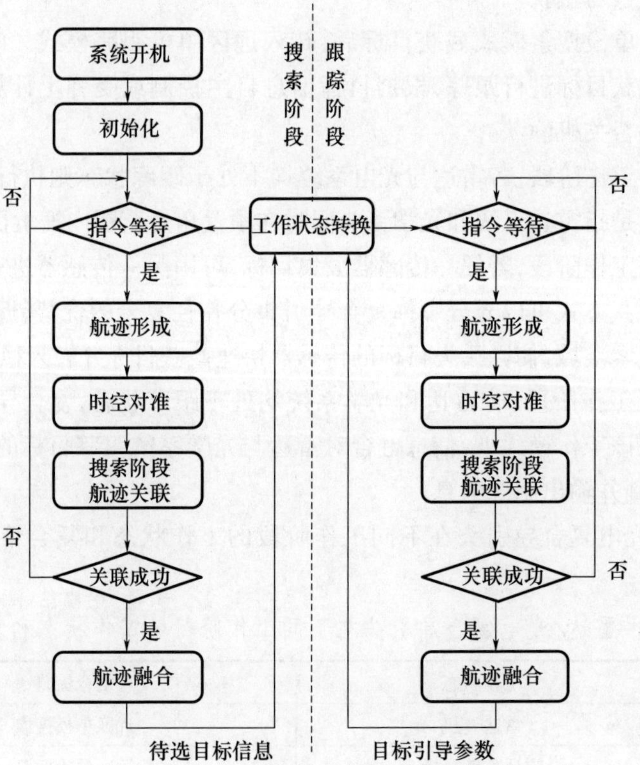

图 7-6 信息融合处理工作流程

的指令控制下，各传感器进入搜索阶段。在该阶段，各传感器独立对目标进行探测，形成多个目标航迹。经过时空对准处理后，进入搜索阶段的航迹关联处理程序，航迹关联对各个传感器搜索到的多个目标航迹进行关联处理，形成关联对，同时将形成关联对的航迹进行航迹融合处理，形成融合后的目标航迹。系统控制处理器对融合目标航迹和无法关联的目标航迹信息按照一定的策略进行目标的搜索截获，截获特定目标后，转入跟踪阶段。

目标跟踪阶段融合工作流程如图 7-7 所示。在跟踪阶段，各传感器在系统控制器控制下持续对目标跟踪滤波，根据跟踪滤波算法结果形成目标航迹，然后进行不同传感器的航迹关联处理，如果关联成功，则进行航迹融合，输出航迹融合结果，并对系统跟踪的目标航迹进行更新。如果关联失败，则将各个传感器的航迹分别与系统跟踪的目标航迹进行关联，如果某个传感器的航迹与系统的目标航迹关联成功，则将该传感器的航迹与系统跟踪的目标航迹进行融合，输出融合结果，并更新系统跟踪的目标航迹。如果所有传感器的航迹与系统跟

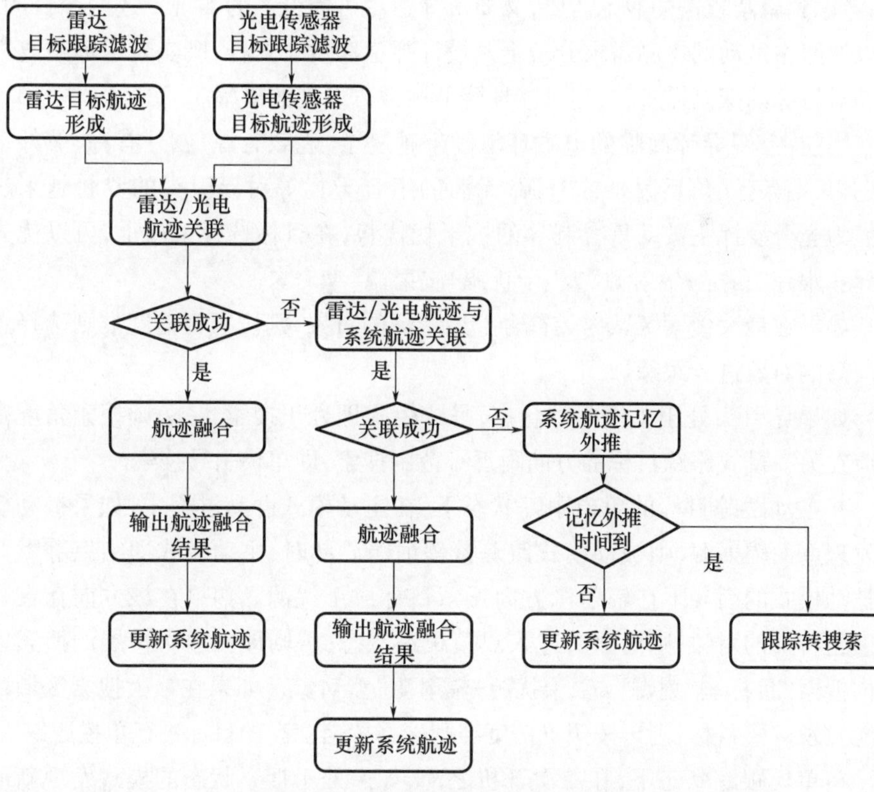

图 7-7　目标跟踪阶段融合工作流程

踪的目标航迹都无法关联成功,则认为所有传感器都丢失目标,系统转入航迹记忆外推。如果记忆外推时间到,仍然没有传感器的航迹与系统跟踪的目标航迹关联成功,系统转入搜索状态,重新对目标进行搜索。

7.6.3 主动雷达/宽带被动雷达复合导引头的复合策略

一般而言,宽带被动雷达接收的电磁波只经过单程衰减,而主动雷达接收到的电磁波经过双程衰减,被动雷达理论上应该具有作用距离上的优势,但是被动雷达天线需要工作频带宽,导致其天线增益较低,且与辐射源功率和天线增益相关,因此,一般宽带被动雷达和主动雷达的作用距离相当。

为发挥主被动导引头的技术优势,一般来说,在主动模式静默期间,被动模式应不间断地跟踪辐射源。为实现此目的,飞行弹道应特殊设计,以满足远距离跟踪辐射源的需求。

为实现被动模式远距离状态下的不间断跟踪,弹目距离较远时弹道应较高;考虑到隐蔽攻击的战术需要,又要求弹道尽可能低。为实现上述两个目的,可以按照主被动的探测需求分若干段设计弹道高度。这样,既实现了远距离主被动对目标的探测需求,又尽可能地降低被敌方发现的概率。

当前,反舰导弹面临的电磁环境越来越复杂,舰载有源、舷外有源、舷外雷达诱饵、箔条弹、角反射器或有源/无源的组合干扰等对导引头的威胁越来越大。为充分发挥主被动复合制导的抗干扰优势,在目标选择策略上,可以优先选择和跟踪“目标+辐射源”或“干扰源+辐射源”型对象。

如果在最大搜索区域内无符合上述特征的对象,则按照置信度准则选择置信度高的对象进行跟踪。

如果导引头处于单模跟踪状态,另一模式即处于搜索状态,则搜索角度范围应在另一模式跟踪目标的方向附近小范围搜索,即单模引导搜索。

在主动跟踪目标的单模跟踪状态下,在主动模式静默过程中,如果被动模式发现新的辐射源,则被动模式跟踪该辐射源。此时,主动模式即结束静默并在被动模式的引导下在辐射源方向搜索目标或干扰源。如果在该方向存在具有上述特征的对象,则导引头进入双模跟踪状态;否则即在逐次扩展的搜索区域内搜索“目标+辐射源”或“干扰源+辐射源”型对象。如果在最大搜索区域内未能发现双模目标,则再按照置信度准则选择置信度高的目标进行单模跟踪。

在单模跟踪状态下,在二次开机之前,如果处于搜索状态的模式发现新的可跟踪对象,则主动模式和被动模式重新在小范围内搜索“目标+辐射源”型对象。如果存在则转入跟踪,否则再按照置信度准则选择目标。

在单模跟踪状态下,在二次开机之后,如果处于搜索状态的模式发现新的可跟踪对象,即引导另一模式在此方向搜索,寻找“目标+辐射源”或“干扰源+辐射源”型对象。如果存在则转入跟踪,否则维持原跟踪状态。

在上述情况下,如果不存在双模可跟踪目标,则导引头倾向于跟踪原目标,这样可最大限度地避免弹道末段出现的冲淡式干扰。

在双模跟踪状态,如果主动模式和被动模式跟踪的目标角度相差较大,且弹目距离满足要求,则主动模式的天线需要被强制转向辐射源方向,距离上处于搜索状态。当距离上捕捉到目标后(或捕捉到干扰源时),主动模式测量其方位跟踪误差并计算实际方位角数据,用于主被动方位角测量之差的计算。当上述两角之差超过某阈值时,则主被动模式即转换到小范围搜索状态。如果在搜索过程中未能发现“目标+辐射源”,则依次扩展方位角搜索范围。

如果被攻击目标释放质心式干扰,在弹道末段,主动模式下“质心式干扰+目标”回波的质心与辐射源之间的张角会越来越大。当导引头检测到两角度之差大于阈值时,即采用被动模式跟踪辐射源并引导导弹飞行方向。此时,主动模式的天线被强制指向辐射源方向,距离上处于跟踪状态。

1. 初始搜索

当弹目距离较远时,导引头接收到开机指令,主、被动模式开始工作并搜索、跟踪目标/杂波干扰源/辐射源。若满足条件,则主动模式静默,其工作状态和复合策略如图 7-8 所示。初始搜索可能会出现三种结果,即 A—主动模式发现目标、B—主动模式发现同频干扰源和 C—被动模式发现辐射源。

2. 静默阶段

在静默阶段,导引头将按照静默前的目标/辐射源的存在情况,采用不同的复合策略。根据初始搜索结果 A、B、C、/A、/B、/C(其中/表示逻辑非),可能存在八种组合。各种组合静默时的主被动工作状态如图 7-9 所示。

1) ABC 和 A/BC 组合

在该状态下,静默前主动模式已捕获目标,且(或)存在有源杂波干扰,且被动模式捕捉到辐射源。如果弹目距离满足关机要求,主动模式即进入静默状态,被动模式持续跟踪目标。

在静默期间,如果被动模式丢失辐射源,被动模式首先在原方向全频段搜索,若重新发现辐射源即继续原跟踪过程;如果没有发现辐射源,则主动模式结束静默,主被动模式在小角度范围内全频段搜索,若在此搜索区域内未发现“目

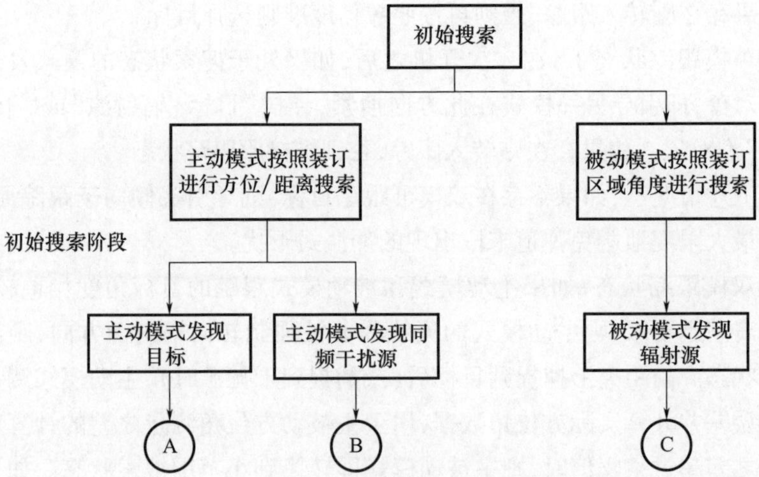

图 7-8　导引头初始搜索状态

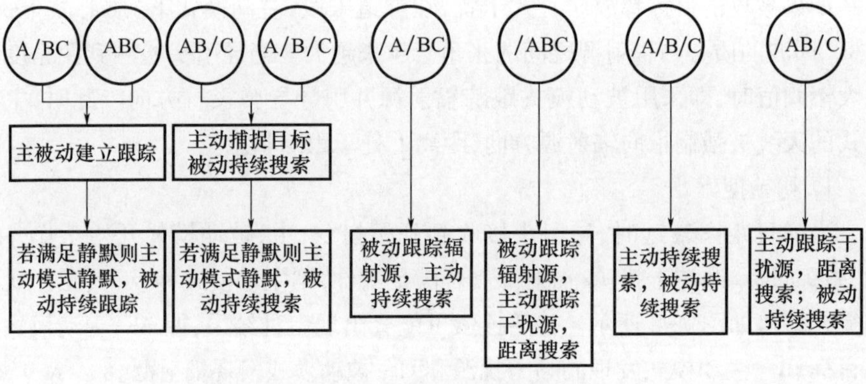

图 7-9　各种组合静默时的主被动工作状态

标+辐射源”,则主被动模式按照逐步扩展的范围搜索。如果在最大搜索区域内仍无法发现“目标+辐射源”,则在此区域内按照置信度准则重新捕捉目标。该组合的主被动复合策略如图 7-10 所示。

2）A/B/C 和 AB/C 组合

在该状态下,静默前主动模式已捕获目标,且被动模式未发现辐射源。如果弹目距离满足关机要求,主动模式进入静默状态,被动模式在小角度范围内持续搜索辐射源。

在静默期间,如果被动模式在目标方向小角度范围内发现辐射源,则主动模式结束静默并在辐射源方向探测目标。若目标存在,则主被动模式捕捉该目标并引导导弹飞行方向。如果在辐射源方向不存在目标,则主被动模式按照依

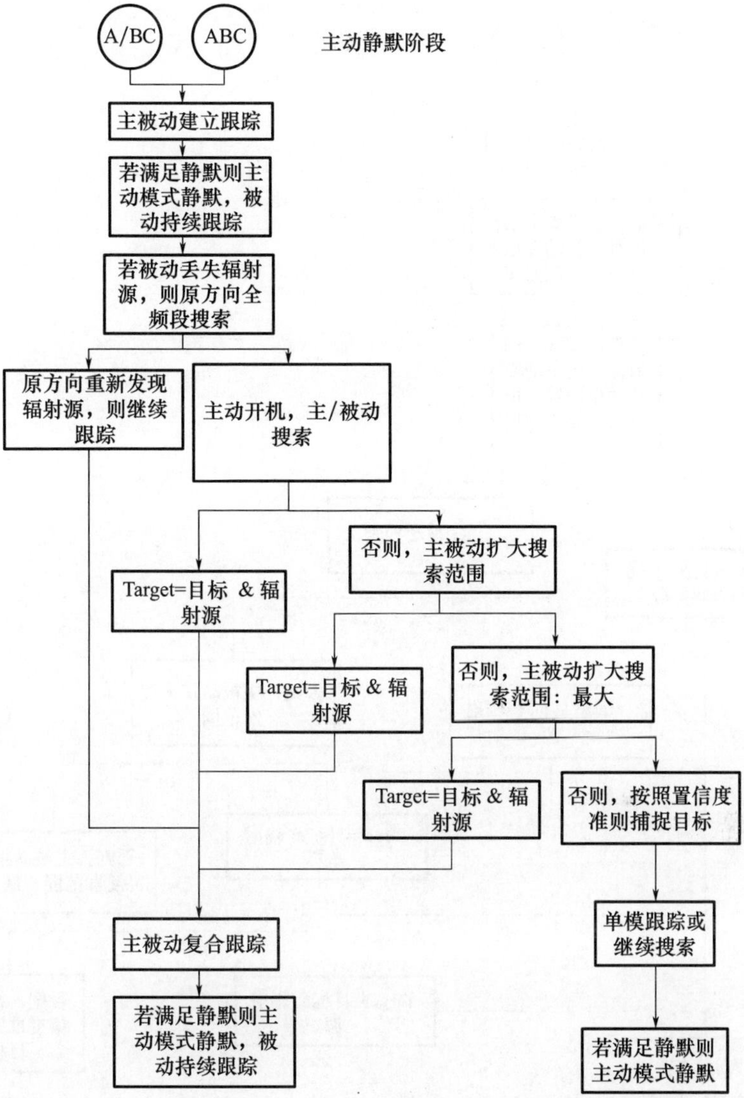

图 7-10　静默期间 ABC 和 A/BC 组合状态下的主被动复合策略

次扩展的搜索区域搜索目标和辐射源，并按照置信度准则重新捕捉目标。

采用该复合策略的目的是尽可能避免跟踪可能存在的冲淡式干扰，以及舷外有源诱饵等干扰。该组合的主被动复合策略如图 7-11 所示。

3）/A/BC 组合

在该状态下，只有被动模式发现辐射源，而主动模式将在小角度范围内持续搜索目标。

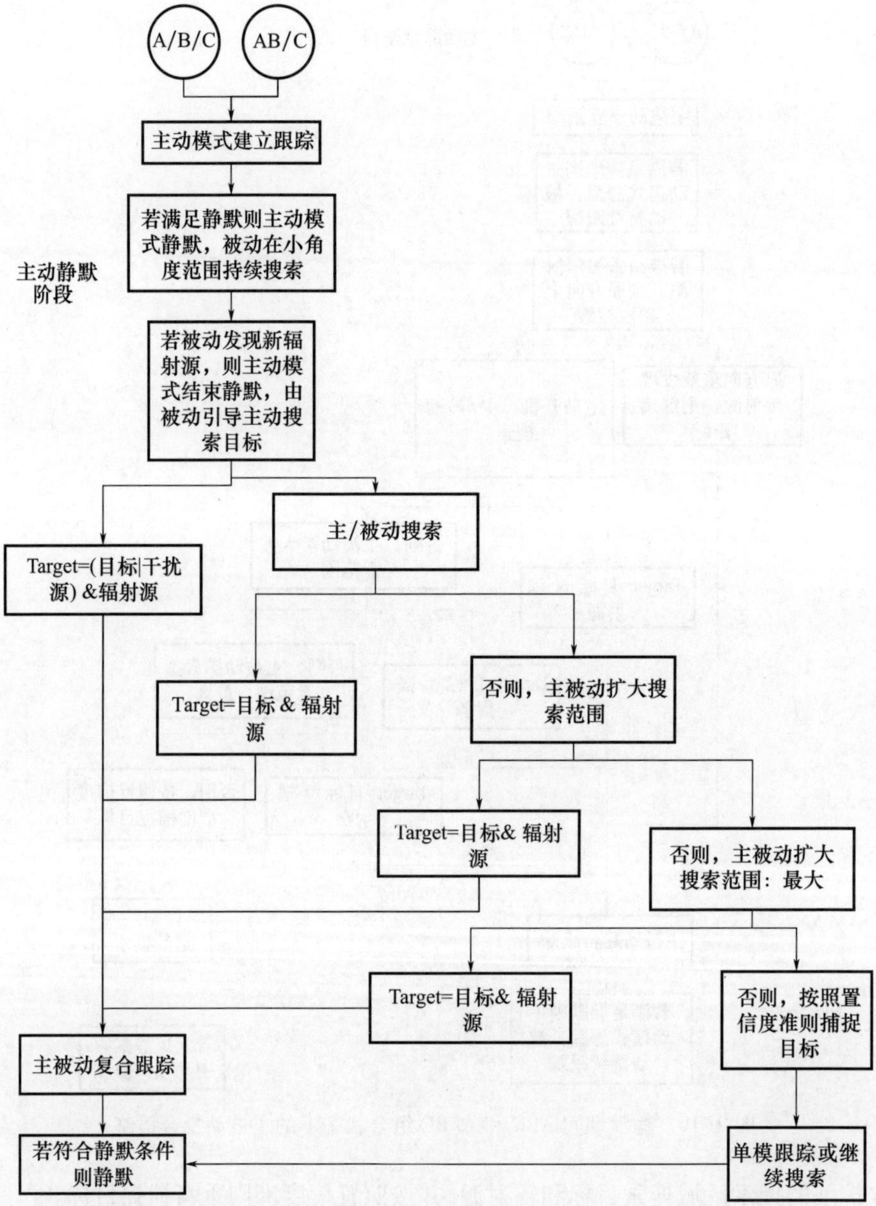

图 7-11 静默期间 A/B/C 和 AB/C 组合状态下的主被动复合策略

在此期间，如果主动模式在上述搜索范围内发现目标或干扰源，且方位角与辐射源方位角一致，则主被动跟踪该目标/辐射源并引导导弹飞行；如果两者的方位角不一致，则主被动模式按照依次扩展的搜索区域搜索目标和辐射源，并按照置信度准则重新捕捉目标。

采用该复合策略的目的是尽可能避免跟踪可能存在的冲淡式干扰,以及舷外有源诱饵等干扰。其原则是:在只有被动模式捕捉、跟踪辐射源的状态下,随着导弹的飞行或战场电磁环境的变化,如果主动模式发现目标或干扰源,且位于辐射源方向,则主被动模式跟踪;如果新出现的目标或干扰源不位于辐射源方向,则导引头被动模式丢弃原辐射源,主被动模式再按照逐渐扩展的范围重新搜索,并重新按照置信度准则捕捉目标。该组合的主被动复合策略如图 7-12 所示。

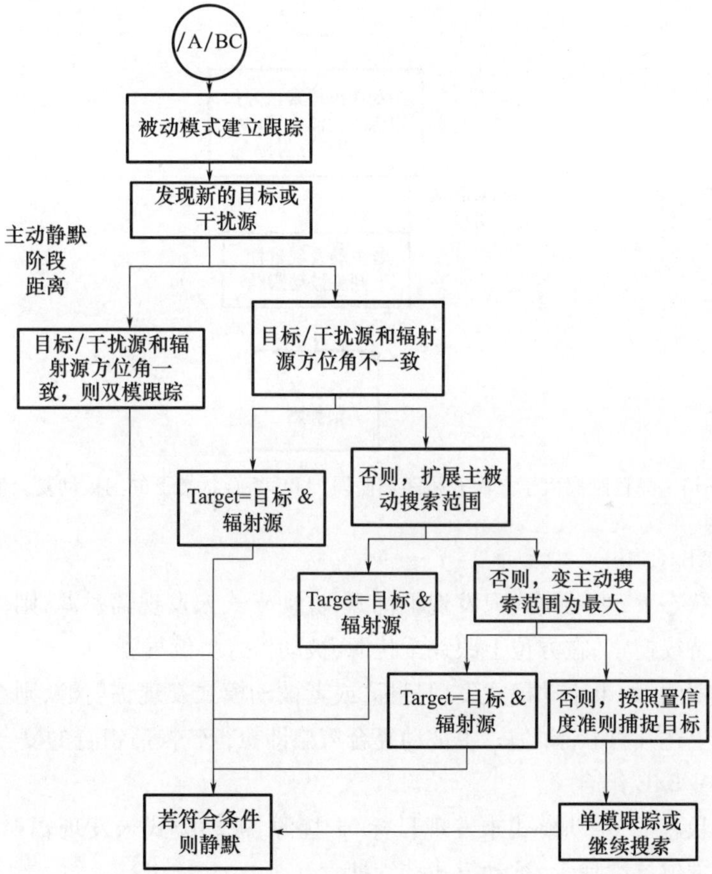

图 7-12　弹目距离大于二次开机距离阶段/A/BC 组合状态下的主被动复合策略

4) ABC 组合

在该状态下,主动模式只发现干扰源,被动模式发现辐射源,则主动模式在距离上持续搜索,在方位上跟踪干扰源,被动模式跟踪辐射源。

在此期间,如果主动模式发现目标,则导引头即进行双模跟踪。主动模式建立稳定跟踪后如果符合静默条件即进入静默状态。

采用该复合策略的目的是考虑到同频有源杂波等干扰源,一般是舰载的或位于被保护目标附近,在弹目距离较远时目标回波信号被干扰压制而无法发现目标。当弹目距离小于烧穿距离时,主动模式即可捕捉目标,导引头即可进行双模跟踪。该组合的主被动复合策略如图 7-13 所示。

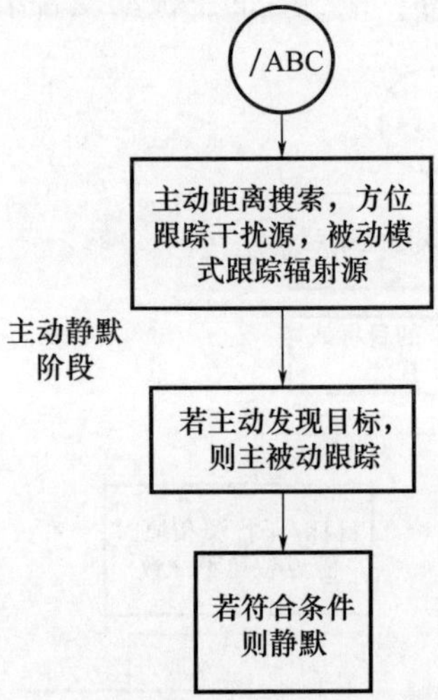

图 7-13　弹目距离大于二次开机距离阶段/ABC 组合状态下的主被动复合策略

5) /AB/C 组合

在该状态下,主动模式只发现干扰源,被动模式未发现辐射源,则主动模式在距离上持续搜索,在方位上跟踪干扰源,被动模式持续搜索。

在此期间,如果主动模式发现目标,或者被动模式发现辐射源,则系统状态即转换到上述几种状态之一,主被动复合策略即执行转换后组合的复合策略。

6) /A/B/C 组合

在该状态下,主动模式未发现目标/干扰源,被动模式未发现辐射源,则主动模式全方位持续搜索,被动模式持续搜索。

在此期间,如果主动模式发现目标/干扰源,或者被动模式发现辐射源,则系统状态即转换到上述几种状态之一,主被动复合策略即执行转换后组合的复合策略。

3. 主动模式二次开机

当弹目距离达到二次开机距离时,如果主动模式处于静默状态,则主动模式即二次开机工作。

为提高系统的抗干扰性能，增加对真实目标的捕捉概率，导引头将根据二次开机后主被动模式对目标/辐射源的捕捉情况，确定是否在规定范围内重新搜索和选择捕捉置信度高的目标。

1）状态 A/BC、ABC 的复合策略

在该状态下，静默前主/被动模式已经捕捉目标/辐射源，主动模式二次开机，并在被动模式的引导下搜索目标。该状态下的二次开机搜索状态的复合策略如图 7-14 所示。

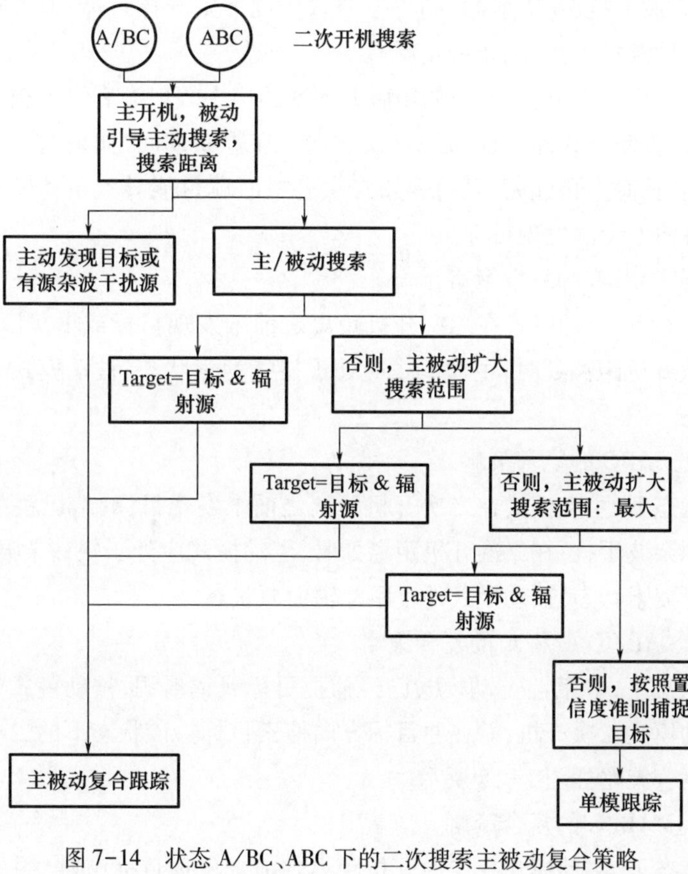

图 7-14　状态 A/BC、ABC 下的二次搜索主被动复合策略

在该阶段，如果静默前主动模式已经发现并稳定跟踪目标，且被动也已稳定跟踪辐射源，则主动模式二次开机搜索时，如果主动模式在被动模式跟踪的辐射源方向发现目标，则主被动模式跟踪此目标/辐射源；如果主动模式未在辐射源方向发现目标，则主/被动模式即按照依次扩展搜索范围的规则搜索，如果

发现 Target(此处 Target = 目标 & 辐射源),即停止搜索并跟踪此 Target。否则继续扩大搜索范围直到最大并按照置信度准则在装订范围内重新选择待捕捉目标(在实际工程中,选择目标时应根据导弹的机动性能如转弯半径等参数确定实际可打击目标,即选择捕捉目标时目标应在导弹机动范围内)。采用该复合策略的原因如下:

主动模式二次开机时,敌方有可能已实施冲淡式箔条干扰。按照冲淡式干扰的工作原理和实施方法可知,如果静默前被跟踪的目标实施冲淡式箔条干扰,则干扰云和被保护的目标都应处于该搜索范围内。如果该范围内存在多个目标/有源杂波干扰源/辐射源,则再按照置信度准则选择目标,即可有效避免导引头跟踪冲淡式干扰(箔条或角反)。

战场电磁环境十分复杂,当战场后方远处的空中辐射源和海上辐射源在方位上重合时,被动模式即可能跟踪错误方向。在静默期间,如果空中目标运动到其他方向,且海上目标无辐射信号,二次开机时就可能导致主动模式在被动模式跟踪方向上无法发现目标。

2) 状态/A/BC 的复合策略

在该状态下,主动模式在二次开机距离之前未发现目标或干扰源(或已丢失),在二次开机距离处时,主动模式应处于持续搜索状态,被动模式处于跟踪辐射源状态。

3) 状态/ABC 的复合策略

在该状态下,主动模式在二次开机距离之前未发现目标(或已丢失),但存在同频有源杂波干扰,在二次开机距离处时,主动模式应处于跟踪杂波源状态,距离上处于搜索状态,被动模式处于跟踪辐射源状态。

4) 状态 AB/C、A/B/C 的复合策略

在该状态下,静默前主动模式已经捕捉目标或辐射源,被动模式未发现辐射源。主动模式二次开机,并在原目标方向搜索目标。该状态下的二次开机搜索状态的复合策略如图 7-15 所示。

5) 状态/AB/C 的复合策略

在该状态下,主动模式在二次开机距离之前未发现目标(或已丢失),也没有发现辐射源,但存在同频有源杂波干扰。在二次开机距离处时,主动模式应处于跟踪杂波源状态,距离上处于搜索状态,被动模式处于搜索状态。在该状态下,如果被动模式在搜索区域内发现新的辐射源,则主动模式退出干扰源跟踪状态,主被动以新发现的辐射源方向为基准执行“搜索状态 1”搜索。

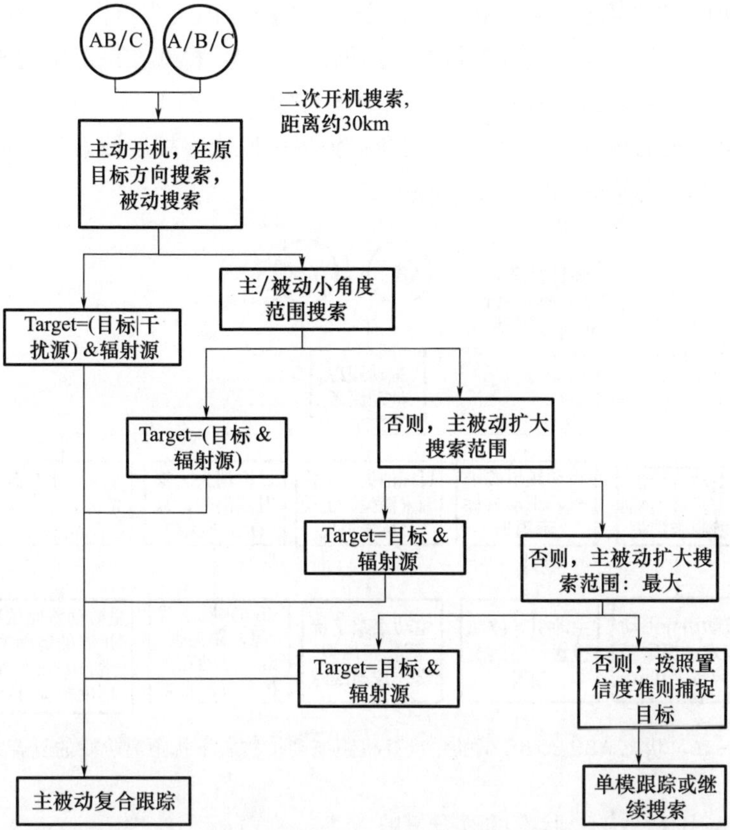

图 7-15　状态 AB/C、A/B/C 下的二次搜索主被动复合策略

6）状态/A/B/C 的复合策略

在该状态下，主动模式在二次开机距离之前未发现目标或干扰源（或已丢失），也没有发现辐射源。在二次开机距离处时，主被动模式应皆处于搜索状态。

4. 二次开机到抗质心干扰距离阶段的复合策略

弹目距离小于特定距离时，导引头将执行抗质心式干扰复合策略。与该阶段有关的组合包括 ABC、A/BC、AB/C、A/B/C 四种组合，其他组合由于无法取得距离信息，其对应的复合策略与静默阶段的复合策略相同。

1）ABC、A/BC 状态的复合策略

在该状态下，主动模式处于跟踪目标/干扰源状态，被动模式处于跟踪状态。在此阶段，导引头将采用双模进行跟踪。为方便说明，在此假设两模式分别为 M_1 和 M_2。如果其中一个模式的 Target 消失（在此假设为模式 M_1），则模

式 M_1 即进入"搜索状态 0",如果 M_1 模式在该范围内发现可供其跟踪的对象,则导引头重新回到原双模跟踪状态。如果该方向 M_1 模式在该范围内未能发现可供其跟踪的对象,则 M_1 扩展搜索范围进入"搜索状态 1"。

如果双模的跟踪对象都消失,则导引头将按照依次扩展搜索区域的规则进行搜索。其复合策略如图 7-16 所示。

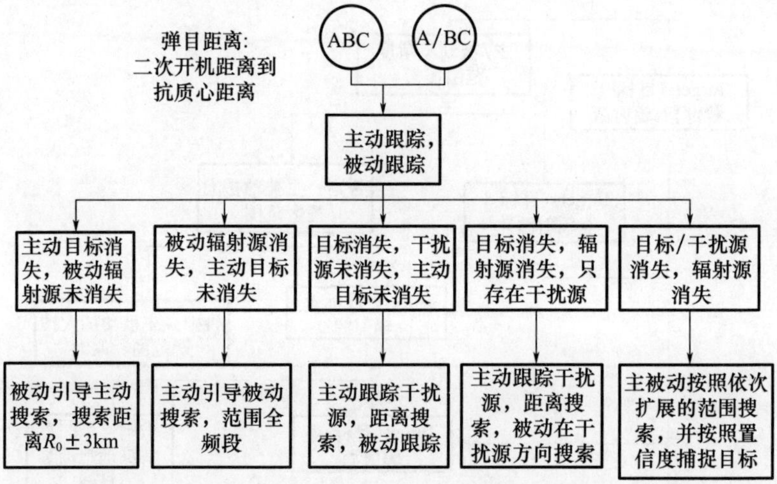

图 7-16　状态 ABC、A/BC 下的二次开机距离到抗质心干扰距离阶段的复合策略

2) A/B/C、AB/C 状态的复合策略

在该状态下,主动模式处于跟踪目标状态,被动模式处于搜索状态。进入此阶段后,被动模式在小角度范围内搜索。在该阶段,被动模式如果发现新辐射源则引导主动模式进行探测,如果在此方向发现目标则进行双模跟踪,否则主动模式继续跟踪原目标或干扰源,被动模式持续在小角度范围内搜索辐射源。

5. 抗质心干扰距离到弹目零距离阶段的复合策略

在该阶段,弹目距离已经很近,如何实现抗质心式干扰是一项十分重要的工作。根据质心式干扰的特点,随着导弹和目标的接近,质心式干扰和目标舰之间的张角将逐渐增大,即"目标+质心式干扰"的方位角和辐射源方位角之差逐渐增大,当两角之差大于某一角度时,即可进入抗质心式干扰模式。在该模式下,导引头采用被动模式跟踪辐射源,并强制主动模式天线指向辐射源方向,在距离上继续对目标实施跟踪。

如果主被动探测到的目标与辐射源方位角之差没有超过上述阈值,则导引头采用双模跟踪目标。

在此阶段，如果目标消失，则主动模式不再进行方位搜索(即天线指向辐射源方向不变)，距离上只在小于抗质心干扰距离的范围内进行搜索。导弹达到目标位置(以目标消失前最后的记忆距离为准进行推算)后，主动模式即采用逐渐扩展的范围搜索模式进行方位和距离搜索。

同样，如果在此阶段辐射源消失，则在小于抗质心干扰距离的范围内，被动模式也不再进行方位搜索，只在当前目标方向全频段探测辐射源。当导弹达到目标位置后，被动模式即采用逐渐扩展的范围模式进行方位搜索。

在此期间，如果主/被动模式都丢失跟踪对象，则主被动模式即在方位上以目标丢失的方向为中心，小角度范围内搜索目标，主动模式的距离搜索范围为小于抗质心干扰距离的范围。当导弹达到目标位置(以目标消失前最后的记忆距离为准进行推算)后，主/被动模式即采用逐渐扩展的范围搜索模式进行方位和距离搜索。

与该阶段有关的组合包括ABC、A/BC两种。

6. 工作状态转换策略

在工作过程中，主/被动模式的工作状态可分为搜索和跟踪两大状态。对于主动模式，搜索状态按照搜索区域的大小又可分为几种状态。

由于主动雷达体制的限制，一般不会存在“同时跟踪目标和干扰源”这种状态，即如果目标和干扰源同时存在，则在干扰比较弱时，主动模式选择跟踪目标回波；当干扰强到一定程度，主动模式即转换到跟踪杂波源状态，而距离上处于搜索状态。对于主动模式来说，跟踪状态可分为跟踪目标、跟踪干扰源两种。

对于被动模式，搜索状态按照搜索区域的大小也同样可以分为几种，而跟踪状态只包括“跟踪辐射源”一种。

为方便说明，主动模式包括的工作状态及其状态名称的缩写如表7-2所示。

表7-2　主动模式包括的工作状态及其状态名称的缩写

缩写	工作状态	状态描述
S_{A0}	搜索状态0	在特定方向的特定距离段内进行目标搜索，即方位搜索范围0°，搜索方向与导弹纵轴夹角为β，距离搜索范围$R_0\pm R$，搜索区域如图7-17所示。如果当前不存在可利用的精确R_0数据(即主动模式从未建立对当前方向目标的跟踪)，则距离搜索范围为最大

续表

缩写	工作状态	状态描述
S_{A1}	搜索状态 1	方位搜索范围$\pm\beta_1$,距离搜索范围 $R_0\pm\Delta R_1$,搜索区域如图 7-18 所示。如果当前不存在可利用的精确 R_0 数据(即主动模式从未建立对当前方向目标的跟踪),则距离搜索范围为最大
S_{A2}	搜索状态 2	方位搜索范围$\pm\beta_2$,距离搜索范围 $R_0\pm\Delta R_2$。如果当前不存在可利用的精确 R_0 数据(即主动模式从未建立对当前方向目标的跟踪),则距离搜索范围为最大
S_{A3}	搜索状态 3	方位搜索范围最大,距离搜索范围最大
S_P	搜索状态 4	按照被动模式指定的方向搜索目标(距离范围为最大)或干扰源
S_{PT}	搜索状态 5	主动模式天线被强制到辐射源方向,距离上处于搜索状态。在距离上捕捉到目标时方位角处于测量状态
T_T	跟踪目标	跟踪目标回波
T_J	跟踪干扰源	当有源杂波等形式的干扰强度较强时,主动模式在方位上跟踪杂波源,距离上处于搜索状态
T_R	跟踪模式抗质心式干扰	当目标距离 $R_0\leqslant R_{kzx}$(抗质心干扰距离)时,当主被动检测到的目标/辐射源方位角之差 $\theta\geqslant\theta_{kzx}$ 时,主动模式天线被强制到辐射源方向,距离上处于跟踪状态
T_A	搜索模式抗质心式干扰	当目标距离 $R_0\leqslant R_{kzx}$ 时,当主被动检测到的干扰源/辐射源方位角之差 $\theta\geqslant\theta_{kzx}$ 时,且弹目距离推算值较精确的情况下,主动模式天线被强制到辐射源方向,距离上处于搜索状态。设置此状态的目的是对抗可能存在的舷外有源杂波干扰等干扰形式
D	静默	当目标距离 R_0 大于二次开机距离时,主动模式稳定跟踪目标后即转换到静默状态

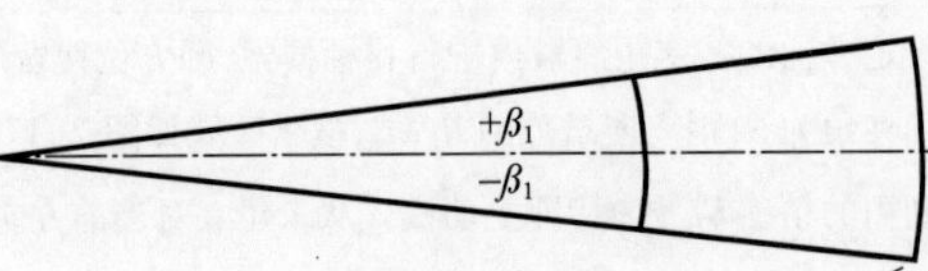

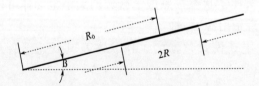

图 7-17　S_{A0} 状态搜索区域示意图

图 7-18　S_{A1} 状态搜索区域示意图

被动模式包括的工作状态及其状态名称的缩写如表7-3所示。

表7-3　被动模式包括的工作状态及其状态名称的缩写

缩写	工作状态	状态描述
S_{A0}	搜索状态0	在特定方向进行全频段辐射源搜索，即方位搜索范围0°搜索方向与导弹纵轴夹角为β
S_{A1}	搜索状态1	方位搜索范围$\pm\beta_1$，频率范围全频段
S_{A2}	搜索状态2	方位搜索范围$\pm\beta_2$，频率范围全频段
S_{A3}	搜索状态3	方位搜索范围最大，频率范围全频段
S_R	搜索状态4	按照主动模式指定的方向搜索辐射源，频率范围为全频段
T	跟踪辐射源	跟踪辐射源

与该阶段有关的状态及其属性等如表7-4所示，各状态的标识都包括前后两项，其中前一项代表主动模式的状态，后一项代表被动模式的状态。

表7-4　初始搜索、静默、主动二次开机阶段各状态的属性和含义

状态名称	状态属性	含义
T_TT	稳态	主动模式跟踪目标，被动模式跟踪辐射源，导引头双模跟踪
T_JT	稳态	主动模式跟踪干扰源，被动模式跟踪辐射源，导引头双模跟踪
T_TS_{A0}	暂态	主动模式跟踪目标，被动模式在目标方向搜索。如果在规定的时间内，导引头未能转换到双模跟踪，则被动模式即自行扩展搜索范围到“搜索状态1”
T_JS_{A0}	暂态	主动模式跟踪干扰源，被动模式在干扰源方向搜索。如果在规定的时间内，导引头未能转换到双模跟踪，则被动模式即自行扩展搜索范围到“搜索状态1”
$S_{A0}T$	暂态	被动模式跟踪辐射源，主动模式在辐射源方向搜索。如果在规定的时间内，导引头未能转换到双模跟踪，则主动模式即自行扩展搜索范围到“搜索状态1”
T_TS_{A1}	稳态	主动模式跟踪目标，被动模式在目标方向按照“搜索状态1”进行搜索
T_JS_{A1}	稳态	主动模式跟踪干扰源，被动模式在干扰源方向按照“搜索状态1”进行搜索
$S_{A1}T$	稳态	被动模式跟踪辐射源，主动模式在辐射源方向按照“搜索状态1”进行搜索
$S_{A0}S_{A0}$	暂态	主被动模式跟踪的对象皆消失后，主被动模式在原跟踪方向持续搜索一段时间。在该时间内如果发现可跟踪对象则单模或双模跟踪之，否则即自行扩展搜索范围到“搜索状态1”
$S_{A1}S_{A1}$	暂态	主被动模式在“搜索状态0”未发现任何可跟踪对象，则扩展搜索范围到“搜索状态1”并持续搜索一段时间。在该时间内如果发现双模可跟踪对象则双模跟踪之，否则即自行扩展搜索范围到“搜索状态2”

续表

状态名称	状态属性	含义
$S_{A2}S_{A2}$	暂态	主被动模式在“搜索状态 1”未发现任何双模可跟踪对象,则扩展搜索范围到“搜索状态 2”并持续搜索一段时间。在该时间内如果发现双模可跟踪对象则双模跟踪之,否则即自行扩展搜索范围到“搜索状态 3”
$S_{A3}S_{A3}$	稳态	主被动模式的最大搜索范围。进入该状态后,导引头将保持该状态不变,直到出现符合退出该状态的条件为止
$S_{A0}S_{A1}$	暂态	被动模式在按照“搜索状态 1”搜索过程中,主动模式跟踪的对象消失,则主动模式将在原被跟踪对象方向持续搜索一段时间。如果在该段时间内重新发现被跟踪对象,且/或另一模式在指定方向发现可跟踪对象,则导引头将进入单/双模跟踪状态
$S_{A1}S_{A0}$	暂态	主动模式在按照“搜索状态 1”搜索过程中,被动模式跟踪的对象消失,则被动模式将在原被跟踪对象方向持续搜索一段时间。如果在该段时间内重新发现被跟踪对象,且/或另一模式在指定方向发现可跟踪对象,则导引头将进入单/双模跟踪状态
DT	稳态	主动模式处于静默状态,被动模式处于跟踪辐射源状态
DS_{A0}	暂态	主动模式处于静默状态,被动模式处于跟踪辐射源状态过程中,如果辐射源消失,则被动模式将在原辐射源方向保持搜索一段时间。如果在规定时间内被动模式重新捕捉辐射源,则导引头回到原状态;否则主动模式退出静默,主被动模式进入“搜索状态 1”
DS_{A1}	稳态	在主动模式跟踪目标、被动模式搜索的单模跟踪模式下,如果弹目距离大于等于 30km,则主动模式进入静默,被动模式保持搜索状态
$S_{PT}T$	暂态	在双模跟踪过程中,如果两模式跟踪目标的角度差超过阈值,则主动模式的天线被强制到辐射源方向,距离上处于搜索状态。当距离上捕捉到目标后(或捕捉到干扰源时),主动模式测量其方位跟踪误差并计算实际方位角数据,用于主被动方位角测量之差的计算。当上述两角之差超过 Target 分裂方位角阈值,则主被动模式即转换到小范围搜索状态

注:“稳态”是指导引头的状态不随时间发生转换,而只随主动和被动模式跟踪对象属性的变化而转变;“暂态”是指如果在规定的时间段内符合要求的条件未发生,则导引头即自动转换到另一状态。

主被动复合导引头在初始搜索、静默、主动二次开机阶段的工作状态及其相互转换关系如图 7-19 所示。

图 7-19 中,各状态的标识都包括前后两项,其中前一项代表主动模式的状态,后一项代表被动模式的状态。例如 T_TS_{A1} 代表的状态为:主动模式为跟踪目标状态,被动模式处于搜索状态,方位搜索范围为以目标所在方向为中心左右 β_1 角度,频率范围为全频段。

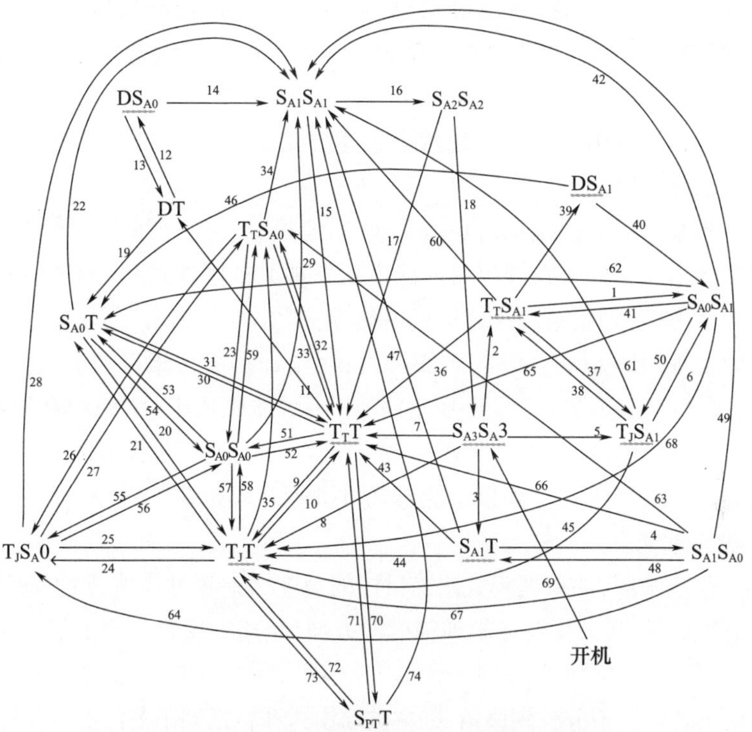

图 7-19　主被动复合导引头在初始搜索、静默、
主动二次开机阶段的工作状态及其相互转换关系

图 7-19 中状态标识下带横线的状态为“稳态”状态，不带横线的状态为“暂态”状态。

另外，图 7-19 中诸如 S_{A1} 到 T 转换的含义，是指相应模式进入“搜索状态 1”，按照规定的搜索范围进行搜索，在该区域内完成搜索后（或持续搜索若干时间后），相应模式按照装订（如选大目标、选导弹纵轴附近的目标等）和置信度准则选定目标后开始进入跟踪状态，对选定的对象进行跟踪。

为简化状态图，图 7-19 中省略了状态间不十分重要的转换关系，诸如类似 T_JS_{A0} 和 $S_{A0}T$、T_TS_{A0} 和 $S_{A0}T$ 等状态之间的转换。

从图 7-19 中可以总结出以下规律：

（1）在该阶段，如果导引头处于单模跟踪状态下，另一模式即处于“搜索状态 1”，即对于主动模式来说，搜索方位角为 $\beta\pm\beta_1$，$R_0\pm\Delta R_1$，如果无可利用的目标的精确距离信息，则距离搜索范围为最大。

（2）在该阶段，如果导引头处于 $S_{A1}T$、T_TS_{A1}、T_JS_{A1} 三种状态下（即未跟踪

“目标+辐射源”或“干扰源+辐射源”)，若另一模式发现新的目标或干扰源或辐射源，则两模式即转换到各自的“搜索状态 1”，重新搜索指定区域，如果发现“目标+辐射源”，则跟踪之。否则即扩展搜索区域直到最大搜索区域为止。如果在最大搜索区域内仍未能发现符合上述要求的 Target，则按照置信度准则选择目标，或者继续搜索过程。

(3) 当某一模式的跟踪对象消失时，对应模式首先在原方向搜索等待原被跟踪对象的出现。如果在规定时间内重新发现原被跟踪对象，则导引头重新回到原跟踪状态；否则主被动模式即同时转换到“搜索状态 1”进行搜索。如果在此区域内发现“目标+辐射源”，则跟踪之；否则即扩展搜索区域。因此，在该阶段，只要被跟踪对象的特性发生变化(信干比增加或减小过“跟踪杂波源阈值”这一变化除外)，导引头即重新搜索，试图发现可实施双模跟踪的对象，否则即扩展搜索范围直到最大。如果未能发现可进行双模跟踪的对象，即按照置信度准则重新选择对象。

(4) 在该阶段，如果两模式跟踪目标的角度之差超过阈值，则主动模式停止在方位上的跟踪，其天线被强制到辐射源方向，距离上搜索。当捕捉到干扰源或者距离上捕捉到目标，则测量其当前的方位角误差数据进而形成方位角信息。如果上述两角之差大于分解阈值角，则主被动模式即转换到小范围搜索状态。

(5) 在该阶段，导引头只有在进行最大范围搜索后，如果搜索区域内不存在“目标+辐射源”，根据置信度准则选择目标后，导引头才允许跟踪单一模式的目标或“干扰源+辐射源”。如果双模跟踪后某模式的目标消失，则对应模式在原方向搜索未能重新发现原 Target 后，主被动模式即同时回到搜索状态并进入“搜索状态 1”。

主被动复合导引头在初始搜索、静默、主动二次开机阶段各状态之间的转换条件如表 7-5 所示。

表 7-5 主被动复合导引头在初始搜索、静默、主动二次开机阶段工作状态间的转换条件

标号	初始状态	当前状态	转换条件	复合策略
1	T_TS_{A1}	$S_{A0}S_{A1}$	主动模式跟踪目标、被动模式搜索过程中，目标丢失	主动模式在规定时间段内、在原目标方向搜索
2	$S_{A3}S_{A3}$	T_TS_{A1}	主被动模式皆处于搜索状态时，主动模式发现目标	主动模式跟踪目标，被动模式在目标方向按照“搜索状态 1”进行搜索

续表

标号	初始状态	当前状态	转换条件	复合策略
3	$S_{A3}S_{A3}$	$S_{A1}T$	主被动模式皆处于搜索状态时,被动模式发现辐射源	被动模式跟踪辐射源,主动模式在辐射源方向按照“搜索状态1”进行搜索
4	$S_{A1}T$	$S_{A1}S_{A0}$	主动模式搜索、被动模式跟踪辐射源时,辐射源消失	被动模式在规定时间段内、在原辐射源方向搜索
5	$S_{A3}S_{A3}$	T_JS_{A1}	主被动模式皆处于搜索状态时,主动模式跟踪干扰源(即干扰源强度超过“跟踪杂波源阈值”)	主动模式跟踪干扰源(距离上搜索),被动模式在辐射源方向按照“搜索状态1”进行搜索
6	T_JS_{A1}	$S_{A0}S_{A1}$	在主动模式跟踪干扰源、被动模式搜索过程中,干扰源消失	主动模式在规定时间段内、在原辐射源方向搜索
7	$S_{A3}S_{A3}$	T_TT	在主被动模式搜索过程中,存在“目标+辐射源”	跟踪“目标+辐射源”
8	$S_{A3}S_{A3}$	T_JT	在主被动模式搜索过程中,存在“干扰源+辐射源”	跟踪“干扰源+辐射源”
9	T_TT	T_JT	在主被动模式跟踪“目标+辐射源”过程中,主动模式信干比超过“跟踪杂波源”阈值	跟踪“干扰源+辐射源”
10	T_JT	T_TT	在主被动模式跟踪“干扰源+辐射源”过程中,主动模式信干比降低到“跟踪杂波源”阈值以下	跟踪“目标+辐射源”
11	T_TT	DT	主被动模式稳定跟踪“目标+辐射源”后,目标距离大于二次开机距离	主动模式静默,被动模式跟踪辐射源
12	DT	DS_{A0}	在主动模式静默、被动模式跟踪的过程中,辐射源消失	被动模式在规定时间段内、在原辐射源方向搜索
13	DS_{A0}	DT	在主动模式静默、被动模式跟踪的过程中,辐射源消失,被动模式在原方向搜索,辐射源重新出现(辐射源频率、信号形式已变或未变)	主动模式静默,被动模式跟踪辐射源
14	DS_{A0}	$S_{A1}S_{A1}$	在主动模式静默、被动模式跟踪的过程中,辐射源消失,被动模式在原方向搜索,未发现辐射源	主动模式结束静默,主被动模式按照“搜索状态1”进行搜索
15	$S_{A1}S_{A1}$	T_TT	主被动模式在“搜索状态1”搜索过程中,存在“目标+辐射源”	跟踪“目标+辐射源”

续表

标号	初始状态	当前状态	转换条件	复合策略
16	$S_{A1}S_{A1}$	$S_{A2}S_{A2}$	主被动模式在“搜索状态 1”搜索过程中,未能发现“目标+辐射源”	扩展搜索范围,执行“搜索状态 2”
17	$S_{A2}S_{A2}$	T_TT	主被动模式在“搜索状态 2”搜索过程中,存在“目标+辐射源”	跟踪“目标+辐射源”
18	$S_{A2}S_{A2}$	$S_{A3}S_{A3}$	主被动模式在“搜索状态 2”搜索过程中,未能发现“目标+辐射源”	扩展搜索范围,执行“搜索状态 3”
19	DT	$S_{A0}T$	在主动模式静默、被动模式跟踪辐射源的状态下,弹目距离小于二次开机距离,弹上计算机发出“二次开机”指令	主动模式结束静默,在辐射源方向搜索
20	$S_{A0}T$	T_JT	在被动模式跟踪辐射源、主动模式在辐射源方向搜索过程中,主动模式在辐射源方向发现干扰源	跟踪“干扰源+辐射源”
21	T_JT	$S_{A0}T$	在主动模式跟踪干扰源、被动模式跟踪辐射源的过程中,干扰源消失	主动模式在规定时间段内、在原辐射源方向搜索
22	$S_{A0}T$	$S_{A1}S_{A1}$	被动模式跟踪辐射源、主动模式在辐射源方向搜索过程中,在规定时间内主动模式未能发现目标或干扰源	被动模式结束跟踪过程,主被动模式执行“搜索状态 1”过程,导引头搜索“目标+辐射源”
23	T_TS_{A0}	$S_{A0}S_{A0}$	主动模式跟踪目标、被动模式在目标方向搜索过程中,目标回波消失	主动模式在规定时间段内、在原目标方向搜索
24	T_JT	T_JS_{A0}	在主动模式跟踪干扰源、被动模式跟踪辐射源的过程中,辐射源消失	被动模式在规定时间段内、在原辐射源方向搜索
25	T_JS_{A0}	T_JT	主动模式跟踪干扰源、被动模式在干扰源方向搜索过程中,被动模式发现辐射源	跟踪“干扰源+辐射源”
26	T_TS_{A0}	T_JS_{A0}	主动模式跟踪目标、被动模式在目标方向搜索过程中,主动模式信干比超过“跟踪杂波源”阈值	主动模式跟踪干扰源,并在距离上搜索
27	T_JS_{A0}	T_TS_{A0}	主动模式跟踪干扰源、被动模式在干扰源方向搜索过程中,主动模式信干比降低到“跟踪杂波源”阈值以下	主动模式由跟踪干扰源转换成跟踪目标状态
28	T_JS_{A0}	$S_{A1}S_{A1}$	主动模式跟踪干扰源、被动模式在干扰源方向搜索过程中,在规定时间内被动模式未能发现辐射源	主动模式结束跟踪,主被动模式执行“搜索状态 1”过程,导引头搜索“目标+辐射源”

续表

标号	初始状态	当前状态	转换条件	复合策略
29	$S_{A0}S_{A0}$	$S_{A1}S_{A1}$	主被动模式同时处于"搜索状态 0",搜索过程中未能发现目标,或干扰源,或辐射源	主被动模式扩展搜索范围
30	T_TT	$S_{A0}T$	主被动模式稳定跟踪"目标+辐射源"过程中,目标消失	主动模式在规定时间段内、在辐射源方向搜索,等待目标重新出现
31	$S_{A0}T$	T_TT	被动模式跟踪辐射源、主动模式在辐射源方向搜索过程中,主动模式在辐射源方向发现目标	跟踪"目标+辐射源"
32	T_TT	T_TS_{A0}	主被动模式稳定跟踪"目标+辐射源"过程中,辐射源消失	被动模式在规定时间段内、在原辐射源方向搜索
33	T_TS_{A0}	T_TT	主动模式跟踪目标、被动模式在目标方向搜索辐射源过程中,被动模式发现辐射源	跟踪"目标+辐射源"
34	T_TS_{A0}	$S_{A1}S_{A1}$	主动模式跟踪目标、被动模式在目标方向搜索辐射源过程中,在规定时间内被动模式未能发现辐射源	主动模式结束跟踪,主被动模式执行"搜索状态 1"过程,导引头搜索"目标+辐射源"
35	T_JT	T_TS_{A0}	在主动模式跟踪干扰源、被动模式跟踪辐射源的过程中,干扰信号消失或降低到"跟踪杂波源"阈值以下,且辐射源消失	主动模式由跟踪干扰源转换到跟踪目标状态,被动模式在目标方向搜索
36	T_TS_{A1}	T_TT	主动模式跟踪目标、被动模式在"搜索状态 1"搜索过程中,被动模式在目标方向发现辐射源	跟踪"目标+辐射源"
37	T_TS_{A1}	T_JS_{A1}	主动模式跟踪目标、被动模式在"搜索状态 1"搜索过程中,主动模式信干比超过"跟踪杂波源"阈值	主动模式由跟踪目标转换成跟踪干扰源状态,距离上搜索
38	T_JS_{A1}	T_TS_{A1}	主动模式跟踪干扰源、被动模式在"搜索状态 1"搜索过程中,主动模式信干比降低到"跟踪杂波源"阈值以下	主动模式由跟踪干扰源转换成跟踪目标状态
39	T_TS_{A1}	DS_{A1}	主动模式跟踪目标、被动模式在"搜索状态 1"搜索过程中,弹目距离≥30km	主动模式静默,被动模式继续搜索

续表

标号	初始状态	当前状态	转换条件	复合策略
40	DS_{A1}	$S_{A0}S_{A1}$	主动模式静默、被动模式在“搜索状态1”搜索过程中，弹目距离≤30km，弹上综控机发出“二次开机”指令	主动模式在静默前原目标角度，在规定的时间段内检测目标
41	$S_{A0}S_{A1}$	T_TS_{A1}	主动模式“搜索状态0”、被动模式“搜索状态1”下，主动模式发现目标	主动模式跟踪目标
42	$S_{A0}S_{A1}$	$S_{A1}S_{A1}$	主动模式“搜索状态0”、被动模式“搜索状态1”下，主动模式未能发现目标或干扰源	主被动模式转换到“搜索状态1”，导引头搜索“目标+辐射源”
43	$S_{A1}T$	T_TT	主动模式搜索、被动模式跟踪辐射源时，主动模式在辐射源方向发现目标	跟踪“目标+辐射源”
44	$S_{A1}T$	T_JT	主动模式搜索、被动模式跟踪辐射源时，主动模式在辐射源方向发现干扰源	跟踪“干扰源+辐射源”
45	T_JS_{A1}	T_JT	主动模式跟踪杂波源、被动模式搜索过程中，被动模式在杂波源方向发现辐射源	跟踪“干扰源+辐射源”
46	DS_{A1}	$S_{A0}T$	主动模式静默、被动模式在“搜索状态1”搜索过程中，被动模式发现新的辐射源	被动模式跟踪，主动模式结束静默并在新发现的辐射源方向、在规定的时间段内探测是否存在目标
47	$S_{A1}T$	$S_{A1}S_{A1}$	主动模式在“搜索状态1”搜索、被动模式跟踪辐射源时，主动模式在搜索区域内发现新的目标或干扰源，但其方位角与辐射源不一致	主被动模式转换到“搜索状态1”，导引头搜索“目标+辐射源”
48	$S_{A1}S_{A0}$	$S_{A1}T$	主动模式“搜索状态1”、被动模式“搜索状态0”下，被动模式在原方向重新发现消失的辐射源	被动模式跟踪辐射源
49	$S_{A1}S_{A0}$	$S_{A1}S_{A1}$	主动模式“搜索状态1”、被动模式“搜索状态0”下，被动模式未能在规定的时间段内、在原方向重新发现消失的辐射源	主被动模式扩展搜索范围
50	$S_{A0}S_{A1}$	T_JS_{A1}	主动模式“搜索状态0”、被动模式“搜索状态1”下，主动模式在指定方向、在规定时间段内发现干扰源	主动模式跟踪此干扰源，被动模式保持搜索

续表

标号	初始状态	当前状态	转换条件	复合策略
51	T_TT	$S_{A0}S_{A0}$	在主被动模式跟踪“目标+辐射源”过程中,“目标+辐射源”消失	主被动模式在规定的时间段内、在原被跟踪对象的方向搜索
52	$S_{A0}S_{A0}$	T_TT	“目标+辐射源”或“干扰源+辐射源”消失后,主被动模式在原方向重新发现“目标+辐射源”	主被动模式跟踪“目标+辐射源”
53	$S_{A0}S_{A0}$	$S_{A0}T$	“目标+辐射源”或“干扰源+辐射源”消失后,主被动模式在原方向搜索过程中,被动模式发现辐射源	被动模式跟踪辐射源,主动模式在规定的时间段内、在原方向搜索
54	$S_{A0}T$	$S_{A0}S_{A0}$	被动模式跟踪辐射源、主动模式在辐射源方向搜索过程中,辐射源消失	主被动模式在规定的时间段内、在原辐射源方向搜索
55	$S_{A0}S_{A0}$	T_JS_{A0}	“目标+辐射源”或“干扰源+辐射源”消失后,主被动模式在原方向搜索过程中,主动模式发现干扰源	主动模式跟踪干扰源,被动模式在规定的时间内、在指定方向搜索
56	T_JS_{A0}	$S_{A0}S_{A0}$	主动模式跟踪干扰源、被动模式在原方向搜索过程中,干扰源消失	主被动模式在规定的时间段内、在原辐射源方向搜索
57	$S_{A0}S_{A0}$	T_JT	“目标+辐射源”或“干扰源+辐射源”消失后,主被动模式在原方向搜索过程中,主被动模式发现“干扰源+辐射源”	主动模式跟踪干扰源,距离上搜索,被动模式跟踪辐射源
58	T_JT	$S_{A0}S_{A0}$	主被动模式跟踪“干扰源+辐射源”过程中,“干扰源+辐射源”消失	主被动模式在规定的时间段内、在原辐射源方向搜索
59	$S_{A0}S_{A0}$	T_TS_{A0}	“目标+辐射源”或“干扰源+辐射源”消失后,主被动模式在原方向搜索过程中,主动模式发现目标	主动模式跟踪目标,被动模式仍在原方向搜索
60	T_TS_{A1}	$S_{A1}S_{A1}$	主动模式跟踪目标、被动模式在“搜索状态 1”搜索过程中,被动模式发现新的辐射源	主动模式转换到“搜索状态 1”,导引头搜索“目标+辐射源”
61	T_JS_{A1}	$S_{A1}S_{A1}$	主动模式跟踪干扰源、被动模式在“搜索状态 1”搜索过程中,被动模式发现新的辐射源	主动模式转换到“搜索状态 1”,导引头搜索“目标+辐射源”
62	$S_{A0}S_{A1}$	$S_{A0}T$	主动模式“搜索状态 0”、被动模式“搜索状态 1”下,被动模式在主动模式的搜索方向发现辐射源	主动模式保持搜索,被动模式跟踪辐射源

续表

标号	初始状态	当前状态	转换条件	复合策略
63	$S_{A1}S_{A0}$	T_TS_{A0}	主动模式“搜索状态1”、被动模式“搜索状态0”下，主动模式在被动模式搜索方向发现目标	主动模式跟踪目标，被动模式在规定的时间内继续搜索
64	$S_{A1}S_{A0}$	T_JS_{A0}	主动模式“搜索状态1”、被动模式“搜索状态0”下，主动模式在被动模式搜索方向发现干扰源	主动模式跟踪干扰源，被动模式在规定的时间内继续搜索
65	$S_{A0}S_{A1}$	T_TT	主动模式“搜索状态0”、被动模式“搜索状态1”下，发现“目标+辐射源”	跟踪“目标+辐射源”
66	$S_{A1}S_{A0}$	T_TT	主动模式“搜索状态1”、被动模式“搜索状态0”下，发现“目标+辐射源”	跟踪“目标+辐射源”
67	$S_{A1}S_{A0}$	T_JT	主动模式“搜索状态1”、被动模式“搜索状态0”下，发现“干扰源+辐射源”	跟踪“干扰源+辐射源”
68	$S_{A0}S_{A1}$	T_JT	主动模式“搜索状态0”、被动模式“搜索状态1”下，发现“干扰源+辐射源”	跟踪“干扰源+辐射源”
69	Power On	$S_{A3}S_{A3}$	导引头加电且上电初始化完成	进入初始搜索阶段，主被动模式搜索范围为最大
70	T_TT	$S_{PT}T$	在双模跟踪“目标+辐射源”时两模式角度之差超过阈值	主动模式的天线被强制到辐射源方向，距离上处于搜索状态。当距离上捕捉到目标后（或捕捉到干扰源时），主动模式测量其方位跟踪误差并计算实际方位角数据，用于主被动模式方位角测量之差的计算
71	$S_{PT}T$	T_TT	在 S_{PT} 状态，在规定的时间内角度之差又重新回到小于阈值的状态	双模跟踪“目标+辐射源”
72	T_JT	$S_{PT}T$	在双模跟踪“干扰源+辐射源”时角度之差超过阈值	主动模式的天线被强制到辐射源方向，距离上处于搜索状态。当距离上捕捉到目标后（或捕捉到干扰源时），主动模式测量其方位跟踪误差并计算实际方位角数据，用于主被动模式方位角测量之差的计算
73	$S_{PT}T$	T_JT	在规定的时间内角度之差又重新回到小于阈值的状态	双模跟踪“干扰源+辐射源”

续表

标号	初始状态	当前状态	转换条件	复合策略
74	$S_{PT}T$	$S_{A1}S_{A1}$	角度之差超过阈值的状态	主被动模式转换到小搜索范围进行搜索

该阶段各状态的进入和退出条件如表 7-6 所示。

表 7-6　初始搜索、静默、主动二次开机阶段各状态的进入和退出条件

状态名称	进入条件	退出条件
T_TT	(1) “搜索状态 1”“搜索状态 2”“搜索状态 3”搜索过程中、发现“目标+辐射源”； (2) 双模同时消失，在原方向搜索过程中、在规定的时间内重新捕捉“目标+辐射源”； (3) 单模跟踪，另一模式执行“搜索状态 1”过程中搜索到可跟踪对象； (4) 在双模跟踪过程中，一模式跟踪对象消失；在原方向搜索过程中、在规定的时间内重新发现并捕捉“目标+辐射源”； (5) 在跟踪“干扰源+辐射源”过程中，信干比提高过“跟踪杂波源阈值”； (6) 在 $S_{PT}T$ 状态，角度之差小于阈值	(1) 在双模跟踪过程中，其中一模目标消失或双模目标同时消失； (2) 弹目距离大于二次开机距离； (3) 在跟踪“目标+辐射源”过程中，信干比降低过“跟踪杂波源阈值”； (4) 角度之差超过阈值
T_JT	(1) “搜索状态 3”搜索过程中，执行置信度准则后选择“干扰源+辐射源”； (2) 双模同时或不同时消失，在原方向搜索过程中、在规定的时间内重新捕捉“干扰源+辐射源”； (3) 在双模跟踪过程中，一模式跟踪对象消失；在原方向搜索过程中、在规定的时间内重新发现并捕捉“干扰源+辐射源”； (4) 单模跟踪，另一模式执行“搜索状态 1”过程中搜索到可跟踪对象； (5) 在跟踪“目标+辐射源”过程中，信干比降低过“跟踪杂波源阈值”； (6) 在 $S_{PT}T$ 状态，角度之差小于阈值	(1)在双模跟踪过程中，其中一模目标消失或双模目标同时消失； (2) 在跟踪“干扰源+辐射源”过程中，信干比提高过“跟踪杂波源阈值”； (3) 在跟踪“干扰源+辐射源”过程中，信干比提高过“跟踪杂波源阈值”的同时，辐射源消失； (4) 角度之差大于阈值

续表

状态名称	进入条件	退出条件
T_TS_{A0}	(1) 双模跟踪过程中，辐射源消失； (2) 在双模小范围搜索过程中，在规定的时间内主动跟踪目标； (3) 导引头在跟踪“干扰源+辐射源”过程中，信干比提高过“跟踪杂波源阈值”，主动模式转跟目标； (4) 在主动模式跟踪杂波源、被动辐射源消失且在原方向搜索过程中，信干比提高过“跟踪杂波源阈值”，主动模式转跟目标	(1) 主动模式跟踪目标，被动模式跟踪对象消失，被动模式在原方向搜索过程中重新发现辐射源转而跟踪； (2) 主动模式正在跟踪的目标消失； (3) 主动模式跟踪目标，被动模式跟踪对象消失，被动模式在原方向搜索过程中信干比降低过“跟踪杂波源阈值”，主动模式转跟干扰源； (4) 被动模式在规定的搜索时间内未能发现辐射源
T_JS_{A0}	(1)主动模式跟踪目标，被动模式跟踪对象消失，被动模式在原方向搜索过程中信干比降低过“跟踪杂波源阈值”，主动模式转跟干扰源； (2) 主被动模式跟踪对象皆消失，主被动模式在原方向搜索过程中，主动模式发现干扰源； (3) 主动模式跟踪干扰源、被动模式跟踪辐射源过程中，辐射源消失	(1) 干扰源消失； (2) 被动模式重新发现辐射源； (3) 跟踪过程中，信干比提高过“跟踪杂波源阈值”，主动模式转跟目标； (4) 在规定的时间内，被动模式在原辐射源消失方向搜索未能重新捕捉辐射源
$S_{A0}T$	(1) 主动模式静默、被动模式跟踪过程中，弹目距离小于二次开机距离，弹上计算机发出“二次开机”指令； (2) 主动模式静默、被动模式在“搜索状态 1”搜索过程中，被动模式发现新的辐射源，则被动模式捕捉之，且主动模式结束静默并在辐射源方向搜索； (3) 主动模式跟踪的对象消失，主动模式在原方向搜索，被动模式在辐射源消失的方向搜索(或被动模式在“搜索状态 1”)，被动模式发现辐射源； (4) 双模跟踪过程中，主动模式跟踪的对象消失	(1) 主动模式跟踪的对象消失后，主动模式未能在规定时间内重新发现可跟踪对象； (2) 在规定时间内主动模式发现可跟踪对象； (3) 辐射源消失

续表

状态名称	进入条件	退出条件
T_TS_{A1}	(1) 在最大范围搜索后,搜索区域只存在主动模式跟踪的目标; (2) 在主动模式跟踪干扰源、被动模式执行"搜索状态 1"过程中,信干比提高过"跟踪杂波源阈值",主动模式转跟目标; (3) 主动模式在跟踪对象消失(或主动结束静默)后在原方向搜索、被动模式执行"搜索状态 1"过程中,主动模式发现目标	(1) 被动模式在"搜索状态 1"过程中,在目标方向发现辐射源; (2) 被动模式在"搜索状态 1"过程中,发现新的辐射源; (3) 主动模式跟踪的目标,其信干比降低过"跟踪杂波源阈值",主动模式转跟干扰源; (4) 主动模式跟踪的目标消失; (5) 弹目距离大于二次开机距离,主动模式进入静默
T_JS_{A1}	(1) 在最大范围搜索后,搜索区域只存在主动模式跟踪的干扰源; (2) 主动模式跟踪的目标,其信干比降低过"跟踪杂波源阈值",主动模式转跟干扰源; (3) 主动模式在跟踪对象(或主动结束静默)后在原方向搜索、被动模式执行"搜索状态 1"过程中,主动模式发现干扰源	(1) 被动模式在执行"搜索状态 1"过程中,在干扰源方向发现辐射源; (2) 在主动模式跟踪干扰源、被动模式执行"搜索状态 1"过程中,信干比提高过"跟踪杂波源阈值",主动模式转跟目标; (3) 被动模式在执行"搜索状态 1"过程中,发现新的辐射源(与干扰源方向不一致); (4) 干扰源消失
$S_{A1}T$	(1) 在最大范围搜索过程中,只存在辐射源; (2) 在被动模式跟踪辐射源消失后,被动模式在原方向搜索过程中,在规定的时间内被动模式重新捕捉辐射源	(1) 主动模式在辐射源方向发现可跟踪对象; (2) 主动模式在执行"搜索状态 1"过程中,发现新的可跟踪对象(与辐射源方向不一致); (3) 辐射源消失
$S_{A0}S_{A0}$	(1) 双模跟踪对象消失; (2) 在被动模式跟踪、主动模式在辐射源方向搜索过程中,辐射源消失; (3) 在主动模式跟踪、被动模式跟踪的辐射源消失、被动模式在原辐射源方向搜索过程中,主动模式跟踪的对象消失	(1) 单模或双模跟踪; (2) 在规定的时间内,主被动模式未能在原方向发现可跟踪对象

续表

状态名称	进入条件	退出条件
$S_{A1}S_{A1}$	(1) 双模跟踪过程中,其中一模或两模跟踪对象消失,该模在原方向、在规定时间内未能重新发现被跟踪对象;或者主动模式结束静默并在指定方向搜索,未能在规定时间内捕捉对象; (2) 单模跟踪,另一模式执行"搜索状态 1"过程中发现新的可跟踪对象; (3) 单模跟踪,另一模式执行"搜索状态 1"过程中,被跟踪对象消失后,未能在原方向重新捕捉之; (4) 在双模跟踪状态,主被动方位角测量值之差大于阈值	(1) 搜索区域内存在"目标+辐射源"; (2) 在规定时间内未能发现"目标+辐射源",则扩展搜索区域
$S_{A2}S_{A2}$	规定时间内未能发现"目标+辐射源",则扩展搜索区域	(1) 搜索区域内存在"目标+辐射源"; (2) 在规定时间内未能发现"目标+辐射源",则扩展搜索区域
$S_{A3}S_{A3}$	(1) 导引头接收到"开机"指令; (2) 在规定时间内未能发现"目标+辐射源",则扩展搜索区域	存在单模或双模跟踪对象
$S_{A0}S_{A1}$	(1) 主动模式静默、被动模式搜索过程中,主动模式结束静默; (2) 主动模式跟踪目标或干扰源的单模跟踪状态,主动模式跟踪对象消失	(1) 在规定时间内,主动模式未能捕捉可跟踪对象; (2) 搜索过程中发现单模或双模可跟踪对象
$S_{A1}S_{A0}$	主动模式搜索、被动模式跟踪状态下辐射源消失	(1) 在规定时间内,被动模式未能捕捉可跟踪对象; (2) 搜索过程中发现单模或双模可跟踪对象
DT	(1) 主动模式静默,被动模式跟踪时辐射源消失,被动模式在原方向、在规定时间内重新捕捉辐射源; (2) 主动模式跟踪目标的双模跟踪过程中,弹目距离大于二次开机距离	(1) 被动模式跟踪的辐射源消失; (2) 主动模式结束静默

续表

状态名称	进入条件	退出条件
DS_{A0}	主动模式静默、被动模式跟踪过程中，被动模式跟踪的辐射源消失	(1) 被动模式跟踪的辐射源消失后，被动模式未能在原方向、在规定时间内重新捕捉辐射源； (2) 被动模式跟踪的辐射源消失后，被动模式在原方向、在规定时间内重新捕捉辐射源
DS_{A1}	主动模式跟踪目标的单模跟踪时，弹目距离大于二次开机距离	(1) 主动模式结束静默； (2) 在主动模式静默、被动模式搜索过程中，发现新的辐射源
$S_{PT}T$	主被动模式角度之差大于阈值	(1) 在规定的时间内，主被动模式测量得到的方位角之差小于阈值； (2) 在规定的时间内，主被动模式测量得到的方位角之差仍保持大于抗质心干扰角度差； (3) 主被动模式测量得到的方位角之差大于认定为同一目标所需角度差最大值

参 考 文 献

[1] WHITE F E. Joint Directors of Laboratories-Technical Panel for C3 Data Fusion Sub-Panel [R]. Naval Ocean Systems Center, San Diego, 1987.

[2] WHITE F E. Joint Directors of Laboratories-Technical Panel for C3 Data Fusion Sub-Panel [R]. Naval Ocean Systems Center, San Diego, 1991.

[3] LAMBERT D A. A Blueprint for Higher-Level Fusion Systems[J]. Information Fusion, 2009, 10(1):6-24.

[4] HALL D L. Mathematical Techniques in Multisensor Data Fusion [M]. Norwood, United States: Artech House, 1992.

[5] 赵宗贵. 信息融合技术现状、概念与结构模型[J]. 中国电子科学研究院学报, 2006(4): 305-312.

[6] GOODMAN I R, MAHLER RONALD P S, NGUYEN H T. Mathematics of Data Fusion[M]. Norwell, United States: Kluwer Academic Publishers, 1997.

[7] 何友，关欣，王国宏．多传感器信息融合研究进展与展望[J]．宇航学报，2005，26(4)：524-529.

[8] MAHLER R. Random Sets：Unification and Computation for Information Fusion——A Retrospective Assessment[C]//The 7th International Conference on Information Fusion. Stockholm：[s. n.]，2004：1-20.

[9] 彭冬亮，文成林，薛安克．多传感器多源信息融合理论及应用[M]．北京：科学出版社，2010.

[10] YI X，LI L P. Single Observer Bearing-Only Tracking with the Unscented Kalman Filter[C]// IEEE International Conference on Communications，Circuits and Systems. Chengdu：IEEE，2004：901-905.

[11] 汤显峰，陈荣江，葛泉波，等．相关局部估计的传感器网络最优递推融合算法[J]．中南大学学报（自然科学版），2007，38（增刊1）：813-818.

[12] QIU H Z，ZHANG H Y，JIN H. Fusion Algorithm of Correlated Local Estimates[J]. Aerospace Science and Technology，2004，8(7)：619-626.

[13] DOUCET A，GODSILL S J，ANDRIEU C. On Sequential Monte Carlo Sampling Methods for Bayesian Filtering[J]. Statistics and Computing，2000，10(1)：197-208.

[14] CRISAN D，DOUCET A. A Survey of Convergence Results on Particle Filtering Methods for Practitioners[J]. IEEE Transactions on Signal Processing，2002，50(3)：736-746.

[15] 苏洲阳．粒子滤波目标跟踪及TBD算法研究[D]．成都：电子科技大学，2015.

[16] RISTIC B，ARULAMPALAM S，GORDON N. Beyond the Kalman Filter：Particle Filters for Tracking Applications[M]. Boston，United States：Artech House，2004.

[17] 潘泉，程咏梅，梁彦，等．多源信息融合理论及应用[M]．北京：清华大学出版社，2013.

[18] 杨万海．多传感器数据融合及其应用[M]．西安：西安电子科技大学出版社，2004.

[19] BAR-SHALOM Y. On The Track-to-Track Correlation Problem[J]. IEEE Transactions on Automatic Control，1981，26(2)：571-572.

[20] SAHA R K，CHANG K C. An Efficient Algorithm for Multisensor Track Fusion[J]. IEEE Transactions on Aerospace and Electronic Systems，1998，34(1)：200-210.

[21] DEMRIBAS K. Distributed Sensor Data Fusion with Binary Decision Tree[J]. IEEE Transactions on Aerospace and Electronic Systems，1989，25(5)：643-649.

[22] PAO L Y. Centralized Multisensor Fusion Algorithms for Tracking Applications[J]. Control Engineering Practice，1994，2(5)：875-887.

[23] SINGH R N P，BAILEY W H. Fuzzy Logic Applications to Multisensor-Multitarget Correlation[J]. IEEE Transactions on Aerospace and Electronic Systems，1997，33(3)：752-769.

[24] ZHOU B，BOSE N K. Multitarget Tracking in Clutter：Fast Algorithms for Data Association[J]. IEEE Transactions on Aerospace and Electronic Systems，1993，29(2)：352-363.

[25] 林华，玄兆林，刘忠．用于多传感器目标跟踪的数据时空对准方法[J]．系统工程与电子

技术,2004,26(6):833-835.

[26] BURKE J J. The SAGE Real Quality Control Fraction and Its Interface with BUIC Ⅱ/BUIC Ⅲ[R]. Technical Report 308,MITRE Corporation,1966.

[27] 韩崇昭,朱洪艳,段战胜. 多源信息融合[M]. 北京:清华大学出版社,2006.

[28] LEUNG H,BLANCHETTE M,HARRISON C. A Least Squares Fusion of Multiple Radar Data [C]// Proceeding of Radar. Paris:IEEE,1994:364-369.

[29] ZHOU Y F,LEUNG H,YIP P C. An Exact Maximum Likelihood Registration Algorithm for Data Fusion[J]. IEEE Transactions on Signal Processing,1997,45(6):1560-1573.

[30] LEUNG H, BLANCHETTE M, GAULT K. Comparison of Registration Error Correction Techniques for Air Surveillance Radar Network[J]. Proceedings of the SPIE, 1995, 2561:498-508.

[31] OKELLO N N,CHALLA S. Joint Sensor Registration and Track-to-Track Fusion for Distributed Trackers[J]. IEEE Transactions on Aerospace and Electronic Systems,2004,40(3): 808-823.

[32] 董云龙,何友,王国宏,等. 基于 ECEF 的广义最小二乘误差配准技术[J]. 航空学报, 2006,27(3):463-467.

[33] 胡洪涛,敬忠良,胡士强. 一种基于 Unscented 卡尔曼滤波的多平台多传感器配准算法[J]. 上海交通大学学报,2005,39(9):1518-1521.

[34] 王建卫. 基于模拟退火算法的组网雷达系统误差校正[J]. 现代雷达,2006,28(8):4-6,17.

[35] 张远,曲成华,戴谊. 基于遗传算法的雷达组网误差配准算法[J]. 雷达科学与技术, 2008,6(1):65-68,76.

[36] WEN C L,GE Q B. Asynchronous Multisensor Sequential Data Fusion Based on Transmission Delay[C]// Proceedings of the 2006 International Conference on Software and Computer Applications(ICSCA). Chongqing,China:DCDIS-B,2006:1386-1391.

[37] 文成林. 多尺度动态建模理论及其应用[M]. 北京:科学出版社,2008.

[38] 董志荣. 多目标密集环境下航迹处理问题及集合论描述法(续)[J]. 火力指挥与控制, 1987(1):1-11.

[39] 何友,王国宏,陆大绘,等. 多传感器信息融合及应用[M]. 北京:电子工业出版社,2000.

[40] 王宝树,李芳社. 基于数据融合技术的多目标跟踪算法研究[J]. 西安电子科技大学学报,1998,25(3):269-272.

[41] JEONG S,TUGNAIT J K. Tracking of Multiple Maneuvering Targets in Clutter with Possibly Unresolved Measurements Using IMM and JPDAM Coupled Filtering[C]//2005 American Control Conference Portland. OR,USA:IEEE,2005:1257-1262.

[42] SINGER R A,SEC R G. A New Filter for Optimal Tracking in Dense Multitarget Enviroments [C]// Proceedings of the 9th Annual Allerton Conference Circuit and System Theory . Uni-

versity of Illinois at Urbana-Champaign:[s. n.],1971:201-211.
[43] Bar-Shalom Y,Tse E. Tracking in a cluttered environment with probabilistic data association. Automatica,1975,11(9):451-460.
[44] BAR-SHALOM Y,JAFFER A G. Adaptive Nonlinear Filtering for Tracking with Measurements of Uncertain Origin[C]// Proceedings of the 1972 IEEE Conference on Decision and Control and 11th Symposium on Adaptive Processes. New Orleans:IEEE,1972:243-247.
[45] BAR-SHALOM Y,FORTMAN T E. Tracking and Data Association[M]. New York,United States:Academic Press,1988.
[46] SINGER R A. Estimating Optimal Tracking Filter Performance for Manned Maneuvering Targets[J]. IEEE Transactions on Aerospace and Electronic Systems, 1970, AES-6(4):473-483.
[47] MOOSE R L,VANLANDINGHAM H F,MCCABE D H. Modeling and Estimation for Tracking Maneuvering Targets[J]. IEEE Transactions on Aerospace and Electronic Systems,1979, AES-15(3):448-456.
[48] BAR-SHALOM Y, BLAIR W D. Multitarget-Multisensor Tracking: Applications and Advances, Volume Ⅲ[M]. Norwood,United States:Artech House,2000.
[49] CHEN B,TUGNAIT J K. Tracking of Multiple Maneuvering Targets in Clutter Using IMM/JPDA Filtering and Fixed-Lag Smoothing[J]. Automatica,2001,37(2):239-249.
[50] 许江湖,陈康,嵇成新. 目标跟踪中的多模型估计算法综述[J]. 情报指挥控制系统与仿真技术,2002(5):26-30.
[51] ROY A K,RAO S K. Multi-Track Association and Fusion[C]//2011 International Conference on Communications and Signal Processing. Kerala:IEEE,2011:131-135.
[52] 黄宵鹏. 分布式多源信息融合算法研究与仿真开发平台[D]. 杭州:杭州电子科技大学,2012.
[53] 许博. 基于数据融合技术的航迹处理[J]. 兵工自动化,2004(5):17-18.
[54] KAPLAN L M,BLAIR W D,BAR-SHALOM Y. Simulations Studies of Multisensor Track Association and Fusion Methods[C]// IEEE Aerospace Conference. Big Sky,MT,USA:IEEE,2006:16.
[55] MORI S,BARKER W H,CHONG C Y,et al. Track Association and Track Fusion with Non-Deterministic Target Dynamics[J]. IEEE Transactions on Aerospace and Electronic Systems,2002,38(2):659-668.
[56] 黄增建. 多传感器多目标跟踪技术研究[D]. 西安:西安电子科技大学,2012.
[57] 谢美华,邓立新,王正明. 多传感器跟踪多目标的模糊数据关联[C]//第三届全球智能控制与自动化会议,合肥,2000:2435-2438.
[58] AZIZ A M. A new Fuzzy Clustering Approach for Data Association and Track Fusion in Multisensor-Multitarget Environment[C]// Aerospace Conference. Big Sky, MT, USA: IEEE ,

2011:1-10.

[59] 张丙军,何红,张冲,等.分布式多传感器多目标航迹关联处理算法研究[J].兵工自动化,2008,27(12):24-26,34.

[60] 周晓安.VTS系统中多传感器目标航迹关联算法研究[D].南京:南京信息工程大学,2014.

[61] 侯雪梅.多传感器多目标航迹关联算法研究[D].西安:西北工业大学,2006.

[62] 江源源.多模复合制导技术研究[D].哈尔滨:哈尔滨工程大学,2007.

[63] SAHA R K. Track-to-Track Fusion with Dissimilar Sensors[J]. IEEE Transactions on Aerospace and Electronic Systems,1996,32(3):1021-1029.